Une introduction aux mathématiques appliquées à la physique

Laurent Pluchart

Docteur en physique

Professeur de mathématiques et de sciences physiques en Terminale S à l'Institut Bois-Robert

Professeur de chimie en classe préparatoire aux concours paramédicaux au CPES d'Angers

ellipses

ISBN 97827298-84444

32, rue Bargue 75740 Paris cedex 15

www.editions-ellipses.fr

« On ne peut plus expliquer le monde, faire ressentir sa beauté à ceux qui n'ont aucune connaissance profonde des mathématiques »

Richard Feynman
(Physicien américain – 1918 / 1988 – Lauréat du prix Nobel de Physique en 1965)

A Tom, mon petit trésor,
qui comme l'arc-en-ciel brille d'une infinité de couleurs et illumine la route de mon paradis

Avant-propos

Très souvent, les nouveaux étudiants des formations scientifiques post baccalauréat sont surpris de la différence de niveau et d'exigences qui leur est soudainement demandé de faire preuve en Sciences Physiques. De plus, forcer de constater que cet écart entre les études secondaires et supérieures ne fait que croitre avec les années et les réformes. En effet, les Sciences Physiques lycéennes ne font plus trop appel à l'outil mathématique, et donc se privent de son incroyable capacité descriptive et prédictive. Mais bien au-delà, cette sous exploitation éloigne inexorablement dans l'esprit des lycéens et néo-étudiants, ces deux disciplines pourtant si « proches ». C'est pourquoi, au sein des différents masters universitaires ou école d'ingénieurs, la formation actuelle des futurs chercheurs et des ingénieurs R&D est de plus en plus multiformes. Les trois disciplines que sont les Mathématiques, la Physique et la Chimie ne doivent pas être enseignées comme des matières isolées mais en interaction les unes avec les autres, de manière à mieux appréhender les liens existant entre les disciplines et les développements technologiques qui en découlent, ainsi que les problématiques sociétales les impliquant. C'est dans cet esprit que cet ouvrage s'inscrit. Nous souhaitons (ré)habituer le nouveau bachelier à l'emploi des outils simples et élémentaires, dont il est déjà coutumier en Mathématiques mais cette fois dans le domaine des Sciences Physiques. Avec ce même esprit de globalité, nous avons souhaité étendre le contenu de ce livre aux connaissances nécessaires de bien maîtriser à l'entrée d'une formation scientifique post baccalauréat. Il est évident qu'un cours clair, précis et construit, est la base de toute forme d'apprentissage. Ce livre présente l'originalité d'associer un cours essentiellement mathématiques, qui a le mérite d'être détaillé, et met en lumière les concepts physiques et leur principe d'application. Celui-ci est associé à des problèmes de Sciences Physiques modernes et techniques, donc exploitant pleinement le contenu du cours. Ceux-ci étant tous entièrement corrigés et commentés très soigneusement. Dans sa vision pédagogique, il a été décidé de réaliser tous les calculs dans leur intégralité, étapes par étapes, afin que le l'utilisateur ne soit jamais « perdu » ou « désarçonné » par les réalisations techniques. Donc quel que soit son niveau en mathématique calculatoire, le lecteur se sentira toujours guidé et accompagné. Ainsi, ce travail rendra assurément service à la fois :

- *aux lycéens des classes de Terminale S souhaitant se mesurer à des problèmes plus techniques et particulièrement formateurs à l'épreuve du baccalauréat, et au-delà, à des épreuves de type Ecole d'ingénieurs et Concours Général ;*
- *aux futurs étudiants dans leur préparation (aux rudes exigences) de leur formation scientifique BAC+1 (Licence, CPGE, Prépa Kiné, DUT, BTS, ...*

etc), en leurs offrants accès à des concepts et à de nombreux compléments indispensables et des problèmes de Physique de types très variés ;

- *aux étudiants des formations scientifiques de niveau post bac qui souhaites des rappels rigoureux et se rassurer sur leurs compétences et leurs technicités ;*
- *aux étudiants préparant le CAPES. afin qu'ils puissent traiter des problèmes ou des thématiques élémentaires qu'ils pourraient rencontrer lors des épreuves écrites, mais également pour préparer sereinement leurs oraux ;*
- *enfin, à tous les passionnés de Sciences Physiques qui souhaitent se remémorer des connaissances ou de lointains souvenirs.*

Ce livre est l'aboutissement d'une longue réflexion sur les besoins et acquis scientifiques des lycéens des classes de terminales et des néo-bacheliers avant leur déroutante découverte de l'enseignement supérieur. En ce sens, j'apprécie toute la liberté pédagogique qu'il m'est offert à l'Institut Bois Robert, la vision globale, et l'esprit d'initiative proposé dans un projet éducatif pragmatique des élèves de Terminale S. J'ai donc une pensée toute particulière à mes anciens élèves, qui année après année, m'ont servis, sans le savoir et peut-être dans la douleur, de cobayes. Le temps, nécessaire et propice à la réflexion, mais également à l'écriture, a sans doute manqué à mes proches. Qu'ils trouvent, dans ces quelques mots, ma gratitude pour leur incroyable patience et compréhension.

Je tiens également à remercier ici mon collègue Christian Henrique, qui par son permanent soucis de l'excellence et de l'efficacité, a été une féconde source d'idées. Dans l'élaboration de ce projet, ses remarques et son aide informatique m'ont été précieuses. Enfin, dans la conception et tout au long de cette entreprise, je tiens à me féliciter du soutien et des encouragements des éditions Ellipses, et tout particulièrement de Madame Baud.

Nous espérons donc que ce livre soit la première étape dans la construction scientifique des enthousiastes candidats au baccalauréat et aux jeunes bacheliers dans cette nouvelle aventure exaltante mais surtout exigeante. Un travail sérieux de cet ouvrage vous apportera autonomie et rigueur, deux qualités essentielles pour votre réussite. Alors au travail !

Table des matières

Chapitre 1

Les vecteurs

En Mathématiques, un vecteur est rigoureusement défini dans le cadre de l'algèbre linéaire comme étant un élément qui appartient à un espace vectoriel. On comprend alors que le vecteur est un objet mathématique abstrait, gouverné par des règles précises au sein d'espaces satisfaisants à une structure bien particulière.
Mais, si l'espace vectoriel mathématiques s'identifie à l'espace physique qui nous entoure (appelé espace affine euclidien de dimension trois, et noté $\mathbb{E}(3)$, dont le temps est un paramètre), alors le vecteur devient un objet non abstrait. En effet, il se caractérise alors par : une direction, un sens et une norme, c'est-à-dire familièrement « sa longueur ». Ces propriétés caractéristiques ont très rapidement suscitées l'intérêt du physicien. Ce dernier étudie des phénomènes qui lui demandent d'introduire des concepts et des grandeurs nécessitants les caractéristiques de point d'application, direction, sens et norme qu'il préfèrera nommer intensité du vecteur.
Afin de bien se rendre compte de l'importance des vecteurs en Sciences Physiques, citons, par exemple, quelques-unes des grandeurs vectorielles physiques qui sont familières aux élèves de Terminale S : la position $\vec{r}$, la vitesse $\vec{v}$, l'accélération $\vec{a}$, les forces (modélisant les actions mécaniques) $\vec{F}$, l'accélération de pesanteur terrestre $\vec{g}$, la quantité de mouvement $\vec{p}$, le champ électrique $\vec{E}$, le champ magnétique $\vec{B}$, le champ gravitationnel $\vec{\mathcal{G}}$ …

Mais, ils en existent encore quelques une que nous allons découvrir, et très utiles en mécanique pour étudier les systèmes en rotation :

- *le moment d'une force, noté $\overrightarrow{\mathcal{M}}$;*
- *le moment cinétique, noté $\vec{\mathcal{L}}$.*

On comprend mieux l'importance capitale que peut avoir l'étude des vecteurs pour un physicien ; le mot « vecteur » provenant d'ailleurs du langage du physicien. Au cours du 19ième siècle, de nombreux mathématiciens ont travaillés aux développements de la théorie vectorielle, citons entre autres : l'allemand Bernard Bolzano (1781 / 1848), les français Jean-Victor Poncelet (1788 / 1867) et Michel Chasles (1793 / 1880), mais il revient à l'italien Giusto Bellavitis (1803 / 1880), en photo ci-dessus, d'être l'auteur de la formulation moderne encore enseignée de nos jours au lycée.

❶ Définitions et notations

A) Définition

On adoptera la définition suivante :

Définition	Un vecteur est dans l'espace physique affine euclidien de dimension trois $\mathbb{E}(3)$, un segment directeur orienté entre deux points A vers B, et noté $\overrightarrow{AB}$.

B) Notations

L'exploitation de l'outil vectoriel se fait en suivant des règles bien précises : celles des espaces vectoriels. Ces dernières sont dictées par l'**algèbre**, que vous étudierez en cours de Mathématiques dans votre première année post-bac. L'algèbre nous amène à devoir introduire des notions simples mais particulièrement utiles pour le physicien, et donc qu'ils convient de préciser avec soin. De plus, tout au long de ce chapitre, on utilisera l'expression « d'un espace vectoriel E sur $\mathbb{R}$ » pour laquelle on adoptera la définition suivante :

Définition	Un espace vectoriel E sur $\mathbb{R}$, encore appelé $\mathbb{R}$-espace vectoriel, signifie que les éléments de l' ensemble E sont des vecteurs et que les opérations qu'ils vont subirent font appellent à des nombres réels (souvent appelés « scalaires ») donc appartenant à $\mathbb{R}$.

1) Bases et vecteurs élémentaires de $\mathbb{E}(3)$

La représentation graphique du vecteur $\overrightarrow{AB}$ au sein de l'espace physique $\mathbb{E}(3)$ oblige à munir ce dernier d'une **base**. Celle-ci a pour but d'adjoindre, à l'espace physique, **trois vecteurs élémentaires** (on dit parfois unitaires, car leur norme est égale à 1) indépendants les uns des autres qui vont définir les trois directions de références, notées x, y et z de $\mathbb{E}(3)$. Ces trois vecteurs élémentaires associés forment une base de cet espace, et on note ceci : $\mathcal{B}_{\mathbb{E}(3)} = \left(\overrightarrow{e_x}\,;\,\overrightarrow{e_y}\,;\,\overrightarrow{e_z}\right)_{\mathbb{E}(3)}$.

Dès lors, il est possible d'exprimer n'importe quel vecteur $\overrightarrow{AB}$ de $\mathbb{E}(3)$ comme étant une **combinaison linéaire** des vecteurs de la base choisie. On a alors :

$$\overrightarrow{AB} = \alpha\,\overrightarrow{e_x} + \beta\,\overrightarrow{e_y} + \gamma\,\overrightarrow{e_z}\,.$$

Dans cette décomposition vectorielle, α, β et γ représentent trois nombres réels qui s'appellent les **composantes** du vecteur $\overrightarrow{AB}$ dans la base $\left(\overrightarrow{e_x}\,;\,\overrightarrow{e_y}\,;\,\overrightarrow{e_z}\right)_{\mathbb{E}(3)}$. La connaissance des trois composantes d'un vecteur, au sein d'une base préalablement définie, suffit à le décrire parfaitement. Le mathématicien introduit alors les définitions suivantes :

Définition (Sup)

- ✓ Au sein d'un espace vectoriel, si tous les vecteurs peuvent s'exprimer comme une combinaison linéaire des vecteurs d'une famille vectorielle $\mathcal{F}_E = (\overrightarrow{e_1}\ ;\ \overrightarrow{e_2}\ ; \dots ;\ \overrightarrow{e_n})_E$ alors cette dernière est qualifiée de **génératrice**.
- ✓ Si $\mathcal{F}_E = (\overrightarrow{e_1}\ ;\ \overrightarrow{e_2}\ ; \dots ;\ \overrightarrow{e_n})_E$ est une famille vectorielle d'un espace vectoriel E sur $\mathbb{R}$ et on considère l'ensemble $(\lambda_1\ ;\ \lambda_2\ ; \dots ;\ \lambda_n) \in \mathbb{R}^n$. Soit $\overrightarrow{0_E}$ le vecteur nul de l'espace vectoriel E. La famille $\mathcal{F}_E$ est qualifiée de **libre** si, sur E, on vérifie :
$$\lambda_1 \overrightarrow{e_1} + \lambda_2 \overrightarrow{e_2} + \dots + \lambda_n \overrightarrow{e_n} = \overrightarrow{0_E} \iff \lambda_1 = \lambda_2 = \dots = \lambda_n = 0.$$
- ✓ Toute famille de vecteurs libre et génératrice d'un espace vectoriel E sur $\mathbb{R}$ constitue une base de E.
- ✓ Toute base d'un espace vectoriel E sur $\mathbb{R}$ constitue une famille de vecteurs libre et génératrice.
- ✓ Le nombre de vecteur formant la base d'un espace vectoriel E sur $\mathbb{R}$ s'appelle la **dimension**, et se note $dim(E)$.

♣ *Remarque : le choix d'une base au sein d'un espace vectoriel n'est pas unique. D'ailleurs, pour l'espace physique considéré, il y a une infinité de bases possibles.*

2) Repères de $\mathbb{E}(3)$

La représentation graphique d'un vecteur, au sein de l'espace $\mathbb{E}(3)$, oblige de définir une origine à la base choisie. En général, cette origine est notée O. Lorsque le physicien décide de munir une base d'une origine, alors il créé un **repère** de l'espace $\mathbb{E}(3)$. Et on le note : $R_{\mathbb{E}(3)} = \left(O\ ;\overrightarrow{e_x}\ ;\ \overrightarrow{e_y}\ ;\ \overrightarrow{e_z}\right)_{\mathbb{E}(3)}$. Ce dernier permet donc au physicien de pouvoir repérer un point au sein de l'espace $\mathbb{E}(3)$. Le repère $R_{\mathbb{E}(3)} = \left(O\ ;\overrightarrow{e_x}\ ;\ \overrightarrow{e_y}\ ;\ \overrightarrow{e_z}\right)_{\mathbb{E}(3)}$ du physicien est très souvent qualifié d'orthonormé. Cela signifie simplement que les trois vecteurs de la base sont de norme égale à un, et qu'ils sont tous orthogonaux deux à deux entre eux. Par convention, la norme est notée par le symbole $\| \quad \|$. D'où :

Propriétés

Soit un repère $R_{\mathbb{E}(3)} = \left(O\ ;\overrightarrow{e_x}\ ;\ \overrightarrow{e_y}\ ;\ \overrightarrow{e_z}\right)_{\mathbb{E}(3)}$. Celui-ci est orthonormé si et seulement si les vecteurs qui le composent vérifient les propriétés suivantes :

- ✓ $\|\overrightarrow{e_x}\| = \|\overrightarrow{e_y}\| = \|\overrightarrow{e_z}\| = 1$
- ✓ $\overrightarrow{e_x} \perp \overrightarrow{e_y}$
- ✓ $\overrightarrow{e_x} \perp \overrightarrow{e_z}$
- ✓ $\overrightarrow{e_y} \perp \overrightarrow{e_z}$

♣ *Remarque : le choix d'une origine au sein d'un espace vectoriel n'est pas unique, et donc il existe également une infinité de repères au sein de l'espace physique. De plus les changements de repères engendrent quelques complications dans l'écriture des lois physiques.*

3) Référentiels de $\mathbb{E}(3)$

Le physicien a certes besoin de repérer des points de son espace, mais il préfèrera, sans aucun doute, être capable de suivre ces points au sein de l'espace $\mathbb{E}(3)$. En effet, les points considérés évoluent suivant le **paramètre temporel**, et prennent donc successivement différentes positions. C'est pourquoi, le physicien va munir un repère d'une **horloge**. Celle-ci lui permettant de caractériser l'évolution du paramètre « temps ». Ainsi, il créé un objet qui lui permet simultanément de posséder deux références : l'une géométrique (l'origine O) et l'autre temporelle (celle de l'horloge).
Cet objet est un **référentiel** de l'espace physique $\mathbb{E}(3)$, qu'il note : $\mathcal{R}_{\mathbb{E}(3)} = \left(O\,;\overrightarrow{e_x}\,;\,\overrightarrow{e_y}\,;\,\overrightarrow{e_z}\,;t\right)_{\mathbb{E}(3)}$. Au fur et à mesure de l'évolution du temps, la position des points d'étude évoluent au sein du référentiel choisi. Donc, les trois composantes deviennent des fonctions du temps. C'est pourquoi il est d'usage de noter, au sein du référentiel $\mathcal{R}_{\mathbb{E}(3)}$, la combinaison linéaire du vecteur $\overrightarrow{AB}$ comme :

$$\overrightarrow{AB}_{\mathcal{R}_{\mathbb{E}(3)}} = \alpha(t)\,\overrightarrow{e_x} + \beta(t)\,\overrightarrow{e_y} + \gamma(t)\,\overrightarrow{e_z}\,.$$

Mais lorsqu'il n'y a aucune ambiguïté sur le référentiel de travail, le physicien préfèrera noter (uniquement par soucis de simplification d'écriture) $\overrightarrow{AB}_{\mathcal{R}_{\mathbb{E}(3)}} = \overrightarrow{AB}$.
Lorsque les deux points participants au vecteur (parfois encore appelé bipoint) sont définis par leur coordonnées $A(x_A(t)\,;\,y_A(t)\,;\,z_A(t)\,)$ et $B(x_B(t)\,;\,y_B(t)\,;\,z_B(t)\,)$ alors on a :

$$\begin{cases} \alpha(t) = x_B(t) - x_A(t) \\ \beta(t) = y_B(t) - y_A(t) \\ \gamma(t) = z_B(t) - z_A(t) \end{cases}$$

4) Représentation

L'évolution, temporelle et géométrique, d'un point $M\big(x(t)\,;\,y(t)\,;z(t)\big)$ au sein d'un référentiel $\mathcal{R}_{\mathbb{E}(3)}$ est donc donnée par $\overrightarrow{OM}_{\mathcal{R}_{\mathbb{E}(3)}} = x(t)\,\overrightarrow{e_x} + y(t)\,\overrightarrow{e_y} + z(t)\,\overrightarrow{e_z}$, et se représente comme :

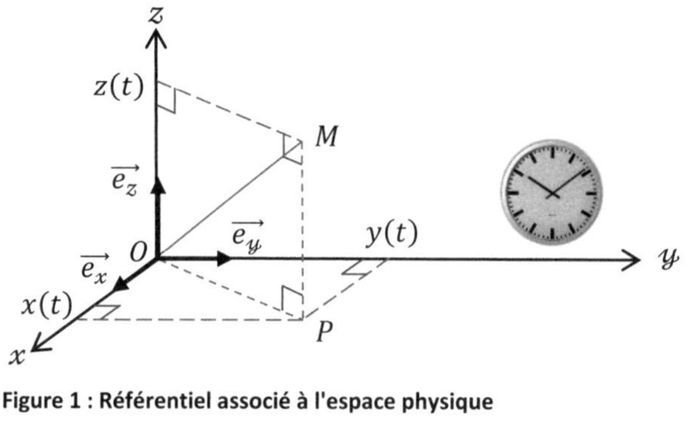

Figure 1 : Référentiel associé à l'espace physique

Bien souvent, pour des raisons de simplicité, on adopte les notations verticales faisant uniquement apparaître les composantes du vecteur :

$$\overrightarrow{OM}_{\mathcal{R}_{\mathbb{E}(3)}} = x(t)\,\overrightarrow{e_x} + y(t)\,\overrightarrow{e_y} + z(t)\,\overrightarrow{e_z} = \left|\begin{array}{l} x(t) \\ y(t) \\ z(t) \end{array}\right._{\mathcal{R}_{\mathbb{E}(3)}}$$

En mécanique les composantes du vecteur position $\overrightarrow{OM}_{\mathcal{R}_{\mathbb{E}(3)}}$, qui est associé à l'étude du mouvement d'un point, sont appelées **les équations horaires** du mouvement.

5) Expression de la norme

- *Définition intuitive*

En géométrie euclidienne classique, la norme d'un vecteur représente la longueur du segment portant le vecteur. Ce qui implique que la norme est toujours positive ou nulle. Nous allons donc calculer $\left\|\overrightarrow{OM}_{\mathcal{R}_{\mathbb{E}(3)}}\right\|$. Pour cela, il suffit de remarquer que $[OP]$ est, dans le plan (de base) inférieur $\Pi(xOy)$, la diagonale d'un rectangle donc l'hypoténuse d'un triangle rectangle. Donc le théorème de *Pythagore* (580 avant J.C. / 495 avant J.C.) nous permet d'écrire que $OP^2 = x(t)^2 + y(t)^2$. De plus, dans le triangle OPM rectangle en P, l'application du théorème de Pythagore nous permet d'écrire que $OM^2 = OP^2 + PM^2 = OP^2 + z(t)^2 = x(t)^2 + y(t)^2 + z(t)^2$. Finalement, on trouve que :

Définition

Soit un référentiel $\mathcal{R}_{\mathbb{E}(3)} = \left(O\,; \overrightarrow{e_x}\,; \overrightarrow{e_y}\,; \overrightarrow{e_z}\,; t\right)_{\mathbb{E}(3)}$. La norme d'un vecteur est égale à la racine carrée de la somme des carrés des composantes de ce vecteur. Si :

$$\overrightarrow{OM}_{\mathcal{R}_{\mathbb{E}(3)}} = x(t)\,\overrightarrow{e_x} + y(t)\,\overrightarrow{e_y} + z(t)\,\overrightarrow{e_z}$$

alors

$$\left\|\overrightarrow{OM}_{\mathcal{R}_{\mathbb{E}(3)}}\right\| = \sqrt{x(t)^2 + y(t)^2 + z(t)^2}$$

La relation précédente permet de calculer une norme mais en aucun cas n'est une définition rigoureuse. Elle convient donc au physicien mais pas au mathématicien.

- *Définition rigoureuse*

L'algèbre présente l'avantage d'offrir une définition formelle et précise de la norme d'un vecteur. On a :

Définition (Sup)

La norme sur un espace vectoriel E sur $\mathbb{R}$, est une application notée $\mathcal{N}$ qui admet uniquement des valeurs réelles positives ou nulle, et devant satisfaire aux trois hypothèses suivantes :

- ✓ la séparation : $\forall\,\vec{u} \in E, \mathcal{N}(\vec{u}) = 0 \implies \vec{u} = \overrightarrow{0_E}$
- ✓ l'homogénéité : $\forall\,\vec{u} \in E,\ \forall\,\lambda \in \mathbb{R},\ \mathcal{N}(\lambda\vec{u}) = |\lambda|\mathcal{N}(\vec{u})$
- ✓ l'inégalité triangulaire : $\forall\,(\vec{u}\,;\,\vec{v}) \in E^2,\ \mathcal{N}(\vec{u} + \vec{v}) \leq \mathcal{N}(\vec{u}) + \mathcal{N}(\vec{v})$

En Mathématiques, un espace vectoriel muni d'une norme est appelé un espace vectoriel normé.

❷ Opérations

A) L'addition

Il est aisé d'additionner deux vecteurs. En effet, si $\vec{u}$ et $\vec{v}$ sont deux vecteur de $\mathbb{E}(3)$, alors dans $\mathcal{R}_{\mathbb{E}(3)}$ on a :

Propriétés

Si $\vec{u} = x_u(t)\,\overrightarrow{e_x} + y_u(t)\,\overrightarrow{e_y} + z_u(t)\,\overrightarrow{e_z}$ et $\vec{v} = x_v(t)\,\overrightarrow{e_x} + y_v(t)\,\overrightarrow{e_y} + z_v(t)\,\overrightarrow{e_z}$ alors on a :

$$\vec{u} + \vec{v} = {}_{\mathcal{R}_{\mathbb{E}(3)}}\left|\begin{matrix} x_u(t) \\ y_u(t) \\ z_u(t) \end{matrix}\right. + {}_{\mathcal{R}_{\mathbb{E}(3)}}\left|\begin{matrix} x_v(t) \\ y_v(t) \\ z_v(t) \end{matrix}\right. = {}_{\mathcal{R}_{\mathbb{E}(3)}}\left|\begin{matrix} x_u(t) + x_v(t) \\ y_u(t) + y_v(t) \\ z_u(t) + z_v(t) \end{matrix}\right.$$

Ceci est à mettre en corrélation avec la célèbre relation de Chasles, à savoir que, si A, B et C sont trois points de l'espace physique $\mathbb{E}(3)$, alors on a la relation suivante :

$$\overrightarrow{AC} = \overrightarrow{A\boldsymbol{B}} + \overrightarrow{\boldsymbol{B}C}.$$

Cette relation pouvant évidemment s'étendre à plusieurs points relais, autre que B.

En terme de construction, cela signifie simplement que l'on doit mettre un « représentant » de $\vec{v}$ à l'extrémité de $\vec{u}$ et tracer le vecteur partant du début de $\vec{u}$ à la fin du « représentant » de $\vec{v}$:

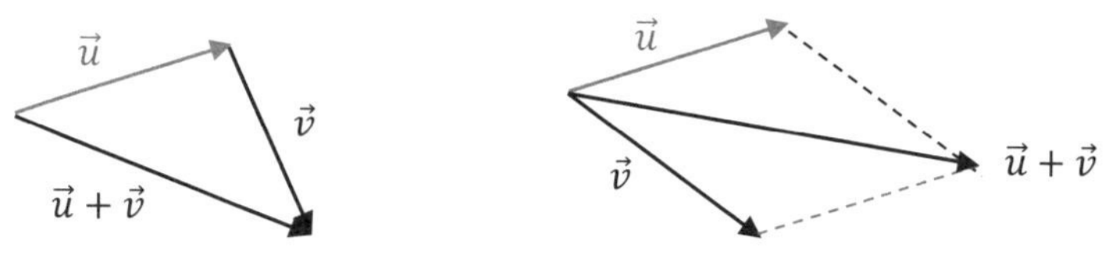

Figure 2 : L'addition vectorielle

B) L'égalité

L'égalité de deux vecteurs s'énonce de la manière suivante :

Définition

Deux vecteurs exprimés dans référentiel $\mathcal{R}_{\mathbb{E}(3)} = \left(O\,;\overrightarrow{e_x}\,;\,\overrightarrow{e_y}\,;\,\overrightarrow{e_z}\,;\,t\right)_{\mathbb{E}(3)}$ sont égaux si et seulement si ils ont des composantes de mêmes natures égales.

C) L'opposé

La définition du vecteur opposé est très intuitive. En effet, elle est à rapprocher de celle des nombres et s'en inspire.

Définition

> Soit $\vec{u} = x(t)\,\overrightarrow{e_x} + y(t)\,\overrightarrow{e_y} + z(t)\,\overrightarrow{e_z}$ un de l'espace physique $\mathbb{E}(3)$. On définit le vecteur $\vec{v}_{op(\vec{u})}$ opposé à $\vec{u}$ par la propriété suivante :
>
> $$\vec{u} + \vec{v}_{op(\vec{u})} = \overrightarrow{0_{\mathbb{E}(3)}}.$$

Cette définition nous permet d'écrire que :

$$\vec{u} + \vec{v}_{op(\vec{u})} = {}_{\mathcal{R}_{\mathbb{E}(3)}}\left|\begin{matrix} x(t) \\ y(t) \\ z(t) \end{matrix}\right. + {}_{\mathcal{R}_{\mathbb{E}(3)}}\left|\begin{matrix} x_{op}(t) \\ y_{op}(t) \\ z_{op}(t) \end{matrix}\right. = {}_{\mathcal{R}_{\mathbb{E}(3)}}\left|\begin{matrix} x(t) + x_{op}(t) \\ y(t) + y_{op}(t) \\ z(t) + z_{op}(t) \end{matrix}\right.$$

Ainsi, on obtient :

$$\vec{u} + \vec{v}_{op(\vec{u})} = \overrightarrow{0_{\mathbb{E}(3)}} \iff {}_{\mathcal{R}_{\mathbb{E}(3)}}\left|\begin{matrix} x(t) + x_{op}(t) \\ y(t) + y_{op}(t) \\ z(t) + z_{op}(t) \end{matrix}\right. = {}_{\mathcal{R}_{\mathbb{E}(3)}}\left|\begin{matrix} 0 \\ 0 \\ 0 \end{matrix}\right. \Rightarrow \begin{cases} x(t) + x_{op}(t) = 0 \\ y(t) + y_{op}(t) = 0 \\ z(t) + z_{op}(t) = 0 \end{cases}$$

Soit

$$\begin{cases} x_{op}(t) = -x(t) \\ y_{op}(t) = -y(t) \\ z_{op}(t) = -z(t) \end{cases} \Rightarrow \quad \vec{v}_{op(\vec{u})} = -\vec{u}.$$

Donc, on constate que $\vec{v}_{op(\vec{u})}$ à la même direction (donc colinéaire) et la même norme que $\vec{u}$. En revanche, ils ont des sens opposés :

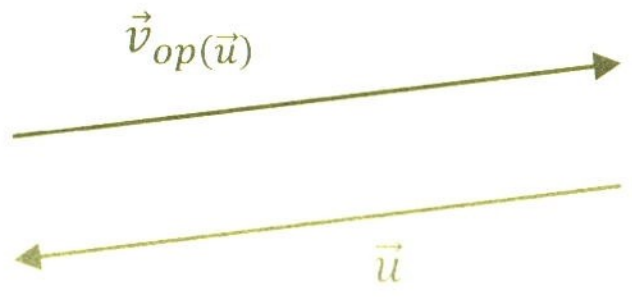

Figure 3 : Deux vecteurs opposés

D) La soustraction

Par définition, la soustraction par une certaine quantité consiste, en réalité, à rajouter l'opposé de la quantité considérée. C'est pourquoi, même dans un espace vectoriel, on adopte le même principe, à savoir : pour soustraire un vecteur $\vec{v}$, on ajoute son vecteur opposé $\vec{v}_{op(\vec{v})}$. D'où la règle élémentaire suivante :

Définition

Si $\vec{u} = x_u(t)\,\overrightarrow{e_x} + y_u(t)\,\overrightarrow{e_y} + z_u(t)\,\overrightarrow{e_z}$ et $\vec{v} = x_v(t)\,\overrightarrow{e_x} + y_v(t)\,\overrightarrow{e_y} + z_v(t)\,\overrightarrow{e_z}$ sont deux vecteurs de l'espace physique $\mathbb{E}(3)$ alors on a :

$$\vec{u} - \vec{v} = \vec{u} + \vec{v}_{op(\vec{v})} = \vec{u} + (-\vec{v}) \quad {}_{\mathcal{R}_{\mathbb{E}(3)}}\left|\begin{matrix} x_u(t) \\ y_u(t) \\ z_u(t) \end{matrix}\right. + \; {}_{\mathcal{R}_{\mathbb{E}(3)}}\left|\begin{matrix} -x_v(t) \\ -y_v(t) \\ -z_v(t) \end{matrix}\right.$$

Soit

$$\vec{u} - \vec{v} = \; {}_{\mathcal{R}_{\mathbb{E}(3)}}\left|\begin{matrix} x_u(t) - x_v(t) \\ y_u(t) - y_v(t) \\ z_u(t) - z_v(t) \end{matrix}\right.$$

En terme de construction, cela signifie simplement que l'on doit mettre un « représentant » de $-\vec{v}$ à l'extrémité de $\vec{u}$ et tracer le vecteur partant du début de $\vec{u}$ à la fin du « représentant » de $-\vec{v}$:

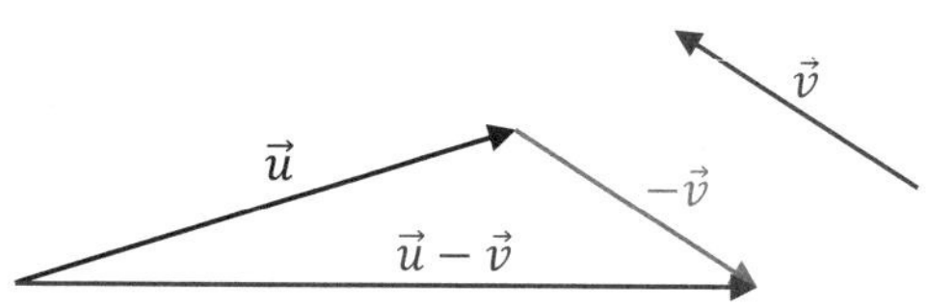

Figure 4 : Soustraction de deux vecteurs

E) La multiplication par un scalaire

En géométrie, un scalaire est un nombre réel. Le fait de multiplier un vecteur de l'espace physique $\mathbb{E}(3)$, engendrera un vecteur colinéaire. Et plus exactement :

Propriétés

Si $\vec{u} = x(t)\,\overrightarrow{e_x} + y(t)\,\overrightarrow{e_y} + z(t)\,\overrightarrow{e_z}$ est un vecteur de l'espace physique $\mathbb{E}(3)$ et λ un scalaire, alors on a :

✓ $\lambda\vec{u} = \lambda \times \; {}_{\mathcal{R}_{\mathbb{E}(3)}}\left|\begin{matrix} x(t) \\ y(t) \\ z(t) \end{matrix}\right. = \; {}_{\mathcal{R}_{\mathbb{E}(3)}}\left|\begin{matrix} \lambda x(t) \\ \lambda y(t) \\ \lambda z(t) \end{matrix}\right.$

✓ $\|\lambda\vec{u}\| = |\lambda| \times \|\vec{u}\|$

F) Vecteur unitaire

En Sciences Physiques, les vecteurs unitaires sont très utiles donc très présents. En effet, comme leur norme est égale à l'unité, ils permettent de caractériser vectoriellement une grandeur physique sans agir en aucune façon sur la norme de la grandeur vectorisée. En fait, à partir d'un vecteur $\vec{u}$, non unitaire, de l'espace physique $\mathbb{E}(3)$, il est particulièrement simple de construire un vecteur unitaire colinéaire à $\vec{u}$.

Définition

Si $\vec{u} = x(t)\,\overrightarrow{e_x} + y(t)\,\overrightarrow{e_y} + z(t)\,\overrightarrow{e_z}$ est un vecteur de l'espace physique $\mathbb{E}(3)$ et de norme **non nulle** $\|\vec{u}\| \neq 1$ alors le vecteur unitaire $\overrightarrow{e_{\vec{u}}}$ colinéaire à $\vec{u}$ est donné par :

$$\overrightarrow{e_{\vec{u}}} = \frac{\vec{u}}{\|\vec{u}\|} = \frac{\vec{u}}{\sqrt{x(t)^2 + y(t)^2 + z(t)^2}}.$$

De ce fait, on en déduit que : $\vec{u} = \|\vec{u}\|\,\overrightarrow{e_{\vec{u}}}$.

C'est cette dernière relation qui est particulièrement appréciée en Sciences Physiques.

G) Règles du calcul vectoriel

Il est maintenant possible d'énoncer, au sein de l'espace physique $\mathbb{E}(3)$, les règles concernant les opérations élémentaires vectorielles.

Propriétés

Soient $\vec{u}, \vec{v}$ et $\vec{w}$ trois vecteurs de l'espace physique $\mathbb{E}(3)$. Si λ_1 et λ_2 sont deux scalaires, alors on a les propriétés suivantes :

- ✓ commutativité de l'addition : $\vec{u} + \vec{v} = \vec{v} + \vec{u}$
- ✓ associativité de l'addition : $\vec{u} + (\vec{v} + \vec{w}) = (\vec{u} + \vec{v}) + \vec{w}$
- ✓ associativité de la multiplication : $(\lambda_1\lambda_2)\vec{u} = \lambda_1(\lambda_2\vec{u}) = \lambda_2(\lambda_1\vec{u})$
- ✓ distributivité vectorielle : $(\lambda_1 + \lambda_2)\vec{u} = \lambda_1\vec{u} + \lambda_2\vec{u}$
- ✓ distributivité scalaire : $\lambda_1(\vec{u} + \vec{v}) = \lambda_1\vec{u} + \lambda_1\vec{v}$

❸ Le produit scalaire

Le produit scalaire est la première « manière » d'apprendre à multiplier des vecteurs entre eux. Mais pour des raisons pédagogiques, nous introduction préalablement la notion de « carré scalaire », elle-même liée à la notion de norme.

A) Définition du carré scalaire

Afin de construire les propriétés du produit scalaire, nous allons commencer par définir **le carré scalaire** d'un vecteur $\vec{u}$.

Définition

Si $\vec{u}$ est un vecteur de l'espace physique $\mathbb{E}(3)$ alors le carré de sa norme associée s'appelle **le carré scalaire** ; et il est définit comme étant **le produit scalaire** de $\vec{u}$ par lui-même :

$$\|\vec{u}\|^2 = \vec{u}.\vec{u}$$

Le produit scalaire $\vec{u}.\vec{u}$ peut également s'écrire comme $(\vec{u}|\vec{u})$ ou comme $\langle\vec{u}|\vec{u}\rangle$.

Le produit scalaire est donc une technique particulière pour multiplier des vecteurs, mais dont le résultat est un nombre réel, à savoir un scalaire. Au regard de la définition précédente, le produit scalaire est commutatif.

B) Conséquences

Soit $\vec{u} = \vec{v} + \vec{w}$, et appliquons à ce vecteur la définition précédente du carré scalaire. On obtient alors :

$$\|\vec{u}\|^2 = \vec{u}.\vec{u} \quad \Leftrightarrow \quad \|\vec{v}+\vec{w}\|^2 = (\vec{v}+\vec{w}).(\vec{v}+\vec{w}) \quad \Leftrightarrow \quad \|\vec{v}+\vec{w}\|^2 = \vec{v}.\vec{v} + \vec{v}.\vec{w} + \vec{w}.\vec{v} + \vec{w}.\vec{w}$$

Ce qui nous donne :

$$\|\vec{v}+\vec{w}\|^2 = \|\vec{v}\|^2 + \vec{v}.\vec{w} + \vec{w}.\vec{v} + \|\vec{w}\|^2 \quad \Leftrightarrow \quad \|\vec{v}+\vec{w}\|^2 = \|\vec{v}\|^2 + 2\vec{v}.\vec{w} + \|\vec{w}\|^2$$

Finalement, on en déduit aisément l'expression du produit scalaire de deux vecteurs différents, à savoir :

$$\vec{v}.\vec{w} = \frac{1}{2}\left(\|\vec{v}+\vec{w}\|^2 - \|\vec{v}\|^2 - \|\vec{w}\|^2\right)$$

Si on admet maintenant que $\vec{v}$ et $\vec{w}$ deux vecteurs de l'espace physique $\mathbb{E}(3)$ et, que dans cet espace, ils s'écrivent comme

$$\vec{v} = \underset{\mathcal{R}_{\mathbb{E}(3)}}{\left|\begin{matrix} x_v(t) \\ y_v(t) \\ z_v(t) \end{matrix}\right.} \quad \text{et} \quad \vec{w} = \underset{\mathcal{R}_{\mathbb{E}(3)}}{\left|\begin{matrix} x_w(t) \\ y_w(t) \\ z_w(t) \end{matrix}\right.}$$

alors, on obtient :

- $\vec{v}+\vec{w} = \underset{\mathcal{R}_{\mathbb{E}(3)}}{\left|\begin{matrix} x_v(t) + x_w(t) \\ y_v(t) + y_w(t) \\ z_v(t) + z_w(t) \end{matrix}\right.}$

- $\|\vec{v}+\vec{w}\|^2 = \left(x_v(t) + x_w(t)\right)^2 + \left(y_v(t) + y_w(t)\right)^2 + \left(z_v(t) + z_w(t)\right)^2$

- $\|\vec{v}\|^2 = x_v(t)^2 + y_v(t)^2 + z_v(t)^2$

- $\|\vec{w}\|^2 = x_w(t)^2 + y_w(t)^2 + z_w(t)^2$

Donc, en développant les identités remarquables de l'expression $\|\vec{v}+\vec{w}\|^2$, on obtient :

$$\begin{aligned}\|\vec{v}+\vec{w}\|^2 &= x_v(t)^2 + 2x_v(t)x_w(t) + x_w(t)^2\\ &+ y_v(t)^2 + 2y_v(t)y_w(t) + y_w(t)^2\\ &+ z_v(t)^2 + 2z_v(t)z_w(t) + z_w(t)^2\end{aligned}$$

Soit en arrangeant les différents termes :

$$\begin{aligned}\|\vec{v}+\vec{w}\|^2 &= x_v(t)^2 + y_v(t)^2 + z_v(t)^2\\ &+ x_w(t)^2 + y_w(t)^2 + z_w(t)^2\\ &+ 2x_v(t)x_w(t) + 2y_v(t)y_w(t) + 2z_v(t)z_w(t)\end{aligned}$$

Ce qui nous donne :

$$\|\vec{v}+\vec{w}\|^2 = \|\vec{v}\|^2 + \|\vec{w}\|^2 + 2\big(x_v(t)x_w(t) + y_v(t)y_w(t) + z_v(t)z_w(t)\big)$$

Ainsi, on peut écrire que :

$$\|\vec{v}+\vec{w}\|^2 - \|\vec{v}\|^2 - \|\vec{w}\|^2 = 2\big(x_v(t)x_w(t) + y_v(t)y_w(t) + z_v(t)z_w(t)\big)$$

D'où :

$$\frac{1}{2}(\|\vec{v}+\vec{w}\|^2 - \|\vec{v}\|^2 - \|\vec{w}\|^2) = x_v(t)x_w(t) + y_v(t)y_w(t) + z_v(t)z_w(t)$$

Finalement, on trouve que :

Propriétés

Si $\vec{v}$ et $\vec{w}$ sont deux vecteurs différents de l'espace physique $\mathbb{E}(3)$, et si on les exprime dans le référentiel $\mathcal{R}_{\mathbb{E}(3)} = \left(O\,; \overrightarrow{e_x}\,; \overrightarrow{e_y}\,; \overrightarrow{e_z}\,; t\right)_{\mathbb{E}(3)}$ alors on a les deux propriétés suivantes :

- ✓ $\vec{v}.\vec{w} = \frac{1}{2}(\|\vec{v}+\vec{w}\|^2 - \|\vec{v}\|^2 - \|\vec{w}\|^2)$
- ✓ $\vec{v}.\vec{w} = x_v(t)x_w(t) + y_v(t)y_w(t) + z_v(t)z_w(t)$

La première de ces deux propriétés est essentiellement utilisée par les lycéens dans le cadre de leurs exercices de mathématiques. En revanche, la seconde propriété est essentiellement exploitée dans le cadre des exercices de physiques afin, par exemple, de calculer des travaux de forces ou des puissances développées par des forces.

C) Lien avec la géométrie

Soient $\vec{v}$ et $\vec{w}$ sont deux vecteurs différents et non colinéaires de l'espace physique $\mathbb{E}(3)$. Ces deux vecteurs, à eux seul, définissent un plan $\Pi(\vec{v}\,; \vec{w})$. Dans ce plan, donc dans $\mathbb{E}(2)$, il est possible de définir un référentiel $\mathcal{R}_{\mathbb{E}(2)} = (D\,; \overrightarrow{e_X}\,; \overrightarrow{e_Y}\,; t)_{\mathbb{E}(2)}$ dans lequel, on a évidemment $\overrightarrow{e_X} \perp \overrightarrow{e_Y}$:

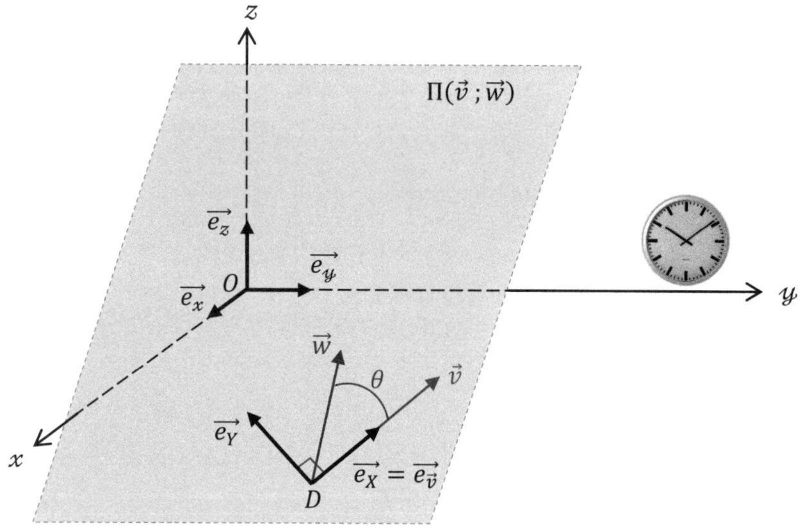

Figure 5 : Situation géométrique considérée

On pose le référentiel $\mathcal{R}_{\mathbb{E}(2)} = (D\,;\overrightarrow{e_X}\,;\,\overrightarrow{e_Y}\,\,;\,t)_{\mathbb{E}(2)}$ de telle manière à ce que le vecteur de base unitaire $\overrightarrow{e_X}$ soit colinéaire avec le vecteur $\vec{v}$, et que nous ayons $\overrightarrow{e_X} = \overrightarrow{e_{\vec{v}}}$. De plus, l'écart angulaire entre $\vec{v}$ et $\vec{w}$ est $\theta = (\widehat{\vec{v}\,;\vec{w}})$. Dans ce cas, on en déduit que :

- $\vec{v} = \underset{\mathcal{R}_{\mathbb{E}(2)}}{} \begin{vmatrix} \|\vec{v}\| \\ 0 \end{vmatrix}$

- $\vec{w} = \underset{\mathcal{R}_{\mathbb{E}(2)}}{} \begin{vmatrix} \|\vec{w}\|\,\cos\theta \\ \|\vec{w}\|\,\sin\theta \end{vmatrix}$

Ainsi, comme $\overrightarrow{e_X} \perp \overrightarrow{e_Y}$, on en déduit que :

$$\vec{v}.\vec{w} = \underset{\mathcal{R}_{\mathbb{E}(2)}}{} \begin{vmatrix} \|\vec{v}\| \\ 0 \end{vmatrix} \cdot \underset{\mathcal{R}_{\mathbb{E}(2)}}{} \begin{vmatrix} \|\vec{w}\|\,\cos\theta \\ \|\vec{w}\|\,\sin\theta \end{vmatrix} = \|\vec{v}\|\|\vec{w}\|\,\cos\theta + 0\|\vec{w}\|\,\sin\theta = \|\vec{v}\|\|\vec{w}\|\,\cos\theta$$

D'où :

Propriété

> Si $\vec{v}$ et $\vec{w}$ sont deux vecteurs différents de l'espace physique $\mathbb{E}(3)$ d'écart angulaire $(\widehat{\vec{v}\,;\vec{w}})$, et si on les exprime dans le référentiel $\mathcal{R}_{\mathbb{E}(3)} = \left(O\,;\overrightarrow{e_x}\,;\,\overrightarrow{e_y}\,\,;\,\overrightarrow{e_z}\,;\,t\right)_{\mathbb{E}(3)}$ alors on a :
>
> $$\vec{v}.\vec{w} = \|\vec{v}\|\|\vec{w}\|\,\cos(\widehat{\vec{v}\,;\vec{w}})$$
>
> C'est très souvent sous cette forme que le physicien se sert du produit scalaire, par exemple pour le calcul du travail, ou de la puissance instantanée, d'une force.

D) Orthogonalité et produit scalaire

Si $\vec{v}$ et $\vec{w}$ sont deux vecteurs orthogonaux de l'espace physique $\mathbb{E}(3)$ alors $(\widehat{\vec{v}\,;\vec{w}}) = 90° = \frac{\pi}{2}$ rad. Donc, on en déduit alors que $\cos(\widehat{\vec{v}\,;\vec{w}}) = 0$, ce qui implique donc que $\vec{v}.\vec{w} = 0$. Ainsi, on a la propriété suivante :

Propriété	Soient $\vec{v}$ et $\vec{w}$ sont deux vecteurs de l'espace physique $\mathbb{E}(3)$ d'écart angulaire $(\widehat{\vec{v}\,;\vec{w}})$. Si dans le référentiel $\mathcal{R}_{\mathbb{E}(3)} = \left(O\,;\overrightarrow{e_x}\,;\,\overrightarrow{e_y}\,;\,\overrightarrow{e_z}\,;\,t\right)_{\mathbb{E}(3)}$ on a $\vec{v}.\vec{w} = 0$ alors : ✓ soit $\vec{v} \perp \vec{w}$ ✓ soit $\|\vec{v}\| = 0$ ✓ soit $\|\vec{w}\| = 0$

E) Règles de calcul et produit scalaire

Il est maintenant possible d'énoncer, au sein de l'espace physique $\mathbb{E}(3)$, les règles concernant les opérations associées au produit scalaire.

Propriétés	Soient $\vec{u}, \vec{v}$ et $\vec{w}$ trois vecteurs de l'espace physique $\mathbb{E}(3)$ de norme non nulle. Si λ est un scalaire, alors on a les propriétés suivantes : ✓ commutativité du produit scalaire : $\vec{u}.\vec{v} = \vec{v}.\vec{u}$ ✓ distributivité du produit scalaire sur l'addition : $\vec{u}.(\vec{v} + \vec{w}) = \vec{u}.\vec{v} + \vec{u}.\vec{w}$ ✓ associativité du produit scalaire: $\lambda(\vec{u}.\vec{v}) = (\lambda\vec{u}).\vec{v} = \vec{u}.(\lambda\vec{v})$ ✓ interprétation : $\vec{u}.\vec{v} = 0 \iff \vec{u} \perp \vec{v}$

F) Application physique : le travail du poids

En Sciences Physiques, il est possible de caractériser l'action d'une force $\vec{f}$ sur l'évolution d'un système physique en calculant **le travail** de cette force le long du déplacement du système. Le travail d'une force est en réalité l'énergie fournie par cette force lorsque son point d'application se déplace.

Lorsque la force est de **norme et de direction constante** le long d'un déplacement allant d'un point initial I jusqu'à un point final F de l'espace physique $\mathbb{E}(3)$, le travail de cette force est noté $\mathcal{W}_{\vec{f}}(I \to F)$ et vaut :

$$\mathcal{W}_{\vec{f}}(I \to F) = \vec{f}.\overrightarrow{IF}$$

Le travail est une grandeur qui s'exprime en *Joule* (1818 / 1889) de symbole (J), c'est en dire en $kg.m^2.s^{-2}$. Il est d'usage d'adopter le vocabulaire suivant :

- si $\mathcal{W}_{\vec{f}}(I \to F) > 0$ alors la force $\vec{f}$ est qualifiée de motrice car elle encourage le mouvement ;
- si $\mathcal{W}_{\vec{f}}(I \to F) < 0$ alors la force $\vec{f}$ est qualifiée de résistante car elle estompe le mouvement ;
- si $\mathcal{W}_{\vec{f}}(I \to F) = 0$ alors $\vec{f} \perp \overrightarrow{IF}$, et $\vec{f}$ est sans effet sur le mouvement.

La force de poids, notée $\vec{P}$, est en fait la force due à l'action de la pesanteur terrestre que subit un corps, et qui se modélise comme $\vec{P} = m\vec{g}$; où m est la masse (en kg) du système étudié, et $\vec{g}$ est l'accélération de pesanteur terrestre. Il est bien évident que, pour un système en évolution sur et/ou autour de la Terre, $\|\vec{g}\|$ varie en fonction de l'altitude h et de la latitude λ à laquelle se situe le système physique. Le modèle actuellement utilisé tient compte

- de l'altitude ;
- de la latitude
- de la rotation terrestre ;
- de la structure interne du de la Terre ;
- des marées, principalement dues au Soleil et à la Lune.

Cette modélisation nous conduit au résultat suivant :

$$g = \|\vec{g}\| = 9{,}7803278\,(1 + 0{,}0053024 \sin^2 \lambda - 0{,}0000058 \sin^2(2\lambda) - 0{,}0000003155h)$$

Au regard des très faibles corrections apportées par les termes en h et λ on peut, en première approximation, négliger leurs actions, et ainsi admettre une valeur uniforme. Cette approximation sera d'autant plus justifiée que l'évolution du système considéré se limite à un petit volume de l'espace physique $\mathbb{E}(3)$, comme par exemple : le mouvement d'une balle de golf ou d'une balle de tennis ou encore lors de l'étude d'un pendule ... Dans le cadre de l'hypothèse précédente, dans $\mathcal{R}_{\mathbb{E}(3)} = \left(O\,;\overrightarrow{e_x}\,;\,\overrightarrow{e_y}\,;\,\overrightarrow{e_z}\,;\,t\right)_{\mathbb{E}(3)}$ (donc avec l'axe vertical ascendant), on a alors :

$$\mathcal{W}_{\vec{f}}(I \to F) = \vec{P}.\overrightarrow{IF} = \mathcal{R}_{\mathbb{E}(3)} = \left|\begin{matrix} 0 \\ 0 \\ -mg \end{matrix}\right._{\mathcal{R}_{\mathbb{E}(3)}} . \left|\begin{matrix} x_F(t) - x_I(t) \\ y_F(t) - y_I(t) \\ z_F(t) - z_I(t) \end{matrix}\right._{\mathcal{R}_{\mathbb{E}(3)}} = -mg\big(z_F(t) - z_I(t)\big)$$

D'où le résultat bien connu de tous les lycéens :

Propriété

> Le travail de la force de poids ne dépend que de la dénivellation subi par le système physique lors de son mouvement :
>
> $$\mathcal{W}_{\vec{f}}(I \to F) = mg\big(z_I(t) - z_F(t)\big)$$

♣ *Remarque : si le choix d'un axe vertical descendant avait été fait, le résultat serait l'opposé de celui trouvé.*

G) Application physique : la puissance instantanée

Il est parfois, physiquement, plus intéressant de déterminer l'énergie (algébrique) **par unité de temps** délivrée par une force $\vec{f}$ sur l'évolution d'un système physique. Cette grandeur s'appelle la **puissance instantanée**, et notée $\mathcal{P}_{\vec{f}}$, et est définie comme étant la dérivée temporelle du travail $\mathcal{W}_{\vec{f}}(I \to F)$. Ainsi, la puissance est une grandeur qui s'exprime en *Watt* (1736 / 1819) de symbole (W), c'est en dire en $\mathrm{kg.m^2.s^{-3}}$.
Lorsque la force représentée par un vecteur uniforme (c'est-à-dire constant) le long d'un déplacement allant d'un point initial I jusqu'à un point final F de l'espace physique $\mathbb{E}(3)$, **puissance instantanée** vaut :

$$\mathcal{P}_{\vec{f}} = \frac{d\,\mathcal{W}_{\vec{f}}(I \to F)}{dt} = \frac{d\left(\vec{f}.\overrightarrow{IF}\right)}{dt} = \frac{d\vec{f}}{dt}.\overrightarrow{IF} + \vec{f}.\frac{d\,\overrightarrow{IF}}{dt}.$$

Le terme $\frac{d\vec{f}}{dt}$ est égale à $\overrightarrow{0_{\mathbb{E}(3)}}$ car la force représentée par un vecteur uniforme ; et $\frac{d\,\overrightarrow{IF}}{dt} = \vec{v}\left(G/\mathcal{R}_{\mathbb{E}(3)}\right)$. Dans cette expression $\vec{v}\left(G/\mathcal{R}_{\mathbb{E}(3)}\right)$ représente la vitesse instantanée du centre de gravité G du système physique étudié. On obtient alors la définition suivante :

Définition (Sup)

> La puissance instantanée $\mathcal{P}_{\vec{f}}$ d'une force, représentée par un vecteur $\vec{f}$ uniforme lors du mouvement d'un système physique de centre de gravité G est, dans $\mathcal{R}_{\mathbb{E}(3)}$, est donnée par :
>
> $$\mathcal{P}_{\vec{f}} = \vec{f}.\vec{v}\left(G/\mathcal{R}_{\mathbb{E}(3)}\right)$$

❹ Le produit vectoriel

A) Base directe et règle de la main droite

L'espace physique $\mathbb{E}(3)$ doit être **orienté** afin de pouvoir y exprimer correctement les lois physiques. Dans $\mathbb{E}(3)$, toute base $\mathcal{B}_{\mathbb{E}(3)} = \left(\overrightarrow{e_x}\ ;\ \overrightarrow{e_y}\ ;\ \overrightarrow{e_z}\right)_{\mathbb{E}(3)}$ est qualifiée de **directe** si les vecteurs qui la composent suivent la **règle de la main droite** :

Définition (Sup)

> Soit une base $\mathcal{B}_{\mathbb{E}(3)} = \left(\overrightarrow{e_x}\ ;\ \overrightarrow{e_y}\ ;\ \overrightarrow{e_z}\right)_{\mathbb{E}(3)}$ de $\mathbb{E}(3)$. Cette base est qualifiée de **directe** si, à partir d'une **main droite** dans laquelle le pouce, l'index et le majeur sont orthogonaux entre eux deux à deux, et où l'on a :
>
> ✓ $\overrightarrow{e_x}$ suit le pouce ;
>
> ✓ $\overrightarrow{e_y}$ suit l'index ;
>
> ✓ $\overrightarrow{e_z}$ suit le majeur.

Cette définition s'illustre très simplement de la manière suivante :

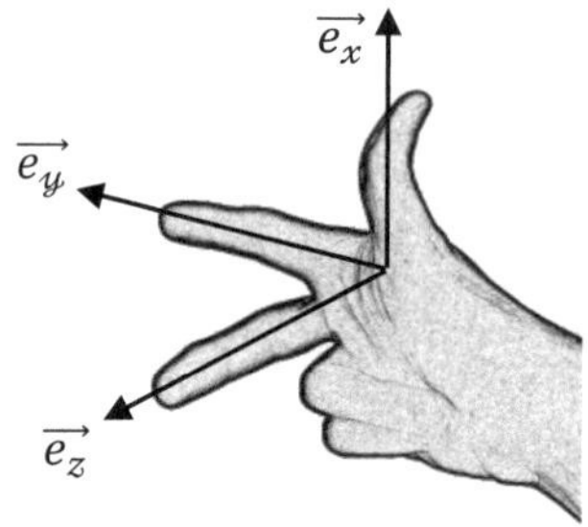

Figure 6 : Règle de main droite

Il convient impérativement de respecter cet ordre, sous peine de rendre la base choisie indirecte. En effet :

- si on change de sens un vecteur, alors la base change d'orientation ;
- si échange deux des trois vecteurs, alors la base change d'orientation ;
- mais si on permute circulairement les vecteurs, c'est-à-dire s'ils prennent **tous** la place du suivant ou du précédent, alors la base ne change pas d'orientation.

Ainsi, au sein d'une base directe de l'espace physique $\mathbb{E}(3)$, on en déduit qu'un vecteur de base est nécessairement orthogonal au plan formé par les deux autre vecteurs de la bases. D'où :

Propriétés (Sup)	Si base $\mathcal{B}_{\mathbb{E}(3)} = \left(\overrightarrow{e_x} ; \overrightarrow{e_y} ; \overrightarrow{e_z}\right)_{\mathbb{E}(3)}$ est une base directe de l'espace physique $\mathbb{E}(3)$ alors on a : ✓ $\overrightarrow{e_x} \perp \Pi\left(\overrightarrow{e_y} ; \overrightarrow{e_z}\right)$ ✓ $\overrightarrow{e_y} \perp \Pi\left(\overrightarrow{e_x} ; \overrightarrow{e_z}\right)$ ✓ $\overrightarrow{e_z} \perp \Pi\left(\overrightarrow{e_x} ; \overrightarrow{e_y}\right)$

On constate donc que l'orientation directe d'une base induit donc des relations d'orthogonalités entre les vecteurs.

B) Définition du produit vectoriel

On sait que le produit scalaire de deux vecteurs $\vec{u}$ et $\vec{v}$ de l'espace physique $\mathbb{E}(3)$ nous renseigne sur leur orthogonalité. Mais qu'en est-il de leur parallélisme ? Sur la base de l'interprétation géométrique du produit scalaire, le mathématicien va donc définir le produit vectoriel de deux vecteurs $\vec{u}$ et $\vec{v}$ de l'espace physique $\mathbb{E}(3)$ afin de pouvoir répondre à cette question.

Définition (Sup)

> Soient $\vec{u}$ et $\vec{v}$ sont deux vecteurs de l'espace physique $\mathbb{E}(3)$ d'écart angulaire $(\widehat{\vec{u}\,;\vec{v}})$. Dans le référentiel $\mathcal{R}_{\mathbb{E}(3)} = \left(O\,;\overrightarrow{e_x}\,;\,\overrightarrow{e_y}\,;\,\overrightarrow{e_z}\,;\,t\right)_{\mathbb{E}(3)}$ on définit le produit vectoriel de $\vec{u}$ et $\vec{v}$, noté $\vec{u} \wedge \vec{v}$, de la manière suivante :
>
> ✓ $\vec{u} \wedge \vec{v} \perp \Pi(\vec{u}\,;\vec{v})$
>
> ✓ $\|\vec{u} \wedge \vec{v}\| = \|\vec{u}\|\|\vec{v}\|\left|\sin(\widehat{\vec{u}\,;\vec{v}})\right|$
>
> ✓ $\vec{u} \wedge \vec{v} = -\vec{v} \wedge \vec{u}$

Ce qui s'illustre par :

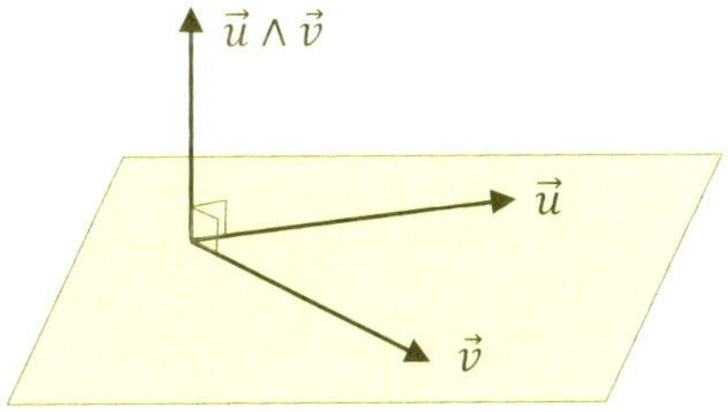

Figure 7 : Définition du produit vectoriel

Le produit vectoriel est donc une technique particulière pour multiplier deux vecteurs, mais dont le résultat est, cette fois, un vecteur. Au regard de la définition précédente, le produit vectoriel est une **opération anticommutative ou antisymétrique**, car liée à l'ordre dans lequel il s'effectue.

♣ *Remarque : le symbole du produit vectoriel* ∧ *se lit « vectoriel » ou « wedge ».*

C) Lien entre les vecteurs d'une base orthonormée de l'espace physique

Si une base $\mathcal{B}_{\mathbb{E}(3)} = \left(\overrightarrow{e_x}\,;\,\overrightarrow{e_y}\,;\,\overrightarrow{e_z}\right)_{\mathbb{E}(3)}$ de l'espace physique $\mathbb{E}(3)$ est orthonormée alors cela signifie que les vecteurs qui la composent sont unitaires. Afin d'y exprimer les lois physique correctement, le physicien va l'orientée dans le sens direct. D'où les relations suivantes :

Propriétés (Sup)

> Si base $\mathcal{B}_{\mathbb{E}(3)} = \left(\overrightarrow{e_x}\,;\,\overrightarrow{e_y}\,;\,\overrightarrow{e_z}\right)_{\mathbb{E}(3)}$ est une base directe de l'espace physique $\mathbb{E}(3)$ alors on a dans cet ordre :
>
> ✓ $\overrightarrow{e_x} \wedge \overrightarrow{e_y} = \overrightarrow{e_z}$
>
> ✓ $\overrightarrow{e_y} \wedge \overrightarrow{e_z} = \overrightarrow{e_x}$
>
> ✓ $\overrightarrow{e_z} \wedge \overrightarrow{e_x} = \overrightarrow{e_y}$

Les trois relations précédentes sont particulièrement utilisées en Physique, et tout particulièrement en Mécanique. En effet, de nombreuses forces (par exemple celle de *Laplace* (1749 / 1827) et de *Lorentz* (1853 / 1928)) et autre grandeurs physiques (comme les moments des forces et le moment cinétique) s'expriment à l'aide du produit vectoriel. Une telle base $\mathcal{B}_{\mathbb{E}(3)} = \left(\overrightarrow{e_x}\,;\,\overrightarrow{e_y}\,;\,\overrightarrow{e_z}\right)_{\mathbb{E}(3)}$ s'appelle aussi un **trièdre direct**.

D) Produit vectoriel et surface

Soient $\vec{u}$ et $\vec{v}$ sont deux vecteurs différents de l'espace physique $\mathbb{E}(3)$. Ces deux vecteurs, à eux seul, définissent un plan $\Pi(\vec{u}\,;\vec{v})$. Dans ce plan, donc dans $\mathbb{E}(2)$, il est possible de définir un parallélogramme dont les côtés seraient représentés par $\vec{u}$ et $\vec{v}$.

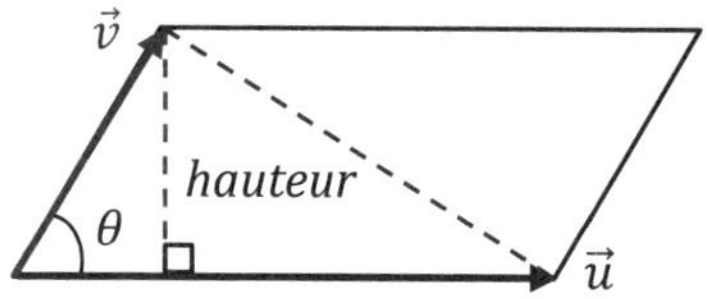

Figure 8 : Parallélogramme

On sait que l'aire de ce parallélogramme est donnée par $\mathcal{A}_p = base \times hauteur$. Or la base s'identifie à la longueur $\|\vec{u}\|$, puis on a : $hauteur = \|\vec{u}\|\,|\sin\theta|$. Donc, on obtient la propriété suivante :

Propriétés (Sup)

Soient $\vec{u}$ et $\vec{v}$ sont deux vecteurs de l'espace physique $\mathbb{E}(3)$ d'écart angulaire $(\widehat{\vec{u}\,;\vec{v}})$. Dans le référentiel $\mathcal{R}_{\mathbb{E}(3)} = \left(O\,;\overrightarrow{e_x}\,;\,\overrightarrow{e_y}\,;\,\overrightarrow{e_z}\,;\,t\right)_{\mathbb{E}(3)}$ le terme $\|\vec{u}\wedge\vec{v}\|$ s'identifie à la surface du parallélogramme construit sur ces deux vecteurs :

$$\mathcal{A}_p = \|\vec{u}\wedge\vec{v}\| = \|\vec{u}\|\|\vec{v}\|\left|\sin(\widehat{\vec{u}\,;\vec{v}})\right|$$

De la même manière, l'aire du triangle quelconque construit sur ces deux vecteurs $\vec{u}$ et $\vec{v}$ est égale à la moitié du terme $\|\vec{u}\wedge\vec{v}\|$:

$$\mathcal{A}_t = \frac{1}{2}\|\vec{u}\wedge\vec{v}\| = \frac{1}{2}\|\vec{u}\|\|\vec{v}\|\left|\sin(\widehat{\vec{u}\,;\vec{v}})\right|$$

Ces relations sont particulièrement utilisées par le physicien en mécanique céleste pour exprimer la loi des aires de *Kepler* (1571 / 1630) et en particulier la vitesse aréolaire.

E) Parallélisme et produit vectoriel

Si $\vec{u}$ et $\vec{v}$ sont deux vecteurs parallèles de l'espace physique $\mathbb{E}(3)$ alors $(\widehat{\vec{u}\,;\vec{w}}) = 0° = 0\text{ rad}$ ou $(\widehat{\vec{u}\,;\vec{w}}) = 180° = \pi\text{ rad}$. Donc, dans ces deux cas, on en déduit alors que $\sin(\widehat{\vec{v}\,;\vec{w}}) = 0$, ce qui implique donc que $\vec{u}\wedge\vec{v} = \overrightarrow{0_{\mathbb{E}(3)}}$. Ainsi, on a la propriété suivante :

Propriété (Sup)	Soient $\vec{u}$ et $\vec{v}$ sont deux vecteurs de l'espace physique $\mathbb{E}(3)$ d'écart angulaire $(\widehat{\vec{u}\,;\vec{v}})$. Si dans le référentiel $\mathcal{R}_{\mathbb{E}(3)} = \left(O\,;\overrightarrow{e_x}\,;\overrightarrow{e_y}\,;\overrightarrow{e_z}\,;t\right)_{\mathbb{E}(3)}$ on a $\vec{u} \wedge \vec{v} = \overrightarrow{0_{\mathbb{E}(3)}}$ alors : ✓ soit $\vec{u} \parallel \vec{v}$ ✓ soit $\vec{u} = \overrightarrow{0_{\mathbb{E}(3)}}$ ✓ soit $\vec{v} = \overrightarrow{0_{\mathbb{E}(3)}}$

Cette propriété est très souvent utilisée, en géométrie, par le mathématicien et le physicien pour démontrer un parallélisme. De plus, cette propriété nous montre que $\vec{u} \wedge \vec{u} = \overrightarrow{0_{\mathbb{E}(3)}}$.

F) Règles de calcul et produit vectoriel

Il est maintenant possible d'énoncer, au sein de l'espace physique $\mathbb{E}(3)$, les règles concernant les opérations associées au produit vectoriel.

Propriétés (Sup)	Soient $\vec{u}, \vec{v}$ et $\vec{w}$ trois vecteurs de l'espace physique $\mathbb{E}(3)$ de norme non nulle. Si λ est un scalaire, alors la base directe $\mathcal{B}_{\mathbb{E}(3)} = \left(\overrightarrow{e_x}\,;\overrightarrow{e_y}\,;\overrightarrow{e_z}\right)_{\mathbb{E}(3)}$ on a les propriétés suivantes : ✓ anti-commutativité du produit vectoriel : $\vec{u} \wedge \vec{v} = -\vec{v} \wedge \vec{u}$ ✓ distributivité du produit vectoriel sur l'addition : $\vec{u} \wedge (\vec{v} + \vec{w}) = \vec{u} \wedge \vec{v} + \vec{u} \wedge \vec{w}$ ✓ distributivité du produit vectoriel sur l'addition : $(\vec{v} + \vec{w}) \wedge \vec{u} = \vec{v} \wedge \vec{u} + \vec{w} \wedge \vec{u}$ ✓ associativité du produit scalaire : $\lambda(\vec{u} \wedge \vec{v}) = (\lambda\vec{u}) \wedge \vec{v} = \vec{u} \wedge (\lambda\vec{v})$ ✓ interprétation géométrique : $\vec{u} \wedge \vec{v} = \overrightarrow{0_{\mathbb{E}(3)}} \Leftrightarrow \vec{u} \parallel \vec{v}$ ✓ conséquence géométrique : $\vec{u} \wedge \vec{u} = \overrightarrow{0_{\mathbb{E}(3)}}$

Mais il existe aussi deux autres relations, connues sous le nom de « **double produit vectoriel** », à savoir :

Propriétés (Sup)

Soient $\vec{u}, \vec{v}$ et $\vec{w}$ trois vecteurs de l'espace physique $\mathbb{E}(3)$ de norme non nulle. Alors dans la base directe $\mathcal{B}_{\mathbb{E}(3)} = \left(\overrightarrow{e_x}\,;\,\overrightarrow{e_y}\,;\,\overrightarrow{e_z}\right)_{\mathbb{E}(3)}$ on a les propriétés suivantes :

✓ $\vec{u} \wedge (\vec{v} \wedge \vec{w}) = (\vec{u}.\vec{w})\vec{v} - (\vec{u}.\vec{v})\vec{w}$

✓ $(\vec{u} \wedge \vec{v}) \wedge \vec{w} = (\vec{u}.\vec{w})\vec{v} - (\vec{v}.\vec{w})\vec{u}$

G) Expression analytique d'un produit vectoriel dans une base orthonormée

Si $\vec{u}$ et $\vec{v}$ sont deux vecteurs différents de l'espace physique $\mathbb{E}(3)$, et si on les exprime dans le référentiel $\mathcal{R}_{\mathbb{E}(3)} = \left(O\,;\overrightarrow{e_x}\,;\,\overrightarrow{e_y}\,;\,\overrightarrow{e_z}\,;\,t\right)_{\mathbb{E}(3)}$, construit sur la base directe $\mathcal{B}_{\mathbb{E}(3)} = \left(\overrightarrow{e_x}\,;\,\overrightarrow{e_y}\,;\,\overrightarrow{e_z}\right)_{\mathbb{E}(3)}$ alors on a :

- $\vec{u} = x_u(t)\,\overrightarrow{e_x} + y_u(t)\,\overrightarrow{e_y} + z_u(t)\,\overrightarrow{e_z}$;
- $\vec{v} = x_v(t)\,\overrightarrow{e_x} + y_v(t)\,\overrightarrow{e_y} + z_v(t)\,\overrightarrow{e_z}$.

De ce fait, on en déduit que :

$$\vec{u} \wedge \vec{v} = \left(x_u(t)\,\overrightarrow{e_x} + y_u(t)\,\overrightarrow{e_y} + z_u(t)\,\overrightarrow{e_z}\right) \wedge \left(x_v(t)\,\overrightarrow{e_x} + y_v(t)\,\overrightarrow{e_y} + z_v(t)\,\overrightarrow{e_z}\right).$$

En développant, on obtient :

$$\begin{aligned}
\vec{u} \wedge \vec{v} &= x_u(t)\,\overrightarrow{e_x} \wedge x_v(t)\,\overrightarrow{e_x} + x_u(t)\,\overrightarrow{e_x} \wedge y_v(t)\,\overrightarrow{e_y} + x_u(t)\,\overrightarrow{e_x} \wedge z_v(t)\,\overrightarrow{e_z} \\
&+ y_u(t)\,\overrightarrow{e_y} \wedge x_v(t)\,\overrightarrow{e_x} + y_u(t)\,\overrightarrow{e_y} \wedge y_v(t)\,\overrightarrow{e_y} + y_u(t)\,\overrightarrow{e_y} \wedge z_v(t)\,\overrightarrow{e_z} \\
&+ z_u(t)\,\overrightarrow{e_z} \wedge x_v(t)\,\overrightarrow{e_x} + z_u(t)\,\overrightarrow{e_z} \wedge y_v(t)\,\overrightarrow{e_y} + z_u(t)\,\overrightarrow{e_z} \wedge z_v(t)\,\overrightarrow{e_z}
\end{aligned}$$

Ce qui nous donne :

$$\begin{aligned}
\vec{u} \wedge \vec{v} &= x_u(t)x_v(t)\,\underbrace{\overrightarrow{e_x} \wedge \overrightarrow{e_x}}_{=\overrightarrow{0_{\mathbb{E}(3)}}} + x_u(t)y_v(t)\,\underbrace{\overrightarrow{e_x} \wedge \overrightarrow{e_y}}_{=\overrightarrow{e_z}} + x_u(t)z_v(t)\,\overrightarrow{e_x} \wedge \overrightarrow{e_z} \\
&+ y_u(t)x_v(t)\,\overrightarrow{e_y} \wedge \overrightarrow{e_x} + y_u(t)y_v(t)\,\underbrace{\overrightarrow{e_y} \wedge \overrightarrow{e_y}}_{=\overrightarrow{0_{\mathbb{E}(3)}}} + y_u(t)z_v(t)\,\underbrace{\overrightarrow{e_y} \wedge \overrightarrow{e_z}}_{=\overrightarrow{e_x}} \\
&+ z_u(t)x_v(t)\,\underbrace{\overrightarrow{e_z} \wedge \overrightarrow{e_x}}_{=\overrightarrow{e_y}} + z_u(t)y_v(t)\,\overrightarrow{e_z} \wedge \overrightarrow{e_y} + z_u(t)z_v(t)\,\underbrace{\overrightarrow{e_z} \wedge \overrightarrow{e_z}}_{=\overrightarrow{0_{\mathbb{E}(3)}}}
\end{aligned}$$

Ainsi, il est donc possible d'écrire que :

$$\begin{aligned}
\vec{u} \wedge \vec{v} &= \overrightarrow{0_{\mathbb{E}(3)}} + x_u(t)y_v(t)\,\overrightarrow{e_z} - x_u(t)z_v(t)\,\underbrace{\overrightarrow{e_z} \wedge \overrightarrow{e_x}}_{=\overrightarrow{e_y}} \\
&+ -y_u(t)x_v(t)\,\underbrace{\overrightarrow{e_x} \wedge \overrightarrow{e_y}}_{=\overrightarrow{e_z}} + \overrightarrow{0_{\mathbb{E}(3)}} + y_u(t)z_v(t)\,\overrightarrow{e_x} \\
&+ z_u(t)x_v(t)\overrightarrow{e_y} - z_u(t)y_v(t)\,\underbrace{\overrightarrow{e_y} \wedge \overrightarrow{e_z}}_{=\overrightarrow{e_x}} + \overrightarrow{0_{\mathbb{E}(3)}}
\end{aligned}$$

On obtient alors :

$$\vec{u} \wedge \vec{v} = x_u(t)y_v(t)\,\overrightarrow{e_z} - x_u(t)z_v(t)\overrightarrow{e_y} - y_u(t)x_v(t)\overrightarrow{e_z} + y_u(t)z_v(t)\,\overrightarrow{e_x} + z_u(t)x_v(t)\overrightarrow{e_y} - z_u(t)y_v(t)\overrightarrow{e_x}$$

En factorisant, on trouve alors que :

$$\vec{u} \wedge \vec{v} = \big(y_u(t)z_v(t) - z_u(t)y_v(t)\big)\overrightarrow{e_x} + \big(z_u(t)x_v(t) - x_u(t)z_v(t)\big)\overrightarrow{e_y} + \big(x_u(t)y_v(t) - y_u(t)x_v(t)\big)\overrightarrow{e_z}$$

Il est alors d'usage d'introduire **le déterminant** sous la forme $\begin{vmatrix} a & b \\ c & d \end{vmatrix} = ad - cb$ (différence des produits croisés) ; et ainsi d'écrire :

$$\vec{u} \wedge \vec{v} = \begin{vmatrix} y_u(t) & y_v(t) \\ z_u(t) & z_v(t) \end{vmatrix}\overrightarrow{e_x} + \begin{vmatrix} z_u(t) & z_v(t) \\ x_u(t) & v(t) \end{vmatrix}\overrightarrow{e_y} + \begin{vmatrix} x_u(t) & x_v(t) \\ y_u(t) & y_v(t) \end{vmatrix}\overrightarrow{e_z}$$

Finalement, on trouve que :

Propriétés (Sup)

Si $\vec{u}$ et $\vec{v}$ sont deux vecteurs différents de l'espace physique $\mathbb{E}(3)$, et si on les exprime dans le référentiel $\mathcal{R}_{\mathbb{E}(3)} = \big(O\,; \overrightarrow{e_x}\,; \overrightarrow{e_y}\,; \overrightarrow{e_z}\,; t\big)_{\mathbb{E}(3)}$, construit sur la base directe $\mathcal{B}_{\mathbb{E}(3)} = \big(\overrightarrow{e_x}\,; \overrightarrow{e_y}\,; \overrightarrow{e_z}\big)_{\mathbb{E}(3)}$ alors on a :

✓ $$\vec{u} \wedge \vec{v} = \left|\begin{matrix} x_u(t) \\ y_u(t) \\ z_u(t) \end{matrix}\right._{\mathcal{R}_{\mathbb{E}(3)}} \wedge \left|\begin{matrix} x_v(t) \\ y_v(t) \\ z_v(t) \end{matrix}\right._{\mathcal{R}_{\mathbb{E}(3)}} = \left|\begin{matrix} y_u(t)z_v(t) - z_u(t)y_v(t) \\ z_u(t)x_v(t) - x_u(t)z_v(t) \\ x_u(t)y_v(t) - y_u(t)x_v(t) \end{matrix}\right._{\mathcal{R}_{\mathbb{E}(3)}}$$

✓ $$\vec{u} \wedge \vec{v} = \left|\begin{matrix} \begin{vmatrix} y_u(t) & y_v(t) \\ z_u(t) & z_v(t) \end{vmatrix} \\ \begin{vmatrix} z_u(t) & z_v(t) \\ x_u(t) & v(t) \end{vmatrix} \\ \begin{vmatrix} x_u(t) & x_v(t) \\ y_u(t) & y_v(t) \end{vmatrix} \end{matrix}\right._{\mathcal{R}_{\mathbb{E}(3)}}$$

Il est important que le lecteur s'habitue à calculer rapidement des produits vectoriels sous forme analytique, car ces dernier sont très présents et dans quasiment toutes les branches de la Physique où les vecteurs font lois :

- mécanique,
- électromagnétisme,
- cristallographie,
- hydrodynamique ...

❺ Le produit mixte

A) Définition

Comme son nom l'indique, le produit mixte est une opération qui contient en elle-même et **à la fois**, un produit scalaire et vectoriel. Ainsi, le résultat d'un produit mixte est un scalaire dont il faudra impérativement donner une interprétation géométrique. On a alors :

Définition (Sup)

> Soient $\vec{u}, \vec{v}$ et $\vec{w}$ trois vecteurs de l'espace physique $\mathbb{E}(3)$. Dans le référentiel $\mathcal{R}_{\mathbb{E}(3)} = \left(O\,; \overrightarrow{e_x}\,; \overrightarrow{e_y}\,; \overrightarrow{e_z}\,; t\right)_{\mathbb{E}(3)}$ on définit **le produit mixte (ou déterminant)** de $\vec{u}, \vec{v}$ et $\vec{w}$ **dans cet ordre**, noté $det(\vec{u}\,; \vec{v}\,; \vec{w})$ ou $[\vec{u}\,; \vec{v}\,; \vec{w}]$, de la manière suivante :
>
> $$det(\vec{u}\,; \vec{v}\,; \vec{w}) = [\vec{u}\,; \vec{v}\,; \vec{w}] = (\vec{u} \wedge \vec{v}).\vec{w}$$

B) Expression analytique d'un produit mixte dans une base orthonormée

Si on considère $\vec{u}, \vec{v}$ et $\vec{w}$ trois vecteurs de l'espace physique $\mathbb{E}(3)$ alors, dans le référentiel $\mathcal{R}_{\mathbb{E}(3)} = \left(O\,; \overrightarrow{e_x}\,; \overrightarrow{e_y}\,; \overrightarrow{e_z}\,; t\right)_{\mathbb{E}(3)}$, on a :

$$(\vec{u} \wedge \vec{v}).\vec{w} = \left({}_{\mathcal{R}_{\mathbb{E}(3)}}\left| \begin{matrix} x_u(t) \\ y_u(t) \\ z_u(t) \end{matrix} \right. \wedge \; {}_{\mathcal{R}_{\mathbb{E}(3)}}\left| \begin{matrix} x_v(t) \\ y_v(t) \\ z_v(t) \end{matrix} \right. \right) . \; {}_{\mathcal{R}_{\mathbb{E}(3)}}\left| \begin{matrix} x_w(t) \\ y_w(t) \\ z_w(t) \end{matrix} \right.$$

Ce qui nous donne :

$$(\vec{u} \wedge \vec{v}).\vec{w} = {}_{\mathcal{R}_{\mathbb{E}(3)}}\left| \begin{matrix} y_u(t)z_v(t) - z_u(t)y_v(t) \\ z_u(t)x_v(t) - x_u(t)z_v(t) \\ x_u(t)y_v(t) - y_u(t)x_v(t) \end{matrix} \right. . \; {}_{\mathcal{R}_{\mathbb{E}(3)}}\left| \begin{matrix} x_w(t) \\ y_w(t) \\ z_w(t) \end{matrix} \right.$$

$$= {}_{\mathcal{R}_{\mathbb{E}(3)}}\left| \begin{matrix} \begin{vmatrix} y_u(t) & y_v(t) \\ z_u(t) & z_v(t) \end{vmatrix} \\ \\ \begin{vmatrix} z_u(t) & z_v(t) \\ x_u(t) & v(t) \end{vmatrix} \\ \\ \begin{vmatrix} x_u(t) & x_v(t) \\ y_u(t) & y_v(t) \end{vmatrix} \end{matrix} \right. . \; {}_{\mathcal{R}_{\mathbb{E}(3)}}\left| \begin{matrix} x_w(t) \\ y_w(t) \\ z_w(t) \end{matrix} \right.$$

Ainsi, on obtient :

Propriétés (Sup)

Si considère $\vec{u}, \vec{v}$ et $\vec{w}$ trois vecteurs différents de l'espace physique $\mathbb{E}(3)$, et si on les exprime tous dans le même référentiel $\mathcal{R}_{\mathbb{E}(3)} = \left(O\,; \overrightarrow{e_x}\,; \overrightarrow{e_y}\,; \overrightarrow{e_z}\,; t\right)_{\mathbb{E}(3)}$, construit sur la base directe $\mathcal{B}_{\mathbb{E}(3)} = \left(\overrightarrow{e_x}\,; \overrightarrow{e_y}\,; \overrightarrow{e_z}\right)_{\mathbb{E}(3)}$ alors on a :

$$\begin{aligned}(\vec{u} \wedge \vec{v}).\vec{w} &= x_w(t)\begin{vmatrix} y_u(t) & y_v(t) \\ z_u(t) & z_v(t) \end{vmatrix} \\ &+ y_w(t)\begin{vmatrix} z_u(t) & z_v(t) \\ x_u(t) & v(t) \end{vmatrix} \\ &+ z_w(t)\begin{vmatrix} x_u(t) & x_v(t) \\ y_u(t) & y_v(t) \end{vmatrix}\end{aligned}$$

En Sciences Physiques, le produit mixte sert, par exemple, à calculer le travail de la force de *Laplace* (1749 / 1827) et de celle de *Lorentz* (1853 / 1928).

C) Exemples

A titre d'exemple, considérons les trois vecteurs suivants :

$$\vec{u} = {}_{\mathcal{R}_{\mathbb{E}(3)}}\left|\begin{matrix} 2 \\ -5 \\ 1 \end{matrix}\right. \quad \text{et} \quad \vec{v} = {}_{\mathcal{R}_{\mathbb{E}(3)}}\left|\begin{matrix} -7 \\ 1 \\ 3 \end{matrix}\right. \quad \text{et} \quad \vec{w} = {}_{\mathcal{R}_{\mathbb{E}(3)}}\left|\begin{matrix} 3 \\ -2 \\ -1 \end{matrix}\right.$$

- *Calculer* $(\vec{u} \wedge \vec{v}).\vec{w}$

Dans ce cas, on obtient :

$$(\vec{u} \wedge \vec{v}).\vec{w} = \left({}_{\mathcal{R}_{\mathbb{E}(3)}}\left|\begin{matrix} 2 \\ -5 \\ 1 \end{matrix}\right. \wedge {}_{\mathcal{R}_{\mathbb{E}(3)}}\left|\begin{matrix} -7 \\ 1 \\ 3 \end{matrix}\right. \right) . {}_{\mathcal{R}_{\mathbb{E}(3)}}\left|\begin{matrix} 3 \\ -2 \\ -1 \end{matrix}\right. = {}_{\mathcal{R}_{\mathbb{E}(3)}}\left|\begin{matrix} -5 \times 3 - 1 \times 1 \\ 1 \times (-7) - 2 \times 3 \\ 2 \times 1 - (-5) \times (-7) \end{matrix}\right. . {}_{\mathcal{R}_{\mathbb{E}(3)}}\left|\begin{matrix} 3 \\ -2 \\ -1 \end{matrix}\right.$$

Ce qui nous donne :

$$\begin{aligned}(\vec{u} \wedge \vec{v}).\vec{w} &= {}_{\mathcal{R}_{\mathbb{E}(3)}}\left|\begin{matrix} -16 \\ -13 \\ -33 \end{matrix}\right. . {}_{\mathcal{R}_{\mathbb{E}(3)}}\left|\begin{matrix} 3 \\ -2 \\ -1 \end{matrix}\right. = -16 \times 3 + (-13) \times (-2) + (-33) \times (-1) \\ &= -48 + 66 + 33\end{aligned}$$

Soit finalement :

$$\boxed{(\vec{u} \wedge \vec{v}).\vec{w} = 51}$$

Tout élève de classes scientifiques de niveau Bac +1 doit être capable de réaliser ce type de calcul, très rapidement, et évidemment sans se tromper.

- *Calculer les valeurs possibles de $\widehat{(\vec{u}\,;\vec{v})}$*

On sait que

$$\|\vec{u}\wedge\vec{v}\| = \|\vec{u}\|\|\vec{v}\|\left|\sin\widehat{(\vec{u}\,;\vec{v})}\right| \iff \left|\sin\widehat{(\vec{u}\,;\vec{v})}\right| = \frac{\|\vec{u}\wedge\vec{v}\|}{\|\vec{u}\|\|\vec{v}\|} \iff \widehat{(\vec{u}\,;\vec{v})}$$

$$= \begin{cases} \mp \arcsin\left(\dfrac{\|\vec{u}\wedge\vec{v}\|}{\|\vec{u}\|\|\vec{v}\|}\right) \\ \pi \mp \arcsin\left(\dfrac{\|\vec{u}\wedge\vec{v}\|}{\|\vec{u}\|\|\vec{v}\|}\right) \end{cases}$$

avec :

- $\|\vec{u}\wedge\vec{v}\| = \sqrt{(-16)^2+(-13)^2+(-33)^2} = \sqrt{1514}$;
- $\|\vec{u}\| = \sqrt{2^2+(-5)^2+1^2} = \sqrt{30}$;
- $\|\vec{u}\| = \sqrt{(-7)^2+1^2+3^2} = \sqrt{59}.$

Ainsi, on obtient :

$$\frac{\|\vec{u}\wedge\vec{v}\|}{\|\vec{u}\|\|\vec{v}\|} = \sqrt{\frac{1514}{30\times 59}} = \sqrt{\frac{757}{885}} \implies \widehat{(\vec{u}\,;\vec{v})} = \begin{cases} \mp \arcsin\left(\sqrt{\dfrac{757}{885}}\right) \approx \mp 1{,}18 \text{ rad.} \\ \pi \mp \arcsin\left(\sqrt{\dfrac{757}{885}}\right) \approx \pi \mp 1{,}18 \text{ rad.} \end{cases}$$

Finalement, les solutions approchées sont :

$$\boxed{\widehat{(\vec{u}\,;\vec{v})} \approx \begin{cases} 4{,}32 \text{ rad} \approx 247{,}6\,° \\ 1{,}96 \text{ rad} \approx 112{,}3\,° \\ 1{,}18 \text{ rad} \approx 67{,}6\,° \\ -1{,}18 \text{ rad} \approx -67{,}6\,° \end{cases}}$$

D) Interprétation géométrique

Dans l'espace physique $\mathbb{E}(3)$, on considère un parallélépipède construit sur les trois vecteurs $\vec{u}$, $\vec{v}$ et $\vec{w}$ non coplanaires :

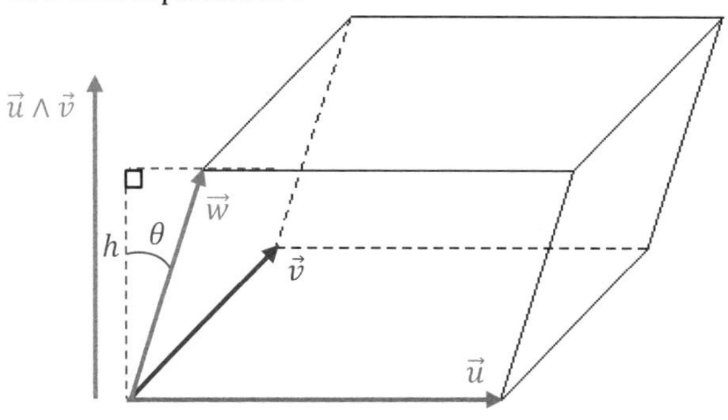

Figure 9 : Parallélépipède envisagé

Le volume $\mathcal{V}_P$ de ce parallélépipède est donné par le produit de l'aire $\mathcal{A}_p$ du parallélogramme de base (porté par les deux vecteurs $\vec{u}$ et v) par la hauteur h de ce parallélépipède. Or, d'après le produit vectoriel, on sait que $\mathcal{A}_p = \|\vec{u} \wedge \vec{v}\|$, et que, d'après la figure précédente $h = \|\vec{w}\||\cos\theta|$.
Donc, on obtient :

$$\mathcal{V}_P = \|\vec{u} \wedge \vec{v}\|\|\vec{w}\||\cos\theta|$$

Mais $\theta = (\widehat{\vec{u} \wedge \vec{v}\,;\vec{w}})$, ce qui nous permet d'écrire que :

$$\mathcal{V}_P = \|\vec{u} \wedge \vec{v}\|\|\vec{w}\|\left|\cos(\widehat{\vec{u} \wedge \vec{v}\,;\vec{w}})\right| = \left|\|\vec{u} \wedge \vec{v}\|\|\vec{w}\|\cos(\widehat{\vec{u} \wedge \vec{v}\,;\vec{w}})\right| = |(\vec{u} \wedge \vec{v}).\vec{w}|$$

Finalement, on obtient alors la propriété suivante :

Propriété (Sup)

Soient $\vec{u}, \vec{v}$ et $\vec{w}$ trois vecteurs de l'espace physique $\mathbb{E}(3)$. Dans le référentiel $\mathcal{R}_{\mathbb{E}(3)} = \left(O\,;\overrightarrow{e_x}\,;\,\overrightarrow{e_y}\,;\,\overrightarrow{e_z}\,;\,t\right)_{\mathbb{E}(3)}$ le volume $\mathcal{V}_P$ du parallélépipède construit sur ces trois vecteurs est égal à la valeur absolue de leur produit mixte (ou déterminant) dans cet ordre :

$$\mathcal{V}_P = |det(\vec{u}\,;\,\vec{v}\,;\,\vec{w})| = |\vec{u}\,;\,\vec{v}\,;\,\vec{w}| = |(\vec{u} \wedge \vec{v}).\vec{w}|$$

❻ Les théorèmes fondamentaux de la Mécanique

A) Référentiel galiléen

En physique classique, l'espace physique $\mathbb{E}(3)$ utilise le concept de temps pour paramétrer les mouvements des systèmes étudiés. De plus, en physique classique, le paramètre temporel est **uniforme** ou **absolu**, c'est-à-dire que le laps de temps appelé seconde sera le même demain ou dans un siècle.
Au sein de cet espace physique $\mathbb{E}(3)$, il nous semble « évident » (en tout cas au lycée) que les lois physiques s'appliquent de la même manière en chacun de ses points : on dit alors que l'espace est **homogène**. Dès lors, il semble opportun de penser que toutes les directions de cet espace $\mathbb{E}(3)$, soient équivalentes vis-à-vis de ces lois physiques et de leurs effets ; cette propriété s'appelle l'**isotropie** de l'espace. Cependant beaucoup de milieux physiques ne sont pas isotropes (ils sont anisotropes), comme par exemple les cristaux qui de par leur structure interne, sont anisotropes, induisant des propriétés de propagation de la lumières elles-mêmes anisotropes.
Ainsi, on admet, qu'il existe au sein de l'espace physique $\mathbb{E}(3)$, des référentiels particuliers, appelés **galiléens**, et qui satisfont à la définition suivante :

Définition (Sup)

Au sein de l'espace physique $\mathbb{E}(3)$, un référentiel $\mathcal{R}_{\mathbb{E}(3)}$ sera qualifié de **galiléen** si pour lequel :

- ✓ l'espace est homogène ;
- ✓ l'espace est isotrope ;
- ✓ le temps est absolu ;
- ✓ tout système isolé (c'est-à-dire non influencé par une force) y admet une trajectoire rectiligne uniforme.

Il s'agit donc d'une catégorie très particulière de référentiels car idéaux pour y exprimer, au sein de l'espace physique $\mathbb{E}(3)$, le plus simplement les lois physiques. Cette définition est celle de l'immense physicien théoricien russe *Lev Landau* (1908 / 1968) et de son disciple *Yevgeny Lifschitz* (1915 / 1985). Pour le lecteur intéressé par des compléments, il trouvera dans leur superbe livre « *Physique Théorique – Mécanique* » (publié chez Ellipses Marketing) une réflexion sur les implications, de cette définition, sur les lois physiques. Une question se pose alors : existe-t-il dans notre espace physique, au sens strict, des référentiels galiléens ? La réponse est évidente : NON ! En effet, dans l'univers, les corps sont en perpétuel mouvement de translation et de rotation. C'est bien pour cela que les lycéens sont habitués à cette phrase de leur enseignant de Sciences physiques : « ... dans le repère $\mathcal{R}$ considéré comme galiléen ». C'est bien pourquoi, le physicien s'est attaché à définir divers référentiels s'approchant, plus ou moins, de ce caractère galiléen. On définit alors :

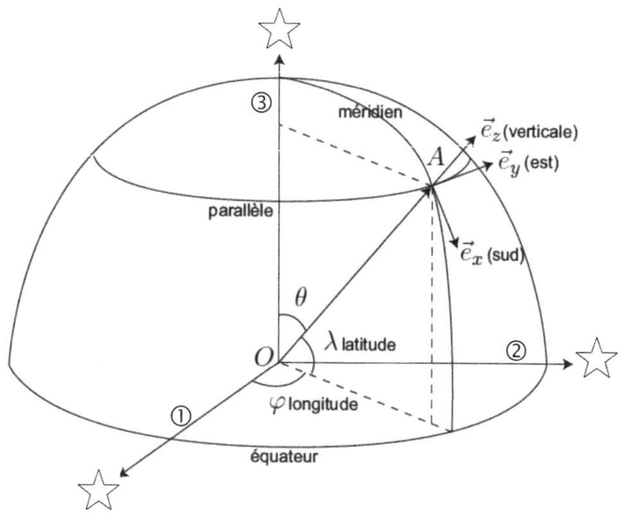

Figure 10 : Référentiels terrestre et géocentrique

- *Le référentiel terrestre*

Le référentiel terrestre, encore appelé référentiel du laboratoire, est centré sur un point quelconque de la surface terrestre, et ses axes accompagnes la Terre dans ses rotations. A ce titre, ce référentiel n'est pas galiléen. Néanmoins, pour des expériences dont la durée est faible devant une journée, **typiquement quelques minutes**, et dont les vitesses sont relativement très faibles vis-à-vis de celle de la lumière, il est possible de négliger les effets non galiléens (forces d'entrainement et de *Coriolis* (1792 / 1843)), et d'assimiler le référentiel terrestre à un **référentiel galiléen**. Le caractère non galiléen du référentiel terrestre a été expérimentalement mis en évidence par l'expérience du pendule de *Foucault* (1819 / 1868) réalisé au panthéon à Paris en 1851. Le plan des oscillations du mouvement subissant des rotations, fut la preuve expérimentale de la rotation terrestre. Sur la **Figure 11**, le référentiel terrestre $\mathcal{R}_T = \left(A\,; \overrightarrow{e_x}\,; \overrightarrow{e_y}\,; \overrightarrow{e_z}\,; t\right)_{\mathbb{E}(3)}$ prend origine au point A de la surface terrestre, et ses axes définissent les directions terrestres.

- *Le référentiel géocentrique*

Il prend origine au centre de la Terre, et ses trois axes sont dirigés vers trois étoiles extragalactiques, si lointaines qu'elles nous apparaissent fixes depuis plusieurs siècles, et donc définissent des directions fixes, le rendant non solidaire de la rotation de la Terre sur elle-même. Ainsi, le référentiel géocentrique est en rotation autour du Soleil, et de ce fait n'est pas un référentiel galiléen. Néanmoins, pour des expériences dont la durée est faible devant une année, **typiquement quelques semaines**, et dont les vitesses sont relativement très faibles vis-à-vis de celle de la lumière, il est possible de négliger les effets non galiléens mentionnés précédemment, et d'assimiler le référentiel géocentrique à un **référentiel galiléen**. C'est dans ce référentiel que l'on étudie le mouvement des satellites autour de la Terre, à l'aide des lois de *Kepler*. Sur la **Figure 12**, le référentiel géocentrique $\mathcal{R}_G = (O\,; \overrightarrow{e_1}\,; \overrightarrow{e_2}\,; \overrightarrow{e_3}\,; t)_{\mathbb{E}(3)}$ prend origine au point O centre de la Terre, et ses axes définissent les directions fixes vis-à-vis des trois étoiles.

- *Le référentiel héliocentrique*

Ce référentiel, encore appelé référentiel de *Kepler*, prend origine au centre du Soleil, et ses trois axes sont dirigés vers les trois mêmes étoiles extragalactiques que ceux du référentiel géocentrique, si lointaines qu'elles nous apparaissent fixes. Mais, le référentiel héliocentrique est en rotation (quasi-circulaire) dans la Voie lactée, et plus précisément sur le bras d'Orion, et de ce fait n'est pas un référentiel galiléen au sens strict. Néanmoins, comme il fait une révolution autour du centre de la Voie lactée en (environ) 240 million d'années et à la vitesse moyenne de 220 km/s, on peut considérer que pour des expériences dont la durée est **typiquement quelques années**, il est possible d'assimiler le référentiel héliocentrique à un **référentiel galiléen**.

- *Le référentiel de Copernic*

Ce référentiel prend origine au centre de gravité (ou de masse) du système solaire, donc légèrement différent du centre du Soleil, et ses trois axes sont dirigés vers les trois mêmes étoiles extragalactiques que ceux du référentiel géocentrique, si lointaines qu'elles nous apparaissent fixes. Il est considéré comme la meilleure approximation connue d'un référentiel galiléen ; et pour des expériences dont la durée est **typiquement quelques dizaines d'années**, il est possible d'assimiler ce référentiel à un **référentiel galiléen**.

Mais si nous voulions un encore meilleur référentiel galiléen, que pourrions-nous faire ? Considérer un référentiel « galacto-centrique », où l'origine serait au centre de notre galaxie (la Voie Lactée), donc sur le trou noir Sagittarius A*, et où les axes pointeraient vers trois galaxies lointaines. Mais les galaxies tournent les unes autour des autres, ce qui fait que la durée de validité de notre référentiel ne serait, une fois encore, pas infinie.

♣ *Remarque : La mathématicienne allemande Emmy Noether (1882 / 1935) a démontrée en 1918 qu'il existait une équivalence entre les symétries et les lois de conservations. Plus exactement, ce théorème (qualifié de « monument de la pensée mathématique » par Albert Einstein (1879 / 1955)) nous apprend que :*

- *l'homogénéité du temps est équivalent à la conservation de l'énergie ;*
- *l'isotropie de l'espace (symétrie par rotation) est équivalent à la conservation du moment cinétique ;*
- *l'homogénéité de l'espace (symétrie par translation) est équivalent à la conservation de la quantité de mouvement ;*

Ces résultats sont particulièrement utiles en physique théorique ainsi qu'en physique des particules élémentaires. Cependant, la démonstration du théorème de Noether et son utilisation sorte largement du cadre, et de l'esprit souhaité par les auteurs, de ce livre.

B) Le principe fondamental de la dynamique

Il s'agit d'énoncer une relation simple qui permet de traduire en équation l'évolution d'un système physique. Pour cela, la relation met en correspondance les causes du mouvement, à savoir les forces, à la conséquence : l'accélération. On a :

Définition

Dans un référentiel galiléen $\mathcal{R}_g$ de l'espace physique $\mathbb{E}(3)$ si un point M, de masse $m(t)$, subit une somme de forces $\vec{F}_M$ alors cette dernière est égale au produit de la masse $m(t)$ par la dérivée temporelle du vecteur quantité de mouvement $\vec{p}_{M/\mathcal{R}_g}(t)$ qui est associée au point M. D'où la formulation suivante :

$$\vec{F}_M = \frac{d\,\vec{p}_{M/\mathcal{R}_g}(t)}{dt}$$

Cette relation est indémontrable, et de ce fait porte le nom de **principe fondamental de la dynamique**, en abrégé **P.F.D**. Cette relation prend une forme plus simple pour un système physique $\mathcal{S}$ classique (non relativiste) de masse invariante, c'est-à-dire si $m_{\mathcal{S}}(t) = m_{\mathcal{S}}$. En effet, dans ce cas on a l'expression de $\vec{p}_{M\in\mathcal{S}/\mathcal{R}_g}(t)$ suivante :

$$\vec{p}_{M/\mathcal{R}_g}(t) = m(t)\,\vec{v}_{M/\mathcal{R}_g}(t) = m\vec{v}_{M/\mathcal{R}_g}(t)$$

dans laquelle $\vec{v}_{M\in\mathcal{S}/\mathcal{R}_g}(t)$ représente la vitesse du point M par rapport à l'origine du référentiel $\mathcal{R}_g$. Dès lors, on peut écrire que :

$$\vec{F}_M = \frac{d\,\vec{p}_{M/\mathcal{R}_g}(t)}{dt} = \frac{d\left(m\,\vec{v}_{M/\mathcal{R}_g}(t)\right)}{dt} = m\frac{d\,\vec{v}_{M/\mathcal{R}_g}(t)}{dt} + \vec{v}_{M/\mathcal{R}_g}(t)\underbrace{\frac{dm}{dt}}_{=0}$$

Or, le terme $\frac{d\,\vec{v}_{M/\mathcal{R}_g}(t)}{dt}$ s'identifie à l'accélération vectorielle $\vec{a}_{M/\mathcal{R}_g}(t)$ du point M, dans le référentiel $\mathcal{R}_g$, engendrée par le terme $\vec{F}_M$. Donc, on obtient :

Propriété

> Dans un référentiel galiléen $\mathcal{R}_g$ de l'espace physique $\mathbb{E}(3)$, si un point M, non relativiste et de masse constante, subit une somme de forces $\vec{F}_M$ alors cette dernière est égale au produit de la masse m du système physique par l'accélération vectorielle $\vec{a}_{M/\mathcal{R}_g}(t)$ qui est associée au point M par rapport à l'origine de $\mathcal{R}_g$. D'où la formulation suivante :
>
> $$\vec{F}_M = m\,\vec{a}_{M/\mathcal{R}_g}(t)$$

Cette relation porte le nom de **relation fondamentale de la dynamique**, en abrégé **R.F.D.**, ou encore de **deuxième loi de *Newton*** (1642 / 1727). Elle est particulièrement simple et efficace pour mettre en équation le comportement des systèmes physiques, même complexes. C'est pourquoi elle est très utilisée par les lycéens et les étudiants lors des exercices.

♣ *Remarque : pour un système physique relativiste, l'expression vectorielle de la quantité de mouvement $\vec{p}_{M/\mathcal{R}_g}(t)$ serait la suivante :*

$$\vec{p}_{M/\mathcal{R}_g}(t) = \frac{m\,\vec{v}_{M/\mathcal{R}_g}(t)}{\sqrt{1-\left(\frac{\left\|\vec{v}_{M/\mathcal{R}_g}(t)\right\|}{c}\right)^2}}$$

A partir de cette dernière on démontre sans peine le fameux « **principe de l'inertie** » encore appelé **première loi de *Newton*** (1642 / 1727). En effet, si le système physique considéré est non relativiste et de masse constante (non nulle), et qu'il subit en son point M une somme de forces $\vec{F}_M$ vectoriellement nulle, alors on peut écrire que :

$$\vec{F}_M = \overrightarrow{0_{\mathbb{E}(3)}} \quad \Leftrightarrow \quad m_S\vec{a}_{M/\mathcal{R}_g}(t) = \overrightarrow{0_{\mathbb{E}(3)}} \quad \Rightarrow \quad \vec{a}_{M/\mathcal{R}_g}(t) = \overrightarrow{0_{\mathbb{E}(3)}} \quad \Leftrightarrow \quad \frac{d\,\vec{v}_{M/\mathcal{R}_g}(t)}{dt} = \overrightarrow{0_{\mathbb{E}(3)}}$$

Ainsi, on en déduit que :

$$\vec{v}_{M/\mathcal{R}_g}(t) = \vec{K}_{\mathcal{R}_g}$$

où $\vec{K}_{\mathcal{R}_g}$ est un vecteur uniforme dans le référentiel $\mathcal{R}_g$, dont il resterait encore à déterminer la norme. Ainsi, au sens strict du terme, ce résultat n'est pas un principe, puisqu'il découle naturellement du P.F.D.

D'où la propriété :

Propriété	Le principe de l'inertie, encore appelée première loi de *Newton*, nous apprend que dans un référentiel galiléen $\mathcal{R}_g$ de l'espace physique $\mathbb{E}(3)$, si un point M, non relativiste et de masse constante, subit une somme de forces $\vec{F}_M$ nulle alors ce point M suivra, dans $\mathcal{R}_g$, une trajectoire rectiligne uniforme. L'immobilité étant associée à la vitesse nulle.

De ceci, on en déduit que tout référentiel $\mathcal{R}_{\mathbb{E}(3)}$, de l'espace physique $\mathbb{E}(3)$, qui est en mouvement de translation uniforme par rapport à un référentiel supposé galiléen $\mathcal{R}_g$ peut-être lui-même être considéré comme étant galiléen. Autrement dit, si on connait un référentiel considéré comme galiléen alors on en connait une infinité d'autres.

C) Moment associé à une force

Dans un référentiel $\mathcal{R}_{\mathbb{E}(3)}$ de l'espace physique $\mathbb{E}(3)$, le moment d'une force $\vec{f}$, agissant sur un point M d'un système physique $\mathcal{S}$, est une grandeur physique vectorielle qui, calculer en un point quelconque C de $\mathbb{E}(3)$, traduit la faculté de cette force à faire tourner le un système physique $\mathcal{S}$ autour de ce point C. Notons que le point C n'est pas obliger d'appartenir à $\mathcal{S}$, et qu'il peut-être fixe ou mobile au sein de $\mathcal{R}_{\mathbb{E}(3)}$. On a alors la définition suivante :

Définition (Sup)

> Dans un référentiel $\mathcal{R}_{\mathbb{E}(3)}$ de l'espace physique $\mathbb{E}(3)$, si un système physique $\mathcal{S}$ subit, en l'un de ces points M, une force $\vec{f}_{M\in\mathcal{S}}$ alors on associe à cette dernière, en un point $C \in \mathbb{E}(3)$, le moment $\overrightarrow{\mathcal{M}}_{C/\mathcal{R}_{\mathbb{E}(3)}}(\vec{f}_{M\in\mathcal{S}})$ qui est définit par :
>
> $$\overrightarrow{\mathcal{M}}_{C/\mathcal{R}_{\mathbb{E}(3)}}(\vec{f}_{M\in\mathcal{S}}) = \overrightarrow{CM} \wedge \vec{f}_{M\in\mathcal{S}}$$
>
> Cette grandeur physique caractérise la capacité de la force $\vec{f}_{M\in\mathcal{S}}$ à faire tourner le système physique $\mathcal{S}$ autour du point C.

Mais, dans $\mathbb{E}(3)$, imaginons un système physique $\mathcal{S}$ qui soit soumis à une somme de forces nulle, ce n'est pour autant qu'il faut en déduire que la somme des moments que subit système physique $\mathcal{S}$ est-elle nulle. En effet, il suffit de considérer un système qui, pour simplifier, ne subit que deux forces non nulles $\vec{f}_{M_1\in\mathcal{S}}$, agissant au point $M_1 \in \mathcal{S}$, et $\vec{f}_{M_2\in\mathcal{S}}$, agissant au point $M_2 \in \mathcal{S}$; et telle que nous ayons $\vec{f}_{M_1\in\mathcal{S}} + \vec{f}_{M_2\in\mathcal{S}} = \overrightarrow{0_{\mathbb{E}(3)}}$. Dans ce cas, le somme des moments par rapport au point $C \in \mathbb{E}(3)$ vaut :

$$\begin{aligned}
\overrightarrow{\mathcal{M}}^{Total}_{C/\mathcal{R}_{\mathbb{E}(3)}} &= \overrightarrow{\mathcal{M}}_{C/\mathcal{R}_{\mathbb{E}(3)}}(\vec{f}_{M_1\in\mathcal{S}}) + \overrightarrow{\mathcal{M}}_{C/\mathcal{R}_{\mathbb{E}(3)}}(\vec{f}_{M_2\in\mathcal{S}}) \\
&= \overrightarrow{CM_1} \wedge \vec{f}_{M_1\in\mathcal{S}} + \overrightarrow{CM_2} \wedge \vec{f}_{M_2\in\mathcal{S}} \\
&= \overrightarrow{CM_1} \wedge \vec{f}_{M_1\in\mathcal{S}} - \overrightarrow{CM_2} \wedge \vec{f}_{M_1\in\mathcal{S}}
\end{aligned}$$

Mais comme $\vec{f}_{M_1\in\mathcal{S}} = -\vec{f}_{M_2\in\mathcal{S}}$ on obtient alors :

$$\begin{aligned}\vec{\mathcal{M}}^{Total}_{C/\mathcal{R}_{\mathbb{E}(3)}} &= -\overrightarrow{CM_1} \wedge \vec{f}_{M_2\in\mathcal{S}} + \overrightarrow{CM_2} \wedge \vec{f}_{M_2\in\mathcal{S}} \\ &= \overrightarrow{M_1C} \wedge \vec{f}_{M_2\in\mathcal{S}} + \overrightarrow{CM_2} \wedge \vec{f}_{M_2\in\mathcal{S}} \\ &= \left(\overrightarrow{M_1C} + \overrightarrow{CM_2}\right) \wedge \vec{f}_{M_2\in\mathcal{S}}\end{aligned}$$

Soit encore $\vec{\mathcal{M}}^{Total}_{C/\mathcal{R}_{\mathbb{E}(3)}} = \overrightarrow{M_1M_2} \wedge \vec{f}_{M_2\in\mathcal{S}}$. Donc, si $\overrightarrow{M_1M_2} \nparallel \vec{f}_{M_2\in\mathcal{S}}$ alors $\vec{\mathcal{M}}^{Total}_{C/\mathcal{R}_{\mathbb{E}(3)}} \neq \overrightarrow{0_{\mathbb{E}(3)}}$. De manière générale, une telle situation pour laquelle on a simultanément les deux conditions $\vec{\mathcal{M}}^{Total}_{C/\mathcal{R}_{\mathbb{E}(3)}} \neq \overrightarrow{0_{\mathbb{E}(3)}}$ et $\vec{F}^{Total}_{\mathcal{S}} = \overrightarrow{0_{\mathbb{E}(3)}}$ s'appelle un **couple**. C'est typiquement la situation rencontré par un conducteur qui, avec ses deux mains, fait tourner son volant.

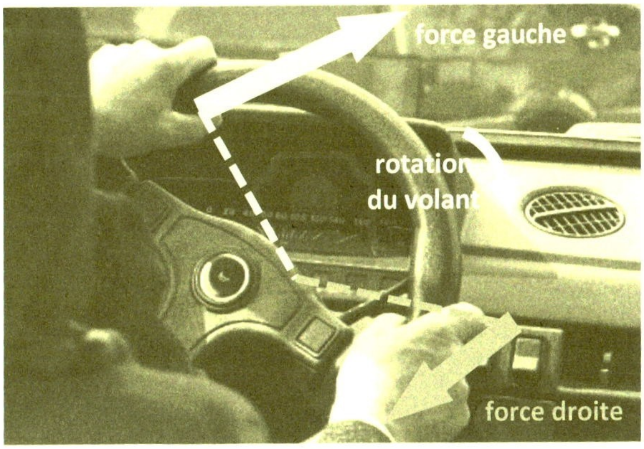

Figure 13 : mise en évidence du couple de rotation

Cette notion de couple nous montre bien que l'équilibre d'un système mécanique est caractérisé par la condition suivante : $\vec{\mathcal{M}}^{Total}_{C/\mathcal{R}_{\mathbb{E}(3)}} = \overrightarrow{0_{\mathbb{E}(3)}}$.

D) Le moment cinétique

On a la définition suivante :

Définition (Sup)

Dans un référentiel $\mathcal{R}_{\mathbb{E}(3)}$, de l'espace physique $\mathbb{E}(3)$, si un point M, de masse m cosntante, évolue à la vitesse $\vec{v}_{M/\mathcal{R}_{\mathbb{E}(3)}}(t)$ alors il est caractérisé par une quantité de mouvement $\vec{p}_{M/\mathcal{R}_g}(t) = m\,\vec{v}_{M/\mathcal{R}_{\mathbb{E}(3)}}(t)$. Dans ce cas, en un point $C \in \mathbb{E}(3)$, on définit le moment cinétique par :

$$\vec{\mathcal{L}}_{C/\mathcal{R}_{\mathbb{E}(3)}}(t) = \overrightarrow{CM} \wedge \vec{p}_{M/\mathcal{R}_{\mathbb{E}(3)}}(t) = \overrightarrow{CM} \wedge m\,\vec{v}_{M/\mathcal{R}_{\mathbb{E}(3)}}(t)$$

Le moment cinétique dépend complètement du point C auquel il est calculé. De plus, remarquons que ce point C peut-être fixe ou mobile au sein de $\mathcal{R}_{\mathbb{E}(3)}$. Dans les situations de mouvement en rotation, le moment cinétique est une grandeur physique fondamentale du processus de modélisation et de description.

E) Le théorème du moment cinétique

Dérivons par rapport au temps, dans un référentiel $\mathcal{R}_{\mathbb{E}(3)} = \left(O\,;\overrightarrow{e_x}\,;\,\overrightarrow{e_y}\,;\,\overrightarrow{e_z}\,;t\right)_{\mathbb{E}(3)}$ de l'espace physique $\mathbb{E}(3)$, l'expression du moment cinétique $\vec{\mathcal{L}}_{C/\mathcal{R}_{\mathbb{E}(3)}}(t)$. On obtient alors :

$$\begin{aligned}\frac{d\vec{\mathcal{L}}_{C/\mathcal{R}_{\mathbb{E}(3)}}(t)}{dt} &= \frac{d}{dt}\left(\overrightarrow{CM}\wedge\vec{p}_{M/\mathcal{R}_{\mathbb{E}(3)}}(t)\right)\\ &= \frac{d\overrightarrow{CM}}{dt}\wedge\vec{p}_{M/\mathcal{R}_{\mathbb{E}(3)}}(t)+\overrightarrow{CM}\wedge\frac{d\vec{p}_{M/\mathcal{R}_{\mathbb{E}(3)}}(t)}{dt}\end{aligned}$$

Mais, d'après la propriété de *Chasles*, on peut écrire que $\overrightarrow{CM} = \overrightarrow{CO}+\overrightarrow{OM}$ ce qui nous conduit à :

$$\begin{aligned}\frac{d\vec{\mathcal{L}}_{C/\mathcal{R}_{\mathbb{E}(3)}}(t)}{dt} &= \frac{d\left(\overrightarrow{CO}+\overrightarrow{OM}\right)}{dt}\wedge\vec{p}_{M/\mathcal{R}_{\mathbb{E}(3)}}(t)+\overrightarrow{CM}\wedge\frac{d\vec{p}_{M/\mathcal{R}_{\mathbb{E}(3)}}(t)}{dt}\\ &= \left(\frac{d\overrightarrow{CO}}{dt}+\frac{d\overrightarrow{OM}}{dt}\right)\wedge\vec{p}_{M/\mathcal{R}_{\mathbb{E}(3)}}(t)+\overrightarrow{CM}\wedge\frac{d\vec{p}_{M/\mathcal{R}_{\mathbb{E}(3)}}(t)}{dt}\\ &= \left(-\frac{d\overrightarrow{OC}}{dt}+\frac{d\overrightarrow{OM}}{dt}\right)\wedge\vec{p}_{M/\mathcal{R}_{\mathbb{E}(3)}}(t)+\overrightarrow{CM}\wedge\frac{d\vec{p}_{M/\mathcal{R}_{\mathbb{E}(3)}}(t)}{dt}\end{aligned}$$

Puis, en développant, on trouve que :

$$\begin{aligned}\frac{d\vec{\mathcal{L}}_{C/\mathcal{R}_{\mathbb{E}(3)}}(t)}{dt} &= -\frac{d\overrightarrow{OC}}{dt}\wedge\vec{p}_{M/\mathcal{R}_{\mathbb{E}(3)}}(t)+\frac{d\overrightarrow{OM}}{dt}\wedge\vec{p}_{M/\mathcal{R}_{\mathbb{E}(3)}}(t)+\overrightarrow{CM}\wedge\frac{d\vec{p}_{M/\mathcal{R}_{\mathbb{E}(3)}}(t)}{dt}\\ &= -\vec{v}_{C/\mathcal{R}_{\mathbb{E}(3)}}(t)\wedge\vec{p}_{M/\mathcal{R}_{\mathbb{E}(3)}}(t)+\vec{v}_{M/\mathcal{R}_{\mathbb{E}(3)}}(t)\wedge\vec{p}_{M/\mathcal{R}_{\mathbb{E}(3)}}(t)+\overrightarrow{CM}\wedge\frac{d\vec{p}_{M/\mathcal{R}_{\mathbb{E}(3)}}(t)}{dt}\end{aligned}$$

Or, on a :

$$\vec{v}_{M/\mathcal{R}_{\mathbb{E}(3)}}(t)\wedge\vec{p}_{M/\mathcal{R}_{\mathbb{E}(3)}}(t) = \vec{v}_{M/\mathcal{R}_{\mathbb{E}(3)}}(t)\wedge\, m\,\vec{v}_{M/\mathcal{R}_g}(t) = m\left(\vec{v}_{M/\mathcal{R}_{\mathbb{E}(3)}}(t)\wedge\vec{v}_{M/\mathcal{R}_{\mathbb{E}(3)}}(t)\right)$$

d'où : $\vec{v}_{M/\mathcal{R}_{\mathbb{E}(3)}}(t)\wedge\vec{p}_{M/\mathcal{R}_{\mathbb{E}(3)}}(t) = \overrightarrow{0_{\mathbb{E}(3)}}$. On obtient alors l'expression mathématique suivante :

$$\frac{d\vec{\mathcal{L}}_{C/\mathcal{R}_{\mathbb{E}(3)}}(t)}{dt} = -\vec{v}_{C/\mathcal{R}_{\mathbb{E}(3)}}(t)\wedge\vec{p}_{M/\mathcal{R}_{\mathbb{E}(3)}}(t)+\overrightarrow{CM}\wedge\frac{d\vec{p}_{M/\mathcal{R}_{\mathbb{E}(3)}}(t)}{dt}$$

Si maintenant **nous supposons** que **le référentiel** $\mathcal{R}_{\mathbb{E}(3)} = \left(O\,;\overrightarrow{e_x}\,;\,\overrightarrow{e_y}\,;\,\overrightarrow{e_z}\,;t\right)_{\mathbb{E}(3)}$ dans lequel nous travaillons puisse être considéré comme **galiléen** alors on à $\mathcal{R}_{\mathbb{E}(3)} = \mathcal{R}_g$, ce qui nous permet maintenant d'écrire que :

$$\frac{d\vec{p}_{M/\mathcal{R}_{\mathbb{E}(3)}}(t)}{dt} = \frac{d\,\vec{p}_{M/\mathcal{R}_g}(t)}{dt} = \vec{F}_M \quad \Longrightarrow \quad \overrightarrow{CM} \wedge \frac{d\vec{p}_{M/\mathcal{R}_{\mathbb{E}(3)}}(t)}{dt} = \vec{\mathcal{M}}_{C/\mathcal{R}_g}(\vec{F}_M) = \vec{\mathcal{M}}_{C/\mathcal{R}_g}^{Total}$$

D'où le **théorème du moment cinétique** suivant :

Propriété (Sup)

Dans un référentiel galiléen $\mathcal{R}_g$ de l'espace physique $\mathbb{E}(3)$, si un point M, de masse constante, subit une résultante des forces $\vec{F}_M$, et donc un moment résultant associé $\vec{\mathcal{M}}_{C/\mathcal{R}_g}^{Total}$, alors pour un point $C \in \mathbb{E}(3)$ on a :

$$\frac{d\,\vec{\mathcal{L}}_{C/\mathcal{R}_g}(t)}{dt} = -\vec{v}_{C/\mathcal{R}_g}(t) \wedge \vec{p}_{M/\mathcal{R}_g}(t) + \vec{\mathcal{M}}_{C/\mathcal{R}_g}^{Total}$$

Si, comme très souvent, on choisit comme point de calcul l'origine **fixe** O du référentiel $\mathcal{R}_g$ alors on obtient :

$$\frac{d\,\vec{\mathcal{L}}_{O/\mathcal{R}_g}(t)}{dt} = \vec{\mathcal{M}}_{O/\mathcal{R}_g}^{Total}$$

Ce résultat constitue la relation incontournable pour décrire des systèmes en rotation.

F) Les différents systèmes de coordonnées

Le choix d'une base et d'une origine temporelle n'est pas unique, et donc il existe une infinité de référentiel au sein de l'espace physique. Bien souvent, c'est la géométrie et les symétries du système étudié qui guide le choix du physicien. Ces choix offrent alors des systèmes de coordonnées différents, ayant tous un lien vis-à-vis d'au moins une symétrie c'est-à-dire d'au moins une invariance.

- *Symétrie de translation : le système des coordonnées cartésiennes*

Il s'agit du système de coordonnées le plus simple qui existe mais dans $\mathbb{E}(3)$, et donc le plus intuitif. Sa simplicité est telle qu'il est utilisé, mais dans $\mathbb{E}(2)$, dès le collège. Il se décrit ainsi :

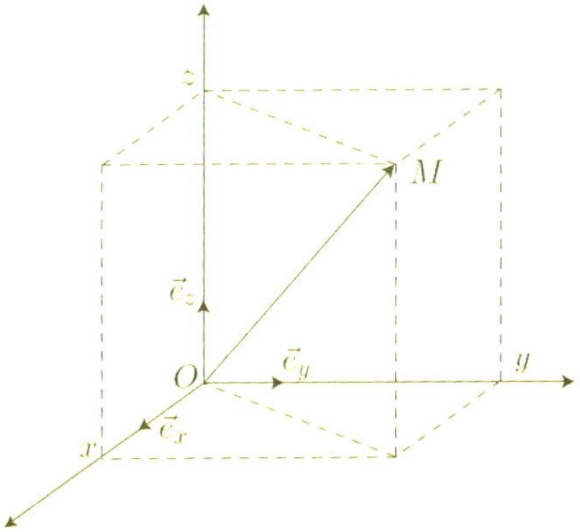

Figure 14 : Repère cartésien

La base cartésienne $\mathcal{B}_C = \left(\overrightarrow{e_x}\,;\,\overrightarrow{e_y}\,;\,\overrightarrow{e_z}\right)_{\mathbb{E}(3)}$, est dans cet ordre direct, et les trois vecteurs unitaires sont fixes. D'où :

- ✓ $\overrightarrow{e_x} \wedge \overrightarrow{e_y} = \overrightarrow{e_z}$
- ✓ $\overrightarrow{e_y} \wedge \overrightarrow{e_z} = \overrightarrow{e_x}$
- ✓ $\overrightarrow{e_z} \wedge \overrightarrow{e_x} = \overrightarrow{e_y}$

L'évolution, temporelle et géométrique, d'un point $M\big(x(t)\,;\,y(t)\,;z(t)\big)$ au sein du référentiel $\mathcal{R}_C$ est donc donnée par :

$$\overrightarrow{OM}_{\mathcal{R}_C}(t) = x(t)\,\overrightarrow{e_x} + y(t)\,\overrightarrow{e_y} + z(t)\,\overrightarrow{e_z}$$

- *Symétrie de rotation planaire : le système des coordonnées polaires*

Il s'agit du système de coordonnées qui permet de se repérer sur un plan, donc dans $\mathbb{E}(2)$, lorsque le système est en rotation dans un plan. Il fait appel à la distance, appelée coordonnée radiale, qui sépare le centre du repère au point étudié, et à un angle orienté, appelé azimut, mesuré dans le sens trigonométrique par rapport à un axe horizontal de référence : l'axe polaire. Il s'identifie au plan complexe utilisé en mathématiques pour représenter les nombres complexes. Les notations usuelles sont les suivantes :

- ✓ la coordonnée radiale : $r(t) = \left\|\overrightarrow{OM}_{\mathcal{R}_P}(t)\right\|$ et de vecteur unitaire $\overrightarrow{e_r}$

$$\overrightarrow{e_r} = \frac{\vec{r}(t)}{r(t)} = \frac{\overrightarrow{OM}_{\mathcal{R}_P}(t)}{\left\|\overrightarrow{OM}_{\mathcal{R}_P}(t)\right\|}$$

Il s'agit donc d'un vecteur qui est **mobile** lors de la rotation.

- ✓ la coordonnée azimutale : $\theta(t) = (\overrightarrow{e_x}\,;\,\overrightarrow{e_r})$ et de vecteur unitaire $\overrightarrow{e_\theta}$. Il s'agit donc d'un vecteur qui est **mobile** lors de la rotation.

Pour le percevoir, il suffit d'imaginer que, sur la **Figure 15**, l'axe vertical ascendant de vecteur unitaire $\overrightarrow{e_z}$ rentre dans l'œil d'observation afin d'y regarder le plan $\Pi\left(\overrightarrow{e_x}\,;\overrightarrow{e_y}\right)$. On a alors les correspondances suivantes :

$$\begin{cases} x = r\cos\theta \\ y = r\sin\theta \end{cases} \Rightarrow \begin{cases} r = \sqrt{x^2+y^2} \\ \theta = \arctan\left(\dfrac{y}{x}\right) \end{cases}$$

Puis, par projection, on obtient :

$$\begin{cases} \overrightarrow{e_r} = \cos\theta\,\overrightarrow{e_x} + \sin\theta\,\overrightarrow{e_y} \\ \overrightarrow{e_\theta} = -\sin\theta\,\overrightarrow{e_x} + \cos\theta\,\overrightarrow{e_y} \end{cases} \Rightarrow \begin{cases} \overrightarrow{e_x} = \cos\theta\,\overrightarrow{e_r} - \sin\theta\,\overrightarrow{e_\theta} \\ \overrightarrow{e_y} = \sin\theta\,\overrightarrow{e_r} + \cos\theta\,\overrightarrow{e_\theta} \end{cases}$$

D'où, en tenant compte de la mobilité relative par rapport au référentiel $\mathcal{R}_{C2} = \left(O\,;\overrightarrow{e_x}\,;\,\overrightarrow{e_y}\,;\,t\right)_{\mathbb{E}(2)}$ des deux vecteurs unitaires $\overrightarrow{e_r}$ et $\overrightarrow{e_\theta}$, on peut écrire que :

$$\begin{cases} \left.\dfrac{d\,\overrightarrow{e_r}}{dt}\right]_{\mathcal{R}_{C2}} = \dfrac{d\,\overrightarrow{e_r}}{dt} = \dfrac{d\,\overrightarrow{e_r}}{d\theta}\dfrac{d\theta}{dt} = \dfrac{d}{d\theta}\left(\cos\theta\,\overrightarrow{e_x} + \sin\theta\,\overrightarrow{e_y}\right)\dfrac{d\theta}{dt} = \left(\dfrac{d\cos\theta}{d\theta}\overrightarrow{e_x} + \dfrac{d\sin\theta}{d\theta}\overrightarrow{e_y}\right)\dfrac{d\theta}{dt} \\ \left.\dfrac{d\,\overrightarrow{e_\theta}}{dt}\right]_{\mathcal{R}_{C2}} = \dfrac{d\,\overrightarrow{e_\theta}}{dt} = \dfrac{d\,\overrightarrow{e_\theta}}{d\theta}\dfrac{d\theta}{dt} = \dfrac{d}{d\theta}\left(-\sin\theta\,\overrightarrow{e_x} + \cos\theta\,\overrightarrow{e_y}\right)\dfrac{d\theta}{dt} = \left(-\dfrac{d\sin\theta}{d\theta}\overrightarrow{e_x} + \dfrac{d\cos\theta}{d\theta}\overrightarrow{e_y}\right)\dfrac{d\theta}{dt} \end{cases}$$

ce qui nous donne :

$$\begin{cases} \dfrac{d\,\overrightarrow{e_r}}{dt} = \left(-\sin\theta\,\overrightarrow{e_x} + \cos\theta\,\overrightarrow{e_y}\right)\dfrac{d\theta}{dt} = \dfrac{d\theta}{dt}\overrightarrow{e_\theta} \\ \dfrac{d\,\overrightarrow{e_\theta}}{dt} = \left(-\cos\theta\,\overrightarrow{e_x} - \sin\theta\,\overrightarrow{e_y}\right)\dfrac{d\theta}{dt} = -\dfrac{d\theta}{dt}\overrightarrow{e_r} \end{cases}$$

L'évolution, temporelle et géométrique, d'un point $M\big(r(t)\,;\theta(t)\big)$ au sein du référentiel $\mathcal{R}_{C2}$ est donc donnée par :

$$\overrightarrow{OM}_{\mathcal{R}_{C2}}(t) = r(t)\,\overrightarrow{e_r}$$

De plus, on en déduit que l'expression de la vitesse est :

$$\vec{v}_{M/\mathcal{R}_{C2}}(t) = \frac{d\overrightarrow{OM}_{\mathcal{R}_{C2}}(t)}{dt} = \frac{d(r\,\overrightarrow{e_r})}{dt} = \frac{dr}{dt}\overrightarrow{e_r} + r\frac{d\overrightarrow{e_r}}{dt} = \frac{dr}{dt}\overrightarrow{e_r} + r\frac{d\theta}{dt}\overrightarrow{e_\theta}$$

Enfin, l'expression de l'accélération est :

$$\begin{aligned} \vec{a}_{M/\mathcal{R}_{C2}}(t) &= \frac{d\vec{v}_{M/\mathcal{R}_{C2}}(t)}{dt} \\ &= \frac{d}{dt}\left(\frac{dr}{dt}\overrightarrow{e_r} + r\frac{d\theta}{dt}\overrightarrow{e_\theta}\right) \\ &= \frac{d}{dt}\left(\frac{dr}{dt}\overrightarrow{e_r}\right) + \frac{d}{dt}\left(r\frac{d\theta}{dt}\overrightarrow{e_\theta}\right) \end{aligned}$$

Ce qui nous donne en dérivant les deux produits :

$$\begin{aligned} \vec{a}_{M/\mathcal{R}_{C2}}(t) &= \frac{d}{dt}\left(\frac{dr}{dt}\right)\overrightarrow{e_r} + \frac{dr}{dt}\frac{d\overrightarrow{e_r}}{dt} + \frac{dr}{dt}\frac{d\theta}{dt}\overrightarrow{e_\theta} + r\frac{d}{dt}\left(\frac{d\theta}{dt}\right)\overrightarrow{e_\theta} + r\frac{d\theta}{dt}\frac{d\,\overrightarrow{e_\theta}}{dt} \\ &= \frac{d^2r}{dt^2}\overrightarrow{e_r} + \frac{dr}{dt}\frac{d\theta}{dt}\overrightarrow{e_\theta} + \frac{dr}{dt}\frac{d\theta}{dt}\overrightarrow{e_\theta} + r\frac{d^2\theta}{dt^2}\overrightarrow{e_\theta} + r\frac{d\theta}{dt}\frac{d\,\overrightarrow{e_\theta}}{dt} \\ &= \frac{d^2r}{dt^2}\overrightarrow{e_r} + \frac{dr}{dt}\frac{d\theta}{dt}\overrightarrow{e_\theta} + \frac{dr}{dt}\frac{d\theta}{dt}\overrightarrow{e_\theta} + r\frac{d^2\theta}{dt^2}\overrightarrow{e_\theta} + r\frac{d\theta}{dt}\left(-\frac{d\theta}{dt}\overrightarrow{e_r}\right) \end{aligned}$$

Finalement, on trouve que :

$$\vec{a}_{M/\mathcal{R}_{C2}}(t) = \left(\frac{d^2r}{dt^2} - r\left(\frac{d\theta}{dt}\right)^2\right)\overrightarrow{e_r} + \left(2\frac{dr}{dt}\frac{d\theta}{dt} + r\frac{d^2\theta}{dt^2}\right)\overrightarrow{e_\theta}$$

- *Symétrie de rotation planaire et de translation : le système des coordonnées cylindro-polaires*

Ce système de coordonnées, encore appelées coordonnées cylindriques, étend dans $\mathbb{E}(3)$ les coordonnées polaires. Pour ce faire, on ajoute un axe vertical ascendant z de vecteur unitaire $\overrightarrow{e_z}$. Ainsi, on obtient :

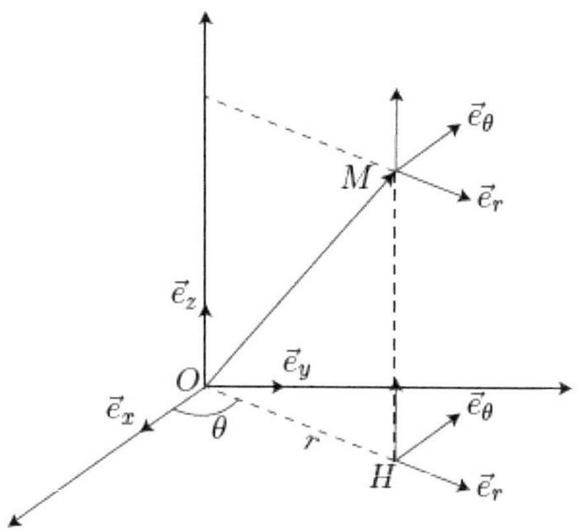

Figure 16 : Repère cylindro-polaire

La base cylindro-polaire $\mathcal{B}_{CP} = (\overrightarrow{e_r}\ ;\ \overrightarrow{e_\theta}\ ;\ \overrightarrow{e_z})_{\mathbb{E}(3)}$, est dans cet ordre directe, et les deux vecteurs unitaires $\overrightarrow{e_r}$ et $\overrightarrow{e_\theta}$ qui participent à sa composition sont **mobiles**. D'où :

✓ $\overrightarrow{e_r} \wedge \overrightarrow{e_\theta} = \overrightarrow{e_z}$

✓ $\overrightarrow{e_\theta} \wedge \overrightarrow{e_z} = \overrightarrow{e_r}$

✓ $\overrightarrow{e_z} \wedge \overrightarrow{e_r} = \overrightarrow{e_\theta}$

On a alors les correspondances suivantes :

$$\begin{cases} x = r\cos\theta \\ y = r\sin\theta \\ z = z \end{cases} \Rightarrow \begin{cases} r = \sqrt{x^2+y^2} \\ \theta = \arctan\left(\dfrac{y}{x}\right) \\ z = z \end{cases}$$

L'évolution, temporelle et géométrique, d'un point $M\big(r(t)\,;\theta(t)\,;z(t)\big)$ au sein du référentiel $\mathcal{R}_C$ est donc donnée par :

$$\overrightarrow{OM}_{\mathcal{R}_C}(t) = r(t)\,\overrightarrow{e_r} + \mathrm{z}(t)\,\overrightarrow{e_z}$$

De ce fait, et en faisant usage des même notations que pour la base polaire, et en tenant compte que le vecteur unitaire $\overrightarrow{e_z}$ est fixe dans $\mathcal{R}_C$, on obtient :

$$\begin{cases} \vec{v}_{M/\mathcal{R}_C}(t) = \dfrac{dr}{dt}\overrightarrow{e_r} + r\dfrac{d\theta}{dt}\overrightarrow{e_\theta} + \dfrac{dz}{dt}\overrightarrow{e_z} \\ \vec{a}_{M/\mathcal{R}_C}(t) = \left(\dfrac{d^2r}{dt^2} - r\left(\dfrac{d\theta}{dt}\right)^2\right)\overrightarrow{e_r} + \left(2\dfrac{dr}{dt}\dfrac{d\theta}{dt} + r\dfrac{d^2\theta}{dt^2}\right)\overrightarrow{e_\theta} + \dfrac{d^2z}{dt^2}\overrightarrow{e_z} \end{cases}$$

- *Symétrie par deux rotations planaires : le système des coordonnées sphériques*

Ce système de coordonnées, permet, dans $\mathbb{E}(3)$, de ce repérer sur une sphère, d'où son immense utilité. Il est généralement utilisé en géographie, en astronomie ainsi qu'en astrométrie. Il fait appel à la distance, appelée coordonnée radiale, qui sépare le centre du repère au point étudié, et à deux angles orientés :

- l'un appelé longitude, notée $\varphi(t)$, mesuré dans le sens trigonométrique par rapport à un axe horizontal de référence : l'axe de projection radiale (OH sur la **Figure 17**).
- l'autre appelé colatitude, notée $\theta(t)$, mesuré dans le sens trigonométrique par rapport à un axe vertical ascendant de référence : l'axe de direction z.

Les notations usuelles sont les suivantes :

✓ la coordonnée radiale : $r(t) = \left\|\overrightarrow{OM}_{\mathcal{R}_S}(t)\right\|$ et de vecteur unitaire $\overrightarrow{e_r} = \frac{\vec{r}(t)}{r(t)} = \frac{\overrightarrow{OM}_{\mathcal{R}_P}(t)}{\left\|\overrightarrow{OM}_{\mathcal{R}_P}(t)\right\|}$. Il s'agit donc d'un vecteur qui est **mobile** lors de la rotation.

✓ la coordonnée longitudinale : $\varphi(t) = \left(\overrightarrow{e_x}\ ;\ \overrightarrow{OH}\right)$ et de vecteur unitaire $\overrightarrow{e_\varphi}$. Il s'agit donc d'un vecteur qui est **mobile** lors de la rotation.

✓ la coordonnée longitudinale : $\theta(t) = (\overrightarrow{e_z}\ ;\ \overrightarrow{e_r})$ et de vecteur unitaire $\overrightarrow{e_\theta}$. Il s'agit donc d'un vecteur qui est **mobile** lors de la rotation.

Ainsi, on obtient :

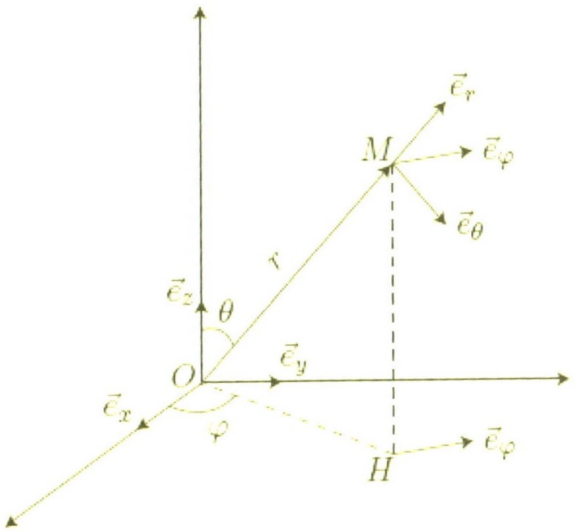

Figure 18 : Repère sphérique

La base sphérique $\mathcal{B}_{CP} = \left(\overrightarrow{e_r}\ ;\ \overrightarrow{e_\theta}\ ;\ \overrightarrow{e_\varphi}\right)_{\mathbb{E}(3)}$, est, dans cet ordre, directe et les trois vecteurs unitaires qui la composent sont **mobiles**. D'où :

✓ $\overrightarrow{e_r} \wedge \overrightarrow{e_\theta} = \overrightarrow{e_\varphi}$

✓ $\overrightarrow{e_\theta} \wedge \overrightarrow{e_\varphi} = \overrightarrow{e_r}$

✓ $\overrightarrow{e_\varphi} \wedge \overrightarrow{e_r} = \overrightarrow{e_\theta}$

On a alors les correspondances suivantes :

$$\begin{cases} x = r\sin\theta\cos\varphi \\ y = r\sin\theta\sin\varphi \\ z = r\cos\theta \end{cases} \Longrightarrow \begin{cases} r = \sqrt{x^2+y^2+z^2} \\ \theta = \arccos\left(\dfrac{z}{\sqrt{x^2+y^2+z^2}}\right) \\ \varphi = \arctan\left(\dfrac{y}{x}\right) \end{cases}$$

Puis, par projection, on obtient :

$$\begin{cases} \overrightarrow{e_r} &= \sin\theta\cos\varphi\,\overrightarrow{e_x} + \sin\theta\sin\varphi\,\overrightarrow{e_y} + \cos\theta\,\overrightarrow{e_z} \\ \overrightarrow{e_\theta} &= \cos\theta\cos\varphi\,\overrightarrow{e_x} + \cos\theta\sin\varphi\,\overrightarrow{e_y} - \sin\theta\,\overrightarrow{e_z} \\ \overrightarrow{e_\varphi} &= -\sin\varphi\,\overrightarrow{e_x} + \cos\varphi\,\overrightarrow{e_y} + 0\overrightarrow{e_z} \end{cases}$$

De même :

$$\begin{cases} \overrightarrow{e_x} &= \sin\theta\cos\varphi\,\overrightarrow{e_r} + \cos\theta\cos\varphi\,\overrightarrow{e_\theta} - \sin\varphi\,\overrightarrow{e_\varphi} \\ \overrightarrow{e_y} &= \sin\theta\sin\varphi\,\overrightarrow{e_r} + \cos\theta\sin\varphi\,\overrightarrow{e_\theta} + \cos\varphi\,\overrightarrow{e_\varphi} \\ \overrightarrow{e_z} &= \cos\theta\,\overrightarrow{e_r} - \sin\theta\,\overrightarrow{e_\theta} + 0\overrightarrow{e_\varphi} \end{cases}$$

L'évolution, temporelle et géométrique, d'un point $M\big(r(t)\,;\theta(t)\,;\varphi(t)\big)$ au sein du référentiel $\mathcal{R}_C$ est donc donnée par :

$$\overrightarrow{OM}_{\mathcal{R}_C}(t) = r(t)\,\overrightarrow{e_r}$$

De ce fait, en tenant compte que les vecteurs unitaires de la base sphérique sont tous mobiles dans $\mathcal{R}_C$, on obtient les expressions des dérivées suivantes :

$$\begin{cases} \left.\dfrac{d\,\overrightarrow{e_r}}{dt}\right]_{\mathcal{R}_{C2}} = \dfrac{d\,\overrightarrow{e_r}}{dt} = \dfrac{d\theta}{dt}\overrightarrow{e_\theta} + \dfrac{d\varphi}{dt}\sin\theta\,\overrightarrow{e_\varphi} \\ \left.\dfrac{d\,\overrightarrow{e_\theta}}{dt}\right]_{\mathcal{R}_{C2}} = \dfrac{d\,\overrightarrow{e_\theta}}{dt} = -\dfrac{d\theta}{dt}\overrightarrow{e_r} + \dfrac{d\varphi}{dt}\cos\theta\,\overrightarrow{e_\varphi} \\ \left.\dfrac{d\,\overrightarrow{e_\varphi}}{dt}\right]_{\mathcal{R}_{C2}} = \dfrac{d\,\overrightarrow{e_\varphi}}{dt} = -\dfrac{d\varphi}{dt}\sin\theta\,\overrightarrow{e_r} - \dfrac{d\varphi}{dt}\cos\theta\,\overrightarrow{e_\varphi} \end{cases}$$

Ainsi, on trouve que la vitesse et de l'accélération vectorielle sont données par les expressions suivantes :

✓ Pour la vitesse :

$$\vec{v}_{M/\mathcal{R}_C}(t) = \frac{dr}{dt}\overrightarrow{e_r} + r\frac{d\theta}{dt}\overrightarrow{e_\theta} + r\sin\theta\frac{d\varphi}{dt}\overrightarrow{e_z}$$

✓ Pour l'accélération :

$$\begin{aligned}\vec{a}_{M/\mathcal{R}_C}(t) &= \left(\frac{d^2r}{dt^2} - r\left(\left(\frac{d\theta}{dt}\right)^2 + \left(\frac{d\varphi}{dt}\right)^2 \sin^2\theta\right)\right)\overrightarrow{e_r} \\ &+ \left(2\frac{dr}{dt}\frac{d\theta}{dt} + r\frac{d^2\theta}{dt^2} - r\sin\theta\cos\theta\left(\frac{d\varphi}{dt}\right)^2\right)\overrightarrow{e_\theta} \\ &+ \left(2\frac{dr}{dt}\frac{d\varphi}{dt}\sin\theta + 2r\frac{d\theta}{dt}\frac{d\varphi}{dt}\cos\theta - r\sin\theta\frac{d^2\varphi}{dt^2}\right)\overrightarrow{e_\varphi}\end{aligned}$$

♣ *Remarque : Il est vivement conseillé au lecteur de retrouver par lui-même l'ensemble des résultats précédents relatifs au système des coordonnées sphériques. Mais pour cela, vous allez devoir considérer des fonctions à trois variables du type $f(r\,;\,\theta\,;\,\varphi)$ dont la dérivée temporelle va s'écrire selon la formule suivante :*

$$\frac{df(r;\theta;\varphi)}{dt} = \left(\frac{\partial f(r;\theta;\varphi)}{\partial r}\right)_{(\theta\,;\,\varphi)}\frac{dr}{dt} + \left(\frac{\partial f(r;\theta;\varphi)}{\partial \theta}\right)_{(r\,;\,\varphi)}\frac{d\theta}{dt} + \left(\frac{\partial f(r;\theta;\varphi)}{\partial \varphi}\right)_{(r\,;\,\theta)}\frac{d\varphi}{dt}$$

Dans cette relation il y a apparition de trois « nouveaux » termes :

➔ *le premier terme :*

$$\left(\frac{\partial f(r;\theta;\varphi)}{\partial r}\right)_{(\theta\,;\,\varphi)}$$

s'appelle ***la dérivée partielle*** *de la fonction f par rapport à « r » en considérant les variables « θ et φ » comme constante par rapport à « r ».*

➔ *le deuxième terme :*

$$\left(\frac{\partial f(r;\theta;\varphi)}{\partial \theta}\right)_{(r\,;\,\varphi)}$$

s'appelle ***la dérivée partielle*** *de la fonction f par rapport à « θ » en considérant les variables « r et φ » comme constante par rapport à « θ ».*

➔ *le troisième terme :*

$$\left(\frac{\partial f(r;\theta;\varphi)}{\partial \varphi}\right)_{(r\,;\,\theta)}$$

s'appelle ***la dérivée partielle*** *de la fonction f par rapport à « φ » en considérant les variables « r et θ » comme constante par rapport à « φ ».*

Pour les dérivées partielles, de symbole « ∂ », qui se lit « d rond », les règles de calculs sont évidemment les mêmes que pour les dérivées classiques (se reporter au Chapitre 2). L'étude des fonctions à plusieurs variables ne sera pas abordée dans cet ouvrage, mais ceci sera fait à Bac + 1 dans les cours de Mathématiques (analyse) et de Physique.

PREMIER PROBLÈME

Principe du gravimètre à ressort

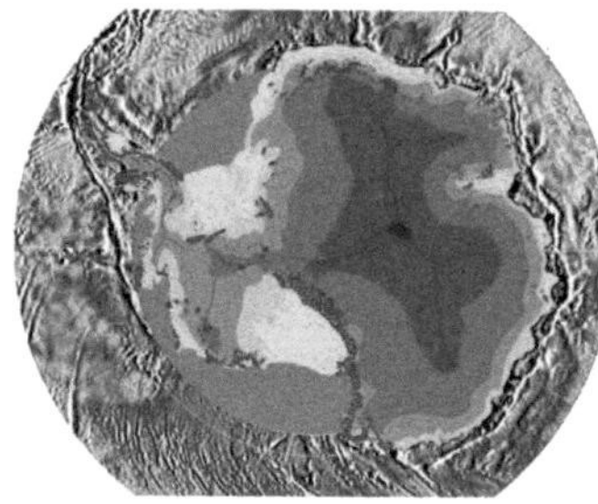

La force de pesanteur, qui permet de définir le poids d'un objet, nous maintient à la surface de la Terre et est la cause de la chute libre d'un corps proche de la surface de celle-ci. Cette force, notée P, est proportionnelle à la masse : P = mg, où g représente l'accélération de la pesanteur terrestre. La norme de cette accélération est la pesanteur terrestre g, et est mesurée à l'aide d'un gravimètre. C'est une grandeur physique qui varie dans le temps et l'espace. En effet, g dépend entre autres de la latitude, de la répartition des masses à l'intérieur de la Terre, de la rotation de la Terre sur elle-même (vitesse et position de l'axe de rotation), ainsi que de la position relative de la Lune et du Soleil, qui génèrent les forces de marée. La détermination relative ou absolue de g revêt une importance capitale dans différents domaines de la recherche scientifique. En géophysique, on mesure les variations de pesanteur pour étudier les déformations tectoniques, le rebond postglaciaire, les marées, l'influence de l'atmosphère et de l'hydrosphère, ainsi que la structure du globe depuis la graine jusqu'à la croûte terrestre. Par ailleurs, l'analyse des variations locales de g a de nombreuses applications en géologie, comme par exemple en prospection pétrolière. En métrologie, g intervient dans la détermination d'unités dérivées du kilogramme (ampère, pression, force) et est appelé à jouer un rôle clé dans la nouvelle réalisation du kilogramme. Enfin, en géodésie, g est indispensable pour déterminer le géoïde et partant, les altitudes (le géoïde étant le niveau moyen des mers et son prolongement sous les continents). Il existe différents types de gravimètres, et ce problème vous propose d'étudier le principe de fonctionnement d'un gravimètre à ressort. Cet appareil permet, de manière statique, et sa précision dépend de la qualité de son ressort.

♠ Données du problème

- longueur à vide du ressort : $\ell_0 = 25$ cm
- constante de raideur du ressort : $k = 49{,}9$ N/m
- masse étirant le ressort du gravimètre : $m = 79{,}67$ g
- longueur du levier : $L = 16$ cm
- différence de hauteur du ressort : $h = 22$ cm

On rappelle qu'un degré est divisé en 60 minutes d'arc (de symbole '), chacun d'entre eux, étant lui-même subdivisé en 60 secondes d'arc (de symbole ").

Une expédition de géophysiciens et de géographes est menée en Equateur, dans la ville de Manta, de latitude $\lambda_M = 0° 57'$. Le but de cette expédition est de déterminer la valeur de l'accélération de pesanteur terrestre $g = \|\vec{g}\|$ tout près de l'équateur terrestre. Pour cela, l'équipe dispose d'un gravimètre à ressort de type astatique de *LaCoste & Romberg* :

Il s'agit d'un petit gravimètre d'environ 30 cm de hauteur, et dont la précision est de l'ordre du µGal. Le Gal est une unité qui correspond à 0,01 m/s^2, et qui est dénommée ainsi en l'honneur du grand physicien italien *Galilée* (1564 / 1642). Le principe de fonctionnement d'un tel gravimètre peut-être schématisé par :

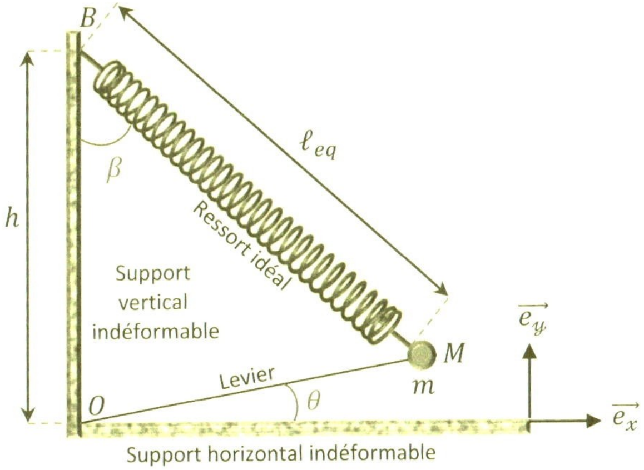

Dans un tel gravimètre, le levier $OM = L$ est de masse totalement négligeable devant la masse m placée en son extrémité M. Cette dernière est solidaire d'un ressort idéal, de constante de raideur k et de longueur à vide ℓ_0. On notera par ℓ_{eq} la longueur du ressort lorsque le système est en équilibre. La sensibilité du dispositif et la qualité du ressort sont telles que l'angle θ, entre le levier et le support horizontal, puisse être toujours mesuré à la seconde d'arc près.

Cependant, au regard de la précision cherchée, **aucune approximation** ne sera faites sur les valeurs des fonctions sinus, cosinus et tangente aux faibles angles. La valeur de l'angle θ, à l'équilibre, sera notée θ_{eq}. De plus, on notera par $g_M = \|\overrightarrow{g_M}\|$ la valeur de l'accélération de pesanteur terrestre à Manta. Enfin, on notera par $\vec{0}$ le vecteur nul associé à l'espace physique.

Partie A - Relations trigonométriques dans un triangle quelconque

Dans cette première partie du problème, nous allons établir mathématiquement deux relations trigonométriques importantes des triangles. On considère le triangle quelconque suivant :

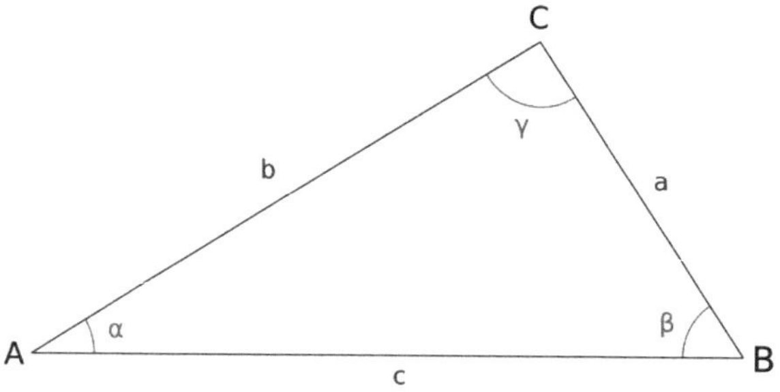

1) Démontrer, en utilisant le produit scalaire, que : $c^2 = a^2 + b^2 - 2ab\cos\gamma$. Cette relation est connue sous le nom de théorème d'*Al-Kashi* (1380 / 1429), ou de loi des cosinus ou encore sous le nom de théorème de *Pythagore* généralisé.
2) Démontrer, en utilisant le produit vectoriel, la relation suivante : $\frac{\sin\alpha}{a} = \frac{\sin\beta}{b} = \frac{\sin\gamma}{c}$. Cette relation est connue sous le nom de loi des sinus.

Partie B - Etude de l'équilibre par les forces

On se propose, lors de cette deuxième partie, d'étudier la condition d'équilibre de la masse m, et donc du levier de ce gravimètre. Pour ce faire, on se placera dans le référentiel terrestre supposé galiléen. L'étude s'effectuera dans le plan du ressort, et on adoptera le référentiel $\mathcal{R}_C = \left(O\,; \overrightarrow{e_x}\,; \overrightarrow{e_y}\,; \overrightarrow{e_z}\,; t\right)_{\mathbb{E}(3)}$. Le vecteur $\overrightarrow{e_z}$ étant dirigé vers l'œil du lecteur, donc sortant de la feuille.

1) Quelles sont, à l'équilibre, les forces qui s'exercent sur la masse m ?
2) Ecrire, dans $\mathcal{R}_C$, la condition d'équilibre de la masse m.
3) Projeter, sur les deux axes de vecteurs directeurs $\overrightarrow{e_x}$ et $\overrightarrow{e_y}$, la relation précédente.
4) En déduire l'expression de ℓ_{eq} en fonction de ℓ_0, m, g_M, k, L et h.
5) En déduire une condition simple pour que cet équilibre existe.

Partie C - Etude de l'équilibre par les moments des forces

On se propose, lors de cette troisième partie, d'étudier la condition d'équilibre de la masse m, mais cette fois en utilisant les moments des forces. Pour ce faire, on se placera toujours dans le référentiel terrestre supposé galiléen. L'étude s'effectuera dans le plan du ressort, et on adoptera le référentiel $\mathcal{R}_C = \left(O\,; \overrightarrow{e_x}\,; \overrightarrow{e_y}\,; \overrightarrow{e_z}\,; t\right)_{\mathbb{E}(3)}$. Le vecteur $\overrightarrow{e_z}$ étant dirigé vers l'œil du lecteur, donc sortant de la feuille.

1) Ecrire, dans $\mathcal{R}_{C2}$, la condition d'équilibre de la masse m en fonction des moments des forces.
2) En déduire l'expression de ℓ_{eq} en fonction de ℓ_0, m, g_M, k, L et h.
3) Retrouver la condition pour que cet équilibre existe.

Partie D – Détermination de l'accélération de pesanteur à Manta

Dans cette dernière partie, on cherche à déterminer la valeur numérique de l'accélération de pesanteur terrestre à Manta, ainsi que l'altitude H de la mesure. On se placera toujours dans le référentiel terrestre $\mathcal{R}_C = \left(O\,; \overrightarrow{e_x}\,; \overrightarrow{e_y}\,; \overrightarrow{e_z}\,; t\right)_{\mathbb{E}(3)}$ supposé galiléen.

1) A l'équilibre, l'angle θ_{eq} est très faible, mais le système électronique à l'intérieur du gravimètre est très performant et le mesure à $\theta_{eq} = 1°\,17'\,24''$. Déterminer l'expression de l'accélération de pesanteur terrestre g_M à Manta.
2) Calculer numériquement la valeur de g_M .
3) **L'IERS** (**I**nternational **E**arth **R**otation And Reference Systems **S**ervice, créé en 1987 par l'Union astronomique internationale et l'Union Internationale de Géodésie et de Géophysique) recommande pour l'accélération de pesanteur terrestre, à l'équateur, de prendre comme valeur moyenne $g_{éq} = 9{,}7803278\ \mathrm{m/s^2}$. En ce qui concerne les Pôles, elle recommande de prendre la valeur de $g_{pôle} = 9{,}832187\ \mathrm{m/s^2}$. Le résultat mesuré par le gravimètre à Manta vous semble-t-il réaliste ? Argumenter votre réponse. Afin de vous aider, voici une carte de l'Equateur :

Fin du sujet

CORRECTION

Ce problème aborde un des très nombreux aspects expérimentaux de la gravimétrie. Il s'intéresse à l'étude du principe de fonctionnement d'un gravimètre à ressort, offrant de très bonnes performances. Il s'agit d'un problème relativement simple, et faisant essentiellement appel à des notions de Terminale S ; seule la troisième partie fait requiert des connaissances de l'enseignement supérieur : la notion de moment d'une force. Ce problème montre bien la complémentarité des deux approches (forces et moments) pour décrire un état d'équilibre mécanique. Il est donc conseillé de toujours prendre soin de vos notations, et de bien détailler l'intégralité de vos calculs afin d'y retrouver d'éventuelles erreurs. Les deuxième et troisième parties font appel à quelques calculs trigonométriques, devant nécessairement faire partie du baguage scientifiques de l'élève de Terminale S.

Partie A – Relations trigonométriques dans un triangle quelconque

1) On a :

$$c^2 = \|\overrightarrow{AB}\|^2 = \|\overrightarrow{AC} + \overrightarrow{CB}\|^2 = \|-\overrightarrow{CA} + \overrightarrow{CB}\|^2 = \|\overrightarrow{CB} - \overrightarrow{CA}\|^2$$
$$= \|\overrightarrow{CB}\|^2 - 2\overrightarrow{CB}.\overrightarrow{CA} + \|\overrightarrow{CA}\|^2$$

Ce qui nous donne :

$$c^2 = \|\overrightarrow{CB}\|^2 - 2\|\overrightarrow{CB}\|\,\|\overrightarrow{CA}\|\,\cos(\widehat{\overrightarrow{CB}\,;\,\overrightarrow{CA}}) + \|\overrightarrow{CA}\|^2$$

Puis, on a :

$$\|\overrightarrow{CB}\| = CB \quad ; \quad \|\overrightarrow{CA}\| = CA \quad ; \quad \cos(\widehat{\overrightarrow{CB}\,;\,\overrightarrow{CA}}) = \cos\gamma$$

D'où la relation cherchée :

$$\boxed{c^2 = a^2 + b^2 - 2ab\cos\gamma}$$

2) On sait que l'aire $\mathcal{A}_t$ du triangle ABC est donnée par la norme du produit vectoriel de deux vecteurs qui s'appuie sur ces côtés. D'où :

$$\begin{aligned}
\mathcal{A}_t &= \frac{1}{2}\|\overrightarrow{AC}\wedge\overrightarrow{AB}\| = \frac{1}{2}\|\overrightarrow{BA}\wedge\overrightarrow{BC}\| = \frac{1}{2}\|\overrightarrow{CA}\wedge\overrightarrow{CB}\| \\
&= \frac{1}{2}\|\overrightarrow{AC}\|\|\overrightarrow{AB}\|\left|\sin(\widehat{\overrightarrow{AC};\overrightarrow{AB}})\right| = \frac{1}{2}\|\overrightarrow{BA}\|\|\overrightarrow{BC}\|\left|\sin(\widehat{\overrightarrow{BA}\,;\overrightarrow{BC}})\right| = \frac{1}{2}\|\overrightarrow{CA}\|\|\overrightarrow{CB}\|\left|\sin(\widehat{\overrightarrow{CA}\,;\overrightarrow{CB}})\right| \\
&= \frac{1}{2}bc|\sin\alpha| = \frac{1}{2}ca|\sin\beta| = \frac{1}{2}ba|\sin\gamma|
\end{aligned}$$

Mais comme les trois angles α, β et γ appartiennent à l'intervalle $]0\,;\pi[$ cela implique que leur sinus respectifs appartiennent à l'intervalle $]0\,;1[$. Ainsi, les trois sinus sont strictement positifs et donc respectivement égal à leur valeur absolue. D'où

$$\mathcal{A}_t = \frac{1}{2}bc\sin\alpha = \frac{1}{2}ca\sin\beta = \frac{1}{2}ba\sin\gamma$$

En multipliant par le terme positif $\frac{2}{abc}$, on obtient la relation cherchée, à savoir :

$$\boxed{\frac{\sin\alpha}{a} = \frac{\sin\beta}{b} = \frac{\sin\gamma}{c}}$$

Partie B – Etude de l'équilibre par les forces

1) Les forces qui s'exercent sur la masse m sont :
   - son poids $\vec{P} = m\overrightarrow{g_M} = m\|\overrightarrow{g_M}\|(-\overrightarrow{e_y}) = -mg_M\,\overrightarrow{e_y}$;
   - la réaction du levier : $\vec{R} = \|\vec{R}\|\,\overrightarrow{e_{OM}} = \|\vec{R}\|\frac{\overrightarrow{OM}}{\|\overrightarrow{OM}\|} = \frac{R}{L}\overrightarrow{OM} = R(\cos\theta_{eq}\,\overrightarrow{e_x} + \sin\theta_{eq}\,\overrightarrow{e_y})$;
   - la force de rappel du ressort : $\vec{F} = k(\ell_{eq} - \ell)\,\overrightarrow{e_{MB}} = k(\ell_{eq} - \ell_0)(-\sin\beta\,\overrightarrow{e_x} + \cos\beta\,\overrightarrow{e_y})$

Ceci est reporté sur la figure suivante :

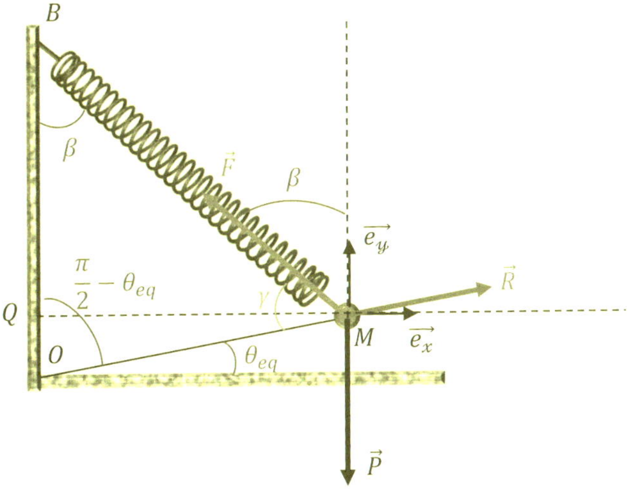

2) Dans le référentiel terrestre $\mathcal{R}_C$, supposé galiléen, la condition d'équilibre de la masse m va s'écrire :

$$\boxed{\vec{P} + \vec{R} + \vec{F} = \vec{0}}.$$

3) En projetant la relation précédente, sur les deux axes de vecteurs directeurs $\overrightarrow{e_x}$ et $\overrightarrow{e_y}$, on obtient alors le système suivant :

$$\boxed{\begin{cases} \text{suivant } \overrightarrow{e_x} : \ R\cos\theta_{eq} - k(\ell_{eq} - \ell_0)\sin\beta = 0 \\ \text{suivant } \overrightarrow{e_y} : \ R\sin\theta_{eq} + k(\ell_{eq} - \ell_0)\cos\beta - mg_M = 0 \end{cases}}$$

4) Dans ce système, il y a trois inconnues à éliminer : $R, \sin\beta$ et $\cos\beta$. Mais, d'après la loi des sinus, on sait que :

$$\frac{\sin\beta}{L} = \frac{\sin\left(\frac{\pi}{2} - \theta_{eq}\right)}{\ell_{eq}} \quad \Leftrightarrow \quad \frac{\sin\beta}{L} = \frac{\cos\theta_{eq}}{\ell_{eq}} \quad \Leftrightarrow \quad \sin\beta = \frac{L}{\ell_{eq}}\cos\theta_{eq}$$

D'où :

$$\begin{cases} \text{suivant } \overrightarrow{e_x} : \ R\cos\theta_{eq} - kL\left(\dfrac{\ell_{eq} - \ell_0}{\ell_{eq}}\right)\cos\theta_{eq} = 0 \\ \text{suivant } \overrightarrow{e_y} : \ R\sin\theta_{eq} + k(\ell_{eq} - \ell_0)\cos\beta - mg_M = 0 \end{cases}$$

Ainsi, suivant $\overrightarrow{e_x}$, en remarquant que $\cos\theta_{eq} \neq 0$ on obtient :

$$\left(R - kL\left(\frac{\ell_{eq} - \ell_0}{\ell_{eq}}\right)\right)\cos\theta_{eq} = 0 \quad \Rightarrow \quad R = kL\left(\frac{\ell_{eq} - \ell_0}{\ell_{eq}}\right)$$

Donc, l'équation suivant $\overrightarrow{e_{e_y}}$, devient alors :

$$kL\left(\frac{\ell_{eq} - \ell}{\ell_{eq}}\right)\sin\theta_{eq} + k(\ell_{eq} - \ell_0)\cos\beta - mg_M = 0$$

A ce stade, l'idée d'utiliser $\cos\beta = \sqrt{1 - \sin^2\beta} = \sqrt{1 - \left(\frac{L}{\ell_{eq}}\cos\theta_{eq}\right)^2}$ n'est pas des plus judicieuses car elle ne permet pas d'introduire facilement la hauteur h. C'est pourquoi, on va plutôt écrire que :

$$h = OB = OQ + QB = \ell_{eq}\cos\beta + L\sin\theta_{eq} \quad \Rightarrow \quad \cos\beta = \frac{h - L\sin\theta_{eq}}{\ell_{eq}}$$

D'où l'équation suivante :

$$kL\left(\frac{\ell_{eq} - \ell_0}{\ell_{eq}}\right)\sin\theta_{eq} + k\left(\frac{\ell_{eq} - \ell_0}{\ell_{eq}}\right)(h - L\sin\theta_{eq}) - mg_M = 0$$

Soit encore :

$$kL\left(1-\frac{\ell_0}{\ell_{eq}}\right)\sin\theta_{eq}+kL\left(1-\frac{\ell_0}{\ell_{eq}}\right)\left(\frac{h}{L}-\sin\theta_{eq}\right)-mg_M=0$$

$$\Leftrightarrow\quad kL\left(1-\frac{\ell_0}{\ell_{eq}}\right)\sin\theta_{eq}+kL\left(1-\frac{\ell_0}{\ell_{eq}}\right)\frac{h}{L}-kL\left(1-\frac{\ell_0}{\ell_{eq}}\right)\sin\theta_{eq}-mg_M=0$$

$$\Leftrightarrow\quad kh\left(1-\frac{\ell_0}{\ell_{eq}}\right)-mg_M=0$$

Donc, on a :

$$kh\left(1-\frac{\ell_0}{\ell_{eq}}\right)=mg_M\quad\Leftrightarrow\quad 1-\frac{\ell_0}{\ell_{eq}}=\frac{mg_M}{kh}\quad\Leftrightarrow\quad\frac{\ell_0}{\ell_{eq}}=1-\frac{mg_M}{kh}\quad\Leftrightarrow\quad\frac{\ell_0}{\ell_{eq}}=\frac{kh-mg_M}{kh}$$

Finalement, on obtient :

$$\boxed{\ell_{eq}=\ell_0\left(\frac{kh}{kh-mg_M}\right)}$$

5) Il est évident que la longueur ℓ_{eq} du ressort étiré est positive. Ainsi, on a :

$$\ell_{eq}>0\quad\Leftrightarrow\quad\ell_0\left(\frac{kh}{kh-mg_M}\right)>0\quad\Rightarrow\quad\frac{kh}{kh-mg_M}>0\quad\Rightarrow\quad kh-mg_M>0$$

D'où la condition pour que cet équilibre existe : $kh>mg_M$.

Partie C - Etude de l'équilibre par les moments des forces

1) Dans le référentiel terrestre $\mathcal{R}_C$, supposé galiléen, la condition d'équilibre de la masse m, qui peut évolue en rotation autour du point O, va s'écrire :

$$\boxed{\overrightarrow{\mathcal{M}}_{O/\mathcal{R}_C}(\vec{P})+\overrightarrow{\mathcal{M}}_{O/\mathcal{R}_C}(\vec{R})+\overrightarrow{\mathcal{M}}_{O/\mathcal{R}_C}(\vec{F})=\vec{0}}.$$

2) Explicitons, dans $\mathcal{R}_C$, la relation précédente.

- calcul de $\overrightarrow{\mathcal{M}}_{O/\mathcal{R}_C}(\vec{R})$:

$$\overrightarrow{\mathcal{M}}_{O/\mathcal{R}_C}(\vec{R})=\overrightarrow{OM}\wedge\vec{R}=\overrightarrow{OM}\wedge\vec{R}=\overrightarrow{OM}\wedge\frac{R}{L}\overrightarrow{OM}=\underbrace{\frac{R}{L}\overrightarrow{OM}\wedge\overrightarrow{OM}}_{=\vec{0}}=\vec{0}$$

- calcul de $\overrightarrow{\mathcal{M}}_{O/\mathcal{R}_C}(\vec{P})$:

$$\overrightarrow{\mathcal{M}}_{O/\mathcal{R}_C}(\vec{P})=\overrightarrow{OM}\wedge\vec{P}=L\left(\cos\theta_{eq}\ \overrightarrow{e_x}+\sin\theta_{eq}\ \overrightarrow{e_y}\right)\wedge\left(-mg_M\ \overrightarrow{e_y}\right)$$

soit

$$\begin{aligned}\overrightarrow{\mathcal{M}}_{O/\mathcal{R}_C}(\vec{P}) &= -mg_M L(\cos\theta_{eq}\ \overrightarrow{e_x} + \sin\theta_{eq}\ \overrightarrow{e_y}) \wedge \overrightarrow{e_y} \\ &= -mg_M L\left(\cos\theta_{eq}\ \underbrace{\overrightarrow{e_x}\wedge\overrightarrow{e_y}}_{=\overrightarrow{e_z}} + \sin\theta_{eq}\ \underbrace{\overrightarrow{e_y}\wedge\overrightarrow{e_y}}_{=\vec{0}}\right) \\ &= -mg_M L\cos\theta_{eq}\ \overrightarrow{e_z}\end{aligned}$$

- calcul de $\overrightarrow{\mathcal{M}}_{O/\mathcal{R}_C}(\vec{F})$:

  Ce calcul est beaucoup plus long et délicat à réaliser. C'est pourquoi il demande une attention toute particulière. En effet, on a :

$$\overrightarrow{\mathcal{M}}_{O/\mathcal{R}_C}(\vec{F}) = \overrightarrow{OM}\wedge\vec{F} = \left|\begin{matrix} L\cos\theta_{eq} \\ L\sin\theta_{eq} \\ 0\end{matrix}\right._{\mathcal{R}_C} \wedge \left|\begin{matrix} -k(\ell_{eq}-\ell_0)\sin\beta \\ k(\ell_{eq}-\ell_0)\cos\beta \\ 0\end{matrix}\right._{\mathcal{R}_C} = \left|\begin{matrix}0\\0\\Z\end{matrix}\right._{\mathcal{R}_C}$$

avec :

$$Z = kL(\ell_{eq}-\ell_0)\cos\beta\cos\theta_{eq} + kL(\ell_{eq}-\ell_0)\sin\beta\sin\theta_{eq}$$

soit

$$Z = kL(\ell_{eq}-\ell_0)(\cos\beta\cos\theta_{eq}+\sin\beta\sin\theta_{eq}) = kL(\ell_{eq}-\ell_0)\cos(\beta-\theta_{eq})$$

ou

$$Z = kL(\ell_{eq}-\ell_0)\sin\left(\frac{\pi}{2}-(\beta-\theta_{eq})\right) = kL(\ell_{eq}-\ell_0)\sin\left(\underbrace{\frac{\pi}{2}-\beta+\theta_{eq}}_{=\gamma}\right)$$

d'où : $Z = kL(\ell_{eq}-\ell_0)\sin\gamma$. Utilisons maintenant la relation des sinus. On peut alors écrire que :

$$\frac{\sin\gamma}{h} = \frac{\sin\left(\frac{\pi}{2}-\theta_{eq}\right)}{\ell_{eq}} \quad\Leftrightarrow\quad \frac{\sin\gamma}{h} = \frac{\cos\theta_{eq}}{\ell_{eq}} \quad\Leftrightarrow\quad \sin\gamma = \frac{h}{\ell_{eq}}\cos\theta_{eq}$$

Finalement, on obtient :

$$\overrightarrow{\mathcal{M}}_{O/\mathcal{R}_C}(\vec{F}) = kLh\left(\frac{\ell_{eq}-\ell_0}{\ell_{eq}}\right)\cos\theta_{eq}\,\overrightarrow{e_z}$$

On trouve alors que la condition d'équilibre de la masse m du gravimètre prend la forme vectorielle suivante :

$$\left(-mg_M L\cos\theta_{eq} + kLh\left(\frac{\ell_{eq}-\ell_0}{\ell_{eq}}\right)\cos\theta_{eq}\right)\overrightarrow{e_z} = \vec{0}$$

En exploitant la relation précédente, on obtient :

$$\left(-mg_M + kh\left(\frac{\ell_{eq}-\ell_0}{\ell_{eq}}\right)\right)L\cos\theta_{eq}\,\overrightarrow{e_z} = \vec{0}$$

Mais $L\cos\theta_{eq} \neq 0$, d'où :

$$-mg_M + kh\left(\frac{\ell_{eq} - \ell_0}{\ell_{eq}}\right) = 0$$

donc

$$kh\left(1 - \frac{\ell_0}{\ell_{eq}}\right) = mg_M \iff 1 - \frac{\ell_0}{\ell_{eq}} = \frac{mg_M}{kh} \iff \frac{\ell_0}{\ell_{eq}} = 1 - \frac{mg_M}{kh} \iff \frac{\ell_0}{\ell_{eq}} = \frac{kh - mg_M}{kh}$$

Finalement, on obtient :

$$\boxed{\ell_{eq} = \ell_0\left(\frac{kh}{kh - mg_M}\right)}$$

On retrouve bien (et heureusement) la même expression que par l'analyse des forces.

3) La longueur ℓ_{eq} du ressort étiré étant positive, on a alors :

$$\ell_{eq} > 0 \iff \ell_0\left(\frac{kh}{kh - mg_M}\right) > 0 \implies \frac{kh}{kh - mg_M} > 0 \implies kh - mg_M > 0$$

D'où la condition pour que cet équilibre existe : $kh > mg_M$.

♣ *On constate bien que les deux approches fournissent des résultats identiques, mais les démarches et donc les calculs sont bien différents. D'où la nécessité pour le (futur ou néo) étudiant de bien maîtriser l'ensemble des techniques du calcul vectoriel et de trigonométrie qui sont très souvent associés.*

Partie D - Détermination de l'accélération de pesanteur à Manta

1) Dans le triangle OMB on applique le théorème d'*Al-Kashi*. On obtient alors :

$$\ell_{eq}{}^2 = L^2 + h^2 - 2Lh\cos\left(\frac{\pi}{2} - \theta_{eq}\right) \iff \ell_{eq}{}^2 = L^2 + h^2 - 2Lh\,\sin\theta_{eq}$$

D'où, l'égalité suivante :

$$\sqrt{L^2 + h^2 - 2Lh\,\sin\theta_{eq}} = \ell_0\left(\frac{kh}{kh - mg_M}\right) \iff kh - mg_M = \frac{kh\ell_0}{\sqrt{L^2 + h^2 - 2Lh\,\sin\theta_{eq}}}$$

On obtient alors :

$$kh - \frac{kh\ell_0}{\sqrt{L^2 + h^2 - 2Lh\,\sin\theta_{eq}}} = mg_M \Leftrightarrow kh\left(1 - \frac{\ell_0}{\sqrt{L^2 + h^2 - 2Lh\,\sin\theta_{eq}}}\right) = mg_M$$

Finalement, on obtient l'expression qui nous permet de calculer la valeur numérique de l'accélération de pesanteur terrestre à Manta :

$$\boxed{g_M = \frac{kh}{m}\left(1 - \frac{\ell_0}{\sqrt{L^2 + h^2 - 2Lh\,\sin\theta_{eq}}}\right)}$$

2) Commençons par convertir, en degré décimal, la valeur de l'angle θ_{eq} mesurer par le système électronique du gravimètre :

$$\theta_{eq} = 1°\,17'\,24'' = 1° + 18' + 1'' = 1° + \left(\frac{17}{60}\right)° + \left(\frac{24}{60 \times 60}\right)° = 1{,}28999°$$

D'où :

$$g_M = \frac{49{,}9 \times 0{,}22}{0{,}07967}\left(1 - \frac{0{,}25}{\sqrt{0{,}16^2 + 0{,}22^2 - 2 \times 0{,}16 \times 0{,}22 \times \sin(1{,}28999°)}}\right)$$

Ce qui nous donne :

$$g_M = 9{,}7804711 \text{ m/s}^2$$

3) On commence par constater que $g_M > g_{éq}$, et pour être plus précis, l'écart relatif par rapport à la valeur à l'équateur est de : $\Delta g_R = 100 \times \frac{g_M - g_{éq}}{g_{éq}} \approx 0{,}0015\ \%$. Ceci semble normal car g augmente avec la latitude : $g_{pôle} > g_{éq}$. En ce qui concerne la très faible différence entre g_M et $g_{éq}$, on peut « évaluer » son ordre de grandeur en supposant une loi d'évolution simple, à savoir linéaire. En assimilant la terre à une sphère (mais c'est plutôt un ellipsoïde), et en se plaçant sur le méridien de Manta, on constate alors que la variation angulaire de g est « approximativement » donnée par :

$$\Delta g_{angulaire} = \frac{g_{pôle} - g_{éq}}{90} \approx 0{,}000576 \text{ m.s}^{-2}.°^{-1}$$

Or, Manta est à 0,95 °, soit $\Delta g_M = 0{,}95 \times \Delta g_{angulaire} \approx 0{,}000547 \text{ m/s}^2$. Ainsi, on constate que :

$$g_M \approx g_{éq} + \Delta g_M$$

Le résultat mesuré par le gravimètre à Manta est donc tout à fait réaliste. Ce modèle simple rend bien compte des valeurs réelles.

♣ *Si on utilise la relation qui tient compte de la modélisation de tous les effets de variation de g (à savoir l'altitude, la latitude, la rotation terrestre, la structure interne du de la Terre et des marées principalement dues au Soleil et à la Lune) on obtient le résultat suivant :*

$$g = 9{,}7803278\,(1 + 0{,}0053024\,sin^2\,\lambda - 0{,}0000058\,sin^2(2\lambda) - 0{,}0000003155h).$$

Comme Manta est une ville côtière, donc au niveau de la mer, on prend une altitude nulle, et la formule nous donne alors : $g_M = 9{,}780342\ m/s^2$. *Ce qui corrobore notre analyse. Sans doute que l'amélioration des technologies de détection des angles, ainsi que la qualité des ressorts seront, dans le futur, des moyens d'améliorer encore la précision des résultats avec ce type de dispositif. Mais il existe d'autre technologie beaucoup plus précise : le gravimètre à supraconductivité. A titre d'exemple, la station géophysique de Membach (en Belgique) abrite un gravimètre à supraconductivité, en photo ci-dessous, qui enregistre les variations de la pesanteur g au dixième de milliardième près !*

Les deux principaux avantages de ce type d'appareil sont son extrême sensibilité, et qu'il soit capable d'effectuer des mesures en continues. En revanche, son fonctionnement requiert de très basse température, et donc l'usage de l'hélium liquide, et une excellente isolation thermique.

DEUXIÈME PROBLÈME

Réseau réciproque en Cristallographie

La cristallographie est la science qui étudie la formation, la forme et les caractéristiques géométriques des cristaux. Quand les conditions sont favorables, chaque élément et chaque composé chimique tendent à cristalliser selon une forme définie et caractéristique. La science consacrée à la fabrication de cristaux est appelée cristallogenèse. Les propriétés physico-chimiques d'un cristal sont étroitement liées à l'arrangement spatial des atomes dans la matière. L'état cristallin est défini par un caractère périodique et ordonné à l'échelle atomique ou moléculaire. Le cristal est obtenu par translations dans toutes les directions d'une unité de base appelée maille élémentaire. Cette maille élémentaire est donc le plus petit volume cristallin conservant toutes les propriétés physiques, chimiques et géométriques du cristal. Elle est définie par trois vecteurs qui génèrent ainsi six paramètres de maille : les trois longueurs des vecteurs ainsi que les trois angles entre ces vecteurs. Les techniques expérimentales permettant d'atteindre l'organisation interne d'un cristal se sont donc développées, et tout particulièrement la diffraction aux rayons X de Max von Laue (prix Nobel de Physique en 1914) ; sur un écran, on obtient des figures de diffraction du type de celle-ci-dessus. La diffraction aux rayons X est une méthode efficace car souvent les distances interatomiques sont de l'ordre de grandeur de l'Angstrom (0,1 nm) c'est-à-dire de la longueur d'onde du rayonnement électromagnétique X. Les méthodes permettant de déterminer les paramètres de la maille d'un cristal par la méthode de Laue ont été décrites dès les premiers temps de la cristallographie par les physiciens australiens (père et fils) William Henry Bragg et William Lawrence Bragg, qui pour ce travail seront honorés, en 1915, du prix Nobel de Physique. La théorie de la diffraction repose sur un outil mathématique très puissant, appelé la « Transformée de Fourier », et présent dans de très nombreux domaines de la Physique : traitement du signal, optique, mécanique, mécanique quantique ... Or, la transformée de Fourier de l'espace cristallin est appelé l'espace réciproque (ou espace de Fourier) par les physiciens et espace dual par les mathématiciens. Donc, si le cristal est géométriquement décrit par une base directe, il devient alors également nécessaire d'introduire une base pour l'espace réciproque. Ainsi, chaque famille de plans parallèles périodiques de l'espace réel (plans cristallographiques ou plans réticulaires) devient un point dans l'espace réciproque : ceux observés sur les clichés de diffraction comme celui présenté ci-dessus. Ces plans réticulaires sont décrits par trois indices (h,k,ℓ), appelés indices de Miller, auxquels il devient donc possibles d'accéder en décrivant la figure de diffraction dans l'espace réciproque. La cristallographie est en rapport avec des disciplines aussi diverses que la physique, la chimie, les mathématiques, la biophysique, la biologie, la médecine, la science des matériaux, la métallurgie, ainsi que les sciences de la terre ; ce qui en fait une discipline incontournable dans la formation scientifique.

Un cristal est un arrangement périodique d'atomes dans l'espace. Le motif élémentaire de cet arrangement spatial peut être décrit par trois vecteurs non nuls et non coplanaires. Dans le cas général, où la base formée de ces trois vecteurs n'est pas orthogonale, l'analyse du réseau cristallin est facilitée grâce à l'introduction du réseau réciproque. Ce dernier est concept purement mathématique et virtuel, introduit en 1901, par le physicien américain Josiah *Willard Gibbs*. Ce problème propose de regarder comment le cristallographe exploite le concept d'espace réciproque pour accéder à des renseignements sur l'organisation de la matière.

Partie A - Relations entre la base directe et la base réciproque

Au sein d'un cristal, on considère trois vecteurs $\vec{a}, \vec{b}$ et $\vec{c}$ non nuls et non coplanaires qui constituent la base de l'espace géométrique que représente le cristal considéré. On notera cette base directe par $\mathcal{B}_d = \left(\vec{a}\ ;\ \vec{b}\ ;\ \vec{c}\right)_{\mathbb{E}(3)}$. Comme par exemple :

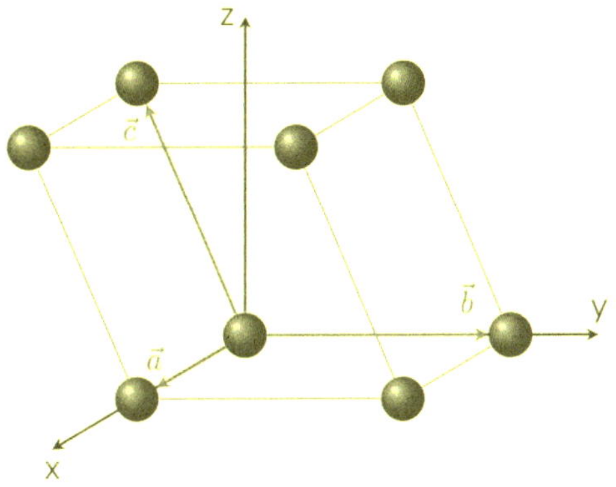

A partir de cette base directe $\mathcal{B}_d = \left(\vec{a}\ ;\ \vec{b}\ ;\ \vec{c}\right)_{\mathbb{E}(3)}$, associée au cristal, on définit les trois vecteurs de cette base sont définis de la manière suivante :

$$\begin{cases} \overrightarrow{a^*} = 2\pi \dfrac{\vec{b} \wedge \vec{c}}{\vec{a} \,.\left(\vec{b} \wedge \vec{c}\right)} \\[2ex] \overrightarrow{b^*} = 2\pi \dfrac{\vec{c} \wedge \vec{a}}{\vec{a} \,.\left(\vec{b} \wedge \vec{c}\right)} \\[2ex] \overrightarrow{c^*} = 2\pi \dfrac{\vec{a} \wedge \vec{b}}{\vec{a} \,.\left(\vec{b} \wedge \vec{c}\right)} \end{cases}$$

1) Préciser les directions des trois vecteurs de la base réciproque $\mathcal{B}_r$ par rapport aux plans $\Pi\left(\vec{a}\ ;\vec{b}\right), \Pi\left(\vec{b}\ ;\vec{c}\right)$ et $\Pi\left(\vec{c}\ ;\vec{a}\right)$.
2) Démontrer les 9 égalités suivantes :

$$\begin{array}{lll} \vec{a}.\overrightarrow{a^*} = 2\pi & \vec{a}.\overrightarrow{b^*} = 0 & \vec{a}.\overrightarrow{c^*} = 0 \\ \vec{b}.\overrightarrow{a^*} = 0 & \vec{b}.\overrightarrow{b^*} = 2\pi & \vec{b}.\overrightarrow{c^*} = 0 \\ \vec{c}.\overrightarrow{a^*} = 0 & \vec{c}.\overrightarrow{b^*} = 0 & \vec{c}.\overrightarrow{c^*} = 2\pi \end{array}$$

3) En déduire que les trois vecteurs $\overrightarrow{a^*}, \overrightarrow{b^*}$ et $\overrightarrow{c^*}$ sont linéairement indépendants, et donc forment la base réciproque correspondante $\mathcal{B}_r = \left(\overrightarrow{a^*}\,;\ \overrightarrow{b^*}\ ;\ \overrightarrow{c^*}\right)_{\mathbb{E}^*(3)}$.
4) Le produit mixte $\left[\vec{a}\,;\ \vec{b}\,;\ \vec{c}\right]$ représente, dans l'espace direct, le volume $\mathcal{V}$ du parallélépipède construit sur les trois vecteurs qui le composent. Par analogie, on définit dans l'espace réciproque le volume $\mathcal{V}^*$ comme étant égal au Le produit mixte $\left[\overrightarrow{a^*}\,;\ \overrightarrow{b^*}\,;\ \overrightarrow{c^*}\right]$. Démontrer alors la relation suivante : $\mathcal{V}\,\mathcal{V}^* = 8\pi^3$.
5) En utilisant les définitions des vecteurs de la base réciproque $\mathcal{B}_r = \left(\overrightarrow{a^*}\,;\ \overrightarrow{b^*}\ ;\ \overrightarrow{c^*}\right)_{\mathbb{E}^*(3)}$, démontrer que l'on a :

$$\begin{cases} \vec{a} = 2\pi \dfrac{\overrightarrow{b^*} \wedge \overrightarrow{c^*}}{\overrightarrow{a^*}\,.\left(\overrightarrow{b^*} \wedge \overrightarrow{c^*}\right)} \\ \vec{b} = 2\pi \dfrac{\overrightarrow{c^*} \wedge \overrightarrow{a^*}}{\overrightarrow{a^*}\,.\left(\overrightarrow{b^*} \wedge \overrightarrow{c^*}\right)} \\ \vec{c} = 2\pi \dfrac{\overrightarrow{a^*} \wedge \overrightarrow{b^*}}{\overrightarrow{a^*}\,.\left(\overrightarrow{b^*} \wedge \overrightarrow{c^*}\right)} \end{cases}$$

Partie B – Cas particuliers de deux cristaux

1) La pyrite (en photo ci-contre) est une espèce minérale de formule FeS_2 que l'on trouve dans plusieurs pays au monde, dont la France. On s'en servait, par exemple, lors de la seconde guerre mondiale dans les récepteurs radio (poste à pyrite) à modulation d'amplitude des ondes électromagnétiques. Elle cristallise dans un système cubique, donc de base $\mathcal{B}_d = \left(\vec{a}\,;\ \vec{b}\ ;\ \vec{c}\right)_{\mathbb{E}(3)}$ identique à la base cartésienne $\mathcal{B}_C = \left(\overrightarrow{e_x}\,;\ \overrightarrow{e_y}\ ;\ \overrightarrow{e_z}\right)_{\mathbb{E}(3)}$. A partir de cette base cartésienne, on associe le repère $R_C = \left(O\,;\overrightarrow{e_x}\,;\ \overrightarrow{e_y}\ ;\ \overrightarrow{e_z}\right)_{\mathbb{E}(3)}$. Déterminer, dans le repère R_C, l'expression de $\overrightarrow{a^*}, \overrightarrow{b^*}, \overrightarrow{c^*}$ et $\mathcal{V}^*$.

2) La calcite bleue (en photo ci-contre) est une espèce minérale composé de carbonate de calcium ($CaCO_3$), qui aurait des vertus relaxantes et anti-stress, et que l'on trouve dans plusieurs pays au monde. Elle cristallise dans un système rhomboédrique : la base $\mathcal{B}_d = \left(\vec{a}\,;\ \vec{b}\,;\ \vec{c}\right)_{\mathbb{E}(3)}$ est, par rapport à la base cartésienne $\mathcal{B}_C = \left(\overrightarrow{e_x}\,;\ \overrightarrow{e_y}\ ;\ \overrightarrow{e_z}\right)_{\mathbb{E}(3)}$, définie par :

- $\vec{a} = \overrightarrow{e_x}$;

- $\|\vec{b}\| = 1$ avec $\left(\widehat{\vec{a}\,;\vec{b}}\right) = \frac{\pi}{3}$ et $\vec{b} \in \Pi\left(\overrightarrow{e_x}\;;\overrightarrow{e_y}\right)$;
- $\|\vec{c}\| = 1$ avec $\left(\widehat{\vec{c}\,;\overrightarrow{e_z}}\right) = \frac{\pi}{6}$ et $\vec{c} \in \Pi\left(\vec{b}\;;\overrightarrow{e_z}\right)$.

Faire un schéma de la situation géométrique envisagée.

3) Dans le cadre de la question précédente, on associe le repère $R_C = \left(O\,;\overrightarrow{e_x}\,;\,\overrightarrow{e_y}\;;\,\overrightarrow{e_z}\right)_{\mathbb{E}(3)}$ à la base $\mathcal{B}_C$; déterminer dans le repère R_C l'expression de $\overrightarrow{a^*}, \overrightarrow{b^*}, \overrightarrow{c^*}$ et $\mathcal{V}^*$. Les reporter sur votre schéma.

Partie C – Distance inter-réticulaire et indices de Miller

Nous allons maintenant introduire le concept des indices de *Miller* qui va nous permettre de calculer la distance entre deux rangées atomiques consécutive, appelées distance inter-réticulaire. Cette technique date de 1839 et a été introduite par le minéraliste et cristallographe britannique *William Hallowes Miller* (1801/1880). On notera par $\mathcal{B}_r = \left(\overrightarrow{a^*}\;;\;\overrightarrow{b^*}\;;\;\overrightarrow{c^*}\right)_{\mathbb{E}^*(3)}$ la base réciproque à $\mathcal{B}_d$.

On considère deux vecteurs :

- l'un dans la base directe $\mathcal{B}_d$: $\vec{r} = m\vec{a} + n\vec{b} + p\vec{c}$ (avec $(m;n;p) \in \mathbb{N}^3$) ;
- l'autre dans la base réciproque $\mathcal{B}_r$: $\overrightarrow{r^*} = h\overrightarrow{a^*} + k\overrightarrow{b^*} + \ell\overrightarrow{c^*}$ (avec $(h;k;\ell) \in \mathbb{N}^3$)

Et, on admettra que ces six entiers naturels sont reliés par la relation suivante : $mh = kn = p\ell$.

1) Démontrer que : $\vec{r}.\overrightarrow{r^*} = 2\pi s$ où $s \in \mathbb{N}$. Identifier s.
2) Soient trois points de l'espace direct du cristal, respectivement notés dans $\mathcal{B}_d = \left(\vec{a}\;;\;\vec{b}\;;\;\vec{c}\right)_{\mathbb{E}(3)}$:
   - $M_a = (m\,;0\,;0)$;
   - $M_b = (0\,;n\,;0)$;
   - $M_c = (0\,;0\,;p)$.

   On note par $\mathcal{P}$ le plan qui passe par ces trois points. Démontrer que $\overrightarrow{r^*} \perp \mathcal{P}$.
3) A partir de maintenant les trois nombres $(h;k;\ell) \in \mathbb{Q}^3$, mais $(m;n;p) \in \mathbb{N}^3$. Ces six nombres vérifient la condition $mh = kn = p\ell = 1$. Soit $\mathbb{P}$ la famille de plans $\mathcal{P}_j$ ($j \in \mathbb{N}$), tous définis dans la base $\mathcal{B}_d = \left(\vec{a}\;;\;\vec{b}\;;\;\vec{c}\right)_{\mathbb{E}(3)}$, comme contenant les trois points suivants :
   - $M_a^j = (jm\,;0\,;0)$;
   - $M_b^j = (0\,;jn\,;0)$;
   - $M_c^j = (0\,;0\,;jp)$.

   Démontrer que la famille $\mathbb{P}$ est constituée de plans $\mathcal{P}_j$ tous équidistants et parallèles.
4) Déterminer dans $\mathcal{B}_d$, en fonction de m, n et p, l'expression du vecteur normal unitaire $\overrightarrow{e_n}$ à ces plans $\mathcal{P}_j$. Justifier simplement que $\forall j \in \mathbb{N}$, $\overrightarrow{e_n} \perp \mathcal{P}_j$.
5) Soit d la distance minimale séparant deux plans consécutifs $\mathcal{P}_j$ et $\mathcal{P}_{j+1}$; on l'appelle la distance inter-réticulaire. Déterminer l'expression de d en fonction de $m, n, p, \vec{a}, \vec{b}$ et $\vec{c}$.

6) Démontrer que l'appelle la distance inter-réticulaire peut également s'écrire sous la forme simplifiée, mais générale, suivante :

$$d = \frac{2\pi}{\|\overrightarrow{r^*}\|}$$

7) Vérifier, dans le cas de la pyrite, que les expressions de d obtenues lors des deux questions précédentes donnent effectivement le même résultat, à savoir :

$$d = \frac{1}{\sqrt{h^2 + k^2 + \ell^2}}$$

Partie D - Compléments

➥ *La loi de Bragg*

La figure de diffraction obtenue lors d'une expérience de diffraction X sur un cristal met en évidence des taches intenses ; et ces dernières permettent de définir le réseau réciproque. Or, ce réseau réciproque est constitué de nœud, et dans le repère réciproque $R_r = \left(O^* ; \overrightarrow{a^*} ; \overrightarrow{b^*} ; \overrightarrow{c^*}\right)_{\mathbb{E}^*(3)}$, de coordonnées $(ha^* ; kb^* ; \ell c^*)$. Ainsi, tout vecteur $\overrightarrow{r^*} = h\overrightarrow{a^*} + k\overrightarrow{b^*} + \ell\overrightarrow{c^*}$ joignant l'origine O^* et un nœud du réseau réciproque est orthogonal à un plan réticulaire $\mathcal{P}_{hk\ell}$ du réseau direct du cristal étudié. De plus, l'inverse de la norme de ce vecteur réciproque $\overrightarrow{r^*}$ est égale, à 2π près, à la distance inter-réticulaire d séparant le plan $\mathcal{P}_{hk\ell}$ de son suivant. Ceci montre bien l'immense intérêt du réseau réciproque. Une question se pose donc sur la position des taches intenses sur le cliché de diffraction X obtenu par l'expérience. Leur position n'est pas anodine, et traduit évidemment l'organisation et la structure interne du cristal.
D'un point de vue microscopique, le rayonnement électromagnétique X incident sur le cristal pénètre dans ce dernier, et selon son incidence, va être plus ou moins diffusé dans certaines directions de l'espace :

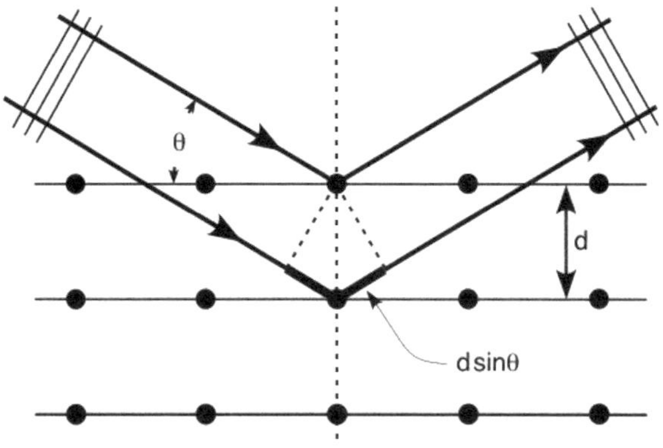

Ce mécanisme physique va tout naturellement conduire à l'apparition d'interférences des ondes électromagnétiques X diffusées. Dès lors, les tâches lumineuses observées sur le cliché de diffraction, s'interprètent comme des lieux d'interférences constructives. On notera par δ la différence de marche des rayonnements diffusés par deux plans atomique consécutifs, et par λ la longueur d'onde du rayonnement électromagnétique X incident sur le cristal.

1) Rappeler la définition du terme « interférences constructives ».
2) Rappeler la condition d'une interférence constructive en un point M_C du cliché.
3) A l'aide de la figure ci-dessus, déterminer la différence de marche des rayonnements diffusés par deux plans atomique consécutifs.
4) En déduire la loi de *Bragg* (1890 / 1971), c'est-à-dire une relation entre d, θ et λ.

➥ *Invariance de la densité électronique dans un cristal*

La densité électronique est un outil performant pour caractériser les interactions interatomiques et intermoléculaires d'un cristal. Elle peut être modélisée par une fonction qui, pour simplifier, ne dépend uniquement que de la position du point auquel vous cherchez à l'évaluer. Sa modélisation rigoureuse ne s'effectue que dans la cadre de la mécanique quantique et c'est pourquoi, par raison de simplicité, nous l'écrirons (dans le repère direct $R_C = \left(O\ ;\ \vec{a}\ ;\ \vec{b}\ ;\ \vec{c}\right)_{\mathbb{E}(3)}$) sous la forme :

$$f\left(\overrightarrow{OM}\right) = C_0 + \sum_{u=1}^{v}\left(C_u\ \cos\left(\vec{K}.\overrightarrow{OM}\right) + S_u\ \sin\left(\vec{K}.\overrightarrow{OM}\right)\right) \qquad \text{avec } v \in \mathbb{N}$$

Dans cette relation, $\vec{K}$ est un vecteur constant. Enfin, C_u et S_u sont des coefficients réels que l'on ne cherchera pas à expliciter.

Démontrer que la densité électronique, au sein d'un cristal, reste invariante par translation d'un vecteur $\vec{r} = m\vec{a} + n\vec{b} + p\vec{c}$ si :

- $\vec{K} = q\overrightarrow{r^*}$
- q prend un certain nombre de valeurs que l'on exprimera en fonction de s.

Fin du sujet

❧ CORRECTION ❧

Ce problème aborde quelques aspects d'une technique d'analyse de la structure interne des cristaux : la diffraction X. Il montre comment le physicien utilise tous les aspects des vecteurs afin de sonder la matière, et en particulier comment l'introduction d'un espace fictif, appelé espace réciproque, permet d'accéder à de nombreux renseignements sur l'architecture interne d'un cristal. Il s'agit d'un problème relativement technique, et faisant essentiellement appel à des notions, et une analyse critique, post-Terminale S. Ce problème met en évidence une technique expérimentale puissante et toujours d'actualité dans les laboratoires de recherche. Ainsi il nous montre que même le physicien expérimentateur à besoins de très bien maîtriser les aspects mathématiques élémentaires afin de pouvoir interpréter des résultats expérimentaux. Il est donc conseillé de toujours de prendre son temps dans la réalisation de vos calculs, et d'appuyer votre analyse physique sur les propriétés des opérations mathématiques utilisées. La première partie de ce problème aborde les liens généraux existant entre une base directe et sa réciproque. La deuxième partie, est quant à elle, une simple application des résultats généraux sur deux cristaux de structure interne différente. Les troisième et quatrième parties font appel à la un esprit d'analyse plus poussé, et mettent en avant la pluralité de l'expérience en invoquant la géométrie, l'optique et trigonométrie. Bref, un beau problème formateur à l'état d'esprit des Sciences Physiques du supérieur, donc extrêmement bénéfique au sortir d'une Terminale S.

Partie A – Relations entre la base directe et la base réciproque

1) Le vecteur $\overrightarrow{a^*}$ est colinéaire au vecteur $\vec{b} \wedge \vec{c}$ (car le terme $\vec{a}\,.\left(\vec{b} \wedge \vec{c}\right)$ est un scalaire). Or, d'après les règles sur le produit vectoriel, on sait que $\left(\vec{b} \wedge \vec{c}\right) \perp \vec{b}$ et $\left(\vec{b} \wedge \vec{c}\right) \perp \vec{c}$. Ceci impliquant nécessairement que $\left(\vec{b} \wedge \vec{c}\right) \perp \Pi\left(\vec{b}\,;\vec{c}\right)$. Finalement, on trouve que $\overrightarrow{a^*} \perp \Pi\left(\vec{b}\,;\vec{c}\right)$. Par un raisonnement tout à fait similaire sur les deux autres vecteurs $\overrightarrow{b^*}$ et $\overrightarrow{c^*}$, on obtiendrait des conclusions similaires. Ainsi, on a :

$$\boxed{\begin{cases} \overrightarrow{a^*} \perp \Pi\left(\vec{b}\,;\vec{c}\right) \\ \overrightarrow{b^*} \perp \Pi\left(\vec{c}\,;\vec{a}\right) \\ \overrightarrow{c^*} \perp \Pi\left(\vec{a}\,;\vec{b}\right) \end{cases}}$$

2) Nous allons démontrer les trois égalités de la première colonne, car les six autres s'effectuent suivant des raisonnements absolument identiques.
   - Calcul de $\vec{a}.\overrightarrow{a^*}$:
     On sait que :

$$\overrightarrow{a^*} = 2\pi\frac{\vec{b} \wedge \vec{c}}{\vec{a}\,.\left(\vec{b} \wedge \vec{c}\right)} \quad \Longrightarrow \quad \vec{a}.\overrightarrow{a^*} = 2\pi\frac{\vec{a}\,.\left(\vec{b} \wedge \vec{c}\right)}{\vec{a}\,.\left(\vec{b} \wedge \vec{c}\right)}$$

En simplifiant, on obtient : $\boxed{\vec{a}.\overrightarrow{a^*} = 2\pi}$

- Calcul de $\vec{b}.\overrightarrow{a^*}$:
  On sait que :
  $$\overrightarrow{a^*} = 2\pi \frac{\vec{b} \wedge \vec{c}}{\vec{a}\,.\left(\vec{b} \wedge \vec{c}\right)} \quad \Longrightarrow \quad \vec{b}.\overrightarrow{a^*} = 2\pi \frac{\vec{b}\,.\left(\vec{b} \wedge \vec{c}\right)}{\vec{a}\,.\left(\vec{b} \wedge \vec{c}\right)}$$
  Mais d'après les règles sur le produit vectoriel, on sait que $\left(\vec{b} \wedge \vec{c}\right) \perp \vec{b}$ ce qui implique donc que $\vec{b}\,.\left(\vec{b} \wedge \vec{c}\right) = 0$. Ce qui nous permet d'écrire que : $\boxed{\vec{b}.\overrightarrow{a^*} = 0}$
- Calcul de $\vec{c}.\overrightarrow{a^*}$:
  On sait que :
  $$\overrightarrow{a^*} = 2\pi \frac{\vec{b} \wedge \vec{c}}{\vec{a}\,.\left(\vec{b} \wedge \vec{c}\right)} \quad \Longrightarrow \quad \vec{c}.\overrightarrow{a^*} = 2\pi \frac{\vec{c}\,.\left(\vec{b} \wedge \vec{c}\right)}{\vec{a}\,.\left(\vec{b} \wedge \vec{c}\right)}$$
  Mais d'après les règles sur le produit vectoriel, on sait que $\left(\vec{b} \wedge \vec{c}\right) \perp \vec{c}$ ce qui implique donc que $\vec{c}\,.\left(\vec{b} \wedge \vec{c}\right) = 0$. Ce qui nous permet d'écrire que : $\boxed{\vec{c}.\overrightarrow{a^*} = 0}$

3) Démontrons que les trois vecteurs $\overrightarrow{a^*}, \overrightarrow{b^*}$ et $\overrightarrow{c^*}$ sont linéairement indépendants. Pour cela introduisons trois nombres réels λ_1, λ_2 et λ_3 quelconques ; et construisons le vecteur $\vec{V}$ suivant :

$$\vec{V} = \lambda_1\overrightarrow{a^*} + \lambda_2\overrightarrow{b^*} + \lambda_3\overrightarrow{c^*}$$

Nous devons montrer que si $\vec{V} = \overrightarrow{0_{\mathbb{E}^*(3)}}$ alors $\lambda_1 = \lambda_2 = \lambda_3 = 0$.

- Etape 1 : calcul de $\vec{V}.\overrightarrow{a^*}$
  On a :
  $$\vec{V}.\overrightarrow{a^*} = \left(\lambda_1\overrightarrow{a^*} + \lambda_2\overrightarrow{b^*} + \lambda_3\overrightarrow{c^*}\right).\overrightarrow{a^*} = \lambda_1 \underbrace{\overrightarrow{a^*}.\overrightarrow{a^*}}_{=2\pi} + \lambda_2 \underbrace{\overrightarrow{b^*}.\overrightarrow{a^*}}_{=0} + \lambda_3 \underbrace{\overrightarrow{c^*}.\overrightarrow{a^*}}_{=0} = 2\pi\lambda_1$$
  Mais $\vec{V}.\overrightarrow{a^*} = \overrightarrow{0_{\mathbb{E}^*(3)}}.\overrightarrow{a^*}$ =0, ainsi on obtient l'égalité $2\pi\lambda_1 = 0$ ce qui implique que $\boxed{\lambda_1 = 0}$
- Etape 2 : calcul de $\vec{V}.\overrightarrow{b^*}$
  On a :
  $$\vec{V}.\overrightarrow{b^*} = \left(\lambda_1\overrightarrow{a^*} + \lambda_2\overrightarrow{b^*} + \lambda_3\overrightarrow{c^*}\right).\overrightarrow{b^*} = \lambda_1 \underbrace{\overrightarrow{a^*}.\overrightarrow{b^*}}_{=0} + \lambda_2 \underbrace{\overrightarrow{b^*}.\overrightarrow{b^*}}_{=2\pi} + \lambda_3 \underbrace{\overrightarrow{c^*}.\overrightarrow{b^*}}_{=0} = 2\pi\lambda_2$$
  Mais $\vec{V}.\overrightarrow{b^*} = \overrightarrow{0_{\mathbb{E}^*(3)}}.\overrightarrow{b^*}$ =0, ainsi on obtient l'égalité $2\pi\lambda_2 = 0$ ce qui implique que $\boxed{\lambda_2 = 0}$
- Etape 3 : calcul de $\vec{V}.\overrightarrow{c^*}$
  On a :
  $$\vec{V}.\overrightarrow{c^*} = \left(\lambda_1\overrightarrow{a^*} + \lambda_2\overrightarrow{b^*} + \lambda_3\overrightarrow{c^*}\right).\overrightarrow{c^*} = \lambda_1 \underbrace{\overrightarrow{a^*}.\overrightarrow{c^*}}_{=0} + \lambda_2 \underbrace{\overrightarrow{b^*}.\overrightarrow{c^*}}_{=0} + \lambda_3 \underbrace{\overrightarrow{c^*}.\overrightarrow{c^*}}_{=2\pi} = 2\pi\lambda_3$$
  Mais $\vec{V}.\overrightarrow{c^*} = \overrightarrow{0_{\mathbb{E}^*(3)}}.\overrightarrow{b^*}$ =0, ainsi on obtient l'égalité $2\pi\lambda_3 = 0$ ce qui implique que $\boxed{\lambda_3 = 0}$

- Etape 4 : conclusion
  On a bien démontré la proposition $\vec{V} = \overrightarrow{0_{\mathbb{E}^*(3)}} \Rightarrow \lambda_1 = \lambda_2 = \lambda_3 = 0$, ce qui nous permet d'affirmer que les trois vecteurs $\overrightarrow{a^*}, \overrightarrow{b^*}$ et $\overrightarrow{c^*}$ sont linéairement indépendants, et donc forment une base réciproque correspondante $\mathcal{B}_r = \left(\overrightarrow{a^*}\,;\,\overrightarrow{b^*}\,;\,\overrightarrow{c^*}\right)_{\mathbb{E}^*(3)}$.

4) On sait que :
   - $\mathcal{V} = [\vec{a}\,;\,\vec{b}\,;\,\vec{c}] = \vec{a}\,.\,(\vec{b} \wedge \vec{c})$ (et aussi égal aux permutations circulaires)
   - $\mathcal{V}^* = [\overrightarrow{a^*}\,;\,\overrightarrow{b^*}\,;\,\overrightarrow{c^*}] = \overrightarrow{a^*}\,.\,(\overrightarrow{b^*} \wedge \overrightarrow{c^*})$ (et aussi égal aux permutations circulaires)

   Ainsi, on peut écrire que

$$\begin{aligned}\mathcal{V}^* &= 2\pi\frac{\vec{b}\wedge\vec{c}}{\vec{a}\,.\,(\vec{b}\wedge\vec{c})}\,.\left(2\pi\frac{\vec{c}\wedge\vec{a}}{\vec{a}\,.\,(\vec{b}\wedge\vec{c})}\wedge 2\pi\frac{\vec{a}\wedge\vec{b}}{\vec{a}\,.\,(\vec{b}\wedge\vec{c})}\right)\\ &= \frac{2\pi}{\mathcal{V}}(\vec{b}\wedge\vec{c})\,.\left(\frac{2\pi}{\mathcal{V}}(\vec{c}\wedge\vec{a})\wedge\frac{2\pi}{\mathcal{V}}(\vec{a}\wedge\vec{b})\right)\end{aligned}$$

   Soit :

$$\mathcal{V}^* = \left(\frac{2\pi}{\mathcal{V}}\right)^3 (\vec{b}\wedge\vec{c})\,.\left((\vec{c}\wedge\vec{a})\wedge(\vec{a}\wedge\vec{b})\right)$$

   Mais, d'après la formule du double produit vectoriel, on peut écrire que :

$$\begin{aligned}(\vec{c}\wedge\vec{a})\wedge(\vec{a}\wedge\vec{b}) &= \left((\vec{c}\wedge\vec{a}).\vec{b}\right)\vec{a} - \left((\vec{c}\wedge\vec{a}).\vec{a}\right)\vec{b}\\ &= \left(\vec{a}\,.\,(\vec{b}\wedge\vec{c})\right)\vec{a} - (0)\vec{b}\\ &= \mathcal{V}\vec{a}\end{aligned}$$

   En effet, par permutation circulaires, on a : $\mathcal{V} = \vec{a}\,.\,(\vec{b}\wedge\vec{c}) = [\vec{a}\,;\,\vec{b}\,;\,\vec{c}] = [\vec{c}\,;\,\vec{a}\,;\,\vec{b}] = (\vec{c}\wedge\vec{a}).\vec{b}$. D'où, on en déduit l'égalité suivante :

$$\mathcal{V}^* = \left(\frac{2\pi}{\mathcal{V}}\right)^3 (\vec{b}\wedge\vec{c})\,.\,(\mathcal{V}\vec{a}) = \frac{8\pi^3}{\mathcal{V}^2}(\vec{b}\wedge\vec{c})\,.\,\vec{a} = \frac{8\pi^3}{\mathcal{V}^2}[\vec{b}\,;\,\vec{c}\,;\,\vec{a}] = \frac{8\pi^3}{\mathcal{V}^2}[\vec{a}\,;\,\vec{b}\,;\,\vec{c}]$$

   Soit encore :

$$\mathcal{V}^* = \frac{8\pi^3}{\mathcal{V}^2}\mathcal{V} = \frac{8\pi^3}{\mathcal{V}}$$

   Finalement, on obtient bien la relation demandé, à savoir : $\boxed{\mathcal{V}\,\mathcal{V}^* = 8\pi^3}$

5) On a :
   - Posons

$$\frac{\vec{u}}{2\pi} = \frac{\overrightarrow{b^*}\wedge\overrightarrow{c^*}}{\overrightarrow{a^*}\,.\,(\overrightarrow{b^*}\wedge\overrightarrow{c^*})}$$

D'où :

$$\frac{\vec{u}}{2\pi} = \frac{\overrightarrow{b^*} \wedge \overrightarrow{c^*}}{\mathcal{V}^*} = \frac{\mathcal{V}}{8\pi^3}\overrightarrow{b^*} \wedge \overrightarrow{c^*} = \frac{\mathcal{V}}{8\pi^3}\left(2\pi\frac{\vec{c} \wedge \vec{a}}{\vec{a} \,.\, (\vec{b} \wedge \vec{c})}\right) \wedge \left(2\pi\frac{\vec{a} \wedge \vec{b}}{\vec{a} \,.\, (\vec{b} \wedge \vec{c})}\right)$$

Soit :

$$\frac{\vec{u}}{2\pi} = \frac{\mathcal{V}}{8\pi^3}\left(\frac{2\pi}{\mathcal{V}}\vec{c} \wedge \vec{a}\right) \wedge \left(\frac{2\pi}{\mathcal{V}}\vec{a} \wedge \vec{b}\right) = \frac{1}{2\pi\mathcal{V}}(\vec{c} \wedge \vec{a}) \wedge (\vec{a} \wedge \vec{b}) = \frac{1}{2\pi\mathcal{V}}\mathcal{V}\vec{a} = \frac{\vec{a}}{2\pi}$$

En effet, à la question précédente, on à montrer que $(\vec{c} \wedge \vec{a}) \wedge (\vec{a} \wedge \vec{b}) = \mathcal{V}\vec{a}$. Ainsi, on obtient l'égalité suivante :

$$\frac{\vec{u}}{2\pi} = \frac{\vec{a}}{2\pi} \quad \Leftrightarrow \quad \vec{u} = \vec{a}$$

Finalement, on trouve que :

$$\boxed{\vec{a} = 2\pi\frac{\overrightarrow{b^*} \wedge \overrightarrow{c^*}}{\overrightarrow{a^*} \,.\, (\overrightarrow{b^*} \wedge \overrightarrow{c^*})}}$$

- Posons

$$\frac{\vec{v}}{2\pi} = \frac{\overrightarrow{c^*} \wedge \overrightarrow{a^*}}{\overrightarrow{a^*} \,.\, (\overrightarrow{b^*} \wedge \overrightarrow{c^*})}$$

D'où :

$$\frac{\vec{v}}{2\pi} = \frac{\overrightarrow{c^*} \wedge \overrightarrow{a^*}}{\mathcal{V}^*} = \frac{\mathcal{V}}{8\pi^3}\overrightarrow{c^*} \wedge \overrightarrow{a^*} = \frac{\mathcal{V}}{8\pi^3}\left(2\pi\frac{\vec{a} \wedge \vec{b}}{\vec{a} \,.\, (\vec{b} \wedge \vec{c})}\right) \wedge \left(2\pi\frac{\vec{b} \wedge \vec{c}}{\vec{a} \,.\, (\vec{b} \wedge \vec{c})}\right)$$

Soit :

$$\frac{\vec{v}}{2\pi} = \frac{\mathcal{V}}{8\pi^3}\left(\frac{2\pi}{\mathcal{V}}\vec{a} \wedge \vec{b}\right) \wedge \left(\frac{2\pi}{\mathcal{V}}\vec{b} \wedge \vec{c}\right) = \frac{1}{2\pi\mathcal{V}}(\vec{a} \wedge \vec{b}) \wedge (\vec{b} \wedge \vec{c}) = \frac{1}{2\pi\mathcal{V}}\mathcal{V}\vec{b} = \frac{\vec{b}}{2\pi}$$

En effet, de même manière que lors de la question précédente, on montrerait que $(\vec{c} \wedge \vec{a}) \wedge (\vec{a} \wedge \vec{b}) = \mathcal{V}\vec{b}$. Ainsi, on obtient l'égalité suivante :

$$\frac{\vec{v}}{2\pi} = \frac{\vec{b}}{2\pi} \quad \Leftrightarrow \quad \vec{v} = \vec{b}$$

Finalement, on trouve que :

$$\boxed{\vec{b} = 2\pi\frac{\overrightarrow{c^*} \wedge \overrightarrow{a^*}}{\overrightarrow{a^*} \,.\, (\overrightarrow{b^*} \wedge \overrightarrow{c^*})}}$$

- Posons

$$\frac{\vec{w}}{2\pi} = \frac{\overrightarrow{a^*} \wedge \overrightarrow{b^*}}{\overrightarrow{a^*} \,.\, (\overrightarrow{b^*} \wedge \overrightarrow{c^*})}$$

D'où :

$$\frac{\vec{w}}{2\pi}=\frac{\overrightarrow{a^*}\wedge\overrightarrow{b^*}}{\mathcal{V}^*}=\frac{\mathcal{V}}{8\pi^3}\overrightarrow{a^*}\wedge\overrightarrow{b^*}=\frac{\mathcal{V}}{8\pi^3}\left(2\pi\frac{\vec{b}\wedge\vec{c}}{\vec{a}\,.\,(\vec{b}\wedge\vec{c})}\right)\wedge\left(2\pi\frac{\vec{c}\wedge\vec{a}}{\vec{a}\,.\,(\vec{b}\wedge\vec{c})}\right)$$

Soit :

$$\frac{\vec{w}}{2\pi}=\frac{\mathcal{V}}{8\pi^3}\left(\frac{2\pi}{\mathcal{V}}\vec{b}\wedge\vec{c}\right)\wedge\left(\frac{2\pi}{\mathcal{V}}\vec{c}\wedge\vec{a}\right)=\frac{1}{2\pi\mathcal{V}}(\vec{b}\wedge\vec{c})\wedge(\vec{c}\wedge\vec{a})=\frac{1}{2\pi\mathcal{V}}\mathcal{V}\vec{c}=\frac{\vec{c}}{2\pi}$$

En effet, de même manière que lors de la question précédente, on montrerait que $(\vec{b}\wedge\vec{c})\wedge(\vec{c}\wedge\vec{a})=\mathcal{V}\vec{c}$. Ainsi, on obtient l'égalité suivante :

$$\frac{\vec{w}}{2\pi}=\frac{\vec{c}}{2\pi}\iff\vec{w}=\vec{c}$$

Finalement, on trouve que :

$$\boxed{\vec{c}=2\pi\frac{\overrightarrow{a^*}\wedge\overrightarrow{b^*}}{\overrightarrow{a^*}\,.\,(\overrightarrow{b^*}\wedge\overrightarrow{c^*})}}$$

Partie B – Cas particuliers de deux cristaux

1) Dans le cas de la pyrite on a :

- $\vec{a}=\overrightarrow{e_x}$;
- $\vec{b}=\overrightarrow{e_y}$;
- $\vec{c}=\overrightarrow{e_z}$.

Ceci nous permet d'écrire que :

$$\overrightarrow{a^*}=2\pi\frac{\vec{b}\wedge\vec{c}}{\vec{a}\,.\,(\vec{b}\wedge\vec{c})}=2\pi\frac{\overrightarrow{e_y}\wedge\overrightarrow{e_z}}{\overrightarrow{e_x}\,.\,(\overrightarrow{e_y}\wedge\overrightarrow{e_z})}=2\pi\frac{\overrightarrow{e_y}\wedge e_z}{\overrightarrow{e_x}\,.\,\overrightarrow{e_x}}=2\pi\frac{\overrightarrow{e_y}\wedge\overrightarrow{e_z}}{1}=2\pi\overrightarrow{e_x}$$

$$\overrightarrow{b^*}=2\pi\frac{\vec{c}\wedge\vec{a}}{\vec{a}\,.\,(\vec{b}\wedge\vec{c})}=2\pi\frac{e_z\wedge\overrightarrow{e_x}}{\overrightarrow{e_x}\,.\,(\overrightarrow{e_y}\wedge\overrightarrow{e_z})}=2\pi\frac{e_z\wedge\overrightarrow{e_x}}{\overrightarrow{e_x}\,.\,\overrightarrow{e_x}}=2\pi\frac{\overrightarrow{e_z}\wedge\overrightarrow{e_x}}{1}=2\pi\overrightarrow{e_y}$$

$$\overrightarrow{c^*}=2\pi\frac{\vec{a}\wedge\vec{b}}{\vec{a}\,.\,(\vec{b}\wedge\vec{c})}=2\pi\frac{\overrightarrow{e_x}\wedge\overrightarrow{e_y}}{\overrightarrow{e_x}\,.\,(\overrightarrow{e_y}\wedge\overrightarrow{e_z})}=2\pi\frac{\overrightarrow{e_x}\wedge\overrightarrow{e_y}}{\overrightarrow{e_x}\,.\,\overrightarrow{e_x}}=2\pi\frac{\overrightarrow{e_x}\wedge\overrightarrow{e_y}}{1}=2\pi\overrightarrow{e_z}$$

Soit

$$\boxed{\overrightarrow{a^*}=2\pi\overrightarrow{e_x}\qquad\overrightarrow{b^*}=2\pi\overrightarrow{e_y}\qquad\overrightarrow{c^*}=2\pi\overrightarrow{e_z}}$$

2) On a la figure suivante :

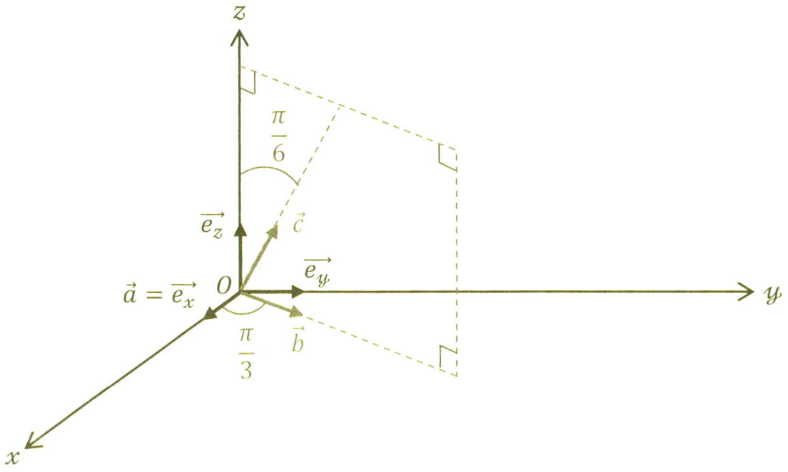

3) Déterminons dans le repère $R_C = \left(O\,;\overrightarrow{e_x}\,;\,\overrightarrow{e_y}\,;\,\overrightarrow{e_z}\right)_{\mathbb{E}(3)}$ l'expression de $\overrightarrow{a^*}, \overrightarrow{b^*}, \overrightarrow{c^*}$ et $\mathcal{V}^*$. D'après les informations du sujet, on peut en déduire que :

- Expression de $\vec{a}$:

$$\vec{a} = \overrightarrow{e_x}$$

- Expression de $\vec{b}$:

$$\vec{b} = \cos\left(\frac{\pi}{3}\right)\overrightarrow{e_x} + \sin\left(\frac{\pi}{3}\right)\overrightarrow{e_y} + 0\overrightarrow{e_z} = \frac{1}{2}\overrightarrow{e_x} + \frac{\sqrt{3}}{2}\overrightarrow{e_y} + 0\overrightarrow{e_z}$$

- Expression de $\vec{c}$:

$$\vec{c} = \cos\left(\frac{\pi}{6}\right)\overrightarrow{e_z} + \sin\left(\frac{\pi}{6}\right)\overrightarrow{e_{\vec{b}}} = \frac{\sqrt{3}}{2}\overrightarrow{e_z} + \frac{1}{2}\overrightarrow{e_{\vec{b}}} = \frac{\sqrt{3}}{2}\overrightarrow{e_z} + \frac{1}{2}\vec{b} = \frac{1}{4}\overrightarrow{e_x} + \frac{\sqrt{3}}{4}\overrightarrow{e_y} + \frac{\sqrt{3}}{2}\overrightarrow{e_z}$$

- Expression de $\mathcal{V}$:

$$\mathcal{V} = \vec{a}\,.\left(\vec{b} \wedge \vec{c}\right) = {}_{R_C}\left|\begin{matrix}1\\0\\0\end{matrix}\right. . \left({}_{R_C}\left|\begin{matrix}\frac{1}{2}\\ \frac{\sqrt{3}}{2}\\ 0\end{matrix}\right. \wedge {}_{R_C}\left|\begin{matrix}\frac{1}{4}\\ \frac{\sqrt{3}}{4}\\ \frac{\sqrt{3}}{2}\end{matrix}\right. \right) = {}_{R_C}\left|\begin{matrix}1\\0\\0\end{matrix}\right. . {}_{R_C}\left|\begin{matrix}\frac{3}{4}\\ -\frac{\sqrt{3}}{4}\\ 0\end{matrix}\right. = \frac{3}{4}$$

Donc, on en déduit les expressions cherchées suivantes :

- Expression de $\overrightarrow{a^*}$

On sait que :

$$\overrightarrow{a^*} = 2\pi\frac{\vec{b} \wedge \vec{c}}{\vec{a}\,.\left(\vec{b} \wedge \vec{c}\right)} = \frac{2\pi}{\mathcal{V}}\vec{b} \wedge \vec{c} = \frac{8\pi}{3}\ {}_{R_C}\left|\begin{matrix}\frac{1}{2}\\ \frac{\sqrt{3}}{2}\\ 0\end{matrix}\right. \wedge {}_{R_C}\left|\begin{matrix}\frac{1}{4}\\ \frac{\sqrt{3}}{4}\\ \frac{\sqrt{3}}{2}\end{matrix}\right. = \frac{8\pi}{3}\ {}_{R_C}\left|\begin{matrix}\frac{3}{4}\\ -\frac{\sqrt{3}}{4}\\ 0\end{matrix}\right. = \frac{2\pi}{3}\ {}_{R_C}\left|\begin{matrix}3\\ -\sqrt{3}\\ 0\end{matrix}\right.$$

Soit :

$$\boxed{\overrightarrow{a^*} = \frac{2\pi}{3}\begin{vmatrix} 3 \\ -\sqrt{3} \\ 0 \end{vmatrix}_{R_C}}$$

- Expression de $\overrightarrow{b^*}$
  On sait que :

$$\overrightarrow{b^*} = 2\pi\frac{\vec{c}\wedge\vec{a}}{\vec{a}\,.\left(\vec{b}\wedge\vec{c}\right)} = \frac{2\pi}{\mathcal{V}}\vec{c}\wedge\vec{a} = \frac{8\pi}{3}\begin{vmatrix} \frac{1}{4} \\ \frac{\sqrt{3}}{4} \\ \frac{\sqrt{3}}{2} \end{vmatrix}_{R_C}\wedge\begin{vmatrix} 1 \\ 0 \\ 0 \end{vmatrix}_{R_C} = \frac{8\pi}{3}\begin{vmatrix} 0 \\ \frac{\sqrt{3}}{2} \\ -\frac{\sqrt{3}}{4} \end{vmatrix}_{R_C} = \frac{2\pi}{3}\begin{vmatrix} 0 \\ 2\sqrt{3} \\ -\sqrt{3} \end{vmatrix}_{R_C}$$

Soit :

$$\boxed{\overrightarrow{b^*} = \frac{2\pi}{3}\begin{vmatrix} 0 \\ 2\sqrt{3} \\ -\sqrt{3} \end{vmatrix}_{R_C}}$$

- Expression de $\overrightarrow{c^*}$
  On sait que :

$$\overrightarrow{c^*} = 2\pi\frac{\vec{a}\wedge\vec{b}}{\vec{a}\,.\left(\vec{b}\wedge\vec{c}\right)} = \frac{2\pi}{\mathcal{V}}\vec{a}\wedge\vec{b} = \frac{8\pi}{3}\begin{vmatrix} 1 \\ 0 \\ 0 \end{vmatrix}_{R_C}\wedge\begin{vmatrix} \frac{1}{2} \\ \frac{\sqrt{3}}{2} \\ 0 \end{vmatrix}_{R_C} = \frac{8\pi}{3}\begin{vmatrix} 0 \\ 0 \\ \frac{\sqrt{3}}{2} \end{vmatrix}_{R_C} = \frac{8\pi}{3}\begin{vmatrix} 0 \\ 0 \\ \frac{\sqrt{3}}{2} \end{vmatrix}_{R_C}$$

Soit :

$$\boxed{\overrightarrow{c^*} = \frac{4\pi}{3}\begin{vmatrix} 0 \\ 0 \\ \sqrt{3} \end{vmatrix}_{R_C}}$$

- Expression de $\mathcal{V}^*$
  On sait que :

$$\mathcal{V}\,\mathcal{V}^* = 8\pi^3 \quad \Leftrightarrow \quad \frac{3}{4}\,\mathcal{V}^* = 8\pi^3$$

Soit :

$$\boxed{\mathcal{V}^* = \frac{32\pi^3}{3}}$$

D'où la figure complétée suivante :

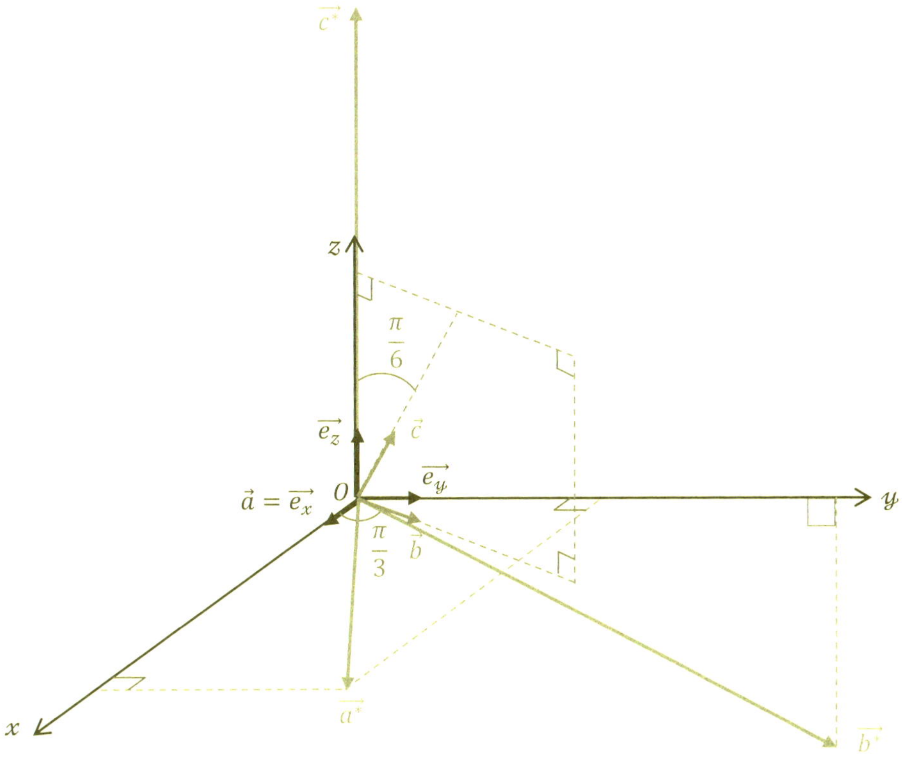

Partie C – Distance inter-réticulaire et indices de Miller

1) On a :

$$\vec{r}.\overrightarrow{r^*} = \left(m\vec{a} + n\vec{b} + p\vec{c}\right).\left(h\overrightarrow{a^*} + k\overrightarrow{b^*} + \ell\overrightarrow{c^*}\right)$$

En développant, on obtient :

$$\begin{aligned} \vec{r}.\overrightarrow{r^*} &= m\vec{a}.\left(h\overrightarrow{a^*} + k\overrightarrow{b^*} + \ell\overrightarrow{c^*}\right) \\ &+ n\vec{b}.\left(h\overrightarrow{a^*} + k\overrightarrow{b^*} + \ell\overrightarrow{c^*}\right) \\ &+ p\vec{c}.\left(h\overrightarrow{a^*} + k\overrightarrow{b^*} + \ell\overrightarrow{c^*}\right) \end{aligned}$$

Ce qui nous donne :

$$\begin{aligned} \vec{r}.\overrightarrow{r^*} &= hm\vec{a}.\overrightarrow{a^*} + km\vec{a}.\overrightarrow{b^*} + \ell m\vec{a}.\overrightarrow{c^*} \\ &+ hn\vec{b}.\overrightarrow{a^*} + kn\vec{b}.\overrightarrow{b^*} + \ell n\vec{b}.\overrightarrow{c^*} \\ &+ hp\vec{c}.\overrightarrow{a^*} + kp\vec{c}.\overrightarrow{b^*} + \ell p\vec{c}.\overrightarrow{c^*} \end{aligned}$$

En vertu de la question 2) de la ***Partie A***, on obtient alors :

$$\begin{aligned}\vec{r}.\overrightarrow{r^*} &= hm2\pi + km0 + \ell m0 \\ &+ \quad hn0 + kn2\pi + \ell n0 \\ &+ \quad hp0 + kp0 + \ell p2\pi\end{aligned}$$

Soit :

$$\vec{r}.\overrightarrow{r^*} = hm2\pi + kn2\pi + \ell p2\pi$$

Ainsi, on obtient :

$$\vec{r}.\overrightarrow{r^*} = 2\pi(hm + kn + \ell p)$$

Finalement, on a :

$$\boxed{\vec{r}.\overrightarrow{r^*} = 2\pi s \qquad \text{avec } s = 3hm = 3kn = 3\ell p \ \in \mathbb{N}}$$

2) Si $\overrightarrow{r^*} \perp \mathcal{P}$ alors cela signifie que $\overrightarrow{r^*}$ est perpendiculaire à deux vecteurs de ce plan $\mathcal{P}$. Or, par hypothèse, on sait que, dans la base les trois points $M_a = (m\,;0\,;0), M_b = (0\,;n\,;0)$ et $M_c = (0\,;0\,;p) \in \mathcal{P}$. Par conséquent, il suffit de construire deux vecteurs avec ces trois points. Par exemples :

- $\overrightarrow{M_aM_b} = m\vec{a} - n\vec{b} + 0\vec{c}$
- $\overrightarrow{M_aM_c} = m\vec{a} + 0\vec{b} - p\vec{c}$

On en déduit alors que :

$$\begin{aligned}\overrightarrow{M_aM_b}.\overrightarrow{r^*} &= (m\vec{a} - n\vec{b} + 0\vec{c}).\left(h\overrightarrow{a^*} + k\overrightarrow{b^*} + \ell\overrightarrow{c^*}\right) \\ &= m\vec{a}.\left(h\overrightarrow{a^*} + k\overrightarrow{b^*} + \ell\overrightarrow{c^*}\right) - n\vec{b}.\left(h\overrightarrow{a^*} + k\overrightarrow{b^*} + \ell\overrightarrow{c^*}\right) \\ &= hm\underbrace{\vec{a}.\overrightarrow{a^*}}_{=2\pi} + km\underbrace{\vec{a}.\overrightarrow{b^*}}_{=0} + \ell m\underbrace{\vec{a}.\overrightarrow{c^*}}_{=0} - hn\underbrace{\vec{b}.\overrightarrow{a^*}}_{=0} - kn\underbrace{\vec{b}.\overrightarrow{b^*}}_{=2\pi} - \ell n\underbrace{\vec{b}.\overrightarrow{c^*}}_{=0}\end{aligned}$$

Ce qui nous donne, avec les résultats de la question 2) de la ***Partie A*** les résultats suivants :

$$\overrightarrow{M_aM_b}.\overrightarrow{r^*} = 2\pi hm - 2\pi kn = 2\pi(hm - kn)$$

Mais le sujet stipule que $mh = kn = p\ell$, ce qui implique que $\overrightarrow{M_aM_b}.\overrightarrow{r^*} = 0$. En vertu des propriétés du produit scalaire, on a : $\overrightarrow{M_aM_b} \perp \overrightarrow{r^*}$.

Puis, de la même manière, on a va calculer la valeur du terme $\overrightarrow{M_aM_c}.\overrightarrow{r^*}$. On a alors :

$$\begin{aligned}\overrightarrow{M_aM_c}.\overrightarrow{r^*} &= (m\vec{a} + 0\vec{b} - p\vec{c}).\left(h\overrightarrow{a^*} + k\overrightarrow{b^*} + \ell\overrightarrow{c^*}\right) \\ &= m\vec{a}.\left(h\overrightarrow{a^*} + k\overrightarrow{b^*} + \ell\overrightarrow{c^*}\right) - p\vec{c}.\left(h\overrightarrow{a^*} + k\overrightarrow{b^*} + \ell\overrightarrow{c^*}\right) \\ &= hm\underbrace{\vec{a}.\overrightarrow{a^*}}_{=2\pi} + km\underbrace{\vec{a}.\overrightarrow{b^*}}_{=0} + \ell m\underbrace{\vec{a}.\overrightarrow{c^*}}_{=0} - hp\underbrace{\vec{c}.\overrightarrow{a^*}}_{=0} - kp\underbrace{\vec{c}.\overrightarrow{b^*}}_{=0} - \ell p\underbrace{\vec{c}.\overrightarrow{c^*}}_{=2\pi}\end{aligned}$$

Ce qui nous donne, avec les résultats de la question 2) de la ***Partie A*** les résultats suivants :

$$\overrightarrow{M_aM_c}.\overrightarrow{r^*} = 2\pi hm - 2\pi\ell p = 2\pi(hm - \ell p)$$

Mais le sujet stipule que $mh = kn = p\ell$, ce qui implique que $\overrightarrow{M_aM_c}.\overrightarrow{r^*} = 0$. En vertu des propriétés du produit scalaire, on a : $\overrightarrow{M_aM_b} \perp \overrightarrow{r^*}$.

Enfin, on sait que $\overrightarrow{M_aM_b} \in \mathcal{P}$ et $\overrightarrow{M_aM_c} \in \mathcal{P}$, on en déduit donc que : $\boxed{\overrightarrow{r^*} \perp \mathcal{P}}$

3) Considérons la figure suivante, mettant en évidence la situation géométrique associée à deux plans consécutifs $\mathcal{P}_j$ et $\mathcal{P}_{j+1}$ au sein du cristal :

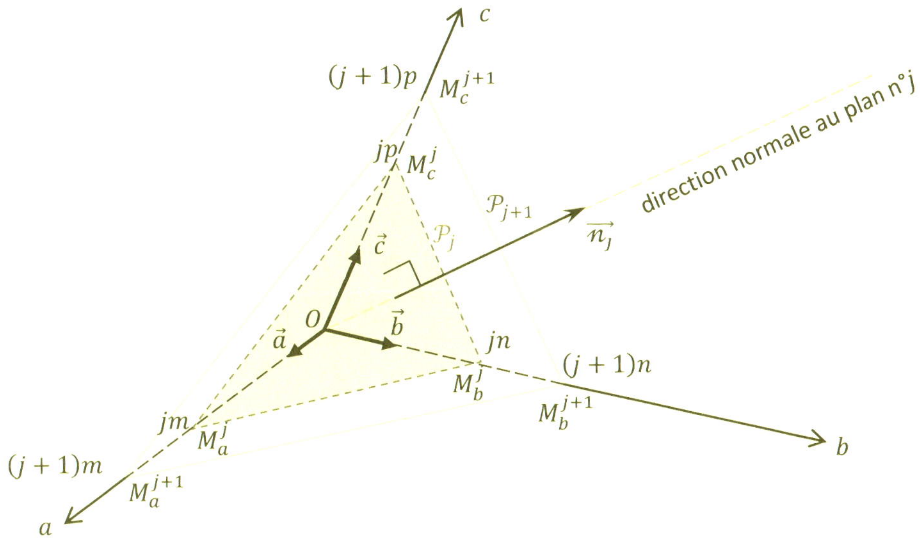

D'après ce schéma, on constate que :

- le plan $\mathcal{P}_j$ coupe les trois axes de la base $\mathcal{B}_d$ respectivement en M_a^j, M_b^j et M_c^j
- le plan $\mathcal{P}_{j+1}$ coupe les trois axes de cette base $\mathcal{B}_d$ respectivement en M_a^{j+1}, M_b^{j+1} et M_c^{j+1}

Ainsi, la distance relative qui sépare ces intersections de plans consécutifs est :

- suivant $\vec{a}$: $M_a^{j+1}M_a^j = \left\|\overrightarrow{M_a^{j+1}M_a^j}\right\| = (j+1)m - jm = m$
- suivant $\vec{b}$: $M_b^{j+1}M_b^j = \left\|\overrightarrow{M_b^{j+1}M_b^j}\right\| = (j+1)n - jn = n$
- suivant $\vec{c}$: $M_c^{j+1}M_c^j = \left\|\overrightarrow{M_c^{j+1}M_c^j}\right\| = (j+1)p - jp = p$

Donc, on constate que ces trois distances qui caractérisent la distance entre deux plans consécutifs au sein du cristal est indépendante de j. Finalement, la famille $\mathbb{P}$ est bien constituée de **plans $\mathcal{P}_j$ tous équidistants et parallèles**.

4) Déterminons dans $\mathcal{B}_d$, l'expression du vecteur normal unitaire $\overrightarrow{e_n}$ à ces plans $\mathcal{P}_j$. On considère un plan $\mathcal{P}_j$ quelconque de $\mathbb{P}$; et d'après la définition d'un vecteur unitaire, on peut écrire que :

$$\overrightarrow{e_{nj}} = \frac{\overrightarrow{n_j}}{\left\|\overrightarrow{n_j}\right\|}$$

Il nous reste donc à déterminer un vecteur normal $\overrightarrow{n_j}$ au plan $\mathcal{P}_j$. Pour cela, nous allons utiliser les propriétés du produit vectoriel. En effet, le produit vectoriel de deux vecteurs est orthogonal à ces deux vecteurs. Il nous suffit alors de choisir deux vecteurs qui appartiennent au plan $\mathcal{P}_j$. On a alors :

- $\overrightarrow{M_a^j M_b^j}(\in \mathcal{P}_j) = jm\vec{a} - jn\vec{b} + 0\vec{c}$
- $\overrightarrow{M_a^j M_c^j}(\in \mathcal{P}_j) = jm\vec{a} + 0\vec{b} - jp\vec{c}$

Ce qui nous permet d'écrire que :

$$\overrightarrow{n_j} = \begin{vmatrix} jm \\ -jn \\ 0 \end{vmatrix}_{\mathcal{B}_d} \wedge \begin{vmatrix} jm \\ 0 \\ -jp \end{vmatrix}_{\mathcal{B}_d} = \begin{vmatrix} j^2pn \\ j^2pm \\ j^2mn \end{vmatrix}_{\mathcal{B}_d} = j^2 \begin{vmatrix} pn \\ pm \\ mn \end{vmatrix}_{\mathcal{B}_d}$$

Ce qui implique que :

$$\left\|\overrightarrow{n_j}\right\| = \sqrt{\overrightarrow{n_j}.\overrightarrow{n_j}} = j^2\sqrt{(pn\vec{a} + pm\vec{b} + mn\vec{c}).(pn\vec{a} + pm\vec{b} + mn\vec{c})}.$$

Notons par $g = (pn\vec{a} + pm\vec{b} + pm\vec{c}).(pn\vec{a} + pm\vec{b} + pm\vec{c})$. Afin de pouvoir calculer cette quantité g, il faut bien prendre garde que les trois vecteurs de $\mathcal{B}_d = (\vec{a}\,;\vec{b}\,;\vec{c})_{\mathbb{E}(3)}$ ne sont pas nécessairement orthogonaux deux à deux ni même normés. Donc, en développant g on obtient :

$$\begin{aligned} g \quad = \quad & pnpn\vec{a}.\vec{a} + pmpn\vec{a}.\vec{b} + mnpn\vec{a}.\vec{c} \\ + \quad & pnpm\vec{b}.\vec{a} + pmpm\vec{b}.\vec{b} + mnpm\vec{b}.\vec{c} \\ + \quad & pnmn\vec{c}.\vec{a} + pmmn\vec{c}.\vec{b} + mnmn\vec{c}.\vec{c} \end{aligned}$$

En tenant compte que les vecteurs $\vec{a}, \vec{b}$ et $\vec{c}$ ne sont pas nécessairement orthogonaux entre eux, on obtient :

$$\begin{aligned} g \quad = \quad & p^2n^2\|\vec{a}\|^2 + p^2mn\vec{a}.\vec{b} + n^2pm\vec{a}.\vec{c} \\ + \quad & p^2mn\vec{b}.\vec{a} + p^2m^2\left\|\vec{b}\right\|^2 + m^2np\vec{b}.\vec{c} \\ + \quad & n^2pm\vec{c}.\vec{a} + pmn\vec{c}.\vec{b} + m^2n^2\|\vec{c}\|^2 \end{aligned}$$

Mais le produit scalaire est une opération commutative (ou symétrique) ; ceci nous permet donc d'écrire que :

$$g = p^2n^2\|\vec{a}\|^2 + p^2m^2\left\|\vec{b}\right\|^2 + m^2n^2\|\vec{c}\|^2 + 2n^2pm\,\vec{a}.\vec{c} + 2m^2np\,\vec{b}.\vec{c} + p^2mn\,\vec{a}.\vec{b}$$

Donc, on trouve que $\|\overrightarrow{n_j}\| = \sqrt{\overrightarrow{n_j}.\overrightarrow{n_j}}$ vaut :

$$\|\overrightarrow{n_j}\| = j^2\sqrt{p^2n^2\|\vec{a}\|^2 + p^2m^2\|\vec{b}\|^2 + m^2n^2\|\vec{c}\|^2 + 2n^2pm\,\vec{a}.\vec{c} + 2m^2np\,\vec{b}.\vec{c} + p^2mn\,\vec{a}.\vec{b}}$$

Dès lors, l'expression du vecteur normal unitaire $\overrightarrow{e_n}$ à ces plans $\mathcal{P}_j$, est donnée par :

$$\overrightarrow{e_{nj}} = \frac{j^2(pn\vec{a} + pm\vec{b} + mn\vec{c})}{j^2\sqrt{p^2n^2\|\vec{a}\|^2 + p^2m^2\|\vec{b}\|^2 + m^2n^2\|\vec{c}\|^2 + 2n^2pm\,\vec{a}.\vec{c} + 2m^2np\,\vec{b}.\vec{c} + p^2mn\,\vec{a}.\vec{b}}}$$

Après simplification, on trouve finalement que :

$$\boxed{\overrightarrow{e_{nj}} = \frac{pn\vec{a} + pm\vec{b} + mn\vec{c}}{\sqrt{p^2n^2\|\vec{a}\|^2 + p^2m^2\|\vec{b}\|^2 + m^2n^2\|\vec{c}\|^2 + 2n^2pm\,\vec{a}.\vec{c} + 2m^2np\,\vec{b}.\vec{c} + p^2mn\,\vec{a}.\vec{b}}}}$$

On constate que l'expression du vecteur unitaire normal au plan $\mathcal{P}_j$ est indépendante de l'indice j de ce plan. Mais comme tous les plans de la famille $\mathbb{P}$ sont parallèles à $\mathcal{P}_j$, ceci nous permet d'affirmer que : $\forall j \in \mathbb{N},\ \mathcal{P}_j \perp \overrightarrow{e_{nj}} = \overrightarrow{e_n}$.

5) Sur la figure réalisée lors de la question 3) de cette partie, nous allons placer notre œil, par exemple, face à la direction a, mais légèrement décalé, et voici ce que l'on y voit :

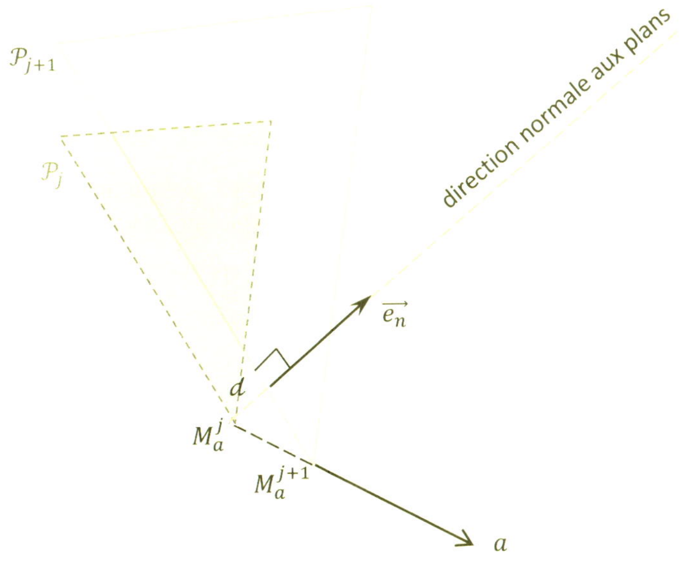

On constate alors que la distance minimale d qui sépare les deux plans consécutifs $\mathcal{P}_j$ et $\mathcal{P}_{j+1}$ est la projection sur la direction verticale, donc sur $\overrightarrow{e_n}$, du vecteur $\overrightarrow{M_a^{j+1}M_a^j} = m\vec{a}$. On a alors :

$$\begin{aligned} d &= \left|\overrightarrow{e_n}.\overrightarrow{M_a^{j+1}M_a^j}\right| \\ &= \left|\left(\frac{pn\vec{a} + pm\vec{b} + mn\vec{c}}{\sqrt{p^2n^2\|\vec{a}\|^2 + p^2m^2\|\vec{b}\|^2 + m^2n^2\|\vec{c}\|^2 + 2n^2pm\vec{a}.\vec{c} + 2m^2np\vec{b}.\vec{c} + p^2mn\vec{a}.\vec{b}}}\right).m\vec{a}\right| \\ &= \left|\frac{pnm\vec{a}.\vec{a} + pmm\vec{a}.\vec{b} + mnm\vec{a}.\vec{c}}{\sqrt{p^2n^2\|\vec{a}\|^2 + p^2m^2\|\vec{b}\|^2 + m^2n^2\|\vec{c}\|^2 + 2n^2pm\vec{a}.\vec{c} + 2m^2np\vec{b}.\vec{c} + p^2mn\vec{a}.\vec{b}}}\right| \end{aligned}$$

On obtient alors :

$$d = \left|\frac{pnm\|\vec{a}\|^2 + m^2p\,\vec{a}.\vec{b} + m^2n\,\vec{a}.\vec{c}}{\sqrt{p^2n^2\|\vec{a}\|^2 + p^2m^2\|\vec{b}\|^2 + m^2n^2\|\vec{c}\|^2 + 2n^2pm\,\vec{a}.\vec{c} + 2m^2np\,\vec{b}.\vec{c} + p^2mn\,\vec{a}.\vec{b}}}\right|$$

Finalement, l'expression de la distance inter-réticulaire, en fonction de $m, n, p, \vec{a}, \vec{b}$ et $\vec{c}$, est donnée par :

$$\boxed{d = \frac{\left|\, pnm\|\vec{a}\|^2 + m^2p\,\vec{a}.\vec{b} + m^2n\,\vec{a}.\vec{c}\,\right|}{\sqrt{p^2n^2\|\vec{a}\|^2 + p^2m^2\|\vec{b}\|^2 + m^2n^2\|\vec{c}\|^2 + 2n^2pm\,\vec{a}.\vec{c} + 2m^2np\,\vec{b}.\vec{c} + p^2mn\,\vec{a}.\vec{b}}}}$$

6) On sait que :

$$d = \left|\overrightarrow{e_n}.\overrightarrow{M_a^{j+1}M_a^j}\right| = |\overrightarrow{e_n}.m\vec{a}|$$

Mais, le sujet nous donne la condition $mh = kn = p\ell = 1$; ce qui implique que $m = \frac{1}{h}$. De plus, d'après la question 2) de cette partie, on sait que le vecteur $\overrightarrow{r^*}$ est orthogonal aux plans de la famille $\mathbb{P}$. Autrement dit, le vecteur $\overrightarrow{r^*}$ est colinéaire à $\overrightarrow{e_n}$. On peut alors écrire que :

$$\overrightarrow{e_n} = \frac{\overrightarrow{r^*}}{\|\overrightarrow{r^*}\|}$$

Ainsi, la distance inter-réticulaire d peut également s'exprimer comme :

$$d = \left|\frac{\overrightarrow{r^*}}{\left\|\overrightarrow{r^*}\right\|}.\frac{1}{h}\vec{a}\right| = \left|\frac{\left(h\overrightarrow{a^*} + k\overrightarrow{b^*} + \ell\overrightarrow{c^*}\right)}{\left\|\overrightarrow{r^*}\right\|}.\frac{1}{h}\vec{a}\right| = \left|\frac{\left(\overrightarrow{a^*}.\vec{a} + \frac{k}{h}\overrightarrow{b^*}.\vec{a} + \frac{\ell}{h}\overrightarrow{c^*}.\vec{a}\right)}{\left\|\overrightarrow{r^*}\right\|}\right|$$

Mais, d'après la question 2) de la ***Partie A*** on sait que $\overrightarrow{b^*}.\vec{a} = \overrightarrow{c^*}.\vec{a} = 0$ et que $\overrightarrow{a^*}.\vec{a} = 2\pi$. Ainsi, on obtient bien l'expression de la distance inter-réticulaire demandée à savoir :

$$\boxed{d = \frac{2\pi}{\left\|\overrightarrow{r^*}\right\|}}$$

7) Dans le cas de la pyrite, on sait que :
- $\vec{a} = \overrightarrow{e_x} \quad \Longrightarrow \quad \|\vec{a}\| = 1;$
- $\vec{b} = \overrightarrow{e_y} \quad \Longrightarrow \quad \|\vec{b}\| = 1;$
- $\vec{c} = \overrightarrow{e_z} \quad \Longrightarrow \quad \|\vec{c}\| = 1;$
- $\overrightarrow{a^*} = 2\pi\overrightarrow{e_x} \quad \Longrightarrow \quad \left\|\overrightarrow{a^*}\right\| = 2\pi;$
- $\overrightarrow{b^*} = 2\pi\overrightarrow{e_y} \quad \Longrightarrow \quad \left\|\overrightarrow{b^*}\right\| = 2\pi\,;$
- $\overrightarrow{c^*} = 2\pi\overrightarrow{e_z} \quad \Longrightarrow \quad \left\|\overrightarrow{c^*}\right\| = 2\pi$

On obtient alors les simplifications suivantes :

$$\vec{a}.\vec{c} = \vec{b}.\vec{c} = \vec{a}.\vec{b} = 0 \quad \text{et} \quad \overrightarrow{a^*}.\overrightarrow{c^*} = \overrightarrow{b^*}.\overrightarrow{c^*} = \overrightarrow{a^*}.\overrightarrow{b^*} = 0$$

ce qui nous donne également $\left\|\overrightarrow{r^*}\right\| = \sqrt{\overrightarrow{r^*}.\overrightarrow{r^*}} = 2\pi\sqrt{h^2 + k^2 + \ell^2}$. A partir de toutes ces relations simplificatrices, on obtient donc :
- à partir de la question 6) :

$$d = \frac{2\pi}{\left\|\overrightarrow{r^*}\right\|} = \frac{2\pi}{2\pi\sqrt{h^2 + k^2 + \ell^2}} = \frac{1}{\sqrt{h^2 + k^2 + \ell^2}}$$

- à partir de la question 5) :

$$\begin{aligned} d &= \frac{\left|\, pnm\|\vec{a}\|^2 + m^2p\,\vec{a}.\vec{b} + m^2n\,\vec{a}.\vec{c}\,\right|}{\sqrt{p^2n^2\|\vec{a}\|^2 + p^2m^2\left\|\vec{b}\right\|^2 + m^2n^2\|\vec{c}\|^2 + 2n^2pm\,\vec{a}.\vec{c} + 2m^2np\,\vec{b}.\vec{c} + p^2mn\,\vec{a}.\vec{b}}} \\ &= \frac{|\,pnm\,|}{\sqrt{p^2n^2 + p^2m^2 + m^2n^2}} \\ &= \frac{pnm}{\sqrt{p^2n^2 + p^2m^2 + m^2n^2}} \end{aligned}$$

Ce qui peut encore s'écrire comme :

$$d = \frac{1}{\frac{1}{pnm}\sqrt{p^2n^2 + p^2m^2 + m^2n^2}} = \frac{1}{\sqrt{\frac{p^2n^2 + p^2m^2 + m^2n^2}{p^2n^2m^2}}}$$

D'où :

$$d = \frac{1}{\sqrt{\frac{p^2n^2}{p^2n^2m^2} + \frac{p^2m^2}{p^2n^2m^2} + \frac{m^2n^2}{p^2n^2m^2}}} = \frac{1}{\sqrt{\frac{1}{m^2} + \frac{1}{n^2} + \frac{1}{p^2}}} = \frac{1}{\sqrt{\left(\frac{1}{m}\right)^2 + \left(\frac{1}{n}\right)^2 + \left(\frac{1}{p}\right)^2}}$$

Mais, le sujet nous donne la condition $mh = kn = p\ell = 1$; ce qui implique les trois égalités suivantes : $h = \frac{1}{m}$, $k = \frac{1}{n}$ et $\ell = \frac{1}{p}$. Ceci nous permet donc d'écrire :

$$d = \frac{1}{\sqrt{h^2 + k^2 + \ell^2}}$$

On retrouve bien deux fois la même expression, très simple, de la de la distance inter-réticulaire, à savoir pour la Pyrite :

$$\boxed{d = \frac{1}{\sqrt{h^2 + k^2 + \ell^2}}}$$

♣ *Sur cet exemple simple on comprend bien l'intérêt d'utiliser l'espace réciproque. L'expression de la distance inter-réticulaire cherchée s'obtient alors rapidement et avec des calculs très simples. Les physiciens du solide et les cristallographes font toujours leurs calculs dans l'espace réciproque, et en déduisent ainsi les renseignements dans l'espace physique du cristal. On constate que chaque famille de plans est complétement caractérisée par les trois indices de Miller (h,k,ℓ), c'est pour cette raison que les scientifiques préfèrent noter la distance inter-réticulaire d(h,k,ℓ) et peuvent ainsi reconstruire la structure interne du cristal. De plus, l'expression de la distance inter-réticulaire, obtenue lors de la sixième question de cette partie, est totalement générale, quel que soit le système de cristallisation, et s'exploite facilement.*

Partie D – Compléments

➥ *La loi de Bragg*

1) Le terme d'interférence sert à qualifier l'interaction entre deux ondes, de même nature (donc pour nous issues d'une même source). Ainsi, le terme « interférences constructives » décrit les conditions physiques d'une interaction entrainant **une augmentation de l'amplitude** du rayonnement résultant.

2) La condition pour qu'il se produise une interférence constructive en un point M_C du cliché est que les rayonnements arrivent ensemble dans un même état vibratoire, on dit également avec la même phase. Autrement dit que la différence relative de

distance qu'ils parcourent l'un par rapport à l'autre n'affecte pas leur état vibratoire relatif, donc qu'ils doivent avoir une différence de phase nulle. Ainsi, la différence de marche δ qui les sépare doit être proportionnelle à la longueur d'onde λ du rayonnement initialement émis. Soit : $\boxed{\delta = t\lambda}$ avec $\boxed{t \in \mathbb{N}}$.

3) A l'aide de la du sujet, on constate que la différence de marche des rayonnements diffusés par deux plans atomique consécutifs est donnée par : $\boxed{\delta = 2d \sin\theta}$.

4) On en déduit aisément la loi de *Bragg*, suivante : $\boxed{2d\sin\theta = t\lambda}$ avec $\boxed{t \in \mathbb{N}}$.

➥ ***Invariance de la densité électronique dans un cristal***

La densité électronique s'écrit (de manière très simplifiée) sous la forme :

$$f(\overrightarrow{OM}) = C_0 + \sum_{u=1}^{v}\left(C_u \cos(\vec{K}.\overrightarrow{OM}) + S_u \sin(\vec{K}.\overrightarrow{OM})\right) \qquad \text{avec } v \in \mathbb{N}$$

Envisageons maintenant, au sein d'un cristal, on a la translation d'un vecteur $\vec{r} = m\vec{a} + n\vec{b} + p\vec{c}$; ce qui implique que :

$$\begin{aligned} f(\overrightarrow{OM} + \vec{r}) &= C_0 + \sum_{u=1}^{v}\left(C_u \cos\left(\vec{K}.\left(\overrightarrow{OM} + \vec{r}\right)\right) + S_u \sin\left(\vec{K}.\left(\overrightarrow{OM} + \vec{r}\right)\right)\right) \\ &= C_0 + \sum_{u=1}^{v}\left(C_u \cos(\vec{K}.\overrightarrow{OM} + \vec{K}.\vec{r}) + S_u \sin(\vec{K}.\overrightarrow{OM} + \vec{K}.\vec{r})\right) \\ &= C_0 + \sum_{u=1}^{v}\begin{pmatrix} C_u \cos(\vec{K}.\overrightarrow{OM} + \vec{K}.(m\vec{a} + n\vec{b} + p\vec{c})\,) + \\ S_u \sin(\vec{K}.\overrightarrow{OM} + (\vec{K}.m\vec{a} + n\vec{b} + p\vec{c})\,) \end{pmatrix} \end{aligned}$$

On sait (programme de Mathématiques de seconde et première) que les fonctions sinus et cosinus sont de période 2π. Ce qui implique que :

$$\vec{K}.\left(m\vec{a} + n\vec{b} + p\vec{c}\right) = t2\pi \qquad \text{avec } t \in \mathbb{N}$$

Mais, lors de la question 1) de la ***Partie C***, on a démontré que :

$$\overrightarrow{r^*}.\vec{r} = \overrightarrow{r^*}.\left(m\vec{a} + n\vec{b} + p\vec{c}\right) = 2\pi s \text{ avec } s \in \mathbb{N}.$$

Ainsi, par analogie des deux relations

$$\begin{cases} \vec{K}.\left(m\vec{a} + n\vec{b} + p\vec{c}\right) = 2\pi t \\ \overrightarrow{r^*}.\left(m\vec{a} + n\vec{b} + p\vec{c}\right) = 2\pi s \end{cases}$$

on constate que :

$$\vec{K} = q\overrightarrow{r^*} \quad \text{avec } q = \frac{t}{s} \ (t; s) \in \mathbb{N}^2$$

Dans ce cas, $\vec{K}.\left(m\vec{a} + n\vec{b} + p\vec{c}\right) = 2\pi qs$. Dès lors la densité électronique s'écrit

$$f\left(\overrightarrow{OM} + \vec{r}\right) = C_0 + \sum_{u=1}^{v}\left(C_u \cos\left(\vec{K}.\overrightarrow{OM} + 2\pi qs\right) + S_u \sin\left(\vec{K}.\overrightarrow{OM} + 2\pi qs\right)\right)$$

Ce qui finalement, compte tenu des périodicités de 2π des fonctions sinus et cosinus, nous permet d'écrire que :

$$f\left(\overrightarrow{OM} + \vec{r}\right) = C_0 + \sum_{u=1}^{v}\left(C_u \cos\left(\vec{K}.\overrightarrow{OM}\right) + S_u \sin\left(\vec{K}.\overrightarrow{OM}\right)\right)$$

D'où la conclusion recherchée :

$$\boxed{f\left(\overrightarrow{OM} + \vec{r}\right) = f\left(\overrightarrow{OM}\right) \quad \Leftrightarrow \quad \vec{K} = q\overrightarrow{r^*}}$$

♣ *L'écriture simplifiée de la densité électronique s'appelle, en Mathématiques, un développement en série de Fourier. Il s'agit d'une technique très puissante utilisée pour décrire des phénomènes physiques périodiques, mêmes très complexes.*

♣ *La densité électronique joue un rôle fondamental dans la description des propriétés physico-chimiques de la matière. Elle est d'ailleurs la quantité centrale de la Théorie de la Fonctionnel Densité (DFT en anglais). Cette théorie a pour objectif de décrire la structure électronique, d'un point de vue quantique, de la matière. Ses développements modernes ont conduit le physicien américain (d'origine autrichienne) Walter Kohn et le chimiste américain John Pople, ses principaux contributeurs, à devenir en 1998 lauréat du prix Nobel de Chimie.*

Walter Kohn

John Pople

♣ *Pour l'histoire, les cristallographes, qui ont été les premiers à introduire la notion d'espace réciproque, n'utilisaient pas le facteur 2π dans la définition des vecteurs de la base réciproque. Ce coefficient a été introduit par les physiciens du solide pour des questions de réciprocité dans l'emploi de la Transformée de Fourier.*

Chapitre 2

Fonctions et dérivation

En Mathématiques, une fonction est simplement une correspondance entre deux ensembles. Si ces deux ensembles contiennent des nombres (situation à laquelle le lycéen est bien habitué) alors on parlera de fonctions numériques. Mais il peut, heureusement, exister des fonctions qui mettent en correspondance d'autres objets mathématiques, comme par exemple des vecteurs. Ceci intéresse particulièrement le physicien, qui on le sait maintenant, à très souvent à manipuler des grandeurs vectorielles. Si la fonction met en correspondance un ensemble de départ représentant le temps, elle devient, pour le physicien, un moyen simple de suivre l'évolution des grandeurs physiques caractéristiques du système étudié. De plus, en faisant appel aux outils mathématiques qui sont associées à l'étude des fonctions, tel la dérivée par exemple, il devient alors possible au physicien d'entreprendre une analyse qualitative et quantitative du phénomène qu'il étudie. Evidemment, la réalité d'un processus physico-chimique est particulièrement complexe à décrire avec exactitude, d'où le principe de modélisation : sous l'effet d'hypothèses, le physicien et/ou le chimiste propose un cadre théorique dans lequel il déduit une quantification du processus étudié. Il devient alors inenvisageable de ne recourir qu'à une description fonctionnelle d'un unique paramètre. C'est pourquoi, le scientifique fait appel à des fonctions de plusieurs variables. Un simple modèle purement géométrique, au sein de l'espace physique $\mathbb{E}(3)$*, nécessite donc l'emploi de fonction de trois variable, du type* $f(x,y,z)$*, voire même de quatre variable* $f(x,y,z,t)$ *si la description temporelle est prise en compte. Le physicien fait très souvent appel à la notion de fonction au sein de ses modèles. Evidemment, cette multitude de paramètres implique des outils adaptés à la description de telles fonctions. C'est pourquoi, dans l'histoire, le mathématicien s'est employé à développer ces objets pour pouvoir les offrir à la communauté physicienne et chimiste. La notion de fonction en tant que correspondance entre deux types d'objet est relativement ancienne. Le terme fonction est introduit en 1694 par Leibniz (1646 / 1716), et en photo-ci-dessus, il s'agit alors de fonctions qui sont associées à une courbe géométrique mettant en correspondance l'abscisse et l'ordonnée. Enfin, la notation* $f(x)$ *apparait pour la première fois en 1734, chez le génialissime mathématicien suisse Léonard Euler (1707 / 1783).*

❶ Fonction d'une variable : définitions et notations

A) Définitions

La différence entre une fonction et une application, est en mathématique, assez simple : c'est une simple histoire d'ensemble de départ. On adoptera les définitions suivantes :

Définition

- ✓ Une **fonction** est définie par un ensemble de départ $\mathcal{E}$, un ensemble d'arrivée $\mathcal{F}$ et une relation de $\mathcal{E}$ vers $\mathcal{F}$. Dans cette relation, chaque élément de $\mathcal{E}$ possède **au plus une image**. L'ensemble des éléments de possédant une image est alors appelé domaine de définition, et est noté $\mathcal{D}_f$.

- ✓ Une **application** est définie par un ensemble de départ $\mathcal{E}$, un ensemble d'arrivée $\mathcal{F}$ et une relation de $\mathcal{E}$ vers $\mathcal{F}$. Dans cette relation, chaque élément de $\mathcal{E}$ possède **une unique image**.

Ces définitions ont été introduites par l'Ecole *Bourbaki* (en fait une association, créée en 1935, regroupant de jeunes mathématiciens français, pour la plupart normaliens, et comptant parmi les plus grands esprits du 20ième siècle). Mais dans la pratique, lorsque l'ensemble d'arrivée $\mathcal{F}$ est $\mathbb{R}$ ou $\mathbb{C}$, la communauté scientifique ne fait pas cette distinction, et utilise le terme fonction comme synonyme du terme application. Dans une très large majorité des cas, le physicien est dans cette situation.

♣ *Remarque : La notion de fonction est plus large que la notion d'application : toute application est une fonction, mais la réciproque est fausse.*

B) Notations

La notation d'une fonction doit être assez simple, mais doit évidemment contenir tous les renseignements nécessaires ; en fait elle doit être sa « carte d'identité ». C'est pourquoi on adopte, pour la fonction f la notation suivante :

$$f : \begin{cases} \mathcal{E} = \mathcal{D}_f & \longrightarrow & \mathcal{F} \\ x & \longmapsto & y = f(x) \end{cases}$$

On dit alors que y est l'image, par la correspondance f, de l'antécédent x. Il faut bien prendre garde à ne pas confondre l'image $f(x)$, de l'antécédent $x \in \mathcal{E}$, avec la fonction en elle-même f : $f(x)$ est un nombre alors que f est un nom, une simple notation de la correspondance considérée.

L'ensemble image de $\mathcal{E} = \mathcal{D}_f$, par la correspondance f est en général seulement une partie de l'ensemble d'arrivée $\mathcal{F}$. Cet ensemble image est noté $Im(f)$ vaut $f\left(\mathcal{E} = \mathcal{D}_f\right)$; et on a : $Im(f) \subseteq \mathcal{F}$. Pour illustrer ceci, considérons l'exemple suivant, bien connu des lycéens :

$$f : \begin{cases} \mathbb{R}^+ & \longrightarrow & \mathbb{R} \\ x & \longmapsto & y = \sqrt{x} \end{cases}$$

avec, pour rappel : $\mathbb{R}^+ = [0\ ;\ +\infty[$. Dans cet exemple, on a $\mathcal{E} = \mathcal{D}_f = \mathbb{R}^+$ (dans le monde réel, la racine carrée d'un élément strictement négatif n'existe pas), et $\mathcal{F} = \mathbb{R}$. Or, $Im(f) = \mathbb{R}^+$ car une racine carrée est toujours positive ou nulle, et on vérifie bien que $Im(f) \subseteq \mathcal{F}$ car $\mathbb{R}^+$ est une partie de $\mathbb{R}$.

C) Généralités sur les fonctions

1) Graphe d'une fonction

Le graphe d'une fonction f, noté $\mathcal{G}_f$, est un « sous-ensemble » de $\mathcal{D}_f \times \mathcal{F}$ défini par :

$$\mathcal{G}_f = \{(x, f(x)) \text{ avec } x \in \mathcal{D}_f\}$$

En général, on peut représenter le graphe dans un système de coordonnées. Par exemple, pour les fonctions numériques réelles, le graphe $\mathcal{G}_f$ se représente par la courbe représentative $\mathcal{C}_f$ dans le plan muni des coordonnées cartésiennes. Très souvent, on choisit un repère cartésien orthonormé que l'on note $(O\ ;\ \vec{\imath}\ ;\ \vec{\jmath}) = (O\ ;\ \overrightarrow{e_x}\ ;\ \overrightarrow{e_y})$.

♣ *Remarque : on sait que $x \in \mathcal{D}_f$ et que $f(x) \in \mathcal{F}$, dans ce cas tous les couples de la forme $(x, f(x))$ appartiennent à l'ensemble $\mathcal{D}_f \times \mathcal{F}$. Et, en mathématiques, cet ensemble $\mathcal{D}_f \times \mathcal{F}$ s'appelle le produit cartésien de $\mathcal{D}_f$ et $\mathcal{F}$. Remarquer bien, que dans l'écriture d'un produit cartésien, l'ordre des éléments à de l'importance. Attention, de manière générale, le produit cartésien de deux ensembles est différent de l'intersection de deux ensembles, dans notre cas, c'est évident : $\mathcal{D}_f \times \mathcal{F} \neq \mathcal{D}_f \cap \mathcal{F}$.*

2) Fonction surjective ou surjection

On a la définition suivante :

Définition (Sup)

Si tout élément y de l'ensemble d'arrivée $\mathcal{F}$ est l'image, par la correspondance f, **d'au moins un** élément x de l'ensemble de départ $\mathcal{E}$ alors on dit que f est une **surjection** de $\mathcal{E}$ sur $\mathcal{F}$ ou plus simplement que f est **surjective**. On a alors :

- ✓ $\mathcal{F} = f(\mathcal{E})$
- ✓ $\forall y \in \mathcal{F},\ \exists x \in \mathcal{E},\ y = f(x)$

De manière strictement équivalente, on peut également adopter la définition suivante : f est surjective si son ensemble image est égal à son ensemble d'arrivée, à savoir $Im(f) = \mathcal{F}$.

♣ *Remarque : le symbole $\forall$ signifie « pour tout », et le symbole $\exists$ signifie, quant-à-lui, « il existe ». Ceux sont des quantificateurs qui permettent d'écrire les propositions en langage* *mathématiques, c'est-à-dire de façon synthétique et facile. Le quantificateur ∀ s'appelle le « quantificateur universel » et le quantificateur ∃ s'appelle, lui, le « quantificateur existentiel ».*

On peut représenter la situation d'une surjection à l'aide du schéma suivant, encore appelé diagramme sagittale :

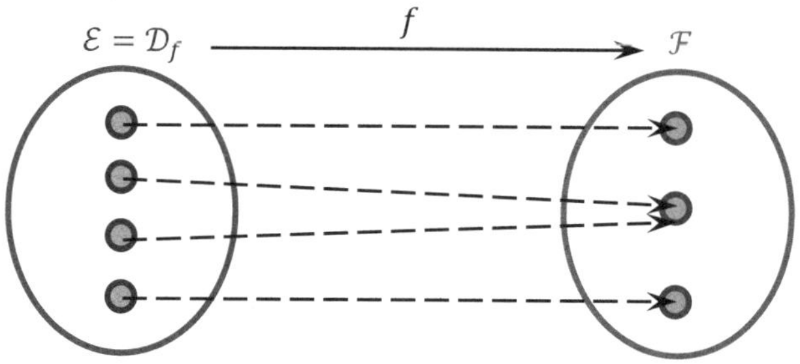

Figure 1 : visualisation d'une surjection

Analysons maintenant quelques exemples classiques :

- *Premier exemple :*

Considérons la fonction suivante :

$$f : \begin{cases} \mathbb{R} & \longrightarrow & \mathbb{R} \\ x & \longmapsto & y = 3x - 1 \end{cases}$$

On constate que chaque élément $y \in \mathbb{R}$ il correspond au moins (et même ici un seul) élément $x \in \mathbb{R}$.En effet, l'équation $y = 3x - 1$ admet toujours une solution unique, à savoir $x = \frac{y+1}{3}$. Donc on peut conclure que **cette fonction f réalise une surjection de $\mathbb{R}$ dans $\mathbb{R}$.**

- *Deuxième exemple :*

Considérons la fonction suivante :

$$f : \begin{cases} \mathbb{R} & \longrightarrow & \mathbb{R} \\ x & \longmapsto & y = x^2 \end{cases}$$

On constate que tous les éléments $y \in \mathbb{R}^{-*} =]-\infty\ ;\ 0[$ n'admettent pas d'antécédent (et oui, dans le monde des réels, un carré est toujours positif ou nul). En effet, $y = -1$ ne trouve aucun antécédent réel. Donc on peut conclure que **cette fonction f ne réalise pas une surjection de $\mathbb{R}$ dans $\mathbb{R}$.**

- *Troisième exemple :*

Considérons la fonction suivante :

$$f : \begin{cases} \mathbb{R} & \longrightarrow & \mathbb{R}^+ \\ x & \longmapsto & y = x^2 \end{cases}$$

Cette fois, on constate que tous les éléments $y \in \mathbb{R}^+ = [0\ ; +\infty[$ admettent au moins un antécédent (un ou deux pour être précis). En effet, comme $y \geq 0$ on en déduit que $y =$

$x^2 \iff x = \mp\sqrt{x}$. Donc on peut conclure que **cette fonction f réalise une surjection de $\mathbb{R}$ dans $\mathbb{R}^+$**.

- *Quatrième exemple :*

Considérons la fonction suivante :

$$f : \begin{cases} \mathbb{R} & \longrightarrow & \mathbb{R} \\ x & \longmapsto & y = |x| = \max_{\mathbb{R}}(-x\,;x) \end{cases}$$

On constate que tous les éléments $y \in \mathbb{R}^{-*} =]-\infty\,;\ 0[$ n'admettent pas d'antécédent (et oui, une valeur absolue est toujours positive ou nulle). En effet, $y = -2$ ne trouve aucun antécédent. Donc on peut conclure que **cette fonction f ne réalise pas une surjection de $\mathbb{R}$ dans $\mathbb{R}$**.

La différence, entre le deuxième et le troisième exemple, est **la restriction** de l'ensemble d'arrivée : on est passé de $\mathbb{R}$ à $\mathbb{R}^+$. En effet, dans le troisième exemple, $\mathcal{F} = \mathbb{R}^+ = Im(f)$; on dit alors que f est **corestreinte** à $Im(f)$. Cette constatation faite, Cela nous amène donc à pouvoir énoncer la propriété suivante :

Propriété (Sup)

> La fonction f définie par
>
> $$f : \begin{cases} \mathcal{D}_f & \longrightarrow & Im(f) \\ x & \longmapsto & y = f(x) \end{cases}$$
>
> est une surjection.

♣ *Remarque : on le comprend également très bien avec les fonctions trigonométriques. En effet la fonction sinus ne réalise pas une surjection de $\mathbb{R}$ dans $\mathbb{R}$; en revanche elle réalise une surjection de $\mathbb{R}$ dans $[-1; 1]$.*

3) Fonction injective ou injection

On a la définition suivante :

Définition (Sup)

> Si tout élément y de l'ensemble d'arrivée $\mathcal{F}$ est l'image, par la correspondance f, **d'au plus un** élément x de l'ensemble de départ $\mathcal{E}$ alors on dit que f est une **injection** de $\mathcal{E}$ sur $\mathcal{F}$ ou plus simplement que f est **injective**. On a alors :
>
> $$\forall(x_1\,;\,x_2) \in \mathcal{E}^2, \quad f(x_1) = f(x_2) \implies x_1 = x_2$$
>
> De manière strictement équivalente, lorsque deux éléments différents de l'ensemble de départ $\mathcal{E}$ admettent, par la correspondance f, deux éléments distincts de l'ensemble d'arrivée $\mathcal{F}$, on dit alors que f est une **injection** de $\mathcal{E}$ sur $\mathcal{F}$ ou plus simplement que f est **injective**. On a alors :
>
> $$\forall(x_1\,;\,x_2) \in \mathcal{E}^2, \quad x_1 \neq x_2 \implies f(x_1) \neq f(x_2)$$

On peut représenter la situation d'une injection à l'aide du schéma suivant, encore appelé diagramme sagittale :

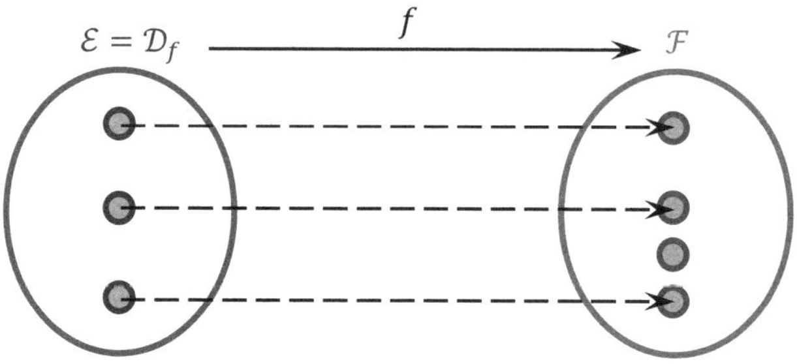

Figure 2 : visualisation d'une injection

Analysons maintenant les quelques exemples classiques suivants :

- *Premier exemple :*

Considérons la fonction suivante :

$$f : \begin{cases} \mathbb{R} & \longrightarrow & \mathbb{R} \\ x & \longmapsto & y = 3x - 1 \end{cases}$$

On constate que lorsque $\forall (x_1\,;\, x_2) \in \mathbb{R}^2$ on a les deux images associées suivantes : $y_1 = 3x_1 - 1$ et $y_2 = 3x_2 - 1$. Ainsi, si $y_1 = y_2 \iff 3x_1 - 1 = 3x_2 - 1 \iff x_1 = x_2$. Donc on peut conclure que **cette fonction *f* réalise une injection de $\mathbb{R}$ dans $\mathbb{R}$.**

- *Deuxième exemple :*

Considérons la fonction suivante :

$$f : \begin{cases} \mathbb{R} & \longrightarrow & \mathbb{R} \\ x & \longmapsto & y = x^2 \end{cases}$$

On constate que $x = -1$ et $x = 1$ conduisent, tous les deux, à la même image. Donc on peut conclure que **cette fonction *f* ne réalise pas une injection de $\mathbb{R}$ dans $\mathbb{R}$.**

- *Troisième exemple :*

Considérons la fonction suivante :

$$f : \begin{cases} \mathbb{R}^+ & \longrightarrow & \mathbb{R} \\ x & \longmapsto & y = x^2 \end{cases}$$

Cette fois, on constate que lorsque $\forall (x_1\,;\, x_2) \in \mathbb{R}^{+2}$ on a les deux images associées suivantes : $y_1 = (x_1)^2$ et $y_2 = (x_2)^2$. Ainsi, si $y_1 = y_2 \iff (x_1)^2 = (x_2)^2 \iff |x_1| = |x_2| \iff x_1 = x_2$ (car $x_1 \geq 0$ et $x_2 \geq 0$). Donc on peut conclure que **cette fonction *f* réalise une injection de $\mathbb{R}$ dans $\mathbb{R}^+$.**

- *Quatrième exemple :*

Considérons la fonction suivante :

$$f : \begin{cases} \mathbb{R} & \longrightarrow & \mathbb{R} \\ x & \longmapsto & y = |x| = \max_{\mathbb{R}}(-x\,;x) \end{cases}$$

On constate que $x = -1$ et $x = 1$ conduisent, tous les deux, à la même image. Donc on peut conclure que **cette fonction *f* ne réalise pas une injection de $\mathbb{R}$ dans $\mathbb{R}$.**

4) Fonction bijective ou bijection

On a la définition suivante :

Définition (Sup)

> Si tout élément y de l'ensemble d'arrivée $\mathcal{F}$ est l'image, par la correspondance f, **d'un unique** élément x de l'ensemble de départ $\mathcal{E}$ alors on dit que f est une **bijection** de $\mathcal{E}$ sur $\mathcal{F}$ ou plus simplement que f est **bijective**. On a alors :
>
> $$\forall y \in \mathcal{F},\ \exists!\, x \in \mathcal{E},\ \ y = f(x)$$
>
> De manière strictement équivalente, si la fonction f est à la fois injective et surjective de $\mathcal{E}$ sur $\mathcal{F}$ alors elle est automatiquement bijective de $\mathcal{E}$ sur $\mathcal{F}$.

♣ *Remarque : dans cette définition, c'est le terme « unique », symbolisé par le quantificateur* $\exists!$ *(il existe un unique), qui amène l'injection à la fonction.*

On peut représenter la situation d'une injection à l'aide du schéma suivant, encore appelé diagramme sagittale :

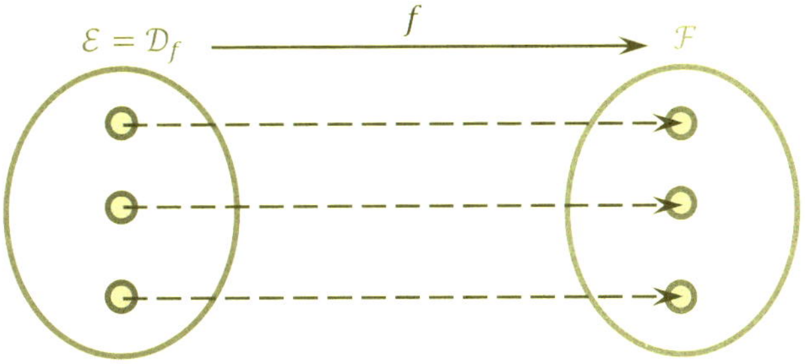

Figure 3 : visualisation d'une bijection

A titre d'exemple, la fonction suivante :

$$f : \begin{cases} \mathbb{R}^+ & \longrightarrow & \mathbb{R}^+ \\ x & \longmapsto & y = x^2 \end{cases}$$

réalise **une bijection de $\mathbb{R}^+$ dans $\mathbb{R}^+$**.

5) Fonction identité

En mathématique, une fonction de $\mathcal{E}$ dans $\mathcal{E}$ qui n'a aucune action sur un élément de $\mathcal{E}$ s'appelle l'identité, et on la note $Id_{\mathcal{E}}$. On a la définition suivante :

Définition

> La fonction f qui définit l'identité sur un ensemble $\mathcal{E}$ est la suivante :
>
> $$f : \begin{cases} \mathcal{E} & \longrightarrow & \mathcal{E} \\ x & \longmapsto & y = x \end{cases}$$
>
> On la note $f = Id_{\mathcal{E}}$.

Le graphe de la fonction identité est appelé la diagonale du produit cartésien $\mathcal{E} \times \mathcal{E} = \mathcal{E}^2$. Dans le cas ou $\mathcal{E} = \mathbb{R}$, le graphe s'identifie à la première bissectrice du plan euclidien $\mathbb{E}(2)$.

6) Fonction composée

On considère les deux fonctions f et g suivantes :

$$f : \begin{cases} \mathcal{E} = \mathcal{D}_f & \longrightarrow & \mathcal{F} \\ x & \longmapsto & z = f(x) \end{cases} \quad \text{et} \quad g : \begin{cases} \mathcal{D}_g \supseteq \mathcal{F} & \longrightarrow & \mathcal{G} \\ z = f(x) & \longmapsto & y = g(z) = g\big(f(x)\big) \end{cases}$$

Dans ce cas, à partir deux fonctions f et g, il devient possible de définir la « nouvelle » fonction, dite composée, et notée $g \circ f$ (qui de g rond f), de la manière suivante :

Définition

Soient les deux fonctions, f de $\mathcal{E} = \mathcal{D}_f$ dans $\mathcal{F}$, et g de $\mathcal{D}_g$, qui contient $\mathcal{F}$ ($\mathcal{D}_g \supseteq \mathcal{F}$), dans $\mathcal{G}$. Dans ce cas, la fonction composée $g \circ f$ de $\mathcal{E} = \mathcal{D}_f$ dans $\mathcal{G}$ vaut :

$$g \circ f : \begin{cases} \mathcal{E} = \mathcal{D}_f & \longrightarrow & \mathcal{G} \\ x & \longmapsto & y = g\big(f(x)\big) \end{cases}$$

Au regard de la définition précédente, il est évident que l'ordre de la composition est primordial, autrement dit, en général, $g \circ f \neq f \circ g$. De plus, pour pouvoir effectuer une composition, il faut **toujours** vérifier préalablement que les ensembles soient compatibles : l'ensemble d'arrivée de la première doit être inclut dans l'ensemble de départ de la seconde. Afin d'illustrer ceci, considérons les deux exemples suivants :

- *Premier exemple :*

Soient les deux fonctions suivantes :

$$f : \begin{cases} \mathbb{R} & \longrightarrow & [-1\,;1] \\ x & \longmapsto & y = \sin x \end{cases} \quad \text{et} \quad g : \begin{cases} \mathbb{R}^+ & \longrightarrow & \mathbb{R}^+ \\ x & \longmapsto & y = \sqrt{x} \end{cases}$$

On constate que l'ensemble d'arrivée $[-1\,;1]$ de la fonction f n'est pas inclut dans l'ensemble de départ $\mathbb{R}^+$ de la seconde fonction g. Dans ce cas, la composition $g \circ f$ est impossible. Une qui aurait été possible est la suivante :

$$f : \begin{cases} \left[0\,;\frac{\pi}{2}\right] & \longrightarrow & [0\,;1] \\ x & \longmapsto & y = \sin x \end{cases} \quad \text{et} \quad g : \begin{cases} \mathbb{R}^+ & \longrightarrow & \mathbb{R}^+ \\ x & \longmapsto & y = \sqrt{x} \end{cases}$$

Implique que

$$g \circ f : \begin{cases} \left[0\,;\frac{\pi}{2}\right] & \longrightarrow & \mathbb{R}^+ \\ x & \longmapsto & y = \sqrt{\sin x} \end{cases}$$

- *Deuxième exemple :*

Soient les deux fonctions suivantes :

$$f : \begin{cases} \mathbb{R} & \longrightarrow & [0\,;1] \\ x & \longmapsto & y = |\sin x| \end{cases} \quad \text{et} \quad g : \begin{cases} [-1\,;1] & \longrightarrow & [0\,;1] \\ x & \longmapsto & y = \sqrt{1-x^2} \end{cases}$$

On constate qu'effectivement l'ensemble d'arrivée de la fonction f est bien inclut à l'ensemble de départ de la seconde fonction g : $[-1\,;1] \supseteq [0\,;1]$. Dans ce cas, la composition $g \circ f$ est possible, et elle s'écrit :

$$g \circ f : \begin{cases} \mathbb{R} & \longrightarrow & [0\,;1] \\ x & \longmapsto & y = \sqrt{1-|\sin x|^2} \end{cases}$$

Mais attention, il ne s'agit pas de la fonction cosinus, mais de valeur absolue de cosinus. En réalité, nous pouvons écrire que : $\forall x \in \mathbb{R}, (g \circ f)(x) = |\cos x|$.

♣ *Remarque : cette opération de composition est essentielle en analyse, car elle permet de construire (et donc d'étudier) les propriétés de fonctions compliquées à partir de celles, plus simples, qui les composent.*

7) Fonction réciproque

Une fonction f qui est une bijection de $\mathcal{E}$ dans $\mathcal{F}$. Ainsi, cela signifie que tout élément $y \in \mathcal{F}$ possède un unique antécédent $x \in \mathcal{E}$. Autrement dit, il existe une correspondance, notée g, qui associe à chaque élément $x \in \mathcal{E}$ une unique image $y \in \mathcal{F}$; donc cette correspondance g peut-être, elle-même, être considérée comme une bijection, mais cette fois, de $\mathcal{F}$ dans $\mathcal{E}$. Cette fonction g est appelée **fonction (ou bijection) réciproque** de f, et on la note :$g = f^{-1}$ ou $g = \Re(f)$. D'où la représentation suivante :

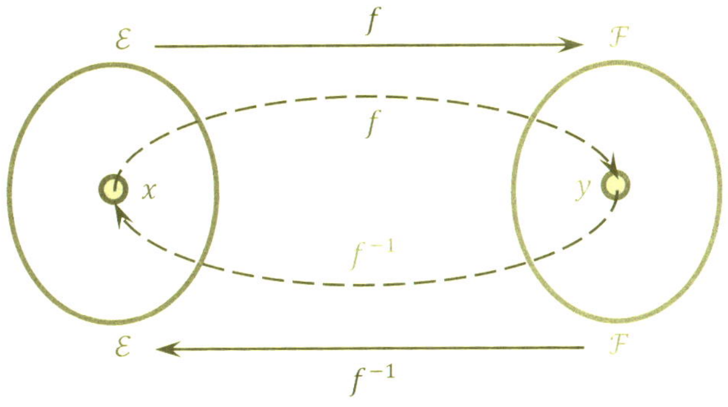

Figure 4 : visualisation d'une fonction réciproque

De ceci, on en déduit que :

$$y = f(x) \quad \text{et} \quad x = f^{-1}(y).$$

D'où :

$$\begin{cases} y = f\big(f^{-1}(y)\big) & \Leftrightarrow & y = (f \circ f^{-1})(y) & \Rightarrow & f \circ f^{-1} = Id_{\mathcal{F}} \\ x = f^{-1}\big(f(x)\big) & \Leftrightarrow & x = (f^{-1} \circ f)(x) & \Rightarrow & f^{-1} \circ f = Id_{\mathcal{E}} \end{cases}$$

Ceci nous permet donc de donner la définition précise de la bijection réciproque qui est associée à une bijection considérée. On a alors :

Définition (Sup)

> Si une fonction f est une bijection de $\mathcal{E}$ dans $\mathcal{F}$ alors la bijection réciproque $\Re(f) = f^{-1}$ de $\mathcal{F}$ dans $\mathcal{E}$ est défini par :
>
> $$\forall y \in \mathcal{F},\ \exists!\, x \in \mathcal{E},\ x = f^{-1}(y)$$

Au regard de cette définition, il est évident que les courbes représentatives de f et f^{-1} ont un lien entre elles. En effet, comme f transforme x en y et que f^{-1} transforme ce **même** y en ce **même** x, les courbes $\mathcal{C}_f$ et $\mathcal{C}_{f^{-1}}$ sont donc symétriques l'une de l'autre par rapport à la fonction identité, représentée, dans un repère orthonormé $(O\ ;\ \vec{\imath}\ ;\ \vec{\jmath}) = \left(O\ ;\ \overrightarrow{e_x}\ ;\ \overrightarrow{e_y}\right)$, par la droite d'équation $y = x$. D'où la propriété suivante :

Propriété (Sup)

> Si f est une bijection de $\mathcal{E}$ dans $\mathcal{F}$ et f^{-1} bijection réciproque de $\mathcal{F}$ dans $\mathcal{E}$ alors, dans un repère orthonormé, les courbes représentatives $\mathcal{C}_f$ et $\mathcal{C}_{f^{-1}}$ sont symétriques l'une de l'autres par rapport à la représentation graphique de l'identité $Id_{\mathcal{E}}$, à savoir la droite d'équation $y = x$ (encore appelée première bissectrice du plan).

♣ *Remarque : le lycéen de Terminale S (et ES également) connait déjà un exemple « classique » de deux fonctions réciproques, en l'occurrence, les fonctions exponentielle et logarithme népérien. En effet, on alors les représentations graphiques suivantes :*

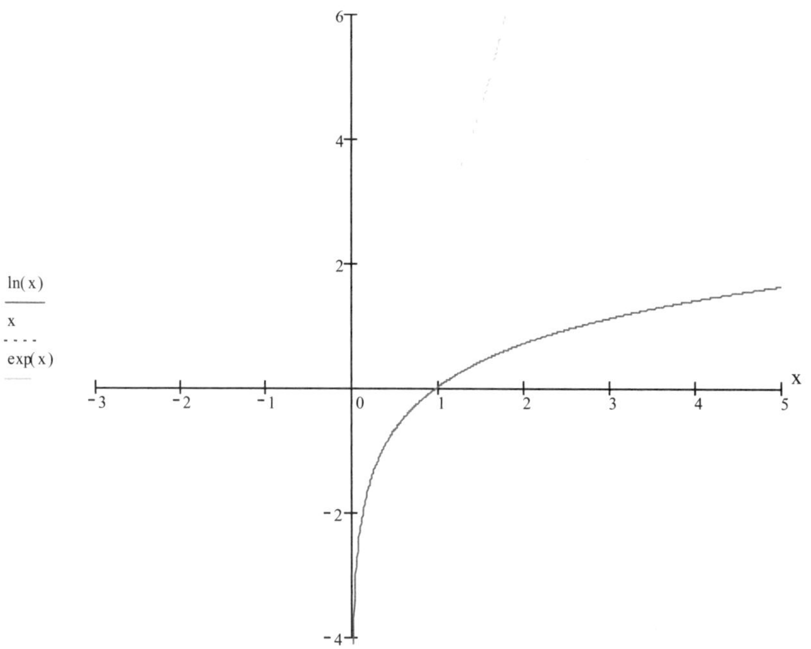

Figure 5 : exemple du lien graphique entre deux fonctions réciproques

8) Involution

En mathématiques, une opération est qualifiée d'involutive, ou est une involution, si elle est sa propre inverse. D'où :

Définition (Sup)	Une fonction f qui est de $\mathcal{E}$ dans $\mathcal{F}$ est une **involution** si elle vérifie : $f \circ f = Id_{\mathcal{E}}$. Soit : $$\forall x \in \mathcal{E},\ (f \circ f)(x) = x$$ Dans ce cas on a : $f = f^{-1}$

Par exemple, toutes les fonctions du type :

$$f : \begin{cases} \mathcal{D}_f = \mathbb{R}/\{a\} & \longrightarrow & \mathbb{R} \\ x & \longmapsto & y = \dfrac{1}{x-a} + a \end{cases}$$

sont des involutions sur $\mathbb{R}/\{a\}$ avec $a \in \mathbb{R}$. Les opérations de symétries sont également involutives.

9) Fonction paire

Voici une notion avec laquelle le lycéen est habitué, depuis la classe de seconde, et qui permet par symétrie, axiale par rapport à l'axe des ordonnées, de réduire l'intervalle d'étude, en général, pour une fonction f on passe de $\mathcal{D}_f$ à $\mathcal{D}_f \cap \mathbb{R}^+$. D'où la définition suivante :

Définition	Une fonction f, définie sur $\mathcal{D}_f$, est dite paire si sa courbe représentative $\mathcal{C}_f$ est dans un repère orthonormé $(O\ ;\ \vec{\imath}\ ;\ \vec{\jmath})$, symétrique par rapport à l'axe des ordonnées. D'où : $$\forall x \in \mathcal{D}_f,\ -x \in \mathcal{D}_f,\ f(-x) = f(x)$$

10) Fonction impaire

Encore une notion avec laquelle le lycéen est habitué, depuis la classe de seconde, et qui permet par symétrie, centrale par rapport à l'origine du repère, de réduire l'intervalle d'étude, en général, pour une fonction f on passe de $\mathcal{D}_f$ à $\mathcal{D}_f \cap \mathbb{R}^+$. D'où la définition suivante :

Définition	Une fonction f, définie sur $\mathcal{D}_f$, est dite paire si sa courbe représentative $\mathcal{C}_f$ est dans un repère orthonormé $(O\ ;\ \vec{\imath}\ ;\ \vec{\jmath})$, symétrique par rapport au point origine O. D'où : $$\forall x \in \mathcal{D}_f,\ -x \in \mathcal{D}_f,\ f(-x) = -f(x)$$

♣ *Remarque : toutes les fonctions ne sont pas obligées de présenter une parité.*

11) Fonction périodique

La périodicité d'une notion est une notion avec laquelle le lycéen est peu habitué, mais pourtant qui est particulièrement utile en Sciences Physiques. En effet, beaucoup de phénomènes physiques sont périodiques : certains oscillateurs (mécaniques comme électriques), les phénomènes ondulatoires, les propriétés physico-chimiques au sein des cristaux, phénomènes astronomiques ... C'est pourquoi le lycéen, et le néo-bachelier, se doit de bien maîtriser cette notion. On a la définition suivante

Définition

Une fonction f, définie de $\mathbb{R}$ dans $\mathcal{F}$, est dite périodique de p s'il existe un nombre réel p tel que :

$$\forall x \in \mathbb{R},\ x+p \in \mathbb{R},\ f(x+p) = f(x)$$

Ainsi, si $n \in \mathbb{Z}$, alors tous les nombres $\mathcal{P} = \{np\}$ sont également des périodes de f. Et dans le cas des fonctions continues non constantes (majoritairement celles des phénomènes physiques), on appelle **période fondamentale** de f le nombre $T > 0$ défini comme :

$$T = \min_{T>0} \mathcal{P}$$

Dans ce cas, on dit que la fonction est ***T*-périodique**.

En conséquence, la courbe représentative $\mathcal{C}_f$ admet, dans un repère orthonormé $(O\,;\vec{\imath}\,;\vec{\jmath}) = (O\,;\overrightarrow{e_x}\,;\overrightarrow{e_y})$, **un motif élémentaire de largeur T**, qui se répète successivement une infinité de fois.
En Sciences Physiques, si la fonction f dépend, non pas de x, mais du temps t, alors l'inverse de la période T s'appelle la fréquence, et est notée $\mathfrak{f}$. D'où $\mathfrak{f} = \frac{1}{T}$ et s'exprime en *Hertz*, de symbole *Hz*. Ceci en hommage au physicien allemand *Heinrich Hertz* (1857 / 1894) qui, le 15mars 1888 mit expérimentalement en évidence l'existence des ondes électromagnétiques. Un phénomène physique périodique de fréquence $\mathfrak{f} = m\,Hz$ signifie qu'en une seconde il se produit m périodes ($m \in \mathbb{N}$).

♣ *Remarque : les fonctions trigonométriques du types* $\sin(rx)$ *et* $\cos(rx)$ *sont* $\frac{2\pi}{|r|}$*-périodiques, avec* $r \in \mathbb{R}$*. Quant à la fonction* $\tan(rx)$ *elle est* $\frac{\pi}{|r|}$*-périodique, avec* $r \in \mathbb{R}$.

12) Fonction bornée

Il arrive parfois qu'une fonction

$$f : \begin{cases} \mathcal{E} & \longrightarrow & \mathcal{F} \\ x & \longmapsto & y = f(x) \end{cases}$$

Admette un ensemble $\mathcal{F}$ qui soit un intervalle fermé, donc de la forme : $\mathcal{F} = [m\,; M] \subset \mathbb{R}$. Dans ce cas, cela signifie que :

- La borne inférieure est **un minorant** de f : $\forall x \in \mathcal{E},\ f(x) \geq m$;

- La borne supérieure est **un majorant** de f : $\forall x \in \mathcal{E},\ f(x) \leq M$;

Dans ce cas, on dit que la fonction f est **bornée**. Toute fonction qui admet à la fois un minorant et un majorant est dite bornée. On peut formaliser ceci de la manière suivante :

Définition

Une fonction f, définie de $\mathcal{E}$ dans $\mathcal{F}$, est dite **bornée** si il existe un nombre réel positif C, tel que : $\forall x \in \mathcal{E},\ \exists C \in \mathbb{R}^+,\ \lvert f(x) \rvert \leq C$

13) Quelques propriétés

Il est maintenant temps d'énoncer quelques propriétés mathématiques que le futur étudiant va très rapidement rencontrer au cours de sa première année de formation. Ces propriétés sont les suivantes :

1. La composée de deux injections est une injection.
2. La composée de deux surjections est une surjection.
3. La composée de deux bijections est une bijection.
4. Si $g \circ f$ est injective alors f est injective.
5. Si $g \circ f$ est surjective alors g est surjective.

Afin de s'habituer quelque peu à la démonstration, nous allons maintenant démontrer les propriétés précédentes :

♦ <u>*Démonstration de 1.*</u>

- ***Hypothèses :***

Soit les deux fonctions f et g suivantes

$$f : \begin{cases} \mathcal{E} & \longrightarrow & \mathcal{F} \\ x & \longmapsto & y = f(x) \end{cases} \quad et \quad g : \begin{cases} \mathcal{F} & \longrightarrow & \mathcal{G} \\ x & \longmapsto & y = g(x) \end{cases}$$

qui sont, par hypothèse, deux injections.

- ***Objectif :***

On se doit de démontrer que $g \circ f$ est une injection de $\mathcal{E}$ dans $\mathcal{G}$. Ce qui se traduit par :

$$\forall (x_1\ ;\ x_2) \in \mathcal{E}^2,\quad (g \circ f)(x_1) = (g \circ f)(x_2) \quad \Longrightarrow \quad x_1 = x_2$$

- ***Réalisation :***

D'après les hypothèses, on peut écrire que :

$$\begin{cases} \forall (x_1\ ;\ x_2) \in \mathcal{E}^2, & f(x_1) = f(x_2) \quad \Longrightarrow \quad x_1 = x_2 & (H1) \\ \forall (x'_1\ ;\ x'_2) \in \mathcal{F}^2, & g(x'_1) = g(x'_2) \quad \Longrightarrow \quad x'_1 = x'_2 & (H2) \end{cases}$$

Ainsi, on a :

$$\begin{array}{rl} \forall(x_1\,;\,x_2)\in\mathcal{E}^2 & (\,g\circ f)\,(x_1)=(\,g\circ f)(x_2) \\ \Longrightarrow & g\big(f(x_1)\big)=g\big(f(x_2)\big) \\ \Longrightarrow & f(x_1)=f(x_2) \quad d'\text{après }(H2) \end{array}$$

On a pu utiliser l'hypothèse (H2), car $f(x_1)\in\mathcal{F}$ et . car $f(x_2)\in\mathcal{F}$. Enfin, comme $(x_1\,;\,x_2)\in\mathcal{E}^2$, on peut alors invoquer l'hypothèse $(H1)$, et écrire que : $f(x_1)=f(x_2) \Longrightarrow x_1=x_2$.

- ***Conclusion :***

On a donc démontré que, sous l'hypothèse que les deux fonctions f et g soient des injections, la fonction composée

$$g\circ f:\begin{cases}\mathcal{E} & \longrightarrow & \mathcal{G}\\ x & \longmapsto & y=g\big(f(x)\big)\end{cases}$$

satisfaisait à la condition

$$\forall(x_1\,;\,x_2)\in\mathcal{E}^2,\quad (\,g\circ f)\,(x_1)=(\,g\circ f)(x_2)\ \Longrightarrow\ x_1=x_2$$

et donc est elle-même une injection. ■

♣ *Remarque : ce petit carré noir « ■ » signifie simplement que la démonstration est achevée.*

♦ *Démonstration de 2.*

- ***Hypothèses :***

Soit les deux fonctions f et g suivantes

$$f:\begin{cases}\mathcal{E} & \longrightarrow & \mathcal{F}\\ x & \longmapsto & y=f(x)\end{cases}\quad et\quad g:\begin{cases}\mathcal{F} & \longrightarrow & \mathcal{G}\\ x & \longmapsto & y=g(x)\end{cases}$$

qui sont, par hypothèse, deux surjections.

- ***Objectif :***

On se doit de démontrer que $g\circ f$ est une surjection de $\mathcal{E}$ dans $\mathcal{G}$. Ce qui se traduit par :

$$\forall y\in\mathcal{G},\ \exists x\in\mathcal{E},\ y=(g\circ f)(x)$$

- ***Réalisation :***

D'après les hypothèses, on peut écrire que :

$$\begin{cases}\forall y\in\mathcal{F},\exists x\in\mathcal{E},\ y=f(x) & (H1)\\ \forall y\in\mathcal{G},\exists x\in\mathcal{F},\ y=g(x) & (H2)\end{cases}$$

Soit $y\in\mathcal{G}$, et d'après (H2), il existe donc un élément $z\in\mathcal{F}$ tel que $y=g(z)$. Or, cet élément $z\in\mathcal{F}$, et comme, d'après $(H1)$, la fonction f est surjective, on peut donc affirmer qu'il existe effectivement un élément $x\in\mathcal{E}$ tel que $z=f(x)$.
Enfin, on peut écrire que :

$$f(x)=z\quad\Longrightarrow\quad g\big(f(x)\big)=g(z)\quad\Longrightarrow\quad (g\circ f)(x)=y$$

Et ainsi x est bien un antécédent de y.

- ***Conclusion :***

On a donc démontré que, sous l'hypothèse que les deux fonctions f et g soient des surjections, la fonction composée

$$g \circ f : \begin{cases} \mathcal{E} & \longrightarrow & \mathcal{G} \\ x & \longmapsto & y = g\big(f(x)\big) \end{cases}$$

satisfaisait à la condition

$$\forall y \in \mathcal{G},\ \exists x \in \mathcal{E},\ \ y = (g \circ f)(x)$$

et donc est elle-même une surjection. ■

♦ *Démonstration de 3.*

Il s'agit d'une simple conséquence des propriétés 1. et 2. précédentes. En effet, pour être bijective, une fonction se doit d'être injective ***et*** *surjective. Or, si les fonctions f et g sont :*

- *injectives alors 1. implique que $g \circ f$ est injective ;*
- *surjectives alors 2. implique que $g \circ f$ est surjective ;*

Donc, si les fonctions f et g sont à la fois injectives et surjectives, donc bijectives, alors $g \circ f$ est à la fois injective et surjective, donc également bijective. ■

♦ *Démonstration de 4.*

- ***Hypothèses :***

Soit les deux fonctions f et g suivantes

$$f : \begin{cases} \mathcal{E} & \longrightarrow & \mathcal{F} \\ x & \longmapsto & y = f(x) \end{cases} \quad \text{et} \quad g : \begin{cases} \mathcal{F} & \longrightarrow & \mathcal{G} \\ x & \longmapsto & y = g(x) \end{cases}$$

et leur composée $g \circ f$ définie par

$$g \circ f : \begin{cases} \mathcal{E} & \longrightarrow & \mathcal{G} \\ x & \longmapsto & y = g\big(f(x)\big) \end{cases}$$

supposée injective, à savoir :

$$\forall (x_1\,;\,x_2) \in \mathcal{E}^2,\quad (g \circ f)(x_1) = (g \circ f)(x_2) \implies x_1 = x_2 \quad (H)$$

- ***Objectif :***

On se doit de démontrer que f est une injection de $\mathcal{E}$ dans $\mathcal{F}$. Ce qui se traduit par :

$$\forall (x_1\,;\,x_2) \in \mathcal{E}^2,\quad f(x_1) = f(x_2) \implies x_1 = x_2$$

- ***Réalisation :***

On considère $(x_1\,;\,x_2) \in \mathcal{E}^2$, donc on peut écrire que :

$$\begin{aligned} f(x_1) = f(x_2) \quad & \Longrightarrow \quad f(x_1) = f(x_2) \\ & \Longrightarrow \quad g\big(f(x_1)\big) = g\big(f(x_2)\big) \\ & \Longrightarrow \quad (g \circ f)(x_1) = (g \circ f)(x_2) \end{aligned}$$

Or, en faisant usage de l'hypothèse (H)*, on peut écrire que* $(g \circ f)(x_1) = (g \circ f)(x_2) \Longrightarrow x_1 = x_2$*. Ainsi, on a bien démontré que :* $f(x_1) = f(x_2) \Longrightarrow x_1 = x_2$*.*

- ***Conclusion :***

On a donc démontré que, sous l'hypothèse que la composée $g \circ f$ *soit une fonction injective, alors la fonction* f *satisfaisait à la condition*

$$\forall (x_1\,;\,x_2) \in \mathcal{E}^2, \quad f(x_1) = f(x_2) \Longrightarrow x_1 = x_2$$

et donc est elle-même une injection. ■

- Démonstration de 5.
  - ***Hypothèses :***

Soit les deux fonctions f *et* g *suivantes*

$$f : \begin{cases} \mathcal{E} & \longrightarrow \quad \mathcal{F} \\ x & \longmapsto \quad y = f(x) \end{cases} \quad \text{et} \quad g : \begin{cases} \mathcal{F} & \longrightarrow \quad \mathcal{G} \\ x & \longmapsto \quad y = g(x) \end{cases}$$

et leur composée $g \circ f$ *définie par*

$$g \circ f : \begin{cases} \mathcal{E} & \longrightarrow \quad \mathcal{G} \\ x & \longmapsto \quad y = g\big(f(x)\big) \end{cases}$$

supposée surjective, à savoir :

$$\forall y \in \mathcal{G}, \ \exists x \in \mathcal{E}, \ y = (g \circ f)(x) \quad (H)$$

- ***Objectif :***

On se doit de démontrer que g *est une injection de* $\mathcal{F}$ *dans* $\mathcal{G}$*. Ce qui se traduit par :*

$$\forall y \in \mathcal{G}, \ \exists z \in \mathcal{F}, \ y = g(z)$$

- ***Réalisation :***

On considère $y \in \mathcal{G}$*, et d'après l'hypothèse* (H) *on peut écrire que :* $y = (g \circ f)(x) = g\big(f(x)\big)$*. Ce qui signifie que* $f(x)$ *représente un antécédent de* y *par la correspondance* g*. Autrement dit, chaque élément image* $y \in \mathcal{G}$ *admet, par* g*, un antécédent* $z = f(x) \in \mathcal{F}$*.*

- ***Conclusion :***

On a donc démontré que, sous l'hypothèse que la composée $g \circ f$ *soit une fonction surjective, alors la fonction* g *satisfaisait à la condition*

$$\forall y \in \mathcal{G}, \ \exists z \in \mathcal{F}, \ y = g(z)$$

et donc est elle-même une surjection. ■

♣ *Remarque : ces petites démonstrations sont des petits jeux d'esprit qui peuvent surprendre le jeune étudiant de première année. Pourtant, ce dernier doit rapidement s'y habituer car le « jeu » de la démonstration va être se révéler devenir son quotidien. Par souci d'efficacité il se doit de très rapidement l'appréhender.*

❷ Dérivée d'une fonction à une variable

A) Introduction

Toute courbe représentative $\mathcal{C}_f$, sur un intervalle continu $\mathcal{I} \subseteq \mathcal{D}_f$, peut être observé de très près autour du point $A\big(a\,;f(a)\big)$, si $a \in \mathcal{I}$. En observant de plus en plus près autour du point $A\big(a\,;f(a)\big)$, on finit, tôt ou tard, par observée un segment centré A. Ce segment n'est autre que la représentation de $\mathcal{C}_f$ sur un intervalle de très faible amplitude autour de A.
Ceci signifie **simplement que toute courbe représentative peut-être imaginée comme étant une succession de segment de longueur infiniment faible (on dit infinitésimal) devant l'unité graphique**.
Pour fixer les idées, on peut accepter que sur un voisinage[1] d'étendue dix-mille fois plus petit que l'unité graphique des abscisses, la courbe représentative $\mathcal{C}_f$ s'identifie, avec une excellente approximation (critère à préciser ultérieurement), à un segment de droite.
A titre d'exemple, considérons la fonction numérique suivante :

$$f : \begin{cases} \mathcal{D}_f =]-1/2\ ;\ +\infty[& \longrightarrow \quad \mathbb{R} \\ \qquad\quad x & \longmapsto \quad y = 1 + \ln(2x+1) \end{cases}$$

Sa courbe représentative $\mathcal{C}_f$, dans un repère orthonormé $(O\ ;\ \vec{\imath}\ ;\ \vec{\jmath})$, est la suivante :

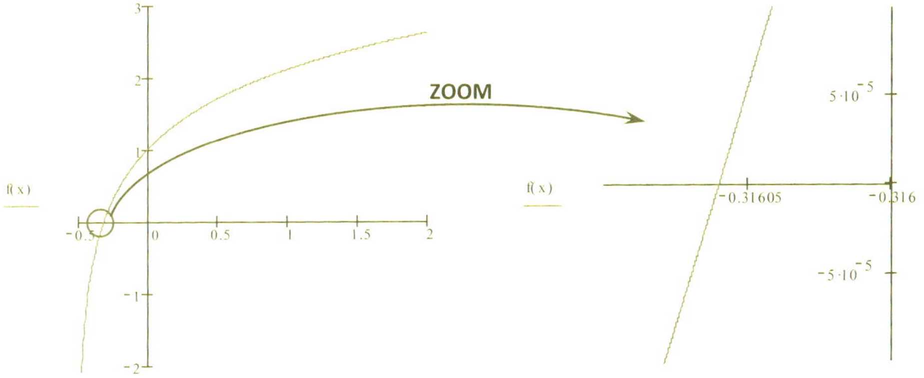

Figure 6 : illustration de l'approximation locale d'une courbe par un segment

[1] En mathématiques, la notion de voisinage est très précise. Soit δ un nombre réel strictement positif ; l'ensemble V_a^δ des points x, centré autour d'un point a d'un intervalle $\mathcal{I}$, qui satisfont à l'inégalité $|x-a| < \delta$, ou de manière équivalente $x \in\,]a-\delta ; a+\delta[$, s'appelle un δ-voisinage de a.

Or, il est particulièrement facile d'étudier la croissance (ou la décroissance) d'une droite, et donc d'un des segments constitutifs de la courbe représentative $\mathcal{C}_f$. En effet, il suffit de déterminer le signe du coefficient directeur du segment considéré.
Considérons alors un segment $[AH] = s_a^h$ dont les deux points extrêmes sont : $A(a\,;f(a))$ et $H(a+h\,;f(a+h))$. Ce segment est, localement, une excellente **approximation** d'une courbe représentative $\mathcal{C}_f$; et ce segment s_a^h est donc constitué des images des antécédents x de l'intervalle suivant : $[a\,;a+h]$. Déterminons maintenant son coefficient directeur $c(s_a^h)$. On a alors :

$$c(s_a^h) = \frac{f(a+h)-f(a)}{a+h-a} = \frac{f(a+h)-f(a)}{h}$$

Mais, à ce stade du raisonnement le segment s_a^h étudié n'est qu'une excellente **approximation** de la courbe représentative $\mathcal{C}_f$. Le **seul moyen** pour tendre vers, et obtenir, l'exactitude est que l**a taille de ce segment s_a^h soit la plus petite possible**. A cette fin, il suffit de faire un passage à la limite lorsque $h \to 0$ (qui se lit « h tend vers zéro »). Ainsi, dans le cadre général, le coefficient directeur d'un segment infinitésimal $s_a^{h\to 0}$, c'est-à-dire au point $A(a\,;f(a))$, est donné par :

$$c(s_a^{h\to 0}) = \lim_{h\to 0} c(s_a^h) = \lim_{h\to 0} \frac{f(a+h)-f(a)}{h} \quad \text{(sous réserve que cette limite existe)}$$

Et, en mathématiques, ce nombre est **appelé le nombre dérivée** de la fonction f en $x = a$, et il est d'usage de le noté $f'(a)$. Ainsi, on obtient alors l'égalité suivante : $c(s_a^{h\to 0}) = f'(a)$.

♣ *Remarque : l'approche, que nous proposons ici, de la dérivée se prête particulièrement bien aux approches algorithmiques des problèmes fonctionnels. En effet, elle permet de comprendre aisément le principe de discrétisation de l'intervalle d'étude. Ceci ouvrant à l'analyse numérique, dont les outils modernes, qui en sont issus, sont exploités et utilisés dans tous les secteurs industriels de pointes : aéronautique, astronautique, architecture, acoustique, métallurgie, sureté nucléaire, électrique, hydraulique, télécommunication, ferroviaire, automobile …*

B) Définition

En mathématiques, on adopte la définition suivante du nombre dérivée :

Définition

Soit une fonction f définie sur $\mathcal{D}_f$ dans $\mathbb{R}$, et $a \in \mathcal{I} \subseteq \mathcal{D}_f$. On pose $h \in \mathbb{R}^*$. On dit que la fonction f admet un nombre dérivée fini en $x = a$, noté $f'(a)$, si la limite suivante existe :

$$\lim_{h\to 0} \frac{f(a+h)-f(a)}{h} = f'(a)(\neq \mp\infty)$$

Avec la condition $a + h \in \mathcal{I} \subseteq \mathcal{D}_f$.

Si, dans la définition précédente, on pose $h = x - a \iff x = a + h$, avec évidemment $x \in \mathcal{I} \subseteq \mathcal{D}_f$, dans ce cas on obtient la définition équivalente suivante :

Définition

Soit une fonction f définie sur $\mathcal{D}_f$ dans $\mathbb{R}$, et $a \in \mathcal{I} \subseteq \mathcal{D}_f$. On dit que, $\forall x \in \mathcal{I}/\{a\}$, la fonction f admet un nombre dérivée fini en $x = a$, noté $f'(a)$, si la limite suivante existe :

$$\lim_{x \to a} \frac{f(x) - f(a)}{x - a} = f'(a)(\neq \mp\infty)$$

C) Fonction dérivable

1) Dérivabilité à gauche et à droite d'un point

Une question que se pose beaucoup de lycéen est :

« *Comment puis-je étudier la dérivabilité d'une fonction f au point $x = a$ d'un intervalle $\mathcal{I} \subseteq \mathcal{D}_f$?* »

La réponse est en fait très simple, il suffit de connaitre les notions de dérivées à **gauche** et à **droite**.
On a les définitions suivantes :

Définition (Sup)

Soit une fonction f définie sur $\mathcal{D}_f$ dans $\mathbb{R}$, et $a \in \mathcal{I} \subseteq \mathcal{D}_f$.

✓ On définit **la dérivée à gauche** du point $x = a$, notée $f_g{}'(a)$, par l'existence de la limite suivante :

$$\begin{cases} \lim\limits_{h \to 0^-} \dfrac{f(a+h) - f(a)}{h} = f_g'(a)(\neq \mp\infty) & \text{avec } a + h \in \mathcal{I} \subseteq \mathcal{D}_f \\ \lim\limits_{x \to a^-} \dfrac{f(x) - f(a)}{x - a} = f_g'(a)(\neq \mp\infty) & \text{avec } x \in \mathcal{I}/\{a\} \end{cases}$$

✓ On définit **la dérivée à droite** du point $x = a$, notée $f_d{}'(a)$, par l'existence de la limite suivante :

$$\begin{cases} \lim\limits_{h \to 0^+} \dfrac{f(a+h) - f(a)}{h} = f_d'(a)(\neq \mp\infty) & \text{avec } a + h \in \mathcal{I} \subseteq \mathcal{D}_f \\ \lim\limits_{x \to a^+} \dfrac{f(x) - f(a)}{x - a} = f_d'(a)(\neq \mp\infty) & \text{avec } x \in \mathcal{I}/\{a\} \end{cases}$$

2) Dérivabilité en un point

De ce qui précède, on en déduit la propriété suivante :

Propriété (Sup)

> Soit une fonction f définie sur $\mathcal{D}_f$ dans $\mathbb{R}$, et $a \in \mathcal{I} \subseteq \mathcal{D}_f$. On dit que la fonction f est dérivable au point $x = a \in \mathcal{I}$ si et seulement si les deux conditions suivantes sont simultanément satisfaites :
> ✓ La fonction f est dérivable à droite et à gauche de $x = a \in \mathcal{I}$;
> ✓ $f_g'(a) = f_d'(a)$

Illustrons cette notion de dérivabilité en un point, en considérant les exemples classiques suivants :

- *Premier exemple*

On considère la fonction exponentielle suivante :

$$f : \begin{cases} \mathbb{R} & \longrightarrow & \mathbb{R} \\ x & \longmapsto & y = e^x \end{cases}$$

Etudions la dérivabilité de cette fonction en $x = 0$.

♦ Calcul de $f_d'(0)$:

$$\lim_{x \to 0^+} \frac{f(x) - f(0)}{x - 0} = \lim_{x \to 0^+} \frac{e^x - e^0}{x} = \lim_{x \to 0^+} \frac{e^x - 1}{x} = 1 = f_d'(0) \quad \text{(page 89)}$$

♦ Calcul de $f_g'(0)$:

$$\lim_{x \to 0^-} \frac{f(x) - f(0)}{x - 0} = \lim_{x \to 0^-} \frac{e^x - e^0}{x} = \lim_{x \to 0^-} \frac{e^x - 1}{x} = 1 = f_g'(0) \quad \text{(page 89)}$$

On constate que la fonction exponentielle est bien dérivable à gauche et à droite, et **de plus**, on a bien la condition $f_g'(0) = f_d'(0)$. Donc, on peut conclure que **l'exponentielle est dérivable en zéro**.

- *Second exemple*

On considère la fonction valeur absolue suivante :

$$f : \begin{cases} \mathbb{R} & \longrightarrow & \mathbb{R} \\ x & \longmapsto & y = |x| = \max_{\mathbb{R}}(-x\,;x) \end{cases}$$

Etudions la dérivabilité de cette fonction en $x = 0$.

♦ Calcul de $f_d'(0)$:

$$\lim_{x \to 0^+} \frac{f(x) - f(0)}{x - 0} = \lim_{x \to 0^+} \frac{|x| - |0|}{x} = \lim_{x \to 0^+} \frac{|x|}{x} = \lim_{x \to 0^+} \frac{x}{x} = 1 = f_d'(0)$$

♦ Calcul de $f_g'(0)$:

$$\lim_{x \to 0^-} \frac{f(x) - f(0)}{x - 0} = \lim_{x \to 0^-} \frac{|x| - |0|}{x} = \lim_{x \to 0^-} \frac{|x|}{x} = \lim_{x \to 0^-} \frac{-x}{x} = -1 = f_g'(0)$$

On constate que la fonction valeur absolue est bien dérivable à gauche et à droite, mais on a $f_g'(0) \neq f_d{}'(0)$. Donc, on peut conclure que **la valeur absolue n'est pas dérivable en zéro**.

3) Dérivabilité sur un intervalle

On a la définition suivante :

Définition

> Soit une fonction f définie sur $\mathcal{D}_f$ dans $\mathbb{R}$, et $a \in \mathcal{I} \subseteq \mathcal{D}_f$. On dit que la fonction f est dérivable sur l'intervalle $\mathcal{I} \subseteq \mathcal{D}_f$, si elle est dérivable en chacun des points $a \in \mathcal{I}$.

D) Fonction dérivée

1) Définition

Avec ce qui précède, on a la définition de la fonction dérivée suivante :

Définition

> Soit une fonction f définie sur $\mathcal{D}_f$ dans $\mathbb{R}$, et $x \in \mathcal{I} \subseteq \mathcal{D}_f$. On appelle fonction dérivée de f, sur l'intervalle $\mathcal{I} \subseteq \mathcal{D}_f$, la fonction notée f' et définie par :
> $$f : \begin{cases} \mathcal{I} \subseteq \mathcal{D}_f & \longrightarrow & \mathbb{R} \\ x & \longmapsto & y = f'(x) \end{cases}$$

Il arrive parfois que le mathématicien, comme le physicien, fasse usage d'une notation particulièrement pratique, à savoir la « notation différentielle » pour noter la dérivée. Dans ce cas, on notera :

$$f' = \frac{df}{dx}$$

Un tableau récapitulatif des principales formules de dérivation sera donné dans la suite de ce chapitre. Il est essentiel que le lecteur le connaisse par cœur.

♣ *Remarque : en Sciences Physiques, on doit très souvent faire usage de la dérivée. Mais, il est possible que l'on doive dériver par rapport au temps. Dans ce cas, on n'utilise pas la notation « ' » mais plutôt la notation « ° ». Ainsi, on notera* $\dot{f} = \frac{df}{dt}$.

2) Exemple de calcul

Afin d'illustrer la définition précédente, nous allons déterminer la fonction dérivée f' qui est associée à la fonction puissance suivante :

$$f' : \begin{cases} \mathbb{R} & \longrightarrow & \mathbb{R} \\ x & \longmapsto & y = x^n \end{cases} \quad (n \in \mathbb{N})$$

D'après la définition, on a :

$$\forall x \in \mathbb{R}, \qquad f'(x) = \lim_{h\to 0} \frac{f(x+h) - f(x)}{h} = \lim_{h\to 0} \frac{(x+h)^n - x^n}{h}$$

Or, on a l'identité remarquable suivante, encore appelée parfois formule du binôme de *Newton* :

$$\begin{aligned}(a+b)^n &= \sum_{k=0}^{n} \binom{n}{k} a^k b^{n-k} \\ &= \sum_{k=0}^{n} \frac{n\,!}{k\,!\,(n-k)\,!} a^k b^{n-k} \\ &= a^n + na^{n-1}b + \frac{n(n-1)}{2} a^{n-2}b^2 + \cdots + \frac{n(n-1)}{2} ab^{n-2} + na^2b^{n-1} + b^n\end{aligned}$$

D'où :

$$\begin{aligned}(x+h)^n - x^n &= x^n + nx^{n-1}h + \frac{n(n-1)}{2} x^{n-2}h^2 + \cdots + nx^2h^{n-1} + h^n - x^n \\ &= nx^{n-1}h + \frac{n(n-1)}{2} x^{n-2}h^2 + \cdots + nx^2h^{n-1} + h^n\end{aligned}$$

Dès lors, on obtient :

$$\begin{aligned}\frac{(x+h)^n - x^n}{h} &= \frac{nx^{n-1}h + \frac{n(n-1)}{2} x^{n-2}h^2 + \cdots + nx^2h^{n-1} + h^n}{h} \\ &= \frac{nx^{n-1}h}{h} + \frac{\frac{n(n-1)}{2} x^{n-2}h^2}{h} + \cdots + \frac{nx^2h^{n-1}}{h} + \frac{h^n}{h} \\ &= nx^{n-1} + \frac{n(n-1)}{2} x^{n-2}h + \cdots + nx^2h^{n-2} + h^{n-1}\end{aligned}$$

Enfin, par passage à la limite $h \to 0$, on trouve que :

$$\begin{aligned}f'(x) &= \lim_{h\to 0}\left(nx^{n-1} + \frac{n(n-1)}{2} x^{n-2}h + \cdots + nx^2h^{n-2} + h^{n-1}\right) \\ &= \lim_{h\to 0} nx^{n-1} + \lim_{h\to 0} \frac{n(n-1)}{2} x^{n-2}h + \cdots + \lim_{h\to 0} nx^2h^{n-2} + \lim_{h\to 0} h^{n-1} \\ &= nx^{n-1} \underbrace{\lim_{h\to 0} 1}_{=1} + \frac{n(n-1)}{2} x^{n-2} \underbrace{\lim_{h\to 0} h}_{=0} + \cdots + nx^2 \underbrace{\lim_{h\to 0} h^{n-2}}_{=0} + \underbrace{\lim_{h\to 0} h^{n-1}}_{=0}\end{aligned}$$

Finalement, on (re)trouve, le résultat classique appris par le lycéen, dès la classe de première, à savoir :

$$\forall n \in \mathbb{N}, \; f(x) = x^n \quad \Longrightarrow \quad f'(x) = nx^{n-1}$$

La totalité des formules de dérivation qui existent peuvent se retrouver par cette méthode.

3) Propriétés

Nous allons donner quelques propriétés simples mais essentielles des fonctions dérivées. Il est important que l'élève les ait toujours en mémoire :

Propriétés

> Soit une fonction f définie sur $\mathcal{D}_f$ dans $\mathbb{R}$. On a les propriétés suivantes :
>
> ✓ Si, sur $\mathcal{D}_f$, f est paire alors f' est impaire
> ✓ Si, sur $\mathcal{D}_f$, f est impaire alors f' est paire
> ✓ Si, sur $\mathcal{D}_f$, f est T-périodique alors f' est également T-périodique

Nous allons, à partir de la définition de la fonction dérivée, démontrer ces trois propriétés.

- *Prouvons que si, sur $\mathcal{D}_f$, f est paire alors f' est impaire*

Si par hypothèse la fonction considérée f est paire, alors sur $\mathcal{D}_f$, on a $f(-x) = f(x)$. Dès lors, à partir de la définition, calculons la dérivée $f'(-x)$. On a alors :

$$f'(-x) = \lim_{h\to 0} \frac{f(-x+h) - f(-x)}{h} = \lim_{h\to 0} \frac{f\big(-(x-h)\big) - f(-x)}{h} = \lim_{h\to 0} \frac{f(x-h) - f(x)}{h}$$

Posons maintenant $\hbar = -h$, ainsi lorsque $h \to 0$ on a également $\hbar \to 0$. D'où :

$$f'(-x) = \lim_{\hbar\to 0} \frac{f(x+\hbar) - f(x)}{-\hbar} = -\lim_{\hbar\to 0} \frac{f(x+\hbar) - f(x)}{\hbar} = -f'(x)$$

Donc, on trouve que la fonction dérivée f' est effectivement impaire. ■ (*Réciproque vrai*)

- *Prouvons que si, sur $\mathcal{D}_f$, f est impaire alors f' est paire*

Si par hypothèse la fonction considérée f est impaire, alors sur $\mathcal{D}_f$, on a $f(-x) = -f(x)$. Dès lors, à partir de la définition, calculons la dérivée $f'(-x)$. On a alors :

$$f'(-x) = \lim_{h\to 0} \frac{f(-x+h) - f(-x)}{h} = \lim_{h\to 0} \frac{f\big(-(x-h)\big) - f(-x)}{h}.$$

Soit :

$$f'(-x) = \lim_{h\to 0} \frac{-f(x-h) + f(x)}{h}.$$

Posons maintenant $\hbar = -h$, ainsi lorsque $h \to 0$ on a également $\hbar \to 0$. D'où :

$$f'(-x) = \lim_{\hbar\to 0} \frac{-f(x+\hbar) + f(x)}{-\hbar} = \lim_{\hbar\to 0} \frac{-\big(f(x+\hbar) - f(x)\big)}{-\hbar} = \lim_{\hbar\to 0} \frac{f(x+\hbar) - f(x)}{\hbar}.$$

Soit :

$$f'(-x) = f'(x).$$

Donc, on trouve que la fonction dérivée f' est effectivement paire. ■ (*Réciproque fausse*)

- *Prouvons que si, sur $\mathcal{D}_f$, f est T-périodique alors f' est également T-périodique*

Si par hypothèse la fonction considérée f est T-périodique, alors sur $\mathcal{D}_f$, on a $f(x+T) = f(x)$. Dès lors, à partir de la définition, calculons la dérivée $f'(x+T)$. On a alors :

$$f'(x+T) = \lim_{h\to 0} \frac{f(x+T+h) - f(x+T)}{h} = \lim_{h\to 0} \frac{f\big((x+h)+T\big) - f(x+T)}{h}$$

Soit :

$$f'(x+T) = \lim_{h\to 0} \frac{f(x+h) - f(x)}{h}$$

Ainsi, on obtient :

$$f'(x+T) = f'(x)$$

Donc, on trouve que la fonction dérivée est également T-périodique. ■ (*Réciproque fausse*)

E) Dérivée successive d'une fonction

On a la définition suivante :

Définition

On définit, par récurrence, la $n^{\text{ième}}$ dérivée, notées $f^{(n)}$ $(n \in \mathbb{N})$, d'une fonction f, par :

- ✓ $f^{(0)} = f$;
- ✓ $\forall n \in \mathbb{N}, f^{(n+1)} = \big(f^{(n)}\big)'$

En « notation différentielle », la $n^{\text{ième}}$ dérivée, notée $f^{(n)}$ $(n \in \mathbb{N})$, se notera de la manière suivante :

$$f^{(n)} = \frac{d^n f}{dx^n}$$

F) Classes de fonction

On a la définition suivante :

Définition (Sup)

On définit la classe $C^k(\mathcal{I})$ comme étant l'ensemble des fonctions f qui sont k fois dérivable sur l'intervalle $\mathcal{I}$, telles que les $k^{\text{ième}}$ dérivées, notées $f^{(k)}$, y soient continues. Donc $C^0(\mathcal{I})$ représente l'ensemble des fonctions continues sur $\mathcal{I}$.

Donc, d'après la définition précédente, on a la relation d'inclusion suivante :

$$C^{k+1}(\mathcal{I}) \subset C^k(\mathcal{I}) \subset \cdots \subset C^0(\mathcal{I})$$

Par exemple, le lycéen de Terminale S (ou ES) sait parfaitement que la fonction exponentielle suivante

$$f : \begin{cases} \mathbb{R} & \longrightarrow & \mathbb{R} \\ x & \longmapsto & y = e^x \end{cases}$$

est sa propre dérivée, et donc infiniment dérivable sur $\mathbb{R}$. De plus, comme cette fonction est continue sur $\mathbb{R}$, alors l'exponentielle est de classe $C^{\infty}(\mathbb{R})$.
Si maintenant on considère un une fonction polynômiale $f = \mathcal{P}_n$ de degré $n \in \mathbb{N}$, définie sur $\mathbb{R}$, alors elle est également de classe $C^{\infty}(\mathbb{R})$. En effet, la dérivée de la fonction nulle existe bien sur $\mathbb{R}$ et vaut zéro.

G) Tangente

L'approche développée dans le paragraphe **A)** de cette section nous a permis de comprendre que, localement, une courbe représentative $\mathcal{C}_f$ se confond parfaitement avec un segment infinitésimal. Si l'on prolonge ce segment infinitésimal, on obtient une droite, qui va globalement, s'identifier à la tangente à $\mathcal{C}_f$ au point d'abscisse considéré.
Formalisons ceci. Considérons une fonction f définie sur $\mathcal{D}_f$ et le point $A(a\,; f(a))$ avec $x = a \in \mathcal{D}_f$. Dans ce cas le segment infinitésimal $s_a^{h\to 0}$, qui coïncide avec $\mathcal{C}_f$ uniquement au point $A(a\,; f(a))$, est prolongeable, et donne ainsi naissance à la droite tangente $\mathcal{T}_a$.
Sur cette tangente, choisissons un point quelconque $P(x\,; y)$, autre que $A(a\,; f(a))$. Dans ce cas, exprimons le coefficient directeur $c(\mathcal{T}_a)$ de cette tangente $\mathcal{T}_a$. On a alors :

$$c(\mathcal{T}_a) = \frac{y_P - y_A}{x_P - x_A} = \frac{y - f(a)}{x - a}$$

Dans ce cas, on peut écrire que : $y = c(\mathcal{T}_a)(x - a) + f(a)$. Or, le segment infinitésimal $s_a^{h\to 0}$ appartient à la tangente $\mathcal{T}_a$ (puisque cette dernière n'est que le prolongement de ce segment infinitésimal $s_a^{h\to 0}$. Ainsi, on a l'égalité de leurs deux coefficients directeurs : $c(\mathcal{T}_a) = c(s_a^{h\to 0})$. Enfin, d'après la conclusion du paragraphe **A)** de cette section, on sait que $c(s_a^{h\to 0}) = f'(a)$. Finalement, on trouve que :

Propriété

> Soit une fonction f définie sur $\mathcal{D}_f$ dans $\mathbb{R}$, et on note par $\mathcal{C}_f$ sa courbe représentative dans un repère orthonormé $(O\,; \vec{\imath}\,; \vec{\jmath})$. On considère $A(a\,; f(a)) \in \mathcal{C}_f$. L'équation de la tangente $\mathcal{T}_a$, au point $A(a\,; f(a))$ est donnée par l'équation :
> $$y = f'(a)(x - a) + f(a)$$

Dès lors, dans un repère orthonormé $(O\,; \vec{\imath}\,; \vec{\jmath})$, **le nombre dérive s'interprète comme étant le coefficient directeur de la tangente en un point considéré** d'une représentation graphique.

♣ *Remarque : cette interprétation est très importante en Sciences Physiques. On la retrouve aussi bien en mécanique qu'en cinétique chimique. Elle est à la base de très nombreuses analyses en exercice.*

H) Approximation affine

L'idée directrice développée dans paragraphe **A)** de cette section nous a permis d'introduire le concept de segment infinitésimal, qui localement, se confond avec une courbe représentative $\mathcal{C}_f$. Ainsi, il devient possible « d'approcher » localement une courbe représentative d'une fonction par une droite. Cette idée s'appelle **l'approximation affine**. C'est exactement ce que nous avons fait lors du paragraphe précédent. Nous allons retrouver puis exploiter ce résultat en utilisant la définition du nombre dérivée.

Soit une fonction f définie sur $\mathcal{D}_f$ dans $\mathbb{R}$, et $a \in \mathcal{I} \subseteq \mathcal{D}_f$. On sait que, $\forall x \in \mathcal{I}/\{a\}$, la fonction f est dérivable en $x = a$, si elle admet un nombre dérivée $f'(a)$ fini :

$$\lim_{x \to a} \frac{f(x) - f(a)}{x - a} = f'(a)(\neq \mp\infty)$$

Le terme $\lim\limits_{x \to a}$ nous assurant l'exactitude du résultat. Ainsi si on souhaite ne plus recourir à ce terme $\lim\limits_{x \to a}$, on commet donc une **erreur**, notée $e_a(x)$. Cette erreur$e_a(x)$ étant d'autant plus importante que l'on s'intéresse à des valeurs de x qui s'éloignent de $x = a$. C'est pourquoi, il est plus pratique d'introduire **l'erreur relative**, suivante :

$$\varepsilon(x) = \frac{e_a(x)}{x - a} \quad \Leftrightarrow \quad e_a(x) = (x - a)\varepsilon(x)$$

Et comme l'erreur, tout comme l'erreur relative, doivent être nécessairement nulle pour $x = a$, on a donc les conditions suivantes :

$$\lim_{x \to a} e_a(x) = \lim_{x \to a} \varepsilon(x) = 0$$

Ceci nous permet donc d'écrire que :

$$\begin{aligned} f(x) &= f(a) + f'(a)(x - a) + e_a(x) \\ &= f(a) + f'(a)(x - a) + (x - a)\varepsilon(x) \end{aligned}$$

On dit alors que l'on a développé au premier ordre, la fonction f autour de l'abscisse $x = a$. D'où le théorème suivant :

Théorème

Soit une fonction f définie sur $\mathcal{D}_f$ dans $\mathbb{R}$, et dérivable au point $A(a\,; f(a)) \in \mathcal{C}_f$. Dans ce cas, le développement limité au premier ordre, autour du point $A(a\,; f(a))$, est donné par :

$$f(x) = f(a) + f'(a)(x - a) + (x - a)\varepsilon(x) \quad \text{avec :} \lim_{x \to a} \varepsilon(x) = 0$$

L'approximation affine consiste à supposer que l'on se trouve dans un voisinage suffisamment proche autour de $x = a$ pour pouvoir considérer l'erreur comme négligeable, et donc de pouvoir écrire que :

$$f(x) \approx f(a) + f'(a)(x - a)$$

Et en posant $h = x - a \Leftrightarrow x = a + h$, on trouve une formulation totalement équivalente à la précédente, à savoir :

$$f(a+h) = f(a) + f'(a)h + h\varepsilon(a+h) \quad \text{avec : } \lim_{h\to 0} \varepsilon(a+h) = 0$$

♣ *Remarque : cette relation est particulièrement utilisée en Sciences Physiques afin de simplifier les calculs tout en conservant l'ordre de grandeur des diverses quantités étudiées, et donc de ne pas sortir du domaine de validité de la modélisation ainsi effectuée.*

Analysons maintenant quelques cas classiques, au voisinage de $x = a = 0$ qui sont très utilisé en Sciences-Physique :

✓ Si, au voisinage de $x = 0$, on a $f(x) = \sin x$ alors $f'(x) = \cos x$. D'où :

$$\begin{aligned} \sin x &= \sin 0 + \cos 0\,(x-0) + (x-0)\varepsilon(x) \\ &= x + x\varepsilon(x) \end{aligned}$$

Ainsi, on trouve que :

$$\lim_{x\to 0} \frac{\sin x}{x} = \lim_{x\to 0} \big(1 + \varepsilon(x)\big) = 1$$

✓ Si, au voisinage de $x = 0$, on a $f(x) = \cos x$ alors $f'(x) = -\sin x$. D'où :

$$\begin{aligned} \cos x &= \cos 0 - \sin 0\,(x-0) + (x-0)\varepsilon(x) \\ &= 1 + x\varepsilon(x) \end{aligned}$$

Ainsi, on trouve que :

$$\lim_{x\to 0} \frac{\cos x - 1}{x} = \lim_{x\to 0} \varepsilon(x) = 0$$

✓ Si, au voisinage de $x = 0$, on a $f(x) = \tan x$ alors $f'(x) = 1 + (\tan x)^2$. D'où :

$$\begin{aligned} \tan x &= \tan 0 + (1 + (\tan 0)^2)(x-0) + (x-0)\varepsilon(x) \\ &= x + x\varepsilon(x) \end{aligned}$$

Ainsi, on trouve que :

$$\lim_{x\to 0} \frac{\tan x}{x} = \lim_{x\to 0} \big(1 + \varepsilon(x)\big) = 1$$

✓ Si, au voisinage de $x = 0$, on a $f(x) = e^x$ alors $f'(x) = e^x$. D'où :

$$\begin{aligned} e^x &= e^0 + e^0(x-0) + (x-0)\varepsilon(x) \\ &= 1 + x + x\varepsilon(x) \end{aligned}$$

Ainsi, on trouve que :

$$\lim_{x\to 0} \frac{e^x - 1}{x} = \lim_{x\to 0} \big(1 + \varepsilon(x)\big) = 1$$

✓ Si, au voisinage de $x = 0$, on a $f(x) = (1+x)^n$ alors $f'(x) = n(1+x)^{n-1}$. D'où :

$$\begin{aligned}(1+x)^n &= (1+0)^n + n(1+0)^{n-1}(x-0) + (x-0)\varepsilon(x)\\ &= 1 + nx + x\varepsilon(x)\end{aligned}$$

Ainsi, on trouve que :

$$\lim_{x\to 0}\frac{(1+x)^n - 1}{x} = \lim_{x\to 0}\big(n + \varepsilon(x)\big) = n$$

✓ Si, au voisinage de $x = 1$, on a $f(x) = \ln(1+x)$ alors $f'(x) = \frac{1}{1+x}$. D'où :

$$\begin{aligned}\ln(1+x) &= \ln(1+0) + \frac{1}{1+0}(x-0) + (x-0)\varepsilon(x)\\ &= x + x\varepsilon(x)\end{aligned}$$

Ainsi, on trouve que :

$$\lim_{x\to 0}\frac{\ln(1+x)}{x} = \lim_{x\to 0}\big(1 + \varepsilon(x)\big) = 1$$

I) Dérivabilité et continuité

En classe de Terminale S, on apprend qu'une fonction f, définie sur $\mathcal{D}_f$ dans $\mathbb{R}$, est continue en un point $A\big(a\,;f(a)\big) \in \mathcal{C}_f$, avec $a \in \mathcal{I} \subseteq \mathcal{D}_f$, si elle vérifie la condition suivante :

$$\lim_{x\to a} f(x) = f(a)$$

Ce qui se traduira par la proposition équivalente :

$$\forall\varepsilon > 0,\ \exists\eta > 0,\ \forall x \in \mathcal{I} \subseteq \mathcal{D}_f,\ |x-a| < \eta \implies |f(x) - f(a)| < \varepsilon$$

Et, on a le lien suivant entre continuité et dérivabilité :

Théorème

> Soit une fonction f définie sur $\mathcal{D}_f$ dans $\mathbb{R}$, et $a \in \mathcal{I} \subseteq \mathcal{D}_f$. Si la fonction f considérée est dérivable en $x = a$ alors elle est nécessairement continue en ce même point.

- *Démonstration*

Comme, par hypothèse, la fonction f est dérivable en $x = a$, alors elle admet le développement à l'ordre un suivant :

$$f(x) = f(a) + f'(a)(x-a) + (x-a)\varepsilon(x) \quad \textit{avec} : \lim_{x\to a}\varepsilon(x) = 0$$

Ainsi, par passage à la limite $x \to a$, on obtient :

$$\lim_{x\to a} f(x) = \lim_{x\to a}\big(f(a) + f'(a)(x-a) + (x-a)\varepsilon(x)\big)$$

Soit en développant :

$$\begin{aligned}\lim_{x\to a} f(x) &= \lim_{x\to a} f(a) + \lim_{x\to a}\big(f'(a)(x-a)\big) + \lim_{x\to a}\big((x-a)\varepsilon(x)\big)\\ &= f(a)\lim_{x\to a} 1 + f'(a)\lim_{x\to a}(x-a) + \lim_{x\to a}\big((x-a)\varepsilon(x)\big)\\ &= f(a) + f'(a)\times 0 + 0\end{aligned}$$

Finalement, on obtient bien :

$$\lim_{x\to a} f(x) = f(a)$$

Donc f est bien continue en $x = a$. ■

J) Prolongement par continuité

Parfois, il arrive qu'une fonction numérique

$$f : \begin{cases} \mathbb{R}/\{a\} & \longrightarrow & \mathbb{R} \\ x & \longmapsto & y = f(x) \end{cases}$$

ne soit pas définie pour l'abscisse $x = a$ (à cause d'une division par un terme nul par exemple), et qu'en plus, elle vérifie les deux conditions suivantes :

$$\begin{cases} \lim\limits_{x\to a^+} f(x) = \ell \ \ (\neq \pm\infty) \\ \\ \lim\limits_{x\to a^-} f(x) = \ell \ \ (\neq \pm\infty) \end{cases}$$

Dans ce cas, tout se passe **comme si il manquait uniquement un seul point** pour que la courbe représentative $\mathcal{C}_f$ soit « complétement définie » sur $\mathbb{R}$. Ainsi, le mathématicien va décider de « fabriquer » une nouvelle fonction $\tilde{f}$ (qui se fit f tilde) qui, elle, va tenir compte de l'abscisse $= a$, en imposant la condition (dite de continuité) suivante :

$$\tilde{f}(x = a\ ) = \lim_{x\to a^-} f(x) = \lim_{x\to a^+} f(x) = \ell \ \ (\neq \pm\infty)$$

Donc, le mathématicien va pouvoir construire la fonction $\tilde{f}$ de manière à obtenir une définition complète. Il pose alors :

$$\tilde{f} : \begin{cases} \mathbb{R} & \longrightarrow & \mathbb{R} \\ & & \\ x & \longmapsto & y = \tilde{f}(x) = \begin{cases} f(x) \ \text{ si } x \in \mathbb{R}/\{a\} \\ \\ \ell \ \text{ si } x = a \end{cases} \end{cases}$$

On dit alors que l'on a effectué un **prolongement par continuité** en $x = a$. Ainsi, $\tilde{f}$ existe partout et **si f est continue sur $\mathbb{R}/\{a\}$ alors $\tilde{f}$ est continue sur $\mathbb{R}$**. De nombreuses fonctions peuvent être prolongée par continuité. Par exemple, la fonction sinus cardinal, notée sinc, qui est très utilisée en optique ondulatoire. On a alors :

$$f : \begin{cases} \mathbb{R}/\{0\} & \longrightarrow & \mathbb{R} \\ x & \longmapsto & y = f(x) = \dfrac{\sin(x)}{x} \end{cases}$$

On constate qu'effectivement l'ensemble de définition est $\mathbb{R}^* = \mathbb{R}/\{0\}$, à cause de la division par x. Or, d'après ce qui précède, on constate que :

$$\lim_{x\to 0^+} \frac{\sin x}{x} = \lim_{x\to 0^-} \frac{\sin x}{x} = 1$$

Ainsi, il devient alors possible **de prolongé par continuité la fonction f en $x = 0$**. On écrira alors :

$$\tilde{f} = \text{sinc} : \begin{cases} \mathbb{R} & \longrightarrow & \mathbb{R} \\ x & \longmapsto & y = \text{sinc}(x) = \begin{cases} \dfrac{\sin(x)}{x} & \text{si } x \in \mathbb{R}/\{0\} \\ 1 \text{ si } x = 0 \end{cases} \end{cases}$$

K) La règle de Bernoulli & L'Hospital

La règle de *L'Hôpital* (également appelée règle de *Bernoulli*) utilise la dérivée dans le but de déterminer des limites difficiles à calculer lorsqu'elles s'expriment sous forme de quotients. La règle porte le nom d'un mathématicien français du 17ième siècle, *Guillaume François Antoine, Marquis de L'Hôpital* (1661 / 1704), qui a publié la règle en 1696 dans son livre « Analyse des infiniment petits pour l'intelligence des lignes courbes », le premier livre de calcul différentiel à avoir été écrit en français. La règle est sans doute due à *Jean Bernoulli* (1667 / 1748), car *L'Hôpital* payait à *Bernoulli* une pension de 300 francs par an pour le tenir informé des progrès du calcul infinitésimal, et pour résoudre les problèmes qu'il lui posait (comme celui de trouver la limite des formes indéterminées) ; de plus, ils avaient signé un contrat autorisant *L'Hôpital* à utiliser les découvertes de *Bernoulli* à sa guise. La règle originale est la suivante :

Théorème (Sup)

Soient f et g deux fonction dérivables sur un intervalle $\mathcal{I}$, et $a(\neq \mp\infty) \in \mathcal{I}$, telles que $f(a) = g(a) = 0$. Si $g'(a) \neq 0$ et si $f'(a)$ existe, alors on a :

$$\lim_{x\to a} \frac{f(x)}{g(x)} = \frac{f'(a)}{g'(a)}$$

- *Démonstration*

Comme, par hypothèse, les deux fonctions f et g sont dérivables en $x = a$, alors au voisinage de ce point, elles admettent le développement à l'ordre un suivant :

$$\begin{cases} f(x) = f(a) + f'(a)(x-a) + (x-a)\varepsilon_1(x) & avec : \lim_{x\to a} \varepsilon_1(x) = 0 \\ g(x) = g(a) + g'(a)(x-a) + (x-a)\varepsilon_2(x) & avec : \lim_{x\to a} \varepsilon_2(x) = 0 \end{cases}$$

Mais, comme par hypothèse $f(a) = g(a) = 0$, on obtient :

$$\begin{cases} f(x) = f'(a)(x-a) + (x-a)\varepsilon_1(x) & avec : \lim_{x\to a} \varepsilon_1(x) = 0 \\ g(x) = g'(a)(x-a) + (x-a)\varepsilon_2(x) & avec : \lim_{x\to a} \varepsilon_2(x) = 0 \end{cases}$$

D'où l'expression du quotient suivante

$$\frac{f(x)}{g(x)} = \frac{f'(a)(x-a) + (x-a)\varepsilon_1(x)}{g'(a)(x-a) + (x-a)\varepsilon_2(x)} = \frac{(x-a)\big(f'(a) + \varepsilon_1(x)\big)}{(x-a)\big(g'(a) + \varepsilon_2(x)\big)} = \frac{f'(a) + \varepsilon_1(x)}{g'(a) + \varepsilon_2(x)}$$

Enfin par passage à la limite $x \to a$, on obtient :

$$\lim_{x\to a} \frac{f(x)}{g(x)} = \lim_{x\to a} \frac{f'(a) + \varepsilon_1(x)}{g'(a) + \varepsilon_2(x)} = \frac{\lim_{x\to a}\big(f'(a) + \varepsilon_1(x)\big)}{\lim_{x\to a}\big(g'(a) + \varepsilon_2(x)\big)} = \frac{\lim_{x\to a} f'(a) + \lim_{x\to a} \varepsilon_1(x)}{\lim_{x\to a} g'(a) + \lim_{x\to a} \varepsilon_2(x)}$$

Ce qui nous donne :

$$\lim_{x\to a} \frac{f(x)}{g(x)} = \frac{f'(a)\lim_{x\to a} 1 + 0}{g'(a)\lim_{x\to a} 1 + 0}$$

Finalement, on trouve bien que

$$\lim_{x\to a} \frac{f(x)}{g(x)} = \frac{f'(a)}{g'(a)}$$

Ce qui achève la démonstration. ■

A titre d'exemple, nous allons étudier la limite suivante :

$$\lim_{x\to 1} \frac{\sqrt{x+1} - \sqrt{x^2+1}}{x^3 - 1}$$

On a alors :

- $\sqrt{1+1} - \sqrt{1^2+1} = \sqrt{2} - \sqrt{2} = 0$
- $1^3 - 1 = 1 - 1 = 0$

Il s'agit donc bien d'une forme indéterminée du type « 0/0 ». De plus, on a :

- $\left(\sqrt{x+1} - \sqrt{x^2+1}\right)' = \frac{1}{2\sqrt{x+1}} - \frac{x}{\sqrt{x^2+1}} \implies \left(\sqrt{x+1} - \sqrt{x^2+1}\right)'_{x=1} = \frac{1}{2\sqrt{1+1}} - \frac{1}{\sqrt{1^2+1}} = -\frac{1}{2\sqrt{2}}$
- $(x^3 - 1)' = 3x^2 \implies (x^3 - 1)'_{x=1} = 3 \times 1^2 = 3$

Finalement, on trouve que :

$$\lim_{x\to 1} \frac{\sqrt{x+1} - \sqrt{x^2+1}}{x^3 - 1} = \frac{-\frac{1}{2\sqrt{2}}}{3} = -\frac{1}{6\sqrt{2}}$$

♣ *Remarque : vous apprendrez également à généraliser cette règle de L'hospital-Bernoulli sous une forme beaucoup plus puissante, à savoir :*

$$\lim_{x\to a} \frac{f(x)}{g(x)} = \lim_{x\to a} \frac{f'(x)}{g'(x)}$$

Et, dans le cadre de cette généralisation, la quantité a pourra même s'identifier à $\mp\infty$.

L) Théorème de Rolle

Voici maintenant un théorème, datant de 1691, fondamental dans la construction et l'interprétation des propriétés liée à l'usage des fonctions dérivées. Il s'agit du Théorème de *Rolle*. On le doit au mathématicien français *Michel Rolle* (1652 / 1719). En réalité, ce dernier avait démontré cette relation uniquement dans le cadre des polynômes, et il faut attendre 1860 pour que le mathématicien français *Pierre-Ossian Bonnet* (1819 / 1892) le démontre sous sa forme moderne. Ce résultat est un pilier incontournable de l'analyse réelle. Ce théorème, et ses conséquences, était d'ailleurs enseignés auparavant au sein de la sacro-sainte classe de Terminale C, « l'ancêtre » de la Terminale S. Ce théorème s'énonce ainsi :

Théorème (Sup)

Soit une fonction f définie sur $\mathcal{D}_f$ dans $\mathbb{R}$, et $[a\,;b] \subseteq \mathcal{D}_f$. Si la fonction f considérée est à la fois

- ✓ continue sur $[a\,;b]$;
- ✓ dérivable sur $]a\,;b[$;
- ✓ $f(a) = f(b)$

alors :

$$\exists c \in\,]a\,;b[, f'(c) = 0$$

- *Démonstration*

Comme, par hypothèse, on sait que la fonction f est continue sur $[a\,;b]$ alors cet intervalle à pour image :

$$f([a\,;b]) = [m\,;M]$$

Dans cette relation, les quantités m et M sont définies par :

$$\begin{cases} m = \min\limits_{[a\,;b]} f \in \mathbb{R} \\ M = \max\limits_{[a\,;b]} f \in \mathbb{R} \end{cases}$$

❖ *Premier cas : si $m = M$*

Dans cette situation, la fonction f est nécessairement constante sur l'intervalle $[a\,;b]$. Dès lors, on en déduit que :

$$\forall x \in [a\,;b], f'(x) = 0$$

Et de ce fait :

$$\exists c \in\,]a\,;b[, f'(c) = 0$$

❖ *Deuxième cas : si $m \neq M$*

Dans ce cas, la fonction f présente soit :

- *au moins un maxima si $M \neq f(a)$;*
- *au moins un minima si $m \neq f(a)$.*

Imaginons la première situation : $M \neq f(a)$, c'est-à-dire que l'on a la situation suivante :

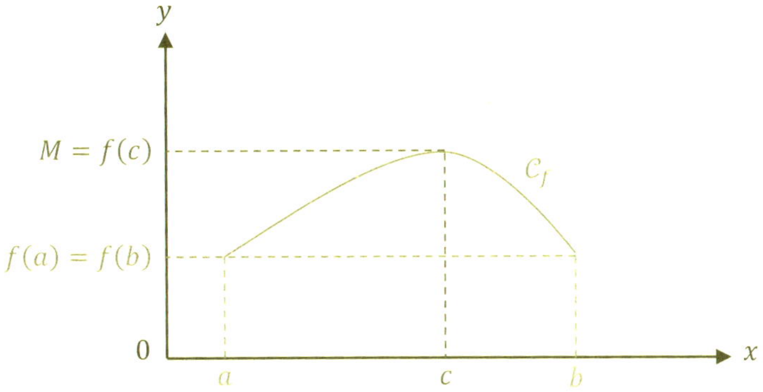

Figure 7 : illustration du théorème de Rolle

Or, par hypothèse, on sait que la fonction f est continue sur $[a\,;b]$, ainsi, sur l'intervalle $]a\,;b[$, il existe un certain nombre c pour lequel la fonction est maximale : $f(c) = M$. Dès lors, on peut écrire que :

$$\begin{cases} \forall x \in]a\,;c[, & \dfrac{f(x)-f(c)}{x-c} = \dfrac{f(x)-M}{x-c} > 0 \qquad \text{car } x < c \\ \forall x \in]c\,;b[, & \dfrac{f(x)-f(c)}{x-c} = \dfrac{f(x)-M}{x-c} < 0 \qquad \text{car } x > c \end{cases}$$

De plus, par hypothèse, on sait que la fonction f est dérivable sur $]a\,;b[$, donc à fortiori en $c \in]a\,;b[$. Ainsi, par passage à la limite lorsque $x \to c$, on obtient donc :

$$\begin{cases} \forall x \in]a\,;c[, & \lim\limits_{x\to c^-} \dfrac{f(x)-f(c)}{x-c} = f_g{}'(c) > 0 \geq 0 \\ \forall x \in]c\,;b[, & \lim\limits_{x\to c^+} \dfrac{f(x)-f(c)}{x-c} = f_d{}'(c) < 0 \leq 0 \end{cases}$$

On obtient alors :

$$\begin{cases} \forall x \in]a\,;c[, & f_g{}'(c) \geq 0 \\ \forall x \in]c\,;b[, & f_d{}'(c) \leq 0 \end{cases}$$

Mais comme la fonction f est dérivable sur $]a\,;b[$, et que $c \in]a\,;b[$ alors $f'(c)$ existe, ce qui impose la condition

$$f'(c) = f_g'(c) = f_d'(c) \quad \Rightarrow \quad 0 \leq f'(c) \leq 0$$

Or, l'unique possibilité qui convienne (pour être simultanément positif et négatif) est $f'(c) = 0$. Et de ce fait :

$$\exists c \in]a\,;b[, f'(c) = 0$$

Si dans le cadre du deuxième cas, nous avions considéré la situation au moins un minima, à savoir $m \neq f(a)$, nous aurions obtenu la même conclusion. Ce qui achève la démonstration. ■

Ce théorème exprime simplement que si, lors d'une randonnée pédestre, vous partez du début de la piste pour arriver à la fin de cette même piste se situant à la même altitude que le départ, alors vous avez soit :

- marché en ligne droite,
- soit vous avez, dans cet ordre, au moins monté une fois et au moins descendu une fois.
- soit vous avez, dans cet ordre, au moins descendu une fois et au moins monté une fois.

M) Théorème des accroissements finis (T.A.F.)

Ce théorème nous apprend que l'accroissement moyen d'une fonction f continue sur un intervalle $[a\,;b] \subseteq \mathcal{D}_f$, et dérivable sur $]a\,;b[$ est nécessairement égale au coefficient directeur d'au moins une tangente en un point sur $c \in\,]a\,;b[$. Ce théorème s'énonce ainsi :

Théorème (Sup)

Soit une fonction f définie sur $\mathcal{D}_f$ dans $\mathbb{R}$, et $[a\,;b] \subseteq \mathcal{D}_f$. Si la fonction f considérée est à la fois

- ✓ continue sur $[a\,;b]$;
- ✓ dérivable sur $]a\,;b[$;

alors :

$$\exists c \in\,]a\,;b[, f'(c) = \frac{f(b) - f(b)}{b - a}$$

- *Démonstration*

Soit une fonction f définie sur $\mathcal{D}_f$ dans $\mathbb{R}$, et $[a\,;b] \subseteq \mathcal{D}_f$, telle qu'elle soit continue sur $[a\,;b]$ et dérivable sur $]a\,;b[$. En on a la situation géométrique suivante :

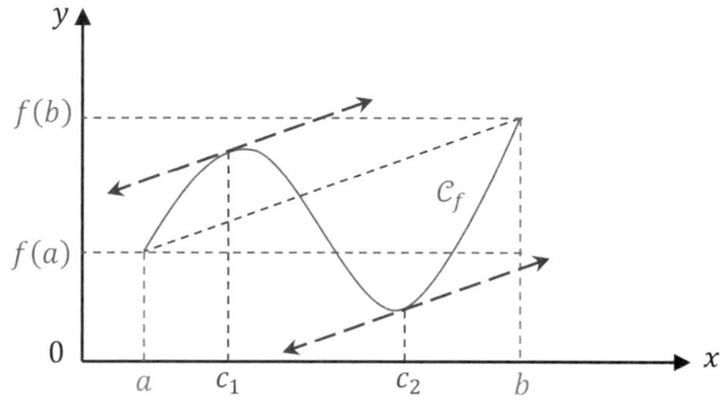

Figure 8 : illustration du théorème des accroissements finis

Construisons, à partir de la fonction f, la nouvelle fonction g suivante :

$$g : \begin{cases} [a\,;b] & \longrightarrow & \mathbb{R} \\ x & \longmapsto & y = g(x) = f(x) - f(a) - \dfrac{f(b) - f(a)}{b - a}(x - a) \end{cases}$$

Et, on constate alors que :

$$g(b) = g(a) = 0$$

De plus cette fonction g, construite à partir de f, est donc également continue sur $[a\,;b]$ et dérivable sur $]a\,;b[$. Elle satisfait donc aux hypothèses du théorème de Rolle. En lui appliquant ce dernier, on a alors :

$$\exists c \in\,]a\,;b[, g'(c) = 0$$

Ce qui nous donne donc :

$$g'(c) = 0 \quad \Leftrightarrow \quad f'(c) - \frac{f(b) - f(a)}{b - a} = 0$$

Finalement, on trouve qu'effectivement, il existe bien au moins un réel $c \in\,]a\,;b[$ qui vérifie l'égalité

$$f'(c) = \frac{f(b) - f(a)}{b - a}$$

Ce qui achève la démonstration. ■

N) Inégalités des accroissements finis (I.A.F.)

Cette inégalité est une conséquence directe du théorème précédent (des accroissements finis). Elle s'énonce ainsi :

Théorème (Sup)

Soit une fonction f définie sur $\mathcal{D}_f$ dans $\mathbb{R}$, et $[a\,;b] \subseteq \mathcal{D}_f$. Si la fonction f considérée est à la fois
- ✓ continue sur $[a\,;b]$;
- ✓ dérivable sur $]a\,;b[$;

et si, **en plus**, la fonction dérivée f' satisfait à l'inégalité

$$\forall x \in\,]a\,;b[, m \leq f'(x) \leq M$$

Alors on a :

$$m(b - a) \leq f(b) - f(a) \leq M(b - a)$$

- *Démonstration*

Soit une fonction f définie sur $\mathcal{D}_f$ dans $\mathbb{R}$, et $[a\,;b] \subseteq \mathcal{D}_f$, telle qu'elle soit continue sur $[a\,;b]$ et dérivable sur $]a\,;b[$. Le théorème des accroissements finis nous assure l'existence, d'au moins, une abscisse $x = c \in\,]a\,;b[$ pour laquelle :

$$f'(c) = \frac{f(b) - f(a)}{b - a}$$

Or, $\forall x \in \,]a\,;b[$*, on sait que* $m \leq f'(x) \leq M$*, et donc en particulier pour* $c \in \,]a\,;b[$*. On peut alors écrire que :*

$$m \leq f'(c) \leq M \iff m \leq \frac{f(b)-f(a)}{b-a} \leq M \iff m(b-a) \leq f(b)-f(a) \leq M(b-a)$$

Ce qui achève la démonstration. ■

O) Dérivée et sens de variation d'une fonction

En classe de première, lorsque l'on découvre (avec bonheur) le concept de fonction dérivée, on exploite ce dernier pour déterminer le sens de variation d'une fonction sur un intervalle. Et on apprend le « principe (de l'immense mathématicien français) *Joseph-Louis Lagrange* (1736 / 1813) » suivant :

Théorème

Soit f une fonction dérivable sur un intervalle $\mathcal{I} \subseteq \mathcal{D}_f$.

- ✓ **Si** $\forall x \in \mathcal{I}, f'(x) = 0$ **alors** la fonction f est constante sur $\mathcal{I}$
- ✓ **Si** $\forall x \in \mathcal{I}, f'(x) > 0$ **alors** la fonction f est croissante sur $\mathcal{I}$
- ✓ **Si** $\forall x \in \mathcal{I}, f'(x) < 0$ **alors** la fonction f est décroissante sur $\mathcal{I}$

En réalité, ce principe est une conséquence directe du théorème des accroissements finis. Et c'est à partir de ce dernier que nous allons le démontrer.

- *Démonstration*

Soit a *et* b *deux points distincts de l'intervalle* $\mathcal{I} \subseteq \mathcal{D}_f$*, tels que* $a < b$*. Puisque par hypothèse la fonction* f *est dérivable sur* $[a;b] \subseteq \mathcal{I}$*, elle est donc continue sur* $[a;b] \subseteq \mathcal{I}$*, et à fortiori dérivable sur* $]a;b[\subseteq \mathcal{I}$*. Donc, cette fonction* f *satisfait donc aux hypothèses du théorème des accroissements finis. En appliquant ce dernier à* f*, on s'assure donc de l'existence d'une abscisse* $x = c \in \,]a;b[$ *telle que :*

$$f'(c) = \frac{f(b)-f(a)}{b-a}$$

Ainsi, on a donc :

- ✓ ***Si*** $\forall x \in \mathcal{I}, f'(x) = 0$ ***alors*** $f'(c) = 0$*, et comme* $b \neq a$*, cela implique que nous ayons* $f(b) = f(a)$*. Finalement, on peut conclure que la fonction* f *est constante sur* $\mathcal{I}$*.*
- ✓ ***Si*** $\forall x \in \mathcal{I}, f'(x) > 0$ ***alors*** $f'(c) > 0$*, et comme* $b > a$*, cela implique que nous ayons* $f(b) > f(a)$*. Finalement, on peut conclure que la fonction* f *est croissante sur* $\mathcal{I}$*.*
- ✓ ***Si*** $\forall x \in \mathcal{I}, f'(x) < 0$ ***alors*** $f'(c) < 0$*, et comme* $b > a$*, cela implique que nous ayons* $f(b) < f(a)$*. Finalement, on peut conclure que la fonction* f *est décroissante sur* $\mathcal{I}$*.*

Ce qui achève la démonstration. ■

Ce résultat, bien connu des lycéens, entraîne une condition d'existence des extrema. En effet, on a la condition suivante :

Propriétés

Soit une fonction f définie sur $\mathcal{D}_f$ dans $\mathbb{R}$, et dérivable sur $\mathcal{I} \subseteq \mathcal{D}_f$. Si la fonction dérivée f' :

- ✓ s'annule en $x = a \in \mathcal{J}$ tout en changeant de signe, étant d'abord négative puis positive, alors $f(a)$ est un maximum sur $\mathcal{I}$
- ✓ s'annule en $x = a \in \mathcal{J}$ tout en changeant de signe, étant d'abord positive puis négative, alors $f(a)$ est un minimum sur $\mathcal{I}$
- ✓ s'annule en $x = a \in \mathcal{J}$ en ne changeant pas de signe, alors $f(a)$ n'est pas un extremum sur $\mathcal{I}$

P) Fonction convexe

1) Généralités

On peut dire, de manière simplifiée, que la notion de convexité d'une fonction f nous renseigne sur le fait que sa courbe représentative $\mathcal{C}_f$, sur un intervalle continu $\mathcal{I} \subseteq \mathcal{D}_f$, soit « tourner vers le bas ou le haut ». Mais, bien évidemment, tout ceci demande à être préciser. Menons notre analyse sur le cas d'une fonction convexe.
Considérons une fonction numérique continue sur un intervalle continu $[a\,;b] \subseteq \mathcal{D}_f$, et on note par $\mathcal{C}_f$ sa courbe représentative. On a alors la définition suivante :

Définition (Sup)

L'**épigraphe** d'une fonction numérique f définie sur $\mathcal{D}_f$, noté $Ep_{\mathcal{D}_f}(f)$, est constitué de l'ensemble des points de coordonnées $(x\,;y) \in \mathcal{D}_f \times \mathbb{R}$ tels que $y \geq f(x)$.

D'où la figure suivante :

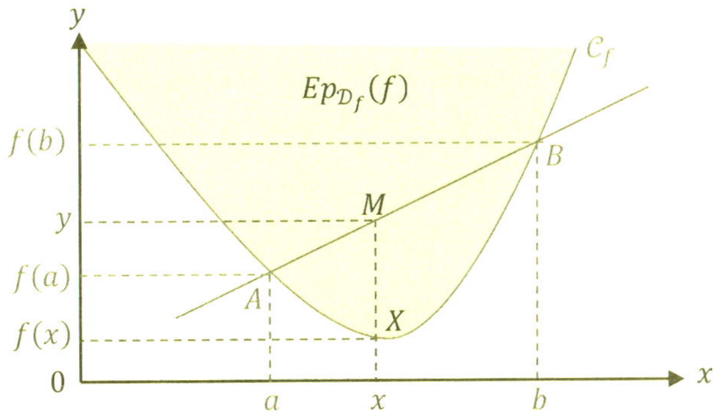

Figure 8 : illustration d'une fonction convexe

Le segment $[AB]$, avec $A(a; f(a))$ et $B(b; f(b))$ s'appelle une **corde**. On adoptera alors la définition suivante de la convexité d'une fonction :

Définition	Une fonction numérique f, définie et continue sur $\mathcal{D}_f$, sera dite convexe sur $[a\,;b] \subseteq \mathcal{D}_f$ si la corde $[AB]$, avec $A(a\,; f(a))$ et $B(b\,; f(b))$, appartient à l'épigraphe $Ep_{\mathcal{D}_f}(f)$.

Autrement dit, une fonction numérique f est convexe sur $[a\,;b]$ si la corde $[AB]$, avec $A(a\,; f(a))$, et $B(b\,; f(b))$, est au-dessus du graphe de f restreint à $[a\,;b]$.

Soit un point $M \in [AB]$, tel que $M(x\,;y)$. Dans ce cas, on peut écrire que :

$$\overrightarrow{AM} = k\,\overrightarrow{AB} \text{ avec } k \in [0\,;1]$$

Ce qui nous donne donc :

$$\left|\begin{matrix} x-a \\ y-f(a) \end{matrix}\right. = k \left|\begin{matrix} b-a \\ f(b)-f(a) \end{matrix}\right. \Rightarrow \begin{cases} x-a = k(b-a) \\ y-f(a) = k\big(f(b)-f(a)\big) \end{cases}$$

Soit :

$$\begin{cases} x = kb - ka + a \\ y = kf(b) - kf(a) + f(a) \end{cases}$$

D'où :

$$\begin{cases} x = kb + (1-k)a \\ y = kf(b) + (1-k)f(a) \end{cases}$$

Ainsi, le point M à pour coordonnées $M\big((1-k)a + kb\,; (1-k)f(a) + kf(b)\big)$. On en déduit que le point X à pour coordonnées $X\Big((1-k)a + kb\,; f\big((1-k)a + kb\big)\Big)$. Or, si la fonction est convexe, alors la figure précédente nous montre que le point M est au-dessus (ou identique) à X ; d'où l'inégalité de la convexité :

$$(1-k)f(a) + kf(b) \geq f\big((1-k)a + kb\big)$$

On a alors la propriété suivante :

Propriété (Sup)	Une fonction numérique f, définie et continue sur $\mathcal{D}_f$, sera dite convexe sur $[a\,;b] \subseteq \mathcal{D}_f$ si $\forall k \in [0\,;1]$, on a : $$(1-k)f(a) + kf(b) \geq f\big((1-k)a + kb\big)$$

C'est bien souvent cette propriété qui sert malheureusement de définition à la notion de convexité d'une fonction.

2) Cas où la fonction est une fois dérivable

L'inégalité précédente nous permet d'écrire que :

$$(1-k)f(a)+kf(b)\geq f(x) \quad \Leftrightarrow \quad f(a)-kf(a)+kf(b)\geq f(x)$$

soit

$$k\big(f(b)-f(a)\big)\geq f(x)-f(a)$$

Mais, $k(b-a)>0$, donc :

$$k\left(\frac{f(b)-f(a)}{k(b-a)}\right)\geq \frac{f(x)-f(a)}{k(b-a)} \quad \Leftrightarrow \quad \frac{f(b)-f(a)}{b-a}\geq \frac{f(x)-f(a)}{x-a} \qquad \forall x\in\,]a\,;b[$$

car $x-a=k(b-a)$.
De plus, l'inégalité de convexité nous permet d'écrire que :

$$(1-k)f(a)+kf(b)\geq f(x) \quad \Leftrightarrow \quad f(a)-kf(a)+kf(b)\geq f(x)$$

soit

$$f(a)-kf(a)+kf(b)-f(b)\geq f(x)-f(b)$$

d'où

$$(1-k)f(a)-(1-k)f(b)\geq f(x)-f(b)$$

donc

$$(1-k)\big(f(a)-f(b)\big)\geq f(x)-f(b)$$

Mais comme $0\leq k\leq 1$ alors $1-k\geq 0$, et de ce fait $(1-k)(b-a)\geq 0$. Donc, il est possible d'écrire que :

$$(1-k)(a-b)\leq 0 \quad \Rightarrow \quad (1-k)(a-b)<0 \quad \text{avec cette fois } 0<k<1$$

Donc, on peut écrire que :

$$\frac{(1-k)\big(f(a)-f(b)\big)}{(1-k)(a-b)}\leq \frac{f(x)-f(b)}{(1-k)(a-b)} \quad \Leftrightarrow \quad \frac{f(a)-f(b)}{a-b}\leq \frac{f(x)-f(b)}{(1-k)(a-b)}$$

Or, on sait que $x-a=k(b-a)$ ce qui implique que $x-a=kb-ka$. De ceci, on en déduit que :

$$x=kb-ka+a \quad \Leftrightarrow \quad x-b=kb-b-ka+a \quad \Leftrightarrow \quad x-b=-(1-k)b+(1-k)a$$

et donc que :

$$x-b=(1-k)(a-b)$$

Donc, on peut écrire l'inégalité suivante :

$$\frac{f(a)-f(b)}{a-b}\leq \frac{f(x)-f(b)}{x-b} \qquad \forall x\in\,]a\,;b[$$

On en déduit alors l'encadrement suivant :

$$\frac{f(x)-f(a)}{x-a}\leq \frac{f(a)-f(b)}{a-b}\leq \frac{f(x)-f(b)}{x-b} \qquad \forall x\in\,]a\,;b[$$

Si, de plus, on suppose que la fonction f est **dérivable une fois** sur $[a\,;b] \subseteq \mathcal{D}_f$, c'est-à-dire qu'elle est de classe $C^1([a\,;b] \subseteq \mathcal{D}_f)$. Dans ce cas, il devient possible d'effectuer les deux passages à la limite suivants :

- *Premier passage à la limite :*

$$\lim_{x \to a} \frac{f(x)-f(a)}{x-a} \leq \lim_{x \to a} \frac{f(a)-f(b)}{a-b} \quad \Leftrightarrow \quad f'(a) \leq \frac{f(a)-f(b)}{a-b}$$

- *Second passage à la limite :*

$$\lim_{x \to b} \frac{f(a)-f(b)}{a-b} \leq \lim_{x \to b} \frac{f(x)-f(b)}{x-b} \quad \Leftrightarrow \quad \frac{f(a)-f(b)}{a-b} \leq f'(b)$$

- *Conclusion :*

$$f'(a) \leq \frac{f(a)-f(b)}{a-b} \leq f'(b)$$

De cette inégalité, on en déduit que $f'(a) \leq f'(b)$. Ainsi, **la fonction dérivée f' est croissante** sur l'intervalle $[a\,;b] \subseteq \mathcal{D}_f$. On en déduit le résultat suivant :

Propriété

Soit une fonction f définie sur $\mathcal{D}_f$ dans $\mathbb{R}$, et dérivable une fois sur $[a\,;b] \subseteq \mathcal{D}_f$, c'est-à-dire qu'elle est de classe $C^1([a\,;b] \subseteq \mathcal{D}_f)$, alors on peut dire que si la fonction dérivée est croissante sur $[a\,;b]$ alors la fonction f est convexe sur $[a\,;b]$.

3) Cas où la fonction est deux fois dérivable

Supposons que la fonction f soit maintenant **dérivable deux fois** sur $[a\,;b] \subseteq \mathcal{D}_f$, c'est-à-dire qu'elle est de classe $C^2([a\,;b] \subseteq \mathcal{D}_f)$. Dans ce cas, le résultat de la section précédente peut se poursuivre. En effet, notons par g la fonction dérivée de f, et d ns ce cas, on a $g' = f''$. Or, le résultat de la section précédente nous dit que la fonction f est convexe sur $[a\,;b]$ si sa dérivée g est croissante sur $[a\,;b]$. Mais si g est croissante sur $[a\,;b]$ alors sa dérivée g' est nécessairement positive sur ce même intervalle $[a\,;b]$. D'où le résultat suivant :

Propriété

Soit une fonction f définie sur $\mathcal{D}_f$ dans $\mathbb{R}$, et dérivable au moins deux fois sur $[a\,;b] \subseteq \mathcal{D}_f$, c'est-à-dire qu'elle soit au minimum de classe $C^2([a\,;b] \subseteq \mathcal{D}_f)$, alors on peut dire que si la fonction dérivée seconde f'' est positive sur $[a\,;b]$ alors la fonction f est convexe sur $[a\,;b]$.

♣ *Remarque : La notion de convexité, et plus précisément de fonction numérique convexe, n'est pas officiellement au programme de Mathématiques des élèves de Terminale S, mais dans celui des élèves de Terminale ES.*

4) Lien avec les tangentes

On considère une fonction numérique f qui soit, au minimum, de classe $C^1([a\,;b] \subseteq \mathcal{D}_f)$. Soit $x_0 \in [a\,;b]$.

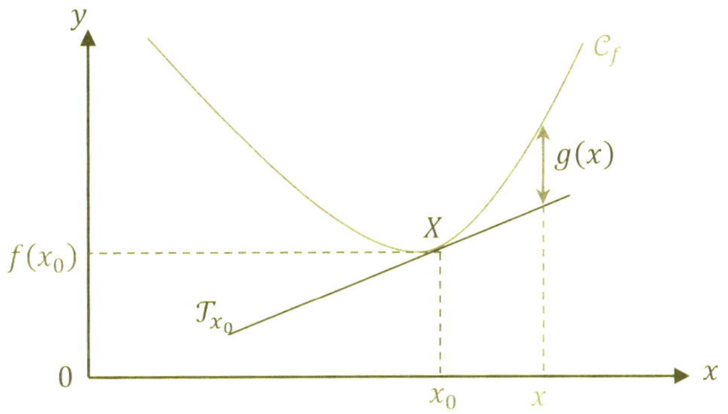

Figure 9 : illustration de la situation envisagée

L'équation de la tangente $\mathcal{T}_{x_0}$, au point $X(x_0\,; f(x_0))$ est donnée par l'équation :

$$y = f'(x_0)(x - x_0) + f(x_0)$$

Dans ce cas, construisons la fonction g qui « mesure » la position relative de $\mathcal{C}_f$ et de $\mathcal{T}_{x_0}$, c'est-à-dire la différence relative des « hauteurs » entre ces deux représentations graphiques. Il vient alors :

$$g(x) = f(x) - \big(f'(x_0)(x - x_0) + f(x_0)\big) = f(x) - f'(x_0)x - x_0 f'(x_0) - f(x_0)$$

Comme f est au moins, de classe $C^1([a\,;b] \subseteq \mathcal{D}_f)$, on peut en déduire qu'il en est de même pour la fonction g. Donc on peut écrire que :

$$g'(x) = f'(x) - f'(x_0)$$

Nous allons maintenant introduire l'hypothèse suivante :

- *Hypothèse :*

Supposons maintenant que la fonction f est convexe sur $[a\,;b] \subseteq \mathcal{D}_f$.

Sous l'hypothèse précédente de convexité de f, on en déduit que la fonction dérivée f'est croissante sur l'intervalle $[a\,;b]$. Mais comme $f'(x_0)$ est un scalaire, donc un nombre réel, on en déduit que la fonction g' est-elle-même croissante sur l'intervalle $[a\,;b]$. Enfin en remarquant que

$$g'(x_0) = f'(x_0) - f'(x_0) = 0$$

Puis, en remarquant que :

$$g(x_0) = f(x_0) - f'(x_0)(x_0 - x_0) - f(x_0) = 0$$

on en déduit alors le tableau de variations suivant :

x	a		x_0		b
g'		$-$	0	$+$	
g	$f(a)$	$\searrow$	0	$\nearrow$	$f(b)$

Ainsi, on constate que :

$$\forall x \in [a\,;b], g(x) \geq 0 \quad \Leftrightarrow \quad f(x) - \big(f'(x_0)(x - x_0) + f(x_0)\big) \geq 0$$

soit

$$\forall x \in [a\,;b], \qquad f(x) \geq f'(x_0)(x - x_0) + f(x_0) \quad \Leftrightarrow \quad \mathcal{C}_f \text{ dessus } \mathcal{T}_{x_0}$$

On en déduit donc la propriété suivante :

Propriété

Soit une fonction f de courbe représentative $\mathcal{C}_f$ et définie sur $\mathcal{D}_f$ dans $\mathbb{R}$, dérivable au moins une fois sur $[a\,;b] \subseteq \mathcal{D}_f$, c'est-à-dire qu'elle soit au minimum de classe $C^1\big([a\,;b] \subseteq \mathcal{D}_f\big)$. Si la fonction f est convexe sur $[a\,;b]$ alors $\mathcal{C}_f$ est au-dessus de toutes ces tangentes.

♣ *Remarque : La propriété réciproque est également vraie. En effet, si une courbe représentative est, en chacun des points d'un intervalle, au-dessus de la tangente associée alors, la fonction associée est convexe. La démonstration est très facile à réaliser, il suffit de « jouer » avec la notion de corde. C'est pourquoi, nous conseillons au lecteur de la réaliser par ses propres soins afin de s'entraîner.*

Q) Fonction concave

L'étude de la notion de convexité associée aux fonctions numériques venant d'être entièrement réalisée, nous sommes maintenant dans la possibilité de définir la notion « réciproque », à savoir **la concavité**. On adoptera la définition suivante :

Définition

Une fonction numérique f, définie et continue sur $\mathcal{D}_f$, sera dite concave si la fonction opposée $-f$ est convexe.

R) Point d'inflexion

Le physicien, ou le chimiste, fait souvent appel aux représentations graphiques des fonctions, qui lui permettent de modéliser son système d'étude, afin d'en déterminer des comportements particuliers. C'est pourquoi la notion de point d'inflexion est importante. Ce point particulier représente un changement de convexité.

1) Définition

On adoptera la définition suivante :

Définition

> Si une fonction numérique f, est convexe (respectivement concave) sur l'intervalle $[a\,;x_0\,[$ et concave (respectivement convexe) sur l'intervalle $]x_0\,;b]$ alors le point X_0 de coordonnées $\left(x_0\,;f(x_0)\right)$ est un point d'inflexion.

En conséquence de cette définition, et de ce qui précède, en un point d'inflexion une courbe représentative $\mathcal{C}_f$ traverse sa tangente. Ceci est illustré par :

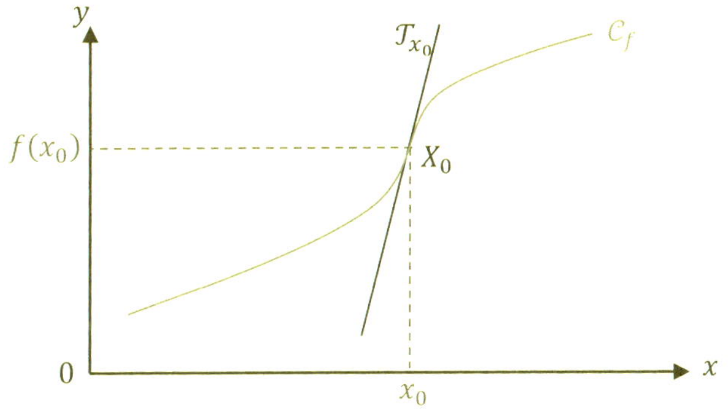

Figure 10 : illustration d'un point d'inflexion

2) Cas où la fonction est deux fois dérivable

Supposons que la fonction f soit maintenant **dérivable deux fois** sur $\mathcal{D}_f$, c'est-à-dire qu'elle est de classe $C^2(\mathcal{D}_f)$. Or, on sait que :

- f convexe sur $[a\,;x_0\,[\, \subseteq \mathcal{D}_f \iff f'' \geq 0$ sur $[a\,;x_0\,[\, \subseteq \mathcal{D}_f$;
- f concave sur $]x_0\,;b] \subseteq \mathcal{D}_f \iff f'' \leq 0$ sur $]x_0\,;b] \subseteq \mathcal{D}_f$.

Ainsi, on en déduit que la dérivée seconde f'' s'annule en $x = x_0$ et change de signe. D'où la propriété suivante :

Propriété

> Soit une fonction f définie sur $\mathcal{D}_f$ dans $\mathbb{R}$, et dérivable au moins deux fois sur $[a\,;b] \subseteq \mathcal{D}_f$, c'est-à-dire qu'elle soit au minimum de classe $C^2([a\,;b] \subseteq \mathcal{D}_f)$. Soit le point X_0 de coordonnées $\left(x_0\,;f(x_0)\right)$, avec $x_0 \in [a\,;b]$. Si $f''(x_0) = 0$ **et que** f'' change de signe en x_0 alors le point X_0 est un point d'inflexion.

S) Dérivée d'une fonction composée

On rappelle que si les deux fonctions, f de $\mathcal{E} = \mathcal{D}_f$ dans $\mathcal{F}$, et g de $\mathcal{D}_g$, qui contient $\mathcal{F}$ ($\mathcal{D}_g \supseteq \mathcal{F}$), dans $\mathcal{G}$. Dans ce cas, la fonction composée $g \circ f$ de $\mathcal{E} = \mathcal{D}_f$ dans $\mathcal{G}$ vaut :

$$g \circ f : \begin{cases} \mathcal{E} = \mathcal{D}_f & \longrightarrow & \mathcal{G} \\ x & \longmapsto & y = g\big(f(x)\big) \end{cases}$$

Soit $x \in \mathcal{D}_f$, et on suppose que f est dérivable en $x \in \mathcal{D}_f$. Si maintenant on suppose que la fonction g est dérivable en $f(x) \in \mathcal{D}_g$, alors on peut écrire que, pour $h \in \mathbb{R}$, on a :

$$(g \circ f)'(x) = \lim_{h \to 0} \frac{(g \circ f)(x+h) - (g \circ f)(x)}{h}$$

Ce qui nous donne :

$$(g \circ f)'(x) = \lim_{h \to 0} \frac{g\big(f(x+h)\big) - g\big(f(x)\big)}{h}$$

Posons $p = f(x+h) - f(x) \iff f(x+h) = f(x) + p$. Et dans ce cas, on a :

$$\lim_{h \to 0} p = 0 \quad \Longrightarrow \quad (g \circ f)'(x) = \lim_{h \to 0} \frac{g(f(x) + p) - g\big(f(x)\big)}{h}$$

Ce qui nous permet d'écrire que :

$$(g \circ f)'(x) = \lim_{h \to 0} \frac{g(f(x) + p) - g\big(f(x)\big)}{p} \times \frac{p}{h}$$

Soit encore :

$$(g \circ f)'(x) = \lim_{h \to 0} \frac{g(f(x) + p) - g\big(f(x)\big)}{p} \times \frac{f(x+h) - f(x)}{h}$$

Mais comme $\lim_{h \to 0} p = 0$, cela nous permet donc d'écrire que :

$$(g \circ f)'(x) = \lim_{p \to 0} \frac{g(f(x) + p) - g\big(f(x)\big)}{p} \times \lim_{h \to 0} \frac{f(x+h) - f(x)}{h}$$

Ce qui nous donne alors :

$$(g \circ f)'(x) = g'\big(f(x)\big) \times f'(x)$$

Qui peut encore s'écrire comme :

$$(g \circ f)'(x) = (g' \circ f)(x) \times f'(x)$$

Finalement, on a :

Propriété	Soit f une fonction numérique dérivable en $x \in \mathcal{D}_f$. Si maintenant on suppose que la fonction numérique g est dérivable en $f(x) \in \mathcal{D}_g$, alors on peut écrire que, $\forall h \in \mathbb{R}$, on a : $$(g \circ f)'(x) = g'\big(f(x)\big) \times f'(x) = (g' \circ f)(x) \times f'(x)$$

Dans la pratique, cette formule de dérivation est l'une des plus utiles et des plus pratiques.

T) Dérivée d'une fonction réciproque

On rappelle que si une fonction f est une bijection de $\mathcal{E}$ dans $\mathcal{F}$ alors la bijection réciproque $\Re(f) = f^{-1}$ de $\mathcal{F}$ dans $\mathcal{E}$ est défini par :

$$\forall y \in \mathcal{F},\ \exists!\, x \in \mathcal{E},\ x = f^{-1}(y)$$

Dans ce cas, on en déduit que $y = f(x)$ et $x = f^{-1}(y)$. Dans ce cas, on sait que :

$$f \circ f^{-1} = Id_{\mathcal{F}} \quad \Leftrightarrow \quad f \circ \Re(f) = Id_{\mathcal{F}}$$

Si les deux bijections réciproques f et $\Re(f)$ l'une de l'autre sont dérivables sur leur ensemble de définition respectif, alors ans ce cas, l'usage de la relation de dérivation précédente, sur les fonctions composées, nous permet d'écrire que :

$$\big(f \circ \Re(f)\big)'(y) = Id_{\mathcal{F}}'(y) \quad \Leftrightarrow \quad f'\big(\Re(f)(y)\big) \times \Re(f)'(y) = 1$$

D'où la relation :

$$\Re(f)'(y) = \frac{1}{f'\big(\Re(f)(y)\big)} \quad \Leftrightarrow \quad \Re(f)'(y) = \frac{1}{\big(f' \circ \Re(f)\big)(y)}$$

Finalement, on a :

Propriété (Sup)	Soit la fonction numérique f qui est une bijection dérivable de $\mathcal{E}$ dans $\mathcal{F}$ et la bijection réciproque dérivable $\Re(f) = f^{-1}$ de $\mathcal{F}$ dans $\mathcal{E}$. Dans ce cas, on a : $$\Re(f)'(y) = \frac{1}{\big(f' \circ \Re(f)\big)(y)} = \frac{1}{f'\big(\Re(f)(y)\big)}$$

♣ *Remarque : Il faut bien faire attention à ne jamais commettre l'erreur suivante : ce n'est pas parce que deux fonctions numériques sont réciproques l'une de l'autre que leur fonction dérivée respective le sont également. En effet, le logarithme népérien est la fonction réciproque de l'exponentielle, mais leur dérivée respectives ne sont pas réciproques l'une de l'autre.*

❸ Fonctions usuelles en sciences physiques

Il existe des fonctions numériques « usuelles » en Sciences-Physiques : celles qui permettent d'exprimer bon nombres de lois et phénomènes physico-chimiques. Parmi celles-ci, le lycéen est déjà familiarisé avec quelques-unes :

- le logarithme népérien, noté ln( ) ;
- le logarithme décimal, noté log( ) ;
- l'exponentielle, notée $e^{(\ )}$;
- les fonctions trigonométriques sin( ), cos( ) et tan( ) ;
- les fonctions trigonométriques réciproques arcsin( ), arccos( ) et arctan( ) ;
- les fonctions trigonométriques hyperboliques sinh( ), cosh( ) et tanh( ) ;
- les fonctions trigonométriques hyperboliques réciproques argsinh( ), argcosh( ) et argtanh( ).

Toutes ces fonctions trouvent leurs applications dans les Sciences-Physiques. Ainsi, étudions, et définissons, les fonctions dérivées des fonctions numériques précédentes.

A) Le logarithme népérien

Historiquement, les logarithmes sont introduit au cours du 17ième siècle, en 1614 pour être précis (dans le livre intitulé *Mirifici logarithmorum canonis descriptio*) par le savant écossais *John Napier* (on *Neper* en français) (1550 / 1617), afin de simplifier des calculs d'astronomie. La fonction logarithme népérien, notée ln, est définit de la manière suivante :

Définition

La fonction logarithme népérien, notée ln, est l'unique primitive définie sur $\mathbb{R}^{+*}$ **et s'annulant en $x = 1$** de la fonction inverse :

$$\ln : \begin{cases} \mathbb{R}^{+*} & \longrightarrow & \mathbb{R} \\ x & \longmapsto & y = \int_1^x \frac{1}{t}\, dt \end{cases}$$

En conséquence de cette définition, on peut en déduire que la fonction logarithme népérien est dérivable sur $\mathbb{R}^{+*}$, et que :

$$\forall x \in \mathbb{R}^{+*}, \qquad (\ln x)' = \frac{1}{x} > 0$$

Mais comme la fonction inverse est de classe $C^{\infty}(\mathbb{R}^{*})$, on en déduit que **la fonction logarithme népérien est de classe $C^{\infty}(\mathbb{R}^{+*})$**. De plus, on en déduit que :

$$\forall x \in \mathbb{R}^{+*}, \qquad (\ln x)'' = -\frac{1}{x^2}$$

Ce qui implique que $\forall x \in \mathbb{R}^{+*}, (\ln x)'' < 0$ et que la fonction logarithme népérien est, sur l'intervalle $\mathbb{R}^{+*}$, strictement **croissante** et **concave**.

Sa propriété fondamentale est de « transformer un produit en somme ». En effet, considérons la fonction numérique f suivante :

$$f : \begin{cases} \mathbb{R}^{+*} & \longrightarrow & \mathbb{R} \\ x & \longmapsto & y = \ln(ax) - \ln(x) \end{cases} \quad \text{avec } a \in \mathbb{R}^{+*}$$

Dans ce cas on a par dérivation :

$$f'(x) = \frac{(ax)'}{ax} - \frac{1}{x} \quad \Leftrightarrow \quad f'(x) = \frac{a}{ax} - \frac{1}{x} \quad \Leftrightarrow \quad f'(x) = \frac{1}{x} - \frac{1}{x} \quad \Leftrightarrow \quad f'(x) = 0$$

Ainsi la fonction f est constante sur $\mathbb{R}^{+*}$. De ceci, on en déduit que :

$$\forall x \in \mathbb{R}^{+*}, \qquad f(x) = f(1) \quad \Leftrightarrow \quad f(x) = \ln(a) - \ln(1) \quad \Leftrightarrow \quad f(x) = \ln(a)$$

D'où, $\forall x \in \mathbb{R}^{+*}$, on peut écrire que :

$$\ln(ax) - \ln(x) = \ln(a)$$

A savoir que :

$$\forall x \in \mathbb{R}^{+*}, \qquad \ln(ax) = \ln(x) + \ln(a)$$

De ceci, on en déduit que :

Propriétés

La fonction numérique logarithme népérien est dérivable sur son ensemble de définition $\mathbb{R}^{+*}$, ainsi que croissante et concave sur ce même intervalle. De plus, on a les propriétés suivantes :

- ✓ $\forall (x;y) \in \mathbb{R}^{+*2}$, on a $\ln(xy) = \ln(x) + \ln(y)$;
- ✓ $\forall (x;y) \in \mathbb{R}^{+*2}$, on a $\ln\left(\frac{x}{y}\right) = \ln(x) - \ln(y)$;
- ✓ $\forall x \in \mathbb{R}^{+*}$, on a $\ln\left(\frac{1}{x}\right) = -\ln(x)$;
- ✓ $\forall x \in \mathbb{R}^{+*}, \forall q \in \mathbb{Q}$, on a $\ln(x^q) = q\ln(x)$;
- ✓ $\forall n \in \mathbb{N}^*, \forall x_i \ (i \in [\![1;n]\!]) \in (\mathbb{R}^{+*})^n$, on a $\ln(\prod_{i=1}^{n} x_i) = \sum_{i=1}^{n} \ln(x_i)$

Les deuxième, troisième, quatrième et cinquième propriétés s'établissent aisément en faisant usage de la première, démontrée ci-avant. De plus, on a également la définition suivante :

Définition

On appelle nombre d'*Euler*, ou constante de *Napier*, le nombre réel qui est noté e, et qui est **l'unique solution réelle** de l'équation

$$\ln(x) = 1$$

avec $x \in \mathbb{R}^{+*}$. Ce nombre e est irrationnel et transcendant, et vaut approximativement : $e \approx 2{,}7182818284590452353602874\ldots$

Sa représentation graphique est la suivante :

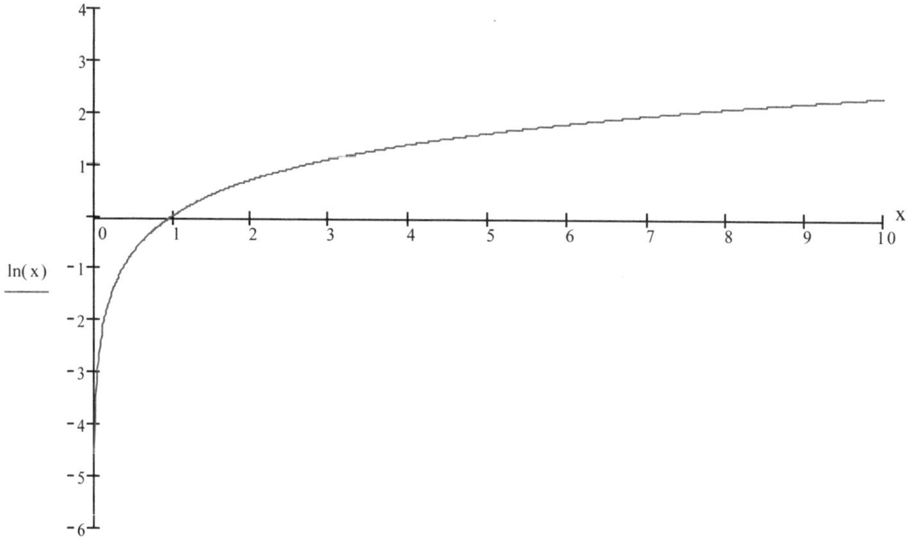

Figure 11 : représentation graphique de la fonction logarithme népérien

Il existe une autre relation très pratique, appelée inégalité de convexité, et qui affirme que :

$$\forall x \in \,]-1\,;\, +\infty[, \qquad x \geq \ln(1+x)$$

En effet, il suffit de considérer la fonction numérique f suivante :

$$f : \begin{cases}]-1\,;\,+\infty[& \longrightarrow \quad \mathbb{R} \\ \quad x & \longmapsto \quad y = x - \ln(1+x) \end{cases}$$

On a donc :

- Limite lorsque $x \to +\infty$:

$$\lim_{x\to+\infty} f(x) = \lim_{x\to+\infty} (x - \ln(1+x)) \iff \lim_{x\to+\infty} f(x) = \lim_{x\to+\infty} x\left(1 - \frac{\ln(1+x)}{x}\right)$$

Afin de calculer la limite

$$\lim_{x\to+\infty} \frac{\ln(1+x)}{x}$$

posons $X = 1 + x$, dans ce cas on obtient :

$$\lim_{x\to+\infty} \frac{\ln(1+x)}{x} = \lim_{X\to+\infty} \frac{\ln(X)}{X-1} = \lim_{X\to+\infty} \frac{\ln(X)}{X} = 0$$

D'où :

$$\lim_{x\to+\infty} f(x) = \lim_{x\to+\infty} x(1-0) \quad \Leftrightarrow \quad \lim_{x\to+\infty} f(x) = +\infty$$

- Limite lorsque $x \to -1^+$:

Posons $x = -1 + \epsilon$ avec $\epsilon \to 0^+$. Dans ce cas, on obtient :

$$\lim_{x\to-1^+} f(x) = \lim_{\epsilon\to0^+} (-1 + \epsilon - \ln(1 - 1 + \epsilon))$$

Soit encore :

$$\lim_{x\to-1^+} f(x) = \lim_{\epsilon\to0^+} (-1 + \epsilon - \ln(\epsilon))$$

D'où :

$$\lim_{x\to-1^+} f(x) = -1 + 0^+ - \underbrace{\lim_{\epsilon\to0^+} \ln(\epsilon)}_{=-\infty} \quad \Leftrightarrow \quad \lim_{x\to-1^+} f(x) = +\infty$$

Cette fonction est dérivable sur $]-1\,;\,+\infty[$, et on a :

$$f'(x) = 1 - \frac{(1+x)'}{1+x} \quad \Leftrightarrow \quad f'(x) = 1 - \frac{1}{1+x} \quad \Leftrightarrow \quad f'(x) = \frac{1+x}{1+x} - \frac{1}{1+x}$$

Ce qui nous donne :

$$f'(x) = \frac{1+x-1}{1+x} \quad \Leftrightarrow \quad f'(x) = \frac{x}{1+x}$$

D'où le tableau de variations suivants :

x	-1		0		$+\infty$
x		$-$	0	$+$	
$1+x$	0	$+$		$+$	
f'	‖	$-$	0	$+$	
f	‖ $+\infty$	↘	0	↗	$+\infty$

Avec :

$$f(x=0) = 0 - \ln(1+0) = \ln(1) = 0$$

Ce tableau nous apprend alors que $\forall x \in]-1\,;\,+\infty[$, on a $f(x) \geq 0$. Ceci nous donne alors $\forall x \in]-1\,;\,+\infty[$, on a $x - \ln(1+x) \geq 0$; on en déduit alors que :

$$\forall x \in]-1\,;\,+\infty[, \qquad x \geq \ln(1+x)$$

B) Le logarithme décimal

Les logarithmes décimaux (ou de base dix) sont encore appelés les logarithmes de *Henry Briggs* (mathématicien anglais - 1556 / 1630), qui est l'auteur de tables de logarithmes décimaux publiées à Londres en 1624, dans un traité intitulé *Arithmetica Logarithmetica*. **Les logarithmes décimaux sont particulièrement présents en Sciences-Physiques** :

- en chimie des solutions aqueuses avec le pH ;

- en acoustique avec les décibels (dB) du niveau sonore ;
- en acoustique musical avec les intervalles entre deux notes (en Savarts)
- en astronomie avec la magnitude absolue et apparente ;
- en électronique avec le gain.
- ...

La fonction numérique logarithme décimal devrait être notée, de manière abrégée comme $\log_{10} x$, mais bien souvent (et c'est ce que nous ferons) elle est notée plus simplement $\log x$. De manière plus précise, on a la définition suivante :

Définition

La fonction logarithme décimal, notée log, est définie par :

$$\log : \begin{cases} \mathbb{R}^{+*} & \longrightarrow & \mathbb{R} \\ x & \longmapsto & y = \dfrac{\ln x}{\ln 10} \approx \dfrac{\ln x}{2{,}3} \end{cases}$$

En conséquence de cette définition, on peut en déduire que la fonction logarithme décimal est dérivable sur $\mathbb{R}^{+*}$, et que :

$$\forall x \in \mathbb{R}^{+*}, \qquad (\log x)' = \frac{1}{x \ln 10} > 0$$

Mais comme la fonction inverse est de classe $C^\infty(\mathbb{R}^*)$, on en déduit que **la fonction logarithme décimal est de classe $C^\infty(\mathbb{R}^{+*})$**. De plus, on en déduit que :

$$\forall x \in \mathbb{R}^{+*}, \qquad (\log x)'' = -\frac{1}{x^2 \ln 10}$$

Ce qui implique que $\forall x \in \mathbb{R}^{+*}, (\log x)'' < 0$ et que la fonction logarithme décimal est, sur l'intervalle $\mathbb{R}^{+*}$, strictement **croissante** et **concave**. Comme la définition de la fonction logarithme décimal implique une loi de proportionnalité par rapport au logarithme népérien, on en déduit que leur propriétés sont similaires :

Propriétés

La fonction numérique logarithme décimal est dérivable sur son ensemble de définition $\mathbb{R}^{+*}$, ainsi que croissante et concave sur ce même intervalle. De plus, on a les propriétés suivantes :

- ✓ $\forall (x;y) \in {\mathbb{R}^{+*}}^2$, on a $\log(xy) = \log(x) + \log(y)$;
- ✓ $\forall (x;y) \in {\mathbb{R}^{+*}}^2$, on a $\log\left(\frac{x}{y}\right) = \log(x) - \log(y)$;
- ✓ $\forall x \in \mathbb{R}^{+*}$, on a $\log\left(\frac{1}{x}\right) = -\log(x)$;
- ✓ $\forall x \in \mathbb{R}^{+*}, \forall q \in \mathbb{Q}$, on a $\log(x^q) = q\log(x)$;
- ✓ $\forall n \in \mathbb{N}^*, \forall x_i \ (i \in [\![1;n]\!]) \in (\mathbb{R}^{+*})^n$, on a $\log(\prod_{i=1}^n x_i) = \sum_{i=1}^n \log(x_i)$
- ✓ $\log(1) = 0$
- ✓ $\log(10) = 1$

Sa représentation graphique est la suivante :

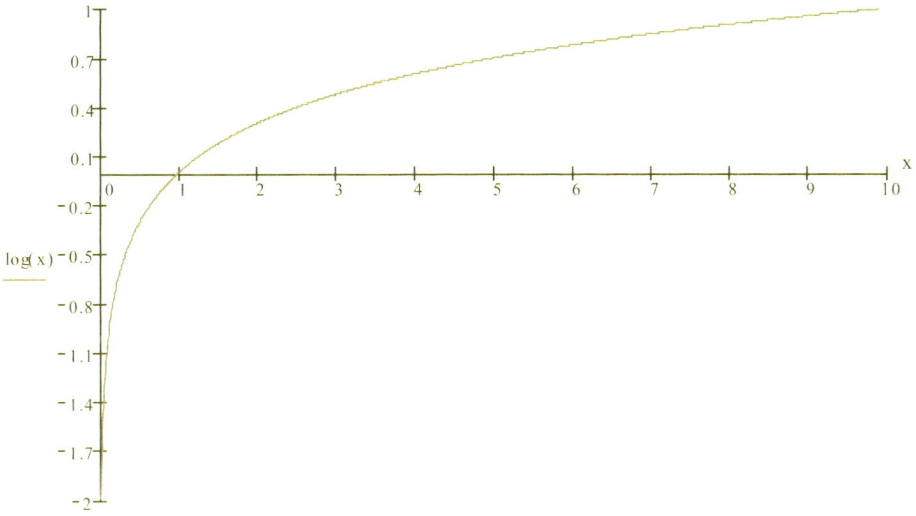

Figure 12 : représentation graphique de la fonction logarithme décimal

C) L'exponentielle népérienne

La fonction exponentielle népérienne, plus souvent appelée fonction exponentielle, est notée $\exp \equiv e^{(\ )}$. Et on a la définition suivante :

Définition

La fonction exponentielle népérienne, notée $\exp \equiv e^{(\ )}$, est définie comme **étant la fonction réciproque du logarithme népérien**. La fonction exponentielle népérienne réalise donc une bijection de $\mathbb{R}$ sur $\mathbb{R}^{+*}$ et est définie par :

$$\forall x \in \mathbb{R}, y = e^x \quad \Leftrightarrow \quad x = \ln y$$

D'où la fonction suivante :

$$\exp \equiv e^{(\ )} \equiv \Re(\ln) : \begin{cases} \mathbb{R} & \longrightarrow & \mathbb{R}^{+*} \\ x & \longmapsto & y = e^x \end{cases}$$

Ce qui implique que :

- ✓ $\forall x \in \mathbb{R}^{+*}$, on a $e^{(\ln x)} = x$;
- ✓ $\forall x \in \mathbb{R}$, on a $\ln(e^x) = x$;
- ✓ $e^0 = 1$.

En conséquence de cette définition, on peut en déduire que **la fonction exponentielle népérienne toujours positive sur** $\mathbb{R}$, et est dérivable sur $\mathbb{R}$. Ainsi, on en déduit que :

$$\forall x \in \mathbb{R}, \qquad (e^x)' = \Re(\ln)'(x) = \frac{1}{\frac{1}{\Re(\ln)(x)}} = \frac{1}{\frac{1}{e^x}} = e^x > 0$$

Donc **la fonction exponentielle népérienne est sa propre dérivée**. Dès lors, on en déduit que **la fonction exponentielle népérienne est de classe** $\boldsymbol{C}^\infty(\mathbb{R})$. Ainsi, on a :

$$\forall x \in \mathbb{R}^{+*}, \qquad (e^x)'' = e^x$$

Ce qui implique que $\forall x \in \mathbb{R}^{+*}, (\ln x)'' > 0$ et donc la fonction exponentielle népérienne est, sur l'intervalle $\mathbb{R}$, strictement **croissante** et **convexe**. Sa propriété fondamentale est de « transformer une somme en produit ». En effet, on sait que :

$$\forall (a;b) \in \mathbb{R}^{+*2}, \qquad \ln(ab) = \ln(a) + \ln(b) \quad \Longrightarrow \quad e^{\ln(ab)} = e^{\ln(a)+\ln(b)}$$

Ce qui nous donne :

$$\forall (a;b) \in \mathbb{R}^{+*2}, \qquad ab = e^{\ln(a)+\ln(b)}$$

Ainsi, posons :

$$\begin{cases} a = e^x \\ b = e^y \end{cases} \text{avec : } (x;y) \in \mathbb{R}^2$$

D'où :

$$e^x e^y = e^{\ln(e^x)+\ln(e^y)}$$

Ce qui nous donne finalement :

$$\forall (x;y) \in \mathbb{R}^2, \qquad e^x e^y = e^{x+y}$$

De ceci, on en déduit que :

Propriétés

La fonction numérique exponentielle népérienne est dérivable sur son ensemble de définition $\mathbb{R}$, ainsi que croissante et convexe sur ce même intervalle. De plus, on a les propriétés suivantes :

- ✓ $\forall (x;y) \in \mathbb{R}^2$, on a

$$e^{(x+y)} = e^{(x)}e^{(y)}$$

$\forall (x;y) \in \mathbb{R}^{+*2}$, on a

$$e^{(x-y)} = \frac{e^{(x)}}{e^{(y)}}$$

- ✓ $\forall x \in \mathbb{R}^{+*}$, on a

$$e^{(-x)} = \frac{1}{e^{(x)}}$$

- ✓ $\forall x \in \mathbb{R}^{+*}, \forall q \in \mathbb{Q}$, on a

$$e^{(x)^q} = e^{(qx)}$$

- ✓ $\forall n \in \mathbb{N}^*, \forall x_i \ (i \in [\![1;n]\!]) \in (\mathbb{R}^{+*})^n$, on a

$$e^{\sum_{i=1}^n x_i} = \prod_{i=1}^n e^{x_i}$$

Les deuxième, troisième, quatrième et cinquième propriétés s'établissent aisément en faisant usage de la première, démontrée ci-avant. Sa représentation graphique est la suivante :

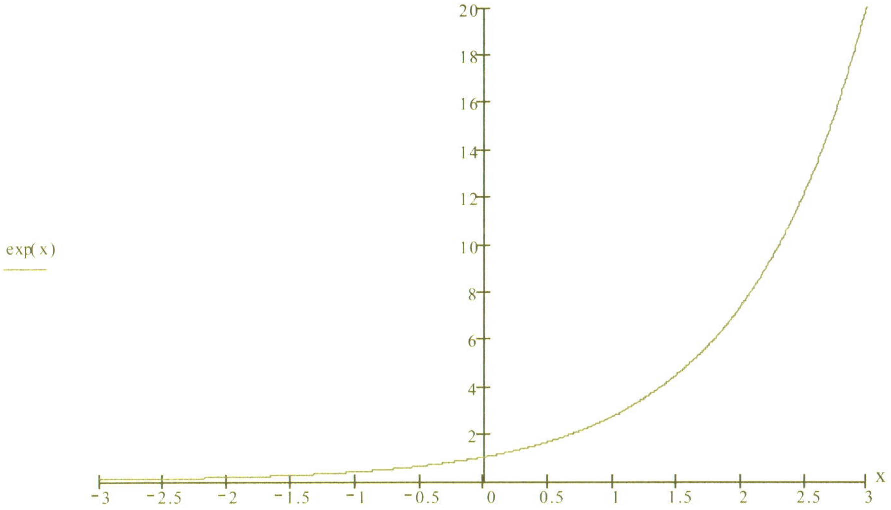

Figure 13 : représentation graphique de la fonction exponentielle népérienne

Il existe une autre relation très pratique, appelée inégalité de convexité, et qui affirme que :

$$\forall x \in \mathbb{R}, \qquad e^x \geq 1 + x$$

En effet, il suffit de considérer la fonction numérique f suivante :

$$f : \begin{cases} \mathbb{R} & \longrightarrow & \mathbb{R} \\ x & \longmapsto & y = e^x - x - 1 \end{cases}$$

On a donc :

- Limite lorsque $x \to +\infty$:

$$\lim_{x \to +\infty} f(x) = \lim_{x \to +\infty} (e^x - x - 1) \iff \lim_{x \to +\infty} f(x) = \lim_{x \to +\infty} x\left(\frac{e^x}{x} - 1 - \frac{1}{x}\right)$$

Or, on sait que :

$$\lim_{x \to +\infty} \frac{e^x}{x} = +\infty \text{ et } \lim_{x \to +\infty} \frac{1}{x} = 0^+$$

Dans ce cas on obtient :

$$\lim_{x\to+\infty} f(x) = \lim_{x\to+\infty} x\left(\frac{e^x}{x}\right) - 1 \iff \lim_{x\to+\infty} f(x) = +\infty$$

- Limite lorsque $x \to -\infty$:

On a :

$$\lim_{x\to-\infty} f(x) = \lim_{x\to-\infty} (e^x - x - 1) \iff \lim_{x\to-\infty} f(x) = \lim_{x\to-\infty} (e^x) - \lim_{x\to-\infty} (x) - 1$$

Soit encore :

$$\lim_{x\to-\infty} f(x) = 0^+ - (-\infty) - 1$$

D'où :

$$\lim_{x\to-\infty} f(x) = +\infty$$

Cette fonction est dérivable sur $\mathbb{R}$, et on a :$f'(x) = e^x - 1$. D'où le tableau de variations suivant :

x	$-\infty$		0		$+\infty$
f'		$-$	0	$+$	
f	$+\infty$	↘	0	↗	$+\infty$

Avec :

$$f(x = 0) = e^0 - x - 1 = 1 - 0 - 1 = 0$$

Ce tableau nous apprend alors que $\forall x \in \mathbb{R}$, on a $f(x) \geq 0$. Ceci nous donne alors $\forall x \in \mathbb{R}$, on a $e^x - x - 1 \geq 0$; on en déduit alors que :

$$\forall x \in \mathbb{R}, \qquad e^x \geq 1 + x$$

D) Les fonctions trigonométriques

Les fonctions trigonométriques sont (bien) connues des lycéens. En effet, ils sont mis à leurs contacts dès la classe de seconde. C'est pourquoi, nous nous contenterons de simplement mentionner leurs principales propriétés.

➥ *Le formulaire*

Voici un tableau résumant les différentes formules de trigonométrie. Il est complet sans être exhaustif. Dans ce formulaire, $(a\,;b\,;x) \in \mathbb{R}^3$.

$\cos(x) = \cos(x + 2\pi)$	$\cos^2(x) + \sin^2(x) = 1$
$\sin(x) = \sin(x + 2\pi)$	$1 + \tan^2(x) = \dfrac{1}{\cos^2(x)}$
$\sin(x) = -\sin(x + \pi)$	$\cos(x) = -\cos(x + \pi)$
$\tan(x) = \tan(x + \pi)$	$\cos(a + b) = \cos(a)\cos(b) - \sin(a)\sin(b)$

$\cos(x) = \cos(-x)$	$\sin(a+b) = \sin(a)\cos(b) + \cos(a)\sin(b)$
$\sin(x) = -\sin(-x)$	$\tan(a+b) = \frac{\tan(a) + \tan(b)}{1 - \tan(a)\tan(b)}$
$\tan(x) = -\tan(-x)$	$\cos(a-b) = \cos(a)\cos(b) + \sin(a)\sin(b)$
$\sin(x) = -\cos\left(x + \frac{\pi}{2}\right)$	$\sin(a-b) = \sin(a)\cos(b) - \cos(a)\sin(b)$
$\cos(x) = \sin\left(x + \frac{\pi}{2}\right)$	$\tan(a-b) = \frac{\tan(a) - \tan(b)}{1 - \tan(a)\tan(b)}$
$\tan(x) = -\text{cotan}\left(x + \frac{\pi}{2}\right)$	$\cos(a)\cos(b) = \frac{\cos(a-b) + \cos(a+b)}{2}$
$\sin(x) = \cos\left(\frac{\pi}{2} - x\right)$	$\sin(a)\sin(b) = \frac{\cos(a-b) - \cos(a+b)}{2}$
$\cos(x) = \sin\left(\frac{\pi}{2} - x\right)$	$\cos(a)\sin(b) = \frac{\sin(a+b) - \sin(a-b)}{2}$
$\tan(x) = \text{cotan}\left(\frac{\pi}{2} - x\right)$	$\frac{\cos(a) + \cos(b)}{2} = \cos\left(\frac{a+b}{2}\right)\cos\left(\frac{a-b}{2}\right)$
$\sin(2x) = 2\sin(x)\cos(x)$	$\frac{\cos(a) - \cos(b)}{-2} = \sin\left(\frac{a+b}{2}\right)\sin\left(\frac{a-b}{2}\right)$
$\cos(2x) = \cos^2(x) - \sin^2(x)$	$\frac{\sin(a) + \sin(b)}{2} = \sin\left(\frac{a+b}{2}\right)\cos\left(\frac{a-b}{2}\right)$
$\cos(2x) = 2\cos^2(x) - 1$	$\frac{\sin(a) - \sin(b)}{2} = \cos\left(\frac{a+b}{2}\right)\sin\left(\frac{a-b}{2}\right)$
$\cos(2x) = 1 - 2\sin^2(x)$	$\tan(a) + \tan(b) = \frac{\sin(a+b)}{\cos(a)\cos(b)}$
$\tan(2x) = \frac{2\tan(x)}{1 - \tan^2(x)}$	$\tan(a) - \tan(b) = \frac{\sin(a-b)}{\cos(a)\cos(b)}$
$\cos(3x) = 4\cos^3(x) - 3\cos(x)$	$\cos^2(x) = \frac{1 + \cos(2x)}{2}$
$\sin(3x) = 3\sin(x) - 4\sin^3(x)$	$\sin^2(x) = \frac{1 - \cos(2x)}{2}$
$\tan(3x) = \frac{3\tan(x) - \tan^3(x)}{1 - 3\tan^2(x)}$	$\tan^2(x) = \frac{1 - \cos(2x)}{1 + \cos(2x)}$
$\cos(3x) = 4\cos^3(x) - 3\cos(x)$	$\cos^3(x) = \frac{\cos(3x) + 3\cos(x)}{3}$
$\sin(3x) = 3\sin(x) - 4\sin^3(x)$	$\sin^3(x) = \frac{3\sin(x) - \sin(3x)}{3}$
$\tan(3x) = \frac{3\tan(x) - \tan^3(x)}{1 - 3\tan^2(x)}$	$\tan^3(x) = \frac{3\sin(x) - \sin(3x)}{\cos(3x) + 3\cos(x)}$
$\cos(x) = \frac{1 - t^2}{1 + t^2}\ \left(t = \tan\left(\frac{x}{2}\right)\quad x \neq \pi[2\pi]\right)$	$\tan(x) = \frac{2t}{1 - t^2}\ \left(t = \tan\left(\frac{x}{2}\right)\quad x \neq \pi[2\pi]\right)$
$\sin(x) = \frac{2t}{1 + t^2}\ \left(t = \tan\left(\frac{x}{2}\right)\quad x \neq \pi[2\pi]\right)$	$\cos^4(x) = \frac{\cos(4x) + 4\cos(2x) + 3}{3}$
$\cos^2(x)\sin^2(x) = \frac{1 - \cos(4x)}{8}$	$\sin^4(x) = \frac{\cos(4x) - 4\cos(2x) + 3}{3}$

➥ *Lignes trigonométriques*

Pour certains angles « remarquables », les fonctions sinus, cosinus et tangentes prennent des valeurs particulières qu'il est toujours bon d'avoir en tête. Ces dernières sont résumées dans le tableau suivant :

Angles en °	0	30	45	60	90	120	180	270	360
Angles en rad	0	$\frac{\pi}{6}$	$\frac{\pi}{4}$	$\frac{\pi}{3}$	$\frac{\pi}{2}$	$\frac{2\pi}{3}$	π	$\frac{3\pi}{2}$	2π
sinus	0	$\frac{1}{2}$	$\frac{\sqrt{2}}{2}$	$\frac{\sqrt{3}}{2}$	1	$\frac{\sqrt{3}}{2}$	0	-1	0
cosinus	1	$\frac{\sqrt{3}}{2}$	$\frac{\sqrt{2}}{2}$	$\frac{1}{2}$	0	$-\frac{1}{2}$	-1	0	1
tangente	0	$\frac{1}{\sqrt{3}}$	1	$\sqrt{3}$	$+\infty$	$-\sqrt{3}$	0	$-\infty$	0
cotangente	$+\infty$	$\sqrt{3}$	1	$\frac{1}{\sqrt{3}}$	0	$-\frac{1}{\sqrt{3}}$	$-\infty$	0	$+\infty$

Ceci est résumé sur le cercle trigonométrique, dont le rayon vaut 1 par définition. L'axe des abscisses est associé au cosinus, et l'axe des ordonnées aux valeurs du sinus. On a alors :

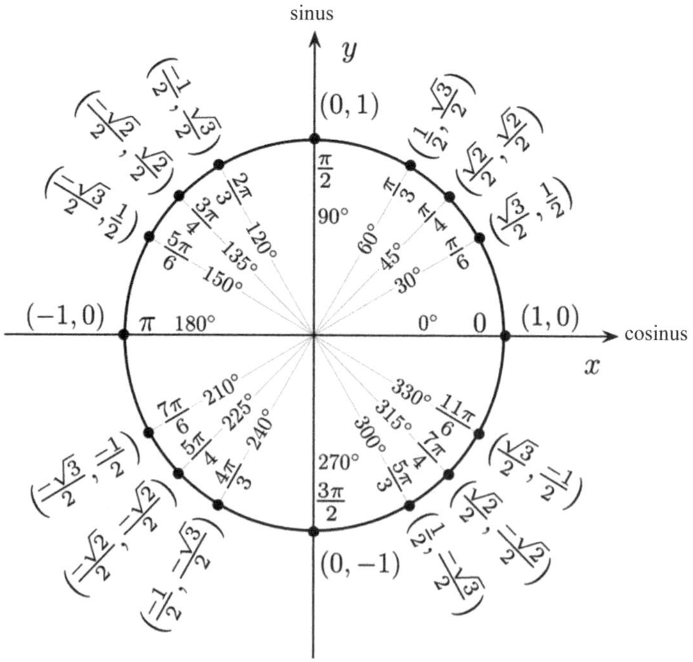

Figure 14 : cercle trigonométrique

➥ *La fonction cosinus*

Elle est définie, et dérivable (donc continue), sur $\mathbb{R}$. On la note cos. Cette fonction est paire et 2π-périodique, et vérifie :

$$\forall x \in \mathbb{R}, \qquad 1 \geq \cos x \geq -1$$

Il nous reste à déterminer sa dérivée. On a :

$$(\cos x)' = \lim_{h\to 0} \frac{\cos(x+h) - \cos(x)}{h} = \lim_{h\to 0} \frac{\cos(x)\cos(h) - \sin(x)\sin(h) - \cos(x)}{h}$$

Ce qui nous donne :

$$(\cos x)' = \lim_{h\to 0} \frac{\cos(x)(\cos(h) - 1) - \sin(x)\sin(h)}{h}$$

En réorganisant les termes, on obtient :

$$(\cos x)' = \lim_{h\to 0} \left(\cos(x)\frac{\cos(h) - 1}{h} - \sin(x)\frac{\sin(h)}{h}\right)$$

D'où :

$$(\cos x)' = \cos(x) \lim_{h\to 0} \left(\frac{\cos(h) - 1}{h}\right) - \sin(x) \lim_{h\to 0} \left(\frac{\sin(h)}{h}\right)$$

Soit encore :

$$(\cos x)' = \cos(x) \times 0 - \sin(x) \times 1$$

Finalement :

$$\boldsymbol{(\cos x)' = -\sin(x)}$$

Sa courbe représentative est la suivante :

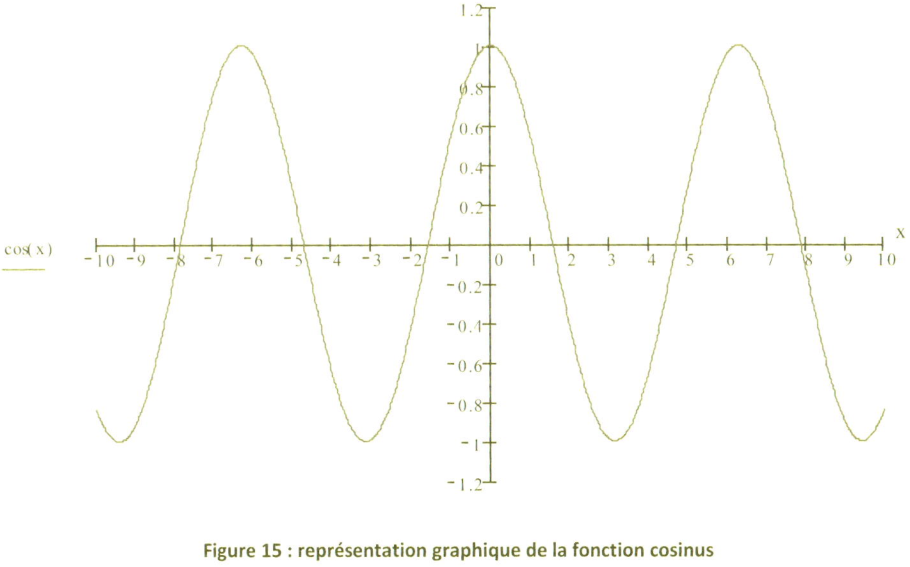

Figure 15 : représentation graphique de la fonction cosinus

➥ *La fonction sinus*

Elle est définie, et dérivable (donc continue), sur $\mathbb{R}$. On la note sin. Cette fonction est impaire et 2π-périodique, et vérifie :

$$\forall x \in \mathbb{R}, \qquad 1 \geq \sin x \geq -1$$

Il nous reste à déterminer sa dérivée. On a :

$$(\sin x)' = \lim_{h \to 0} \frac{\sin(x+h) - \sin(x)}{h} = \lim_{h \to 0} \frac{\sin(x)\cos(h) + \cos(x)\sin(h) - \sin(x)}{h}$$

Ce qui nous donne :

$$(\sin x)' = \lim_{h \to 0} \frac{\sin(x)(\cos(h) - 1) + \cos(x)\sin(h)}{h}$$

En réorganisant les termes, on obtient :

$$(\sin x)' = \lim_{h \to 0} \left(\sin(x) \frac{\cos(h) - 1}{h} + \cos(x) \frac{\sin(h)}{h} \right)$$

D'où :

$$(\sin x)' = \sin(x) \lim_{h \to 0} \left(\frac{\cos(h) - 1}{h} \right) \mp \cos(x) \lim_{h \to 0} \left(\frac{\sin(h)}{h} \right)$$

Soit encore :

$$(\sin x)' = \sin(x) \times 0 + \cos(x) \times 1$$

Finalement :

$$\mathbf{(\sin x)' = \cos(x)}$$

Sa courbe représentative est la suivante :

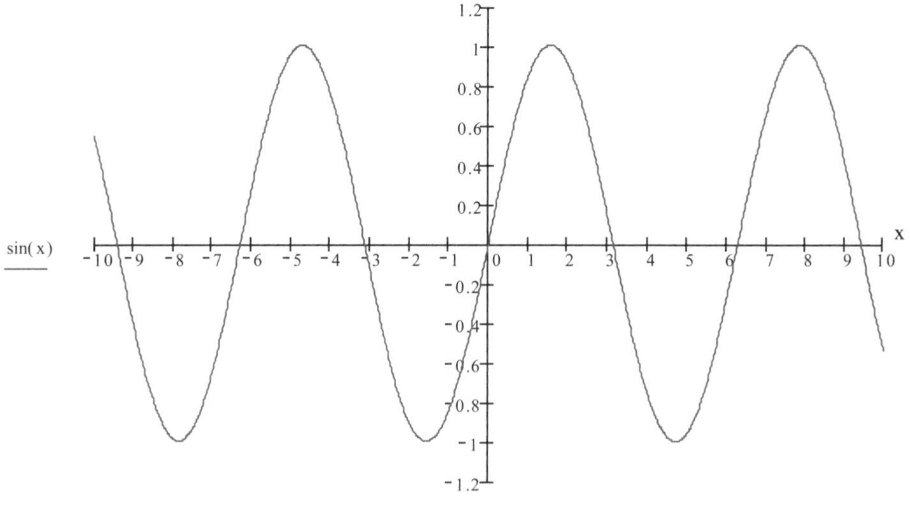

Figure 16 : représentation graphique de la fonction sinus

➥ *La fonction tangente*

Pour un nombre réel x, la fonction tangente, notée tan, est définie par la relation suivante :

$$\tan(x) = \frac{\sin(x)}{\cos(x)}$$

Son ensemble de définition est déterminé par la condition :

$$\cos(x) \neq 0 \quad \Leftrightarrow \quad x \neq \frac{\pi}{2}\ [\pi] \quad \Leftrightarrow \quad x \neq \frac{\pi}{2} + k\pi \quad (k \in \mathbb{Z})$$

D'où :

$$\mathcal{D}_{\tan} = \mathbb{R}/\left\{\frac{\pi}{2} + k\pi\right\} \quad (k \in \mathbb{Z})$$

Sur cet intervalle $\mathcal{D}_{\tan}$, la fonction tan est impaire et π-périodique. En effet, on a :

$$\forall x \in \mathcal{D}_{\tan}, \qquad \tan(-x) = \frac{\sin(-x)}{\cos(-x)} = \frac{-\sin(x)}{\cos(x)} = -\frac{\sin(x)}{\cos(x)} = \tan(x)$$

Puis :

$$\forall x \in \mathcal{D}_{\tan}, \qquad \tan(x+\pi) = \frac{\sin(x+\pi)}{\cos(x+\pi)} = \frac{-\sin(x)}{-\cos(x)} = \frac{\sin(x)}{\cos(x)} = \tan(x)$$

Cette fonction est dérivable (donc continue), sur $\mathcal{D}_{\tan}$. Et, $\forall x \in \mathcal{D}_{\tan}$, on a :

$$(\tan(x))' = \left(\frac{\sin(x)}{\cos(x)}\right)' \quad \Leftrightarrow \quad (\tan(x))' = \frac{(\sin(x))' \cos(x) - (\cos(x))' \sin(x)}{\cos^2(x)}$$

Soit encore :

$$(\tan(x))' = \frac{\cos(x)\cos(x) - (-\sin(x))\sin(x)}{\cos^2(x)} \quad \Leftrightarrow \quad (\tan(x))' = \frac{\cos^2(x) + \sin^2(x)}{\cos^2(x)}$$

Mais comme

$$\forall x \in \mathbb{R}, \qquad \cos^2(x) + \sin^2(x) = 1$$

alors on obtient :

$$\mathbf{(\tan(x))' = \frac{1}{\cos^2(x)}}$$

Ou encore :

$$(\tan(x))' = \frac{\cos^2(x) + \sin^2(x)}{\cos^2(x)} \quad \Leftrightarrow \quad (\tan(x))' = \frac{\cos^2(x)}{\cos^2(x)} + \frac{\sin^2(x)}{\cos^2(x)}$$

Ce qui nous donne :

$$(\tan(x))' = 1 + \left(\frac{\sin(x)}{\cos(x)}\right)^2 \quad \Leftrightarrow \quad \mathbf{(\tan(x))' = 1 + \tan^2(x)}$$

On constate alors que, $\forall x \in \mathcal{D}_{\tan}$, cette fonction dérivée tan' est strictement positive, et ainsi, on en déduit alors que, sur $\mathcal{D}_{\tan}$, la fonction tan est strictement croissante. Sa courbe représentative est la suivante :

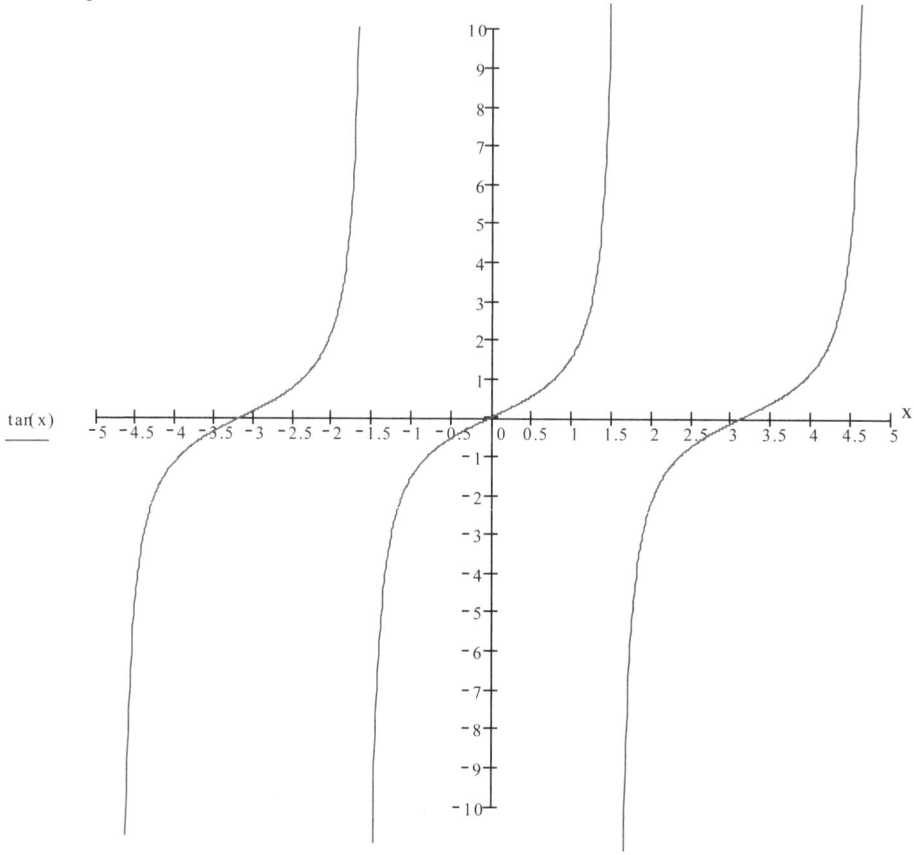

Figure 17 : représentation graphique de la fonction tangente

➥ *Equations trigonométriques*

➢ Equation du type $\cos(x) = \cos(a)$ avec $(x\,;a) \in \mathbb{R}^2$

Comme la fonction cosinus est paire, 2π-périodique et associé à l'axe des abscisses (du cercle trigonométrique), on en déduit que :

$$\cos(x) = \cos(a) \quad \Leftrightarrow \quad \begin{cases} x = a + 2k\pi \\ x = -a + 2k\pi \end{cases} \quad \text{avec } k \in \mathbb{Z}$$

➢ Equation du type $\sin(x) = \sin(a)$ avec $(x\,;a) \in \mathbb{R}^2$

Comme la fonction sinus est impaire, 2π-périodique et associé à l'axe des ordonnées (du cercle trigonométrique), on en déduit que :

$$\sin(x) = \sin(a) \quad \Leftrightarrow \quad \begin{cases} x = a + 2k\pi \\ x = \pi - a + 2k\pi \end{cases} \quad \text{avec } k \in \mathbb{Z}$$

➢ Equation du type $\tan(x) = \tan(a)$ avec $(x\,;a) \in \mathbb{R}^2$
Comme la fonction tan est impaire et π-périodique, on en déduit que :

$$\tan(x) = \tan(a) \quad \Leftrightarrow \quad x = a + k\pi \quad \text{avec } k \in \mathbb{Z}$$

➢ Equation du type $\sin(x) = \cos(a)$ avec $(x\,;a) \in \mathbb{R}^2$
Le plus simple est de se ramener à une équation du premier type, c'est-à-dire une égalité entre cosinus. Pour cela, on utilise le fait que :

$$\sin(x) = \cos\left(\frac{\pi}{2} - x\right)$$

Dans ce cas, on obtient :

$$\cos\left(\frac{\pi}{2} - x\right) = \cos(a) \quad \Leftrightarrow \quad \begin{cases} \frac{\pi}{2} - x = a + 2k\pi \\ \frac{\pi}{2} - x = \pi - a + 2k\pi \end{cases} \quad \text{avec } k \in \mathbb{Z}$$

Soit encore :

$$\begin{cases} x = \frac{\pi}{2} - a - 2k\pi \\ x = a + \frac{\pi}{2} - \pi - 2k\pi \end{cases} \quad \Leftrightarrow \quad \begin{cases} x = \frac{\pi}{2} - a - 2k\pi \\ x = a - \frac{\pi}{2} - 2k\pi \end{cases} \quad \text{avec } k \in \mathbb{Z}$$

Finalement, on obtient :

$$\begin{cases} x = -\left(a - \frac{\pi}{2}\right) + 2\Bbbk\pi \\ x = a - \frac{\pi}{2} + 2\Bbbk\pi \end{cases} \quad \text{avec } \Bbbk = -k \in \mathbb{Z}$$

➢ Equation du type $a\cos(x) + b\sin(x) = c$ avec $(x\,;\ a\,;b\,;c) \in \mathbb{R}^4$
Pour résoudre ce type d'équation, il faut absolument transformer le membre de gauche de l'équation. En effet, on peut écrire que :

$$a\cos(x) + b\sin(x) = \sqrt{a^2+b^2}\frac{a}{\sqrt{a^2+b^2}}\cos(x) + \sqrt{a^2+b^2}\frac{b}{\sqrt{a^2+b^2}}\sin(x)$$

Soit encore :

$$\cos(x) + b\sin(x) = \sqrt{a^2+b^2}\left(\frac{a}{\sqrt{a^2+b^2}}\cos(x) + \sqrt{a^2+b^2}\frac{b}{\sqrt{a^2+b^2}}\sin(x)\right)$$

On pose alors :

$$\begin{cases} \cos(\varphi) = \frac{b}{\sqrt{a^2+b^2}} \\ \sin(\varphi) = \frac{a}{\sqrt{a^2+b^2}} \end{cases} \quad \text{avec } \varphi \in \mathbb{R}$$

D'où :

$$a\cos(x) + b\sin(x) = \sqrt{a^2+b^2}(\sin(\varphi)\cos(x) + \cos(\varphi)\sin(x))$$

Ce qui nous donne donc :

$$a\cos(x) + b\sin(x) = \sqrt{a^2+b^2}\sin(x+\varphi)$$

De plus, comme :

$$\begin{cases} \cos(\varphi) = \dfrac{b}{\sqrt{a^2+b^2}} \\ \sin(\varphi) = \dfrac{a}{\sqrt{a^2+b^2}} \end{cases} \Rightarrow \quad \frac{\sin(\varphi)}{\cos(\varphi)} = \frac{\dfrac{a}{\sqrt{a^2+b^2}}}{\dfrac{b}{\sqrt{a^2+b^2}}} \quad \Leftrightarrow \quad \tan(\varphi) = \frac{a}{b}$$

En faisant usage de la fonction réciproque $\Re(\tan) \equiv \arctan$, on obtient donc l'expression du paramètre φ. Au regard des propriétés de cette fonction, on doit distinguer les cas suivants :

- si $b > 0$ et $a \geq 0$ alors $\varphi = \arctan\left(\frac{a}{b}\right)$;
- si $b < 0$ et $a \in \mathbb{R}$ alors $\varphi = \arctan\left(\frac{a}{b}\right) + \pi$;
- si $b > 0$ et $a < 0$ alors $\varphi = \arctan\left(\frac{a}{b}\right) + 2\pi$;
- si $b = 0$ et $a > 0$ alors $\varphi = \frac{\pi}{2}$;
- si $b = 0$ et $a < 0$ alors $\varphi = \frac{3\pi}{2}$;

Donc, l'équation étudier prend la forme suivante :

$$a\cos(x) + b\sin(x) = c \quad \Leftrightarrow \quad \sqrt{a^2+b^2}\sin(x+\varphi) = c$$

D'où :

$$\sin(x+\varphi) = \frac{c}{\sqrt{a^2+b^2}} \quad \Leftrightarrow \quad \sin(x+\varphi) = d \quad \text{avec } d = \frac{c}{\sqrt{a^2+b^2}}$$

Comme la fonction sinus est bornée entre 1 et -1, on en déduit aisément que l'équation étudier admet comme éventuelles solutions :

- si $d \notin [-1\,;1]$ alors l'équation n'admet pas de solution ;
- si $d \in [-1\,;1]$ alors on pose

$$d = \frac{c}{\sqrt{a^2+b^2}} = \sin(x_0)$$

Et, en prenant la valeur principale, on se ramène alors à l'équation :

$$\sin(x+\varphi) = \sin(x_0) \quad \Leftrightarrow \quad \begin{cases} x = x_0 - \varphi + 2k\pi \\ x = \pi - x_0 - \varphi + 2k\pi \end{cases} \quad \text{avec } k \in \mathbb{Z}$$

Afin d'illustrer cette technique de résolution, considérons l'exemple suivant :

$$\sqrt{3}\cos(x) - \sin(x) = 2$$

Dans ce cas, on a :

$$\begin{cases} a = \sqrt{3} > 0 \\ b = -1 < 0 \\ c = 2 \end{cases} \Rightarrow \sqrt{a^2 + b^2} = 2 \Rightarrow d = \frac{c}{\sqrt{a^2 + b^2}} = 1 \in [-1\,;1]$$

Donc cette équation admet bien des solutions. Et on a :

$$\begin{cases} \cos(\varphi) = \dfrac{-1}{2} \\ \sin(\varphi) = \dfrac{\sqrt{3}}{2} \end{cases} \Rightarrow \frac{\sin(\varphi)}{\cos(\varphi)} = \frac{\frac{\sqrt{3}}{2}}{\frac{-1}{2}} \Leftrightarrow \tan(\varphi) = -\sqrt{3} \Rightarrow \varphi = \frac{2\pi}{3}$$

En effet, le tableau des lignes trigonométriques tout comme la formule, nous a permis d'écrire que :

$$\varphi = \arctan\left(-\sqrt{3}\right) + \pi = \frac{2\pi}{3}$$

Dès lors, on pose :

$$\sin(x_0) = 1 \Rightarrow x_0 = \frac{\pi}{2}\ [2\pi]$$

D'où les solutions suivantes :

$$\begin{cases} x = \dfrac{\pi}{2} - \dfrac{2\pi}{3} + 2k\pi \\ x = \pi - \dfrac{\pi}{2} - \dfrac{2\pi}{3} + 2k\pi \end{cases} \Leftrightarrow \begin{cases} x = \dfrac{\pi}{2} - \dfrac{2\pi}{3} + 2k\pi \\ x = \dfrac{\pi}{2} - \dfrac{2\pi}{3} + 2k\pi \end{cases} \Leftrightarrow x = -\frac{\pi}{6} + 2k\pi \text{ avec } k \in \mathbb{Z}$$

E) Les fonctions trigonométriques réciproques (ou inverses)

Les fonctions trigonométriques inverses ne sont que trop mal connues des lycéens. Et pourtant ils les utilisent en Sciences-Physiques, lorsque par exemples, ils sont à la recherche d'un angle particulier. Il est donc temps de se familiariser avec elles.

➢ ***La fonction arc sinus***

On sait que la fonction sinus est continue et monotone sur l'intervalle $\left[-\frac{\pi}{2}\,;\,\frac{\pi}{2}\right]$ et qu'elle transforme cet intervalle comme :

$$\sin\left(\left[-\frac{\pi}{2}\,;\,\frac{\pi}{2}\right]\right) = [-1\,;\,1]$$

Donc, la fonction sinus réalise une bijection de $\left[-\frac{\pi}{2}\,;\,\frac{\pi}{2}\right]$ sur $[-1\,;\,1]$. C'est pourquoi, il est possible de définir **sa bijection réciproque** de $[-1\,;\,1]$ sur $\left[-\frac{\pi}{2}\,;\,\frac{\pi}{2}\right]$, appelée arc sinus, et sera notée $\mathfrak{R}(\mathbf{sin}) \equiv \mathbf{arcsin}$. On a la définition suivante :

Définition (Sup)

La fonction arc sinus, notée arcsin, est définie par :

$$\arcsin : \begin{cases} [-1\,;\,1] & \longrightarrow & \left[-\frac{\pi}{2}\,;\,\frac{\pi}{2}\right] \\ x & \longmapsto & y = \arcsin(x) \end{cases}$$

Et on a :

$$\forall x \in [-1\,;\,1], \forall y \in \left[-\frac{\pi}{2}\,;\,\frac{\pi}{2}\right], \qquad y = \arcsin(x) \quad \Leftrightarrow \quad x = \sin(y)$$

En conséquence de cette définition, on peut affirmer que, sur l'intervalle $\left[-\frac{\pi}{2}\,;\,\frac{\pi}{2}\right]$ la fonction sinus est dérivable (et donc continue) et sa dérivée, la fonction cosinus, est **strictement positive** sur $\left]-\frac{\pi}{2}\,;\,\frac{\pi}{2}\right[$. Or, on sait que :

$$\arcsin(\,]-1\,;\,1[\,) = \left]-\frac{\pi}{2}\,;\,\frac{\pi}{2}\right[$$

Donc, on en déduit que cette bijection réciproque, à savoir la fonction arc sinus, est dérivable sur l'intervalle $]-1\,;\,1[$. Et on a alors :

$$\Re(\sin)'(x) = (\arcsin(x))' = \frac{1}{(\sin' \circ \arcsin)(x)} = \frac{1}{\sin'(\arcsin(x))} = \frac{1}{\cos(\arcsin(x))}$$

Mais comme

$$\big(\cos(\arcsin(x))\big)^2 + \big(\sin(\arcsin(x))\big)^2 = 1 \quad \Leftrightarrow \quad \big(\cos(\arcsin(x))\big)^2 + x^2 = 1$$

Cela implique que :

$$\cos(\arcsin(x)) = \sqrt{1-x^2}$$

Finalement, on en déduit que :

$$\forall x \in [-1\,;\,1], \qquad (\arcsin(x))' = \frac{1}{\sqrt{1-x^2}}$$

De plus, $\forall x \in [-1\,;\,1]$, cette fonction dérivée est strictement positive, ce qui implique que **la fonction arcsin est strictement croissante** (monotone) sur son intervalle de définition. De plus, on vient de démontrer que, $\forall x \in [-1\,;\,1]$, on a :

- propriété de définition :

$$\sin(\arcsin(x)) = x$$

- propriété associée :

$$\cos(\arcsin(x)) = \sqrt{1-x^2}$$

- propriété engendrée :

$$\tan(\arcsin(x)) = \frac{x}{\sqrt{1-x^2}}$$

Ainsi, la fonction **arc sinus représente la longueur de l'arc de cercle**, du cercle trigonométrique, qui permet de définir l'angle x lorsqu'il est exprimé en radian. La courbe représentative de la fonction arc sinus est la suivante :

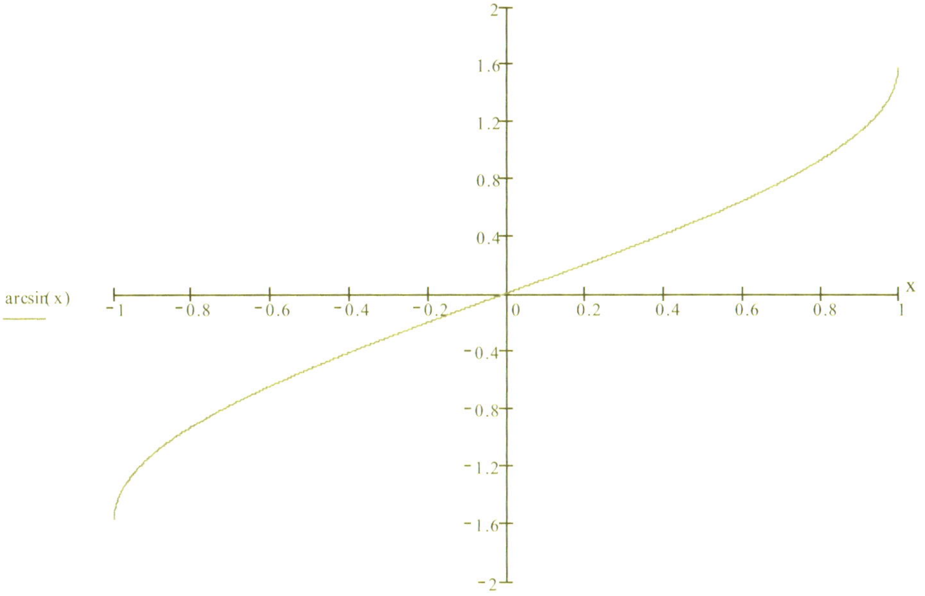

Figure 18 : représentation graphique de la fonction arc sinus

➢ ***La fonction arc cosinus***

On sait que la fonction cosinus est continue et monotone sur l'intervalle $[0\,;\,\pi]$ et qu'elle transforme cet intervalle comme :

$$\cos([0\,;\,\pi]) = [-1\,;\,1]$$

Donc, la fonction cosinus réalise une bijection de $[0\,;\,\pi]$ sur $[-1\,;\,1]$. C'est pourquoi, il est possible de définir **sa bijection réciproque** de $[-1\,;\,1]$ sur $[0\,;\,\pi]$, appelée arc cosinus, et sera notée $\mathbf{\mathfrak{R}(cos)} \equiv$ **arccos**. On a la définition suivante :

Définition (Sup)

La fonction arc cosinus, notée arccos, est définie par :

$$\arccos : \begin{cases} [-1\,;\,1] & \longrightarrow & [0\,;\,\pi] \\ x & \longmapsto & y = \arccos(x) \end{cases}$$

Et on a :

$$\forall x \in [-1\,;\,1], \forall y \in [0\,;\,\pi], \qquad y = \arccos(x) \quad \Leftrightarrow \quad x = \cos(y)$$

En conséquence de cette définition, on peut affirmer que, sur l'intervalle $[0\,;\,\pi]$ la fonction cosinus est dérivable (et donc continue) et sa dérivée, la fonction opposée du sinus, est **strictement positive** sur $]0\,;\,\pi[$. Or, on sait que :

$$\arccos(\,]-1\,;\,1[\,) =]0\,;\,\pi[$$

Donc, on en déduit que cette bijection réciproque, à savoir la fonction arc cosinus, est dérivable sur l'intervalle $]-1\,;\,1[$. Et on a alors :

$$\Re(\cos)'(x) = (\arccos(x))' = \frac{1}{(\cos' \circ \arccos)(x)} = \frac{1}{\cos'(\arccos(x))} = \frac{1}{-\sin(\arccos(x))}$$

Mais comme

$$\big(\cos(\arccos(x))\big)^2 + \big(\sin(\arccos(x))\big)^2 = 1 \quad \Leftrightarrow \quad x^2 + \big(\sin(\arcsin(x))\big)^2 = 1$$

Cela implique que :

$$\sin(\arccos(x)) = \sqrt{1 - x^2}$$

Finalement, on en déduit que :

$$\forall x \in [-1\,;\,1], \qquad (\arccos(x))' = -\frac{1}{\sqrt{1 - x^2}}$$

De plus, $\forall x \in [-1\,;\,1]$, cette fonction dérivée est strictement positive, ce qui implique que **la fonction arcsin est strictement décroissante** (monotone) sur son intervalle de définition. On constate également que :

$$\forall x \in [-1\,;\,1], \qquad (\arccos(x))' = -(\arcsin(x))' \quad \Leftrightarrow \quad (\arccos(x) + \arcsin(x))' = 0$$

Donc :

$$\forall x \in [-1\,;\,1], \qquad \arccos(x) + \arcsin(x) = a \in \mathbb{R}$$

Posons alors :

$$a = \arccos(0) + \arcsin(0) \quad \Leftrightarrow \quad a = \frac{\pi}{2} + 0$$

Finalement, on la propriété suivante de correspondance entre les deux fonctions arc cosinus et arc sinus :

$$\forall x \in [-1\,;\,1], \qquad \arccos(x) + \arcsin(x) = \frac{\pi}{2}$$

Finalement, on la propriété suivante :

Propriété (Sup)	Les deux fonctions numériques arc cosinus et arc sinus admettent, sur l'intervalle $\mathbb{R}$, la propriété suivante : $$\arccos(x) + \arcsin(x) = \frac{\pi}{2}$$

De plus, on vient de démontrer que, $\forall x \in [-1\,;\,1]$, on a :

- propriété de définition :

$$\sin(\arccos(x)) = \sqrt{1 - x^2}$$

- propriété associée :

$$\cos(\arccos(x)) = x$$

- propriété engendrée :

$$\tan(\arccos(x)) = \frac{\sqrt{1 - x^2}}{x} = \frac{1}{\tan(\arcsin(x))}$$

Ainsi, la fonction **arc cosinus représente la longueur de l'arc de cercle**, du cercle trigonométrique, qui permet de définir l'angle x lorsqu'il est exprimé en radian. La courbe représentative de la fonction arc cosinus est la suivante :

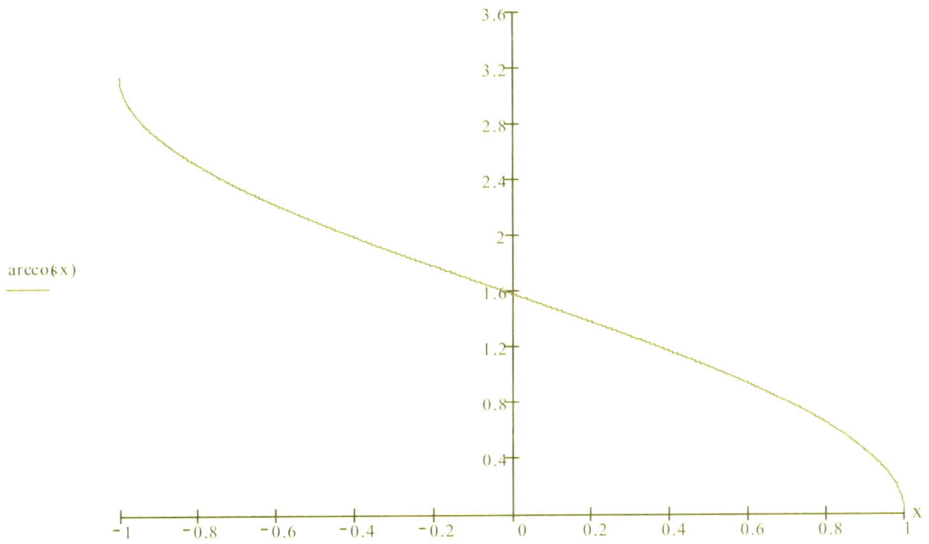

Figure 19 : représentation graphique de la fonction arc cosinus

➢ ***La fonction arc tangente***

On sait que la fonction tangente est continue et monotone sur l'intervalle $\left]-\frac{\pi}{2} ; \frac{\pi}{2}\right[$ et qu'elle transforme cet intervalle comme :

$$\sin\left(\left]-\frac{\pi}{2} ; \frac{\pi}{2}\right[\right) = \mathbb{R}$$

Donc, la fonction sinus réalise une bijection de $\left]-\frac{\pi}{2} ; \frac{\pi}{2}\right[$ sur $\mathbb{R}$. C'est pourquoi, il est possible de définir **sa bijection réciproque** de $\mathbb{R}$ sur $\left]-\frac{\pi}{2} ; \frac{\pi}{2}\right[$, appelée arc tangente, et sera notée $\mathbf{\Re(tan)} \equiv$ **arctan**. On a la définition suivante :

Définition (Sup)

La fonction arc tangente, notée arctan, est définie par :

$$\arctan : \begin{cases} \mathbb{R} & \longrightarrow \quad \left]-\frac{\pi}{2} \,;\, \frac{\pi}{2}\right[\\ x & \longmapsto \quad y = \arctan(x) \end{cases}$$

Et on a :

$$\forall x \in \mathbb{R}, \forall y \in \left]-\frac{\pi}{2} \,;\, \frac{\pi}{2}\right[, \qquad y = \arctan(x) \quad \Leftrightarrow \quad x = \tan(y)$$

En conséquence de cette définition, on peut affirmer que, sur l'intervalle $\left]-\frac{\pi}{2} \,;\, \frac{\pi}{2}\right[$ la fonction tangente est dérivable (et donc continue) et sa dérivée, l'inverse du carré de la fonction cosinus, est **strictement positive** sur $\left]-\frac{\pi}{2} \,;\, \frac{\pi}{2}\right[$. Or, on sait que :

$$\arctan(\,\mathbb{R}\,) = \left]-\frac{\pi}{2} \,;\, \frac{\pi}{2}\right[$$

Donc, on en déduit que cette bijection réciproque, à savoir la fonction arc tangente, est dérivable sur l'intervalle $\mathbb{R}$. Et on a alors :

$$\Re(\tan)'(x) = (\arctan(x))' = \frac{1}{(\tan' \circ \arctan)(x)} = \frac{1}{\tan'(\arctan(x))} = \frac{1}{(\cos(\arctan(x)))^2}$$

Mais comme $\forall X \in \mathbb{R}$, on a :

$$\frac{1}{(\cos(X))^2} = 1 + (\tan(X))^2$$

Cela implique que :

$$(\arctan(x))' = \frac{1}{1 + (\tan(\arctan(x)))^2}$$

Finalement, on en déduit que :

$$\forall x \in \mathbb{R}, \qquad (\arctan(x))' = \frac{1}{1 + x^2}$$

De plus, $\forall x \in \mathbb{R}$, cette fonction dérivée est strictement positive, ce qui implique que **la fonction arctan est strictement croissante** (monotone) sur son intervalle de définition. De plus, on vient de démontrer que, $\forall x \in \mathbb{R}$, on a :

- propriété de définition :

$$\tan(\arctan(x)) = x$$

- propriété associée :

$$\cos(\arctan(x)) = \sqrt{\frac{1}{1 + x^2}} = \frac{1}{\sqrt{1 + x^2}}$$

- propriété engendrée :

$$\sin(\arctan(x)) = \frac{x}{\sqrt{1+x^2}}$$

De plus, on constate que :

$$\forall x \in \mathbb{R}^*, \qquad \left(\arctan\left(\frac{1}{x}\right)\right)' = \frac{1}{1+\left(\frac{1}{x}\right)^2} \times \left(\frac{1}{x}\right)'$$

Soit encore :

$$\forall x \in \mathbb{R}^*, \qquad \left(\arctan\left(\frac{1}{x}\right)\right)' = -\frac{1}{1+\frac{1}{x^2}}\frac{1}{x^2}$$

Soit :

$$\forall x \in \mathbb{R}^*, \qquad \left(\arctan\left(\frac{1}{x}\right)\right)' = -\frac{1}{1+x^2} \quad \Leftrightarrow \quad \left(\arctan\left(\frac{1}{x}\right)\right)' = -(\arctan(x))'$$

Ce qui nous permet donc d'écrire que :

$$\forall x \in \mathbb{R}^*, \qquad \left(\arctan\left(\frac{1}{x}\right)\right)' + (\arctan(x))' = 0 \quad \Leftrightarrow \quad \left(\arctan\left(\frac{1}{x}\right) + \arctan(x)\right)' = 0$$

Donc :

$$\forall x \in \mathbb{R}^*, \qquad \arctan\left(\frac{1}{x}\right) + \arctan(x) = a \in \mathbb{R}$$

Posons alors :

- $\forall x \in \mathbb{R}^{+*}$ on choisit par commodité $a = 1$, et on obtient :

$$\forall x \in \mathbb{R}^{+*}, \qquad \arctan\left(\frac{1}{1}\right) + \arctan(1) = 2\arctan(1) = 2 \times \frac{\pi}{4} = \frac{\pi}{2}$$

- $\forall x \in \mathbb{R}^{+*}$ on choisit par commodité $a = -1$, et on obtient :

$$\forall x \in \mathbb{R}^{-*}, \qquad \arctan\left(\frac{1}{-1}\right) + \arctan(-1) = 2\arctan(-1) = 2 \times \frac{-\pi}{4} = -\frac{\pi}{2}$$

Finalement, on la propriété suivante :

Propriété (Sup)

La fonction numérique arc tangente admet, sur l'intervalle $\mathbb{R}^*$, la propriété suivante :

✓ $\forall x > 0$:

$$\arctan\left(\frac{1}{x}\right) + \arctan(x) = \frac{\pi}{2}$$

✓ $\forall x < 0$:

$$\arctan\left(\frac{1}{x}\right) + \arctan(x) = -\frac{\pi}{2}$$

Ainsi, la fonction **arc tangente représente la longueur de l'arc de cercle**, du cercle trigonométrique, qui permet de définir l'angle x lorsqu'il est exprimé en radian. La courbe représentative de la fonction arc tangente est la suivante :

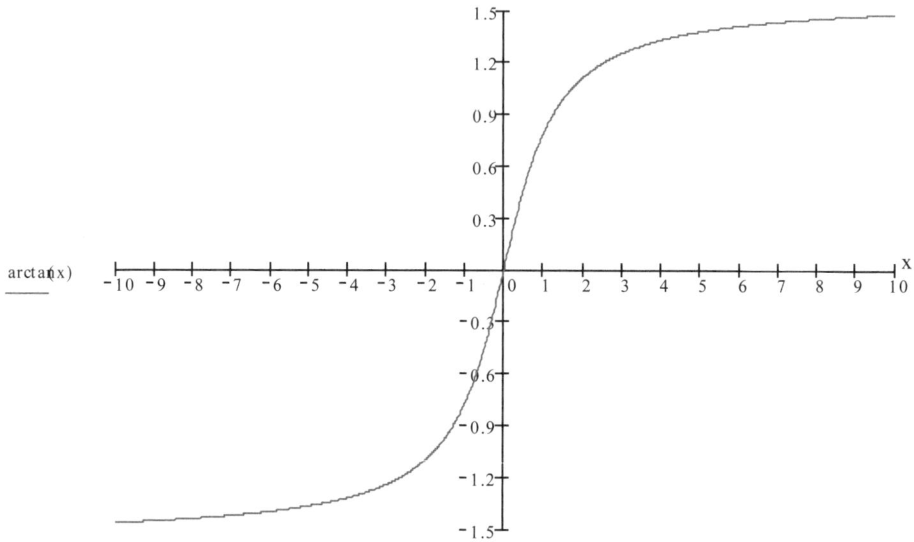

Figure 19 : représentation graphique de la fonction arc tangente

F) Les fonctions hyperboliques

Les fonctions trigonométriques inverses ne sont que trop mal connues des lycéens. Et pourtant ils les utilisent en Sciences-Physiques, lorsque par exemples, ils sont à la recherche d'un angle particulier. Il est donc temps de se familiariser avec elles.

➢ ***Définitions***

On a les définitions suivantes :

Définition (Sup)

La fonction numérique **cosinus hyperbolique**, notée cosh (ou ch), est définie sur ℝ par l'expression suivante :

$$\cosh : \begin{cases} \mathbb{R} & \longrightarrow & \mathbb{R} \\ x & \longmapsto & y = \dfrac{e^x + e^{-x}}{2} \end{cases}$$

La fonction numérique **sinus hyperbolique**, notée sinh (ou sh), est définie sur ℝ par l'expression suivante :

$$\sinh : \begin{cases} \mathbb{R} & \longrightarrow & \mathbb{R} \\ x & \longmapsto & y = \dfrac{e^x - e^{-x}}{2} \end{cases}$$

♣ *Remarque : Toute fonction numérique f peut, de manière unique, se décomposer comme la somme d'une fonction paire et d'une autre impaire : f(x) = ½ (f(x) + f(-x)) + ½ (f(x) - f(-x)). Ainsi, le cosinus hyperbolique représente la partie paire de la fonction exponentielle népérienne, et le sinus hyperbolique représente la partie paire de cette même fonction exponentielle népérienne.*

Ainsi, on constate que :

$$\begin{cases} \lim\limits_{x \to +\infty} \cosh(x) = +\infty \\ \lim\limits_{x \to -\infty} \cosh(x) = +\infty \\ \lim\limits_{x \to +\infty} \sinh(x) = +\infty \\ \lim\limits_{x \to -\infty} \sinh(x) = -\infty \end{cases}$$

Et également que :

$$\forall x \in \mathbb{R}, \qquad \cosh(x) > 0 \quad \text{et} \quad \begin{cases} \forall x \geq 0, \ \sinh(x) \geq 0 \\ \forall x \leq 0, \ \sinh(x) \leq 0 \end{cases}$$

Et de plus, avec les valeurs remarquables suivantes :

$$\cosh(x = 0) = 1 \quad \text{et} \quad \sinh(x = 0) = 0$$

De plus, comme la fonction exponentielle népérienne est dérivable sur $\mathbb{R}$, on en déduit alors que **les deux fonctions cosinus hyperbolique et sinus hyperbolique sont** également **dérivable sur** $\mathbb{R}$. On a alors :

$$\forall x \in \mathbb{R}, \begin{cases} (\cosh(x))' = \left(\dfrac{e^x + e^{-x}}{2}\right)' = \dfrac{(e^x)' + (e^{-x})'}{2} = \dfrac{e^x - e^{-x}}{2} = \sinh(x) \\ (\sinh(x))' = \left(\dfrac{e^x - e^{-x}}{2}\right)' = \dfrac{(e^x)' - (e^{-x})'}{2} = \dfrac{e^x + e^{-x}}{2} = \cosh(x) \end{cases}$$

Et de ceci on en déduit que :

$$\begin{cases} \forall x \in \mathbb{R}^+, (\cosh(x))' > 0 \implies \text{sinh est croissante sur } \mathbb{R}^+ \\ \forall x \in \mathbb{R}^-, (\cosh(x))' < 0 \implies \text{sinh est décroissante sur } \mathbb{R}^- \end{cases}$$

Mais également que :

$$\forall x \in \mathbb{R}, (\sinh(x))' > 0 \implies \text{sinh est strictement croissante sur } \mathbb{R}$$

Enfin, on constate également que :

$$\forall x \in \mathbb{R}, -x \in \mathbb{R}, \begin{cases} \cosh(-x) = \dfrac{e^{-x} + e^{-(-x)}}{2} = \dfrac{e^{-x} + e^{x}}{2} = \dfrac{e^x + e^{-x}}{2} = \cosh(x) \\ \sinh(-x) = \dfrac{e^{-x} - e^{-(-x)}}{2} = \dfrac{e^{-x} - e^{x}}{2} = -\dfrac{e^x - e^{-x}}{2} = -\sinh(x) \end{cases}$$

Ainsi, **la fonction cosinus hyperbolique est paire** et l**a fonction sinus hyperbolique est impaire**. De plus, d'après les définitions précédentes de ces deux fonctions hyperboliques engendrent les trois relations suivantes :

$$\forall x \in \mathbb{R}, \quad \begin{cases} \cosh(x) + \sinh(x) = e^{x} \\ \cosh(x) - \sinh(x) = e^{-x} \\ \cosh^2(x) - \sinh^2(x) = 1 \end{cases}$$

Finalement les courbes représentatives des deux fonctions hyperboliques sont les suivantes :

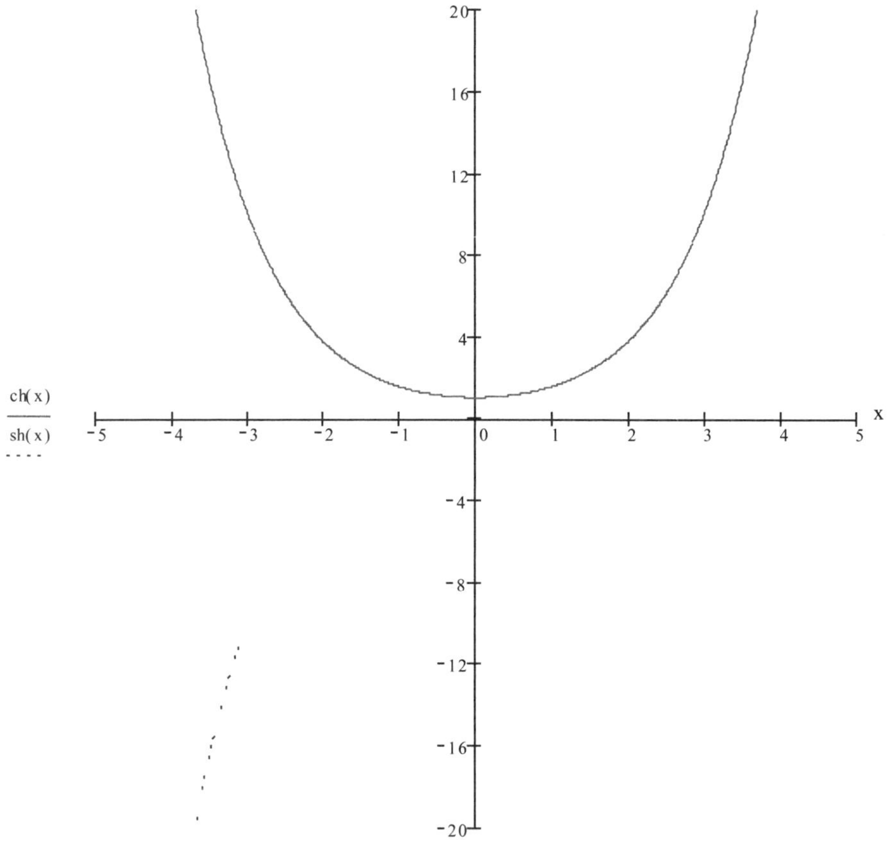

Figure 20 : représentation graphique des deux fonctions cosinus hyperbolique et sinus hyperbolique

Voici donc deux « nouvelles » représentations graphiques qu'il est toujours bon d'avoir en tête.

En ce qui concerne l'étude de leur convexité. Il suffit de se souvenir que la fonction exponentielle népérienne est de classe $C^{\infty}(\mathbb{R})$, donc il en va de même pour les fonctions cosinus hyperbolique et sinus hyperbolique. Ainsi déterminons leurs dérivées secondes respectives. On a alors :

$$\forall x \in \mathbb{R}, \quad \begin{cases} (\cosh(x))'' = ((\cosh(x))')' = (\sinh(x))' = \cosh(x) \\ (\sinh(x))'' = ((\sinh(x))')' = (\cosh(x))' = \sinh(x) \end{cases}$$

Ainsi, on en déduit que :

$$\forall x \in \mathbb{R}, \quad (\cosh(x))'' > 0 \quad \Longrightarrow \quad \text{cosh est convexe sur } \mathbb{R}$$

Et que :

$$\begin{cases} \forall x \in \mathbb{R}^+, (\sinh(x))'' \geq 0 \quad \Longrightarrow \quad \text{sinh est convexe sur } \mathbb{R}^+ \\ \forall x \in \mathbb{R}^-, (\sinh(x))'' \leq 0 \quad \Longrightarrow \quad \text{sinh est concave sur } \mathbb{R}^- \end{cases}$$

De plus, on a :

$$(\sinh(x))''\rbrack_{x=0} = \sinh(x = 0) = 0$$

Donc, **la fonction sinus hyperbolique admet au point origine,** de coordonnées (0 ; 0), **un point d'inflexion**.

♣ *Remarque : Les deux fonctions cosinus hyperbolique et le sinus hyperbolique interviennent beaucoup en Physique, comme par exemple, dans le cadre de l'étude de la mécanique des fils pesants, comme la classique « chainette pesante ».*

Ayant définit, et étudié, les deux la fonction cosinus hyperbolique et sinus hyperbolique, on peut maintenant définir **la fonction tangente hyperbolique**. On a alors :

Définition (Sup)

> La fonction numérique **tangente hyperbolique**, notée tanh (ou th), est définie sur $\mathbb{R}$ par l'expression suivante :
>
> $$\tanh : \begin{cases} \mathbb{R} & \longrightarrow & \mathbb{R} \\ x & \longmapsto & y = \dfrac{\sinh(x)}{\cosh(x)} = \dfrac{e^x - e^{-x}}{e^x + e^{-x}} \end{cases}$$

Cette fonction tangente hyperbolique peut également prendre une autre forme. En effet, en faisant usage des propriétés de l'exponentielle népérienne, on peut écrire que :

$$\tanh(x) = \frac{e^x - e^{-x}}{e^x + e^{-x}} = \frac{e^x \dfrac{e^{-x}}{e^{-x}} - e^{-x}}{e^x \dfrac{e^{-x}}{e^{-x}} + e^{-x}} = \frac{e^{-x} \dfrac{e^x}{e^{-x}} - 1}{e^{-x} \dfrac{e^x}{e^{-x}} + 1} = \frac{\dfrac{e^x}{e^{-x}} - 1}{\dfrac{e^x}{e^{-x}} + 1} = \frac{e^x e^x - 1}{e^x e^x + 1} = \frac{(e^x)^2 - 1}{(e^x)^2 + 1}$$

Finalement, on obtient :

$$\forall x \in \mathbb{R}, \quad \tanh(x) = \frac{e^{2x} - 1}{e^{2x} + 1}$$

De la même manière, mais en factorisant cette fois initialement par le terme e^x, on obtient une expression équivalente de la fonction tangente hyperbolique, à savoir :

$$\forall x \in \mathbb{R}, \quad \tanh(x) = \frac{1 - e^{-2x}}{1 + e^{-2x}}$$

Et de ceci, on peut en déduire que :

$$\lim_{x \to +\infty} \tanh(x) = \lim_{x \to +\infty} \frac{1 - e^{-2x}}{1 + e^{-2x}} \quad \Leftrightarrow \quad \lim_{x \to +\infty} \tanh(x) = \frac{1 - \lim\limits_{x \to +\infty} e^{-2x}}{1 + \lim\limits_{x \to +\infty} e^{-2x}}$$

Ce qui nous donne :

$$\lim_{x \to +\infty} \tanh(x) = \frac{1 - 0}{1 + 0} \quad \Leftrightarrow \quad \lim_{x \to +\infty} \tanh(x) = 1$$

Puis, on a également :

$$\lim_{x \to -\infty} \tanh(x) = \lim_{x \to +\infty} \frac{e^{2x} - 1}{e^{2x} + 1} \quad \Leftrightarrow \quad \lim_{x \to -\infty} \tanh(x) = \frac{\left(\lim\limits_{x \to -\infty} e^{2x}\right) - 1}{\left(\lim\limits_{x \to -\infty} e^{2x}\right) + 1}$$

Ce qui nous donne :

$$\lim_{x \to -\infty} \tanh(x) = \frac{0 - 1}{0 + 1} \quad \Leftrightarrow \quad \lim_{x \to -\infty} \tanh(x) = -1$$

Ainsi, la courbe représentative de la fonction tangente hyperbolique admet deux asymptotes horizontales d'équations respectives $y = \pm 1$. De plus, on a

$$\forall x \in \mathbb{R}, -x \in \mathbb{R}, \ \tanh(-x) = \frac{\cosh(-x)}{\sinh(-x)} = \frac{\cosh(x)}{-\sinh(x)} = -\frac{\cosh(x)}{\sinh(x)} = -\tanh(x)$$

Ainsi, **la fonction tangente hyperbolique est impaire**. En ce qui concerne la dérivation, comme les deux fonctions sinus hyperbolique et cosinus hyperbolique sont de classe $C^\infty(\mathbb{R})$, il en est de même pour la fonction tangente hyperbolique. De ceci, on en déduit alors que :

$$\forall x \in \mathbb{R}, \ (\tanh(x))' = \left(\frac{\sinh(x)}{\cosh(x)}\right)' = \frac{(\sinh(x))' \cosh(x) - (\cosh(x))' \sinh(x)}{\cosh^2(x)}$$

Ce qui nous donne :

$$\forall x \in \mathbb{R}, \ (\tanh(x))' = \left(\frac{\sinh(x)}{\cosh(x)}\right)' = \frac{\cosh(x)\cosh(x) - \sinh(x)\sinh(x)}{\cosh^2(x)}$$

Soit encore :

$$\forall x \in \mathbb{R}, \ (\tanh(x))' = \left(\frac{\sinh(x)}{\cosh(x)}\right)' = \frac{\cosh^2(x) - \sinh^2(x)}{\cosh^2(x)} = \frac{1}{\cosh^2(x)}$$

Donc, on constate que, $\forall x \in \mathbb{R}$, $(\tanh(x))' > 0$ et ainsi, on en déduit que **la fonction tangente hyperbolique est strictement croissante sur** $\mathbb{R}$. Donc, on en déduit également que :

$$\forall x \in \mathbb{R},\quad (\tanh(x))'' = \left(\frac{1}{\cosh^2(x)}\right)' = \frac{-(\cosh^2(x))'}{(\cosh^2(x))^2} = -\frac{2\cosh(x)\,(\cosh(x))'}{\cosh^4(x)}$$

Ce qui nous donne :

$$\forall x \in \mathbb{R},\quad (\tanh(x))'' = -\frac{2\sinh(x)}{\cosh^3(x)}$$

Donc, $\forall x \in \mathbb{R}$, $(\tanh(x))''$ est du signe contraire du terme $\sinh(x)$. Ainsi, on en déduit directement que :

$$\begin{cases} \forall x \in \mathbb{R}^-, & \sinh(x) \leq 0 \implies (\tanh(x))'' \geq 0 \implies \text{tanh est convexe sur } \mathbb{R}^- \\ \forall x \in \mathbb{R}^+, & \sinh(x) \leq 0 \implies (\tanh(x))'' \leq 0 \implies \text{tanh est concave sur } \mathbb{R}^+ \end{cases}$$

La courbe représentative de la fonction tangente hyperbolique est la suivante :

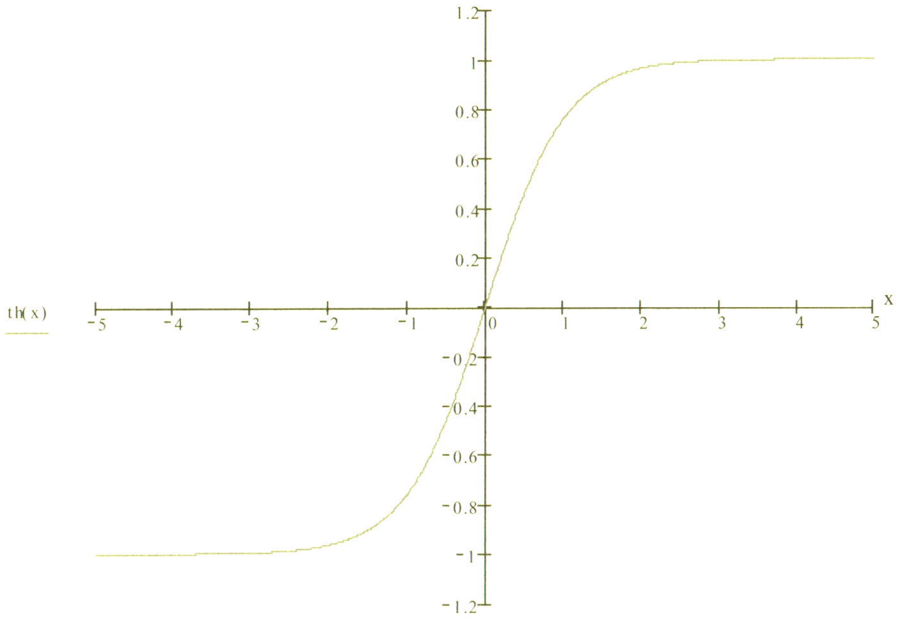

Figure 21 : représentation graphique de la fonction tangente hyperbolique

♣ *Remarque : La fonction tangente hyperbolique apparait, par exemple en mécanique, dans l'étude de la chute d'un objet massif soumis à une force de frottements aérodynamiques, c'est-à-dire proportionnelle au carré de la vitesse de chute.*

Les **approximations affines** sont particulièrement utilisées en Sciences-Physiques afin de déterminer des lois sous forme plus simple (même si leur domaine d'application est plus restreint). C'est pourquoi, il est souhaitable de les déterminer dès maintenant. En ce qui concerne l'approximation affine, autour l'origine, de ces trois fonctions hyperboliques, on obtient les développements suivants :

➥ *Pour la fonction sinus hyperbolique*
Pour $a \in \mathcal{D}_{\sinh}$ on a la formule suivante

$$\sinh(x) = \sinh(a) + (\sinh(x))']_{x=a}(x-a) + (x-a)\varepsilon(x) \quad \text{avec : } \lim_{x\to a} \varepsilon(x) = 0$$

A savoir :

$$\sinh(x) = \sinh(a) + \cosh(a)\,(x-a) + (x-a)\varepsilon(x) \quad \text{avec : } \lim_{x\to a} \varepsilon(x) = 0$$

Si on se trouve près de l'origine, on va poser $a = 0$, et ainsi, on obtient :

$$\sinh(x) = \sinh(0) + \cosh(0)\,(x-0) + (x-0)\varepsilon(x) \quad \text{avec : } \lim_{x\to 0} \varepsilon(x) = 0$$

D'où :

$$\sinh(x) = 0 + 1(x) + (x)\varepsilon(x) \quad \text{avec : } \lim_{x\to 0} \varepsilon(x) = 0$$

Ce qui nous donne donc le résultat suivant :

$$\sinh(x) = x + x\varepsilon(x) \quad \text{avec : } \lim_{x\to 0} \varepsilon(x) = 0$$

Ce résultat nous permet d'écrire que :

$$\frac{\sinh(x)}{x} = 1 + \varepsilon(x) \Rightarrow \lim_{x\to 0} \frac{\sinh(x)}{x} = \lim_{x\to 0}\big(1 + \varepsilon(x)\big) \Leftrightarrow \lim_{x\to 0} \frac{\sinh(x)}{x} = 1 + \lim_{x\to 0} \varepsilon(x)$$

Finalement, on trouve que :

$$\lim_{x\to 0} \frac{\sinh(x)}{x} = 1$$

➥ *Pour la fonction tangente hyperbolique*
Pour $a \in \mathcal{D}_{\tanh}$ on a la formule suivante

$$\tanh(x) = \tanh(a) + (\tanh(x))']_{x=a}(x-a) + (x-a)\varepsilon(x) \quad \text{avec : } \lim_{x\to a} \varepsilon(x) = 0$$

A savoir :

$$\tanh(x) = \tanh(a) + \frac{1}{\cosh^2(a)}(x-a) + (x-a)\varepsilon(x) \quad \text{avec : } \lim_{x\to a} \varepsilon(x) = 0$$

Si on se trouve près de l'origine, on va poser $a = 0$, et ainsi, on obtient :

$$\tanh(x) = \tanh(0) + \frac{1}{\cosh^2(0)}(x-0) + (x-0)\varepsilon(x) \quad \text{avec : } \lim_{x\to 0} \varepsilon(x) = 0$$

D'où :

$$\tanh(x) = 0 + \frac{1}{1^2}(x) + (x)\varepsilon(x) \quad \text{avec : } \lim_{x\to 0} \varepsilon(x) = 0$$

Ce qui nous donne donc le résultat suivant :

$$\tanh(x) = x + x\varepsilon(x) \qquad \text{avec : } \lim_{x\to 0} \varepsilon(x) = 0$$

Ce résultat nous permet d'écrire que :

$$\frac{\tanh(x)}{x} = 1 + \varepsilon(x) \implies \lim_{x\to 0} \frac{\tanh(x)}{x} = \lim_{x\to 0}\big(1 + \varepsilon(x)\big) \iff \lim_{x\to 0} \frac{\tanh(x)}{x} = 1 + \lim_{x\to 0} \varepsilon(x)$$

Finalement, on trouve que :

$$\lim_{x\to 0} \frac{\tanh(x)}{x} = 1$$

➥ *Pour la fonction cosinus hyperbolique*
Pour $a \in \mathcal{D}_{\cosh}$ on a la formule suivante

$$\cosh(x) = \cosh(a) + (\cosh(x))']_{x=a}(x-a) + (x-a)\varepsilon(x) \quad \text{avec : } \lim_{x\to a} \varepsilon(x) = 0$$

A savoir :

$$\cosh(x) = \cosh(a) + \sinh(a)\,(x-a) + (x-a)\varepsilon(x) \quad \text{avec : } \lim_{x\to a} \varepsilon(x) = 0$$

Si on se trouve près de l'origine, on va poser $a = 0$, et ainsi, on obtient :

$$\cosh(x) = \cosh(0) + \sinh(0)\,(x-0) + (x-0)\varepsilon(x) \quad \text{avec : } \lim_{x\to 0} \varepsilon(x) = 0$$

D'où :

$$\cosh(x) = 1 + 0(x) + (x)\varepsilon(x) \qquad \text{avec : } \lim_{x\to 0} \varepsilon(x) = 0$$

Ce qui nous donne donc le résultat suivant :

$$\cosh(x) = 1 + x\varepsilon(x) \qquad \text{avec : } \lim_{x\to 0} \varepsilon(x) = 0$$

Ce résultat nous permet d'écrire que :

$$\frac{\cosh(x)}{x} = \frac{1}{x} + \varepsilon(x) \quad \lim_{x\to 0} \frac{\cosh(x)}{x} = \lim_{x\to 0}\left(\frac{1}{x} + \varepsilon(x)\right)$$

Soit encore :

$$\lim_{x\to 0} \frac{\cosh(x)}{x} = \lim_{x\to 0} \frac{1}{x} + \lim_{x\to 0} \varepsilon(x) \iff \lim_{x\to 0} \frac{\cosh(x)}{x} = \pm\infty + 0$$

Finalement, on trouve que :

$$\begin{cases} \lim\limits_{x\to 0^+} \dfrac{\cosh(x)}{x} = +\infty \\ \lim\limits_{x\to 0^-} \dfrac{\cosh(x)}{x} = -\infty \end{cases}$$

➢ ***Formulaire***

Voici un tableau résumant les différentes formules de trigonométrie. Il est complet sans être exhaustif. Dans ce formulaire, $(a\,;b\,;x) \in \mathbb{R}^3$.

$\cosh^2(x) - \sinh^2(x) = 1$	$\cosh(a+b) = \cosh(a)\cosh(b) + \sinh(a)\sinh(b)$
$\cosh(x) - \sinh(x) = e^{-x}$	$\cosh(a-b) = \cosh(a)\cosh(b) - \sinh(a)\sinh(b)$
$\cosh(x) + \sinh(x) = e^{x}$	$\sinh(a+b) = \sinh(a)\cosh(b) + \cosh(a)\sinh(b)$
$\cosh(x) = \cosh(-x)$	$\sinh(a-b) = \sinh(a)\cosh(b) - \cosh(a)\sinh(b)$
$\sinh(x) = -\sinh(-x)$	$\tanh(a+b) = \dfrac{\tanh(a)+\tanh(b)}{1+\tanh(a)\tanh(b)}$
$\tanh(x) = -\tanh(-x)$	$\tanh(a-b) = \dfrac{\tanh(a)-\tanh(b)}{1-\tanh(a)\tanh(b)}$
$\cosh(2x) = \cosh^2(x) + \sinh^2(x)$	$\cosh(a)\cosh(b) = \dfrac{\cosh(a+b)+\cosh(a-b)}{2}$
$\cosh(2x) = 2\cosh^2(x) - 1$	$\sinh(a)\sinh(b) = \dfrac{\cosh(a+b)-\cosh(a-b)}{2}$
$\sinh(2x) = 2\cosh(x)\sinh(x)$	$\sinh(a)\cosh(b) = \dfrac{\sinh(a+b)+\sinh(a-b)}{2}$
$\tanh(2x) = \dfrac{2\tanh(x)}{1+\tanh^2(x)}$	$\cosh(a)+\cosh(b) = 2\cosh\left(\dfrac{a+b}{2}\right)\cosh\left(\dfrac{a-b}{2}\right)$
$\cosh^2(x) = \dfrac{\cosh(2x)+1}{2}$	$\sinh(a)+\sinh(b) = 2\sinh\left(\dfrac{a+b}{2}\right)\cosh\left(\dfrac{a-b}{2}\right)$
$\sinh^2(x) = \dfrac{\cosh(2x)-1}{2}$	$\cosh(a)-\cosh(b) = 2\sinh\left(\dfrac{a+b}{2}\right)\sinh\left(\dfrac{a-b}{2}\right)$
$\tanh^2(x) = \dfrac{\cosh(2x)+1}{\cosh(2x)-1}$	$\sinh(a)-\sinh(b) = 2\cosh\left(\dfrac{a+b}{2}\right)\sinh\left(\dfrac{a-b}{2}\right)$
$1+\tanh^2(x) = \dfrac{1}{\cosh^2(x)}$	$\tanh(a)+\tanh(b) = \dfrac{\sinh(a+b)}{\cosh(a)\cosh(b)}$
$\tanh(x) = \dfrac{\sinh(2x)}{\cosh(2x)+1}$	$\tanh(a)-\tanh(b) = \dfrac{\sinh(a-b)}{\cosh(a)\cosh(b)}$
$\tanh(x) = \dfrac{\cosh(2x)-1}{\sinh(2x)}$	$\tanh(x) = \dfrac{2t}{1+t^2} \quad \left(t = \tanh\left(\dfrac{x}{2}\right)\right)$
$\cosh(x) = \dfrac{1+t^2}{1-t^2} \quad \left(t = \tanh\left(\dfrac{x}{2}\right)\right)$	$\sinh(x) = \dfrac{2t}{1-t^2} \quad \left(t = \tanh\left(\dfrac{x}{2}\right)\right)$

Les noms « cosinus hyperbolique » et « sinus hyperbolique » ne sont pas un hasard. Pour mieux comprendre cette dénomination, il faut faire le rapprochement avec les formules d'*Euler* pour le cosinus et sinus classique (dits aussi « circulaire »), à savoir :

$$\sin(x) = \frac{e^{ix} - e^{-ix}}{2i} \quad \text{et} \quad \cos(x) = \frac{e^{ix} + e^{-ix}}{2} \quad (i \in \mathbb{C} \text{ et } i^2 = -1)$$

L'analogie formelle avec la définition des fonctions cosinus hyperbolique et sinus hyperbolique devient alors évidente. D'ailleurs, on a les relations suivantes :

$\cos(ix) = \cosh(x)$	$\cosh(ix) = \cos(x)$
$\sin(ix) = i\sinh(x)$	$\sinh(ix) = i\sin(x)$
$\tan(ix) = i\tanh(x)$	$\tanh(ix) = i\tan(x)$

Il reste alors à expliquer, ou plutôt justifier, le terme « hyperbolique ». Pour cela, il faut imaginer une représentation graphique, qui mettrait en correspondance une abscisse $x(t)$ et une ordonnée $y(t)$ qui dépendraient d'un **même paramètre réel**, noté t. Une telle représentation graphique existe et s'appelle **une courbe paramétrée**. Il n'est pas l'objet ici de les étudier : ceci sera fait dans un cours de Mathématiques de niveau BAC+1, et n'étant pas essentielles et fondamentales pour réussir en Sciences-Physiques, sort donc du propos de cet ouvrage. Si nous dessinons une courbe paramétrées par

$$\begin{cases} x(t) = \cos(t) \\ y(t) = \sin(t) \end{cases}$$

on obtient alors :

$$x^2(t) + y^2(t) = \cos^2(t) + \sin^2(t) \quad \Leftrightarrow \quad x^2(t) + y^2(t) = 1$$

Il s'agit donc de l'équation cartésienne d'un cercle de centre $(0;0)$ et de rayon 1. Ceci justifie le terme de trigonométrie **circulaire,** car relative **au cercle trigonométrique**.

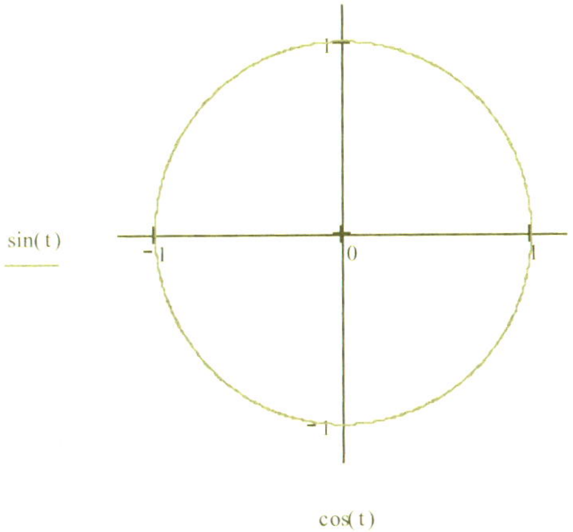

Figure 22 : représentation graphique de la courbe paramétrée circulaire

Par contre, si on adopte le paramétrage suivant

$$\begin{cases} x(t) = \cosh(t) \\ y(t) = \sinh(t) \end{cases}$$

on obtient alors :

$$x^2(t) - y^2(t) = \cosh^2(t) - \sinh^2(t) \quad \Leftrightarrow \quad x^2(t) - y^2(t) = 1$$

C'est l'équation d'une branche d'hyperbole :

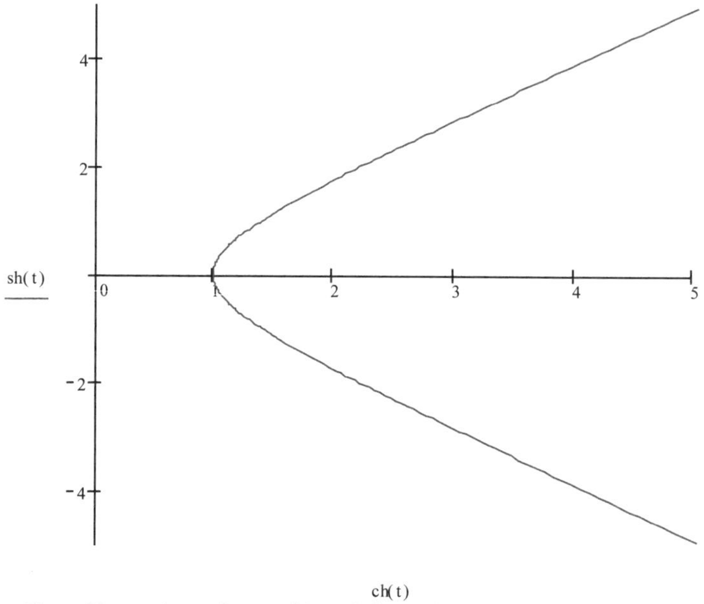

Figure 23 : représentation graphique de la courbe paramétrée hyperbolique

Ainsi, ceci justifie complètement le choix (des mathématiciens) de cette dénomination pour les fonctions cosinus hyperbolique et de sinus hyperbolique.

G) Les fonctions hyperboliques réciproques (ou inverses)

➢ ***Définitions***

La fonction cosinus hyperbolique est continue et monotone sur $\mathbb{R}^+$, donc elle réalise une bijection de $\mathbb{R}^+$ vers $\cosh(\mathbb{R}^+) = [1\,;+\infty[$. Ainsi, il est possible de définir sa bijection réciproque, de $[1\,;+\infty[$ vers $\mathbb{R}^+$, et appelée **argument cosinus hyperbolique**. Cette fonction réciproque est notée « argcosh ».

Puis, la fonction sinus hyperbolique est continue et monotone sur $\mathbb{R}$, donc elle réalise une bijection de $\mathbb{R}$ vers $\sinh(\mathbb{R}) = \mathbb{R}$. Ainsi, il est possible de définir sa bijection réciproque, de $\mathbb{R}$ vers $\mathbb{R}$, et appelée **argument sinus hyperbolique**. Cette fonction réciproque est notée « argsinh ».

Enfin, la fonction tangente hyperbolique est continue et monotone sur $\mathbb{R}$, donc elle réalise une bijection de $\mathbb{R}$ vers $\tanh(\mathbb{R}) =]-1\,;1[$. Ainsi, il est possible de définir sa bijection réciproque, de $]-1\,;1[$ vers $\mathbb{R}$, et appelée **argument tangente hyperbolique**. Cette fonction réciproque est notée « argtanh ».

D'où les définitions suivantes :

Définition (Sup)

✓ La fonction **argument cosinus hyperbolique**, notée argcosh ou argch, est définie par :

$$\text{argcosh} : \begin{cases} [1\,;+\infty[& \longrightarrow & \mathbb{R}^+ \\ x & \longmapsto & y = \text{argcosh}(x) \end{cases}$$

Et on a :

$$\forall x \in [1\,;+\infty[, \forall y \in \mathbb{R}^+, \qquad y = \text{argcosh}(x) \quad \Leftrightarrow \quad x = \cosh(y)$$

✓ La fonction **argument sinus hyperbolique**, notée argsinh ou argsh, est définie par :

$$\text{argsinh} : \begin{cases} \mathbb{R} & \longrightarrow & \mathbb{R} \\ x & \longmapsto & y = \text{argsinh}(x) \end{cases}$$

Et on a :

$$\forall x \in \mathbb{R}, \forall y \in \mathbb{R}, \qquad y = \text{argsinh}(x) \quad \Leftrightarrow \quad x = \sinh(y)$$

✓ La fonction **argument tangente hyperbolique**, notée argtanh ou argth, est définie par :

$$\text{argtanh} : \begin{cases}]-1\,;1[& \longrightarrow & \mathbb{R} \\ x & \longmapsto & y = \text{argtanh}(x) \end{cases}$$

Et on a :

$$\forall x \in]-1\,;1[, \forall y \in \mathbb{R}, \qquad y = \text{argtanh}(x) \quad \Leftrightarrow \quad x = \tanh(y)$$

➢ ***Expressions logarithmiques***

Les définitions des trois fonctions hyperboliques font références aux exponentielles népériennes. Ainsi, les fonctions hyperboliques réciproques doivent, elles, faire appel aux fonctions logarithmes népériens.

➥ *Pour la fonction argument cosinus hyperbolique*

On sait que :

$$\forall x \in [1\,;+\infty[, \forall y \in \mathbb{R}^+, \quad y = \text{argcosh}(x) \quad \Leftrightarrow \quad x = \cosh(y)$$

Mais comme :

$$\cosh^2(y) - \sinh^2(y) = 1 \quad \Leftrightarrow \quad \sinh^2(y) = \cosh^2(y) - 1 \quad \Leftrightarrow \quad \sinh^2(y) = x^2 - 1$$

Mais comme $x \geq 1 > 0$, on en déduit que $\sinh(y) > 0$, et on peut alors écrire que :

$$\sinh(y) = \sqrt{x^2 - 1}$$

Enfin, on sait que :

$$\cosh(y) + \sinh(y) = e^y \quad \Leftrightarrow \quad x + \sqrt{x^2 - 1} = e^y$$

Ce qui implique que :

$$y = \ln\left(x + \sqrt{x^2 - 1}\right)$$

Finalement, on obtient :

Propriété (Sup)

> La fonction numérique **argument cosinus hyperbolique** admet, $\forall x \geq 1$, l'expression suivante :
>
> $$\operatorname{argcosh}(x) = \ln\left(x + \sqrt{x^2 - 1}\right)$$

➥ *Pour la fonction argument sinus hyperbolique*

On sait que :

$$\forall x \in \mathbb{R}, \forall y \in \mathbb{R}, \quad y = \operatorname{argsinh}(x) \quad \Leftrightarrow \quad x = \sinh(y)$$

Mais comme :

$$\cosh^2(y) - \sinh^2(y) = 1 \quad \Leftrightarrow \quad \cosh^2(y) = 1 + \sinh^2(y) \quad \Leftrightarrow \quad \cosh^2(y) = 1 + x^2$$

Mais comme $\forall y \in \mathbb{R}$, on sait que $\cosh(y) > 0$, et on peut alors écrire que :

$$\cosh(y) = \sqrt{x^2 + 1}$$

Enfin, on sait que :

$$\cosh(y) + \sinh(y) = e^y \quad \Leftrightarrow \quad \sqrt{x^2 + 1} + x = e^y$$

Ce qui implique que :

$$y = \ln\left(x + \sqrt{x^2 + 1}\right)$$

Finalement, on obtient :

Propriété (Sup)

> La fonction numérique **argument sinus hyperbolique** admet, $\forall x \in \mathbb{R}$, l'expression suivante :
>
> $$\operatorname{argsinh}(x) = \ln\left(x + \sqrt{x^2 + 1}\right)$$

➥ *Pour la fonction argument tangente hyperbolique*

On sait que :

$$\forall x \in \left]-1\,;1\right[, \forall y \in \mathbb{R}, \quad y = \operatorname{argtanh}(x) \quad \Leftrightarrow \quad x = \tanh(y)$$

Mais comme :

$$\tanh(y) = \frac{e^{2y}-1}{e^{2y}+1} \quad \Leftrightarrow \quad x = \frac{e^{2y}-1}{e^{2y}+1} \quad \Leftrightarrow \quad xe^{2y} + x = e^{2y} - 1$$

Soit encore :

$$1 + x = e^{2y} - xe^{2y} \quad \Leftrightarrow \quad 1 + x = e^{2y}(1-x) \quad \Leftrightarrow \quad \frac{1+x}{1-x} = e^{2y}$$

Ce qui implique que :

$$2y = \ln\left(\frac{1+x}{1-x}\right)$$

Finalement, on obtient :

Propriété (Sup)

La fonction numérique **argument tangente hyperbolique** admet, $\forall x \in]-1\,;1[$, l'expression suivante : $$\operatorname{argtanh}(x) = \frac{1}{2}\ln\left(\frac{1+x}{1-x}\right)$$

➢ ***Fonctions dérivées et représentations graphiques***

Les fonctions dérivées des trois fonctions hyperboliques réciproques (ou inverses) peuvent être rapidement déterminées à l'aide de leur expression logarithmique précédente.

➥ *Pour la fonction argument cosinus hyperbolique*

On sait que, $\forall x \geq 1$, on a l'expression suivante :

$$\operatorname{argcosh}(x) = \ln\left(x + \sqrt{x^2-1}\right)$$

D'où :

$$(\operatorname{argcosh}(x))' = \left(\ln\left(x + \sqrt{x^2-1}\right)\right)' \quad \Leftrightarrow \quad (\operatorname{argcosh}(x))' = \frac{\left(x + \sqrt{x^2-1}\right)'}{x + \sqrt{x^2-1}}$$

Ce qui nous donne :

$$(\operatorname{argcosh}(x))' = \frac{1 + \left(\sqrt{x^2-1}\right)'}{x + \sqrt{x^2-1}} \quad \Leftrightarrow \quad (\operatorname{argcosh}(x))' = \frac{1 + \frac{(x^2-1)'}{2\sqrt{x^2-1}}}{x + \sqrt{x^2-1}}$$

Soit encore :

$$(\operatorname{argcosh}(x))' = \frac{1 + \frac{2x}{2\sqrt{x^2-1}}}{x + \sqrt{x^2-1}} \quad \Leftrightarrow \quad (\operatorname{argcosh}(x))' = \frac{1 + \frac{x}{\sqrt{x^2-1}}}{x + \sqrt{x^2-1}}$$

Donc, on peut écrire que :

$$(\text{argcosh}(x))' = \frac{\frac{\sqrt{x^2-1}}{\sqrt{x^2-1}} + \frac{x}{\sqrt{x^2-1}}}{x+\sqrt{x^2-1}} \quad \Leftrightarrow \quad (\text{argcosh}(x))' = \frac{\frac{x+\sqrt{x^2-1}}{\sqrt{x^2-1}}}{x+\sqrt{x^2-1}}$$

Finalement, en simplifiant par $x+\sqrt{x^2-1}$ on trouve que :

Propriété (Sup)

> La fonction numérique **argument cosinus hyperbolique** admet, $\forall x > 1$, l'expression suivante pour fonction dérivée :
>
> $$(\text{argcosh}(x))' = \frac{1}{\sqrt{x^2-1}}$$

La fonction **argument cosinus hyperbolique est strictement croissante** pour $\forall x > 1$
La représentation graphique de cette fonction est la suivante :

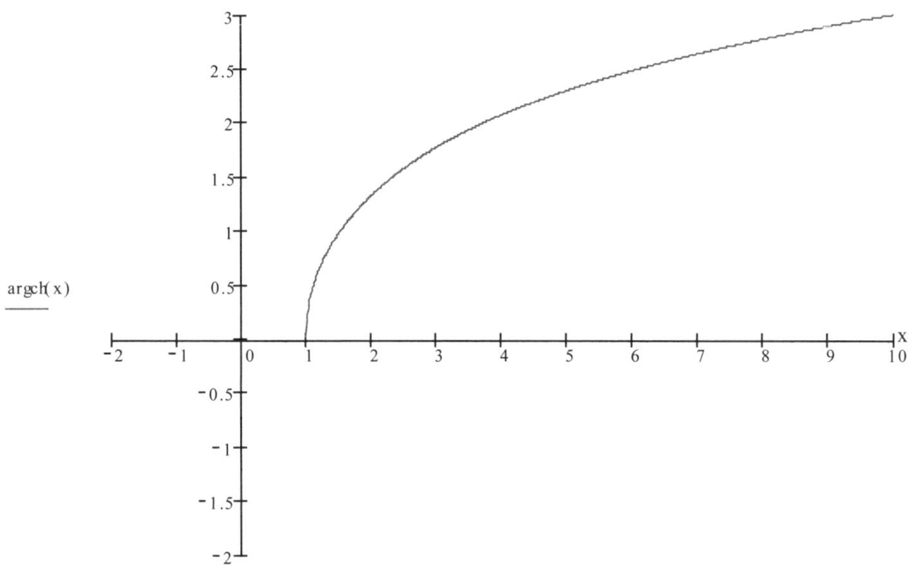

Figure 24 : représentation graphique de la fonction argument cosinus hyperbolique

➥ *Pour la fonction argument sinus hyperbolique*
On sait que, $\forall x \in \mathbb{R}$, on a l'expression suivante :

$$\text{argsinh}(x) = \ln\left(x+\sqrt{x^2+1}\right)$$

D'où :

$$(\text{argsinh}(x))' = \left(\ln\left(x+\sqrt{x^2+1}\right)\right)' \quad \Leftrightarrow \quad (\text{argsinh}(x))' = \frac{\left(x+\sqrt{x^2+1}\right)'}{x+\sqrt{x^2+1}}$$

Ce qui nous donne :

$$(\text{argsinh}(x))' = \frac{1+\left(\sqrt{x^2+1}\right)'}{x+\sqrt{x^2+1}} \Leftrightarrow (\text{argsinh}(x))' = \frac{1+\dfrac{(x^2+1)'}{2\sqrt{x^2+1}}}{x+\sqrt{x^2+1}}$$

Soit encore :

$$(\text{argsinh}(x))' = \frac{1+\dfrac{2x}{2\sqrt{x^2-1}}}{x+\sqrt{x^2-1}} \Leftrightarrow (\text{argsinh}(x))' = \frac{1+\dfrac{x}{\sqrt{x^2+1}}}{x+\sqrt{x^2+1}}$$

Donc, on peut écrire que :

$$(\text{argsinh}(x))' = \frac{\dfrac{\sqrt{x^2+1}}{\sqrt{x^2+1}}+\dfrac{x}{\sqrt{x^2+1}}}{x+\sqrt{x^2+1}} \Leftrightarrow (\text{argsinh}(x))' = \frac{\dfrac{x+\sqrt{x^2+1}}{\sqrt{x^2+1}}}{x+\sqrt{x^2+1}}$$

Finalement, en simplifiant par $x+\sqrt{x^2+1}$ on trouve que :

Propriété (Sup)

> La fonction numérique **argument sinus hyperbolique** admet, $\forall x \in \mathbb{R}$, l'expression suivante pour fonction dérivée :
>
> $$(\text{argsinh}(x))' = \frac{1}{\sqrt{x^2+1}}$$

Cette fonction **argument sinus hyperbolique est donc strictement croissante sur** $\mathbb{R}$. La représentation graphique de la fonction argument sinus hyperbolique est la suivante :

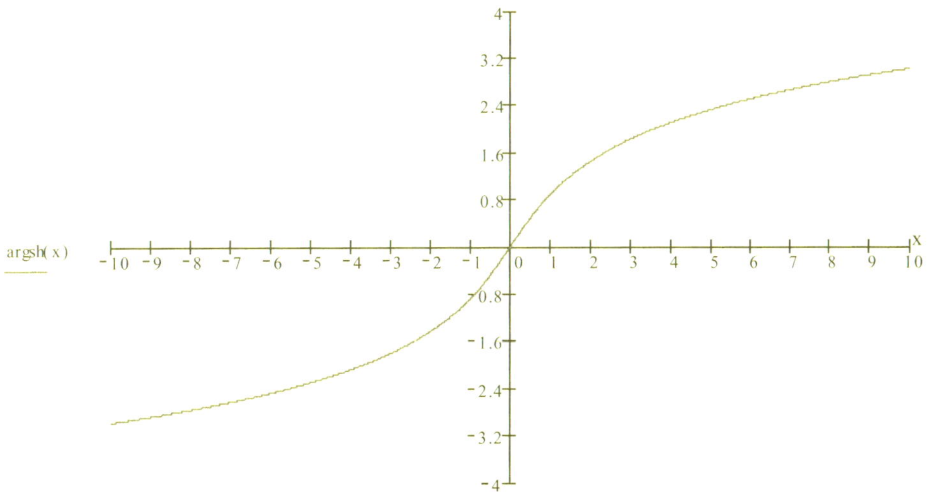

Figure 25 : représentation graphique de la fonction argument sinus hyperbolique

➥ *Pour la fonction argument tangente hyperbolique*
On sait que, $\forall x \in \,]-1\,;1[$, on a l'expression suivante :

$$\operatorname{argtanh}(x) = \frac{1}{2}\ln\left(\frac{1+x}{1-x}\right)$$

D'où :

$$(\operatorname{argtanh}(x))' = \left(\frac{1}{2}\ln\left(\frac{1+x}{1-x}\right)\right)' \quad \Leftrightarrow \quad (\operatorname{argtanh}(x))' = \frac{1}{2}\left(\ln\left(\frac{1+x}{1-x}\right)\right)'$$

Ce qui nous donne :

$$(\operatorname{argtanh}(x))' = \frac{1}{2}\frac{\left(\frac{1+x}{1-x}\right)'}{\frac{1+x}{1-x}} \quad \Leftrightarrow \quad (\operatorname{argtanh}(x))' = \frac{1}{2}\frac{\frac{(1+x)'(1-x)-(1+x)(1-x)'}{(1-x)^2}}{\frac{1+x}{1-x}}$$

Soit encore :

$$(\operatorname{argtanh}(x))' = \frac{1}{2}\frac{\frac{1(1-x)-(1+x)(-1)}{(1-x)^2}}{\frac{1+x}{1-x}} \quad \Leftrightarrow \quad (\operatorname{argtanh}(x))' = \frac{1}{2}\frac{\frac{(1-x)+(1+x)}{(1-x)^2}}{\frac{1+x}{1-x}}$$

Donc, on peut écrire que :

$$(\operatorname{argtanh}(x))' = \frac{1}{2}\frac{\frac{2}{(1-x)^2}}{\frac{1+x}{1-x}} \quad \Leftrightarrow \quad (\operatorname{argtanh}(x))' = \frac{\frac{1}{(1-x)^2}}{\frac{1+x}{1-x}}$$

Ainsi, en utilisant la règle des « fractions de fractions », on obtient :

$$(\operatorname{argtanh}(x))' = \frac{1}{(1-x)^2}\frac{1-x}{1+x} \quad \Leftrightarrow \quad (\operatorname{argtanh}(x))' = \frac{1}{(1-x)(1+x)}$$

Finalement, en utilisant l'identité remarquable $(1-x)(1+x) = 1-x^2$, on trouve que :

Propriété (Sup)

La fonction numérique **argument tangente hyperbolique** admet, $\forall x \in \,]-1\,;1[$, l'expression suivante pour fonction dérivée :

$$(\operatorname{argtanh}(x))' = \frac{1}{1-x^2}$$

Cette fonction **argument tangente hyperbolique est donc strictement croissante sur** $\forall x \in \,]-1\,;1[$. La représentation graphique de la fonction argument tangente hyperbolique est la suivante :

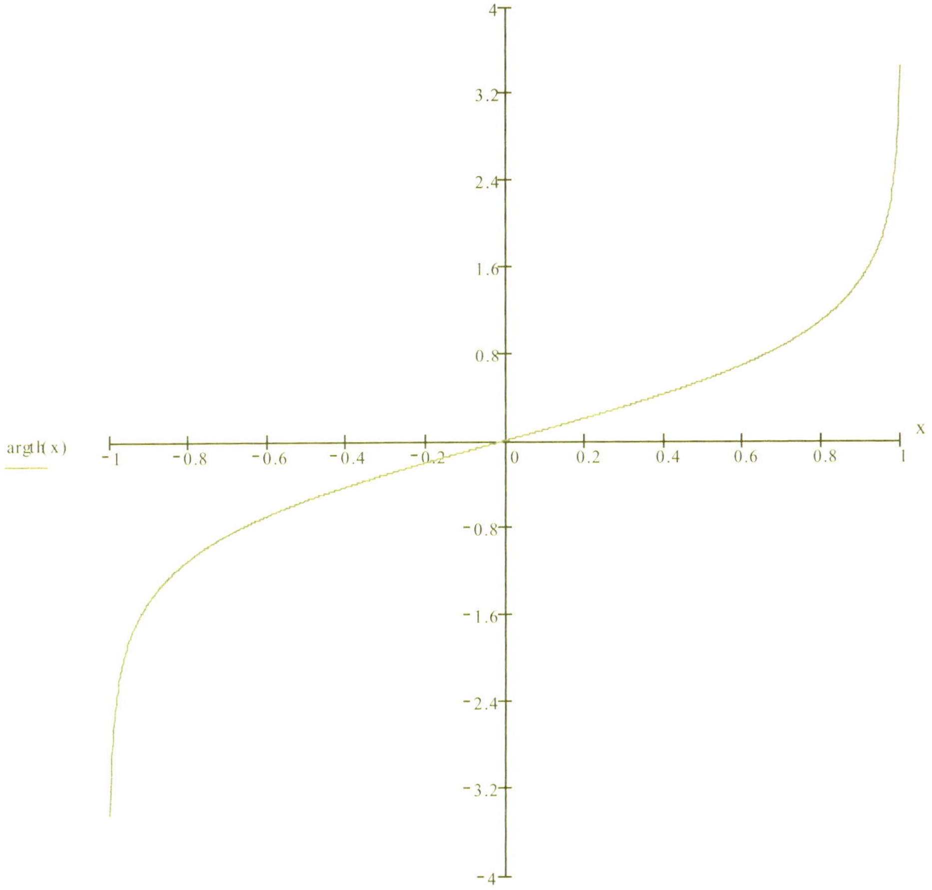

Figure 26 : représentation graphique de la fonction argument tangente hyperbolique

➢ *Propriétés élémentaires*

Les fonctions hyperboliques réciproques sont caractérisées les propriétés élémentaires suivantes :

➥ *Pour la fonction argument cosinus hyperbolique*

- Elle n'est ni paire ni impaire sur son ensemble de définition ;
- Elle est concave sur son ensemble de définition.

➥ *Pour la fonction argument cosinus hyperbolique*

- Elle est impaire sur son ensemble de définition ;
- Elle est convexe sur $]-\infty\,;0[$ et concave sur $]0\,;\infty[$;
- Elle admet un point d'inflexion à l'origine.

➥ *Pour la fonction argument cosinus hyperbolique*
- Elle est impaire sur son ensemble de définition ;
- Elle est concave sur $]-1\,;0[$ et convexe sur $]0\,;1[$;
- Elle admet un point d'inflexion à l'origine.

Toutes ces propriétés sont aisément démontrables et donc, pour cette fois, il est laissé au lecteur le soin de réaliser ces démonstrations.

➢ ***Approximation affine***

➥ *Pour la fonction argument sinus hyperbolique*
Pour $a \in \mathcal{D}_{\text{argsinh}}$ on a la formule suivante

$$\text{argsinh}(x) = \text{argsinh}(a) + (\text{argsinh}(x))']_{x=a}(x-a) + (x-a)\varepsilon(x) \quad \text{avec : } \lim_{x\to a}\varepsilon(x) = 0$$

A savoir :

$$\text{argsinh}(x) = \text{argsinh}(a) + \frac{1}{\sqrt{a^2+1}}(x-a) + (x-a)\varepsilon(x) \quad \text{avec : } \lim_{x\to a}\varepsilon(x) = 0$$

Si on se trouve près de l'origine, on va poser $a = 0$, et ainsi, on obtient :

$$\text{argsinh}(x) = \text{argsinh}(0) + \frac{1}{\sqrt{0^2+1}}(x-0) + (x-0)\varepsilon(x) \quad \text{avec : } \lim_{x\to 0}\varepsilon(x) = 0$$

D'où :

$$\text{argsinh}(x) = 0 + 1(x) + (x)\varepsilon(x) \quad \text{avec : } \lim_{x\to 0}\varepsilon(x) = 0$$

Ce qui nous donne donc le résultat suivant :

$$\text{argsinh}(x) = x + x\varepsilon(x) \quad \text{avec : } \lim_{x\to 0}\varepsilon(x) = 0$$

Ce résultat nous permet d'écrire que :

$$\frac{\text{argsinh}(x)}{x} = 1 + \varepsilon(x) \quad \Rightarrow \quad \lim_{x\to 0}\frac{\text{argsinh}(x)}{x} = \lim_{x\to 0}\big(1+\varepsilon(x)\big)$$

Soit :

$$\lim_{x\to 0}\frac{\text{argsinh}(x)}{x} = 1 + \lim_{x\to 0}\varepsilon(x)$$

Finalement, on trouve que :

$$\lim_{x\to 0}\frac{\text{argsinh}(x)}{x} = 1$$

➥ *Pour la fonction argument tangente hyperbolique*
Pour $a \in \mathcal{D}_{\text{argtanh}}$ on a la formule suivante

$$\text{argtanh}(x) = \text{argtanh}(a) + (\text{argtanh}(x))'\rbrack_{x=a}(x-a) + (x-a)\varepsilon(x) \quad \text{avec : } \lim_{x\to a}\varepsilon(x) = 0$$

A savoir :

$$\text{argtanh}(x) = \text{argtanh}(a) + \frac{1}{1-a^2}(x-a) + (x-a)\varepsilon(x) \quad \text{avec : } \lim_{x\to a}\varepsilon(x) = 0$$

Si on se trouve près de l'origine, on va poser $a = 0$, et ainsi, on obtient :

$$\text{argtanh}(x) = \text{argtanh}(0) + \frac{1}{1-0^2}(x-0) + (x-0)\varepsilon(x) \quad \text{avec : } \lim_{x\to 0}\varepsilon(x) = 0$$

D'où :

$$\text{argtanh}(x) = 0 + 1(x) + (x)\varepsilon(x) \qquad \text{avec : } \lim_{x\to 0}\varepsilon(x) = 0$$

Ce qui nous donne donc le résultat suivant :

$$\text{argtanh}(x) = x + x\varepsilon(x) \qquad \text{avec : } \lim_{x\to 0}\varepsilon(x) = 0$$

Ce résultat nous permet d'écrire que :

$$\frac{\text{argtanh}(x)}{x} = 1 + \varepsilon(x) \quad \Rightarrow \quad \lim_{x\to 0}\frac{\text{argtanh}(x)}{x} = \lim_{x\to 0}\big(1 + \varepsilon(x)\big)$$

Soit :

$$\lim_{x\to 0}\frac{\text{argtanh}(x)}{x} = 1 + \lim_{x\to 0}\varepsilon(x)$$

Finalement, on trouve que :

$$\lim_{x\to 0}\frac{\text{argtanh}(x)}{x} = 1$$

➥ *Pour la fonction argument cosinus hyperbolique*
Pour $a \in \mathcal{D}_{\text{argcosh}} = [1\,;+\infty[$ on a la formule suivante

$$\text{argcosh}(x) = \text{argcosh}(a) + (\text{argcosh}(x))'\rbrack_{x=a}(x-a) + (x-a)\varepsilon(x) \quad \text{avec : } \lim_{x\to a}\varepsilon(x) = 0$$

A savoir :

$$\text{argcosh}(x) = \text{argcosh}(a) + \frac{1}{\sqrt{a^2-1}}(x-a) + (x-a)\varepsilon(x) \quad \text{avec : } \lim_{x\to a}\varepsilon(x) = 0$$

Si on se trouve près de l'origine, on va poser $a = 1$, et ainsi, il devient alors impossible de déterminer le nombre dérivé en 1. Ce qui nous donne donc le résultat suivant :

Propriété (Sup)

La fonction numérique **argument cosinus hyperbolique** est **non dérivable en $x = 1$**. Donc son intervalle de dérivabilité est $]1\,;\ +\infty[$.

❹ Tableau de dérivation

Voici un tableau résumant les différentes formules de dérivation. Il est complet sans être exhaustif. On notera par u, v et w trois fonctions numériques dérivables sur un intervalle.

Fonction f	**Fonction dérivée associée f'**
$k \in \mathbb{R}$	0
x	1
$\lvert x \rvert$	$\begin{cases} +1 & \text{si } x > 0 \\ -1 & \text{si } x < 0 \end{cases}$
x^2	$2x$
$x^n \quad (n \in \mathbb{R})$	nx^{n-1}
$\sqrt{x} = x^{\frac{1}{2}}$	$\frac{1}{2\sqrt{x}}$
$\frac{1}{x} = x^{-1}$	$-\frac{1}{x^2}$
$\cos x$	$-\sin x$
$\sin x$	$\cos x$
$\tan x$	$\frac{1}{\cos^2 x} = 1 + \tan^2 x$
$\sec x = \frac{1}{\cos x}$	$\frac{\tan x}{\cos x} = \frac{\sin x}{\cos^2 x}$
$\operatorname{cosec} x = \frac{1}{\sin x}$	$-\frac{\cos x}{\sin^2 x}$
$\operatorname{cotan} x = \frac{1}{\tan x}$	$-\frac{1}{\sin^2 x}$
$\Re(\ln x) = e^x$	e^x
$\Re(e^x) = \ln x \quad (x > 0)$	$\frac{1}{x}$
$\log x \quad (x > 0)$	$\frac{1}{x \ln 10}$
x^x	$(1 + \ln x)x^x$

$x\ln x - x$	$\ln x$
$u^2(x)$	$2u'(x)u(x)$
$u^n(x) \quad (n \in \mathbb{R})$	$nu'u^{n-1}(x)$
$\sqrt{u(x)}$	$\frac{u'(x)}{2\sqrt{u(x)}}$
$\frac{1}{u(x)}$	$-\frac{u'(x)}{u^2(x)}$
$\cos(ax+b) \quad (a,b) \in \mathbb{R}^2$	$-a\sin(ax+b)$
$\sin(ax+b) \quad (a,b) \in \mathbb{R}^2$	$a\cos(ax+b)$
$\tan(ax+b) \quad (a,b) \in \mathbb{R}^2$	$\frac{a}{\cos^2(ax+b)}$
$\cos\big(u(x)\big)$	$-u'(x)\sin\big(u(x)\big)$
$\sin\big(u(x)\big)$	$u'(x)\cos\big(u(x)\big)$
$\tan\big(u(x)\big)$	$\frac{u'(x)}{\cos^2\big(u(x)\big)}$
$\operatorname{cotan}\big(u(x)\big)$	$-\frac{u'(x)}{\sin^2\big(u(x)\big)}$
$\sec\big(u(x)\big) = \frac{1}{\cos\big(u(x)\big)}$	$u'(x)\frac{\tan\big(u(x)\big)}{\cos\big(u(x)\big)}$
$\operatorname{cosec}\big(u(x)\big) = \frac{1}{\sin\big(u(x)\big)}$	$-u'(x)\frac{\cos\big(u(x)\big)}{\sin^2\big(u(x)\big)}$
$\Re\Big(\ln\big(u(x)\big)\Big) = e^{u(x)}$	$u'(x)e^{u(x)}$
$\Re\big(e^{u(x)}\big) = \ln\big(u(x)\big) \quad (u(x) > 0)$	$\frac{u'(x)}{u(x)}$
$\log\big(u(x)\big) \quad (u(x) > 0)$	$\frac{u'(x)}{\ln 10}\frac{1}{u(x)}$
$x^{u(x)}$	$\left(\frac{u(x)}{x} + u'(x)\ln x\right)x^{u(x)}$
$a^{u(x)} \quad (a \in \mathbb{R})$	$u'(x)a^{u(x)}\ln a$
$\Re(\cos x) = \arccos x$	$-\frac{1}{\sqrt{1-x^2}}$
$\Re(\sin x) = \arcsin x$	$\frac{1}{\sqrt{1-x^2}}$

$\Re(\tan x) = \arctan x$	$\dfrac{1}{1+x^2}$
$\Re(\operatorname{cotan} x) = \operatorname{arccotan} x$	$-\dfrac{1}{1+x^2}$
$\Re\big(\cos(u(x))\big) = \arccos(u(x))$	$-\dfrac{u'(x)}{\sqrt{1-u^2(x)}}$
$\Re\big(\sin(u(x))\big) = \arcsin(u(x))$	$\dfrac{u'(x)}{\sqrt{1-u^2(x)}}$
$\Re\big(\tan(u(x))\big) = \arctan(u(x))$	$\dfrac{u'(x)}{1+u^2(x)}$
$\Re\big(\operatorname{cotan}(u(x))\big) = \operatorname{arccotan}(u(x))$	$-\dfrac{u'(x)}{1+u^2(x)}$
$\cosh x$	$\sinh x$
$\sinh x$	$\cosh x$
$\tanh x$	$\dfrac{1}{\cosh^2 x}$
$\operatorname{cotanh} x$	$-\dfrac{1}{\sinh^2 x}$
$\cosh(u(x))$	$u'(x)\sinh(u(x))$
$\sinh(u(x))$	$u'(x)\cosh(u(x))$
$\tanh(u(x))$	$\dfrac{u'(x)}{\cosh^2(u(x))}$
$\operatorname{cotanh}(u(x))$	$-\dfrac{u'(x)}{\sinh^2(u(x))}$
$\Re(\cosh x) = \operatorname{argcosh} x$	$\dfrac{1}{\sqrt{x^2-1}}$
$\Re(\sinh x) = \operatorname{argsinh} x$	$\dfrac{1}{\sqrt{x^2+1}}$
$\Re(\tanh x) = \operatorname{argtanh} x \quad (\lvert x\rvert < 1)$	$\dfrac{1}{1-x^2}$
$\Re(\operatorname{cotah} x) = \operatorname{argcotanh} x \quad (\lvert x\rvert > 1)$	$\dfrac{1}{1-x^2}$
$\Re\big(\cosh(u(x))\big) = \operatorname{argcosh}(u(x))$	$\dfrac{u'(x)}{\sqrt{u^2(x)-1}}$
$\Re\big(\sinh(u(x))\big) = \operatorname{argsinh}(u(x))$	$\dfrac{u'(x)}{\sqrt{u^2(x)+1}}$
$\Re\big(\tanh(u(x))\big) = \operatorname{argtanh}(u(x)) \quad (\lvert u(x)\rvert < 1)$	$\dfrac{u'(x)}{1-u^2(x)}$

$\Re\big(\text{cotanh}\big(u(x)\big)\big) = \text{argcotanh}\big(u(x)\big) \quad (\lvert u(x)\rvert < 1)$	$\dfrac{u'(x)}{1 - u^2(x)}$
$\text{sech}\, x = \dfrac{1}{\cosh x}$	$-\dfrac{\tanh x}{\cosh x}$
$\text{cosech}\, x = \dfrac{1}{\sinh x}$	$\dfrac{\text{cotanh}\, x}{\sinh x}$
$\text{sech}\big(u(x)\big) = \dfrac{1}{\cosh\big(u(x)\big)}$	$-u'(x)\dfrac{\tanh\big(u(x)\big)}{\cosh\big(u(x)\big)}$
$\text{cosech}\big(u(x)\big) = \dfrac{1}{\sinh\big(u(x)\big)}$	$u'(x)\dfrac{\text{cotanh}\big(u(x)\big)}{\sinh\big(u(x)\big)}$
$\Re(\sec x) = \text{arcsec}\, x$	$\pm\dfrac{1}{x\sqrt{x^2 - 1}} \quad \begin{cases} + \text{ si } x > 1 \\ - \text{ si } x < -1 \end{cases}$
$\Re(\text{cosec}\, x) = \text{arccosec}\, x$	$\pm\dfrac{1}{x\sqrt{x^2 - 1}} \quad \begin{cases} - \text{ si } x > 1 \\ + \text{ si } x < -1 \end{cases}$
$\Re(\text{sech}\, x) = \text{argsech}\, x$	$-\dfrac{1}{x\sqrt{1 - x^2}}$
$\Re(\text{cosech}\, x) = \text{argcosech}\, x$	$-\dfrac{1}{x\sqrt{1 + x^2}}$
$\Re\big(\sec\big(u(x)\big)\big) = \text{arcsec}\big(u(x)\big)$	$\pm\dfrac{u'(x)}{u(x)\sqrt{u^2(x) - 1}} \begin{cases} + \text{ si } x > 1 \\ - \text{ si } x < -1 \end{cases}$
$\Re\big(\text{cosec}\big(u(x)\big)\big) = \text{arccosec}\big(u(x)\big)$	$\pm\dfrac{u'(x)}{u(x)\sqrt{u^2(x) - 1}} \begin{cases} - \text{ si } x > 1 \\ + \text{ si } x < -1 \end{cases}$
$\Re\big(\text{sech}\big(u(x)\big)\big) = \text{argsech}\big(u(x)\big)$	$-\dfrac{u'(x)}{u(x)\sqrt{1 - u^2(x)}}$
$\Re\big(\text{cosech}\big(u(x)\big)\big) = \text{argcosech}\big(u(x)\big)$	$-\dfrac{u'(x)}{u(x)\sqrt{1 + u^2(x)}}$
$u(x) + v(x)$	$u'(x) + v'(x)$
$u(x)v(x)$	$u'(x)v(x) + u(x)v'(x)$
$\dfrac{u(x)}{v(x)}$	$\dfrac{u'(x)vv(x) - u(x)v'(x)}{v^2(x)}$
$(u \circ v)(x) = u\big(v(x)\big)$	$u'\big(v(x)\big)v'(x)$
$\Re\big(u(x)\big) = u^{-1}(x)$	$\dfrac{1}{u'\Big(\Re\big(u(x)\big)\Big)} = \dfrac{1}{\big(u' \circ \Re(u)\big)(x)}$

Il existe également les relations suivantes :

$$\big(u(x)v(x)w(x)\big)' = u'(x)v(x)w(x) + u(x)v'(x)w(x) + u(x)v(x)w'(x)$$

et

$$\big(u(x)v(x)\big)'' = u''(x)v(x) + 2u'(x)v'(x) + u(x)v''(x)$$

❺ Introduction aux développements limités

A) Idée d'approche

Nous avons déjà expliqué qu'il est possible d'approximer une fonction numérique, **localement**, c'est-à-dire au voisinage de l'abscisse $x = a \in \mathcal{D}_f$, sous réserve qu'elle y soit dérivable, par un segment de droite infiniment petit (infinitésimal) : c'est le principe de l'approximation affine qui stipule que, localement, une courbe s'identifie a sa tangente.
Alors pourquoi ne pas imaginer **une « meilleure » approximation, qui serait capable de tenir compte d'une éventuelle courbure locale** autour de l'abscisse $x = a \in \mathcal{D}_f$.
Or, l'approximation affine permet d'approximer localement une courbe par sa tangente, c'est-à-dire un polynôme de degré, au plus, 1. C'est à partir de cette constatation qu'il devient évident d'envisager une « meilleure approximation » locale par un polynôme de degré supérieur. Illustrons graphiquement ce principe de « meilleure approximation polynômiale ». Considérons la fonction cosinus, au voisinage de $x = 0$:

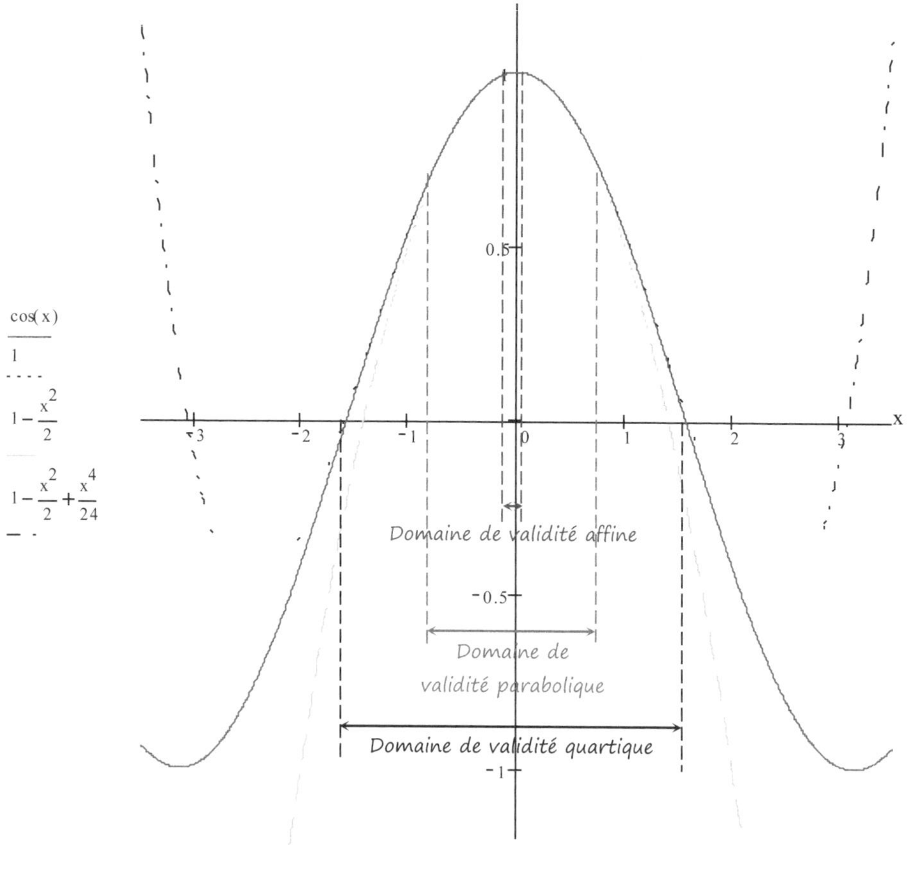

Figure 27 : représentation graphique de la fonction cosinus et de ses approximations successives

En effet, les approximations polynômiales successives de la fonction cosinus, au voisinage de l'origine sont :

- Approximation par un polynôme de **degré 0** :

$$\mathcal{P}_0(x) = 1$$

C'est l'approximation affine. On constate que cette approximation n'est valable que sur un très petit domaine des abscisses, centré autour de l'axe des ordonnées, et qui vaut à peu près $\left[-\frac{\pi}{30}; \frac{\pi}{30}\right]$.

- Approximation par un polynôme de **degré 2** :

$$\mathcal{P}_2(x) = \mathcal{P}_0(x) - \frac{x^2}{2} = 1 - \frac{x^2}{2}$$

C'est l'approximation parabolique ou quadratique. On constate que cette approximation est valable que sur un domaine des abscisses environ sept fois plus important que le précédent, centré autour de l'axe des ordonnées, et qui vaut à peu près $\left[-\frac{\pi}{4}; \frac{\pi}{4}\right]$.

- Approximation par un polynôme de **degré 4** :

$$\mathcal{P}_4(x) = \mathcal{P}_2(x) + \frac{x^4}{24} = 1 - \frac{x^2}{2} + \frac{x^4}{24}$$

C'est l'approximation quartique. On constate que cette approximation est valable que sur un domaine des abscisses bien plus important, environ deux fois plus important que le précédent, centré autour de l'axe des ordonnées, et qui vaut à peu près $\left[-\frac{\pi}{2}; \frac{\pi}{2}\right]$ soit une demi-période.

On comprend alors tout l'intérêt de cette technique d'approche polynômiale des fonctions : remplacer localement une expression qui peut être délicate, voire difficilement manipulable, par des polynômes particulièrement facile à manipuler.
En Sciences-Physiques, il arrive très souvent que les formules trouvées lors de la modélisation d'un système physique soient exprimées par des fonctions plus ou moins complexes et difficilement exploitables, et donc masquant l'aspect purement physique et les comportements fondamentaux. C'est pourquoi, ces techniques d'approximation locales, appelées « **développements limités** » sont essentielles aux physiciens et donc vont rapidement le devenir pour l'étudiant. C'est pourquoi il est fondamental d'initier le plus rapidement possible l'étudiant scientifiques à ces techniques. Délibérément, nous ne mettrons pas l'accent sur les aspects purement mathématiques (car trop longs et pas nécessairement utile à ce stade), mais plutôt sur le « minimum essentiel » à comprendre et maîtriser pour réussir astucieusement et brillamment un problème de Sciences-Physiques. C'est pourquoi, dans ce qui suit, nous nous placerons plutôt du point de vue du physicien, recherchant en priorité pragmatisme et l'efficacité en vue de pouvoir appliquer correctement ces développements limités. Nous sommes pleinement

conscient que la démarche qui va être adoptée ne peut pas satisfaire le mathématicien, dans la rigueur de sa démarche déductive, démonstrative et axiomatique. Une construction satisfaisante pour ce dernier peut être trouvée dans tout cours d'analyse mathématiques de niveau post bac.

B) La formule de Taylor

Sur l'exemple précédent, on constate bien que les approximations successives de la fonction cosinus, autour du point de coordonnée ($x = 0\,; y = 1$) finissent, top ou tard, par s'éloigner de la fonction d'origine cosinus. Ainsi, pour une abscisse $x \neq 0$, les différentes approximations polynomiales $\mathcal{P}_0(x)$, $\mathcal{P}_2(x)$ et $\mathcal{P}_4(x)$ s'approche de la valeur de $\cos(x)$, c'est-à-dire que ces diverses approximations commettent **une erreur** d'évaluation de $\cos(x)$. De plus, si l'approximation est efficace, alors **cette erreur doit impérativement devenir nulle lorsque l'on se rapproche de $x = 0$, c'est-à-dire si $x \to 0$**. C'est pourquoi, nous sommes naturellement conduits à écrire qu'il est possible d'écrire une fonction numérique f, au voisinage de $x = a \in \mathcal{D}_f$, comme la somme de deux contributions :

- l'une reproductive de son comportement, qui est représentée par un polynôme $\mathcal{P}_n$ $(n \in \mathbb{N})$;
- l'autre, l'erreur, représentée par un terme $\mathcal{E}_n$ $(n \in \mathbb{N})$ qui doit impérativement vérifier la condition :

$$\lim_{x \to a} \mathcal{E}_n(x) = 0$$

Commençons donc par analyser, avec soin, les coefficients d'un polynôme $\mathcal{P}_n$ $(n \in \mathbb{N})$ de la variable x. On a alors :

$$\mathcal{P}_n(x) = c_0 + c_1 x + c_2 x^2 + \cdots + c_{n-1} x^{n-1} + c_n x^n \quad \text{avec } c_{k \in [\![0;n]\!]} \in \mathbb{R}^{n+1}$$

Donc, on constate que :

- $\mathcal{P}_n{}^{(0)}(x)\big]_{x=0} = \mathcal{P}_n{}^{(0)}(x = 0) = \mathcal{P}_n(x = 0) = c_0$;
- $\mathcal{P}_n{}'(x)]_{x=0} = \mathcal{P}_n{}^{(1)}(x)\big]_{x=0} = \mathcal{P}_n{}^{(1)}(x = 0) = c_1$;
- $\mathcal{P}_n{}''(x)]_{x=0} = \mathcal{P}_n{}^{(2)}(x)\big]_{x=0} = \mathcal{P}_n{}^{(2)}(x = 0) = 1 \times 2c_2$;
- ...
- $\mathcal{P}_n{}^{(n-1)}(x)\big]_{x=0} = \mathcal{P}_n{}^{(n-1)}(x = 0) = 2 \times \ldots \times (n-1)c_{n-1}$;
- $\mathcal{P}_n{}^{(n)}(x)\big]_{x=0} = \mathcal{P}_n{}^{(n)}(x = 0) = 2 \times \ldots \times (n-1) \times n\, c_n$;

Donc, on constate que, $\forall k \in [\![0; n]\!]$, on a :

$$\mathcal{P}_n{}^{(k)}(x = 0) = 2 \times \ldots \times (k-1) \times k\, c_k \quad \Leftrightarrow \quad \mathcal{P}_n{}^{(k)}(x = 0) = k!\; c_k$$

D'où :

$$c_k = \frac{\mathcal{P}_n{}^{(k)}(x = 0)}{k!}$$

Ce qui implique que :

$$\mathcal{P}_n(x) = \mathcal{P}_n{}^{(0)}(x=0) + \mathcal{P}_n{}^{(1)}(x=0)x + \frac{1}{2}\mathcal{P}_n{}^{(2)}(x=0)x^2 + \cdots + \frac{1}{n!}\mathcal{P}_n{}^{(n)}(x=0)x^n$$

Soit en notation symbolique :

$$\mathcal{P}_n(x) = \sum_{k=0}^{k=n} \frac{1}{k!}\mathcal{P}_n{}^{(k)}(0)x^k \quad \Leftrightarrow \quad \mathcal{P}_n(x) = \sum_{k=0}^{k=n} \frac{1}{k!}\frac{d^k\mathcal{P}_n(x)}{dx^k}\bigg]_{x=0} x^k \quad \text{avec } 0! = 1$$

Autrement dit, **les coefficients d'un polynôme $\mathcal{P}_n$ sont donnés, à un facteur près, par les nombres dérivés successifs en 0**.

Ainsi, pour une fonction f, au moins de classe $C^n(0 \in \mathcal{J} \subseteq \mathcal{D}_f)$, définie en $x = 0$ (comme la fonction cosinus choisit en exemple illustratif), **la partie du développement limité qui doit, au voisinage de $x = 0$, « reproduire au mieux » son comportement est $\mathcal{P}_n(x)$**. C'est pourquoi, (le mathématicien trouvera ici un raccourci qui lui apparaitra, sans aucun doute, quelque peu cavalier, et c'est peu dire !) on peut écrire qu'au voisinage de $x = 0$, on a :

$$\mathcal{P}_n(x) = \sum_{k=0}^{k=n} \frac{1}{k!}\frac{d^k f(x)}{dx^k}\bigg]_{x=0} x^k$$

Ce qui implique alors :

$$f(x) = \mathcal{P}_n(x) + \mathcal{E}_n(x) = \sum_{k=0}^{k=n} \frac{1}{k!}\frac{d^k f(x)}{dx^k}\bigg]_{x=0} x^k + \mathcal{E}_n(x) \quad \text{avec } \lim_{x\to 0}\mathcal{E}_n(x) = 0$$

Appliquons immédiatement cette formule sur la fonction cosinus afin de vérifier les différentes approximations présentées initialement de ce paragraphe. On a alors :

- pour l'ordre 0 :

$$\frac{1}{0!}\frac{d^0\cos(x)}{dx^0}\bigg]_{x=0} = \cos(0) = 1$$

- pour l'ordre 1 :

$$\frac{1}{1!}\frac{d^1\cos(x)}{dx^1}\bigg]_{x=0} = -\sin(0) = 0$$

- pour l'ordre 2 :

$$\frac{1}{2!}\frac{d^2\cos(x)}{dx^2}\bigg]_{x=0} = -\frac{1}{2}\cos(0) = -\frac{1}{2}$$

- pour l'ordre 3 :

$$\frac{1}{3!}\frac{d^3\cos(x)}{dx^3}\bigg]_{x=0} = \frac{1}{6}\sin(0) = 0$$

- pour l'ordre 4 :

$$\frac{1}{4!}\frac{d^4\cos(x)}{dx^4}\bigg]_{x=0} = \frac{1}{24}\cos(0) = \frac{1}{24}$$

Ce qui nous donne donc l'égalité suivante :

$$\cos(x) = 1 + 0x - \frac{1}{2}x^2 + 0x^3 + \frac{1}{24}x^4 + \mathcal{E}_4(x) \quad \text{avec } \lim_{x \to 0} \mathcal{E}_4(x) = 0$$

Soit encore :

$$\cos(x) = 1 - \frac{x^2}{2} + \frac{x^4}{24} + \mathcal{E}_4(x) \quad \text{avec } \lim_{x \to 0} \mathcal{E}_4(x) = 0$$

On constate alors toute la véracité et la légitimité de notre approche. Dans la formule générale, que nous avons obtenue précédemment, l'abscisse x représente **l'écart qui sépare l'abscisse de calcul (x pour nous) et l'abscisse de l'évaluation (0 pour nous)**. Ainsi, si l'on souhaite évaluer une fonction numérique f, au moins de classe $C^n(\mathcal{J} \subseteq \mathcal{D}_f)$, au voisinage de $x = a \in \mathcal{J} \subseteq \mathcal{D}_f$, **l'écart** qui sépare l'abscisse de calcul et l'abscisse de l'évaluation va s'écrire comme $x - a$. D'où la formule suivante :

$$f(x) = \sum_{k=0}^{k=n} \frac{1}{k!} \frac{d^k f(x)}{dx^k}\bigg]_{x=a} (x-a)^k + \mathcal{E}_n(x-a) \qquad \text{avec } \lim_{x \to a} \mathcal{E}_n(x-a) = 0$$

Ou encore en développant ceci :

$$f(x) = f(a) + f'(a)(x-a) + \frac{f''(a)}{2}(x-a)^2 + \cdots + \frac{f^{(n)}(a)}{n!}(x-a)^n + \mathcal{E}_n(x-a)$$

En comparant ceci, à l'ordre 1, qui doit nécessairement avec l'approximation affine, on trouve que :

$$\begin{cases} f(x) = f(a) + f'(a)(x-a) + \mathcal{E}_1(x-a) & \text{avec } \lim_{x \to a} \mathcal{E}_n(x-a) = 0 \\ f(x) = f(a) + f'(a)(x-a) + (x-a)\varepsilon(x) & \text{avec } \lim_{x \to a} \varepsilon(x) = 0 \end{cases}$$

On constate alors que l'erreur $\mathcal{E}_1(x-a)$ prend la forme suivante :

$$\mathcal{E}_1(x-a) = (x-a)\varepsilon(x) \quad \text{avec } \lim_{x \to a} \varepsilon(x) = 0 \quad \Rightarrow \quad \lim_{x \to a} \mathcal{E}_n(x-a) = 0$$

De manière générale, à l'ordre $n \in \mathbb{N}$, on démontre que l'on a :

$$\mathcal{E}_n(x-a) = (x-a)^n \varepsilon(x) \quad \text{avec } \lim_{x \to a} \varepsilon(x) = 0 \quad \Rightarrow \quad \lim_{x \to a} \mathcal{E}_n(x-a) = 0$$

♣ *Remarque : Dans les développements limités, l'étude du terme d'erreur, encore appelé « reste » n'intéresse absolument pas le physicien, seule la partie reproductive polynômiale, encore appelée « partie régulière » n'a d'intérêt dans son activité. En revanche, le mathématicien est particulièrement intéressé par son étude, et ses propriétés (comme la majoration et la minoration) et surtout par les différentes formes qu'il peut prendre. Le mathématicien parlera alors de « reste de Lagrange » (Joseph Louis Lagrange – mathématicien français – 1736 / 1813), « reste de Cauchy » (Augustin Louis Cauchy – mathématicien français – 1789 / 1857), « reste de Young » (William Henri Young –*

mathématicien anglais - 1863 / 1942) ou encore de reste « intégrale ». De plus, le mathématicien étudie les différentes propriétés (comme son unicité) ainsi que les différentes opérations qu'il peut réaliser avec les développements limités : addition, multiplication, composition ...

Dès lors, on peut écrire que

Théorème (Sup)

Soit une fonction numérique f, définie sur $\mathcal{D}_f$, et au moins de classe $C^n(\mathcal{J} \subseteq \mathcal{D}_f)$. Ainsi, au voisinage de $x = a \in \mathcal{J} \subseteq \mathcal{D}_f$, on a :

$$f(x) = \sum_{k=0}^{k=n} \frac{1}{k!} \frac{d^k f(x)}{dx^k}\bigg]_{x=a} (x-a)^k + (x-a)^n \varepsilon(x) \quad (n \in \mathbb{N})$$

Avec la condition :

$$\lim_{x \to a} \varepsilon(x) = 0$$

La formule précédente est connue sous le nom de « formule de *Taylor* », et date de 1715. On la doit au mathématicien anglais *Brook Taylor* (1685 / 1731). Bien souvent, pour le reste du développement limité, on utilise la notation de *Landau* (Edmund Georg Hermann Landau - mathématicien allemand - 1877 / 1938) suivante :

$$(x-a)^n \varepsilon(x) = o((x-a)^n)$$

Comme le physicien n'accorde que très peu d'intérêt au reste du développement limité, il qu'il les utilise essentiellement pour dégager des comportements caractéristiques, il va donc faire apparaitre **des quotients de grandeurs physiques de mêmes dimensions mais d'ordre de grandeurs bien différents**. Ainsi, à ces yeux, ces quotients vont être alors « très petits » et ceci lui suffira pour assimiler cette condition à une limite lorsque ce rapport adimensionné tend mathématiquement vers zéro. Il va donc écrire que :

Définition (Sup)

Soit une fonction numérique f, définie sur $\mathcal{D}_f$, pour laquelle les n ($\in \mathbb{N}$) premières dérivées existent en $x = 0 \in \mathcal{D}_f$. Ainsi, au voisinage de $x = 0 \in \mathcal{D}_f$, on a :

$$f(x) \approx f(0) + f'(0)x + \frac{f''(0)}{2}x^2 + \cdots + \frac{f^{(n)}(0)}{n!}x^n$$

C) Liste des développements limités usuels en zéro

Voici un tableau résumant les différents développements limités en $x = 0$. Il est complet sans être exhaustif. Avec $n \in \mathbb{N}$, on a :

$e^x = 1 + x + \frac{x^2}{2} + \frac{x^3}{6} + \cdots + \frac{x^n}{n!} + o(x^n)$
$\ln(1+x) = x - \frac{x^2}{2} + \frac{x^3}{3} - \frac{x^4}{4} + \cdots + (-1)^{n+1}\frac{x^n}{n} + o(x^n)$
$\ln(1-x) = -x - \frac{x^2}{2} - \frac{x^3}{3} - \frac{x^4}{4} - \cdots - \frac{x^n}{n} + o(x^n)$
$\cos(x) = 1 - \frac{x^2}{2} + \frac{x^4}{24} - \frac{x^6}{720} + \cdots + (-1)^n \frac{x^{2n}}{(2n)!} + o(x^{2n+1})$
$\cosh(x) = 1 + \frac{x^2}{2} + \frac{x^4}{24} + \frac{x^6}{720} + \cdots + \frac{x^{2n}}{(2n)!} + o(x^{2n+1})$
$\sin(x) = x - \frac{x^3}{6} + \frac{x^5}{120} - \frac{x^7}{5040} + \cdots + (-1)^n \frac{x^{2n+1}}{(2n+1)!} + o(x^{2n+2})$
$\sinh(x) = x + \frac{x^3}{6} + \frac{x^5}{120} + \frac{x^7}{5040} + \cdots + + \frac{x^{2n+1}}{(2n+1)!} + o(x^{2n+2})$
$\tan(x) = x + \frac{x^3}{3} + \frac{2x^5}{15} + \frac{17x^7}{315} + \cdots + \frac{(-4)^n(1-4^n)\mathcal{B}_{2n}}{(2n)!}x^{2n-1} + o(x^{2n})$
$\tanh(x) = x - \frac{x^3}{3} + \frac{2x^5}{15} - \frac{17x^7}{315} + \cdots + \frac{(-1)^{2n-1}(-4)^n(1-4^n)\mathcal{B}_{2n}}{(2n)!}x^{2n-1} + o(x^{2n})$
$\arccos(x) = \frac{\pi}{2} - x - \frac{x^3}{6} - \frac{6x^5}{40} - \frac{15x^7}{336} - \cdots - \frac{(2n-1)!!}{(2n)!!}\frac{x^{2n+1}}{(2n+1)} + o(x^{2n+2})$
$\arcsin(x) = x + \frac{x^3}{6} + \frac{6x^5}{40} + \frac{15x^7}{336} + \cdots + \frac{(2n-1)!!}{(2n)!!}\frac{x^{2n+1}}{(2n+1)} + o(x^{2n+2})$
$\arctan(x) = x - \frac{x^3}{3} + \frac{x^5}{5} - \frac{x^7}{7} + \cdots + (-1)^n \frac{x^{2n+1}}{2n+1} + o(x^n)$
$\text{argsinh}(x) = x - \frac{x^3}{6} + \frac{6x^5}{40} - \frac{15x^7}{336} + \cdots + (-1)^n \frac{(2n-1)!!}{(2n)!!}\frac{x^{2n+1}}{(2n+1)} + o(x^{2n+2})$
$\text{argtanh}(x) = x + \frac{x^3}{3} + \frac{x^5}{5} + \frac{x^7}{7} + \cdots + \frac{x^{2n+1}}{2n+1} + o(x^{2n+2})$
$\frac{1}{1-x} = 1 + x + x^2 + x^3 + \cdots + x^n + o(x^n)$
$\frac{1}{1+x} = 1 - x + x^2 - x^3 + \cdots + (-1)^n x^n + o(x^n)$
$(1+x)^p = 1 + px + \frac{p(p-1)}{2}x^2 + \frac{p(p-1)(p-2)}{6}x^3 + \cdots + \prod_{k=0}^{k=n-1}(p-k)\frac{x^n}{n!} + o(x^n)$

Dans la dernière relation, $p \in \mathbb{R}$.

Dans ce formulaire :

- $\mathcal{B}_n$ représente les nombres de *Bernoulli (Jaques Bernoulli – mathématicien suisse – 1654 / 1705)* ;
- $n!!$ représente la double factorielle qui est définie par :

$$\begin{cases} n \times (n-2) \times (n-4) \times \dots & (n \in \mathbb{N}) \\ \text{avec } 0!! = 1 \\ \text{avec } 1!! = 1 \end{cases}$$

A partir de ces formules, on en déduit quelques autres qui sont bien souvent utile au physicien, à savoir :

$\sqrt{1+x} = 1 + \frac{x}{2} - \frac{x^2}{8} + \frac{x^3}{16} - \frac{5x^4}{128} + \dots + \frac{(2n-3)!!}{(2n)!!}x^n + o(x^{n+1})$
$\frac{1}{\sqrt{1+x}} = 1 - \frac{x}{2} + \frac{3x^2}{8} - \frac{5x^3}{16} + \frac{35x^4}{128} - \dots + (-1)^n \frac{(2n-1)!!}{(2n)!!}x^n + o(x^{n+1})$
$\sqrt{1+x^2} \approx 1 + \frac{x^2}{2} - \frac{x^4}{8} + \frac{x^6}{16} - \frac{5x^8}{128} + \dots$
$\frac{1}{\sqrt{1+x^2}} \approx 1 - \frac{x^2}{2} + \frac{3x^4}{8} - \frac{5x^6}{16} + \frac{35x^8}{128} + \dots$
$\sqrt{1-x} \approx 1 - \frac{x}{2} - \frac{x^2}{8} - \frac{x^3}{16} - \frac{5x^4}{128} - \dots$
$\frac{1}{\sqrt{1-x}} \approx 1 + \frac{x}{2} - \frac{3x^2}{8} + \frac{5x^3}{16} + \frac{35x^4}{128} - \dots$
$\sqrt{1-x^2} \approx 1 - \frac{x^2}{2} - \frac{x^4}{8} - \frac{x^6}{16} - \frac{5x^8}{128} + \dots$
$\frac{1}{\sqrt{1-x^2}} = 1 + \frac{x^2}{2} + \frac{3x^4}{8} + \frac{5x^6}{16} + \frac{35x^8}{128} + \dots$
$e^{\sin(x)} \approx 1 + x + \frac{x^2}{2} - \frac{x^4}{8} - \frac{x^5}{15} - \frac{x^6}{240} + \dots$
$e^{\cos(x)} \approx e - \frac{e}{2}x^2 + \frac{e}{6}x^4 - \frac{31e}{720}x^6 + \frac{379e}{40320}x^8 + \dots$
$e^{\tan(x)} \approx 1 + x + \frac{x^2}{2} + \frac{x^3}{2} + \frac{3x^4}{8} + \frac{37x^5}{120} + \dots$

En Sciences-Physiques, l'usage et les (innombrables) applications de ces formules est prépondérant dans l'enseignement supérieur. C'est pourquoi, il est vivement conseillé de s'y habituer le plus rapidement possible.

♣ *Remarque : Les développements limités, sont particulièrement efficace et utiles dans la détermination des limites.*

❻ Applications des dérivées aux sciences physiques

A) Condition d'équilibre d'un système physique à une dimension

Lors de l'étude d'un système, le physicien en propose une modélisation théorique. Dans le cadre de cette dernière, le physicien à très souvent besoin de connaitre les éventuelles positions d'équilibres de son système. Nous allons montrer que cette notion d'équilibre est intimement liée à **l'énergie potentielle** du système.
Afin de proposer une analyse simple, nous allons supposer que le système physique étudié ne dépend que d'un unique paramètre (ceci ne change en rien la généralité des résultats qui vont être obtenus).

1) Force conservative

Lorsque l'on parle **d'énergie potentielle**, il faut toujours penser à préciser à quelle **force conservative** elle est associée. Par définition, on a :

Définition	Dans un référentiel $\mathcal{R}_{\mathbb{E}(3)}$, une force $\vec{F}$ est dite **conservative** si le travail $\mathcal{W}_{\vec{F}}(A \to B)$ qu'elle engendre entre deux points, $A(x_A\,;y_A\,;\,z_A)$ et $B(x_B\,;y_B\,;\,z_B)$ de l'espace physique $\mathbb{E}(3)$, est indépendant du chemin pris pour joindre ces deux points.

Il existe beaucoup de forces conservatives. Citons les plus utilisées :
- le poids ;
- la force gravitationnelle ;
- la force électrique ;
- la force de rappel élastique.

2) Définition de l'énergie potentielle

Lorsque l'on parle **d'énergie potentielle**, il faut toujours penser à préciser à quelle force conservative elle est associée. En fait l'énergie potentielle, n'est définie que par l'intermédiaire de sa **variation** entre deux positions du système étudié. On a la définition suivante :

Définition	Dans un référentiel $\mathcal{R}_{\mathbb{E}(3)}$ de l'espace physique $\mathbb{E}(3)$, le travail $\mathcal{W}_{\vec{F}}(A \to B)$ d'une force $\vec{F}$ **conservative** est égal à l'opposé de la variation d'énergie potentielle $E_{P-\vec{F}}$ qui peut lui être associé. D'où : $$\mathcal{W}_{\vec{F}}(A \to B) = -\Delta E_{P-\vec{F}} \quad \Leftrightarrow \quad \mathcal{W}_{\vec{F}}(A \to B) = E_{P-\vec{F}}(A) - E_{P-\vec{F}}(B)$$

Cette définition nous montre que l'énergie potentielle **n'est définie qu'à une constante près** : celle de **sa valeur de référence**. Cette dernière doit toujours être stipulée pour pouvoir l'exploité en exercice.

3) Condition d'équilibre

Considérons un système physique décrit par la variable « s ». Cette variable « s » peut-être la position « x » par exemple, ou encore l'angle de rotation θ, comme dans le cas du pendule simple.
Si, dans un référentiel $\mathcal{R}_{\mathbb{E}(3)}$ de l'espace physique $\mathbb{E}(3)$, ce système n'est soumis qu'à l'action d'une seule force $\vec{F}$ **conservative**, on a alors :

$$\mathcal{W}_{\vec{F}}(A \to B) = -\Delta E_{P-\vec{F}}$$

Si, par passage à la limite, on fait tendre le point B vers le point A, (ce qui revient à considérer les deux points A et B infiniment proche l'un de l'autre), et qui se note :

$$\lim_{B\to A}$$

Dans ce cas, on a :

$$\lim_{B\to A} \mathcal{W}_{\vec{F}}(A \to B) = -\lim_{B\to A} \Delta E_{P-\vec{F}}$$

Comme les deux points A et B infiniment proche l'un de l'autre, ils sont distant de $d\vec{s}$. Dans ce cas, on peut écrire que :

$$\lim_{B\to A} \mathcal{W}_{\vec{F}}(A \to B) = \mathcal{W}_{\vec{F}}(d\vec{s}) = \vec{F}.d\vec{s} = \|\vec{F}\| \times \|d\vec{s}\| \cos\left(\widehat{\vec{F};d\vec{s}}\right) = F\, ds\, \cos\left(\widehat{\vec{F};d\vec{s}}\right)$$

Puis, **en supposant que l'énergie potentielle soit une fonction au moins une fois dérivable par rapport à s**, on peut faire usage de l'approximation affine. On peut écrire que :

$$E_{P-\vec{F}}(B) = E_{P-\vec{F}}(A) + \left(\frac{dE_{P-\vec{F}}}{ds}\right)_{s=s_A} (s_B - s_A) + (s_B - s_A)\varepsilon(s_B) \quad \text{avec : } \lim_{B\to A} \varepsilon(s_B) = 0$$

D'où, lorsque $\lim\limits_{B\to A}$:

$$E_{P-\vec{F}}(B) - E_{P-\vec{F}}(A) = \left(\frac{dE_{P-\vec{F}}}{ds}\right)_{s=s_A} ds$$

Car on a évidemment $(s_B - s_A) = ds$. Ainsi, on a alors :

$$\lim_{B\to A} \Delta E_{P-\vec{F}} = \left(\frac{dE_{P-\vec{F}}}{ds}\right)_{s=s_A} ds$$

On peut donc écrire l'égalité suivante :

$$F\, ds\, \cos\left(\widehat{\vec{F};d\vec{s}}\right) = \left(\frac{dE_{P-\vec{F}}}{ds}\right)_{s=s_A} ds \quad \Leftrightarrow \quad F \cos\left(\widehat{\vec{F};d\vec{s}}\right) = \left(\frac{dE_{P-\vec{F}}}{ds}\right)_{s=s_A}$$

Or, si le système est en équilibre mécanique **à cette position**, alors on a évidemment la condition (nécessaire mais pas suffisante) $\vec{F} = \overrightarrow{0_{\mathbb{E}(3)}}$, ce qui implique que $F = 0$. Ainsi, on en déduit que :

$$\left(\frac{dE_{P-\vec{F}}}{ds}\right)_{s=s_A} = 0$$

D'où la propriété suivante :

Propriété (Sup)

Si l'évolution d'un système physique unidimensionnel, paramétré par la variable s, est caractérisé par une énergie potentielle $E_{P-\vec{F}}$ (associée aux forces conservatives $\vec{F}$), au moins une fois dérivable, alors la position particulière $s = s_A$ est qualifiée de **position d'équilibre** lorsque :

$$\left(\frac{dE_{P-\vec{F}}}{ds}\right)_{s=s_A} = 0$$

Ainsi, pour un système physique, **une position d'équilibre est un extremum** (minimum ou maximum) de la fonction énergie potentielle.

♣ *Remarque : cette relation se généralise aux systèmes physiques multidimensionnels, mais fait appel à un formalisme mathématique quelque peu différent : celui des fonctions à plusieurs variables.*

B) Condition de stabilité d'un système physique à une dimension

Le résultat de la section précédente nous donne accès à la détermination des positions d'équilibres d'un système physique, mais ne nous fournit aucun renseignement sur la nature de cet équilibre : stable ou instable. C'est pourquoi nous allons devoir affiner notre analyse. Pour cela, considérons toujours un système physique décrit par la variable « s ». Et, dans un référentiel $\mathcal{R}_{\mathbb{E}(3)}$ de l'espace physique $\mathbb{E}(3)$, ce système n'est toujours soumis qu'à l'action de la seule force $\vec{F}$ conservative.
Mais cette fois, le système étudié est dans une position d'équilibre $s = s_A$, c'est-à-dire que l'on a :

$$F(s = s_A) = 0 \text{ et } \left(\frac{dE_{P-\vec{F}}}{ds}\right)_{s=s_A} = 0$$

Supposons que le système soit dans une position s très proche d'un état d'équilibre. Cela signifie que s'il subit l'action de la force $F(s)$, cette dernière doit :

- ramener le système vers sa position d'équilibre ci cette dernière est stable ;
- écarter le système de sa position d'équilibre ci cette dernière est instable.

Envisageons donc l'action, dans la position s infiniment proche de la position d'équilibre $s = s_A$, d'une force $F(s)$.Dans ce cas, on peut faire usage de l'approximation affine, et écrire que :

$$F(s) = F(s = s_A) + \left(\frac{dF}{ds}\right)_{s=s_A} (s - s_A) + (s - s_A)\varepsilon(s) \text{ avec : } \lim_{S\to 0} \varepsilon(s) = 0$$

Ce sui s'écrit encore :

$$F(s) = \left(\frac{dF}{ds}\right)_{s=s_A} (s - s_A) + (s - s_A)\varepsilon(s) \quad \text{avec : } \lim_{S \to 0} \varepsilon(s) = 0$$

D'où, lorsque $\lim\limits_{S \to 0}$:

$$F(s) = \left(\frac{dF}{ds}\right)_{s=s_A} (s - s_A)$$

Dans le cas d'un équilibre stable, cette force $F(s)$ doit ramener le système vers sa position d'équilibre $s = s_A$; c'est-à-dire que $F(s)$ doit se comporter **comme une force de rappel élastique**. Donc, on en déduit aisément que $F(s)$ doit être de la forme physique :

$$F(s) = k(s - s_A) \quad \text{avec } k > 0$$

Ainsi, on trouve que :

$$k(s - s_A) = \left(\frac{dF}{ds}\right)_{s=s_A} (s - s_A)$$

Ce qui implique que :

$$\left(\frac{dF}{ds}\right)_{s=s_A} = k \iff \left(\frac{dF}{ds}\right)_{s=s_A} > 0$$

Mais, on sait, d'après le paragraphe précédent que :

$$F \cos\left(\widehat{\vec{F}; d\vec{s}}\right) = \left(\frac{dE_{P-\vec{F}}}{ds}\right)_{s=s_A} \iff F = \frac{1}{\cos\left(\widehat{\vec{F}; d\vec{s}}\right)} \left(\frac{dE_{P-\vec{F}}}{ds}\right)_{s=s_A}$$

Sur un déplacement infiniment petit $(s - s_A) = ds$ on $\left(\widehat{\vec{F}; d\vec{s}}\right)$ est constant et qu'il en est de même pour $\cos\left(\widehat{\vec{F}; d\vec{s}}\right)$. D'où sous réserve que l'énergie potentielle soit, au moins, deux fois dérivable, on a :

$$\left(\frac{dF}{ds}\right)_{s=s_A} = \frac{1}{\cos\left(\widehat{\vec{F}; d\vec{s}}\right)} \left(\frac{d^2E_{P-\vec{F}}}{ds^2}\right)_{s=s_A} \Rightarrow \frac{1}{\cos\left(\widehat{\vec{F}; d\vec{s}}\right)} \left(\frac{d^2E_{P-\vec{F}}}{ds^2}\right)_{s=s_A} > 0$$

Or, la force $F(s)$ se comporte **comme une force de rappel élastique**, donc elle va dans le sens du mouvement (travail moteur). Ainsi :

$$\left(\widehat{\vec{F}; d\vec{s}}\right) \in \left[0\,;\, \frac{\pi}{2}\right[$$

et donc

$$\cos\left(\widehat{\vec{F}; d\vec{s}}\right) > 0$$

De ce fait, on en déduit que :

$$\cos\left(\widehat{\vec{F};d\vec{s}}\right) > 0 \;\Rightarrow\; \frac{1}{\cos\left(\widehat{\vec{F};d\vec{s}}\right)} > 0 \;\Rightarrow\; \left(\frac{d^2E_{P-\vec{F}}}{ds^2}\right)_{s=s_A} > 0$$

D'où la propriété suivante :

Propriété (Sup)

Si l'évolution d'un système physique unidimensionnel, paramétré par la variable s, est caractérisé par une énergie potentielle $E_{P-\vec{F}}$ (associée aux forces conservatives $\vec{F}$), au moins deux fois dérivable, alors la position particulière $s = s_A$ est qualifiée de **position d'équilibre stable** lorsque l'on a simultanément les deux propriétés suivantes :

$$\left(\frac{dE_{P-\vec{F}}}{ds}\right)_{s=s_A} = 0 \quad \text{et} \quad \left(\frac{d^2E_{P-\vec{F}}}{ds^2}\right)_{s=s_A} > 0$$

Ainsi, pour un système physique, **une position d'équilibre stable est telle que la fonction énergie potentielle soit convexe autour de la position d'équilibre.**
Et, la position particulière $s = s_A$ est qualifiée de **position d'équilibre instable** lorsque l'on a simultanément les deux propriétés suivantes :

$$\left(\frac{dE_{P-\vec{F}}}{ds}\right)_{s=s_A} = 0 \quad \text{et} \quad \left(\frac{d^2E_{P-\vec{F}}}{ds^2}\right)_{s=s_A} < 0$$

Ainsi, pour un système physique, **une position d'équilibre instable est telle que la fonction énergie potentielle soit concave autour de la position d'équilibre.**

Graphiquement, ceci nous donne par exemple :

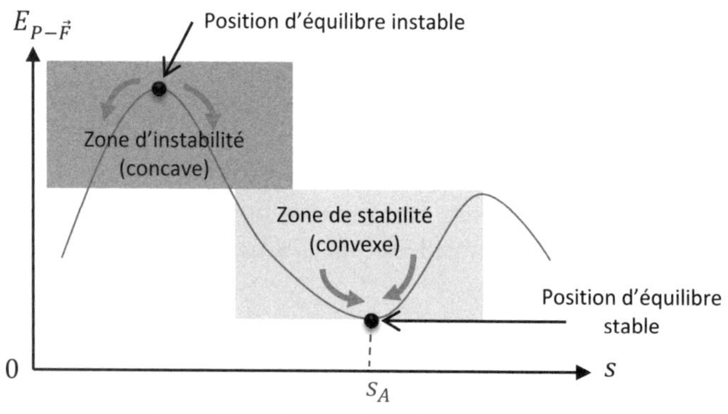

Figure 11 : équilibre stable et instable

Par exemple, l'énergie potentielle élastique d'un système physique unidimensionnel de paramètre $x = x(t)$, dans le cadre de l'hypothèse « des faibles déformations », va s'écrire sous la forme d'un polynôme du second degré de la déformation « $x - x_{éq}$ » par rapport à la position de référence x_r. Ces déformations sont les effets de la force élastique $\vec{F}$. On a alors :

$$E_{P-\vec{F}} = \beta(x - x_r)^2 \quad \text{avec } \beta \in \mathbb{R}$$

Ainsi, on en déduit que :

$$\left(\frac{dE_{P-\vec{F}}}{dx}\right)_{x=x_r} = \left(\frac{d\,\beta(x - x_r)^2}{dx}\right)_{x=x_r} \quad \Leftrightarrow \quad \left(\frac{dE_{P-\vec{F}}}{dx}\right)_{x=x_r} = \beta\left(\frac{d\,(x - x_r)^2}{dx}\right)_{x=x_r}$$

Ce qui nous donne :

$$\left(\frac{dE_{P-\vec{F}}}{dx}\right)_{x=x_r} = \beta\big(2(x - x_r)\big)_{x=x_r} \quad \Leftrightarrow \quad \left(\frac{dE_{P-\vec{F}}}{dx}\right)_{x=x_r} = 2(x_r - x_r)$$

Finalement, on trouve que :

$$\left(\frac{dE_{P-\vec{F}}}{dx}\right)_{x=x_r} = 0$$

Donc, **la position de référence $x = x_r$ est une position d'équilibre** pour ce système physique. Etudions la condition de stabilité de ce système. On a :

$$\left(\frac{d^2E_{P-\vec{F}}}{dx^2}\right)_{x=x_r} > 0 \quad \Leftrightarrow \quad \left(\frac{d}{dx}\left(\frac{dE_{P-\vec{F}}}{dx}\right)\right)_{x=x_r} > 0$$

Ce qui nous donne :

$$\left(\frac{d}{dx}2\beta(x - x_r)\right)_{x=x_r} > 0 \quad \Leftrightarrow \quad 2\beta\left(\frac{d}{dx}(x - x_r)\right)_{x=x_r} > 0$$

On en déduit alors que :

$$2\beta(1)_{x=x_r} > 0 \quad \Leftrightarrow \quad 2\beta > 0 \quad \Leftrightarrow \quad \beta > 0$$

Donc **la position de référence $x = x_r$ est une position d'équilibre stable si le coefficient réel β est strictement positif.**

Il était possible de conclure directement sur ce résultat, en effet, d'après le cours de mathématiques de première, le lycéen sait que la courbe représentative associée à un polynôme du second degré du type

$$ax^2 + bx + c \quad \text{avec} \begin{cases} a \in \mathbb{R}^* \\ (b; c) \in \mathbb{R}^2 \end{cases}$$

est convexe (souvent, en classe de première, on dit « tourne vers le bas ») si le coefficient a est strictement positif.
Ce type de potentiel conduit les systèmes physiques à des comportements oscillants. Mais ces oscillations sont de nature non dissipatives d'énergie, donc d'amplitude maximale constante, c'est pourquoi ont les qualifient d'oscillateurs harmoniques ou encore d'oscillations harmoniques (au sens idéal). C'est pourquoi ce modèle d'oscillation trouve de très nombreux domaines d'applications :

- mécanique ;
- électricité ;
- électronique ;
- mécanique quantique ;
- optique ... etc.

L'exemple le « mieux » connu des lycéens et des étudiants est bien souvent le cas du pendule simple ; qui peut (moyennant quelques hypothèses en moins) devenir très rapidement beaucoup moins simple, donc plus intéressant car plus réaliste. Cependant, ce modèle oscillant ne peut traduire un état réel physique, il s'agit d'avantage d'une première modélisation, dégageant des tendances de comportements. Essayons de comprendre mieux ceci. Dans le cadre de l'hypothèse « des faibles déformations », l'énergie mécanique, supposée constante (car, par hypothèse, le système ne subit aucun phénomène dissipatif d'énergie), associée est la somme de l'énergie cinétique et de l'énergie potentielle ; et pour un système physique unidimensionnel de masse $m \neq 0$, et de paramètre x, va s'écrire :

$$E_M = E_C + E_{P-\vec{F}} \quad \Leftrightarrow \quad E_M = \frac{1}{2}m\left(\frac{dx}{dt}\right)^2 + \beta(x - x_r)^2$$

Ce qui implique que sa dérivée temporelle soit :

$$\frac{dE_M}{dt} = \frac{d}{dt}\left(\frac{1}{2}m\left(\frac{dx}{dt}\right)^2 + \beta(x - x_r)^2\right) \quad \Leftrightarrow \quad \frac{dE_M}{dt} = \frac{d}{dt}\left(\frac{1}{2}m\left(\frac{dx}{dt}\right)^2\right) + \frac{d}{dt}(\beta(x - x_r)^2)$$

Soit encore :

$$\frac{dE_M}{dt} = \frac{1}{2}m\frac{d}{dt}\left(\left(\frac{dx}{dt}\right)^2\right) + \beta\frac{d}{dt}((x - x_r)^2) \quad \Leftrightarrow \quad \frac{dE_M}{dt} = \frac{1}{2}m2\frac{dx}{dt}\frac{d^2x}{dt^2} + 2\beta(x - x_r)\frac{dx}{dt}$$

D'où :

$$\frac{dE_M}{dt} = m\frac{dx}{dt}\left(\frac{d^2x}{dt^2} + \frac{2\beta}{m}(x - x_r)\right)$$

Mais, par hypothèse, l'énergie mécanique, supposée constante, ce qui implique que **sa dérivée temporelle est nulle**. Donc :

$$\frac{dE_M}{dt} = 0 \quad \Leftrightarrow \quad m\frac{dx}{dt}\left(\frac{d^2x}{dt^2} + \frac{2\beta}{m}(x - x_r)\right) = 0$$

Mais comme $m \neq 0$, et que rien n'impose que le terme de dérivée $\frac{dx}{dt}$ soit toujours nulle, on en déduit que :

$$\frac{d^2x}{dt^2} + \frac{2\beta}{m}(x - x_r) = 0$$

Mais comme la position de référence x_r est une constante lors de l'évolution temporelle du système, on en déduit que :

$$\frac{dx_r}{dt} = 0 \quad \Rightarrow \quad \frac{dx}{dt} = \frac{dx}{dt} - 0 \quad \Leftrightarrow \quad \frac{dx}{dt} = \frac{dx}{dt} - \frac{dx_r}{dt} \quad \Leftrightarrow \quad \frac{dx}{dt} = \frac{d(x - x_r)}{dt}$$

D'où :

$$\frac{d^2x}{dt^2} = \frac{d^2(x - x_r)}{dt^2}$$

Ce qui nous permet d'écrire :

$$\frac{d^2(x - x_r)}{dt^2} + \frac{2\beta}{m}(x - x_r) = 0$$

Enfin, en posant $X(t) = x(t) - x_r$, on trouve l'équation suivante :

$$\frac{d^2X(t)}{dt^2} + \frac{2\beta}{m}X(t) = 0$$

Si la position de référence est une position d'équilibre stable, alors $\beta > 0$, et des mouvements vont pouvoir se développer autour de cette dernière. Ceci implique que le terme $\frac{2\beta}{m}$ est strictement positif, c'est pourquoi, il est pratique de le noter comme suit :

$$\frac{2\beta}{m} = \omega^2$$

Ce qui nous permet d'écrire l'équation précédente sous la forme suivante :

$$\frac{d^2X(t)}{dt^2} + \omega^2 X(t) = 0$$

Il s'agit d'une équation différentielle linéaire (présence d'au moins une dérivée), du second ordre, et à coefficients réels constants. Ce type d'équation n'est actuellement plus au programme de mathématiques des lycées français. La résolution de ces (superbes) équations différentielles nécessiterait, à elles seules, un chapitre complet. C'est pourquoi, nous effectuerons plutôt un raisonnement « à la manière des physiciens », c'est-à-dire en recherche d'une rapide efficacité. En écrivant cette équation différentielle sous la forme

$$\frac{d^2X(t)}{dt^2} = -\omega^2 X(t)$$

on remarque alors que la dérivée seconde de $X(t)$ est proportionnelle à $X(t)$. Plusieurs possibilités pour $X(t)$ sont alors possible, mais de par la présence du signe « – », il apparait alors clairement que les fonctions trigonométriques usuelles sinus et cosinus soient des fonctions candidates aux solutions de cette équation différentielle, donc à l'expression de $X(t)$. En effet, on sait que pour $(A\,;w) \in \mathbb{R}^{+2}$, on a :

$$\begin{cases} \dfrac{d}{dt}(A\cos(wt)) = -Aw\sin(wt) \\ \\ \dfrac{d}{dt}(A\sin(wt)) = -Aw\cos(wt) \end{cases} \Longrightarrow \begin{cases} \dfrac{d^2}{dt^2}(A\cos(wt)) = -Aw^2\cos(wt) \\ \\ \dfrac{d^2}{dt^2}(A\sin(wt)) = -Aw^2\sin(wt) \end{cases}$$

Fort de cette constatation, la solution générale de cette équation différentielle étudiée est de la forme :

$$X(t) = \mathcal{A}\cos(\omega t) + \mathcal{B}\sin(\omega t) \quad \text{avec :} \begin{cases} (\mathcal{A}\,;\mathcal{B}) \in \mathbb{R}^{+2} \\ \omega > 0 \end{cases}$$

D'où les solutions mathématiques suivantes :

$$x(t) = x_r + \mathcal{A}\cos(\omega t) + \mathcal{B}\sin(\omega t)$$

Soit encore :

$$x(t) = x_r + \mathcal{A}\cos\left(\sqrt{\frac{2\beta}{m}}\,t\right) + \mathcal{B}\sin\left(\sqrt{\frac{2\beta}{m}}\,t\right)$$

On en déduit alors aisément l'expression de la vitesse $v(t)$. En effet, en dérivant une fois par rapport au temps cette expression, on trouve alors :

$$v(t) = \frac{d\,x(t)}{dt} = -\omega\mathcal{A}\sin(\omega t) + \omega\mathcal{B}\cos(\omega t)$$

D'où :

$$v(t) = \sqrt{\frac{2\beta}{m}}\left(-\mathcal{A}\sin\left(\sqrt{\frac{2\beta}{m}}\,t\right) + \mathcal{B}\cos\left(\sqrt{\frac{2\beta}{m}}\,t\right)\right)$$

Il reste alors à déterminer les **deux** constantes réelles positives $\mathcal{A}$ et $\mathcal{B}$. Pour les déterminer, il est nécessaire de connaitre deux conditions initiales : l'une sur la position, l'autre sur la vitesse. Notons par

- $x(t = 0) = x_0$;
- $v(t = 0) = v_0$.

On a alors :

$$\begin{cases} x_0 = x_r + \mathcal{A} \\ v_0 = \omega\mathcal{B} \end{cases} \Longleftrightarrow \begin{cases} \mathcal{A} = x_0 - x_r \\ \mathcal{B} = \dfrac{v_0}{\omega} \end{cases}$$

Ce qui nous permet d'écrire que :

$$\begin{cases} x(t) = x_r + (x_0 - x_r)\cos(\omega t) + \dfrac{v_0}{\omega}\sin(\omega t) \\ \\ v(t) = -\omega(x_0 - x_r)\sin(\omega t) + \omega\dfrac{v_0}{\omega}\cos(\omega t) \end{cases}$$

Finalement, on obtient :

$$\begin{cases} x(t) = x_r + (x_0 - x_r)\cos(\omega t) + \dfrac{v_0}{\omega}\sin(\omega t) \\ \\ v(t) = v_0\cos(\omega t) - \omega(x_0 - x_r)\sin(\omega t) \end{cases}$$

Ces solutions physiques s'écrivent encore :

$$\begin{cases} x(t) = x_r + (x_0 - x_r)\cos\left(\sqrt{\dfrac{2\beta}{m}}\,t\right) + v_0\sqrt{\dfrac{m}{2\beta}}\sin\left(\sqrt{\dfrac{2\beta}{m}}\,t\right) \\ \\ v(t) = v_0\cos\left(\sqrt{\dfrac{2\beta}{m}}\,t\right) - \sqrt{\dfrac{2\beta}{m}}(x_0 - x_r)\sin\left(\sqrt{\dfrac{2\beta}{m}}\,t\right) \end{cases}$$

Le physicien a besoin de faire très attention aux unités des diverses grandeurs qu'il manipule, c'est-à-dire leur **homogénéité**. L'équation différentielle étudiée étant issue des lois physiques, donc qui respecte l'homogénéité, **elle est donc elle-même homogène**. Ainsi, on en déduit que :

$$\frac{d^2X(t)}{dt^2} = -\omega^2 X(t) \quad \Leftrightarrow \quad \frac{d^2X(t)}{(dt)^2} = -\frac{X(t)}{\left(\dfrac{1}{\omega}\right)^2}$$

Comme les termes $X(t)$ et $d^2X(t)$ ont les mêmes unités (on dit également les mêmes dimensions) cela implique donc que les deux termes dt et $\frac{1}{\omega}$ ont les mêmes unités. Or, dt s'exprime en seconde, d'où ω s'exprime en inverse de seconde, de symbole s^{-1}. De même, comme $\frac{2\beta}{m} = \omega^2$ alors $\beta = \frac{1}{2}m\omega^2$. Donc, le paramètre β s'exprime en $kg.s^{-2}$. Afin d'affiner notre raisonnement, exploitons le fait que les deux fonctions sinus et cosinus sont de période 2π. Notons par $\mathcal{T}$ la période des oscillations harmoniques ainsi décrites. On a alors :

$$\begin{cases} x(t) = x(t + \mathcal{T}) \\ \\ v(t) = v(t + \mathcal{T}) \end{cases}$$

D'où :

$$\begin{cases} \cos(\omega t + 2\pi k) = \cos\big(\omega(t + \mathcal{T})\big) \\ \\ \sin(\omega t + 2\pi k) = \sin\big(\omega(t + \mathcal{T})\big) \end{cases} \quad \text{avec } k \in \mathbb{Z}$$

Ce qui nous donne donc :

$$\begin{cases} \cos\left(\omega\left(t+\dfrac{2\pi k}{\omega}\right)\right) = \cos(\omega(t+\mathcal{T})) \\ \\ \sin\left(\omega\left(t+\dfrac{2\pi k}{\omega}\right)\right) = \sin(\omega(t+\mathcal{T})) \end{cases} \quad \text{avec } k \in \mathbb{Z}$$

Donc, par une simple identification, on trouve que la période de ces oscillations harmoniques est donnée par :

$$\mathcal{T} = \frac{2\pi k}{\omega} \iff \mathcal{T} = \frac{2\pi}{\sqrt{\dfrac{2\beta}{m}}} \iff \mathcal{T} = 2\pi\sqrt{\frac{m}{2\beta}}$$

Or, il est évident que :

- $\mathcal{T} > 0 \implies k \in \mathbb{Z}^{+*} \equiv \mathbb{N}^*$;
- La durée $\mathcal{T}$ doit être la plus petite possible, et non l'une de ses multiples. Ceci implique que $k = \min(k \in \mathbb{N}^*) = 1$.

De ceci, on en déduit que les caractéristiques physiques du système étudié sont les suivantes :

$$\mathcal{T} = \frac{2\pi k}{\omega} \iff \mathcal{T} = \frac{2\pi}{\sqrt{\dfrac{2\beta}{m}}} \iff \mathcal{T} = 2\pi\sqrt{\frac{m}{2\beta}}$$

Or, $\beta \in \mathbb{R}^{+*}$, ainsi, on constate que la période $\mathcal{T}$ des oscillations harmoniques, existe bien et, est indépendante de leurs amplitudes $X(t) = x(t) - x_r$. Ce phénomène, très surprenant porte le nom **d'isochronisme** (qui signifie « qui se produit à intervalles de temps égaux ») des oscillations harmoniques.

♣ *Remarque : Au cours du 17ième siècle les grandes puissances maritimes souhaitaient posséder des instruments très précis pour mesurer le temps afin de faciliter la navigation (mesure de la longitude). C'est ainsi que les rois de France et d'Angleterre avaient offert des sommes considérables à celui qui arriverait de réaliser un chronomètre précis et fiable. Le physicien néerlandais Christiaan Huygens (1629 / 1695) très motivé par ce problème étudia le pendule cycloïdal, qui assure l'isochronisme rigoureux des oscillations.*

On en déduit alors que la fréquence, notée f, qui s'exprime en *Hertz* (Physicien allemand – 1857 / 1894) de symbole Hz, associée à ces oscillations harmonique est donnée par :

$$f = \frac{1}{\mathcal{T}} \iff f = \frac{\omega}{2\pi} \iff \omega = 2\pi f$$

Donc, on en déduit que la quantité ω s'exprime en rad.s^{-1}. C'est pourquoi, la quantité ω s'appelle **la pulsation** ou **la vitesse angulaire**. Or, précédemment, l'analyse de l'homogénéité de l'équation différentielle régissant ces oscillations harmoniques, nous avait montré que ω devait s'exprimer en s^{-1} ; on constate alors que les radians ne doivent pas être « comptabilisés » comme une unité physique.

L'équation différentielle, régissant la physique des oscillations harmoniques du système étudié, a été établit précédemment par une approche énergétique (reposant sur la non dissipation de l'énergie mécanique). Bien évidemment, cette équation différentielle peut être établie par d'autre raisonnement intellectuel. L'un des plus invoqué et recherché (surtout au lycée) est la Relation Fondamentale de la Dynamique (RFD) encore appelée « deuxième loi de *Newton* ». Cette dernière a été publiée pour la première fois, en 1687, par le scientifique anglais Isaac Newton, dans son œuvre majeure « *Principes mathématiques de la philosophie naturelle* », très souvent abrégé en « *Principia Mathematica* », stipule que :

Dans un référentiel galiléen, la somme des forces agissant sur un système physique, de masse constante, est égale au produit de cette dernière par son accélération, exprimée dans ce référentiel.

Dans ce cas, partons de l'équation obtenue précédemment :

$$\frac{d^2(x-x_r)}{dt^2}+\frac{2\beta}{m}(x-x_r)=0 \quad \Leftrightarrow \quad \frac{d^2(x-x_r)}{dt^2}=-\frac{2\beta}{m}(x-x_r)$$

D'où :

$$m\frac{d^2(x-x_r)}{dt^2}=-2\beta(x-x_r) \quad \Leftrightarrow \quad ma=-2\beta(x-x_r) \quad \Leftrightarrow \quad ma=-\frac{d}{dx}\left(\beta(x-x_r)^2\right)$$

Soit encore :

$$ma=-\frac{d\,E_{P-\vec{F}}}{dx} \quad \Leftrightarrow \quad ma\,\overrightarrow{e_x}=-\frac{d\,E_{P-\vec{F}}}{dx}\overrightarrow{e_x} \quad \Leftrightarrow \quad m\vec{a}=-\frac{d\,E_{P-\vec{F}}}{dx}\overrightarrow{e_x}$$

En faisant usage de la RFD, une simple identification nous permet d'écrire que :

$$\vec{F}=-\frac{d\,E_{P-\vec{F}}}{dx}\overrightarrow{e_x}$$

Cette relation donne **un lien entre la dynamique et l'énergétique**. C'est une des plus utilisée en mécanique, et particulièrement sous sa forme généralisée au cas des fonctions à plusieurs variables : $\vec{F}=-\overrightarrow{grad}\,E_{P-\vec{F}}$.

♣ *Remarque : L'étude des fonctions énergies potentielles, souvent appelées « potentiels » en Physique et en chimie, est une technique théorique, numérique et expérimentale très puissante de la stabilité des systèmes physico-chimique tels que les atomes et molécules. Citons, par exemples, le potentiel de Philip Morse, introduit en 1929, pour les molécules diatomiques, ou encore le potentiel de John Lennard-Jones, proposé en 1924, pour décrire, dans les solides, l'énergie de cohésion des paires d'atomes ou molécules. Enfin, citons en physique nucléaire, le potentiel introduit en 1939 par le physicien japonais Hideki Yukawa, permet d'expliquer de nombreuses propriétés des forces nucléaires. Au regard de l'extrême complexité, et du très grand nombre des degrés de liberté associés, les systèmes physiques réels nécessitent bien souvent l'utilisation des méthodes numériques avancées.*

C) Etude d'un titrage acido-basique

En chimie, un titrage est la détermination qu'une quantité de matière (en mole ou en gramme), par l'intermédiaire d'une technique expérimentale faisant appel à une réaction chimique. Nous allons envisager le cas simple, mais très répandu, du **dosage pH-métrique** d'une espèce chimique du type « monoacide faible en solution aqueuse » titrée par une solution aqueuse de « monobase forte », telle que l'hydroxyde de sodium (la soude) de formule $Na^+_{(aq)} + OH^-_{(aq)}$ ou bien l'hydroxyde de potassium (la potasse) de formule $K^+_{(aq)} + OH^-_{(aq)}$.

1) Dispositif expérimental

La situation envisagée correspond à :

- dans le bécher, c'est la solution titrée, d'un volume V_a de la solution aqueuse de monoacide faible (suffisamment diluée) de concentration molaire c_a inconnue ;
- dans la burette, c'est la solution titrante, celle de la solution aqueuse de base forte (suffisamment diluée) et de concentration molaire c_b connue.

Cette situation correspond à :

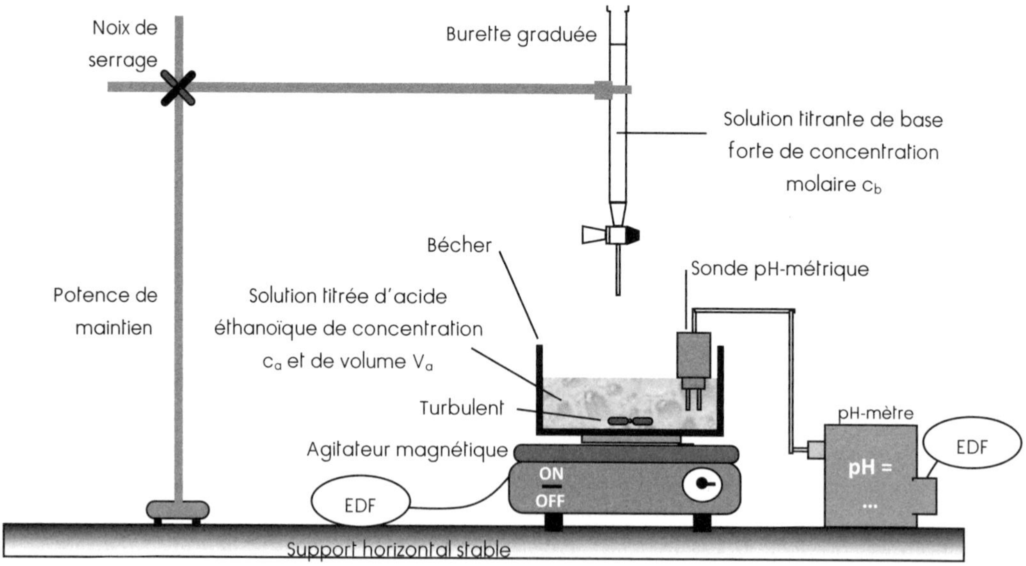

Figure 12 : dispositif expérimental du titrage acido-basique

Dans ce dispositif expérimental, le turbulent ayant pour rôle, de par sa rotation rapide, d'homogénéiser la solution réactionnelle, et ainsi s'assurer de la bonne réalisation expérimentale.

2) Conditions expérimentales

La mesure du pH (*p*otentiel *H*ydrogène) s'effectue, par convention, à la température de 25°C, car c'est une température facile à mettre en place en laboratoire, et très proche des températures de travail ordinaire. Ces mesures s'effectuent à l'aide d'une sonde pH-métrique comme celle représentée ci-dessous :

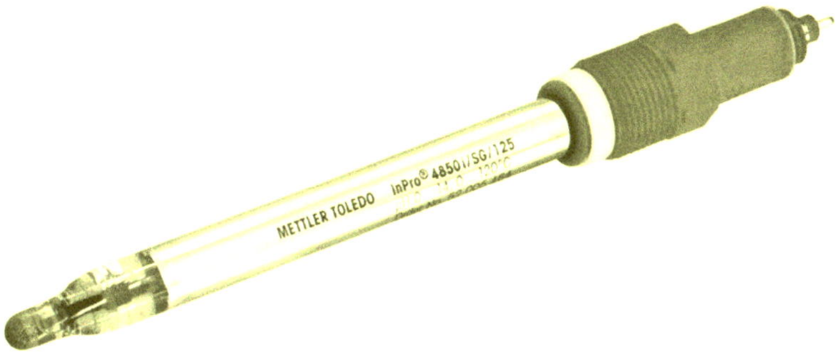

Figure 13 : sonde pH-métrique

En fait une telle sonde mesure une différence de potentiel électrique entre une électrode de référence et une électrode de mesure (en verre), et permet d'en déduire le pH du milieu étudié. L'électrode de référence est bien souvent une électrode au calomel saturé. Cette électrode de référence, qui gardera un potentiel électrique constant lors des mesures, est constituée d'une gaine de verre remplie d'un mélange de mercure métallique et de dichlorure de dimercure (II). C'est ce mélange qui est appelé « calomel ». L'électrode de mesure, très fragile, est-elle sensible à la concentration molaire des ions oxonium $H_3O^+_{(aq)}$. Il existe alors une relation affine entre la différence de potentiel électrique ΔE mesurée et la valeur du pH indiquée :

$$\Delta E = a - 0{,}059\, pH \quad (a \in \mathbb{R})$$

La valeur de la constante a est déterminée par l'étalonnage, à l'aide de solutions dont on connait le pH, comme par exemple des solutions tampons. Ces dernières sont des solutions dont le pH ne varie quasiment pas par ajout modéré de base ou d'acide, ou même par légère dilution, comme par exemple le mélange équimolaire $HPO_4^{2-}/H_2PO_4^-$ dont $pH = 7$ à 25°C.

♣ *Remarque : La détermination de la valeur 0,059 sera faite dans le cadre d'un cours de chimie de niveau Bac + 1 car elle découle de la loi de Nernst (Walther Nernst – Physicien et chimiste allemand – 1864 / 1941 – Prix Nobel de Chimie en 1920), et donc d'un approfondissement de la notion d'oxydoréduction et plus généralement de l'électrochimie.*

3) Autour du pH

Le pH est une grandeur fondamentale caractérisant les processus chimiques et biochimiques. Historiquement, le concept a été introduit en 1909 par le chimiste *Danois Søren Peder Lauritz Sørensen* (1868 / 1939) alors qu'il dirigeait le célèbre « *Carlsberg Laboratory* » de l'Université de Copenhague. Dans l'enseignement français, pour l'étude des solutions aqueuses, on adopte la définition suivante du pH :

$$pH = -\log\left(\gamma_H \frac{\left[H_3O^+_{(aq)}\right]}{c_{réf}}\right)$$

dans laquelle γ_H est le coefficient inférieur à 1 (sans unité, c'est-à-dire sans dimension) qui traduit la réelle activité des ions oxonium $H_3O^+_{(aq)}$ dans la solution (car les interactions électrostatiques entres les différentes espèces diminuent leur capacité à réagir, c'est-à-dire leur potentiel de réactivité chimique. On dit que ce coefficient rend compte du « caractère non-idéal » de la solution réactionnelle) ; le terme $\left[H_3O^+_{(aq)}\right]$ est bien évidemment la concentration molaire (donc en mol/L) de ces mêmes ions oxonium ; et enfin $c_{réf}$ est une concentration molaire standard de référence égale à 1 mol/L. La fonction « log » représente le logarithme décimal, donc de base 10, et qui vaut :

$$\forall x > 0, \log x = \frac{\ln x}{\ln 10} \approx \frac{\ln x}{2{,}303}$$

Cette définition est en accord avec les mesures expérimentales pour des solutions aqueuses décimolaires et inférieure, et dont le pH vérifie$2 \leq pH \leq 12$.
Pour l'étude des solutions aqueuses de concentrations molaires inférieures, plus précisément de concentration molaire maximale de l'ordre de 0,08 mol/L, le coefficient d'activité γ_H est de l'ordre de l'unité, et ainsi la formule du pH prend la forme simplifiée bien connue des lycéens, à savoir :

$$pH = -\log\left[H_3O^+_{(aq)}\right]$$

Il faut bien remarquer que, sous cette forme, la relation qui définit le pH **n'est pas homogène**. D'où, à l'inverse, on a également :

$$\left[H_3O^+_{(aq)}\right] = 10^{-pH}$$

A la température de 25°C, l'expérience montre que le pH de telle solutions aqueuses est compris entre 0 et 14 ; de plus si le pH est entre 0 et 7 le milieu est dit acide, et basique (ou alcalin) sinon.

♣ *Remarque : Il existe une définition beaucoup plus précise du pH reposant sur un aspect électrochimique expérimental des solutions. En effet, à partir de la loi de Nernst, il est possible de déterminer une relation reliant le pH d'une solution avec les forces électromotrices (fém.) des cellules de mesure et de référence. Cette définition précise du pH a été reconnue en 1992 par l'International Union Pure and Applied Chemistry (IUPAC) et standardisée par la norme ISO 31-8.*

4) Erreur engendrée par le processus expérimental de mesure

Comme **toute mesure expérimentale n'est jamais exacte**, elle est donc une valeur approchée de la valeur réelle. De plus, la qualité de l'appareillage expérimental utilisé lors d'un processus de mesure est un paramètre prépondérant dans l'analyse d'un résultat. Il en va donc de même avec les mesures expérimentales du pH. Analysons la répercussion, sur la précision associée au pH, de l'erreur commise sur la mesure de la concentration molaire $\left[H_3O^+_{(aq)}\right]$. On sait que :

$$pH = -\log\left[H_3O^+_{(aq)}\right]$$

Or, expérimentalement, la mesure du pH se réalise avec une certaine erreur du à la sensibilité du dispositif expérimental. Donc, en tenant compte du fait que

$$\forall x > 0, \log x = \frac{\ln x}{\ln 10} \approx \frac{\ln x}{2{,}303}$$

on a :

$$pH = -\frac{\ln\left[H_3O^+_{(aq)}\right]}{\ln 10} \quad \Leftrightarrow \quad \frac{d\,pH}{d\left[H_3O^+_{(aq)}\right]} = \frac{d}{d\left[H_3O^+_{(aq)}\right]}\left(-\frac{\ln\left[H_3O^+_{(aq)}\right]}{\ln 10}\right)$$

Ce qui nous donne :

$$\frac{d\,pH}{d\left[H_3O^+_{(aq)}\right]} = -\frac{1}{\ln 10}\frac{d\,\ln\left[H_3O^+_{(aq)}\right]}{d\left[H_3O^+_{(aq)}\right]} \quad \Leftrightarrow \quad \frac{d\,pH}{d\left[H_3O^+_{(aq)}\right]} = -\frac{1}{\ln 10}\frac{1}{\left[H_3O^+_{(aq)}\right]}$$

On obtient alors la relation suivante :

$$\ln 10 \;\; d\,pH = -\frac{d\left[H_3O^+_{(aq)}\right]}{\left[H_3O^+_{(aq)}\right]}$$

Le terme $d\,pH$ représente une variation infinitésimale, c'est-à-dire infiniment faible, de pH. Lorsque cette variation n'est plus infinitésimale, on parle d'écart ou d'erreur, et on la note alors ΔpH. En passant **aux erreurs engendrées**, c'est-à-dire en opérant les deux passages $d\,pH \rightarrow \Delta pH$ et $d\left[H_3O^+_{(aq)}\right] \rightarrow \Delta\left[H_3O^+_{(aq)}\right]$, on peut écrire que :

$$\ln 10 \;\; \Delta pH = -\frac{\Delta\left[H_3O^+_{(aq)}\right]}{\left[H_3O^+_{(aq)}\right]}$$

Afin d'éviter le signe « − » et donc de fausser l'interprétation des erreurs, on introduit la valeur absolue, notée $|\;\;|$, pour rendre cette expression toujours positive. D'où :

$$\ln 10 \;\; |\Delta pH| = \left|\frac{\Delta\left[H_3O^+_{(aq)}\right]}{\left[H_3O^+_{(aq)}\right]}\right|$$

Or, le terme $\left|\frac{\Delta\left[H_3O^+_{(aq)}\right]}{\left[H_3O^+_{(aq)}\right]}\right|$ représente **l'erreur relative**, notée $e_R\left(\left[H_3O^+_{(aq)}\right]\right)$, qui est commise sur la concentration molaire des ions oxonium $\left[H_3O^+_{(aq)}\right]$ lorsque le pH est, lui, déterminé par un appareillage expérimental de précision $|\Delta pH|$ près. On obtient alors la relation suivante :

$$e_R\left(\left[H_3O^+_{(aq)}\right]\right) = \ln 10\ |\Delta pH| \quad \Leftrightarrow \quad e_R\left(\left[H_3O^+_{(aq)}\right]\right) = 2{,}3\ |\Delta pH|$$

Soit en pourcentage :

$$e_R^{\%}\left(\left[H_3O^+_{(aq)}\right]\right) \approx 230\ |\Delta pH|$$

Actuellement, les meilleurs pH-mètres (comme le modèle 781 de la société suisse Metrohm ci-dessous) affichent une précision au millième près, à savoir une erreur $|\Delta pH| = 0{,}001$.

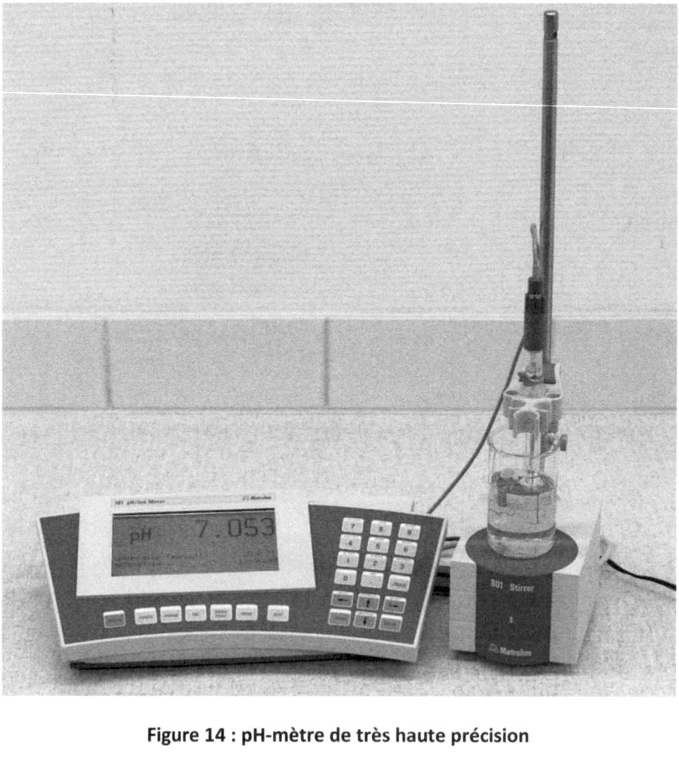

Figure 14 : pH-mètre de très haute précision

Donc, on en déduit qu'au mieux :

$$e_R^{\%}\left(\left[H_3O^+_{(aq)}\right]\right) \approx 0{,}23\ \%$$

Les pH-mètres des laboratoires des lycées affiches, bien souvent, des précisions au dixième d'unité de pH près, soit 23 % d'erreur relative sur la concentration molaire des ions oxonium.

5) Exemple de pH de quelques milieux

Pour fixer les idées (et les ordres de grandeur), voici, à la température de 25°C, des valeurs de pH caractéristiques de certaines solutions quotidienne :

Echelle d'acidité à 25°C

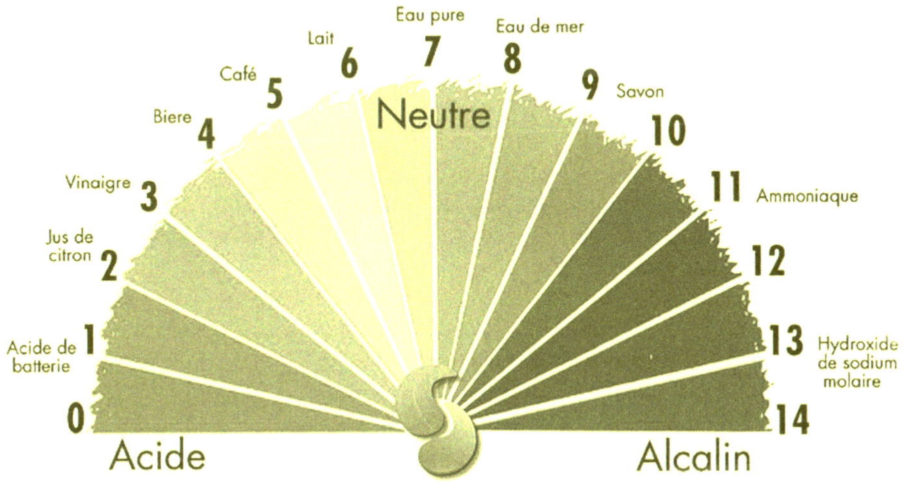

Figure 15 : exemple de pH de quelques solutions

6) Définition de l'acidité

La notion d'acidité à beaucoup évoluée lors de l'histoire. La première définition de l'acidité a été proposée, à la fin du 19ième siècle par le chimiste suédois *Svante August Arrhenius* (1859 / 1927 – Prix Nobel de Chimie en 1903). Pour lui, un acide est une espèce chimique susceptible, en solution aqueuse, de libérer au moins un proton H^+ ; et une base étant une entité chimique capable de libérer au moins un ion hydroxyde OH^- .
Puis, en 1923, le chimiste anglais *Thomas Martin Lowry* (1874 / 1936) et le chimiste danois *Joannes Nicolaus Brønsted* (1879 / 1947), étendent indépendamment l'un de l'autre la théorie d' *Arrhenius*. Et on adoptera la définition suivante :

Définition

Au sens de *Brønsted* et *Lowry* :
- ✓ un acide est une entité chimique capable de céder au moins un proton H^+.
- ✓ une base est une entité chimique capable de capter au moins un proton H^+.

Selon leur approche de l'acidité, **une réaction acido-basique résulte d'un transfert de proton d'un acide vers une base**.
Puis, la même année (1923), le grand chimiste théoricien américain *Gilbert Lewis* (1875 / 1946) propose une autre définition de l'acidité, plus générale :

Définition (Sup)

Au sens de *Lewis* :
- ✓ un acide est une entité chimique capable de capturer un doublet d'électron.
- ✓ une base est une entité chimique capable de donner un doublet d'électron.

Selon l'approche thermodynamique (donc relative à l'équilibre) de Lewis, un acide est une entité qui possède des sites électrophiles, notion qui est, elle, cinétique.

7) Couple acido-basique

Pour les réactions chimiques qui se produisent dans le solvant eau (liquide), la définition de *Brønsted* et *Lowry* est la plus pratique. En effet, l'eau est une molécule capable de céder un proton, on dit alors que **l'eau est un solvant protique**. En ce sens, l'eau est évidemment un acide.
De manière générale, selon *Brønsted* et *Lowry*, un monoacide (en solution aqueuse) sera donc noté par la forme abrégée $AH_{(aq)}$. Et de la même façon, une monobase (en solution aqueuse) sera donc notée par la forme abrégée $A^-_{(aq)}$. Dès lors, lorsqu'une entité chimique monoacide perd son proton, elle se transforme automatiquement en une autre entité chimique capable, elle, de capturer un nouveau proton, donc une monobase. On a donc une transformation d'une entité chimique monoacide en monobase (et vice versa) par transfert de proton H^+ selon l'équation suivante :

$$AH_{(aq)} \rightleftharpoons A^-_{(aq)} + H^+$$

Dans ce cas il est particulièrement commode d'associé, sous forme de couple, les deux entités chimiques participante à cette transformation. On définit ainsi un couple acido-basique comme étant :

$$AH_{(aq)}/A^-_{(aq)}$$

L'acide est noté en premier. Il existe, dans la nature, de très nombreux couple acido-basique. Ont dit que les deux participants, à un couple, sont **conjugués** l'un de l'autre.

8) Acide faible et acide fort

Lorsqu'un certain nombre d'une même entité chimique de type monoacide est introduite dans l'eau, deux situations sont chimiquement possibles :
- soit toute ces entités se transforment en monobase, on dit alors qu'elles se **dissocient totalement**, on parlera alors de **monoacide fort**.
- soit quelque unes de ces entités se transforment en monobase, on dit alors qu'elles se **dissocient partiellement**, on parlera alors de **monoacide faible**.

D'où les deux définitions suivantes :

Définition

Au sens de *Brønsted* et *Lowry* :
- ✓ un monoacide fort est une entité chimique qui, dans l'eau solvant, se dissocie intégralement. Il ne reste donc plus d'entité de monoacide à la fin de la réaction chimique. On dit que **la réaction est totale** ou **quantitative**, et on utilise le symbole →.
- ✓ un monoacide faible est une entité chimique qui, dans l'eau solvant, se dissocie partiellement. Il reste donc des entités chimiques de monoacide à la fin de la réaction chimique. On dit que la réaction **est équilibrée** ou **partielle**, et on utilise le symbole ⇌.

A titre d'exemple, citons comme monoacides faibles (dans l'eau solvant) les acides carboxyliques, de formule générique :

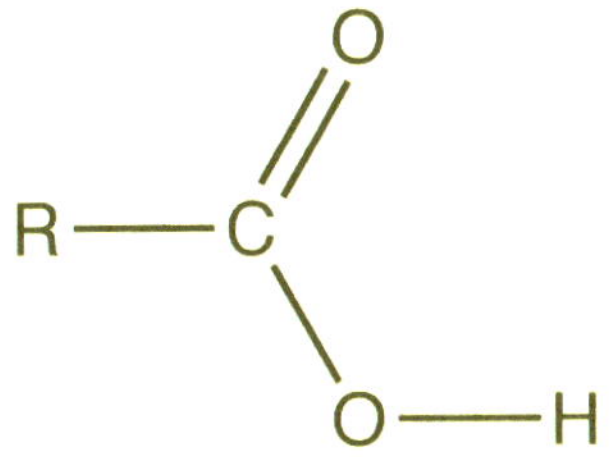

Figure 16 : acide carboxylique, exemple de monoacide faible

Et comme exemples de monoacide fort, citons l'acide chlorhydrique $\left(H_3O^+_{(aq)} + C\ell^-_{(aq)}\right)$, ou encore l'acide nitrique $\left(H_3O^+_{(aq)} + NO^-_{3\,(aq)}\right)$,

9) L'eau comme espèce ampholyte

On a déjà mentionné que l'eau est une espèce chimique acide, car c'est un solvant protique. Ainsi, l'eau acide va nous conduire à l'équation

$$H_2O_{(\ell iq)} \rightleftharpoons OH^-_{(aq)} + H^+$$

Donc **l'eau** peut être considérée comme l'**espèce acide** du couple $H_2O_{(\ell iq)}/OH^-_{(aq)}$. En même temps, il est possible d'envisager l'équation :

$$H_3O^+_{(aq)} \rightleftharpoons H_2O_{(\ell iq)} + H^+$$

Donc **l'eau** peut être considérée comme **l'espèce basique** du couple $H_3O^+_{(aq)}/H_2O_{(\ell iq)}$. Ainsi, l'eau apparait comme une espèce chimique particulière, car capable de se comporter à la fois, comme un monoacide et une monobase. On dit alors que l'eau liquide est une **espèce ampholyte**, ou encore que l'eau présente un **caractère amphotère**. Il existe évidemment d'autre espèce chimique qui sont des ampholytes. Citons, par exemple, l'ion hydrogénocarbonate$HCO^-_{3\,(aq)}$ apparaissant dans les deux couples $HCO^-_{3\,(aq)}/CO^{2-}_{3\,(aq)}$ (comme acide) et $\left(CO_2\,;\,H_2O_{(\ell iq)}\right)/HCO^-_{3\,(aq)}$ (comme base).

10) L'autoprotolyse de l'eau

L'eau est un solvant **polaire** et **protique**, c'est-à-dire qu'elle peut échanger des protons H^+. Ainsi, l'eau influence directement l'acidité d'un milieu aqueux, donc la valeur du pH. La question est de savoir dans quelle mesure.
Une propriété très importante de l'eau est sa **nature polaire**. Géométriquement, La molécule d'eau forme un angle de 104,45° au niveau de l'atome d'oxygène entre les deux liaisons avec les atomes d'hydrogène :

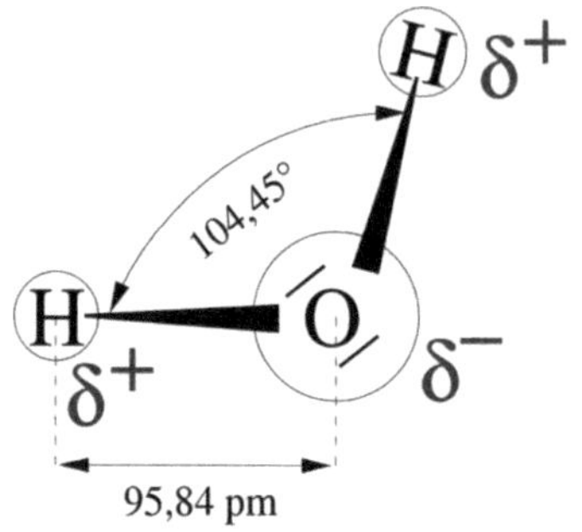

Figure 17 : géométrie de la molécule d'eau

Puisque l'oxygène a une électronégativité plus forte que l'hydrogène, l'atome d'oxygène a une charge partielle négative δ^-, alors que les atomes d'hydrogène ont une charge partielle positive δ^+. Une molécule avec une différence de charge électrique est appelée un **dipôle électrique** ; on dit alors que la molécule est polaire. Ainsi, l'eau a un moment dipolaire de 1,83 *Debye* (Peter Debye, surnommé pas ses collaborateurs « le Maitre de la Molécules » – Physicien et chimiste néerlandais, naturalisé américain en 1946 – 1884 / 1966 – Prix Nobel de Chimie en 1936). Cette polarité fait que les molécules d'eau s'attirent les unes les autres. L'eau étant une molécule polaires, donc fortement sensibles aux interactions électriques (de type *van der Waals*) et peut également créer des liaisons hydrogène (où pont hydrogène) :

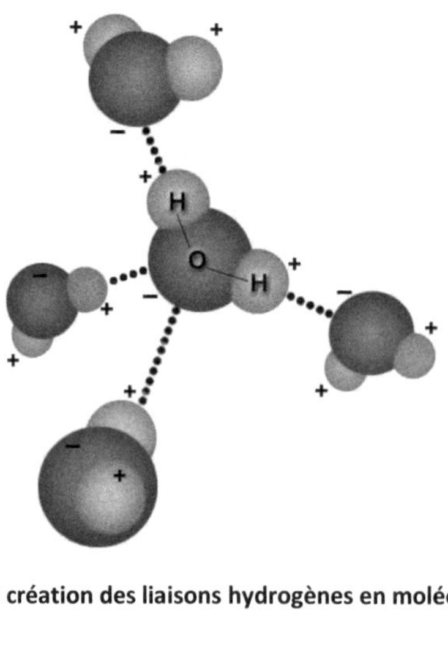

Figure 18 : création des liaisons hydrogènes en molécule d'eau

C'est pourquoi, l'eau à fort potentiel de **solvatation**. C'est donc le cas avec les protons H^+. L'eau vient les capturer pour former l'ion oxonium $H_3O^+_{(aq)}$ (parfois appelé ion hydronium), c'est-à-dire un proton solvaté $H_3O^+_{(aq)}$:

$$H_2O_{(\ell iq)} + H^+ \rightleftharpoons H_3O^+_{(aq)}$$

Ceci met en évidence le côté basique de l'eau. En effet, à l'inverse, dans l'eau solvant, donc électriquement neutre, chaque création d'ion oxonium $H_3O^+_{(aq)}$ impose à une autre molécule d'eau de perdre un atome d'hydrogène pour engendrer un ion hydroxyde$OH^-_{(aq)}$:

$$H_2O_{(\ell iq)} \rightleftharpoons H^+ + OH^-_{(aq)}$$

Ceci met en évidence le côté acide de l'eau. Cette séparation se réalise selon le mécanisme d'ionisation suivant, dite **équation de l'autoprotolyse de l'eau** :

$$2\,H_2O_{(\ell iq)} \rightleftharpoons H_3O^+_{(aq)} + OH^-_{(aq)}$$

Dans l'eau pure, la neutralité électrique impose qu'il y ait autant d'ions oxonium $H_3O^+_{(aq)}$ que d'ions hydroxyde$OH^-_{(aq)}$. A la température de 25°C, on a exactement :

$$\left[H_3O^+_{(aq)}\right] = \left[OH^-_{(aq)}\right] = 10^{-7}\text{mol/L}$$

De plus, un litre d'eau pure à cette température de de 25°C, à une masse de 997 g, ce qui implique qu'il contient un nombre de moles d'eau de :

$$\frac{997}{18} \approx 55{,}4 \text{ moles}$$

Autrement dit, dans 55,4 moles d'eau pure, il y a 10^{-7} mole d'ions oxonium $H_3O^+_{(aq)}$ et d'ions hydroxyde $OH^-_{(aq)}$, soit un rapport de :

$$\frac{10^{-7}}{55{,}4} \approx 2.10^{-9} = \frac{2}{10^9}$$

En conclusion, sur 1 milliard de molécules d'eau, on peut considérer que seules deux molécule d'eau sont ionisées, et touchées par l'autoprotolyse.

11) Etude de la dissociation d'un monoacide faible dans l'eau

Afin de pouvoir définir certaines grandeurs fondamentales relatives aux réactions acido-basiques, envisageons le cas où un expérimentateur mélange un monoacide faible dans de l'eau solvant. On a alors le couple $AH_{(aq)}/A^-_{(aq)}$ qui nous conduit à l'équation chimique :

$$AH_{(aq)} + H_2O_{(\ell iq)} \rightleftharpoons A^-_{(aq)} + H_3O^+_{(aq)}$$

La quantité de matière initiale de monoacide faible, notée $n_a = c_a V_a$, introduite dans le volume V_e d'eau solvant implique une concentration initiale dans la solution, qui est notée $c_a^{(i)}$, et qui vaut :

$$c_a^{(i)} = \frac{n_a}{V_a + V_e} = \frac{c_a V_a}{V_a + V_e} = \frac{c_a}{1 + \frac{V_e}{V_a}}$$

Dans la pratique, si il y a, au moins, vingt fois plus d'acide que d'eau, c'est-à-dire si $\frac{V_e}{V_a} \leq 0{,}05$ alors on admet que $c_a^{(i)} \approx c_a$.
Afin d'étudier rapidement et efficacement cette réaction, construisons le tableau d'avancement (noté x) associé. On a alors :

Equation chimique	$AH_{(aq)}$ +	$H_2O_{(\ell iq)}$ $\rightleftharpoons$	$A^-_{(aq)}$ +	$H_3O^+_{(aq)}$
Etat initial du système chimique	n_a	Solvant	0	≈ 0
Etat intermédiaire du système chimique	$n_a - x$	Solvant	x	x
Etat final du système chimique	$n_a - x_f$	Solvant	x_f	x_f
Etat maximal du système chimique	$n_a - x_m = 0$	Solvant	$x_m = n_a$	$x_m = n_a$

Ainsi, on en déduit que :

$$\left[H_3O^+_{(aq)}\right]_f = \frac{x_f}{V_a + V_e} = \frac{x_f}{V_{Sol}} \Leftrightarrow x_f = \left[H_3O^+_{(aq)}\right]_f V_{Sol}$$

et donc que

$$x_m = n_a = c_a^{(i)}(V_a + V_e) = c_a^{(i)} V_{Sol}$$

Dès lors, il devient possible de définir le **taux d'avancement**, noté τ, par la relation :

$$\tau = \frac{x_f}{x_m}$$

Ce qui signifie que $0 \leq \tau \leq 1$, avec :

- $\tau = 0$ signifie que la réaction est chimiquement inerte ;
- $\tau = 1$ signifie que la réaction chimique est totale ;
- $0 < \tau < 1$ signifie que la réaction chimique est partielle ou limitée.

Dans le cas que nous étudions, on trouve que :

$$\tau = \frac{x_f}{x_m} = \frac{\left[H_3O^+_{(aq)}\right]_f V_{Sol}}{c_a^{(i)} V_{Sol}} = \frac{\left[H_3O^+_{(aq)}\right]_f}{c_a^{(i)}}$$

D'où :

$$\left[H_3O^+_{(aq)}\right]_f = c_a^{(i)}\tau \quad \Rightarrow \quad pH = -\log\left(c_a^{(i)}\tau\right)$$

Depuis, la fin du 20ième siècle, sous l'impulsion des deux chimistes norvégiens *Cato Guldberg* (1836 / 1902) et *Peter Waage* (1833 / 1900) ainsi que du grand chimiste théoricien néerlandais *Jacobus Henricus Van 't Hoff* (1852 / 1911 – Premier lauréat du Prix Nobel de Chimie en 1901), la thermodynamique chimique a permis de caractériser **l'état dynamique de l'équilibre chimique** par une grandeur (dépendant uniquement de la température du système chimique réactionnel considéré) appelée **constante d'équilibre**, et notée K ou $Q_{r-éq}$.
Pour une réaction chimique du type :

$$\sum_{Réactifs\ "j"} p_j\, P_{j\,(aq)} \rightleftharpoons \sum_{Produits\ "i"} r_i\, R_{i\,(aq)}$$

Dans laquelle les coefficients réels p_j et r_i représente les nombres stœchiométriques, respectivement des divers produits $P_{j\,(aq)}$ et des divers réactifs $R_{i\,(aq)}$. Pour une telle réaction, on définit la constante d'équilibre par :

$$K = \frac{\prod_{Produits\ "i"} a\left(R_{i\,(aq)}\right)^{r_i}}{\prod_{Réactifs\ "j"} a\left(P_{j\,(aq)}\right)^{p_j}}$$

Avec $a\left(R_{i\,(aq)}\right)^{r_i}$ qui représente l'activité du réactif $R_{i\,(aq)}$ élevée à la puissance nombre stœchiométrique r_i. Et de même $a\left(P_{j\,(aq)}\right)^{p_j}$ qui représente l'activité du réactif $P_{j\,(aq)}$ élevée à la puissance nombre stœchiométrique p_j. Cette constante d'équilibre ***K* est sans unité**. Pour l'écriture de cette constante K, on applique les règles suivantes :

- pour un composant chimique X, on a $a(X) = 1$ si X est le solvant ;
- pour un composant chimique X, on a $a(X) = [X]_f$ si X est un soluté aqueux ;
- pour un composant chimique X, on a $a(X) = p_p(X)$ si X est un gaz ($p_p(X)$ est la pression partielle du gaz X).

Dans notre cas, celui d'une solution aqueuse de monoacide faible introduite dans un volume d'eau liquide comme solvant, d'équation

$$AH_{(aq)} + H_2O_{(\ell iq)} \rightleftharpoons A^-_{(aq)} + H_3O^+_{(aq)}$$

on obtient alors :

$$K = \frac{\left[H_3O^+_{(aq)}\right]_f \left[A^-_{(aq)}\right]_f}{AH_{(aq)}}$$

Pour bien spécifier que K est relative à un monoacide faible particulier, on rajoute, à K, l'indice « a ». D'où l'écriture :

$$K_a = \frac{\left[H_3O^+_{(aq)}\right]_f \left[A^-_{(aq)}\right]_f}{\left[AH_{(aq)}\right]_f}$$

Toutes ces valeurs sont bien connues et tabulées. En revanche, l'écriture sous forme de quotient de grandeurs positives implique que :

- K_a est toujours positive ;
- K_a se trouve dans une très grande plage de valeurs possibles.

Ce dernier point, rend l'interprétation de la valeur de K_a peu évidente, c'est pourquoi le chimiste va lui préférer **la quantité pK_a, grandeur également sans unité**, qui est définit par une échelle logarithmique, de la façon suivante :

$$pK_a = -\log K_a$$

Et qui implique, à l'inverse :

$$K_a = 10^{-pK_a}$$

L'emploi d'une échelle logarithmique permet de limiter (grandement) l'étendue de plage de valeur possible. Evidemment les valeurs de pK_a sont tabulées et bien connues. Or, on sait que plus le pH est faible, plus le milieu est acide, mais $\left[H_3O^+_{(aq)}\right] = 10^{-pH}$, cela implique que plus le milieu est acide, plus la concentration molaire en ion hydroxyde est élevée. Ainsi, comme :

$$K_a = \frac{\left[H_3O^+_{(aq)}\right]_f \left[A^-_{(aq)}\right]_f}{\left[AH_{(aq)}\right]_f}$$

cela signifie que plus un monoacide faible rend acide un milieu, plus son K_a est grand. Enfin, comme $pK_a = -\log K_a$, et que la fonction log est strictement croissante sur $\mathbb{R}^{+*}$:

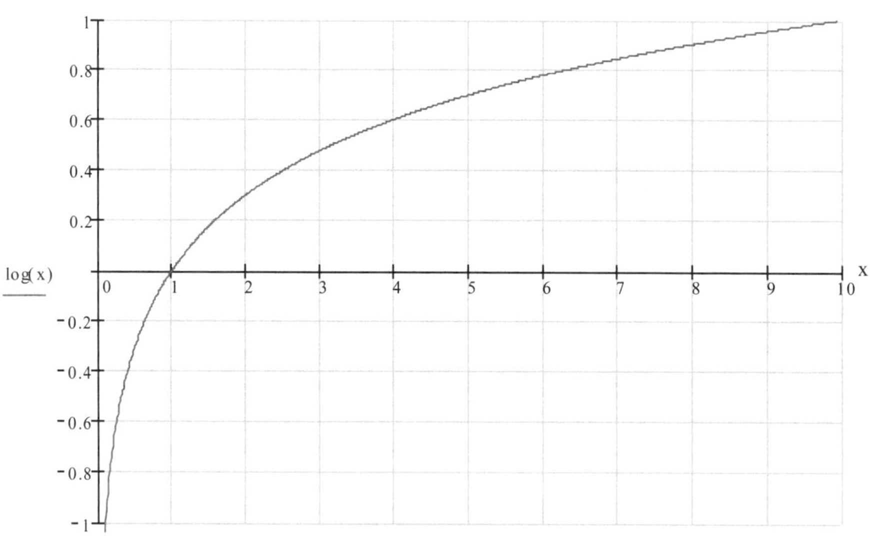

Figure 19 : représentation graphique de la fonction logarithme décimal « log »

On constate alors que même si la constante d'acidité K_a est une grandeur strictement positive, le pK_a peut-être un nombre négatif :

$$K_a \in \mathbb{R}^{+*} \Longrightarrow pK_a \in \mathbb{R}$$

Les deux grandeurs physico-chimiques K_a et pK_a **sont caractéristiques d'un couple acido-basique** donné. Or, d'après la relation $pH = -\log\left[H_3O^+_{(aq)}\right]$, plus la concentration molaire $\left[H_3O^+_{(aq)}\right]$ est grande, plus le pH est faible, et donc plus le milieu est acide. Ainsi, **plus une solution aqueuse d'un monoacide faible est acide, plus la constante K_a associée est grande**. En effet, comme

$$K_a = \frac{\left[H_3O^+_{(aq)}\right]_f \left[A^-_{(aq)}\right]_f}{\left[AH_{(aq)}\right]_f}$$

on constate que la constante d'acidité est directement proportionnelle à la concentration molaire $\left[H_3O^+_{(aq)}\right]$. Dès lors, dans ces conditions, **le pK_a est lui plus petit**. Il ne nous reste plus qu'à faire le lien avec le taux d'avancement τ. A l'aide du tableau d'avancement, on en déduit que :

$$K_a = \frac{\left[H_3O^+_{(aq)}\right]_f \left[A^-_{(aq)}\right]_f}{\left[AH_{(aq)}\right]_f} \Leftrightarrow K_a = \frac{\frac{x_f}{V_{Sol}}\frac{x_f}{V_{Sol}}}{\frac{n_a - x_f}{V_{Sol}}} \Leftrightarrow K_a = \frac{\left(\frac{x_f}{V_{Sol}}\right)^2}{\frac{n_a}{V_{Sol}} - \frac{x_f}{V_{Sol}}}$$

ce qui nous donne

$$K_a = \frac{\left(\frac{x_f}{V_{Sol}}\right)^2}{c_a^{(i)} - \frac{x_f}{V_{Sol}}}$$

Or, on sait que $\left[H_3O^+_{(aq)}\right]_f = c_a^{(i)}\tau$ ce qui implique que $\frac{x_f}{V_{Sol}} = c_a^{(i)}\tau$. Ceci nous permet donc d'écrire que :

$$K_a = \frac{\left(c_a^{(i)}\tau\right)^2}{c_a^{(i)} - c_a^{(i)}\tau} \Leftrightarrow K_a = \frac{c_a^{(i)}}{c_a^{(i)}}\frac{c_a^{(i)}\tau^2}{1-\tau} \Leftrightarrow K_a = \frac{c_a^{(i)}\tau^2}{1-\tau}$$

Ainsi, on constate que :

$$\lim_{\tau \to 1^-} K_a = \lim_{\tau \to 1^-} \frac{c_a^{(i)}\tau^2}{1-\tau} \Leftrightarrow \lim_{\tau \to 1^-} K_a = c_a^{(i)} \lim_{\tau \to 1^-} \frac{\tau^2}{1-\tau} \Leftrightarrow \lim_{\tau \to 1^-} K_a = c_a^{(i)} \times (+\infty)$$

Donc, on constate que

$$\lim_{\tau \to 1^-} K_a = +\infty$$

On en déduit que **plus le taux d'avancement est grand, plus la constante d'acidité associée est grande, ce qui implique qu'une solution aqueuse d'un monoacide faible est acide, donc que cet acide à une force importante.**
Ainsi, pour traduire la force d'un monoacide faible, dans l'eau solvant, on utilise les critères suivants :

Propriétés	Soit $AH_{(aq)}$ un monoacide faible en solution aqueuse dont le couple acido-basique associé est caractérisé par la valeur numérique de son pK_a. On dit que, dans l'eau solvant, plus cet acide est fort : ✓ plus son pK_a est petit ; ✓ plus son K_a est grand ; ✓ plus son taux d'avancement est grand.

Puis, il devient aisé de déterminer le pH, à l'équilibre, en fonction de la constante d'acidité K_a, de cette solution réactionnelle. En effet, on a :

$$K_a = \frac{c_a^{(i)}\tau^2}{1-\tau} \quad \Leftrightarrow \quad K_a(1-\tau) = c_a^{(i)}\tau^2 \quad \Leftrightarrow \quad K_a - K_a\tau = c_a^{(i)}\tau^2$$

Ce qui nous conduit à l'équation suivante :

$$c_a^{(i)}\tau^2 + K_a\tau - K_a = 0$$

Il s'agit d'une équation polynomiale du second degré qui est facile à résoudre On a alors :

$$\Delta = K_a^2 - 4c_a^{(i)}(-K_a) = K_a^2 + 4c_a^{(i)}K_a > 0$$

D'où :

$$\tau = \frac{-K_a \pm \sqrt{K_a^2 + 4c_a^{(i)}K_a}}{2c_a^{(i)}} \quad \Leftrightarrow \quad \tau = \frac{-K_a \pm |K_a|\sqrt{1 + \frac{4c_a^{(i)}}{K_a}}}{2c_a^{(i)}}$$

Comme $K_a \in \mathbb{R}^{+*} \Rightarrow |K_a| = K_a$. Ainsi on a :

$$\tau = \frac{K_a}{2c_a^{(i)}}\left(-1 \pm \sqrt{1 + \frac{4c_a^{(i)}}{K_a}}\right)$$

Afin de choisir la bonne solution « + » ou « − », il suffit de se souvenir que τ est une grandeur physico-chimique positive ou nulle. On sait que

$$\frac{4c_a^{(i)}}{K_a} > 0 \quad \Rightarrow \quad 1 + \frac{4c_a^{(i)}}{K_a} > 1 \quad \Rightarrow \quad \sqrt{1 + \frac{4c_a^{(i)}}{K_a}} > 1$$

Donc, on obtient :

$$\begin{cases} -1+\sqrt{1+\dfrac{4c_a^{(i)}}{K_a}}>0 \\ -1-\sqrt{1+\dfrac{4c_a^{(i)}}{K_a}}<0 \end{cases} \Rightarrow \begin{cases} \dfrac{K_a}{2c_a^{(i)}}\left(-1+\sqrt{1+\dfrac{4c_a^{(i)}}{K_a}}\right)>0 \\ \dfrac{K_a}{2c_a^{(i)}}\left(-1-\sqrt{1+\dfrac{4c_a^{(i)}}{K_a}}\right)<0 \end{cases}$$

car on a

$$\frac{K_a}{2c_a^{(i)}}>0$$

Finalement, la seule solution qui soit chimiquement acceptable est la solution « + » . On a alors :

$$\tau=\frac{K_a}{2c_a^{(i)}}\left(-1+\sqrt{1+\frac{4c_a^{(i)}}{K_a}}\right) \quad\Leftrightarrow\quad c_a^{(i)}\tau=\frac{K_a}{2}\left(-1+\sqrt{1+\frac{4c_a^{(i)}}{K_a}}\right)$$

Mais comme on a démontré que $pH=-\log\left(c_a^{(i)}\tau\right)$, on peut alors écrire que le pH est donnée par :

$$pH=-\log\left(\frac{K_a}{2}\left(-1+\sqrt{1+\frac{4c_a^{(i)}}{K_a}}\right)\right) \quad\Leftrightarrow\quad pH=-\log\left(\frac{K_a}{2}\left(\sqrt{1+\frac{4c_a^{(i)}}{K_a}}-1\right)\right)$$

Il est alors possible, dans cette dernière expression, de faire rapidement apparaître le pK_a. En effet, on a :

$$pH=-\log\left(\frac{10^{-pK_a}}{2}\left(\sqrt{1+\frac{4c_a^{(i)}}{10^{-pK_a}}}-1\right)\right)$$

Ce qui s'écrit encore :

$$pH=-\log\left(10^{-pK_a}\times\frac{1}{2}\left(\sqrt{1+\frac{4c_a^{(i)}}{10^{-pK_a}}}-1\right)\right)$$

Mais la fonction log permet de transformer « un produit en somme ». En effet, on a :

$$\forall(a;b)\in\mathbb{R}^{+*2}\quad \log(ab)=\log(a)+\log(b)$$

Donc, on peut écrire que

$$pH = -\log(10^{-pK_a}) - \log\left(\frac{1}{2}\left(\sqrt{1+\frac{4c_a^{(i)}}{10^{-pK_a}}}-1\right)\right)$$

Mais comme $\forall X \in \mathbb{R}\ \ \log(10^X) = X$, on en déduit alors que le pH d'une solution aqueuse d'un monoacide faible est donnée par :

$$pH = pK_a - \log\left(\frac{1}{2}\left(\sqrt{1+\frac{4c_a^{(i)}}{10^{-pK_a}}}-1\right)\right)$$

Cette formule est tout à fait générale, et permet la détermination du pH contenant un seul monoacide faible, et donc également sa base conjuguée. Cependant, il existe une formule approchée. On avait démontré que :

$$K_a = \frac{c_a^{(i)}\tau^2}{1-\tau}$$

Le chimiste va alors considérer que si $\tau \leq 0,01$ alors $1-\tau \geq 0,99$ et donc que $1-\tau \approx 1$. C'est-à-dire **qu'il suppose que le monoacide faible aura, dans l'eau, une faible dissociation.** Dans ce cas, il peut écrire que :

$$K_a \approx c_a^{(i)}\tau^2 \quad \Leftrightarrow \quad c_a^{(i)}K_a \approx \left(c_a^{(i)}\tau\right)^2 \quad \Rightarrow \quad \log\left(c_a^{(i)}K_a\right) \approx \log\left(\left(c_a^{(i)}\tau\right)^2\right)$$

En faisant usage des deux propriétés suivantes, qui sont associées à l'usage de la fonction log, qui sont :

$$\begin{cases} \forall(a;b) \in \mathbb{R}^{+*2} \ \ \log(ab) = \log(a) + \log(b) \\ \forall X \in \mathbb{R}^{+*}, \forall n \in \mathbb{Z} \ \log(X^n) = n\log(X) \end{cases}$$

on a alors

$$\log\left(c_a^{(i)}\right) + \log(K_a) \approx 2\log\left(c_a^{(i)}\tau\right) \quad \Leftrightarrow \quad -\log\left(c_a^{(i)}\right) - \log(K_a) \approx -2\log\left(c_a^{(i)}\tau\right)$$

ce qui s'écrit encore

$$-\log\left(c_a^{(i)}\right) + pK_a \approx -2pH$$

Finalement, on obtient :

$$pH \approx \frac{1}{2}\left(pK_a - \log\left(c_a^{(i)}\right)\right)$$

Il est possible de présenter **le domaine de validité** de cette formule autrement. En effet, on a :

$$\tau \leq 0{,}01 \quad \Leftrightarrow \quad c_a^{(i)}\tau \leq 0{,}01c_a^{(i)} \quad \Rightarrow \quad \log\left(c_a^{(i)}\tau\right) \leq \log\left(0{,}01c_a^{(i)}\right)$$

Ce car la fonction log est strictement croissante sur $\mathbb{R}^{+*}$, donc elle conserve l'ordre sur ce même intervalle. On en déduit alors que :

$$-\log\left(c_a^{(i)}\tau\right) \geq -\log\left(0{,}01c_a^{(i)}\right) \quad \Leftrightarrow \quad pH \geq -\log(0{,}01) - \log\left(c_a^{(i)}\right)$$

En posant $pc_a^{(i)} = -\log\left(c_a^{(i)}\right)$, on trouve alors que :

$$pH \geq -\log(10^{-2}) + pc_a^{(i)} \quad \Leftrightarrow \quad pH \geq -(-2) + pc_a^{(i)} \quad \Leftrightarrow \quad pH \geq 2 + pc_a^{(i)}$$

Finalement, on trouve que la formule approchée du pH d'une solution aqueuse de monoacide faible est utilisable si :

- $pH - pc_a^{(i)} \geq 2$;
- $\tau \leq 0{,}01$ (soit 1 %).

Il faut bien comprendre que ces hypothèses de travail ne peuvent **être vérifiées qu'après l'application de la formule approchée** (puisqu'elles font appelles au pH) ; c'est-à-dire qu'en exercice, il est très important de toujours bien vérifier si les conditions d'applications sont bien valables.

♣ *Remarque : Dans la pratique, pour des taux d'avancement allant jusqu'à des valeurs de 0,1 soit 10 %, la formule approchée précédente donne des résultats numériques tout à fait acceptables. Dans ce cas la condition de validité devient pH ≤ pKa – 1.*

Enfin, il existe une autre relation, simple, mais très utile dans la pratique, pour déterminer le pH final (donc à l'équilibre) d'une solution de monoacide faible dans l'eau : il s'agit de la relation de *Lawrence Joseph Henderson* (1878 / 1942 – Chimiste américain) et de *Karl Albert Hasselbalch* (1874 / 1922 – Chimiste danois). On a :

$$K_a = \frac{\left[H_3O^+_{(aq)}\right]_f \left[A^-_{(aq)}\right]_f}{\left[AH_{(aq)}\right]_f} \quad \Rightarrow \quad \log(K_a) = \log\left(\frac{\left[H_3O^+_{(aq)}\right]_f \left[A^-_{(aq)}\right]_f}{\left[AH_{(aq)}\right]_f}\right)$$

Ce qui nous donne encore :

$$\log(K_a) = \log\left(\left[H_3O^+_{(aq)}\right]_f \times \frac{\left[A^-_{(aq)}\right]_f}{\left[AH_{(aq)}\right]_f}\right)$$

Soit encore :

$$\log(K_a) = \log\left(\left[H_3O^+_{(aq)}\right]_f\right) + \log\left(\frac{\left[A^-_{(aq)}\right]_f}{\left[AH_{(aq)}\right]_f}\right)$$

En multipliant par -1 cette dernière égalité, on trouve alors :

$$-\log(K_a) = -\log\left(\left[H_3O^+_{(aq)}\right]_f\right) - \log\left(\frac{\left[A^-_{(aq)}\right]_f}{\left[AH_{(aq)}\right]_f}\right)$$

Ce qui s'écrit encore sous la forme suivante :

$$pK_a = pH - \log\left(\frac{\left[A^-_{(aq)}\right]_f}{\left[AH_{(aq)}\right]_f}\right)$$

Et finalement, on obtient alors :

$$pH = pK_a + \log\left(\frac{\left[A^-_{(aq)}\right]_f}{\left[AH_{(aq)}\right]_f}\right)$$

C'est la fameuse relation de *Henderson* et *Hasselbalch*, qui date de 1916, et qui permet la détermination du pH d'une solution aqueuse qui contient, à la fois, les deux formes (acide et basique) d'un **même couple** acido-basique. Si la solution aqueuse étudiée contient les deux formes conjuguées de plusieurs couples acido-basiques, on peut encore l'utiliser

♣ *Remarque : Cette relation de Henderson et Hasselbalch s'applique également aux solutions tampons. De telles solutions sont caractérisées par un pH particulièrement stable, vis-à-vis d'un ajout léger de base, d'acide ou d'une faible dilution. En biochimie elles servent, par exemple, à réguler et maintenir le pH des milieux biologiques, tels que le sang ou encore à étalonner les pH-mètres Le pH du corps humain est une grandeur régulée de façon extrêmement précise. La concentration en ion oxonium est normalement de 40 nmol/L pour le liquide extracellulaire et de 100 nmol/L pour le liquide intracellulaire. On admet que, médicalement, la vie humaine n'est compatible qu'avec un pH sanguin compris entre 7 et 7,8. Malgré un apport journalier d'ion oxonium important, l'organisme parvient à réguler la concentration des ions oxonium d'une façon qui force l'admiration : l'apport journalier en ion oxonium avoisine 1mmol/L/Jour, soit une quantité de 70 millions de nanomoles par jour pour un homme de* $70\,kg$ *! Cet apport extérieur est issu de l'alimentation (acides organiques, protéines alimentaires métabolisées …) ou provoqué à l'occasion d'un effort (acide lactique). Le sang est muni de dispositif tampons particulièrement efficaces. L'élimination des ions oxonium excédentaires est assurée par les systèmes rénaux. Mais ce processus se révèle lent et nécessite l'intervention rapide de systèmes tampons efficaces, particulièrement sollicités à l'occasion d'une ingestion accidentelle de substances acides. Le sang possède essentiellement trois types de systèmes tampons :*

- *le couple* $H_2CO_{3\,(aq)}/HCO^-_{3\,(aq)}$ *qui agit pour 55 % du pouvoir tampon global ;*
- *le couple* $HbHO_{2\,(aq)}/HbO^-_{2\,(aq)}$ *c'est-à-dire l'hémoglobine, qui agit pour 40 % du pouvoir tampon global ;*
- *et le couple* $H_2PO^-_{4\,(aq)}/HPO^{2-}_{4\,(aq)}$ *issu des phosphates organiques, qui agit pour 5 % du pouvoir tampon global.*

Ainsi, de cette étude, on en déduit que :

Propriétés

Le pH d'une solution aqueuse contenant un monoacide faible $AH_{(aq)}$, de concentration molaire initiale $c_a^{(i)}$ et dont le couple acido-basique $AH_{(aq)}/A^-_{(aq)}$ associé est caractérisé par la valeur numérique de son pK_a, est donné par les formule suivantes :

$$pH = -\log\left(c_a^{(i)}\tau\right)$$

ou

$$pH = pK_a + \log\frac{\left[A^-_{(aq)}\right]_f}{\left[AH_{(aq)}\right]_f}$$

ou

$$pH = pK_a - \log\left(\frac{1}{2}\left(\sqrt{1+\frac{4c_a^{(i)}}{10^{-pK_a}}}-1\right)\right)$$

ou

$$pH \approx \frac{1}{2}\left(pK_a - \log\left(c_a^{(i)}\right)\right)$$

Cette dernière relation **approchée** n'est valable que si le monoacide considéré est faiblement dissocié dans l'eau, soit $pH \leq pK_a - 1$.

A titre d'exemple, déterminons les caractéristiques d'une solution aqueuse centimolaire d'acide éthanoïque (encore appelé acide acétique), de formule semi-développée $CH_3COOH_{(aq)}$. A la température de 25°C, le pK_a du couple $CH_3COOH_{(aq)}/CH_3COO^-_{(aq)}$ vaut 4,76. On a alors :

- *Par la formule exacte*

$$pH = 4{,}76 - \log\left(\frac{1}{2}\left(\sqrt{1+\frac{4\times 0{,}01}{10^{-4{,}76}}}-1\right)\right) = 3{,}39$$

- *Par la formule approchée*

$$pH = \frac{1}{2}(4{,}76 - \log 0{,}01) \approx 3{,}38$$

On vérifie alors, à postériori, la condition de validité, à savoir :
✓ condition forte : $3{,}38 - (-\log(0{,}01)) = 3{,}38 + \log(0{,}01) = 3{,}38 + 2 = 5{,}38 \geq 2$;
✓ condition faible : $4{,}76 - 1 = 3{,}76 \geq 3{,}38$.

Les conditions d'applications de la relation approchées sont toutes à fait respectées. Ce qui légitime son usage.

12) Diagramme prédominance d'un couple acido-basique

Lorsque deux espèces chimiques sont présentent dans un même milieu réactionnel, il arrive parfois que l'une de ces deux espèces soit en nombre beaucoup plus important que l'autre, auquel cas, on est amené, légitiment, à négliger les effets de l'espèce minoritaire vis-à-vis des effets de l'autre espèce, celle qui est majoritaire. Pour être plus précis, on admet que :

Propriété

Soit deux espèces chimiques A et B présentent dans un même milieu réactionnel. Dire de l'espèce A **prédomine** sur l'espèce B signifie que la concentration molaire de l'espèce A est au moins **dix fois supérieure** à celle de l'espèce B. Dans ce cas, les effets de l'espèce B sont négligeables vis-à-vis de ceux de de l'espèce A. Ainsi :

$$A \textbf{ prédomine } \text{sur } B \quad \Leftrightarrow \quad [A] \geq 10\,[B]$$

On considère le couple acido-basique $AH_{(aq)}/A^-_{(aq)}$ caractérisé par la valeur de son pK_a. Dans ce cas, envisageons successivement la prédominance des deux espèces au sein d'une même solution aqueuse.

- *Si $AH_{(aq)}$ prédomine sur $A^-_{(aq)}$*

Dans ce cas, on peut écrire que :

$$[AH_{(aq)}]_f \geq 10\,[A^-_{(aq)}]_f \quad \Leftrightarrow \quad \frac{[A^-_{(aq)}]_f}{[AH_{(aq)}]_f} \leq \frac{1}{10} \quad \Rightarrow \quad \log\left(\frac{[A^-_{(aq)}]_f}{[AH_{(aq)}]_f}\right) \leq \log\frac{1}{10}$$

Soit encore :

$$pK_a + \log\left(\frac{[A^-_{(aq)}]_f}{[AH_{(aq)}]_f}\right) \leq pK_a + \log\frac{1}{10} \quad \Leftrightarrow \quad pK_a + \log\left(\frac{[A^-_{(aq)}]_f}{[AH_{(aq)}]_f}\right) \leq pK_a + \log 10^{-1}$$

En faisant alors usage de la relation de *Henderson* et *Hasselbalch*, on trouve que :

$$pH \leq pK_a - 1$$

Ainsi, pour des pH inférieurs ou égal à $pK_a - 1$, seul les effets de l'espèce acide du couple $AH_{(aq)}/A^-_{(aq)}$ sont à envisagés.

- *Si $A^-_{(aq)}$ prédomine sur $AH_{(aq)}$*

Dans ce cas, on peut écrire que :

$$[A^-_{(aq)}]_f \geq 10\,[AH_{(aq)}]_f \quad \Leftrightarrow \quad \frac{[A^-_{(aq)}]_f}{[AH_{(aq)}]_f} \geq 10 \quad \Rightarrow \quad \log\left(\frac{[A^-_{(aq)}]_f}{[AH_{(aq)}]_f}\right) \geq \log 10$$

Soit encore :

$$pK_a + \log\left(\frac{[A^-_{(aq)}]_f}{[AH_{(aq)}]_f}\right) \geq pK_a + \log 10 \quad \Leftrightarrow \quad pK_a + \log\left(\frac{[A^-_{(aq)}]_f}{[AH_{(aq)}]_f}\right) \geq pK_a + 1$$

En faisant alors usage de la relation de *Henderson* et *Hasselbalch*, on trouve que :

$$pH \geq pK_a + 1$$

Ainsi, pour des pH supérieurs ou égal à $pK_a + 1$, seul les effets de l'espèce basique du couple $AH_{(aq)}/A^-_{(aq)}$ sont à envisagés.
On peut alors résumer simultanément ces deux résultats sur un schéma qui s'appelle un **diagramme de prédominance** :

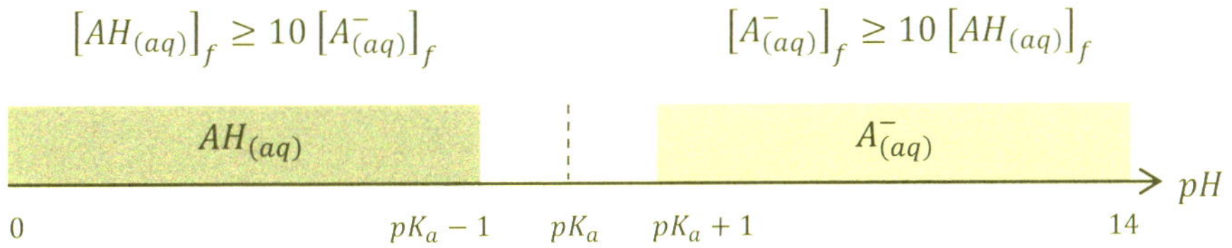

Figure 20 : diagramme de prédominance d'un couple acido-basique

Pour $pH \in [pK_a - 1\,;\,pK_a + 1]$ on dit qu'il y a coexistence des deux formes conjuguées du pK_a d'un couple $AH_{(aq)}/A^-_{(aq)}$. Ceci nous permet maintenant de fournir une interprétation chimique de la grandeur pK_a d'un couple $AH_{(aq)}/A^-_{(aq)}$. En effet, si :

$$[A^-_{(aq)}]_f = [AH_{(aq)}]_f \quad \Leftrightarrow \quad \frac{[A^-_{(aq)}]_f}{[AH_{(aq)}]_f} = 1$$

Dans ce cas, la relation de de *Henderson* et *Hasselbalch* nous permet d'écrire que :

$$pH = pK_a + \log\left(\frac{[A^-_{(aq)}]_f}{[AH_{(aq)}]_f}\right) \quad \Leftrightarrow \quad pH = pK_a + \log(1) \quad \Leftrightarrow \quad pH = pK_a$$

Ainsi, **le pK_a apparaît comme étant le pH de neutralité du couple $AH_{(aq)}/A^-_{(aq)}$**.

13) Diagramme de distribution

Il est possible de préciser, et donc d'améliorer, le diagramme de prédominance. En effet, ce dernier est particulièrement simple à construire et donc particulièrement pratique à construire. En revanche, dans les domaines de prédominance, le diagramme de prédominance ne renseigne en rien sur le rapport quantitatif entre les concentrations acide et basique. D'où la nécessité de quantifier le lien acidité et basicité au sein des domaines de prédominance. Pour réaliser cela, intéressons-nous à l'équilibre associé au mélange d'un monoacide faible dans de l'eau solvant. On a alors le couple $AII_{(aq)}/A^-_{(aq)}$ qui nous conduit à l'équation chimique :

$$AH_{(aq)} + H_2O_{(\ell iq)} \rightleftharpoons A^-_{(aq)} + H_3O^+_{(aq)} \quad \Longrightarrow \quad K_a = \frac{\left[H_3O^+_{(aq)}\right]_f \left[A^-_{(aq)}\right]_f}{\left[AH_{(aq)}\right]_f}$$

Lorsqu'on introduit une certaine quantité de monoacide faible $AH_{(aq)}$ dans l'eau, chacune des molécules de monoacide faible $AH_{(aq)}$ peut soit céder son proton et se « changer » en base conjuguée $A^-_{(aq)}$ où conserver son proton et rester sous sa forme acide $AH_{(aq)}$. Ainsi, si on introduit initialement, dans l'eau solvant, un nombre initial de $\mathcal{N}_i\left(AH_{(aq)}\right)$ on peut molécule de monoacide faible, on peut alors écrire l'égalité suivante :

$$\mathcal{N}_i\left(AH_{(aq)}\right) = \mathcal{N}_{restant}\left(AH_{(aq)}\right) + \mathcal{N}_{crée}\left(AH_{(aq)}\right)$$

Ce qui nous donne donc :

$$n_i\left(AH_{(aq)}\right)N_A = n\left(AH_{(aq)}\right)N_A + n\left(A^-_{(aq)}\right)N_A$$

En simplifiant par N_A, on obtient :

$$n_i\left(AH_{(aq)}\right) = n\left(AH_{(aq)}\right) + n\left(A^-_{(aq)}\right) \quad \Longrightarrow \quad \frac{n_i\left(AH_{(aq)}\right)}{V_{Sol}} = \frac{n\left(AH_{(aq)}\right)}{V_{Sol}} + \frac{n\left(A^-_{(aq)}\right)}{V_{Sol}}$$

Ce qui nous donne l'équation de conservation de la matière acide initiale suivante :

$$c_a^{(i)} = \left[AH_{(aq)}\right]_f + \left[A^-_{(aq)}\right]_f$$

Donc, on en déduit que

$$\left[AH_{(aq)}\right]_f = c_a^{(i)} - \left[A^-_{(aq)}\right]_f \quad \Longrightarrow \quad K_a = \frac{\left[H_3O^+_{(aq)}\right]_f \left[A^-_{(aq)}\right]_f}{c_a^{(i)} - \left[A^-_{(aq)}\right]_f}$$

On peut alors écrire que :

$$K_a\left(c_a^{(i)} - \left[A^-_{(aq)}\right]_f\right) = \left[H_3O^+_{(aq)}\right]_f \left[A^-_{(aq)}\right]_f$$

En développant, on obtient :

$$K_a c_a^{(i)} - K_a\left[A^-_{(aq)}\right]_f = \left[H_3O^+_{(aq)}\right]_f \left[A^-_{(aq)}\right]_f$$

D'où :

$$K_a c_a^{(i)} = \left(\left[H_3O^+_{(aq)}\right]_f + K_a\right) \left[A^-_{(aq)}\right]_f \quad \Leftrightarrow \quad \left[A^-_{(aq)}\right]_f = \frac{K_a c_a^{(i)}}{\left[H_3O^+_{(aq)}\right]_f + K_a}$$

Ceci peut encore s'écrire sous la forme suivante :

$$\frac{\left[A^-_{(aq)}\right]_f}{c_a^{(i)}} = \frac{10^{-pK_a}}{10^{-pH} + 10^{-pK_a}} \quad \Leftrightarrow \quad \frac{\left[A^-_{(aq)}\right]_f}{c_a^{(i)}} = \frac{1}{\frac{10^{-pH} + 10^{-pK_a}}{10^{-pK_a}}}$$

Soit encore :

$$\frac{\left[A^-_{(aq)}\right]_f}{c_a^{(i)}} = \frac{1}{\frac{10^{-pH}}{10^{-pK_a}} + \frac{10^{-pK_a}}{10^{-pK_a}}} \quad \Leftrightarrow \quad \frac{\left[A^-_{(aq)}\right]_f}{c_a^{(i)}} = \frac{1}{10^{pK_a - pH} + 1}$$

Or, le terme $\frac{\left[A^-_{(aq)}\right]_f}{c_a^{(i)}}$ représente la proportion de molécules dissociées de base conjuguée dans la solution réactionnelle ; on la note par α^-. On obtient alors :

$$\alpha^- = \frac{1}{10^{pK_a - pH} + 1}$$

Puis, de l'équation de la conservation de la matière acide initiale, on peut écrire l'égalité suivante :

$$\frac{c_a^{(i)}}{c_a^{(i)}} = \frac{\left[AH_{(aq)}\right]_f + \left[A^-_{(aq)}\right]_f}{c_a^{(i)}} \quad \Leftrightarrow \quad 1 = \frac{\left[AH_{(aq)}\right]_f}{c_a^{(i)}} + \frac{\left[A^-_{(aq)}\right]_f}{c_a^{(i)}} \quad \Leftrightarrow \quad 1 = \alpha^+ + \alpha^-$$

Dans cette dernière relation, on à poser $\alpha^+ = \frac{\left[AH_{(aq)}\right]_f}{c_a^{(i)}}$ et qui représente la proportion de molécules de monoacide faible non dissociée dans la solution réactionnelle. On a alors :

$$\alpha^+ = 1 - \alpha^- \quad \Leftrightarrow \quad \alpha^+ = 1 - \frac{1}{10^{pK_a - pH} + 1} \quad \Leftrightarrow \quad \alpha^+ = 1 - \frac{1}{\frac{10^{-pH}}{10^{-pK_a}} + 1}$$

D'où :

$$\alpha^+ = 1 - \frac{1}{\frac{10^{-pH}}{10^{-pK_a}} + \frac{10^{-pK_a}}{10^{-pK_a}}} \quad \Leftrightarrow \quad \alpha^+ = 1 - \frac{1}{\frac{10^{-pH} + 10^{-pK_a}}{10^{-pK_a}}}$$

Ce qui nous donne :

$$\alpha^+ = 1 - \frac{10^{-pK_a}}{10^{-pH} + 10^{-pK_a}} \quad \Leftrightarrow \quad \alpha^+ = \frac{10^{-pH} + 10^{-pK_a}}{10^{-pH} + 10^{-pK_a}} - \frac{10^{-pK_a}}{10^{-pH} + 10^{-pK_a}}$$

Soit :

$$\alpha^+ = \frac{10^{-pH} + 10^{-pK_a} - 10^{-pK_a}}{10^{-pH} + 10^{-pK_a}} \quad \Leftrightarrow \quad \alpha^+ = \frac{10^{-pH}}{10^{-pH} + 10^{-pK_a}}$$

En « construisant » la fraction du dénominateur, puis en la « cassant », on obtient :

$$\alpha^+ = \frac{1}{\frac{10^{-pH} + 10^{-pK_a}}{10^{-pH}}} \quad \Leftrightarrow \quad \alpha^+ = \frac{1}{\frac{10^{-pH}}{10^{-pH}} + \frac{10^{-pK_a}}{10^{-pH}}} \quad \Leftrightarrow \quad \alpha^+ = \frac{1}{1 + \frac{10^{-pK_a}}{10^{-pH}}}$$

Finalement, on trouve que :

$$\alpha^+ = \frac{1}{10^{pH-pK_a} + 1}$$

Une propriété intéressante liée aux proportions α^+ et α^- est la solution de l'équation traduisant **l'égalité de ces deux proportions**. On a alors :

$$\alpha^+ = \alpha^- \quad \Leftrightarrow \quad \frac{1}{10^{pH-pK_a} + 1} = \frac{1}{10^{pK_a-pH} + 1}$$

Ce qui nous donne encore :

$$10^{pH-pK_a} + 1 = 10^{pK_a-pH} + 1 \quad \Leftrightarrow \quad 10^{pH-pK_a} = 10^{pK_a-pH}$$

On en déduit alors que :

$$\frac{10^{pH}}{10^{pK_a}} = \frac{10^{pK_a}}{10^{pH}} \quad \Leftrightarrow \quad (10^{pH})^2 = (10^{pK_a})^2 \quad \Leftrightarrow \quad 10^{2pH} = 10^{2pK_a}$$

Ce qui nous permet d'écrire que :

$$2pH = 2pK_a \quad \Leftrightarrow \quad pH = pK_a$$

Ainsi, on retrouve bien que lorsqu'il y a autant, c'est-à-dire la même quantité de matière, des deux formes conjuguées d'un même couple alors cette égalité ne se produit que si le $pH = pK_a$. Ainsi, **le pK_a apparaît effectivement comme étant le pH de neutralité du couple $AH_{(aq)}/A^-_{(aq)}$**.
De même, on vérifie que :

- si $pH = pK_a - 1$ alors $\alpha^+ = \frac{1}{10^{pK_a-1-pK_a+1}} = \frac{1}{10^{-1}+1} \approx 90{,}91\ \%$ et $\alpha^- \approx 9{,}09\ \%$;
- si $pH = pK_a + 1$ alors $\alpha^- = \frac{1}{10^{pK_a-pK_a-1}+1} = \frac{1}{10^{-1}+1} \approx 90{,}91\ \%$ et $\alpha^+ \approx 9{,}09\ \%$.

D'un point de vue graphique, si on considère le couple $CH_3COOH_{(aq)}/CH_3COO^-_{(aq)}$ pour lequel, à 25° C, le pK_a vaut 4,76 on obtient :

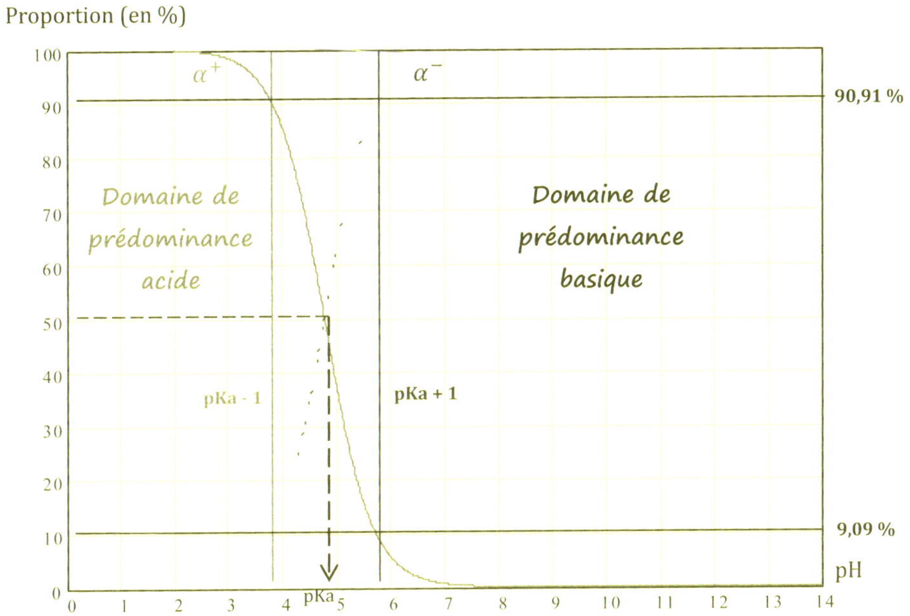

Figure 21 : diagramme de distribution du couple acide éthanoïque / ion éthanoate

14) Le produit ionique de l'eau

Lorsque, en solution aqueuse, l'eau acide réagit avec l'eau basique, on a l'équation de la réaction chimique suivante :

$$2\,H_2O_{(\ell iq)} \rightleftharpoons H_3O^+_{(aq)} + OH^-_{(aq)}$$

La constante d'équilibre, associée à cette réaction est notée K_e, porte le nom de **produit ionique de l'eau**, va donc s'écrire :

$$K_e = \left[H_3O^+_{(aq)}\right]_f \left[OH^-_{(aq)}\right]_f$$

car l'eau solvant, à une activité qui vaut 1. Par conductimétrie sur l'eau distillée, à la température de 25°C, on trouve que $\left[H_3O^+_{(aq)}\right]_f = \left[OH^-_{(aq)}\right]_f = 10^{-7}\ mol/L$. Ce qui nous permet d'écrire que :

$$K_e = 10^{-7} \times 10^{-7} \quad \Leftrightarrow \quad K_e = (10^{-7})^2 \quad \Leftrightarrow \quad K_e = 10^{-2\times 7}$$

Soit encore :

$$K_e = 10^{-14} \quad \Leftrightarrow \quad pK_e = 14$$

D'où :

Propriétés

> A la température de 25°C, le **produit ionique de l'eau** K_e est la constante d'équilibre de la réaction d'autoprotolyse de l'eau, c'est-à-dire la réaction acido-basique entre l'eau acide du couple $H_2O_{(\ell iq)}/OH^-_{(aq)}$ et l'eau basique du couple $H_3O^+_{(aq)}/H_2O_{(\ell iq)}$:
>
> $$2\,H_2O_{(\ell iq)} \rightleftharpoons H_3O^+_{(aq)} + OH^-_{(aq)}$$
>
> Et on a :
>
> $$K_e = \left[H_3O^+_{(aq)}\right]_f \left[OH^-_{(aq)}\right]_f = 10^{-14}$$
>
> D'où :
>
> $$pK_e = pH + pOH = 14$$
>
> avec la notation $pOH = -\log\left[OH^-_{(aq)}\right]_f$

Cette quantité fait le lien entre l'acidité et la basicité d'un milieu réactionnel aqueux. **La valeur du produit ionique ne dépend que de la température** (en Kelvin) de la solution réactionnelle.

15) Quand doit-on tenir compte de l'autoprotolyse de l'eau ?

L'équilibre **d'autoprotolyse de l'eau** est représenté par l'équation chimique suivante :

$$2\,H_2O_{(\ell iq)} \rightleftharpoons H_3O^+_{(aq)} + OH^-_{(aq)}$$

Ainsi, en solution aqueuse, cet équilibre **existe toujours**. La question qui se pose est de savoir quand est-il nécessaire d'en tenir compte, c'est-à-dire quand ces effets viennent-ils perturber une réaction acido-basique se produisant dans l'eau solvant ? Pour pouvoir répondre à cette question, il suffit de se souvenir que l'autoprotolyse traduit la coexistence des effets de l'eau acide et de l'eau basique. Ainsi, si la coexistence disparait, il ne faut donc plus tenir compte des effets de l'autoprotolyse de l'eau. De plus, si la coexistence disparait, cela signifie que dans la solution réactionnelle étudiée, il y a prédominance, soit des effets acides, soit des effets basiques. Distinguons les deux cas.

- *Prédominance des effets acides* - $\left[H_3O^+_{(aq)}\right]_f \geq 10\left[OH^-_{(aq)}\right]_f$

Dans ce cas, on a :

$$\frac{\left[H_3O^+_{(aq)}\right]_f}{\left[OH^-_{(aq)}\right]_f} \geq 10$$

Mais comme :

$$K_e = \left[H_3O^+_{(aq)}\right]_f \left[OH^-_{(aq)}\right]_f \quad \Leftrightarrow \quad \left[OH^-_{(aq)}\right]_f = \frac{K_e}{\left[H_3O^+_{(aq)}\right]_f}$$

On en déduit alors que :

$$\frac{\left[H_3O^+_{(aq)}\right]_f}{\frac{K_e}{\left[H_3O^+_{(aq)}\right]_f}} \geq 10 \quad \Leftrightarrow \quad \left[H_3O^+_{(aq)}\right]_f^2 \geq 10K_e \quad \Rightarrow \quad \left[H_3O^+_{(aq)}\right]_f \geq \sqrt{10K_e}$$

En prenant le logarithme décimal « log » de cette inégalité, et en se souvenant qu'elle conserve l'ordre sur $\mathbb{R}^{+*}$ (car strictement croissante sur cet intervalle $\mathbb{R}^{+*}$), on obtient alors :

$$\log\left[H_3O^+_{(aq)}\right]_f \geq \log\sqrt{10K_e} \quad \Leftrightarrow \quad \log\left[H_3O^+_{(aq)}\right]_f \geq \log(10K_e)^{1/2}$$

En multipliant cette dernière inégalité par -1 donc en changeant le sens de l'inégalité, on obtient :

$$-\log\left[H_3O^+_{(aq)}\right]_f \leq -\log(10K_e)^{1/2} \quad \Leftrightarrow \quad pH \leq -\frac{1}{2}\log(10K_e)$$

Avec :

$$-\frac{1}{2}\log(10K_e) = \frac{1}{2}(-\log(10) - \log(K_e)) = \frac{1}{2}(-1 + pK_e) = \frac{pK_e - 1}{2}$$

D'où le résultat suivant :

$$pH \leq \frac{pK_e - 1}{2}$$

Donc, à 25°C, on peut négliger les effets basiques de l'autoprotolyse de l'eau si le pH de la solution réactionnelle satisfait à la condition $pH \leq 6{,}5$.

- *Prédominance des effets basiques* - $\left[OH^-_{(aq)}\right]_f \geq 10\left[H_3O^+_{(aq)}\right]_f$

Dans ce cas, on a :

$$\frac{\left[H_3O^+_{(aq)}\right]_f}{\left[OH^-_{(aq)}\right]_f} \leq \frac{1}{10}$$

Mais comme :

$$K_e = \left[H_3O^+_{(aq)}\right]_f \left[OH^-_{(aq)}\right]_f \quad \Leftrightarrow \quad \left[OH^-_{(aq)}\right]_f = \frac{K_e}{\left[H_3O^+_{(aq)}\right]_f}$$

On en déduit alors que :

$$\frac{\left[H_3O^+_{(aq)}\right]_f}{\frac{K_e}{\left[H_3O^+_{(aq)}\right]_f}} \leq \frac{1}{10} \quad \Leftrightarrow \quad \left[H_3O^+_{(aq)}\right]_f^2 \leq \frac{K_e}{10} \quad \Rightarrow \quad \left[H_3O^+_{(aq)}\right]_f \leq \sqrt{\frac{K_e}{10}}$$

En prenant le logarithme décimal « log » de cette inégalité, et en se souvenant qu'elle conserve l'ordre sur $\mathbb{R}^{+*}$ (car strictement croissante sur cet intervalle $\mathbb{R}^{+*}$), on obtient alors :

$$\log[H_3O^+_{(aq)}]_f \leq \log\sqrt{\frac{K_e}{10}} \iff \log[H_3O^+_{(aq)}]_f \leq \log\left(\frac{K_e}{10}\right)^{1/2}$$

En multipliant cette dernière inégalité par -1 donc en changeant le sens de l'inégalité, on obtient :

$$-\log[H_3O^+_{(aq)}]_f \geq -\log\left(\frac{K_e}{10}\right)^{1/2} \iff pH \geq -\frac{1}{2}\log\left(\frac{K_e}{10}\right)$$

Avec :

$$-\frac{1}{2}\log\left(\frac{K_e}{10}\right) = \frac{1}{2}(-\log(K_e) + \log 10) = \frac{1}{2}(pK_e + 1) = \frac{pK_e + 1}{2}$$

D'où le résultat suivant :

$$pH \geq \frac{pK_e + 1}{2}$$

Donc, à 25°C, on peut négliger les effets acides de l'autoprotolyse de l'eau si le pH de la solution réactionnelle satisfait à la condition $pH \geq 7{,}5$.
Finalement, On obtient la conclusion suivante :

Propriété

> A la température de 25°C, on doit tenir compte des effets engendrés par l'équilibre de l'autoprotolyse de l'eau uniquement si le pH de la solution réactionnelle vérifie :
>
> $$7{,}5 \geq pH \geq 6{,}5$$

16) Comment doit-on tenir compte de l'autoprotolyse de l'eau ?

Lorsque l'on dissous un monoacide faible $AH_{(aq)}$ dans l'eau solvant, on a alors l'équation chimique suivante :

$$AH_{(aq)} + H_2O_{(\ell iq)} \rightleftharpoons A^-_{(aq)} + H_3O^+_{(aq)}$$

De plus, l'équilibre **d'autoprotolyse de l'eau** est représenté par l'équation chimique suivante :

$$2\,H_2O_{(\ell iq)} \rightleftharpoons H_3O^+_{(aq)} + OH^-_{(aq)}$$

Si l'on désire **traiter simultanément des effets de ces deux réactions**, plusieurs lois physico-chimiques sont alors à exploiter.

- *La neutralité électrique de la solution réactionnelle*

Les ions, cations et anions, présents dans la solution réactionnelle sont $H_3O^+_{(aq)}$, $OH^-_{(aq)}$ et $A^-_{(aq)}$. Or, si la solution réactionnelle est électriquement neutre, cela signifie qu'il y a, dans la solution étudiée, autant de charges électriques positives que négatives. D'où :

$$\mathcal{N}(+) = \mathcal{N}(-)$$

Or, le nombre de charges électriques « + » est égale au nombre de cation $H_3O^+_{(aq)}$ multipliée par leur nombre de charge qu'il porte, ici 1. Ainsi, en notant par N_A le nombre d'Avogadro, on a :

$$\mathcal{N}(+) = n\left(H_3O^+_{(aq)}\right)N_A \times 1 = \left[H_3O^+_{(aq)}\right]_f V_{Sol}N_A \times 1 = \left[H_3O^+_{(aq)}\right]_f V_{Sol}N_A$$

De la même façon, on peut écrire que :

$$\mathcal{N}(-) = n\left(OH^-_{(aq)}\right)N_A \times 1 + n\left(A^-_{(aq)}\right)N_A \times 1 = \left(\left[OH^-_{(aq)}\right]_f + \left[A^-_{(aq)}\right]_f\right)V_{Sol}N_A$$

Soit l'égalité suivante :

$$\left[H_3O^+_{(aq)}\right]_f V_{Sol}N_A = \left(\left[OH^-_{(aq)}\right]_f + \left[A^-_{(aq)}\right]_f\right)V_{Sol}N_A$$

Soit finalement :

$$\left[H_3O^+_{(aq)}\right]_f = \left[OH^-_{(aq)}\right]_f + \left[A^-_{(aq)}\right]_f$$

- *La conservation de la quantité de matière acide initialement dissoute*

Lorsqu'on introduit une certaine quantité de monoacide faible $AH_{(aq)}$ dans l'eau, chacune des molécules de monoacide faible $AH_{(aq)}$ peut soit céder son proton et se « changer » en base conjuguée $A^-_{(aq)}$ où conserver son proton et rester sous sa forme acide $AH_{(aq)}$. Ainsi, si on introduit initialement, dans l'eau solvant, un nombre initial de $\mathcal{N}_i\left(AH_{(aq)}\right)$ on peut molécule de monoacide faible, on peut alors écrire l'égalité suivante :

$$\mathcal{N}_i\left(AH_{(aq)}\right) = \mathcal{N}_{restant}\left(AH_{(aq)}\right) + \mathcal{N}_{crée}\left(AH_{(aq)}\right)$$

Ce qui nous donne donc :

$$n_i\left(AH_{(aq)}\right)N_A = n\left(AH_{(aq)}\right)N_A + n\left(A^-_{(aq)}\right)N_A$$

En simplifiant par N_A, on obtient :

$$n_i\left(AH_{(aq)}\right) = n\left(AH_{(aq)}\right) + n\left(A^-_{(aq)}\right) \quad \Rightarrow \quad \frac{n_i\left(AH_{(aq)}\right)}{V_{Sol}} = \frac{n\left(AH_{(aq)}\right)}{V_{Sol}} + \frac{n\left(A^-_{(aq)}\right)}{V_{Sol}}$$

Ce qui nous donne l'équation de conservation de la matière acide initiale suivante :

$$c_a^{(i)} = \left[AH_{(aq)}\right]_f + \left[A^-_{(aq)}\right]_f$$

- *Usage du produit ionique de l'eau et élimination des ions hydroxyde*

En faisant usage du produit ionique de l'eau, on peut écrire que :

$$K_e = \left[H_3O^+_{(aq)}\right]_f \left[OH^-_{(aq)}\right]_f \quad \Leftrightarrow \quad \left[OH^-_{(aq)}\right]_f = \frac{K_e}{\left[H_3O^+_{(aq)}\right]_f}$$

D'où, l'équation de neutralité électrique prend la forme suivante :

$$\left[H_3O^+_{(aq)}\right]_f = \frac{K_e}{\left[H_3O^+_{(aq)}\right]_f} + \left[A^-_{(aq)}\right]_f$$

Il ne reste plus qu'à exprimer la concentration molaire $\left[A^-_{(aq)}\right]_f$ de l'ion carboxylate (qui n'est autre que la base faible conjuguée) uniquement en fonction de $\left[H_3O^+_{(aq)}\right]_f$.

- *Usage de la constante d'acidité K_a et élimination des ions carboxylate*

En faisant usage de la constante d'équilibre, associée à la dissociation du monoacide faible dans l'eau, et de la relation de la conservation de la matière, on peut écrire que :

$$K_a = \frac{\left[H_3O^+_{(aq)}\right]_f \left[A^-_{(aq)}\right]_f}{\left[AH_{(aq)}\right]_f} \quad \Leftrightarrow \quad K_a = \frac{\left[H_3O^+_{(aq)}\right]_f \left[A^-_{(aq)}\right]_f}{c_a^{(i)} - \left[A^-_{(aq)}\right]_f}$$

Ce qui nous donne :

$$\left(c_a^{(i)} - \left[A^-_{(aq)}\right]_f\right) K_a = \left[H_3O^+_{(aq)}\right]_f \left[A^-_{(aq)}\right]_f$$

Soit encore :

$$K_a c_a^{(i)} = \left[H_3O^+_{(aq)}\right]_f \left[A^-_{(aq)}\right]_f + K_a \left[A^-_{(aq)}\right]_f \quad \Leftrightarrow \quad K_a c_a^{(i)} = \left(\left[H_3O^+_{(aq)}\right]_f + K_a\right) \left[A^-_{(aq)}\right]_f$$

Ainsi, on trouve que :

$$\left[A^-_{(aq)}\right]_f = \frac{K_a c_a^{(i)}}{\left[H_3O^+_{(aq)}\right]_f + K_a}$$

D'où, l'équation de neutralité électrique prend la forme suivante :

$$\left[H_3O^+_{(aq)}\right]_f = \frac{K_e}{\left[H_3O^+_{(aq)}\right]_f} + \frac{K_a c_a^{(i)}}{\left[H_3O^+_{(aq)}\right]_f + K_a}$$

- *Obtention de l'équation générale*

En réduisant au même dénominateur cette dernière équation prend la forme suivante :

$$\left[H_3O^+_{(aq)}\right]_f = \frac{K_e \left(\left[H_3O^+_{(aq)}\right]_f + K_a\right) + K_a c_a^{(i)} \left[H_3O^+_{(aq)}\right]_f}{\left[H_3O^+_{(aq)}\right]_f \left(\left[H_3O^+_{(aq)}\right]_f + K_a\right)}$$

Soit encore :

$$\left[H_3O^+_{(aq)}\right]_f^2\left(\left[H_3O^+_{(aq)}\right]_f + K_a\right) = K_e\left(\left[H_3O^+_{(aq)}\right]_f + K_a\right) + K_a c_a^{(i)}\left[H_3O^+_{(aq)}\right]_f$$

En développant, on trouve que :

$$\left[H_3O^+_{(aq)}\right]_f^3 + K_a\left[H_3O^+_{(aq)}\right]_f^2 = K_e\left[H_3O^+_{(aq)}\right]_f + K_eK_a + K_a c_a^{(i)}\left[H_3O^+_{(aq)}\right]_f$$

En factorisant, dans le membre de droite, par $\left[H_3O^+_{(aq)}\right]_f$, on trouve que :

$$\left[H_3O^+_{(aq)}\right]_f^3 + K_a\left[H_3O^+_{(aq)}\right]_f^2 = \left(K_e + K_a c_a^{(i)}\right)\left[H_3O^+_{(aq)}\right]_f + K_eK_a$$

Ce qui nous donne finalement :

$$\left[H_3O^+_{(aq)}\right]_f^3 + K_a\left[H_3O^+_{(aq)}\right]_f^2 - \left(K_e + K_a c_a^{(i)}\right)\left[H_3O^+_{(aq)}\right]_f - K_eK_a = 0$$

Il s'agit d'une équation polynomiale du troisième degré, dont la variable est la concentration molaire en ion oxonium $\left[H_3O^+_{(aq)}\right]_f$, et dont les quatre coefficients réels sont :

$$\begin{cases} a = 1 > 0 \\ b = K_a > 0 \\ c = -\left(K_e + K_a c_a^{(i)}\right) < 0 \\ d = -K_eK_a < 0 \end{cases}$$

La résolution de cette équation passe, par soucis de simplicité, par des méthodes numériques telle que, par exemple, la méthode d'*Isaac Newton* (1642 / 1727) et *Joseph Raphson* (1648 / 1715) par exemple. Ceci peut justifier l'introduction actuelle des cours de programmation d'algorithmes au programme des Lycées français. La résolution exacte est tout à fait possible. Elle consiste en l'emploi de la méthode, de 1545, attribuée (faussement) au mathématicien italien *Jérôme Cardan* (1501 / 1576).

- *Résolution analytique de l'équation générale*

Cette section est relativement longue et surtout beaucoup plus technique et calculatoire, c'est pourquoi elle peut être évitée en première lecture. Cependant, pour le lecteur qui souhaite un réel approfondissement de la physico-chimie de l'autoprotolyse de l'eau, il lui faut prendre le temps de l'étudier sérieusement. Ce paragraphe va nécessiter l'usage des nombres complexes, dont l'étude sera réalisée au quatrième chapitre de cet ouvrage. L'auteur considère que leur usage élémentaire est quelque peu « familier » au lecteur, et de ce fait les emplois dès à présents. Conscient que toute forme d'explication trouve son utilité, et sachant que cette méthode de résolution est plus difficile à mettre en place, l'auteur à décider d'expliciter toutes les étapes de calculs liées à la résolution. Ainsi, le lecteur sera capable de suivre le raisonnement, mais surtout de le refaire et, de ce fait, de s'approprier la méthodologie.

En algèbre, le théorème de *Jean le Rond D'Alembert* (mathématicien français - 1717 / 1783) et *Carl Friedrich Gauss* (mathématicien allemand - 1777 / 1855 - surnommé « le prince des mathématiciens »), nous apprend que « **tout polynôme d'ordre $n \in \mathbb{N}$ admet au plus $n \in \mathbb{N}$ racines complexes distincts** ». Ainsi l'équation que nous devons résoudre admet, au plus, trois solutions complexes. Evidemment **seules les solutions réelles et chimiquement acceptables seront conservées**, car ayant un sens pour nous. De plus, tout polynôme du troisième degré à nécessairement, au moins, une racine réelle (de par sa continuité et ses limites en $\pm\infty$, sa courbe représentative doit couper au moins une fois l'axe des abscisses). La méthode de résolution est une succession, très astucieuse, de changements de variables. Par convivialité d'écriture, posons $[H_3O^+_{(aq)}]_f = h$, et conservons la définition des quatre coefficients réels précédents. On a alors :

$$h^3 + bh^2 + ch + d = 0$$

On commence par éliminer le terme « de degré deux » en posant le changement de variable suivant, connu sous le nom de changement d'*Ehrenfried Walther von Tschirnhaus* (mathématicien allemand - 1651 / 1708) :

$$x = h + \frac{b}{3a} \Leftrightarrow h = x - \frac{b}{3a} \quad \text{soit} \quad x = h + \frac{b}{3} \Leftrightarrow h = x - \frac{b}{3}$$

Ce qui implique alors que :

$$h^3 = \left(x - \frac{b}{3}\right)^3 = x^3 - 3x^2\frac{b}{3} + 3x\left(\frac{b}{3}\right)^2 - \left(\frac{b}{3}\right)^3 = x^3 - x^2b + \frac{xb^2}{3} - \frac{b^3}{27}$$

et

$$h^2 = \left(x - \frac{b}{3}\right)^2 = x^2 - 2x\frac{b}{3} + \left(\frac{b}{3}\right)^2 = x^2 - \frac{2bx}{3} + \frac{b^2}{9}$$

Ainsi, on obtient :

$$x^3 - x^2b + \frac{xb^2}{3} - \frac{b^3}{27} + b\left(x^2 - \frac{2bx}{3} + \frac{b^2}{9}\right) + c\left(x - \frac{b}{3}\right) + d = 0$$

Ce qui nous donne donc :

$$x^3 - x^2b + \frac{xb^2}{3} - \frac{b^3}{27} + bx^2 - \frac{2b^2x}{3} + \frac{b^3}{9} + cx - \frac{cb}{3} + d = 0$$

Soit :

$$x^3 + \frac{xb^2}{3} - \frac{b^3}{27} - \frac{2b^2x}{3} + \frac{b^3}{9} + cx - \frac{cb}{3} + d = 0$$

D'où :

$$x^3 + \left(-\frac{b^2}{3} + c\right)x - \frac{cb}{3} - \frac{b^3}{27} + \frac{b^3}{9} + d = 0$$

Mais, comme :

$$-\frac{cb}{3}-\frac{b^3}{27}+\frac{b^3}{9}+d=-\frac{9cb}{27}-\frac{b^3}{27}+\frac{3b^3}{27}+d=-\frac{9cb}{27}+\frac{2b^3}{27}+d=\frac{b}{27}(2b^2-9c)+d$$

On trouve alors

$$x^3+\left(-\frac{b^2}{3}+c\right)x+\frac{b}{27}(2b^2-9c)+d=0$$

Par soucis de simplicité, on effectue de nouveau un changement de notation, en posant maintenant les **deux coefficients réels p et q** suivants :

$$p=-\frac{b^2}{3}+c \qquad \text{et} \qquad q=\frac{b}{27}(2b^2-9c)+d$$

On obtient alors l'équation, dite **réduite**, suivante :

$$x^3+px+q=0$$

De nouveau par soucis de simplicité, on effectue encore un changement de notation, en imposant une forme particulière à la solution x. On pose alors : $x=u+v$. Lors de ce changement d'écriture, les deux termes u et v **peuvent être des nombres complexes**, donc $(u\,;v)\in\mathbb{C}^2$. En effet, la somme de deux nombres complexes peut être un nombre réel, il suffit pour cela que les nombres envisagés soient conjugués l'un de l'autre. Pour plus de renseignements sur les nombres complexes, le lecteur peut se reporter au quatrième chapitre de cet ouvrage. Dans ce cas, on obtient :

$$(u+v)^3+p(u+v)+q=0$$

Ce qui nous donne alors :

$$u^3+3u^2v+3uv^2+v^3+p(u+v)+q=0$$

Qui prend également la forme suivante :

$$u^3+v^3+3(u^2v+uv^2)+p(u+v)+q=0$$

Ou encore :

$$u^3+v^3+3(uuv+uvv)+p(u+v)+q=0$$

On peut alors factoriser le terme entre parenthèses par uv et ainsi obtenir :

$$u^3+v^3+3uv(u+v)+p(u+v)+q=0$$

Enfin, en factorisant par le terme $(u+v)$, on peut écrire que :

$$u^3+v^3+(3uv+p)(u+v)+q=0$$

Comme, à priori, $u + v \neq 0$, on peut en déduire que pour que cette égalité soit satisfaite, il faut que nous ayons simultanément les deux conditions suivantes :

$$\begin{cases} u^3 + v^3 = -q \\ uv = -\dfrac{p}{3} \end{cases} \Leftrightarrow \begin{cases} u^3 + v^3 = -q \\ u^3v^3 = -\dfrac{p^3}{27} \end{cases}$$

En effectuant un ultime changement d'écriture $X = u^3$ et $Y = v^3$ on obtient un système de deux équation à deux inconnues, qui sont X et Y qui également peuvent être des grandeurs complexes. On a alors :

$$\begin{cases} X + Y = -q \\ XY = -\dfrac{p^3}{27} \end{cases}$$

La résolution de ce système est très classique. En effet, de la première ligne, on tire que :

$$Y = -q - X$$

Donc, par substitution au sein de la seconde égalité, on trouve que :

$$X(-q - X) = -\frac{p^3}{27} \quad \Leftrightarrow \quad -X(q + X) = -\frac{p^3}{27} \quad \Leftrightarrow \quad X(q + X) = \frac{p^3}{27}$$

Ce qui nous donne alors :

$$X^2 + qX = \frac{p^3}{27} \quad \Leftrightarrow \quad X^2 + qX - \frac{p^3}{27} = 0$$

On reconnait une équation polynomiale du second degré en X. La résolution de cette équation est très habituelle pour tous lycéens de Terminale S ou ES. En effet, on a le discriminant Δ suivant :

$$\Delta = q^2 + \frac{4p^3}{27}$$

Or on sait que $q^2 > 0$ et :

$$p = -\frac{b^2}{3} + c = -\frac{K_a^2}{3} - \left(K_e + K_a c_a^{(i)}\right) = -\frac{1}{3}\left(K_a^2 + 3\left(K_e + K_a c_a^{(i)}\right)\right)$$

Ainsi, on en déduit que :

$$p = -\frac{1}{3}\left(K_a^2 + 3K_e + 3K_a c_a^{(i)}\right) \quad \Rightarrow \quad p^3 = -\frac{\left(K_a^2 + 3K_e + 3K_a c_a^{(i)}\right)^3}{27}$$

En utilisant l'identité remarquable suivante :

$$\begin{aligned}(a+\mathscr{b}+c)^3 &= a^3+\mathscr{b}^3+c^3\\ &+ 3a^2\mathscr{b}+3a^2c+3\mathscr{b}^2a+3\mathscr{b}^2c+3c^2a+3c^2\mathscr{b} \quad \text{avec } (a;\mathscr{b};c)\in\mathbb{R}^3\\ &+ 6a\mathscr{b}c\end{aligned}$$

Ce qui nous donne :

$$\begin{aligned}-27p^3 &= K_a^6+27K_e^3+27K_a^3{c_a^{(i)}}^3\\ &+ 9K_a^4K_e+9K_a^5c_a^{(i)}+9K_e^2K_a^2+81K_e^2K_ac_a^{(i)}+27K_a^4{c_a^{(i)}}^2+81K_a^2{c_a^{(i)}}^2K_e\\ &+ 54K_a^3K_ec_a^{(i)}\end{aligned}$$

Ce qui nous permet d'écrire que :

$$\begin{aligned}\frac{4p^3}{27} = \; & -\frac{4}{729}\left(K_a^6+27K_e^3+27K_a^3{c_a^{(i)}}^3\right)\\ & -\frac{4}{729}\left(9K_a^4K_e+9K_a^5c_a^{(i)}+9K_e^2K_a^2+81K_e^2K_ac_a^{(i)}+27K_a^4{c_a^{(i)}}^2+81K_a^2{c_a^{(i)}}^2K_e\right)\\ & -\frac{4}{729}\left(54K_a^3K_ec_a^{(i)}\right)\end{aligned}$$

Puis, on a :

$$q=\frac{b}{27}(2b^2-9c)+d \quad\Leftrightarrow\quad q=\frac{K_a}{27}\left(2K_a^2+9\left(K_e+K_ac_a^{(i)}\right)\right)-K_eK_a$$

D'où :

$$q=\frac{K_a}{27}\left(2K_a^2+9K_e+9K_ac_a^{(i)}\right)-K_eK_a$$

Ce qui donne :

$$q=\frac{1}{27}\left(2K_a^3+9K_eK_a+9K_a^2c_a^{(i)}\right)-\frac{27K_eK_a}{27}$$

Ainsi, on obtient :

$$q=\frac{1}{27}\left(2K_a^3+9K_eK_a+9K_a^2c_a^{(i)}-27K_eK_a\right)$$

Soit encore :

$$q=\frac{1}{27}\left(2K_a^3-18K_eK_a+9K_a^2c_a^{(i)}\right)$$

Afin d'élever au carré cette expression pour obtenir le terme q^2, nous allons utiliser l'identité remarquable suivante :

$$(a+\mathscr{b}+c)^2=a^2+\mathscr{b}^2+c^2+2a\mathscr{b}+2ac+2\mathscr{b}c \quad \text{avec } (a;\mathscr{b};c)\in\mathbb{R}^3$$

Ce qui nous donne alors :

$$q^2 = \frac{1}{729}\left(2K_a^3 - 18K_eK_a + 9K_a^2c_a^{(i)}\right)^2$$

Soit :

$$q^2 = \frac{1}{729}\left(4K_a^6 + 324K_e^2K_a^2 + 81K_a^4c_a^{(i)^2} - 72K_a^4K_e + 36K_a^5c_a^{(i)} - 324K_a^3K_ec_a^{(i)}\right)$$

Mais comme $\Delta = q^2 + \frac{4p^3}{27}$, on en déduit que :

$$\begin{aligned}\Delta = \; & -\frac{4}{729}\left(K_a^6 + 27K_e^3 + 27K_a^3c_a^{(i)^3}\right) \\ & -\frac{4}{729}\left(9K_a^4K_e + 9K_a^5c_a^{(i)} + 9K_e^2K_a^2 + 81K_e^2K_ac_a^{(i)} + 27K_a^4c_a^{(i)^2} + 81K_a^2c_a^{(i)^2}K_e\right) \\ & -\frac{4}{729}\left(54K_a^3K_ec_a^{(i)}\right) \\ & +\frac{1}{729}\left(4K_a^6 + 324K_e^2K_a^2 + 81K_a^4c_a^{(i)^2} - 72K_a^4K_e + 36K_a^5c_a^{(i)} - 324K_a^3K_ec_a^{(i)}\right)\end{aligned}$$

En éliminant tout de suite les deux termes en K_a^6 qui s'annulent, on obtient alors en réorganisant les différents termes :

$$\begin{aligned}\Delta = \; & -\frac{4}{729}\left(27K_e^3 + 27K_a^3c_a^{(i)^3}\right) - \frac{36K_a^4K_e}{729} - \frac{72K_a^4K_e}{729} - \frac{36K_a^5c_a^{(i)}}{729} + \frac{36K_a^5c_a^{(i)}}{729} \\ & -\frac{4}{729}\left(81K_e^2K_ac_a^{(i)} + 81K_a^2c_a^{(i)^2}K_e\right) - \frac{108K_a^4c_a^{(i)^2}}{729} + \frac{81K_a^4c_a^{(i)^2}}{729} \\ & -\frac{4}{729}\left(54K_a^3K_ec_a^{(i)} + 81K_a^3K_ec_a^{(i)}\right) + \frac{324K_e^2K_a^2}{729} - \frac{36K_e^2K_a^2}{729}\end{aligned}$$

Soit encore :

$$\begin{aligned}\Delta = \; & -\frac{4}{729}\left(27K_e^3 + 27K_a^3c_a^{(i)^3}\right) - \frac{108K_a^4K_e}{729} \\ & -\frac{4}{729}\left(81K_e^2K_ac_a^{(i)} + 81K_a^2c_a^{(i)^2}K_e\right) - \frac{27K_a^4c_a^{(i)^2}}{729} \\ & -\frac{4}{729}\left(135K_a^3K_ec_a^{(i)}\right) + \frac{288K_e^2K_a^2}{729}\end{aligned}$$

Soit encore :

$$\begin{aligned}\Delta = \; & -\frac{108}{729}\left(K_a^4K_e + \frac{K_a^4c_a^{(i)^2}}{4} + 5K_a^3K_ec_a^{(i)} + K_a^3c_a^{(i)^3} + K_e^3 + 3K_e^2K_ac_a^{(i)} + 3K_a^2c_a^{(i)^2}K_e\right) \\ & +\frac{108}{729}\left(\frac{8}{3}K_e^2K_a^2\right)\end{aligned}$$

On ne peut conclure directement sur le signe de ce discriminant Δ, et ceci à cause du dernier terme (celui de la ligne du bas) qui est de signe contraire à ceux des autres. En revanche, la présence de cet unique terme, d'ordre de grandeur similaire aux autres, va nous permettre de trouver une condition qui permet d'affirmer que le discriminant est :

- d'un point de vu mathématique, presque toujours négatif ;
- **d'un point de vu chimique, toujours négatif**.

En effet, envisageons un critère « plutôt » drastique, à savoir en considérant uniquement les deux termes suivants :

$$-\frac{108}{729}\left(3K_e^2K_ac_a^{(i)}\right)+\frac{108}{729}\left(\frac{8}{3}K_e^2K_a^2\right)=-\frac{108}{729}\left(3K_e^2K_ac_a^{(i)}-\frac{8}{3}K_e^2K_a^2\right)$$

Pour que le discriminant Δ soit négatif, il suffit que le terme entre parenthèses soit positif ou nul. Ainsi, on a :

$$3K_a^2c_a^{(i)^2}K_e-\frac{8}{3}K_e^2K_a^2\geq 0 \quad\Leftrightarrow\quad 3K_a^2K_ec_a^{(i)^2}\geq\frac{8}{3}K_e^2K_a^2$$

Soit encore :

$$3c_a^{(i)^2}\geq\frac{8}{3}K_e \quad\Leftrightarrow\quad c_a^{(i)^2}\geq\frac{8}{9}K_e \quad\Leftrightarrow\quad c_a^{(i)^2}\geq\frac{8}{9}10^{-pK_e}$$

Or, la fonction racine carrée est croissante sur $\mathbb{R}^+$, alors elle conserve l'ordre sur ce même intervalle ; et comme $\frac{8}{9}10^{-pK_e}\in\mathbb{R}^+$, on en déduit alors que :

$$c_a^{(i)}\geq\sqrt{\frac{8}{9}10^{-pK_e}} \quad\Leftrightarrow\quad c_a^{(i)}\geq\sqrt{\frac{8}{9}}\sqrt{10^{-pK_e}} \quad\Leftrightarrow\quad c_a^{(i)}\geq\frac{2\sqrt{2}}{3}\left(10^{-pK_e}\right)^{\frac{1}{2}}$$

Soit encore :

$$c_a^{(i)}\geq\frac{2\sqrt{2}}{3}10^{-\frac{pK_e}{2}}$$

A la température de 25°C, on sait que $pK_e=14$, et donc, cette condition devient :

$$c_a^{(i)}\geq\frac{2\sqrt{2}}{3}10^{-7}$$

D'où :

$$c_a^{(i)}\gtrsim 9{,}43\ 10^{-8}\quad\mathrm{mol/L}$$

Ce qui, dans la pratique, est toujours réaliser, puisque cette concentration molaire est inférieure à celle des ions oxonium (acide) dans l'eau pure. Or ce critère est celui qui donne la valeur limite la plus grande (car, pour cette analyse d'ordre de grandeur, nous n'avons pris que deux termes du discriminant Δ). En tenant compte de tous les termes

présents dans l'expression du discriminant Δ, cette valeur limite est beaucoup plus faible que celle obtenue. C'est pourquoi, il est chimiquement possible d'affirmer que la concentration molaire initiale $c_a^{(i)}$ d'un monoacide faible, dissout dans l'eau solvant, vérifie nécessairement la condition précédente, et nous permet d'affirmer que **chimiquement, le discriminant Δ est négatif**.
Ainsi, comme il n'est pas possible de conclure, au sens strictement mathématique du terme, sur la nature du signe de Δ, nous allons donc envisager les trois cas qui sont à envisager. Mêmc si une seule situation présente un intérêt chimique. Ceci aura le mérite d'initier le lecteur à ces techniques de résolution.

- **Premier cas : $\Delta > 0$**

Dans ce cas, on a les deux solutions suivantes :

$$\begin{cases} X_1 = \dfrac{-q+\sqrt{\Delta}}{2} \\ X_2 = \dfrac{-q-\sqrt{\Delta}}{2} \end{cases} \Rightarrow \begin{cases} Y_1 = -q - X_1 = -q - \dfrac{-q+\sqrt{\Delta}}{2} = \dfrac{-q-\sqrt{\Delta}}{2} = X_2 \\ Y_2 = -q - X_2 = -q - \dfrac{-q-\sqrt{\Delta}}{2} = \dfrac{-q+\sqrt{\Delta}}{2} = X_1 \end{cases}$$

Donc les solutions sont :

$$\begin{cases} X_1 = \dfrac{-q+\sqrt{\Delta}}{2} \\ X_2 = \dfrac{-q-\sqrt{\Delta}}{2} \end{cases} \Rightarrow \begin{cases} u^3 = \dfrac{-q+\sqrt{\Delta}}{2} \\ v^3 = \dfrac{-q-\sqrt{\Delta}}{2} \end{cases} \Rightarrow \begin{cases} u = \sqrt[3]{\dfrac{-q+\sqrt{\Delta}}{2}} \\ v = \sqrt[3]{\dfrac{-q-\sqrt{\Delta}}{2}} \end{cases}$$

En effet, la racine cubique existe toujours, quel que soit le signe du terme sur lequel elle agit. Donc, on en déduit que :

$$x_1 = u + v = \sqrt[3]{\frac{-q+\sqrt{\Delta}}{2}} + \sqrt[3]{\frac{-q-\sqrt{\Delta}}{2}}$$

Cette solution est bien **réelle**, mais il faut malgré cela déterminer les éventuelles autres solutions réelles afin de ne conserver que celle qui nous conduise à un résultat qui soit chimiquement acceptable. Pour réaliser cela, nous allons utiliser un théorème, appris en classe de première, qui nous apprend que tout polynôme peut être factorisé par le terme $(variable - racine)$ lorsque l'on connait l'une de ses racines. Commençons par changer l'expression de l'équation $x^3 + px + q = 0$ en faisant apparaître clairement les termes u et v. On a alors :

$$\begin{cases} u^3 + v^3 = -q \\ uv = -\dfrac{p}{3} \end{cases} \Leftrightarrow \begin{cases} q = -(u^3+v^3) \\ p = -3uv \end{cases} \Rightarrow \quad x^3 - 3uvx - (u^3+v^3) = 0$$

Puis, factorisons ce polynôme par l'expression (plus exactement ont dit par le monôme) $x-(u+v)$. Pour faire ceci, la technique la plus simple est sans aucun doute **la division euclidienne**. On a alors :

	x^3	$-3uvx$	$-(u^3+v^3)$		$x-(u+v)$
$-$	$(x^3-(u+v)x^2$			)	$x^2+(u+v)x-3uv+(u+v)^2$
$=$	$(u+v)x^2$	$-3uvx$	$-(u^3+v^3)$		
$-$	($(u+v)x^2$	$-(u+v)^2x$		)	
$=$		$(-3uv+(u+v)^2)x$	$-(u^3+v^3)$		
$-$	(	$(-3uv+(u+v)^2)x+3uv(u+v)-(u+v)^3$		)	
$=$		$-(u^3+v^3+3uv(u+v)-(u+v)^3)=0$			

En effet, le terme entre parenthèses de ce dernier reste vaut :

$$u^3+v^3+3uv(u+v)-(u+v)^3=u^3+v^3+3u^2v+3uv^2-(u+v)^3$$

Soit encore :

$$u^3+v^3+3uv(u+v)-(u+v)^3=u^3+3u^2v+3uv^2+v^3-(u+v)^3$$

Donc, finalement, on obtient bien :

$$u^3+v^3+3uv(u+v)-(u+v)^3=(u+v)^3-(u+v)^3=0$$

Finalement, on peut donc écrire que le résultat de cette division euclidienne est la factorisation suivante :

$$x^3-3uvx-(u^3+v^3)=(x-(u+v))(x^2+(u+v)x-3uv+(u+v)^2)$$

Ainsi, l'égalité :

$$x^3-3uvx-(u^3+v^3)=0$$

est équivalente à

$$(x-(u+v))(x^2+(u+v)x-3uv+(u+v)^2)=0$$

Enfin, lorsqu'un produit de facteur est nul, cela signifie que l'un de ses facteurs est nul. Or, on sait que $x-(u+v)=0 \quad \Leftrightarrow \quad x=u+v \quad \Leftrightarrow \quad x=x_1$. Donc, il nous reste donc l'autre facteur à annuler. On a alors :

$$x^2+(u+v)x-3uv+(u+v)^2=0$$

On reconnait de nouveau une équation polynomiale du second degré, mais cette fois en x. Et on a le discriminant δ suivant :

$$\delta = (u+v)^2 - 4((u+v)^2 - 3uv)$$

Afin de pouvoir étudier le signe de ce discriminant δ, modifions son écriture. On a alors :

$$\delta = (u+v)^2 - 4(u+v)^2 + 12uv = -3(u+v)^2 + 12uv = -3((u+v)^2 - 4uv)$$

Mais, on a également :

$$(u+v)^2 - 4uv = u^2 + 2uv + v^2 - 4uv = u^2 - 2uv + v^2 = (u-v)^2$$

D'où :

$$\delta = -3(u-v)^2 \quad \Rightarrow \quad \delta < 0$$

Dans ce cas, les deux solutions associées sont complexes, donc non réelles. En notant par i **le nombre imaginaire pur** tel que $i^2 = -1$, ces deux solutions complexes s'expriment sous les formes suivantes :

$$\begin{cases} x_2 = \dfrac{-(u+v) + i\sqrt{3(u-v)^2}}{2} \\ x_3 = \dfrac{-(u+v) - i\sqrt{3(u-v)^2}}{2} \end{cases} \Leftrightarrow \begin{cases} x_2 = \dfrac{-(u+v) + i\sqrt{3}(u-v)}{2} \\ x_3 = \dfrac{-(u+v) - i\sqrt{3}(u-v)}{2} \end{cases}$$

Finalement, les trois solutions recherchées de notre équation sont donc :

$$\begin{cases} x_1 = u + v \in \mathbb{R} \\ x_2 = \dfrac{-(u+v) + i\sqrt{3}(u-v)}{2} \in \mathbb{C} \\ x_3 = \dfrac{-(u+v) - i\sqrt{3}(u-v)}{2} \in \mathbb{C} \end{cases}$$

On constate alors que seule x_1 est réelle et donc est acceptable. Il ne nous reste plus qu'à l'exprimer en fonction des paramètres chimiques considérés. On a alors :

$$x_1 = u + v = \sqrt[3]{\frac{-q+\sqrt{\Delta}}{2}} + \sqrt[3]{\frac{-q-\sqrt{\Delta}}{2}} = \sqrt[3]{\frac{-q+\sqrt{q^2+\frac{4p^3}{27}}}{2}} + \sqrt[3]{\frac{-q-\sqrt{q^2+\frac{4p^3}{27}}}{2}}$$

Il ne reste plus qu'à remonter les divers changements de variables pour retrouver la solution de l'équation initiale.

- **Deuxième cas : $\Delta = 0$**

Dans ce cas, on a les deux solutions identiques, suivantes :

$$X_1 = X_2 = -\frac{q}{2}$$

Mais :

$$\Delta = 0 \iff q^2 + \frac{4p^3}{27} = 0 \iff q^2 = -\frac{4p^3}{27} \iff \frac{q^2}{4} = -\frac{p^3}{27}$$

On en déduit alors que :

$$u^3 = v^3 = -\frac{q}{2} = -\frac{q}{2} \times \frac{\frac{q^2}{4}}{\frac{q^2}{4}} = -\frac{\frac{q^3}{8}}{\frac{q^2}{4}} = \frac{-\frac{q^3}{8}}{-\frac{p^3}{27}} = \frac{\frac{q^3}{8}}{\frac{p^3}{27}} = \left(\frac{\frac{q}{2}}{\frac{p}{3}}\right)^3$$

Donc, on obtient :

$$u = v = \frac{\frac{q}{2}}{\frac{p}{9}} = \frac{3q}{2p}$$

Ainsi, la racine cherchée est :

$$x_1 = u + v = \frac{3q}{p} \in \mathbb{R}$$

Factorisons le polynôme par l'expression $x - x_1 = x - \frac{3q}{p}$. Pour faire ceci, utilisons de nouveau la technique de **la division euclidienne**. On a alors :

	x^3	$+px$	$+q$	$x - \frac{3q}{p}$
$-$	$\left(x^3 - \frac{3q}{p}x^2\right.$		$\left.\right)$	$x^2 + \frac{3q}{p}x - \frac{p}{3}$
$=$	$\frac{3q}{p}x^2$	$+px$	$+q$	
$-$	$\left(\frac{3q}{p}x^2\right.$	$-\left(\frac{3q}{p}\right)^2 x$	$\left.\right)$	
$=$		$\left(p + \frac{9q^2}{p^2}\right)x$	$+q$	
$=$		$-\frac{p}{3}x$	$+q$	
$-$	$($	$-\frac{p}{3}x$	$+q\ )$	
			$= 0$	

Car on a :

$$\frac{q^2}{4} = -\frac{p^3}{27} \iff 9q^2 = -\frac{4p^3}{3} \iff \frac{9q^2}{p^2} = -\frac{4p}{3} \implies p + \frac{9q^2}{p^2} = p - \frac{4p}{3}$$

Soit :

$$p + \frac{9q^2}{p^2} = -\frac{p}{3}$$

Finalement, on peut donc écrire que le résultat de cette division euclidienne est la factorisation suivante :

$$x^3 + px + q = \left(x - \frac{3q}{p}\right)\left(x^2 + \frac{3q}{p}x - \frac{p}{3}\right)$$

Ainsi, l'égalité :

$$x^3 + px + q = 0$$

est équivalente à

$$\left(x - \frac{3q}{p}\right)\left(x^2 + \frac{3q}{p}x - \frac{p}{3}\right) = 0$$

Enfin, lorsqu'un produit de facteur est nul, cela signifie que l'un de ses facteurs est nul. Or, on sait que $x - \frac{3q}{p} = 0 \quad \Leftrightarrow \quad x = \frac{3q}{p} \quad \Leftrightarrow \quad x = x_1$. Donc, il nous reste donc l'autre facteur à annuler. On a alors :

$$x^2 + \frac{3q}{p}x - \frac{p}{3} = 0$$

On reconnait de nouveau une équation polynomiale du second degré, mais cette fois en x. Et, en utilisant les résultats justes ci-dessus, on a le discriminant δ suivant :

$$\delta = \left(\frac{3q}{p}\right)^2 + \frac{4p}{3} = \frac{9q^2}{p^2} + \frac{4p}{3} = -\frac{4p}{3} - \frac{4p}{3} = 0$$

Dans ce cas, les deux solutions associées sont dégénérées, on dit alors que c'est la situation de la racine double :

$$x_2 = x_3 = -\frac{3q}{2p}$$

Finalement, les trois solutions recherchées de notre équation sont donc :

$$\begin{cases} x_1 = \dfrac{3q}{p} \in \mathbb{R} \\ x_2 = x_3 = -\dfrac{3q}{2p} \in \mathbb{R} \end{cases}$$

De plus, on constate que $x_1 = -2x_2 = -2x_3$.

- **Troisième cas : $\Delta < 0$**

Pour la détermination des solutions réelles qui sont associées à ce cas, nous allons avoir besoins de résultats préliminaires, faisant appels à quelques notions élémentaires de trigonométrie.

➥ <u>Premier résultat préliminaire</u> : la linéarisation de $\cos^3 \theta$ avec $\theta \in \mathbb{R}$

On sait qu'en trigonométrie, on a la formule d'addition suivante :

$$\forall (a; b) \in \mathbb{R}^2, \qquad \cos(a + b) = \cos a \cos b - \sin a \sin b$$

Si on pose $a = 2\theta$ et $b = \theta$ alors on peut écrire que :

$$\cos(3\theta) = \cos(2\theta)\cos\theta - \sin(2\theta)\sin\theta$$

Mais comme :
- $\sin(2\theta) = 2\sin\theta\cos\theta$
- $\cos(2\theta) = 2\cos^2\theta - 1$

alors on en déduit que :

$$\cos(3\theta) = (2\cos^2\theta - 1)\cos\theta - (2\sin\theta\cos\theta)\sin\theta$$

En développant, on trouve que :

$$\begin{aligned}\cos(3\theta) &= (2\cos^2\theta - 1)\cos\theta - (2\sin\theta\cos\theta)\sin\theta \\ &= 2\cos^3\theta - \cos\theta - 2\sin^2\theta\cos\theta \\ &= 2\cos^3\theta - \cos\theta - 2(1-\cos^2\theta)\cos\theta\end{aligned}$$

Dans cette dernière égalité, nous avons utilisé la relation fondamentale de la trigonométrie $\cos^2\theta + \sin^2\theta = 1$. On obtient alors :

$$\begin{aligned}\cos(3\theta) &= 2\cos^3\theta - \cos\theta - 2(\cos\theta - \cos^3\theta) \\ &= 2\cos^3\theta - \cos\theta - 2\cos\theta + 2\cos^3\theta \\ &= 4\cos^3\theta - 3\cos\theta\end{aligned}$$

Finalement, on obtient la relation suivante :

$$\cos^3\theta = \frac{1}{4}\cos(3\theta) + \frac{3}{4}\cos\theta$$

➥ <u>Second résultat préliminaire</u> : $\Delta < 0 \quad \Longrightarrow \quad -1 < \frac{3q}{2p}\sqrt{-\frac{3}{p}} < 1$

Si $\Delta < 0$ alors on en déduit que :

$$\Delta < 0 \quad \Leftrightarrow \quad q^2 + \frac{4p^3}{27} < 0 \quad \Leftrightarrow \quad \frac{q^2}{4} < -\frac{p^3}{27} \quad \Leftrightarrow \quad 27q^2 < -4p^3 \quad \Leftrightarrow \quad -\frac{27q^2}{4p^3} < 1$$

Mais comme $q^2 \geq 0$,on en déduit que :

$$0 \leq -\frac{27q^2}{4p^3} < 1$$

Or, la fonction racine carrée est croissante sur $\mathbb{R}^+$, alors elle conserve l'ordre sur ce même intervalle ; et comme $[0;1[\subset \mathbb{R}^+$, on en déduit alors que :

$$\sqrt{0} \leq \sqrt{-\frac{27q^2}{4p^3}} < \sqrt{1} \quad \Leftrightarrow \quad \sqrt{0} \leq \sqrt{-\frac{27q^2}{4p^3}} < \sqrt{1} \quad \Leftrightarrow \quad 0 \leq \sqrt{-\frac{9q^2}{4p^2}\frac{3}{p}} < 1$$

D'où :

$$0 \leq \sqrt{-\left(\frac{3q}{2p}\right)^2 \frac{3}{p}} < 1 \quad \Leftrightarrow \quad 0 \leq \sqrt{\left(\frac{3q}{2p}\right)^2} \sqrt{-\frac{3}{p}} < 1$$

Enfin, en se souvenant que $\forall z \in \mathbb{R}, \sqrt{z^2} = |z|$, on peut alors écrire que :

$$0 \leq \left|\frac{3q}{2p}\right| \sqrt{-\frac{3}{p}} < 1 \quad \Rightarrow \quad -1 < \frac{3q}{2p} \sqrt{-\frac{3}{p}} < 1$$

Attention, le signe « – » dans la racine carrée n'est pas une erreur puisque la quantité p est négative. Ainsi, le terme $-\frac{3}{p}$ est effectivement positif, et sa racine carrée existe bien dans $\mathbb{R}^+$.

Afin de résoudre l'équation $x^3 + px + q = 0$ lorsque $\Delta < 0$, effectuons le changement de variable suivant :

$$x = A\cos\theta \quad \text{avec :} \begin{cases} A > 0 \\ \theta \in \mathbb{R} \end{cases}$$

L'équation polynomiale de degré trois, devient alors :

$$(A\cos\theta)^3 + pA\cos\theta + q = 0 \quad \Leftrightarrow \quad A^3\cos^3\theta + pA\cos\theta + q = 0$$

A l'aide du premier résultat préliminaire, on peut écrire que :

$$A^3\left(\frac{1}{4}\cos(3\theta) + \frac{3}{4}\cos\theta\right) + pA\cos\theta + q = 0$$

Soit en regroupant les termes :

$$\frac{A^3}{4}\cos(3\theta) + \frac{3A^3}{4}\cos\theta + pA\cos\theta + q = 0 \Leftrightarrow \frac{A^3}{4}\cos(3\theta) + q + \left(\frac{3A^3}{4} + pA\right)\cos\theta = 0$$

Soit encore :

$$\frac{A^3}{4}\cos(3\theta) + q + A\left(\frac{3A^2}{4} + p\right)\cos\theta = 0$$

Cette dernière équation n'est satisfaite que si on a le système de conditions suivant :

$$\begin{cases} \dfrac{3A^2}{4} + p = 0 \\ \dfrac{A^3}{4}\cos(3\theta) + q = 0 \end{cases}$$

La première de ces deux conditions nous permet d'écrire que :

$$\frac{3A^2}{4} = -p \iff A^2 = -\frac{4p}{3} \implies A = \pm\sqrt{-\frac{4p}{3}} \iff A = \pm 2\sqrt{-\frac{p}{3}}$$

Mais comme, par hypothèse on doit avoir $A > 0$, on obtient alors :

$$A = 2\sqrt{-\frac{p}{3}}$$

Dès lors, la seconde condition prend la forme suivante :

$$\frac{A^3}{4}\cos(3\theta) = -q \iff \cos(3\theta) = -\frac{4q}{A^3} \iff \cos(3\theta) = -\frac{4q}{\left(2\sqrt{-\frac{p}{3}}\right)^3}$$

Soit encore :

$$\cos(3\theta) = -\frac{4q}{-\frac{8p}{3}\sqrt{-\frac{p}{3}}} \iff \cos(3\theta) = \frac{12q}{8p}\sqrt{-\frac{3}{p}} \iff \cos(3\theta) = \frac{3q}{2p}\sqrt{-\frac{3}{p}}$$

Puis, grâce au second résultat intermédiaire, on peut vérifier la condition d'existence de θ puisque l'on peut écrire que :

$$-1 < \frac{3q}{2p}\sqrt{-\frac{3}{p}} < 1 \iff -1 < \cos(3\theta) < 1$$

De plus, la fonction cosinus est, sur $\mathbb{R}$, bornée par 1 et -1, et comme $]-1\,;1[\, \subset [-1\,;1]$, on en déduit alors que θ existe bien. En se souvenant que la fonction cosinus est, sur $\mathbb{R}$, paire et périodique de 2π, c'est-à-dire que l'on a

$$\cos(3\theta) = \cos\big(\pm(3\theta + 2k\pi)\big) \quad \text{avec } k \in \mathbb{Z}$$

on peut alors écrire que :

$$\cos(3\theta) = \cos\left(\pm\arccos\left(\frac{3q}{2p}\sqrt{-\frac{3}{p}}\right) + 2k\pi\right) \quad \text{avec } k \in \mathbb{Z}$$

Le terme $2k\pi = k \times 2\pi$, signifiant simplement « au tour de radian près sur le cercle trigonométrique ». D'où :

$$3\theta = \pm\arccos\left(\frac{3q}{2p}\sqrt{-\frac{3}{p}}\right) + 2k\pi \quad \text{avec } k \in \mathbb{Z}$$

Soit encore :

$$\theta = \pm\frac{1}{3}\arccos\left(\frac{3q}{2p}\sqrt{-\frac{3}{p}}\right) + \frac{2k\pi}{3} \qquad \text{avec } k \in \mathbb{Z}$$

Mais les valeurs de k qui conduisent à des résultats différents sont telles que :

$$k = 0\,;1\,;2 \quad \Leftrightarrow \quad k \in [\![0;2]\!]$$

En effet, à partir de $k = 3$, on retrouve toujours une situation similaire à l'une des trois précédentes. Avec $k = 3$, on obtient $\frac{6\pi}{3} = 2\pi$ qui est un angle similaire à celui de $k = 0$. Les élèves de Terminales Scientifiques, ayant fait le choix d'un enseignement de « spécialité (ou de renforcement) Mathématiques », reconnaitront les congruences qu'ils ont découvert (avec plaisir) dans le cadre du chapitre d'arithmétique élémentaire. On en conclu alors que :

$$\cos\theta = \cos\left(\frac{1}{3}\arccos\left(\frac{3q}{2p}\sqrt{-\frac{3}{p}}\right) + \frac{2k\pi}{3}\right) \qquad \text{avec } k \in [\![0;2]\!]$$

D'où, les trois solutions réelles recherchées :

$$x = A\cos\theta = 2\sqrt{-\frac{p}{3}}\cos\left(\frac{1}{3}\arccos\left(\frac{3q}{2p}\sqrt{-\frac{3}{p}}\right) + \frac{2k\pi}{3}\right) \qquad \text{avec } k \in [\![0;2]\!]$$

En les explicitant, on trouve que :

$$\begin{cases} x_1 = 2\sqrt{-\frac{p}{3}}\cos\left(\frac{1}{3}\arccos\left(\frac{3q}{2p}\sqrt{-\frac{3}{p}}\right)\right) \\ x_2 = 2\sqrt{-\frac{p}{3}}\cos\left(\frac{1}{3}\arccos\left(\frac{3q}{2p}\sqrt{-\frac{3}{p}}\right) + \frac{\pi}{3}\right) \\ x_3 = 2\sqrt{-\frac{p}{3}}\cos\left(\frac{1}{3}\arccos\left(\frac{3q}{2p}\sqrt{-\frac{3}{p}}\right) + \frac{2\pi}{3}\right) \end{cases}$$

Mais comme, initialement, nous avions effectué le changement de variable

$$x = h + \frac{b}{3} \quad \Leftrightarrow \quad h = x - \frac{b}{3}$$

on trouve alors que :

$$\begin{cases} h_1 = 2\sqrt{-\frac{p}{3}}\cos\left(\frac{1}{3}\arccos\left(\frac{3q}{2p}\sqrt{-\frac{3}{p}}\right)\right) - \frac{b}{3} \\ h_2 = 2\sqrt{-\frac{p}{3}}\cos\left(\frac{1}{3}\arccos\left(\frac{3q}{2p}\sqrt{-\frac{3}{p}}\right) + \frac{2\pi}{3}\right) - \frac{b}{3} \\ h_3 = 2\sqrt{-\frac{p}{3}}\cos\left(\frac{1}{3}\arccos\left(\frac{3q}{2p}\sqrt{-\frac{3}{p}}\right) + \frac{4\pi}{3}\right) - \frac{b}{3} \end{cases}$$

Or, d'après ce qui précède, on sait que :

- $p = -\frac{2}{3}\left(K_a^2 + 3K_e + 3K_a c_a^{(i)}\right)$
- $q = \frac{1}{27}\left(2K_a^3 - 18K_eK_a + 9K_a^2 c_a^{(i)}\right)$

Ce qui nous donne alors :

$$\frac{3q}{2p} = \frac{\frac{3}{27}\left(2K_a^3 - 18K_eK_a + 9K_a^2 c_a^{(i)}\right)}{-\frac{2}{3}\left(K_a^2 + 3K_e + 3K_a c_a^{(i)}\right)} \Leftrightarrow \frac{3q}{2p} = \frac{\frac{1}{3}\left(2K_a^3 - 18K_eK_a + 9K_a^2 c_a^{(i)}\right)}{-2\left(K_a^2 + 3K_e + 3K_a c_a^{(i)}\right)}$$

Soit encore :

$$\frac{3q}{2p} = -\frac{K_a}{6}\left(\frac{2K_a^2 - 18K_e + 9K_a c_a^{(i)}}{K_a^2 + 3K_e + 3K_a c_a^{(i)}}\right)$$

Puis, on a :

$$\sqrt{-\frac{3}{p}} = \sqrt{-\frac{3}{-\frac{1}{3}\left(K_a^2 + 3K_e + 3K_a c_a^{(i)}\right)}} \Leftrightarrow \sqrt{-\frac{3}{p}} = \frac{3}{\sqrt{K_a^2 + 3K_e + 3K_a c_a^{(i)}}}$$

D'où les expressions suivantes :

$$\sqrt{-\frac{p}{3}} = \frac{1}{3}\sqrt{K_a^2 + 3K_e + 3K_a c_a^{(i)}}$$

et

$$\frac{3q}{2p}\sqrt{-\frac{3}{p}} = -\frac{K_a\left(2K_a^2 - 18K_e + 9K_a c_a^{(i)}\right)}{2\left(K_a^2 + 3K_e + 3K_a c_a^{(i)}\right)^{\frac{3}{2}}}$$

Ce qui nous donne les trois expressions mathématiques de la concentration molaire en ion oxonium suivantes :

$$\begin{cases} h_1 = \frac{2}{3}\sqrt{K_a^2 + 3K_e + 3K_a c_a^{(i)}}\cos\left(\frac{1}{3}\arccos\left(-\frac{K_a\left(2K_a^2 - 18K_e + 9K_a c_a^{(i)}\right)}{2\left(K_a^2 + 3K_e + 3K_a c_a^{(i)}\right)^{\frac{3}{2}}}\right)\right) - \frac{K_a}{3} \\ h_2 = \frac{2}{3}\sqrt{K_a^2 + 3K_e + 3K_a c_a^{(i)}}\cos\left(\frac{1}{3}\arccos\left(-\frac{K_a\left(2K_a^2 - 18K_e + 9K_a c_a^{(i)}\right)}{2\left(K_a^2 + 3K_e + 3K_a c_a^{(i)}\right)^{\frac{3}{2}}}\right) + \frac{2\pi}{3}\right) - \frac{K_a}{3} \\ h_3 = \frac{2}{3}\sqrt{K_a^2 + 3K_e + 3K_a c_a^{(i)}}\cos\left(\frac{1}{3}\arccos\left(-\frac{K_a\left(2K_a^2 - 18K_e + 9K_a c_a^{(i)}\right)}{2\left(K_a^2 + 3K_e + 3K_a c_a^{(i)}\right)^{\frac{3}{2}}}\right) + \frac{4\pi}{3}\right) - \frac{K_a}{3} \end{cases}$$

Il reste alors à choisir, parmi ces trois solutions, celle qui est à la fois strictement positive et qui conduise à un pH qui satisfait à $pH \in [0\,;14]$. D'ailleurs, une étude plus avancée (mais non réalisée ici) montrerai que **c'est la solution h_1 qui est toujours à retenir**. Pour argumenter cette affirmation, on peut avancer **l'argument chimique** suivant : si $c_a^{(i)} = 0$ mol/L, c'est-à-dire si aucun acide n'est dilué dans l'eau solvant, seule la solution h_1 conduit à la valeur $pH = 7 = pH_{eau}$.
A titre d'exemple, déterminons le pH d'une solution aqueuse d'acide éthanoïque (encore appelé acide acétique), de formule semi-développée $CH_3COOH_{(aq)}$. A la température de 25°C, le pK_a du couple $CH_3COOH_{(aq)}/CH_3COO^-_{(aq)}$ vaut 4,76. On a alors :

↪ Concentration initiale centimolaire
- *Par la formule exacte (autoprotolyse intégrée) :* $pH = 3{,}39$
- *Par la formule exacte (autoprotolyse négligée) :* $pH = 3{,}39$
- *Par la formule approchée :* $pH = 3{,}38$

↪ Concentration initiale millimolaire
- *Par la formule exacte (autoprotolyse intégrée) :* $pH = 3{,}91$
- *Par la formule exacte (autoprotolyse négligée) :* $pH = 3{,}91$
- *Par la formule approchée :* $pH = 3{,}88$ *(trop inférieur)*

↪ Concentration initiale micromolaire
- *Par la formule exacte (autoprotolyse intégrée) :* $pH = 6{,}019$
- *Par la formule exacte (autoprotolyse négligée) :* $pH = 6{,}023$
- *Par la formule approchée :* $pH = 5{,}38$ *(beaucoup trop inférieur)*

↪ Concentration initiale égale à 10^{-7} mol/L
- *Par la formule exacte (autoprotolyse intégrée) :* $pH = 6{,}793$
- *Par la formule exacte (autoprotolyse négligée) :* $pH = 7{,}002$ *(pas de sens car la solution devient basique !)*
- *Par la formule approchée :* $pH = 5{,}88$ *(beaucoup trop inférieur)*

A l'aide de ces exemples, on constate clairement que l'apport théorique du formalisme général n'apporte pas d'intérêt pratique tant que $c_a^{(i)} > 10^{-6}$ mol/L. Ceci justifie pleinement l'emploie des formules approchées, tant au lycée que dans les classes d'enseignement supérieur scientifique : c'est juste un « plaisir » de mathématicien ! Dans la pratique, lorsque l'on doit impérativement tenir compte de l'autoprotolyse de l'eau, le chimiste (où l'étudiant chimiste) utilisera d'avantage l'utilisation des méthodes numériques.

17) Calcul approché du pH d'une solution aqueuse de monobase forte

Cette relation nous permet, au passage, de trouver simplement le pH d'une solution aqueuse de monobase forte. En effet, une monobase forte est une base qui dans l'eau se protonise intégralement, c'est-à-dire que chaque molécule de base capte un proton. Dans l'eau, cela implique que, lors de cette capture de proton, une molécule d'eau libère automatiquement un ion hydroxyde $OH^-_{(aq)}$. Par exemple, l'hydroxyde de sodium (la soude) $NaOH$ ou encore l'hydroxyde de potassium (la potasse) KOH sont des monobases fortes. Ceci entraine nécessairement que :

$$\left[OH^-_{(aq)}\right]_f = c_b^{(i)}$$

où $c_b^{(i)}$ représente la concentration molaire initiale, dans un volume d'eau, de la monobase forte qui y est introduite. Dans ce cas, on a :

$$pK_e = pH + pOH \iff pK_e = pH - \log\left[OH^-_{(aq)}\right]_f \iff pK_e = pH - \log c_b^{(i)}$$

Ce qui nous donne alors :

$$pH = pK_e + \log c_b^{(i)}$$

A la température de 25°C, on en déduit que le pH d'une solution aqueuse de monobase forte est donnée par la formule

$$pH = 14 + \log c_b^{(i)}$$

Donc, la validité de cette formule est lié au fait que les effets basiques de l'autoprotolyse de l'eau soit négligeable vis-à-vis de la base forte considérée, à savoir $pH \geq 7{,}5$. Par exemple, pour une solution aqueuse de soude (encore appelée hydroxyde de sodium) millimolaire, on trouve que son pH vaut :

$$pH = 14 + \log 0{,}001 = 11$$

18) Définition de l'équivalence d'un titrage acido-basique

L'équivalence d'un titrage correspond à l'instant précis auquel l'espèce titrante (la monobase forte pour nous) qui se trouve dans la burette graduée à neutraliser intégralement l'espèce titrée (le monoacide faible) présent dans le bécher. Les conditions physico-chimiques qui caractérisent cet instant particulier, de neutralisation acido-basique, s'appellent usuellement « l'équivalence ». On trouve plusieurs définitions de l'instant d'équivalence. Elles sont toutes équivalentes entre elles, mais suivant ce que l'on souhaite faire, l'une ou l'autre peut s'avérer plus pratique. C'est pourquoi on adoptera les définitions suivantes :

Définition

Lors d'un titrage d'un monoacide faible $AH_{(aq)}$ en solution aqueuse par une monobase forte, comme l'ion hydroxyde $OH^-_{(aq)}$, l'équivalence est :
- ✓ l'instant précis auquel ces deux espèces sont en proportions stœchiométriques ;
- ✓ l'instant précis auquel il y a changement de réactif limitant ;
- ✓ l'instant précis auquel les deux réactifs sont simultanément limitant.

C'est pourquoi, il est particulièrement pratique de représenter schématiquement la notion d'équivalence comme suit :

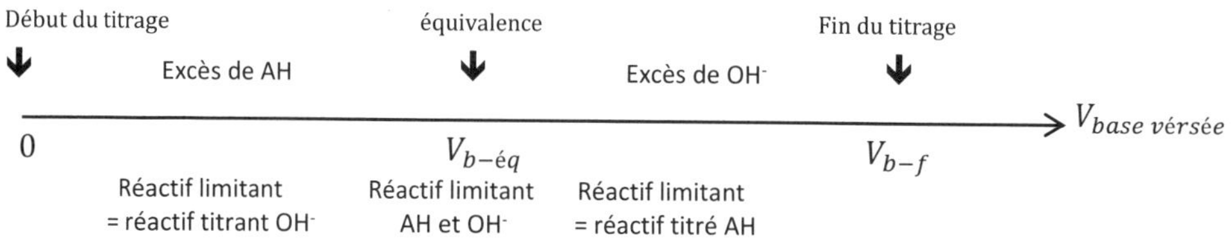

Figure 22 : évolution au cours d'un titrage acido-basique

Ainsi, à l'équivalence, toute la quantité de monoacide faible, qui avait été initialement introduite dans la solution réactionnelle, à savoir $n_{AH}^{initial} = c_a V_a$, est parfaitement neutralisé par la monobase forte versée par la burette graduée, à savoir la quantité $n_{base\ versée}^{équivalence} = c_b V_{b-éq}$, où représente le volume de base versée pour atteindre l'équivalence.. Donc, on en déduit que, suivant **les proportions stœchiométriques** de l'équation chimique de cette réaction, on a **à l'équivalence**, l'égalité suivante de ces quantités de matières :

$$n_{AH}^{initial} = n_{base\ versée}^{équivalence} \quad \Leftrightarrow \quad c_a V_a = c_b V_{b-éq} \quad \Leftrightarrow \quad c_a^{(i)}(V_a + V_e) = c_b V_{b-éq}$$

Ainsi, le problème se réduit à déterminer, expérimentalement, le volume $V_{b-éq}$ de base forte versé pour atteindre l'équivalence. Nous verrons plus tard différentes techniques pour réaliser cela.
Il faut bien comprendre qu'au sein de la solution aqueuse réactionnelle, à l'équivalence, il n'y a plus d'ion hydroxyde $OH^-_{(aq)}$ et plus de monoacide faible $AH_{(aq)}$. En fait, il ne subsiste que de la base faible conjuguée $A^-_{(aq)}$ et un ion spectateur, par exemple, le cation $Na^+_{(aq)}$ qui est associé à la soude. Autrement dit, **à l'équivalence, la solution se comporte comme une solution aqueuse de monobase faible, très faiblement protonisée**. On en déduit alors que le pH à l'équivalence est nécessairement alcalin, donc supérieur à la neutralité 7 :

$$pH_{éq} > 7$$

Afin d'être plus précis, déterminons le pH d'une solution aqueuse de monobase faible de de quantité de matière initialement dissoute n_b. Pour cela, envisageons la dissolution, dans l'eau solvant, d'une monobase faible $A^-_{(aq)}$. Dans ce cas, l'équation de la réaction chimique qui se produit est :

$$A^-_{(aq)} + H_2O_{(\ell iq)} \rightleftharpoons AH_{(aq)} + OH^-_{(aq)}$$

on obtient alors :

$$K = \frac{\left[OH^-_{(aq)}\right]_f \left[AH_{(aq)}\right]_f}{\left[A^-_{(aq)}\right]_f}$$

Pour bien spécifier que K est relative à une monobase faible particulière, on rajoute, à K, l'indice « b ». D'où l'écriture :

$$K_b = \frac{\left[OH^-_{(aq)}\right]_f \left[AH_{(aq)}\right]_f}{\left[A^-_{(aq)}\right]_f}$$

En général, les tables de constante d'équilibre ne donnent jamais cette valeur K_b, ni même celle du pK_b. C'est pourquoi, il est nécessaire de la relier à celle de K_a ou de pK_a. On a :

$$K_b = \frac{\left[OH^-_{(aq)}\right]_f \left[AH_{(aq)}\right]_f}{\left[A^-_{(aq)}\right]_f} \quad \Leftrightarrow \quad K_b = \frac{\left[OH^-_{(aq)}\right]_f \left[AH_{(aq)}\right]_f}{\left[A^-_{(aq)}\right]_f} \times \frac{\left[H_3O^+_{(aq)}\right]_f}{\left[H_3O^+_{(aq)}\right]_f}$$

En réorganisant les termes, on obtient :

$$K_b = \frac{\left[AH_{(aq)}\right]_f}{\left[A^-_{(aq)}\right]_f \left[H_3O^+_{(aq)}\right]_f} \times \underbrace{\left[OH^-_{(aq)}\right]_f \left[H_3O^+_{(aq)}\right]_f}_{=K_e} \quad \Leftrightarrow \quad K_b = \frac{1}{\frac{\left[A^-_{(aq)}\right]_f \left[H_3O^+_{(aq)}\right]_f}{\left[AH_{(aq)}\right]_f}} K_e$$

On reconnait alors, au dénominateur, l'expression de la constante d'acidité K_a qui est associée au couple acido-basique $AH_{(aq)}/A^-_{(aq)}$. D'où :

$$K_b = \frac{K_e}{K_a} \quad \Leftrightarrow \quad K_a K_b = K_b \quad \Leftrightarrow \quad pK_a + pK_b = pK_e$$

On en déduit alors que :

Propriété

Lors de la dissolution, dans l'eau solvant, de l'une des deux espèces conjuguées du couple acido-basique $AH_{(aq)}/A^-_{(aq)}$, les points de vue acide et basique sont reliés par les relations :

- ✓ $K_a K_b = K_e$
- ✓ $pK_a + pK_b = pK_e$

La quantité de matière initiale de monobase faible, notée $n_b = c_b V_b$, introduite dans le volume V_e d'eau solvant implique une concentration initiale dans la solution, qui est notée $c_b^{(i)}$, et qui vaut :

$$c_b^{(i)} = \frac{n_b}{V_b + V_e} = \frac{n_b}{V_{Sol}}$$

Afin d'étudier rapidement et efficacement cette réaction, construisons le tableau d'avancement (noté x) associé. On a alors :

Equation chimique	$A^-_{(aq)}$ +	$H_2O_{(\ell iq)}$ ⇌	$AH_{(aq)}$ +	$OH^-_{(aq)}$
Etat initial du système chimique	n_b	Solvant	0	≈ 0
Etat intermédiaire du système chimique	$n_b - x$	Solvant	x	x
Etat final du système chimique	$n_b - x_f$	Solvant	x_f	x_f
Etat maximal du système chimique	$n_b - x_m = 0$	Solvant	$x_m = n_b$	$x_m = n_b$

Ainsi, on en déduit que :

$$\left[OH^-_{(aq)}\right]_f = \frac{x_f}{V_a + V_e} = \frac{x_f}{V_{Sol}} \quad \Leftrightarrow \quad x_f = \left[OH^-_{(aq)}\right]_f V_{Sol}$$

Puis, on a :

$$x_m = n_b = c_b^{(i)} V_{Sol}$$

Ainsi, on en déduit que l'expression du taux d'avancement associé est donné par l'expression suivante :

$$\tau = \frac{x_f}{x_m} \quad \Leftrightarrow \quad \tau = \frac{x_f}{c_b^{(i)} V_{Sol}} \quad \Leftrightarrow \quad c_b^{(i)} \tau = \frac{x_f}{V_{Sol}} \quad \Leftrightarrow \quad c_b^{(i)} \tau = \left[OH^-_{(aq)}\right]_f$$

Exprimons maintenant l'expression de la constante d'équilibre de basicité K_b. On a alors :

$$K_b = \frac{\left[OH^-_{(aq)}\right]_f \left[AH_{(aq)}\right]_f}{\left[A^-_{(aq)}\right]_f} \quad \Leftrightarrow \quad K_b = \frac{\frac{x_f}{V_{Sol}} \times \frac{x_f}{V_{Sol}}}{\frac{n_b - x_f}{V_{Sol}}} \quad \Leftrightarrow \quad K_b = \frac{\left(\frac{x_f}{V_{Sol}}\right)^2}{\frac{n_b}{V_{Sol}} - \frac{x_f}{V_{Sol}}}$$

Ce qui nous donne encore :

$$K_b = \frac{\left(c_b^{(i)} \tau\right)^2}{c_b^{(i)} - c_b^{(i)} \tau} \quad \Leftrightarrow \quad K_b = \frac{c_b^{(i)} \tau^2}{1 - \tau}$$

Le chimiste va alors considérer que si $\tau \leq 0,01$ alors $1 - \tau \geq 0,99$ et donc que $1 - \tau \approx 1$. C'est-à-dire **qu'il suppose que la monobase faible aura, dans l'eau, une faible dissociation.** Dans ce cas, il peut écrire que :

$$K_b \approx c_b^{(i)}\tau^2 \quad \Leftrightarrow \quad c_b^{(i)}K_b \approx \left(c_b^{(i)}\tau\right)^2 \quad \Rightarrow \quad c_b^{(i)}\tau \approx \sqrt{c_b^{(i)}K_b}$$

D'où :

$$\left[OH^-_{(aq)}\right]_f \approx \sqrt{c_b^{(i)}K_b}$$

Or, on sait que :

$$K_e = \left[OH^-_{(aq)}\right]_f \left[H_3O^+_{(aq)}\right]_f \quad \Leftrightarrow \quad \left[H_3O^+_{(aq)}\right]_f = \frac{K_e}{\left[OH^-_{(aq)}\right]_f}$$

On en déduit alors que :

$$\left[H_3O^+_{(aq)}\right]_f \approx \frac{K_e}{\sqrt{c_b^{(i)}K_b}} \quad \Rightarrow \quad \log\left[H_3O^+_{(aq)}\right]_f \approx \log\left(\frac{K_e}{\sqrt{c_b^{(i)}K_b}}\right)$$

Donc, on en déduit que :

$$pH \approx -\log\left(\frac{K_e}{\sqrt{c_b^{(i)}K_b}}\right) \quad \Leftrightarrow \quad pH \approx -\left(\log K_e - \log\sqrt{c_b^{(i)}K_b}\right)$$

Ce qui nous donne alors :

$$pH \approx -\log K_e + \log\left(\left(c_b^{(i)}K_b\right)^{\frac{1}{2}}\right) \quad \Leftrightarrow \quad pH \approx pK_e + \frac{1}{2}\log\left(\left(c_b^{(i)}K_b\right)\right)$$

Soit encore :

$$pH \approx pK_e + \frac{1}{2}\left(\log\left(c_b^{(i)}\right) + \log(K_b)\right) \quad \Leftrightarrow \quad pH \approx pK_e + \frac{1}{2}\left(\log\left(c_b^{(i)}\right) - pK_b\right)$$

Mais comme $pK_a + pK_b = pK_e \quad \Leftrightarrow \quad -pK_b = pK_a - pK_e$, on obtient alors l'expression suivante :

$$pH \approx pK_e + \frac{1}{2}\left(\log\left(c_b^{(i)}\right) + pK_a - pK_e\right) \quad \Leftrightarrow \quad pH \approx \frac{1}{2}\,pK_e + \frac{1}{2}\left(pK_a + \log\left(c_b^{(i)}\right)\right)$$

Finalement, à la température de 25°C, on obtient la formule suivante :

$$pH \approx 7 + \frac{1}{2}\left(pK_a + \log\left(c_b^{(i)}\right)\right)$$

Il est possible de présenter **le domaine de validité** de cette formule autrement. En effet, on a :

$$\tau \leq 0{,}01 \quad \Leftrightarrow \quad c_b^{(i)}\tau \leq 0{,}01c_a^{(i)} \quad \Rightarrow \quad \log\left(c_b^{(i)}\tau\right) \leq \log\left(0{,}01c_b^{(i)}\right)$$

Ce car la fonction log est strictement croissante sur $\mathbb{R}^{+*}$, donc elle conserve l'ordre sur ce même intervalle. On en déduit alors que :

$$-\log\left(c_b^{(i)}\tau\right) \geq -\log\left(0{,}01c_b^{(i)}\right) \quad \Leftrightarrow \quad -\log\left(\left[OH^-_{(aq)}\right]_f\right) \geq -\log(0{,}01) - \log\left(c_b^{(i)}\right)$$

En posant $pOH = -\log\left(\left[OH^-_{(aq)}\right]_f\right)$ et $pc_b^{(i)} = -\log\left(c_b^{(i)}\right)$, on trouve alors que :

$$pOH \geq -\log(10^{-2}) + pc_b^{(i)} \quad \Leftrightarrow \quad pOH \geq -(-2) + pc_b^{(i)} \quad \Leftrightarrow \quad pOH \geq 2 + pc_b^{(i)}$$

Enfin, comme on a :

$$K_e = \left[OH^-_{(aq)}\right]_f \left[H_3O^+_{(aq)}\right]_f \quad \Leftrightarrow \quad \log K_e = \log\left(\left[OH^-_{(aq)}\right]_f \left[H_3O^+_{(aq)}\right]_f\right)$$

Soit encore :

$$\log K_e = \log\left(\left[OH^-_{(aq)}\right]_f\right) + \log\left(\left[H_3O^+_{(aq)}\right]_f\right)$$

En multipliant par -1 on trouve alors :

$$-\log K_e = -\log\left(\left[OH^-_{(aq)}\right]_f\right) - \log\left(\left[H_3O^+_{(aq)}\right]_f\right) \quad \Leftrightarrow \quad pK_e = pOH + pH$$

Ainsi, la condition prend alors la forme suivante :

$$pK_e - pH \geq 2 + pc_b^{(i)} \quad \Leftrightarrow \quad pK_e - 2 \geq pH + pc_b^{(i)}$$

Finalement, à la température de 25°C, on trouve que la formule approchée du pH d'une solution aqueuse de monoacide faible est utilisable si :

- $12 \geq pH + pc_b^{(i)}$;
- $\tau \leq 0{,}01$ (soit 1 %).

Il faut bien comprendre que ces hypothèses de travail ne peuvent **être vérifiées qu'après l'application de la formule approchée** (puisqu'elles font appelles au pH) ; c'est-à-dire qu'en exercice, il est très important de toujours bien vérifier si les conditions d'applications sont bien valables.

♣ *Remarque : Dans la pratique, pour des taux d'avancement allant jusqu'à des valeurs de 0,1 soit 10 %, la formule approchée précédente donne des résultats numériques tout à fait acceptables. Dans ce cas la condition de validité devient* $pH \geq pKa + 1$.

Ainsi, dans le cas particulier de l'équivalence de notre dosage étudié, on en déduit que

$$c_b^{(i)} = \frac{n_{éq}\left(A^-_{(aq)}\right)}{V_{Sol}} = \frac{n_{AH}^{initial}}{V_a + V_e + V_{b-éq}} = \frac{c_b V_{b-éq}}{V_a + V_e + V_{b-eq}}$$

D'où, on en déduit que le pH, à l'instant précis de l'équivalence, est donné par la formule suivante :

$$pH_{éq} \approx 7 + \frac{1}{2}\left(pK_a + \log\left(\frac{c_b V_{b-éq}}{V_a + V_e + V_{b-éq}}\right)\right)$$

19) Analyse des différentes phases du titrage

Un titrage acido-basique réalisé par la méthode de pH-métrie peut être analysé en cinq phases différentes :

- phase 1 : initialement, avant toute base forte versée $(V_b = 0)$;
- phase 2 : entre l'instant initial et l'instant d'équivalence $(0 < V_b < V_{b-éq})$;
- phase 3 : à l'instant précis de l'équivalence $(V_b = V_{b-éq})$;
- phase 4 : entre l'instant d'équivalence et l'instant final $(V_{b-éq} < V_b < 2V_{b-éq})$;
- phase 5 : la fin du dosage $(V_b = 2V_{b-éq})$;

Analysons successivement ces cinq phases.

➥ *Analyse de la phase 1*

Initialement, le bécher réactionnel ne contient que la solution de monoacide faible (suffisamment dilué pour pouvoir être neutralisée par une certaine quantité de monobase forte inférieure à celle que peut contenir la burette graduée utilisée) et éventuellement un certain volume d'eau V_e. Donc, ce bécher contient une solution aqueuse de monoacide faible de concentration molaire :

$$c_a^{(i)} = \frac{n_a}{V_a + V_e} = \frac{c_a V_a}{V_a + V_e} = \frac{c_b V_{b-éq}}{V_a + V_e}$$

D'où l'expression du pH avant le début du dosage :

$$pH_{initial} \approx \frac{1}{2}\left(pK_a - \log\left(\frac{c_b V_{b-éq}}{V_a + V_e}\right)\right)$$

➥ *Analyse de la phase 2*

Entre l'instant initial et celui de l'équivalence, les deux espèces conjuguées coexistent dans le bécher réactionnel. Ainsi, le pH, avant l'équivalence, est donné par l'utilisation de la relation de *Henderson* et *Hasselbalch*. On a alors :

$$pH_{avant} = pK_a + \log\left(\frac{\left[A^-_{(aq)}\right]_f}{\left[AH_{(aq)}\right]_f}\right)$$

Avec les concentrations molaires suivantes :

$$\left[AH_{(aq)}\right]_f = \frac{n_a - n_a^{consomé}}{V_a + V_e + V_b} = \frac{n_a - n_b^{versé}}{V_a + V_e + V_b} = \frac{c_a V_a - c_b V_b}{V_a + V_e + V_b} = \frac{c_b V_{b-éq} - c_b V_b}{V_a + V_e + V_b}$$

Soit :

$$[AH_{(aq)}]_f = c_b \frac{V_{b-\acute{e}q} - V_b}{V_a + V_e + V_b}$$

Puis, on a également :

$$[A^-_{(aq)}]_f = \frac{n_a^{consom\acute{e}}}{V_a + V_e + V_b} = \frac{n_b^{vers\acute{e}}}{V_a + V_e + V_b} = \frac{c_b V_b}{V_a + V_e + V_b} = c_b \frac{V_b}{V_a + V_e + V_b}$$

Donc, on en déduit que :

$$pH_{avant} = pK_a + \log\left(\frac{c_b \dfrac{V_b}{V_a + V_e + V_b}}{c_b \dfrac{V_{b-\acute{e}q} - V_b}{V_a + V_e + V_b}}\right)$$

Soit finalement :

$$pH_{avant} = pK_a + \log\left(\frac{V_b}{V_{b-\acute{e}q} - V_b}\right)$$

Le pH_{avant} est alors une fonction du volume de base versé, à savoir $pH_{avant}(V_b)$. Il peut alors être intéressant d'introduire, au lieu de V_b, la variable sans dimension suivante :

$$x = \frac{V_b}{V_{b-\acute{e}q}} \quad \text{avec : } 0 < x < 1$$

Dans ce cas, on obtient :

$$pH_{avant} = pK_a + \log\left(\frac{V_{b-\acute{e}q}}{V_{b-\acute{e}q}} \frac{\dfrac{V_b}{V_{b-\acute{e}q}}}{1 - \dfrac{V_b}{V_{b-\acute{e}q}}}\right) \quad \Leftrightarrow \quad pH_{avant}(x) = pK_a + \log\left(\frac{x}{1-x}\right)$$

On remarque alors que lorsque $x = \frac{1}{2}$ c'est-à-dire lorsque $V_b = \frac{V_{b-\acute{e}q}}{2}$, le dosage est arrivé à un instant particulier appelé **la demi-équivalence**. Dans ce cas on constate que la formule précédente devient :

$$pH_{avant}\left(x = \frac{1}{2}\right) = pK_a + \log\left(\frac{\frac{1}{2}}{1 - \frac{1}{2}}\right) \quad \Leftrightarrow \quad pH_{avant}\left(x = \frac{1}{2}\right) = pK_a + \log\left(\frac{\frac{1}{2}}{\frac{1}{2}}\right)$$

Ce qui nous donne alors :

$$pH_{avant}\left(x = \frac{1}{2}\right) = pK_a + \log(1) \quad \Leftrightarrow \quad pH_{avant}\left(x = \frac{1}{2}\right) = pK_a$$

Autrement dit, le pH de la demi-équivalence est égal au pK_a du couple acido-basique $AH_{(aq)}/A^-_{(aq)}$ mis en jeu lors de ce dosage. On a alors :

Propriété

> Lors du dosage du monoacide faible $AH_{(aq)}$ du couple acido-basique $AH_{(aq)}/A^-_{(aq)}$, par une monobase forte, le pK_a de ce couple est égal au pH à l'instant de demi-équivalence :
>
> $$pH_{\text{éq}/2} = pH\left(V_b = \frac{V_{b\text{-éq}}}{2}\right) = pH\left(x = \frac{1}{2}\right) = pK_a$$

Etudions maintenant, avec plus de soin, la fonction numérique $pH_{avant}(x)$. Comme la fonction « log » est définie sur $\mathbb{R}^{+*}$, on en déduit que :

$$\frac{x}{1-x} > 0 \quad \Leftrightarrow \quad x \in]0\,;1[$$

Ce qui est en accord avec notre analyse chimique précédente. De plus, $\forall x \in]0\,;1[$, l'expression $\log\left(\frac{x}{1-x}\right)$ est dérivable au moins deux fois, donc elle est au moins de classe $C^2(]0\,;1[\subset \mathbb{R}^{+*})$. Et on a :

- Calcul de la dérivée première

On a :

$$\frac{d\,pH_{avant}(x)}{dx} = \frac{d}{dx}\left(pK_a + \log\left(\frac{x}{1-x}\right)\right) \quad \Leftrightarrow \quad \frac{d\,pH_{avant}(x)}{dx} = \frac{d}{dx}\left(\log\left(\frac{x}{1-x}\right)\right)$$

Ce qui nous donne encore :

$$\frac{d\,pH_{avant}(x)}{dx} = \frac{d}{dx}\left(\frac{\ln\left(\frac{x}{1-x}\right)}{\ln 10}\right) \quad \Leftrightarrow \quad \frac{d\,pH_{avant}(x)}{dx} = \frac{1}{\ln 10}\frac{d}{dx}\left(\ln\left(\frac{x}{1-x}\right)\right)$$

Soit encore :

$$\frac{d\,pH_{avant}(x)}{dx} = \frac{1}{\ln 10}\frac{\frac{d}{dx}\left(\frac{x}{1-x}\right)}{\frac{x}{1-x}} \quad \Leftrightarrow \quad \frac{d\,pH_{avant}(x)}{dx} = \frac{1}{\ln 10}\frac{\frac{(1-x)+x}{(1-x)^2}}{\frac{x}{1-x}}$$

Finalement, on trouve que :

$$\frac{d\,pH_{avant}(x)}{dx} = \frac{1}{\ln 10}\frac{\frac{1}{(1-x)^2}}{\frac{x}{1-x}} \quad \Leftrightarrow \quad \frac{d\,pH_{avant}(x)}{dx} = \frac{1}{\ln 10}\frac{1}{x(1-x)}$$

De plus, comme $\ln 10 > 0$, on en déduit que $\forall x \in]0\,;1[$, on a :

$$\frac{d\,pH_{avant}(x)}{dx} > 0 \quad \Rightarrow \quad \text{la fonction } pH_{avant}(x) \text{ est strictement croissante}$$

En ce qui concerne les limites, on a :

$$\lim_{x \to 0^+} pH_{avant}(x) = \lim_{x \to 0^+} \left(pK_a + \log\left(\frac{x}{1-x}\right)\right) = pK_a + \lim_{x \to 0^+} \left(\log\left(\frac{x}{1-x}\right)\right) = pK_a - \infty$$

Soit :

$$\lim_{x \to 0^+} pH_{avant}(x) = -\infty$$

Mais aussi :

$$\lim_{x \to 1^-} pH_{avant}(x) = \lim_{x \to 1^-} \left(pK_a + \log\left(\frac{x}{1-x}\right)\right) = pK_a + \lim_{x \to 1^-} \left(\log\left(\frac{x}{1-x}\right)\right)$$

On pose alors $x = 1 - \varepsilon$ avec $\epsilon \to 0^+$. On obtient alors :

$$\lim_{x \to 1^-} pH_{avant}(x) = pK_a + \lim_{\epsilon \to 0^+} \left(\log\left(\frac{1-\varepsilon}{1-1+\varepsilon}\right)\right) = pK_a + \lim_{\epsilon \to 0^+} \left(\log\left(\frac{1-\varepsilon}{\varepsilon}\right)\right)$$

Soit encore :

$$\lim_{x \to 1^-} pH_{avant}(x) = pK_a + \lim_{\epsilon \to 0^+} (\log(1-\varepsilon)) - \lim_{\epsilon \to 0^+} (\log(\varepsilon)) = pK_a + 0 - (-\infty)$$

Finalement :

$$\lim_{x \to 1^-} pH_{avant}(x) = +\infty$$

On constate que, **vers les bornes de l'intervalle de définition]0 ; 1[, il y a une incohérence entre la modélisation mathématiques et la réalité chimique**. En fait, ce « désaccord » s'explique par le fait que le dosage se réalise, **au plus précis, à la goutte près** de monobase forte issue de la burette graduée. Or, le volume moyen d'une goutte est de l'ordre de 0,05 mL, soit une quantité de matière de l'ordre de 0,05 c_b. Cette quantité de matière est loin de pouvoir être considérer comme infinitésimale, et donc, en ce sens, il est difficile de donner un sens aux limites $\lim_{x \to 0^+}$ et $\lim_{x \to 1^-}$ car il devient alors impossible de s'approcher infiniment près de ses bornes. On parlera d'avantage **de comportements chimiques vers ces deux limites**. Le tableau de variation nous conduit alors à :

x	0	$\frac{1}{2}$	1
$\frac{d\,pH_{avant}(x)}{dx}$	||	+	||
$pH_{avant}(x)$	||	↗ pK_a	||

- Calcul de la dérivée seconde

On a :

$$\frac{d^2\, pH_{avant}(x)}{dx^2} = \frac{d}{dx}\left(\frac{d\, pH_{avant}(x)}{dx}\right) \quad \Leftrightarrow \quad \frac{d^2\, pH_{avant}(x)}{dx^2} = \frac{d}{dx}\left(\frac{1}{\ln 10}\frac{1}{x(1-x)}\right)$$

Ce qui nous donne :

$$\frac{d^2\, pH_{avant}(x)}{dx^2} = \frac{1}{\ln 10}\frac{d}{dx}\left(\frac{1}{x(1-x)}\right)$$

Soit encore :

$$\frac{d^2\, pH_{avant}(x)}{dx^2} = \frac{1}{\ln 10}\frac{-\frac{d}{dx}\big(x(1-x)\big)}{\big(x(1-x)\big)^2}$$

On obtient alors :

$$\frac{d^2\, pH_{avant}(x)}{dx^2} = \frac{1}{\ln 10}\frac{-(1-2x)}{\big(x(1-x)\big)^2} \quad \Leftrightarrow \quad \frac{d^2\, pH_{avant}(x)}{dx^2} = \frac{1}{\ln 10}\frac{2x-1}{\big(x(1-x)\big)^2}$$

On constate alors que $\ln 10 > 0$ et que $\forall x \in]0\,;1[, \big(x(1-x)\big)^2 > 0$. Autrement dit, cette dérivée seconde est de même signes que le terme $2x - 1$. Ainsi, on trouve que :

x	0		$\frac{1}{2}$		1
$2x-1$	$\Vert$	$-$	0	$+$	$\Vert$
$\frac{d^2\, pH_{avant}(x)}{dx^2}$	$\Vert$	$-$	0	$+$	$\Vert$

On en déduit donc, qu'à la demi-équivalence, la dérivée seconde du pH s'annulent en changeant de signe, donc, le point de cordonnées $\left(x = \frac{1}{2}\,;\, pH = pK_a\right)$ est un point d'inflexion. D'où la propriété suivante :

Propriété

Lors du dosage du monoacide faible $AH_{(aq)}$ du couple acido-basique $AH_{(aq)}/A^-_{(aq)}$, par une monobase forte, **le point de demi-équivalence est un point d'inflexion** pour la courbe de dosage. En effet :
- ✓ avant la demi-équivalence la courbe de pH_{avant} est concave ;
- ✓ après la demi-équivalence la courbe de pH_{avant} est convexe.

➥ *Analyse de la phase 3*

L'instant de l'équivalence a été étudié à la section précédente. La solution réactionnelle se comporte comme une solution aqueuse de base faible, et nous avions montré que :

$$pH_{éq} \approx 7 + \frac{1}{2}\left(pK_a + \log\left(\frac{c_b V_{b-éq}}{V_a + V_e + V_{b-éq}}\right)\right)$$

➥ *Analyse de la phase 4*

Entre l'instant d'équivalence et l'instant final, la solution réactionnelle contient deux bases : la base faible conjuguée, en quantité de matière fixe et égale à $c_a V_a = c_b V_{b-éq}$, et de la base forte, issue de la burette graduée, donc en quantité de matière croissante valant $c_b(V_b - V_{b-éq})$. En effet, **puisqu'à l'équivalence il n'y avait plus de base forte**, c'est donc depuis « cette référence » qu'il faut la comptabiliser. Il semble alors évident que, dans cette phase du dosage, **la solution réactionnelle se comporte comme une solution de base forte** (qui, par ses effets, va « dominer ceux de la base faible conjuguée $A^-_{(aq)}$). Donc, on obtient :

$$pH_{après} = 14 + \log[OH^-_{(aq)}]_f \quad \Leftrightarrow \quad pH_{après} = 14 + \log\frac{n_{OH^-_{(aq)}}}{V_{Sol}}$$

Soit encore :

$$pH_{après} = 14 + \log\frac{c_b(V_b - V_{b-éq})}{V_a + V_e + V_b} \quad \Leftrightarrow \quad pH_{après} = 14 + \log\left(c_b\frac{V_b - V_{b-éq}}{V_a + V_e + V_b}\right)$$

Le $pH_{après}$ est alors une fonction du volume de base versé, à savoir $pH_{après}(V_b)$. Il peut alors être intéressant d'introduire, au lieu de V_b, la variable sans dimension suivante :

$$x = \frac{V_b}{V_{b-éq}} \quad \text{avec : } 2 > x > 1$$

Dans ce cas, on obtient :

$$pH_{après} = 14 + \log\left(\frac{V_{b-éq}}{V_{b-éq}}c_b\frac{\frac{V_b}{V_{b-éq}} - 1}{\frac{V_a + V_e}{V_{b-éq}} + \frac{V_b}{V_{b-éq}}}\right)$$

Soit encore :

$$pH_{après}(x) = 14 + \log\left(c_b\frac{x - 1}{\frac{V_a + V_e}{V_{b-éq}} + x}\right)$$

Finalement, on obtient la formule suivante :

$$pH_{après}(x) = 14 + \log(x - 1) + \log\left(\frac{c_b V_{b-éq}}{V_a + V_e + xV_{b-éq}}\right)$$

Etudions maintenant cette fonction numérique. Pour cela, déterminons la limite lorsque $x \to 1^+$. On a alors :

$$\lim_{x \to 1^+} pH_{après}(x) = \lim_{x \to 1^+}\left(14 + \log(x - 1) + \log\left(\frac{c_b V_{b-éq}}{V_a + V_e + xV_{b-éq}}\right)\right)$$

Ce qui nous donne :

$$\lim_{x \to 1^+} pH_{après}(x) = 14 + \lim_{x \to 1^+} (\log(x-1)) + \lim_{x \to 1^+} \left(\log\left(\frac{c_b V_{b-éq}}{V_a + V_e + x V_{b-éq}} \right) \right)$$

Avec :

$$\lim_{x \to 1^+} \left(\log\left(\frac{c_b V_{b-éq}}{V_a + V_e + x V_{b-éq}} \right) \right) = \log\left(\frac{c_b V_{b-éq}}{V_a + V_e + V_{b-éq}} \right)$$

Mais pour pouvoir calculer la limite $\lim_{x \to 1^+} (\log(x-1))$, on pose alors $x = 1 + \varepsilon$ avec $\epsilon \to 0^+$. On obtient alors :

$$\lim_{x \to 1^+} (\log(x-1)) = \lim_{\epsilon \to 1^+} (\log(1 + \epsilon - 1)) = \lim_{\epsilon \to 0^+} (\log(\epsilon)) = -\infty$$

Ainsi, on obtient :

$$\lim_{x \to 1^+} pH_{après}(x) = 14 - \infty + \log\left(\frac{c_b V_{b-éq}}{V_a + V_e + V_{b-éq}} \right) = -\infty$$

En fait, ce « nouveau désaccord » s'explique également par le fait que le dosage se réalise, **au plus précis, à la goutte près** de monobase forte issue de la burette graduée. Or, le volume moyen d'une goutte est de l'ordre de 0,05 mL, soit une quantité de matière de l'ordre de 0,05 c_b. Cette quantité de matière est très loin de pouvoir être considérée comme infinitésimale, et donc, en ce sens, il est difficile de donner un sens à la limite $\lim_{x \to 1^+}$ car il devient alors impossible de s'approcher infiniment près de cette borne. En fait, en une goutte de monobase forte, on doit, sans ambiguïté, changer de réactifs limitant, et donc passer **juste au-delà de l'équivalence**. Du fait d'avoir

$$\lim_{x \to 1^-} pH_{avant}(x) = +\infty \quad \text{et} \quad \lim_{x \to 1^+} pH_{après}(x) = -\infty$$

il est totalement interdit d'imaginer définir **l'équivalence** en la considérant **comme étant un prolongement par continuité**, en $x = 1$, entre pH_{avant} et $pH_{après}$.

Or, on sait que juste avant l'équivalence, le pH est une fonction concave. Ainsi, étudions la convexité de cette fonction pour savoir si le point d'équivalence, peut-être **chimiquement interpréter**, et considérer, comme un point d'inflexion. Pour cela, remarquons que la fonction pH est, $\forall x \in]1\,;2[$, dérivable au moins deux fois, donc de classe $C^2(]1\,;2[\subset \mathbb{R}^{+*})$. Et on a :

$$\frac{d\,pH_{après}(x)}{dx} = \frac{d}{dx}\left(14 + \log(x-1) + \log\left(\frac{c_b V_{b-éq}}{V_a + V_e + x V_{b-éq}} \right) \right)$$

Ce qui nous donne :

$$\frac{d\,pH_{après}(x)}{dx} = \frac{d}{dx}(\log(x-1)) + \frac{d}{dx}\left(\log\left(\frac{c_b V_{b-éq}}{V_a + V_e + x V_{b-éq}} \right) \right)$$

Soit encore :

$$\frac{d\,pH_{\text{après}}(x)}{dx}=\frac{1}{\ln 10}\left(\frac{d}{dx}(\ln(x-1))+\frac{d}{dx}\left(\ln\left(\frac{c_bV_{b-\text{éq}}}{V_a+V_e+xV_{b-\text{éq}}}\right)\right)\right)$$

Ce qui nous donne alors :

$$\frac{d\,pH_{\text{après}}(x)}{dx}=\frac{1}{\ln 10}\left(\frac{1}{x-1}+c_bV_{b-\text{éq}}\frac{d}{dx}\left(\ln\left(\frac{1}{V_a+V_e+xV_{b-\text{éq}}}\right)\right)\right)$$

Avec :

$$\frac{d}{dx}\left(\ln\left(\frac{1}{V_a+V_e+xV_{b-\text{éq}}}\right)\right)=\frac{\frac{d}{dx}\left(\frac{1}{V_a+V_e+xV_{b-\text{éq}}}\right)}{\frac{1}{V_a+V_e+xV_{b-\text{éq}}}}$$

Cette dérivée devient :

$$\frac{d}{dx}\left(\ln\left(\frac{1}{V_a+V_e+xV_{b-\text{éq}}}\right)\right)=\frac{\frac{-\frac{d}{dx}(V_a+V_e+xV_{b-\text{éq}})}{(V_a+V_e+xV_{b-\text{éq}})^2}}{\frac{1}{V_a+V_e+xV_{b-\text{éq}}}}$$

D'où :

$$\frac{d}{dx}\left(\ln\left(\frac{1}{V_a+V_e+xV_{b-\text{éq}}}\right)\right)=\frac{\frac{-V_{b-\text{éq}}}{(V_a+V_e+xV_{b-\text{éq}})^2}}{\frac{1}{V_a+V_e+xV_{b-\text{éq}}}}$$

En simplifiant les termes, on trouve que :

$$\frac{d}{dx}\left(\ln\left(\frac{1}{V_a+V_e+xV_{b-\text{éq}}}\right)\right)=\frac{-V_{b-\text{éq}}}{V_a+V_e+xV_{b-\text{éq}}}$$

On obtient alors :

$$\frac{d\,pH_{\text{après}}(x)}{dx}=\frac{1}{\ln 10}\left(\frac{1}{x-1}-\frac{c_bV_{b-\text{éq}}^2}{V_a+V_e+xV_{b-\text{éq}}}\right)$$

Ceci nous permet donc de déterminer la dérivée seconde. En effet, on a alors :

$$\frac{d^2\,pH_{\text{après}}(x)}{dx^2}=\frac{d}{dx}\left(\frac{d\,pH_{\text{après}}(x)}{dx}\right)$$

Soit encore :

$$\frac{d^2\, pH_{après}(x)}{dx^2} = \frac{d}{dx}\left(\frac{1}{\ln 10}\left(\frac{1}{x-1} - \frac{c_b V_{b-éq}^2}{V_a + V_e + xV_{b-éq}}\right)\right)$$

On peut alors écrire que :

$$\frac{d^2\, pH_{après}(x)}{dx^2} = \frac{1}{\ln 10}\left(\frac{d}{dx}\left(\frac{1}{x-1}\right) - c_b V_{b-éq}^2 \frac{d}{dx}\left(\frac{1}{V_a + V_e + xV_{b-éq}}\right)\right)$$

Ce qui nous donne encore :

$$\frac{d^2\, pH_{après}(x)}{dx^2} = \frac{1}{\ln 10}\left(\frac{-\frac{d}{dx}(x-1)}{(x-1)^2} - c_b V_{b-éq}^2 \frac{-\frac{d}{dx}\left(V_a + V_e + xV_{b-éq}\right)}{\left(V_a + V_e + xV_{b-éq}\right)^2}\right)$$

On obtient alors :

$$\frac{d^2\, pH_{après}(x)}{dx^2} = \frac{1}{\ln 10}\left(\frac{-1}{(x-1)^2} - c_b V_{b-éq}^2 \frac{-V_{b-éq}}{\left(V_a + V_e + xV_{b-éq}\right)^2}\right)$$

Soit encore :

$$\frac{d^2\, pH_{après}(x)}{dx^2} = \frac{1}{\ln 10}\left(\frac{-1}{(x-1)^2} + \frac{c_b V_{b-éq}^3}{\left(V_a + V_e + xV_{b-éq}\right)^2}\right)$$

Finalement, on trouve que :

$$\frac{d^2\, pH_{après}(x)}{dx^2} = -\frac{1}{\ln 10}\left(\frac{1}{(x-1)^2} - \frac{c_b V_{b-éq}^3}{\left(V_a + V_e + xV_{b-éq}\right)^2}\right)$$

Or, on sait que $x \in]1\,;2[$, ce qui implique que :

$$2 > x > 1 \iff 1 > x-1 > 0 \implies 1 > (x-1)^2 > 0$$

Pour pouvoir écrire cette dernière égalité, nous avons utilisé le fait que la fonction carré soit strictement croissante $\forall x \in]0\,;1[$. De plus, en tenant compte que la fonction inverse soit strictement décroissante $\forall x \in]0\,;1[$, on trouve alors que :

$$\frac{1}{(x-1)^2} > 1$$

De plus,

$$\frac{c_b V_{b-éq}^3}{\left(V_a + V_e + xV_{b-éq}\right)^2} = c_b V_{b-éq}\left(\frac{V_{b-éq}}{V_a + V_e + xV_{b-éq}}\right)^2 = c_b V_{b-éq}\left(\frac{1}{\frac{V_a + V_e}{V_{b-éq}} + x}\right)^2$$

De plus, comme $2 > x > 1$, cela implique, en tenant compte que la fonction inverse soit strictement décroissante sur $\mathbb{R}^{+*}$, que :

$$\frac{V_a + V_e}{V_{b-\acute{e}q}} + x > 1 \Rightarrow \frac{1}{\frac{V_a + V_e}{V_{b-\acute{e}q}} + x} < 1 \Rightarrow \left(\frac{1}{\frac{V_a + V_e}{V_{b-\acute{e}q}} + x}\right)^2 < 1$$

Enfin, il est évident que le terme $c_b V_{b-\acute{e}q}$ est strictement inférieur à 1, car **chimiquement il est inconcevable de devoir imaginer mettre une mole, et plus, pour obtenir l'équivalence**. Donc, on en déduit que :

$$c_b V_{b-\acute{e}q}\left(\frac{1}{\frac{V_a + V_e}{V_{b-\acute{e}q}} + x}\right)^2 < 1 \quad \Leftrightarrow \quad \frac{c_b V_{b-\acute{e}q}^3}{\left(V_a + V_e + xV_{b-\acute{e}q}\right)^2} < 1$$

Ceci implique automatiquement que :

$$\frac{1}{(x-1)^2} - \frac{c_b V_{b-\acute{e}q}^3}{\left(V_a + V_e + xV_{b-\acute{e}q}\right)^2} > 0$$

Enfin, comme le terme $\frac{1}{\ln 10}$ est strictement positif, on en déduit directement que :

$$\frac{d^2\, pH_{\text{après}}(x)}{dx^2} < 0$$

Autrement dit, la fonction pH est, après l'équivalence, une fonction concave. Dès lors, on constate que lors du dosage étudié, le passage chimique de l'équivalence, s'accompagne d'un changement mathématique de convexité. D'où la propriété suivante :

Propriété	Lors du dosage du monoacide faible $AH_{(aq)}$ du couple acido-basique $AH_{(aq)}/A^-_{(aq)}$, par une monobase forte, **le point d'équivalence peut-être chimiquement** (au volume de précision du dosage, et qui est d'une goutte de réactif titrant près), mais **non mathématiquement**, **considéré comme un point d'inflexion** pour la courbe de dosage. En effet : ✓ avant l'équivalence la courbe de pH_{avant} est concave ; ✓ après l'équivalence la courbe de pH_{avant} est convexe.

➥ *Analyse de la phase 5*

Lorsque le dosage est terminé, c'est-à-dire si $V_b = 2V_{b-\acute{e}q}$, dans ce cas, la formule de la phase précédente va nous fournir :

$$pH_{fin} = 14 + \log\left(c_b \frac{2V_{b-éq} - V_{b-éq}}{V_a + V_e + 2V_{b-éq}}\right) \quad \Leftrightarrow \quad pH_{fin} = 14 + \log\left(c_b \frac{V_{b-éq}}{V_a + V_e + 2V_{b-éq}}\right)$$

20) Exemple concret

Considérons le dosage d'un volume $V_a = 100$ mL d'une solution d'acide éthanoïque (encore appelé acide acétique, c'est celui du vinaigre) centimolaire, qui est mélangée avec un volume $V_e = 25$ mL d'eau distillée, par une solution d'hydroxyde de sodium décimolaire. Les tables physico-chimiques nous apprennent que le pK_a du couple associée vaut, à la température de référence de 25°C, $pK_a = 4{,}76$. A l'équivalence, on va donc avoir :

$$c_b V_{b-éq} = c_a V_a \quad \Leftrightarrow \quad V_{b-éq} = V_a \frac{c_a}{c_b} \quad \Leftrightarrow \quad V_{b-éq} = 0{,}1 \times \frac{0{,}01}{0{,}1} \quad \Leftrightarrow \quad V_{b-éq} = 10 \text{ mL}$$

On a alors :

- Pour la phase 1 :

$$pH_{initial} \approx \frac{1}{2}\left(4{,}76 - \log\left(\frac{0{,}1 \times 0{,}01}{0{,}1 + 0{,}025}\right)\right) \approx 3{,}43$$

- Pour la phase 2 :

$$pH_{avant} = 4{,}76 + \log\left(\frac{V_b}{0{,}01 - V_b}\right)$$

- Pour la phase 3 :

$$pH_{éq} \approx 7 + \frac{1}{2}\left(4{,}76 + \log\left(\frac{0{,}1 \times 0{,}01}{0{,}1 + 0{,}025 + 0{,}01}\right)\right) \approx 8{,}31$$

- Pour la phase 4 :

$$pH_{après} = 14 + \log \frac{0{,}1(V_b - 0{,}01)}{0{,}125 + V_b}$$

- Pour la phase 5 :

$$pH_{fin} = 14 + \log\left(\frac{0{,}1 \times 0{,}01}{0{,}1 + 0{,}025 + 2 \times 0{,}01}\right) \approx 11{,}84$$

Il reste encore à vérifier l'accord « théorie – expérience ». Seule la confrontation entre la réalité expérimentale et la modélisation proposée, permettra de valider cette dernière. En réalisant ce dosage pH-métrique, avec soin, on trouve alors l'enregistrement suivant :

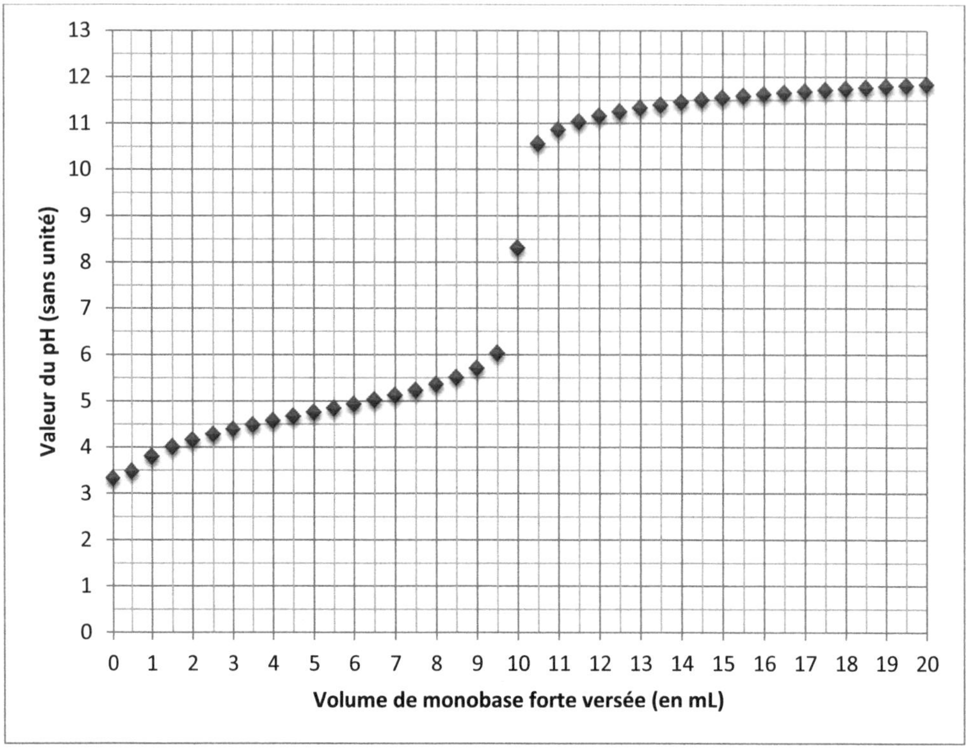

Figure 23 : évolution du pH au cours du titrage acido-basique de l'acide éthanoïque par la soude

Au regard de ce graphique, il semble alors évident que l'accord « théorie – expérience » est excellent. Il reste enfin à savoir déterminer l'équivalence. Plusieurs techniques sont possibles :

- l'usage d'un indicateur coloré : c'est la moins précise de toute, puisque la zone de virage doit contenir la valeur de $pH_{éq}$.
- la technique graphique des tangentes : consiste à tracer une première tangente à la courbe. Puis de tracer une seconde droite parallèle à la première tangente et, tangente elle aussi à la courbe. On trace alors une troisième droite, parallèle aux deux tangentes et passant exactement au milieu de ces deux droites. le point d'intersection de cette dernière droite avec la courbe donne le point d'équivalence. Mais attention cette méthode, **n'est valable que pour une courbe de dosage symétrique**. Ce qui est notre cas ci-dessus.
- la technique de la dérivée : elle est **applicable uniquement pour une acquisition par ordinateur**, cette méthode reste la plus simple à justifier mathématiquement. En effet le point d'équivalence est un point d'inflexion, la dérivé première y est donc maximum et la dérivée seconde nulle. Il est d'ailleurs plus précis d'utiliser la courbe de la dérivée seconde.
- la méthode de *Gran* : C'est une méthode récente (de 1952) de linéarisation du problème. On ne trace plus la courbe de dosage classique mais une droite. On trouve alors facilement le volume équivalent. Elle est particulièrement efficace lorsque l'équivalence est difficilement détectable, par exemple, pour cause de dilution par exemple.

21) Le pouvoir Tampon

Il existe des solutions aqueuse qui, par ajout modéré de base ou d'acide (ou encore par légère dilution), voit leur pH que très peu évoluer. De telles solutions portent le nom de **solution tampon**.
Le **pouvoir tampon** est une grandeur physico chimique, introduite en 1922 par le biochimiste américain *Donald Dexter Van Slyke* (1883 / 1971) positive qui traduit la faculté d'une solution aqueuse acido-basique à ne faire varier, suite à l'addition d'une faible quantité d'acide ou de base, que très peu son pH. En fait, le pouvoir tampon caractérise l'efficacité d'une solution tampon. On a alors la définition suivante :

Définition (Sup)

Le pouvoir tampon, noté β, d'une solution aqueuse acido-basique est défini par la variation de pH, notée $d\,pH$, engendrée par l'addition de la quantité infinitésimale dC d'un acide ou d'une base ç un litre de la solution. D'où :

$$\beta = \left|\frac{dC}{d\,pH}\right|$$

La valeur absolue ne servant qu'à obtenir un nombre positif, que ce soit par un ajout de base ou bien d'acide. Il s'exprime en mol/L.

Dans le cas d'u dosage du monoacide faible $AH_{(aq)}$, par une base forte telle que la soude, du couple acido-basique $AH_{(aq)}/A^-_{(aq)}$, le pouvoir tampon ne avoir de sens que si l'on se trouve dans la deuxième phase c'est-à-dire que $0 < V_b < V_{b-\acute{e}q}$ ou que $0 < x < 1$. Dans ce cas, on a :

$$\beta = \left|\frac{d\left[OH^-_{(aq)}\right]_f}{d\,pH}\right| = \left|\frac{\dfrac{d\left[OH^-_{(aq)}\right]_f}{dx}}{\dfrac{d\,pH}{dx}}\right|$$

Or, nous avons déjà déterminé le dénominateur de cette expression. En effet, nous avions démontré que :

$$\frac{d\,pH}{dx} = \frac{d\,pH_{avant}(x)}{dx} = \frac{d}{dx}\left(pK_a + \log\left(\frac{x}{1-x}\right)\right) = \frac{1}{\ln 10}\frac{1}{x(1-x)}$$

Puis, on sait que :

$$\left[OH^-_{(aq)}\right]_f = \frac{n_{OH^-_{(aq)}}}{V_{Sol}} = \frac{c_b V_b}{V_a + V_e + V_b} = \frac{V_{b-\acute{e}q}}{V_{b-\acute{e}q}}\,\frac{c_b \dfrac{V_b}{V_{b-\acute{e}q}}}{{}_b\dfrac{V_a + V_e}{V_{b-\acute{e}q}} + \dfrac{V_b}{V_{b-\acute{e}q}}} = \frac{c_b x}{\dfrac{V_a + V_e}{V_{b-\acute{e}q}} + x}$$

D'où :

$$\frac{d\left[OH^-_{(aq)}\right]_f}{dx} = \frac{d}{dx}\left(\frac{c_b x}{\dfrac{V_a + V_e}{V_{b-\acute{e}q}} + x}\right) \Leftrightarrow \frac{d\left[OH^-_{(aq)}\right]_f}{dx} = c_b\frac{d}{dx}\left(\frac{x}{\dfrac{V_a + V_e}{V_{b-\acute{e}q}} + x}\right)$$

Avec :

$$\frac{d}{dx}\left(\frac{x}{\frac{V_a+V_e}{V_{b-éq}}+x}\right)=\frac{\frac{dx}{dx}\left(\frac{V_a+V_e}{V_{b-éq}}+x\right)-x\frac{d}{dx}\left(\frac{V_a+V_e}{V_{b-éq}}+x\right)}{\left(\frac{V_a+V_e}{V_{b-éq}}+x\right)^2}$$

Ce qui nous donne alors :

$$\frac{d}{dx}\left(\frac{x}{\frac{V_a+V_e}{V_{b-éq}}+x}\right)=\frac{\left(\frac{V_a+V_e}{V_{b-éq}}+x\right)-x}{\left(\frac{V_a+V_e}{V_{b-éq}}+x\right)^2}\quad\Leftrightarrow\quad\frac{d}{dx}\left(\frac{x}{\frac{V_a+V_e}{V_{b-éq}}+x}\right)=\frac{\frac{V_a+V_e}{V_{b-éq}}}{\left(\frac{V_a+V_e}{V_{b-éq}}+x\right)^2}$$

Ce qui implique que :

$$\frac{d\left[OH^-_{(aq)}\right]_f}{dx}=\frac{c_b\left(\frac{V_a+V_e}{V_{b-éq}}\right)}{\left(\frac{V_a+V_e}{V_{b-éq}}+x\right)^2}$$

Dès lors, l'expression du pouvoir tampon β prend la forme mathématique suivante :

$$\beta=\left|\frac{\frac{c_b\left(\frac{V_a+V_e}{V_{b-éq}}\right)}{\left(\frac{V_a+V_e}{V_{b-éq}}+x\right)^2}}{\frac{1}{\ln 10}\frac{1}{x(1-x)}}\right|\quad\Leftrightarrow\quad\beta=\ln 10\left|\frac{\frac{c_b\left(\frac{V_a+V_e}{V_{b-éq}}\right)}{\left(\frac{V_a+V_e}{V_{b-éq}}+x\right)^2}}{\frac{1}{x(1-x)}}\right|$$

D'où :

$$\beta=\ln 10\left|\frac{c_b\left(\frac{V_a+V_e}{V_{b-éq}}\right)x(1-x)}{\left(\frac{V_a+V_e}{V_{b-éq}}+x\right)^2}\right|\quad\Leftrightarrow\quad\beta=\ln 10\left|\frac{c_bV_{b-éq}(V_a+V_e)x(1-x)}{\left(V_a+V_e+V_{b-éq}x\right)^2}\right|$$

Mais comme $0<x<1$, cela implique que $x(1-x)>0$ et donc, on constate que l'expression qui se trouve dans la valeur absolue est strictement positive. Ainsi, la valeur absolue n'a plus lieux d'être. D'où :

$$\beta=\ln 10c_bV_{b-éq}(V_a+V_e)\frac{x(1-x)}{\left(V_a+V_e+V_{b-éq}x\right)^2}$$

Donc : $\beta>0$. In nous faut alors étudier les variations de β. On a alors :

$$\frac{d\beta}{dx} = \frac{d}{dx}\left(\ln 10 \frac{c_b\left(\frac{V_a + V_e}{V_{b-\text{éq}}}\right)x(1-x)}{\left(\frac{V_a + V_e}{V_{b-\text{éq}}} + x\right)^2}\right)$$

Ce qui nous donne alors :

$$\frac{d\beta}{dx} = \ln 10\, c_b \left(\frac{V_a + V_e}{V_{b-\text{éq}}}\right)\frac{d}{dx}\left(\frac{x(1-x)}{\left(\frac{V_a + V_e}{V_{b-\text{éq}}} + x\right)^2}\right)$$

Soit encore :

$$\frac{d\beta}{dx} = \ln 10\, c_b \left(\frac{V_a + V_e}{V_{b-\text{éq}}}\right)\frac{d}{dx}\left(\frac{x - x^2}{\left(\frac{V_a + V_e}{V_{b-\text{éq}}} + x\right)^2}\right)$$

Avec :

$$\frac{d}{dx}\left(\frac{x - x^2}{\left(\frac{V_a + V_e}{V_{b-\text{éq}}} + x\right)^2}\right) = \frac{\left(\frac{V_a + V_e}{V_{b-\text{éq}}} + x\right)^2 \frac{d}{dx}(x - x^2) - (x - x^2)\frac{d}{dx}\left(\left(\frac{V_a + V_e}{V_{b-\text{éq}}} + x\right)^2\right)}{\left(\frac{V_a + V_e}{V_{b-\text{éq}}} + x\right)^4}$$

Ce qui nous donne :

$$\frac{d}{dx}\left(\frac{x - x^2}{\left(\frac{V_a + V_e}{V_{b-\text{éq}}} + x\right)^2}\right) = \frac{\left(\frac{V_a + V_e}{V_{b-\text{éq}}} + x\right)^2 (1 - 2x) - (x - x^2)2\left(\frac{V_a + V_e}{V_{b-\text{éq}}} + x\right)}{\left(\frac{V_a + V_e}{V_{b-\text{éq}}} + x\right)^4}$$

Soit encore :

$$\frac{d}{dx}\left(\frac{x - x^2}{\left(\frac{V_a + V_e}{V_{b-\text{éq}}} + x\right)^2}\right) = \frac{\left(\frac{V_a + V_e}{V_{b-\text{éq}}} + x\right)(1 - 2x) - 2(x - x^2)}{\left(\frac{V_a + V_e}{V_{b-\text{éq}}} + x\right)^3}$$

Donc, en développant :

$$\frac{d}{dx}\left(\frac{x - x^2}{\left(\frac{V_a + V_e}{V_{b-\text{éq}}} + x\right)^2}\right) = \frac{\frac{V_a + V_e}{V_{b-\text{éq}}} + x - 2x\frac{V_a + V_e}{V_{b-\text{éq}}} - 2x^2 - 2x + 2x^2}{\left(\frac{V_a + V_e}{V_{b-\text{éq}}} + x\right)^3}$$

Soit encore :

$$\frac{d}{dx}\left(\frac{x-x^2}{\left(\frac{V_a+V_e}{V_{b-éq}}+x\right)^2}\right)=\frac{\frac{V_a+V_e}{V_{b-éq}}-2x\frac{V_a+V_e}{V_{b-éq}}-x}{\left(\frac{V_a+V_e}{V_{b-éq}}+x\right)^3}$$

Ce qui nous donne :

$$\frac{d}{dx}\left(\frac{x-x^2}{\left(\frac{V_a+V_e}{V_{b-éq}}+x\right)^2}\right)=\frac{\frac{V_a+V_e}{V_{b-éq}}-x\left(2\frac{V_a+V_e}{V_{b-éq}}+1\right)}{\left(\frac{V_a+V_e}{V_{b-éq}}+x\right)^3}$$

D'où, on en déduit que :

$$\frac{d\beta}{dx}=\ln 10\, c_b\left(\frac{V_a+V_e}{V_{b-éq}}\right)\frac{\frac{V_a+V_e}{V_{b-éq}}-x\left(2\frac{V_a+V_e}{V_{b-éq}}+1\right)}{\left(\frac{V_a+V_e}{V_{b-éq}}+x\right)^3}$$

Or, $\frac{V_a+V_e}{V_{b-éq}}>0$ et comme $0<x<1$cela implique que le dénominateur est toujours positif. Donc cette dérivée est du même signe de son numérateur. On a alors :

$$\left.\frac{d\beta}{dx}\right]_{x=x_m}=0 \quad\Leftrightarrow\quad \frac{V_a+V_e}{V_{b-éq}}-x_m\left(2\frac{V_a+V_e}{V_{b-éq}}+1\right)=0 \quad\Leftrightarrow\quad x_m=\frac{\frac{V_a+V_e}{V_{b-éq}}}{2\frac{V_a+V_e}{V_{b-éq}}+1}$$

Soit encore :

$$x_m=\frac{1}{2}\frac{\frac{V_a+V_e}{V_{b-éq}}}{\frac{V_a+V_e+V_{b-éq}}{V_{b-éq}}} \quad\Leftrightarrow\quad x_m=\frac{1}{2}\frac{V_a+V_e}{V_a+V_e+V_{b-éq}} \quad\Leftrightarrow\quad x_m=\frac{1}{2}\frac{1}{1+\frac{V_{b-éq}}{V_a+V_e}}$$

En revenant au volume de base versé, on obtient :

$$\frac{V_{b-m}}{V_{b-éq}}=\frac{1}{2}\frac{1}{1+\frac{V_{b-éq}}{V_a+V_e}} \quad\Leftrightarrow\quad V_{b-m}=\frac{V_{b-éq}}{2}\frac{1}{1+\frac{V_{b-éq}}{V_a+V_e}}$$

On en déduit que **le pouvoir tampon β est maximal, dans une zone proche de la demi-équivalence. D'ailleurs, si l'effet de dilution est négligé, c'est-à-dire si $V_a+V_e \gg V_{b-éq}$ dans ce cas on trouve que le pouvoir tampon est maximal à la demi-équivalence**. Et donc :

$$\beta_m=\beta(x=x_m) \quad\Leftrightarrow\quad \beta_m=\beta\left(x=\frac{1}{2}\frac{V_a+V_e}{V_a+V_e+V_{b-éq}}\right)$$

Soit :

$$\beta_m = \ln 10 c_b V_{b-\acute{e}q}(V_a+V_e)\frac{\frac{1}{2}\frac{V_a+V_e}{V_a+V_e+V_{b-\acute{e}q}}\left(1-\frac{1}{2}\frac{V_a+V_e}{V_a+V_e+V_{b-\acute{e}q}}\right)}{\left(V_a+V_e+V_{b-\acute{e}q}\frac{1}{2}\frac{V_a+V_e}{V_a+V_e+V_{b-\acute{e}q}}\right)^2}$$

Ce qui nous donne :

$$\beta_m = \frac{1}{2}\ln 10 c_b V_{b-\acute{e}q}(V_a+V_e)\frac{\frac{V_a+V_e}{V_a+V_e+V_{b-\acute{e}q}}\left(\frac{2V_a+2V_e+2V_{b-\acute{e}q}-V_a-V_e}{2V_a+2V_e+2V_{b-\acute{e}q}}\right)}{\left(V_a+V_e+V_{b-\acute{e}q}\frac{1}{2}\frac{V_a+V_e}{V_a+V_e+V_{b-\acute{e}q}}\right)^2}$$

D'où :

$$\beta_m = \frac{1}{2}\ln 10 c_b V_{b-\acute{e}q}(V_a+V_e)\frac{\frac{2(V_a+V_e)}{2V_a+2V_e+2V_{b-\acute{e}q}}\left(\frac{V_a+V_e+2V_{b-\acute{e}q}}{2V_a+2V_e+2V_{b-\acute{e}q}}\right)}{\left((V_a+V_e)\frac{2V_a+2V_e+2V_{b-\acute{e}q}}{2V_a+2V_e+2V_{b-\acute{e}q}}+\frac{V_{b-\acute{e}q}(V_a+V_e)}{2V_a+2V_e+2V_{b-\acute{e}q}}\right)^2}$$

Soit encore :

$$\beta_m = \frac{1}{2}\ln 10 c_b V_{b-\acute{e}q}(V_a+V_e)\frac{\frac{2(V_a+V_e)(V_a+V_e+2V_{b-\acute{e}q})}{(2V_a+2V_e+2V_{b-\acute{e}q})^2}}{\left(\frac{(V_a+V_e)(2V_a+2V_e+2V_{b-\acute{e}q})+V_{b-\acute{e}q}(V_a+V_e)}{2V_a+2V_e+2V_{b-\acute{e}q}}\right)^2}$$

En simplifiant parles dénominateurs, on obtient alors :

$$\beta_m = \frac{1}{2}\ln 10 c_b V_{b-\acute{e}q}(V_a+V_e)\frac{2(V_a+V_e)(V_a+V_e+2V_{b-\acute{e}q})}{\left((V_a+V_e)(2V_a+2V_e+3V_{b-\acute{e}q})\right)^2}$$

Ceci nous permet d'écrire que :

$$\beta_m = \ln 10 c_b V_{b-\acute{e}q}\frac{(V_a+V_e)^2}{(V_a+V_e)^2}\frac{(V_a+V_e+2V_{b-\acute{e}q})}{(2V_a+2V_e+3V_{b-\acute{e}q})^2}$$

Soit :

$$\beta_m = \ln 10 c_b V_{b-\acute{e}q}\frac{(V_a+V_e+2V_{b-\acute{e}q})}{(2V_a+2V_e+3V_{b-\acute{e}q})^2}$$

Et on a donc le tableau de variations suivant :

x	0		$x_m \lesssim \frac{1}{2}$		1
$\frac{d\beta}{dx}$		$+$	0	$-$	
β	0	$\nearrow$	β_m	$\searrow$	0

Dans le cas du dosage traité, à savoir le dosage, à la température de référence de 25°C, d'un volume $V_a = 100$ mL d'une solution d'acide éthanoïque centimolaire, mélangée avec un volume $V_e = 25$ mL d'eau distillée, par une solution d'hydroxyde de sodium décimolaire ; on obtient :

- Position x_m du pouvoir tampon maximal

On a :

$$x_m = \frac{1}{2}\frac{1}{1+\frac{V_{b-éq}}{V_a+V_e}} = \frac{1}{2}\frac{1}{1+\frac{10}{100+25}} = 0{,}463$$

- Valeur du pouvoir tampon maximal

On a :

$$\beta_m = \ln 10 \times 0{,}1 \times 10 \frac{(100+25+2\times 10)}{(2\times 100 + 2\times 25 + 3\times 10)^2} = 4{,}25.\,10^{-3}\ \text{mol/L}$$

- Représentation graphique du pouvoir tampon β

On a :

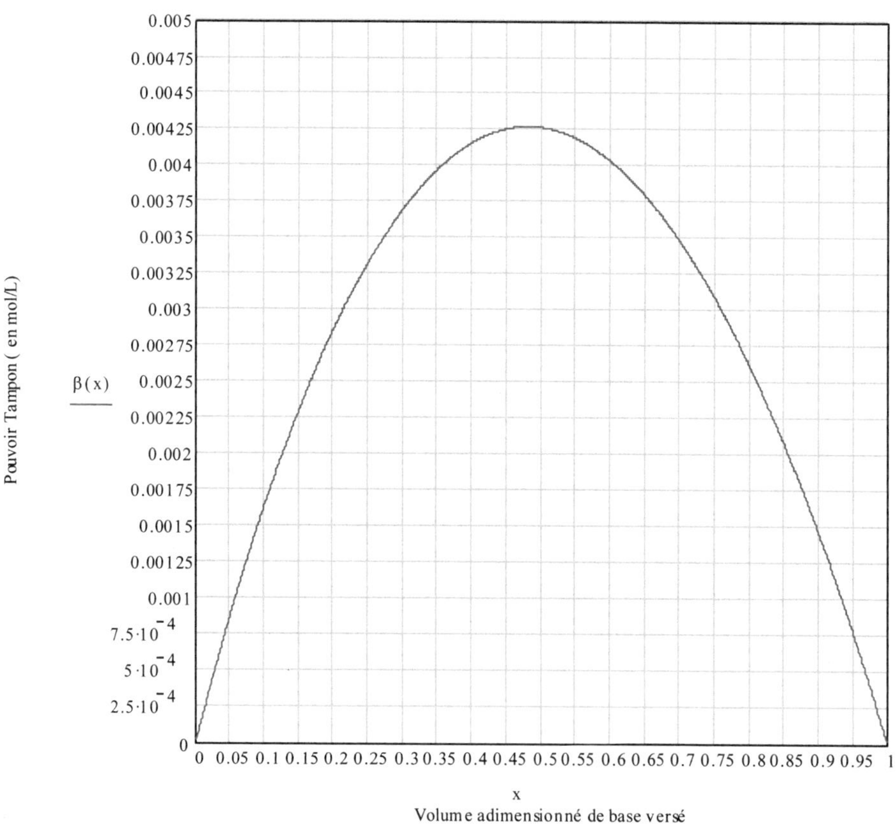

Figure 24 : évolution du pouvoir tampon au cours du titrage acido-basique de l'acide éthanoïque par la soude

PREMIER PROBLÈME

Principe de formation d'un arc en ciel

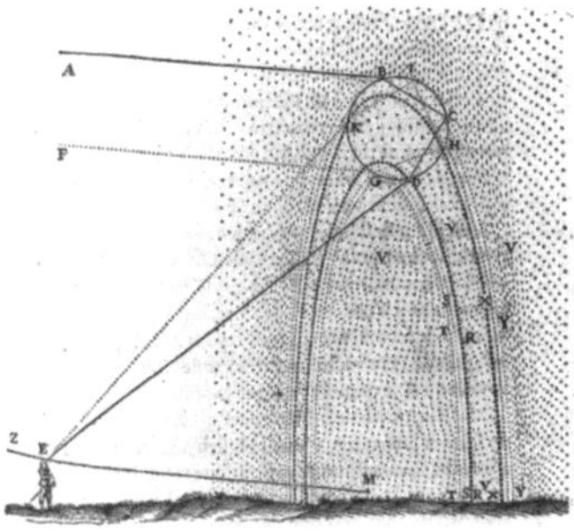

L'arc-en-ciel est un phénomène physique magnifique, visuel et troublant, car de grande taille. En effet, qui ne sait jamais demander « pourquoi un tel phénomène ? ». Quel que soit son âge, on se souvient toujours de l'envoutante et intrigante beauté ressentie lors de l'observation de son premier arc-en-ciel. Beaucoup de contes et de fictions donnent des explications magiques à l'arc-en-ciel. Il est également de tradition de dire qu'un trésor se trouve au pied de l'arc-en-ciel ! De tout temps et partout dans le monde l'arc-en-ciel a toujours été source de légendes. Dans la mythologie, l'arc-en-ciel est souvent présenté comme un pont ou un chemin vers un autre monde ou vers un point éloigné de la Terre, et au Groenland, l'arc-en-ciel est considéré comme étant l'ourlet des vêtements des dieux. Dans la mythologie grecque, ce chemin entre le ciel et la terre est créé par Iris, la messagère des dieux. L'arc-en-ciel est un phénomène météorologique conduisant à une illusion d'optique causée par la dispersion de la lumière du soleil sur un mur d'eau transparent, comme par exemple un rideau de pluie, de bruine ou de brouillard, et il peut même s'observer à proximité de chutes d'eau. Les chutes de neige, pour cause de non transparence, ne forment jamais d'arcs-en-ciel. L'arc-en-ciel apparaît comme une série d'arcs de cercle concentriques formant un dégradé de couleurs depuis le violet (à l'intérieur du cercle, en bas) jusqu'au rouge (à l'extérieur, en haut de l'arc), en passant par le bleu, le vert, le jaune et l'orangé. Malgré les apparences, il n'y a pas de frontière réelle entre les couleurs d'un arc en ciel. Le nombre de couleurs de l'arc-en-ciel varie d'ailleurs d'une culture à l'autre, de trois à neuf couleurs. Aujourd'hui, en Occident, on distingue généralement sept couleurs : rouge, orange, jaune, vert, bleu, indigo et violet. C'est le nombre retenu par Isaac Newton, le premier à avoir prouvé dans les années 1660 que la lumière blanche est une combinaison de toutes les couleurs du spectre visible. L'observation d'un arc-en-ciel nécessite donc la réunion de deux éléments : l'eau et le soleil. Il faut que l'eau soit en suspension dans l'air (pluie / bruine…) et que le soleil brille mais derrière vous et qu'il soit relativement bas. Vous pourrez donc observer à l'ouest des arcs-en-ciel matinaux et à l'est ceux de fin d'après-midi. Plus le ciel face à vous est assombri par les nuages, plus votre arc-en-ciel sera extraordinaire. De plus, la hauteur de l'arc est proportionnelle à celle du soleil, si l'arc est haut dans le ciel c'est que le soleil est bas. En 1637, le mathématicien français René Descartes (1596 / 1650) propose, dans le cadre de l'optique géométrique, un premier modèle descriptif, qui sera ultérieurement précisé par le physicien anglais Isaac Newton (1643 / 1727). Nous étudierons cette approche.

♠ Données du problème

- Indice de réfraction de l'air : $n_a = 1{,}000292612$
- Indice de réfraction de l'eau sur une radiation rouge : $n_e^R = 1{,}33007$
- Indice de réfraction de l'eau sur une radiation violette : $n_e^V = 1{,}34287$
- Vitesse de la lumière dans le vide : $c = 299792458$ m/s

Dès le 14ième siècle, le savant perse *Kamal al-Din Abu'l-Hasan Muhammad Al-Farisi* (1267 / 1320) avait mis en évidence les rôles de la réfraction et de la dispersion de la lumière dans la décomposition de cette dernière, et donc dans la formation d'un arc-en-ciel :

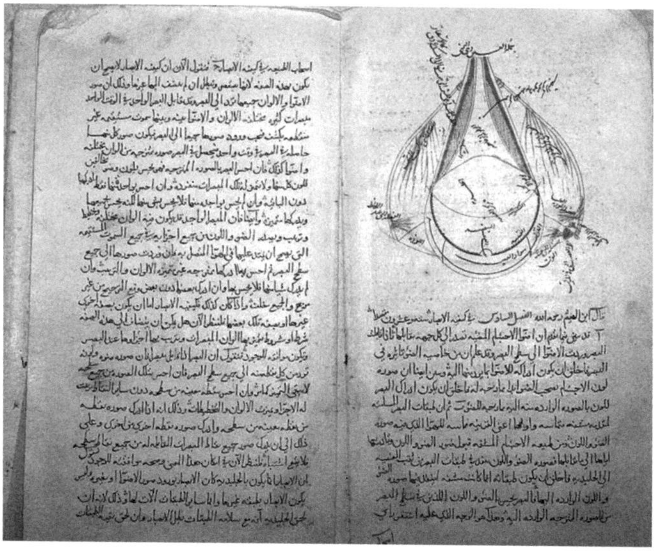

Document 1 : extrait des travaux Kamal al-Din Abu'l-Hasan Muhammad Al-Farisi

Or, les lois de la réflexion et de la réfraction ont été formulées par le mathématicien néerlandais *Willebrord Snell van Royen* (1580 / 1626) et par le mathématicien français *René Descartes* (1596 / 1650), qu'il publie dans une annexe de son célèbre *Discours de la méthode* en 1637. Nous commencerons par leur démonstration.
Dans l'intégralité de ce problème, nous supposerons toujours que les longueurs d'ondes des différents rayons lumineux étudiés sont beaucoup plus petites que les distances caractéristiques des systèmes physiques avec lesquels ils sont mis en contact : c'est l'approximation géométrique. Le phénomène d'absorption de lumière sera négligé.

Partie A – Démonstration des lois de Descartes

Dans cette première partie, nous cherchons à établir les formules des lois de réflexion optique et de réfraction optique. L'indice de réfraction (parfois appelé « constante optique »), noté n, est une grandeur réelle sans dimension caractéristique du comportement optique de la lumière dans un milieu propagateur. Cet indice dépend de la longueur d'onde mais également des propriétés optiques, cristallographiques et diélectriques du matériau considéré. Nous envisageons le cas d'un rayon lumineux se propageant dans un premier milieu propagateur, et arrivant sur une interface qui va, par réfraction le conduire vers un second milieu, et par réflexion le renvoyer dans le premier milieu. On notera par :

- n_1 l'indice de réfraction du premier milieu ;
- n_2 l'indice de réfraction du second milieu.

➔ *Section 1 : La réflexion*

1) Donner l'expression de la vitesse de la lumière v lorsqu'elle se propage dans un milieu caractérisé par un indice optique n. Faire l'application numérique dans le cas de l'air.

2) On s'intéresse, en premier lieu, au cas de la réflexion optique. On imagine un rayon lumineux arrivant d'un milieu propagateur d'indice optique n sur un matériau réflecteur au point d'impact I. Ce rayon arrive avec une incidence θ par rapport à la direction normale de ce matériau :

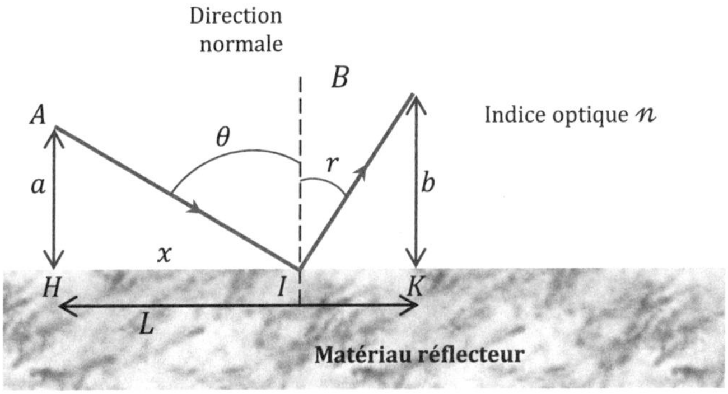

Exprimer le temps t_1 mis par le rayon lumineux pour parcourir, dans le milieu propagateur, son trajet incident (AI).
3) Exprimer le temps t_2 mis par le rayon lumineux pour parcourir, dans le milieu propagateur, son trajet réfléchi (IB).
4) En déduire, en fonction de c, n, a, b, L et x, le temps total t_t que met la lumière lors de son trajet (AIB).
5) En réalité, le trajet réel, suivit par la lumière lors de sa propagation, obéit au « *théorème optique de Pierre de Fermat (Mathématicien français – 1605 / 1665)* » qui affirma que :

> *Théorème de Fermat optique :*
> *Dans tout milieu propagateur, la lumière se propage toujours suivant des trajectoires qui minimisent son temps de voyage.*

La variable du problème étant la distance $x = HI$, d'après le théorème de *Fermat*, donner la condition mathématique du trajet réel (AIB) que fait la lumière lors de cette réflexion.
6) Déduire des questions précédentes que : $\theta = r$.

➔ *Section 2 : La réfraction*

On s'intéresse maintenant au cas de la réfraction optique, c'est-à-dire au changement de trajectoire d'un rayon lumineux au passage d'une interface. On imagine donc un rayon lumineux arrivant d'un milieu propagateur d'indice optique n_1 sur un matériau transparent, d'indice optique n_2, au point d'impact I. Ce rayon arrive avec une incidence θ_1 par rapport à la direction normale de ce matériau :

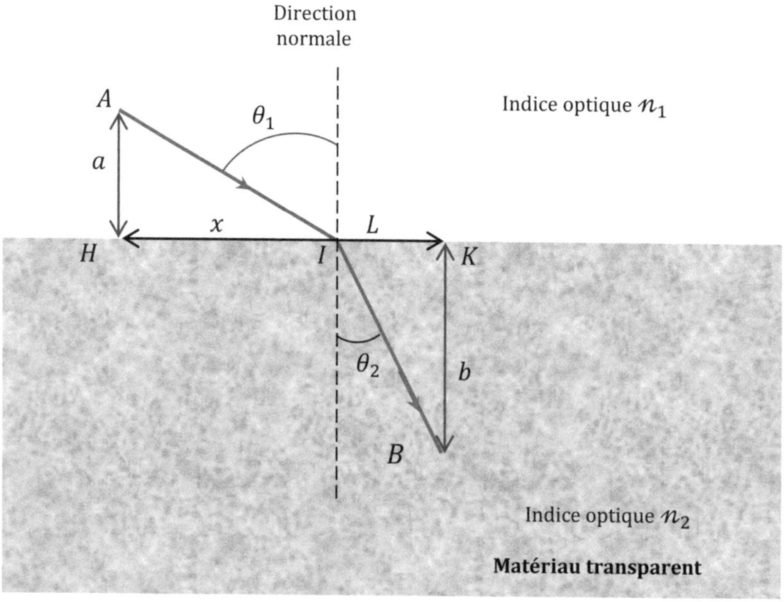

La variable du problème étant toujours la distance $x = HI$, et on notera également $L = HK$.

1) Exprimer le temps t_1 mis par le rayon lumineux pour parcourir, dans le milieu propagateur, son trajet incident (AI).
2) Exprimer le temps t_2 mis par le rayon lumineux pour parcourir, dans le milieu propagateur, son trajet réfracté (IB).
3) En déduire, en fonction de c, n_1, n_2, a, b, L et x, le temps total t_t que met la lumière lors de son trajet (AIB).
4) Or le trajet réel, suivit par la lumière lors de sa propagation, obéit au « *théorème optique de Fermat* ». Déduire de ce dernier que : $n_1 \sin(\theta_1) = n_2 \sin(\theta_2)$.
5) Supposons maintenant que le milieu 2 soit plus réfringent que le milieu 1, c'est-à-dire que l'on a la condition : $n_2 > n_1$. Démontrer qu'il existe un angle limite $\theta_{2\ell}$ de réfraction. Déterminer son expression en fonction de n_1 et n_2.
6) Supposons, cette fois, que le milieu 1 soit plus réfringent que le milieu 2, c'est-à-dire que l'on a la condition : $n_1 > n_2$. Déterminer la condition pour qu'il n'y ait pas de rayon réfracté, donc une réflexion totale.

Partie B – Arc-en-ciel primaire

Lorsque l'on observe attentivement un arc-en-ciel, on constate souvent qu'il y en a deux, voire plus ! Mais il y en a un, appelé arc-en-ciel primaire, qui est beaucoup plus « lumineux » et visible que les autres. Dans cette deuxième partie, on étudie cet arc-en-ciel primaire. Comme ce dernier prend naissance par action de la lumière solaire sur des gouttes d'eau, envisageons donc l'étude des rayons lumineux dans une goutte d'eau, supposée parfaitement sphérique et d'indice optique n_e. Pour simplifier le début de l'analyse, envisageons un rayon monochromatique qui atteint une goutte d'eau en I et ne subit qu'une seule réflexion, en R, à l'intérieur de la goutte :

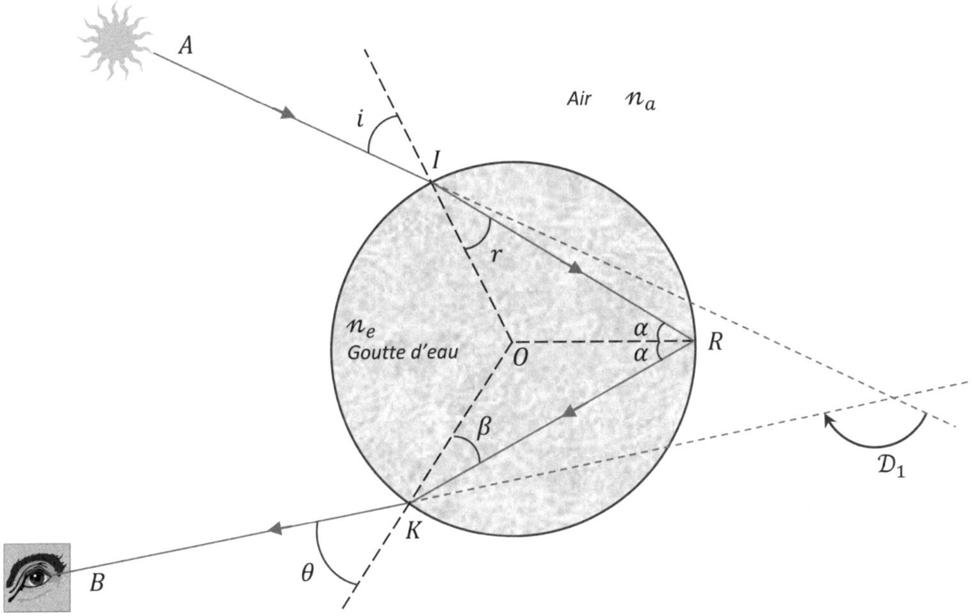

➔ *Section 1 : Etude de la déviation lumineuse*

1) Quelle est la nature du phénomène physique qui se produit aux points I, R et K ?
2) Exprimer l'angle α en fonction de r.
3) Exprimer l'angle β en fonction de r. En déduire que $\theta = i$.
4) Déterminer, en fonction des deux angles i et r, l'angle de déviation $\mathcal{D}_1$ qui existe entre le rayon incident (AI) et le rayon sortant (KB).
5) Déterminer, en fonction de n_a, n_e, et $\sin(i)$, l'expression littérale de la dérivée première de l'angle de réfraction r par rapport à l'angle d'incidence i.
6) Démontrer que l'on a :

$$\frac{d\mathcal{D}_1}{di} = 2\left(1 - 2\frac{dr}{di}\right)$$

7) En déduire que l'angle de déviation $\mathcal{D}_1$ admet un minimum, noté $\mathcal{D}_{1m}$, lorsque l'angle d'incidence prend une certaine expression i_m.
8) Déterminer la valeur numérique de i_m pour $n_e = 1{,}33$.
9) En déduire que, l'angle de réfraction r_m qui est associé à ce minimum de déviation, est donné par :

$$r_m = \arcsin\left(\sqrt{\frac{\left(\frac{2n_a}{n_e}\right)^2 - 1}{3}}\right)$$

Faire l'application numérique pour $n_e = 1{,}33$.
10) Calculer la valeur numérique de $\mathcal{D}_{1m}$, pour $n_e = 1{,}33$.
11) Tracer la courbe représentative de l'angle de déviation $\mathcal{D}_1$ en fonction de l'angle d'incidence i avec $i \in [0 ; \pi/2]$.
12) Justifier qualitativement qu'il y a accumulation de lumière au voisinage de $\mathcal{D}_{1m}$.
13) En déduire la figure géométrique selon laquelle un observateur percevra un arc-en-ciel. On notera $\varphi_1 = \pi - \mathcal{D}_1$ l'angle de perception de l'arc-en-ciel.
14) Préciser les conditions d'observation d'un arc-en-ciel primaire. Vous pourrez appuyer votre argumentation par un schéma. Vous pouvez vous aider d'une représentation de profil du phénomène.
15) Peut-on observer un arc-en-ciel à midi ? Justifier.
16) Deux observateurs, distants de quelques dizaines de mètre, voient-ils le même arc-en-ciel primaire ?

➔ *Section 2 : Prise en compte de la diffusion lumineuse*

En réalité, la lumière solaire n'est pas monochromatique (expérience du prisme de 1666 d'*Isaac Newton*). C'est pourquoi, la goutte d'eau, en tant que milieu transparent, va diffuser la lumière solaire. Ainsi, **l'eau va se comporter comme un milieu dispersif vis-à-vis de l'onde lumineuse**. C'est pourquoi, l'indice optique n_e de l'eau dépend de la longueur d'onde λ du rayonnement solaire. Comme on a un rayonnement visible, on adoptera une modélisation de l'indice optique n_e qui suit la loi d'*Augustin Louis Cauchy* (1789 / 1857) de 1836 :

$$n_e(\lambda) = a + \frac{b}{\lambda^2} \quad \text{avec } (a, b) \in \mathbb{R}^{+2}$$

Lors de l'observation d'un arc-en-ciel, on constate que ses arcs extrêmes sont associés au rayonnement rouge, de longueur d'onde $\lambda_R = 740$ nm, et au rayonnement violet, de longueur d'onde $\lambda_V = 390$ nm.

1) Démontrer que l'on a la relation :

$$\frac{d\mathcal{D}_{1m}}{dn_e} = \frac{2}{n_e}\sqrt{\frac{4n_a^2 - n_e^2}{n_e^2 - n_a^2}}$$

2) Etudier, lorsque $1 < n_e < 2$, le signe de l'expression précédente. Cet intervalle d'étude est lié aux conditions physiques de l'étude.

3) Déterminer l'expression de la dérivée première de l'indice de réfraction optique n_e par rapport à la longueur d'onde λ du rayonnement solaire.
4) En déduire que l'on a la condition :

$$\frac{d\mathcal{D}_{1m}}{d\lambda} < 0$$

5) En déduire, dans l'arc-en-ciel primaire, la position relative des deux arcs extrêmes, ceux de couleurs rouge et violet. On notera par
   - φ_1^R l'angle de perception de l'arc extrême de couleur rouge,
   - φ_1^V l'angle de perception de l'arc extrême de couleur violet.
6) On appelle étalement angulaire de l'arc-en-ciel primaire, noté $\Delta\varphi_1$, la différence angulaire de perception des deux arcs extrêmes. Déterminer l'expression de $\Delta\varphi_1$ en fonction de φ_1^R et φ_1^V, puis de $\mathcal{D}_{1m}^V$ et $\mathcal{D}_{1m}^R$.
7) Déterminer la valeur numérique de $\Delta\varphi_1$.
8) Considérons le cas d'un arc-en-ciel issu de la présence simultané du Soleil et d'un rideau de pluie vertical. Si ce dernier est situé à la distance $d = 800$ m de l'observateur, déterminer les hauteurs, notées h_1^R et h_1^V, à laquelle se situent les gouttes responsables respectivement des couleurs rouge et violette de l'arc-en-ciel primaire. Les yeux de l'observateur sont à la hauteur $\mathfrak{h} = 1{,}65$ m.
9) En déduire la hauteur $\mathcal{H}_1$ de cet arc-en-ciel primaire.

Partie C – Arc-en-ciel secondaire

Bien souvent, l'arc-en-ciel primaire, très « lumineux » est accompagné d'un autre, situé au-dessus mais d'intensité lumineuse plus faible : c'est l'arc-en-ciel secondaire, comme indiqué dans le document suivant :

Document 2 : arcs-en ciel primaire et secondaire

En fait, l'arc-en-ciel secondaire prend naissance suite à une **seconde réflexion** des rayons lumineux dans la goutte d'eau.
Envisageons donc l'étude des rayons lumineux dans une goutte d'eau, toujours supposée parfaitement sphérique et d'indice optique n_e. Pour simplifier le début de

l'analyse, envisageons un rayon monochromatique qui atteint une goutte d'eau en I et subit une première réflexion, en R, à l'intérieur de la goutte, puis une seconde, en J, également à l'intérieure de cette même goutte d'eau. On a alors la situation géométrique suivante :

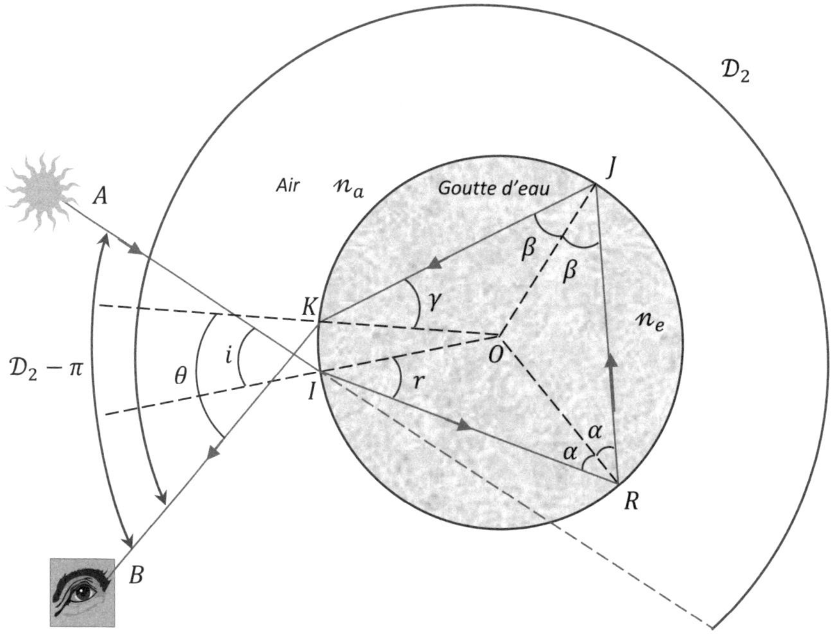

➔ *Section 1 : Etude de la déviation lumineuse*

1) Exprimer l'angle α en fonction de r.
2) Exprimer l'angle β en fonction de r.
3) Exprimer l'angle γ en fonction de r.
4) Déterminer, en fonction des deux angles i et r, l'angle de déviation $\mathcal{D}_2$ qui existe entre le rayon incident (AI) et le rayon sortant (KB).
5) Déterminer, en fonction de n_a, n_e, et $\sin(i)$, l'expression littérale de la dérivée première de l'angle de réfraction r par rapport à l'angle d'incidence i.
6) Démontrer que l'on a :

$$\frac{d\mathcal{D}_2}{di} = 2\left(1 - 3\frac{dr}{di}\right)$$

7) En déduire que l'angle de déviation $\mathcal{D}_2$ admet un minimum, noté $\mathcal{D}_{2m}$, lorsque l'angle d'incidence prend une certaine valeur i_{2m}.
8) Déterminer l'expression de i_{2m} et sa valeur numérique pour $n_e = 1{,}33$.
9) En déduire que, l'angle de réfraction r_{2m} qui est associé à ce minimum de déviation, est donné par :

$$r_{2m} = \arcsin\left(\sqrt{\frac{\left(\frac{3n_a}{n_e}\right)^2 - 1}{8}}\right)$$

Faire l'application numérique pour $n_e = 1{,}33$.

10) Calculer la valeur numérique de $\mathcal{D}_{2m}$, pour $n_e = 1{,}33$.
11) En déduire la figure géométrique selon laquelle un observateur percevra un arc-en-ciel secondaire. On notera $\varphi_2 = \mathcal{D}_2 - \pi$ l'angle de perception de l'arc-en-ciel secondaire.

➔ *Section 2 : Prise en compte de la diffusion lumineuse*

Cette fois encore, **l'eau va se comporter comme un milieu dispersif vis-à-vis de l'onde lumineuse**. C'est pourquoi, l'indice optique n_e de l'eau dépend de la longueur d'onde λ du rayonnement solaire, en satisfaisant à la loi d'*Augustin Louis Cauchy* (1789 / 1857) de 1836 :

$$n_e(\lambda) = a + \frac{b}{\lambda^2} \quad \text{avec } (a, b) \in \mathbb{R}^{+2}$$

On conservera les valeurs de longueur d'onde du rayonnement rouge $\lambda_R = 740$ nm, et du rayonnement violet $\lambda_V = 390$ nm.

1) Démontrer que l'on a la relation :

$$\frac{d\mathcal{D}_{2m}}{dn_e} = \frac{2}{n_e}\sqrt{\frac{9n_a^2 - n_e^2}{n_e^2 - n_a^2}}$$

2) Etudier, lorsque $1 < n_e < 3$, le signe de l'expression précédente. Cet intervalle d'étude est lié aux conditions physiques de l'étude.
3) Déterminer l'expression de la dérivée première de l'indice de réfraction optique n_e par rapport à la longueur d'onde λ du rayonnement solaire.
4) En déduire que l'on a la condition :

$$\frac{d\mathcal{D}_{2m}}{d\lambda} < 0$$

5) En déduire, dans l'arc-en-ciel secondaire, la position relative des deux arcs extrêmes, ceux de couleurs rouge et violet. On notera par :
   - φ_2^R l'angle de perception de l'arc extrême de couleur rouge,
   - φ_2^V l'angle de perception de l'arc extrême de couleur violet.
6) On appelle étalement angulaire de l'arc-en-ciel secondaire, noté $\Delta\varphi_2$, la différence angulaire de perception des deux arcs extrêmes. Déterminer l'expression de $\Delta\varphi_2$ en fonction de φ_2^R et φ_2^V.
7) Déterminer la valeur numérique de $\Delta\varphi_2$. Quelle conclusion pouvez-vous faire ?

Fin du sujet

CORRECTION

Ce problème aborde, de façon élémentaire, la formation des arc-en-ciel, un des phénomènes lumineux, à la fois banal dans ses apparitions, mais également des plus surprenants de par les sensations qu'il procure. Ce problème est très calculatoire, et montre bien comment les mathématiques, et ici la notion de fonction dérivée, viennent en aide au physicien. Dans une première partie, on aborde une démonstration des lois élémentaires et fondamentales de l'optique géométriques, à savoir les lois de la réflexion et de la réfraction. Puis, dans une deuxième partie, ce problème aborde l'étude de la géométrie de l'arc-en-ciel le plus intense, ainsi que l'effet de la dispersion de l'eau des gouttes sur le rayonnement solaire, permettant de comprendre l'ordre observé des couleurs. Cette deuxième partie donne le ton général du problème : de la technicité calculatoire, mais également du sens physique. Enfin, une dernière partie, met l'accent sur les arcs-en-ciel secondaire, accompagnant les primaires mais l'ordre des couleurs est inversé. Cette dernière partie est plus subtile et permet aux élèves, de Terminale S et de BAC+1, de montrer leur faculté à s'assimiler l'esprit d'un problème, et surtout leur compréhension du phénomène physique étudié. Bref, un très joli problème de physique, long et technique, au sein duquel les mathématiques jouent un rôle prépondérant : tout à fait dans l'esprit des classes préparatoires aux entrées des grandes écoles françaises, et parfois même au CAPES externe (1993, par exemple).

Partie A – Démonstration des lois de Descartes

➔ *Section 1 : La réflexion*

1) Dans un milieu transparent, caractérisé par un indice optique n, l'expression de la vitesse de la lumière v lorsqu'elle s'y propage est :

$$v = \frac{c}{n}$$

L'application numérique dans le cas de l'air nous donne :

$$v = \frac{299792458}{1{,}000292612} = 299704760 \text{ m/s}$$

2) On a le schéma suivant :

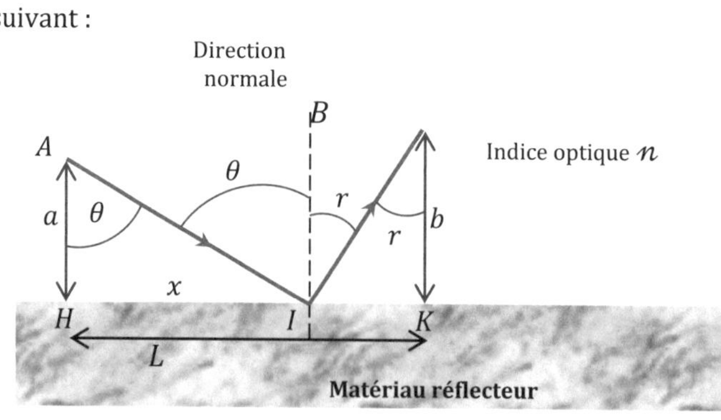

Exprimons le temps t_1 mis par le rayon lumineux pour parcourir, dans le milieu propagateur, son trajet incident (AI). On a :

$$t_1 = \frac{AI}{v} \Leftrightarrow t_1 = \frac{AI}{\frac{c}{n}} \Leftrightarrow t_1 = \frac{nAI}{c} \Leftrightarrow t_1 = \frac{n}{c}\sqrt{a^2 + x^2}$$

3) Exprimons maintenant le temps t_2 mis par le rayon lumineux pour parcourir, dans le milieu propagateur, son trajet réfléchi (IB). On a alors :

$$t_2 = \frac{IB}{v} \Leftrightarrow t_2 = \frac{IB}{\frac{c}{n}} \Leftrightarrow t_2 = \frac{nIB}{c} \Leftrightarrow t_2 = \frac{n}{c}\sqrt{b^2 + (L - x)^2}$$

4) On a le temps total t_t suivant :

$$t_t = \frac{AIB}{v} \Leftrightarrow t_t = \frac{AI + IB}{v} \Leftrightarrow t_t = \frac{AI}{v} + \frac{IB}{v} \Leftrightarrow t_t = t_1 + t_2$$

Ce qui nous donne donc :

$$t_t = \frac{n}{c}\sqrt{a^2 + x^2} + \frac{n}{c}\sqrt{b^2 + (L - x)^2} \Leftrightarrow t_t = \frac{n}{c}\left(\sqrt{a^2 + x^2} + \sqrt{b^2 + (L - x)^2}\right)$$

5) En faisant usage du « *théorème optique* », on peut écrire que la condition mathématique du trajet réel (AIB) que fait la lumière lors de cette réflexion est :

$$\frac{dt_t}{dx} = 0$$

6) En appliquant la relation précédente, on a :

$$\frac{d}{dx}\left(\frac{n}{c}\left(\sqrt{a^2 + x^2} + \sqrt{b^2 + (L - x)^2}\right)\right) = 0$$

Soit encore :

$$\frac{n}{c}\frac{d}{dx}\left(\sqrt{a^2 + x^2} + \sqrt{b^2 + (L - x)^2}\right) = 0 \Rightarrow \frac{d}{dx}\left(\sqrt{a^2 + x^2} + \sqrt{b^2 + (L - x)^2}\right) = 0$$

car $n \neq 0$. On obtient alors :

$$\frac{d}{dx}\left(\sqrt{a^2 + x^2}\right) + \frac{d}{dx}\left(\sqrt{b^2 + (L - x)^2}\right) = 0 \Leftrightarrow \frac{\frac{d}{dx}(a^2 + x^2)}{2\sqrt{a^2 + x^2}} + \frac{\frac{d}{dx}(b^2 + (L - x)^2)}{2\sqrt{b^2 + (L - x)^2}}$$

Ce qui nous donne :

$$\frac{2x}{2\sqrt{a^2 + x^2}} + \frac{-2(L - x)}{2\sqrt{b^2 + (L - x)^2}} = 0$$

En simplifiant par 2, on a :

$$\frac{x}{\sqrt{a^2+x^2}}+\frac{-(L-x)}{\sqrt{b^2+(L-x)^2}}=0 \Leftrightarrow \frac{x}{\sqrt{a^2+x^2}}=\frac{(L-x)}{\sqrt{b^2+(L-x)^2}}$$

Mais, d'après la figure on constate que :

$$\frac{x}{\sqrt{a^2+x^2}}=\sin(\theta) \quad \text{et} \quad \frac{(L-x)}{\sqrt{b^2+(L-x)^2}}=\sin(r)$$

Ce qui nous donne :

$$\sin(\theta)=\sin(r)$$

Ce qui implique que :

$$\begin{cases}\theta = r+2k\pi \\ \theta=\pi-r+2k\pi\end{cases} \quad \text{avec } k\in\mathbb{Z}$$

Le fait que la lumière soit physiquement obligé de rester dans la partie supérieure de l'interface, implique que $k=0$ et que la solution $\theta=\pi-r$ n'ai aucun sens physique. D'où, on en déduit que :

$$\boxed{\theta=r}$$

C'est la première loi de *Descartes*, celle relative à la réflexion.

➔ *Section 2 : La réfraction*

1) On a la situation suivante :

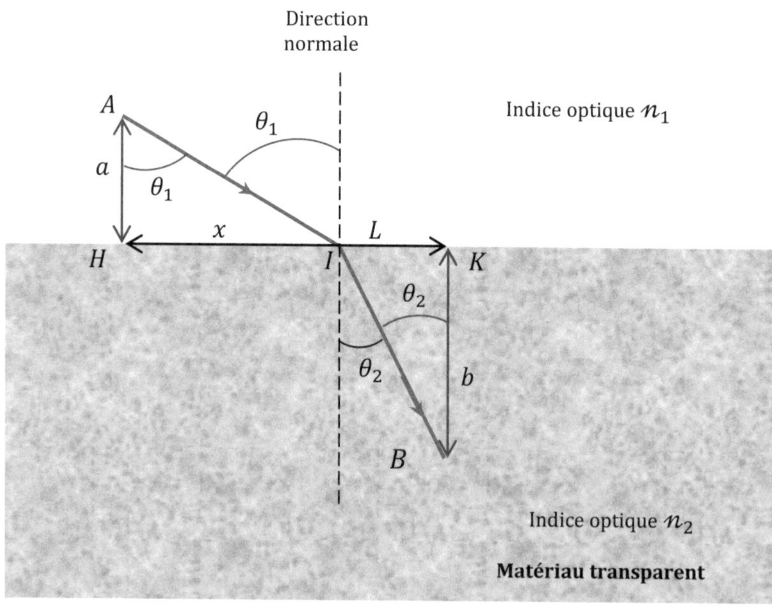

Ainsi, le temps t_1 mis par le rayon lumineux pour parcourir, dans le milieu propagateur, son trajet réfléchi (AI) est donné par l'expression :

$$t_1 = \frac{AI}{v_1} \iff t_1 = \frac{AI}{\frac{c}{n_1}} \iff t_1 = \frac{n_1 AI}{c} \iff t_1 = \frac{n_1}{c}\sqrt{a^2 + x^2}$$

2) Exprimons maintenant le temps t_2 mis par le rayon lumineux pour parcourir, dans le milieu propagateur, son trajet réfracté (IB). On a alors :

$$t_2 = \frac{IB}{v_2} \iff t_2 = \frac{IB}{\frac{c}{n_2}} \iff t_2 = \frac{n_2 IB}{c} \iff t_2 = \frac{n_2}{c}\sqrt{b^2 + (L-x)^2}$$

3) On a le temps total t_t suivant :

$$t_t = \frac{AI}{v_1} + \frac{IB}{v_2} \iff t_t = \frac{n_1}{c}\sqrt{a^2 + x^2} + \frac{n_2}{c}\sqrt{b^2 + (L-x)^2}$$

4) En utilisant le « *théorème optique de Fermat* », on peut écrire que :

$$\frac{dt_t}{dx} = 0 \iff \frac{d}{dx}\left(\frac{n_1}{c}\sqrt{a^2 + x^2} + \frac{n_2}{c}\sqrt{b^2 + (L-x)^2}\right) = 0$$

Soit encore :

$$\frac{d}{dx}\left(\frac{n_1}{c}\sqrt{a^2 + x^2}\right) + \frac{d}{dx}\left(\frac{n_2}{c}\sqrt{b^2 + (L-x)^2}\right) = 0$$

D'où :

$$\frac{d}{dx}\left(\frac{n_1}{c}\sqrt{a^2 + x^2}\right) = -\frac{d}{dx}\left(\frac{n_2}{c}\sqrt{b^2 + (L-x)^2}\right)$$

Ce qui nous donne :

$$\frac{n_1}{c}\frac{d}{dx}\left(\sqrt{a^2 + x^2}\right) = -\frac{n_2}{c}\frac{d}{dx}\left(\sqrt{b^2 + (L-x)^2}\right)$$

Donc, en tenant compte du fait que $c \neq 0$, on obtient :

$$n_1 \frac{2x}{2\sqrt{a^2 + x^2}} = -n_2 \frac{-2(L-x)}{2\sqrt{b^2 + (L-x)^2}} \iff n_1 \frac{x}{\sqrt{a^2 + x^2}} = n_2 \frac{(L-x)}{\sqrt{b^2 + (L-x)^2}}$$

Mais, d'après la figure on constate que :

$$\frac{x}{\sqrt{a^2 + x^2}} = \sin(\theta_1) \quad \text{et} \quad \frac{(L-x)}{\sqrt{b^2 + (L-x)^2}} = \sin(\theta_2)$$

Donc, on a alors :

$$\boxed{n_1 \sin(\theta_1) = n_2 \sin(\theta_2)}$$

C'est la seconde loi de *Descartes*, celle relative à la réfraction.

5) On suppose maintenant que le milieu 2 soit plus réfringent que le milieu 1, c'est-à-dire que l'on a la condition : $n_2 > n_1$. Or, on sait que :

$$\theta_1 \in \left[0\,;\frac{\pi}{2}\right] \quad \Rightarrow \quad 1 \geq \sin(\theta_1) \geq 0$$

Dans ce cas, on a :

$$n_2 \sin(\theta_1) > n_1 \sin(\theta_1) \quad \Leftrightarrow \quad n_2 \sin(\theta_1) > n_2 \sin(\theta_2)$$

Et comme $n_2 \neq 0$, on en déduit que :

$$\sin(\theta_1) > \sin(\theta_2)$$

Ainsi, on en déduit que :

$$\theta_1 \in \left[0\,;\frac{\pi}{2}\right] \quad \Rightarrow \quad \theta_2 \in [0\,;\,\theta_{2\ell}] \quad \text{avec :}\ \theta_{2\ell} < \frac{\pi}{2}$$

L'angle limite $\theta_{2\ell}$ de réfraction est atteint pour l'incidence rasante, à savoir pour :

$$\theta_1 = \frac{\pi}{2} \quad \Rightarrow \quad n_1 \sin\left(\frac{\pi}{2}\right) = n_2 \sin(\theta_{2\ell}) \quad \Leftrightarrow \quad n_1 \times 1 = n_2 \sin(\theta_{2\ell})$$

Ce qui nous permet d'écrire que :

$$\sin(\theta_{2\ell}) = \frac{n_1}{n_2}$$

Et comme $n_2 > n_1 > 0$ alors on a bien : $1 > \sin(\theta_{2\ell}) > 0$. Ainsi, on peut donc écrire que :

$$\boxed{\theta_{2\ell} = \arcsin\left(\frac{n_1}{n_2}\right)}$$

Ce qui correspond à la situation géométrique suivante :

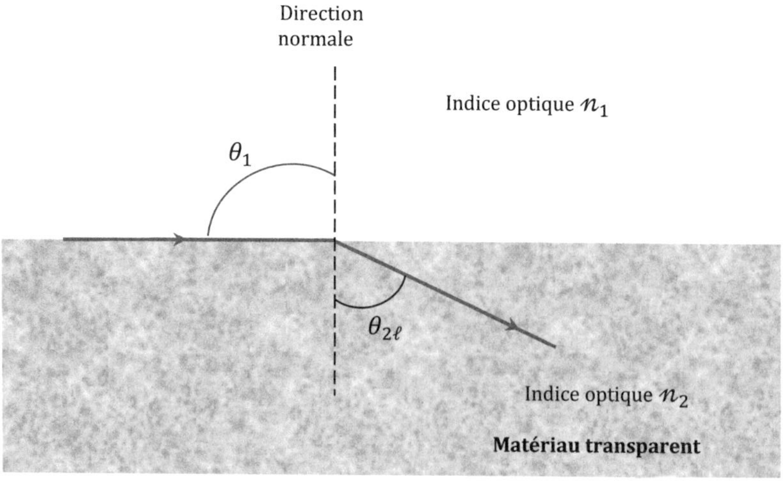

6) Supposons, cette fois, que le milieu 1 soit plus réfringent que le milieu 2, c'est-à-dire que l'on a la condition : $n_1 > n_2$. Or, on sait que :

$$\theta_1 \in \left[0\,;\,\frac{\pi}{2}\right] \quad \Rightarrow \quad 1 \geq \sin(\theta_1) \geq 0$$

Dans ce cas, on a :

$$n_1 \sin(\theta_1) > n_2 \sin(\theta_1) \quad \Leftrightarrow \quad n_2 \sin(\theta_2) > n_2 \sin(\theta_1)$$

Et comme $n_2 \neq 0$, on en déduit que :

$$\sin(\theta_2) > \sin(\theta_1)$$

Ainsi, on en déduit que :

$$\theta_1 \in \left[0\,;\,\frac{\pi}{2}\right] \quad \Rightarrow \quad \theta_2 \in [0\,;\,\theta_{2\ell}] \quad \text{avec : } \theta_{2\ell} > \frac{\pi}{2}$$

Ce qui est impossible physiquement. On en déduit alors qu'en réalité, on a :

$$\theta_2 \in \left[0\,;\,\frac{\pi}{2}\right] \quad \Rightarrow \quad \theta_1 \in [0\,;\,\theta_{1\ell}]$$

L'angle limite d'incidence $\theta_{1\ell}$ est atteint pour une réfraction rasante, à savoir pour :

$$\theta_2 = \frac{\pi}{2} \quad \Rightarrow \quad n_1 \sin(\theta_{1\ell}) = n_2 \sin\left(\frac{\pi}{2}\right) \quad \Leftrightarrow \quad n_1 \sin(\theta_{1\ell}) = n_2 \times 1$$

Ce qui nous permet d'écrire que :

$$\sin(\theta_{1\ell}) = \frac{n_2}{n_1}$$

Et comme $n_1 > n_2 > 0$ alors on a bien : $1 > \sin(\theta_{1\ell}) > 0$. Ainsi, on peut donc écrire que :

$$\boxed{\theta_{1\ell} = \arcsin\left(\frac{n_2}{n_1}\right)}$$

Ce qui correspond à la situation géométrique suivante :

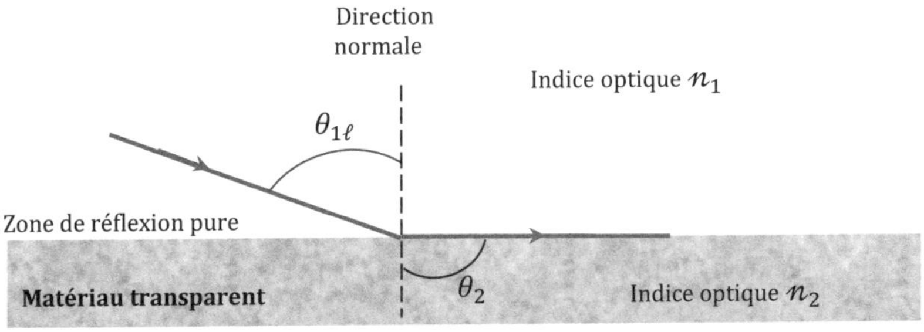

Partie B – Arc-en-ciel primaire

➔ *Section 1 : Etude de la déviation lumineuse*

1) On a la situation géométrique suivante :

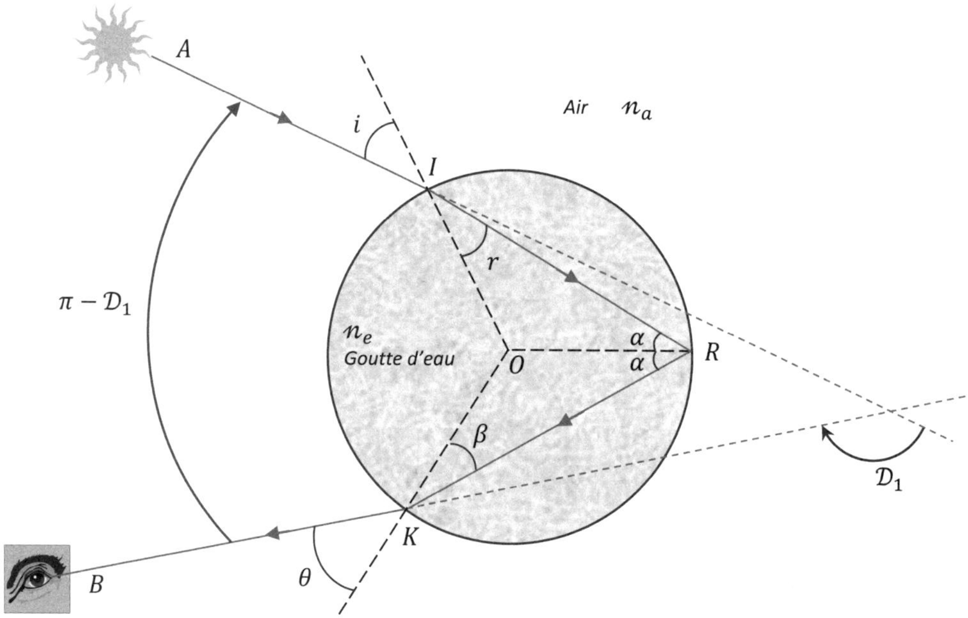

On constate alors que :

- au point I, on une réfraction impliquant une déviation du rayon lumineux qui vaut $\mathcal{D}_I = i - r$;
- au point R, on une réflexion impliquant une déviation du rayon lumineux qui vaut $\mathcal{D}_R = \pi - 2\alpha$;
- au point K, on une réfraction impliquant une déviation du rayon lumineux qui vaut $\mathcal{D}_K = \theta - \beta$.

2) Le triangle IOR est isocèle en O, donc les deux angles, α et r, de la base sont égaux. Ainsi, on a :

$$\boxed{\alpha = r}$$

3) Le triangle KOR est isocèle en O, donc les deux angles, α et β, de la base sont égaux. Ainsi, on a :

$$\boxed{\beta = \alpha = r}$$

Or, la seconde loi de *Descartes*, celle relative à la réfraction nous permet d'écrire que :

$$n_a \sin(\theta) = n_e \sin(\beta) \quad \Leftrightarrow \quad n_a \sin(\theta) = n_e \sin(r)$$

Mais, la réfraction en I nous permet d'écrire que :

$$n_a \sin(i) = n_e \sin(r)$$

On en déduit alors que :

$$n_a \sin(i) = n_a \sin(\theta) \quad \Leftrightarrow \quad \sin(i) = \sin(\theta) \quad \Leftrightarrow \quad \begin{cases} i = \theta + 2k\pi \\ i = \pi - \theta + 2k\pi \end{cases} \quad \text{avec } k \in \mathbb{Z}$$

La configuration géométrique impose que $k = 0$ et que $i = \pi - \theta$ ne soit pas le bon angle. D'où :

$$\boxed{i = \theta}$$

4) L'angle de déviation $\mathcal{D}_1$ qui existe entre le rayon incident (AI) et le rayon sortant (KB) vaut :

$$\mathcal{D}_1 = \mathcal{D}_I + \mathcal{D}_R + \mathcal{D}_K \quad \Leftrightarrow \quad \mathcal{D}_1 = i - r + \pi - 2r + i - r$$

Soit :

$$\boxed{\mathcal{D}_1 = \pi + 2i - 4r}$$

5) La loi de réfraction, en I ou K, nous donne :

$$n_a \sin(i) = n_e \sin(r) \quad \Leftrightarrow \quad \frac{n_a}{n_e} \sin(i) = \sin(r)$$

D'où :

$$\frac{d\ \sin(r)}{dr} = \frac{d}{dr}\left(\frac{n_a}{n_e}\sin(i)\right) \quad \Leftrightarrow \quad \frac{d\ \sin(r)}{dr} = \frac{n_a}{n_e}\frac{d}{dr}(\sin(i))$$

Or, on peut écrire que :

$$\frac{d(\ )}{dr} = \frac{di}{dr}\frac{d(\ )}{di}$$

Ce qui nous donne donc :

$$\frac{d\ \sin(r)}{dr} = \frac{n_a}{n_e}\frac{d}{di}(\sin(i))\frac{di}{dr} \quad \Leftrightarrow \quad \cos(r) = \frac{n_a}{n_e}\cos(i)\frac{di}{dr}$$

Ainsi, on obtient :

$$\frac{dr}{di} = \frac{n_a}{n_e}\frac{\cos(i)}{\cos(r)} \quad \Leftrightarrow \quad \frac{dr}{di} = \frac{n_a}{n_e}\frac{\sqrt{1 - \sin^2(i)}}{\cos(r)}$$

Or, on sait que :

$$n_a \sin(i) = n_e \sin(r) \quad \Leftrightarrow \quad \frac{n_a}{n_e}\sin(i) = \sin(r) \quad \Leftrightarrow \quad \frac{n_a}{n_e}\sin(i) = \sqrt{1 - \cos^2(r)}$$

Ce qui nous donne :

$$\left(\frac{n_a}{n_e}\right)^2 \sin^2(i) = 1 - \cos^2(r) \quad \Leftrightarrow \quad \cos^2(r) = 1 - \left(\frac{n_a}{n_e}\right)^2 \sin^2(i)$$

Donc, on peut écrire que :

$$\cos(r) = \pm\sqrt{1 - \left(\frac{n_a}{n_e}\right)^2 \sin^2(i)}$$

Or, la configuration géométrique étudiée nous permet d'écrire que :

$$r \in \left[0\,;\frac{\pi}{2}\right] \quad \Longrightarrow \quad 1 \geq \cos(r) \geq 0$$

D'où :

$$\cos(r) = \sqrt{1 - \left(\frac{n_a}{n_e}\right)^2 \sin^2(i)}$$

Finalement, on obtient l'expression recherchée de la dérivée première de l'angle de réfraction r par rapport à l'angle d'incidence i :

$$\frac{dr}{di} = \frac{n_a}{n_e}\frac{\sqrt{1-\sin^2(i)}}{\sqrt{1 - \left(\frac{n_a}{n_e}\right)^2 \sin^2(i)}}$$

Ce qui nous donne :

$$\boxed{\frac{dr}{di} = \frac{n_a}{n_e}\sqrt{\frac{1-\sin^2(i)}{1 - \left(\frac{n_a}{n_e}\right)^2 \sin^2(i)}}}$$

6) On a :

$$\frac{d\mathcal{D}_1}{di} = \frac{d}{di}(\pi + 2i - 4r) \Leftrightarrow \frac{d\mathcal{D}_1}{di} = \frac{d}{di}(\pi + 2i - 4r) \Leftrightarrow \frac{d\mathcal{D}_1}{di} = \frac{d\pi}{di} + \frac{d(2i)}{di} - \frac{d(4r)}{di}$$

D'où :

$$\frac{d\mathcal{D}_1}{di} = 0 + 2 - 4\frac{dr}{di}$$

Soit en factorisant par deux :

$$\boxed{\frac{d\mathcal{D}_1}{di} = 2\left(1 - 2\frac{dr}{di}\right)}$$

7) Des deux questions précédentes, on en déduit l'existence d'un extremum de déviation $\mathcal{D}_{1m} = \mathcal{D}_1(i = i_m)$ si on satisfait à la condition suivante :

$$\left.\frac{d\mathcal{D}_1}{di}\right]_{i=i_m} = 0 \quad \Longrightarrow \quad 1 - 2\left.\frac{dr}{di}\right]_{i=i_m} = 0 \quad \Leftrightarrow \quad \left.\frac{dr}{di}\right]_{i=i_m} = \frac{1}{2}$$

Soit encore :

$$\frac{n_a}{n_e}\sqrt{\frac{1-\sin^2(i_m)}{1-\left(\frac{n_a}{n_e}\right)^2\sin^2(i_m)}}=\frac{1}{2} \quad\Leftrightarrow\quad \sqrt{\frac{1-\sin^2(i_m)}{1-\left(\frac{n_a}{n_e}\right)^2\sin^2(i_m)}}=\frac{n_e}{2n_a}$$

En élevant ceci au carré, on obtient alors :

$$\frac{1-\sin^2(i_m)}{1-\left(\frac{n_a}{n_e}\right)^2\sin^2(i_m)}=\left(\frac{n_e}{2n_a}\right)^2 \quad\Leftrightarrow\quad 1-\sin^2(i_m)=\left(\frac{n_e}{2n_a}\right)^2\left(1-\left(\frac{n_a}{n_e}\right)^2\sin^2(i_m)\right)$$

En développant, on trouve que :

$$1-\sin^2(i_m)=\left(\frac{n_e}{2n_a}\right)^2-\left(\frac{n_e}{2n_a}\right)^2\left(\frac{n_a}{n_e}\right)^2\sin^2(i_m)$$

Soit encore :

$$1-\sin^2(i_m)=\left(\frac{n_e}{2n_a}\right)^2-\frac{1}{4}\sin^2(i_m) \quad\Leftrightarrow\quad 4-4\sin^2(i_m)=\left(\frac{n_e}{n_a}\right)^2-\sin^2(i_m)$$

En isolant le terme $\sin^2(i_m)$, on obtient alors :

$$4-\left(\frac{n_e}{n_a}\right)^2=4\sin^2(i_m)-\sin^2(i_m) \quad\Leftrightarrow\quad 4-\left(\frac{n_e}{n_a}\right)^2=3\sin^2(i_m)$$

D'où :

$$\frac{4-\left(\frac{n_e}{n_a}\right)^2}{3}=\sin^2(i_m) \quad\Rightarrow\quad \sin(i_m)=\pm\sqrt{\frac{4-\left(\frac{n_e}{n_a}\right)^2}{3}}$$

Or, on sait que :

$$i_m\in\left[0\,;\frac{\pi}{2}\right] \quad\Rightarrow\quad 1\geq\sin(i_m)\geq 0$$

On en déduit donc que l'on a :

$$\sin(i_m)=\sqrt{\frac{4-\left(\frac{n_e}{n_a}\right)^2}{3}}$$

D'où, finalement :

$$\boxed{i_m=\arcsin\left(\sqrt{\frac{4-\left(\frac{n_e}{n_a}\right)^2}{3}}\right)}$$

Il nous reste à démontrer que cet extremum est un minimum. Pour cela, il suffit de prouver que la fonction $\mathcal{D}_1$ est convexe. Comme la fonction sinus est de classe $C^\infty(\mathbb{R})$, on peut donc en déduire que la dérivée seconde de $\mathcal{D}_1$ existe bien sur l' intervalle$\left]0\,;\,\frac{\pi}{2}\right]$. Et on a :

$$\frac{d^2\mathcal{D}_1}{di^2}=\frac{d}{di}\left(\frac{d\mathcal{D}_1}{di}\right) \Leftrightarrow \frac{d^2\mathcal{D}_1}{di^2}=\left(\frac{d}{di}2\left(1-2\frac{dr}{di}\right)\right) \Leftrightarrow \frac{d^2\mathcal{D}_1}{di^2}=-4\frac{d^2r}{di^2}$$

D'où :

$$\frac{d^2\mathcal{D}_1}{di^2}=-4\frac{d}{di}\left(\frac{n_a}{n_e}\sqrt{\frac{1-\sin^2(i)}{1-\left(\frac{n_a}{n_e}\right)^2\sin^2(i)}}\right)$$

Soit encore :

$$\frac{d^2\mathcal{D}_1}{di^2}=-4\frac{n_a}{n_e}\frac{d}{di}\left(\sqrt{\frac{1-\sin^2(i)}{1-\left(\frac{n_a}{n_e}\right)^2\sin^2(i)}}\right)$$

Ce qui nous donne alors :

$$\frac{d^2\mathcal{D}_1}{di^2}=-4\frac{n_a}{n_e}\frac{\frac{d}{di}\left(\frac{1-\sin^2(i)}{1-\left(\frac{n_a}{n_e}\right)^2\sin^2(i)}\right)}{\sqrt{\frac{1-\sin^2(i)}{1-\left(\frac{n_a}{n_e}\right)^2\sin^2(i)}}}$$

On obtient donc :

$$\frac{d^2\mathcal{D}_1}{di^2}$$
$$=-4\frac{n_a}{n_e}\frac{\frac{\frac{d}{di}(1-\sin^2(i))\left(1-\left(\frac{n_a}{n_e}\right)^2\sin^2(i)\right)-(1-\sin^2(i))\frac{d}{di}\left(1-\left(\frac{n_a}{n_e}\right)^2\sin^2(i)\right)}{\left(1-\left(\frac{n_a}{n_e}\right)^2\sin^2(i)\right)^2}}{\sqrt{\frac{1-\sin^2(i)}{1-\left(\frac{n_a}{n_e}\right)^2\sin^2(i)}}}$$

D'où :

$$\frac{d^2\mathcal{D}_1}{di^2} = -4\frac{n_a}{n_e}\frac{-2\sin(i)\cos(i)\left(1-\left(\frac{n_a}{n_e}\right)^2\sin^2(i)\right)-(1-\sin^2(i))\left(-2\left(\frac{n_a}{n_e}\right)^2\sin(i)\cos(i)\right)}{\left(1-\left(\frac{n_a}{n_e}\right)^2\sin^2(i)\right)^2\sqrt{\frac{1-\sin^2(i)}{1-\left(\frac{n_a}{n_e}\right)^2\sin^2(i)}}}$$

Soit encore :

$$\frac{d^2\mathcal{D}_1}{di^2} = -4\frac{n_a}{n_e}\frac{-2\sin(i)\cos(i)\left(1-\left(\frac{n_a}{n_e}\right)^2\sin^2(i)\right)+(1-\sin^2(i))\left(\frac{n_a}{n_e}\right)^2 2\sin(i)\cos(i)}{\left(1-\left(\frac{n_a}{n_e}\right)^2\sin^2(i)\right)^2\sqrt{\frac{1-\sin^2(i)}{1-\left(\frac{n_a}{n_e}\right)^2\sin^2(i)}}}$$

Mais comme $2\sin(i)\cos(i) = \sin(2i)$, on obtient alors :

$$\frac{d^2\mathcal{D}_1}{di^2} = -4\frac{n_a}{n_e}\frac{-\sin(2i)\left(1-\left(\frac{n_a}{n_e}\right)^2\sin^2(i)\right)+(1-\sin^2(i))\left(\frac{n_a}{n_e}\right)^2\sin(2i)}{\left(1-\left(\frac{n_a}{n_e}\right)^2\sin^2(i)\right)^2\sqrt{\frac{1-\sin^2(i)}{1-\left(\frac{n_a}{n_e}\right)^2\sin^2(i)}}}$$

Soit encore l'expression suivante :

$$\frac{d^2\mathcal{D}_1}{di^2} = 4\frac{n_a}{n_e}\sin(2i)\frac{\left(1-\left(\frac{n_a}{n_e}\right)^2\sin^2(i)\right)-(1-\sin^2(i))\left(\frac{n_a}{n_e}\right)^2}{\left(1-\left(\frac{n_a}{n_e}\right)^2\sin^2(i)\right)^2\sqrt{\frac{1-\sin^2(i)}{1-\left(\frac{n_a}{n_e}\right)^2\sin^2(i)}}}$$

En développant le numérateur, on obtient :

$$\frac{d^2\mathcal{D}_1}{di^2} = 4\frac{n_a}{n_e}\sin(2i)\frac{1-\left(\frac{n_a}{n_e}\right)^2\sin^2(i)-\left(\frac{n_a}{n_e}\right)^2+\left(\frac{n_a}{n_e}\right)^2\sin^2(i)}{\left(1-\left(\frac{n_a}{n_e}\right)^2\sin^2(i)\right)^2\sqrt{\frac{1-\sin^2(i)}{1-\left(\frac{n_a}{n_e}\right)^2\sin^2(i)}}}$$

Ce qui se simplifie en :

$$\frac{d^2\mathcal{D}_1}{di^2} = 4\frac{n_a}{n_e}\sin(2i)\frac{1-\left(\frac{n_a}{n_e}\right)^2}{\left(1-\left(\frac{n_a}{n_e}\right)^2\sin^2(i)\right)^2\sqrt{\frac{1-\sin^2(i)}{1-\left(\frac{n_a}{n_e}\right)^2\sin^2(i)}}}$$

Or, $1-\sin^2(i) = \cos^2(i)$:

$$\frac{d^2\mathcal{D}_1}{di^2} = 4\frac{n_a}{n_e}\sin(2i)\frac{1-\left(\frac{n_a}{n_e}\right)^2}{\cos(i)\sqrt{\frac{\left(1-\left(\frac{n_a}{n_e}\right)^2\sin^2(i)\right)^4}{1-\left(\frac{n_a}{n_e}\right)^2\sin^2(i)}}}$$

D'où :

$$\frac{d^2\mathcal{D}_1}{di^2} = 8\frac{n_a}{n_e}\sin(i)\cos(i)\frac{1-\left(\frac{n_a}{n_e}\right)^2}{\cos(i)\sqrt{\left(1-\left(\frac{n_a}{n_e}\right)^2\sin^2(i)\right)^3}}$$

Finalement, on obtient :

$$\frac{d^2\mathcal{D}_1}{di^2} = 8\frac{n_a}{n_e}\sin(i)\frac{1-\left(\frac{n_a}{n_e}\right)^2}{\sqrt{\left(1-\left(\frac{n_a}{n_e}\right)^2\sin^2(i)\right)^3}}$$

Or, on a :

$$n_a < n_e \quad \Rightarrow \quad 1-\left(\frac{n_a}{n_e}\right)^2 > 0$$

Puis, on a également :

$$\forall i \in \left]0\,;\frac{\pi}{2}\right],\quad 1 > \sin(i) > 0 \;\Rightarrow\; 1 > \sin^2(i) > 0$$

On en déduit alors que :

$$\forall i \in \left]0\,;\frac{\pi}{2}\right],\quad \frac{d^2\mathcal{D}_1}{di^2} > 0$$

Ainsi la fonction $\mathcal{D}_1$ est convexe sur l'intervalle d'étude, et ainsi son extremum, sur cet intervalle, est nécessairement un minimum.

8) La valeur numérique de i_m pour $n_e = 1{,}33$ est :

$$\boxed{i_m = \arcsin\sqrt{\frac{4-\left(\frac{1{,}33}{1{,}000292612}\right)^2}{3}} = 59{,}61^\circ}$$

9) Afin de déterminer l'angle de réfraction r_m qui est associé à ce minimum de déviation, on utilise la loi de réfraction :

$$n_a \sin(i_m) = n_e \sin(r_m) \quad \Leftrightarrow \quad \sin(r_m) = \frac{n_a}{n_e}\sin(i_m)$$

Soit :

$$r_m = \arcsin\left(\frac{n_a}{n_e}\sin(i_m)\right) \quad \Leftrightarrow \quad r_m = \arcsin\left(\frac{n_a}{n_e}\sin\left(\arcsin\left(\sqrt{\frac{4-\left(\frac{n_e}{n_a}\right)^2}{3}}\right)\right)\right)$$

Ce qui nous donne :

$$r_m = \arcsin\left(\frac{n_a}{n_e}\sqrt{\frac{4-\left(\frac{n_e}{n_a}\right)^2}{3}}\right) \quad \Leftrightarrow \quad r_m = \arcsin\left(\sqrt{\frac{4\left(\frac{n_a}{n_e}\right)^2-\left(\frac{n_a}{n_e}\right)^2\left(\frac{n_e}{n_a}\right)^2}{3}}\right)$$

Finalement, on obtient :

$$r_m = \arcsin\left(\sqrt{\frac{\left(\frac{2n_a}{n_e}\right)^2-1}{3}}\right)$$

L'application numérique pour $n_e = 1{,}33$ nous donne alors :

$$\boxed{r_m = \arcsin\left(\sqrt{\frac{\left(\frac{2\times 1{,}000292612}{1{,}33}\right)^2-1}{3}}\right) = 40{,}45°}$$

10) On a :

$$\mathcal{D}_{1m} = \pi + 2i_m - 4r_m \quad \Leftrightarrow \quad \mathcal{D}_{1m} = 180° + 2\times 59{,}61° - 4\times 40{,}45°$$

Soit :

$$\boxed{\mathcal{D}_{1m} = 137{,}42°}$$

11) On a :

$$\mathcal{D}_1 = \pi + 2i - 4r$$

Mais, si on utilise la loi de réfraction, on peut alors écrire que :

$$n_a \sin(i) = n_e \sin(r) \quad \Leftrightarrow \quad \sin(r) = \frac{n_a}{n_e}\sin(i)$$

Soit :

$$r = \arcsin\left(\frac{n_a}{n_e}\sin(i)\right)$$

Ce qui nous donne :

$$\mathcal{D}_1 = \pi + 2i - 4\arcsin\left(\frac{n_a}{n_e}\sin(i)\right)$$

D'où le graphique suivant, dans lequel les angles sont en degré :

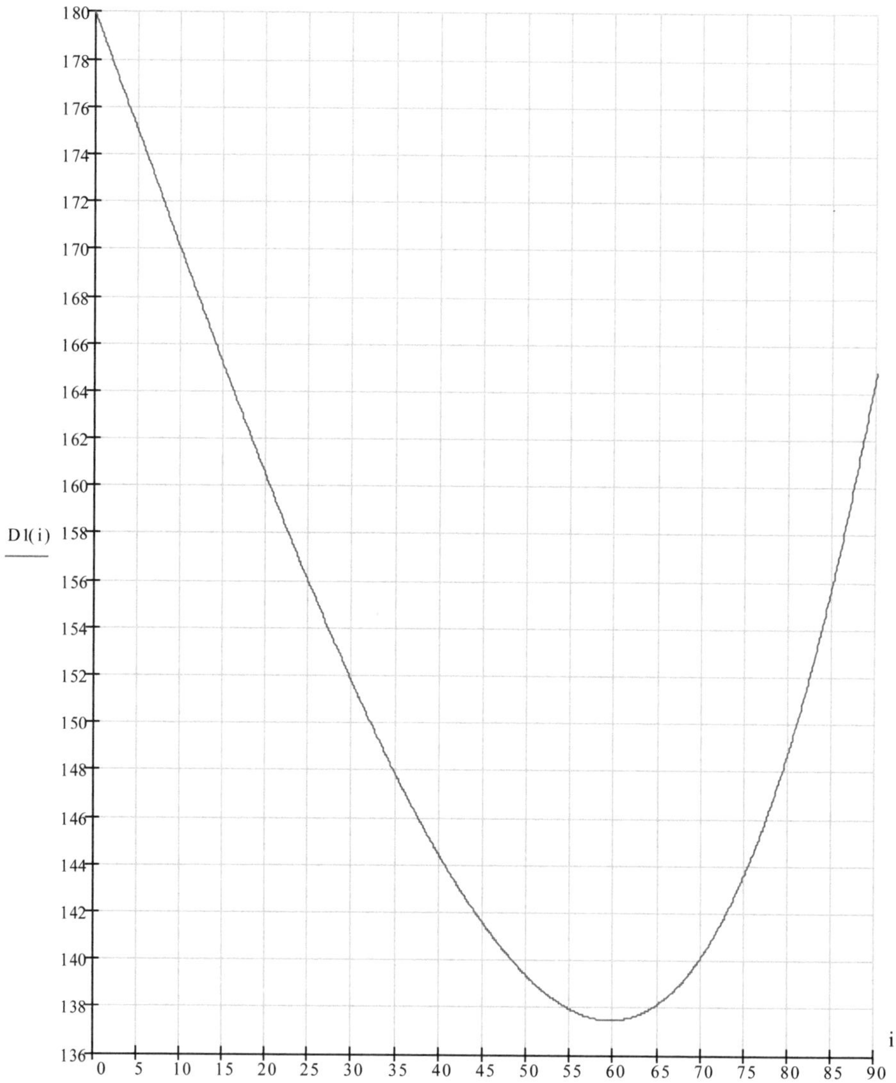

Graphique 1 : évolution de l'angle de déviation de l'arc-en-ciel primaire en fonction de l'angle incident

12) Le sujet suppose que le phénomène d'absorption de la lumière par l'eau soit négligé. Ainsi, toute la quantité de lumière qui rentre dans une goutte d'eau, en ressort

intégralement. Mais lorsque l'incidence i varie au voisinage de la valeur i_m, on constate que la valeur de l'angle de déviation $\mathcal{D}_1$ ne s'éloigne quasiment pas de $\mathcal{D}_{1m}$. Ainsi, les rayons lumineux sortant de la goutte conservent quasiment la même direction que ceux correspondant à i_m : on observa alors une accumulation de la lumière, donc une intensité maximale. Ceci se produit dans un cône de révolution ayant pour axe de symétrie la direction des rayons incidents du Soleil, et de demi-angle au sommet $\mathcal{D}_{1m}$. On dit alors qu'il y a accumulation de lumière au voisinage de $\mathcal{D}_{1m}$.

13) La goutte d'eau étant supposée parfaitement sphérique, un observateur la percevra donc comme parfaitement circulaire. Ainsi, cet observateur percevra « un rayon lumineux » plus intense au voisinage de la direction $\mathcal{D}_{1m}$, et donc d'angle de perception $\varphi_{1m} = \pi - \mathcal{D}_{1m} = 180° - 137{,}42° = 42{,}58°$, **en forme de cercle** (ou d'arc-de-cercle si la ligne d'horizon limite sa vision) qui est centré autour de l'axe « Soleil / observateur ». D'où la figure suivante :

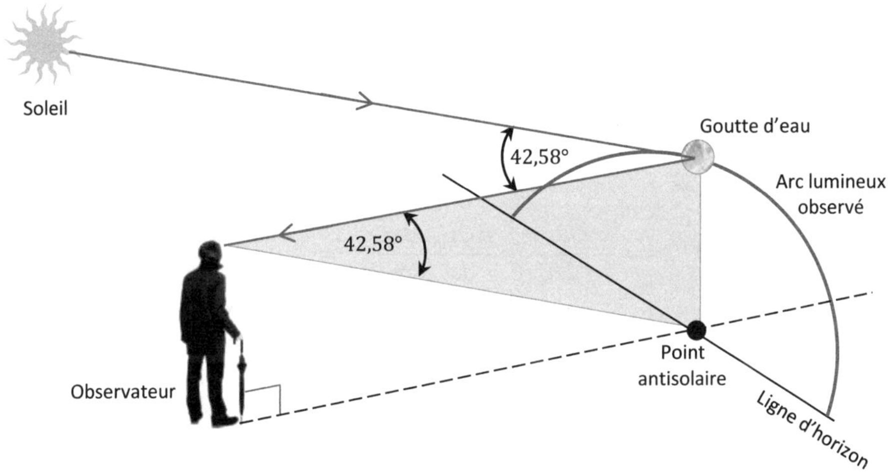

Si l'observateur est en hauteur, voire même en altitude (comme dans un avion par exemple), il peut observer un arc-en-ciel primaire circulaire.

14) A l'aide de la figure précédente, les conditions d'observation d'un arc-en-ciel primaire sont :
- Soleil derrière l'observateur ;
- des fines gouttes d'eau doivent se situées devant l'observateur.

15) Il est absolument impossible d'observer un arc-en-ciel à midi car le Soleil est à sa position la plus haute, donc au-dessus d'un observateur, et non derrière.

16) Deux observateurs, distants de quelques dizaines de mètre, ne voient pas le même arc-en-ciel primaire. En effet, si les observateurs sont décalés alors ils n'ont pas le même angle d'observation, et donc les arcs-en-ciel primaires observés sont également décalés.

➔ *Section 2 : Prise en compte de la diffusion lumineuse*

1) D'après la section précédente, on a :

$$\mathcal{D}_{1m} = \pi + 2i_m - 4r_m$$

Soit :

$$\mathcal{D}_{1m} = \pi + 2\arcsin\left(\sqrt{\frac{4-\left(\frac{n_e}{n_a}\right)^2}{3}}\right) - 4\arcsin\left(\sqrt{\frac{\left(\frac{2n_a}{n_e}\right)^2 - 1}{3}}\right)$$

D'où :

$$\mathcal{D}_{1m} = \pi + 2\arcsin\left(\sqrt{\frac{4-\left(\frac{n_e}{n_a}\right)^2}{3}}\right) - 4\arcsin\left(\sqrt{\frac{4\left(\frac{1}{\frac{n_e}{n_a}}\right)^2 - 1}{3}}\right)$$

Mais, on constate que n_e apparait sous la forme d'un quotient avec n_a. D'où l'idée de poser :

$$x = \frac{n_e}{n_a} > 0 \quad \Rightarrow \quad \frac{d\mathcal{D}_{1m}}{dn_e} = \frac{d\mathcal{D}_{1m}}{dx}\frac{dx}{dn_e} \quad \Leftrightarrow \quad \frac{d\mathcal{D}_{1m}}{dn_e} = \frac{d\mathcal{D}_{1m}}{dx}\frac{d}{dn_e}\left(\frac{n_e}{n_a}\right)$$

Soit :

$$\frac{d\mathcal{D}_{1m}}{dn_e} = \frac{d\mathcal{D}_{1m}}{dx}\frac{1}{n_a}\frac{d}{dn_e}(n_e) \quad \Leftrightarrow \quad \frac{d\mathcal{D}_{1m}}{dn_e} = \frac{1}{n_a}\frac{d\mathcal{D}_{1m}}{dx}$$

D'où :

$$\frac{d\mathcal{D}_{1m}}{dn_e} = \frac{1}{n_a}\frac{d}{dx}\left(\pi + 2\arcsin\left(\sqrt{\frac{4-x^2}{3}}\right) - 4\arcsin\left(\sqrt{\frac{\frac{4}{x^2}-1}{3}}\right)\right)$$

On a alors :

$$\frac{d\mathcal{D}_{1m}}{dn_e} = \frac{1}{n_a}\frac{d}{dx}\left(\pi + 2\arcsin\left(\sqrt{\frac{4-x^2}{3}}\right) - 4\arcsin\left(\sqrt{\frac{4-x^2}{3x^2}}\right)\right)$$

Ce qui nous donne :

$$\frac{d\mathcal{D}_{1m}}{dn_e} = \frac{1}{n_a}\left(\frac{d\pi}{dx} + 2\frac{d}{dx}\left(\arcsin\left(\sqrt{\frac{4-x^2}{3}}\right)\right) - 4\frac{d}{dx}\left(\arcsin\left(\sqrt{\frac{4-x^2}{3x^2}}\right)\right)\right)$$

Un calcul rigoureux, propre, et très précis va devoir être mené. Pour le réaliser correctement, nous aurons besoin de la relation :

$$\frac{d}{dx}\big(\arcsin(u(x))\big) = \frac{u'(x)}{\sqrt{1-u^2(x)}}$$

On obtient alors :

$$\frac{d\mathcal{D}_{1m}}{dn_e} = \frac{1}{n_a}\left(0 + 2\frac{\frac{d}{dx}\left(\sqrt{\frac{4-x^2}{3}}\right)}{\sqrt{1-\left(\sqrt{\frac{4-x^2}{3}}\right)^2}} - 4\frac{\frac{d}{dx}\left(\sqrt{\frac{4-x^2}{3x^2}}\right)}{\sqrt{1-\left(\sqrt{\frac{4-x^2}{3x^2}}\right)^2}}\right)$$

En éliminant les racines carrées, et en posant les formules de dérivation, on obtient :

$$\frac{d\mathcal{D}_{1m}}{dn_e} = \frac{1}{n_a}\left(2\frac{\frac{\frac{d}{dx}\left(\frac{4-x^2}{3}\right)}{2\sqrt{\frac{4-x^2}{3}}}}{\sqrt{1-\frac{4-x^2}{3}}} - 4\frac{\frac{\frac{d}{dx}\left(\frac{4-x^2}{3x^2}\right)}{2\sqrt{\frac{4-x^2}{3x^2}}}}{\sqrt{1-\frac{4-x^2}{3x^2}}}\right)$$

Donc, on trouve alors que :

$$\frac{d\mathcal{D}_{1m}}{dn_e} = \frac{1}{n_a}\left(\frac{\frac{-\frac{2x}{3}}{\sqrt{\frac{4-x^2}{3}}}}{\sqrt{\frac{3-4+x^2}{3}}} - 2\frac{\frac{\frac{3x^2\frac{d}{dx}(4-x^2)-(4-x^2)\frac{d}{dx}(3x^2)}{(3x^2)^2}}{\sqrt{\frac{4-x^2}{3x^2}}}}{\sqrt{\frac{3x^2-4+x^2}{3x^2}}}\right)$$

Soit encore :

$$\frac{d\mathcal{D}_{1m}}{dn_e} = \frac{1}{n_a}\left(\frac{\frac{-\frac{2x}{3}}{\sqrt{\frac{4-x^2}{3}}}}{\sqrt{\frac{-1+x^2}{3}}} - 2\frac{\frac{\frac{3x^2\times(-2x)-(4-x^2)(6x)}{(3x^2)^2}}{\sqrt{\frac{4-x^2}{3x^2}}}}{\sqrt{\frac{4x^2-4}{3x^2}}}\right)$$

On a alors :

$$\frac{d\mathcal{D}_{1m}}{dn_e}=\frac{1}{n_a}\left(\frac{\frac{-\frac{2x}{3}}{\sqrt{\frac{4-x^2}{3}}}}{\sqrt{\frac{-1+x^2}{3}}}-2\frac{\frac{\frac{-6x^3-(24x-6x^3)}{(3x^2)^2}}{\sqrt{\frac{4-x^2}{3x^2}}}}{\sqrt{\frac{4x^2-4}{3x^2}}}\right)$$

D'où :

$$\frac{d\mathcal{D}_{1m}}{dn_e}=\frac{1}{n_a}\left(\frac{\frac{-\frac{2x}{3}}{\sqrt{\frac{4-x^2}{3}}}}{\sqrt{\frac{x^2-1}{3}}}-2\frac{\frac{\frac{-24x}{(3x^2)^2}}{\frac{1}{|x|}\sqrt{\frac{4-x^2}{3}}}}{\frac{2}{|x|}\sqrt{\frac{x^2-1}{3}}}\right)$$

Soit encore, puisque $x>0$:

$$\frac{d\mathcal{D}_{1m}}{dn_e}=\frac{1}{n_a}\left(\frac{\frac{-\frac{2x}{3}}{\sqrt{\frac{4-x^2}{3}}}}{\sqrt{\frac{x^2-1}{3}}}-\frac{\frac{\frac{-8}{3x^3}}{\frac{1}{x}\sqrt{\frac{4-x^2}{3}}}}{\frac{1}{x}\sqrt{\frac{x^2-1}{3}}}\right)$$

On obtient alors :

$$\frac{d\mathcal{D}_{1m}}{dn_e}=\frac{1}{n_a}\left(\frac{\frac{-\frac{2x}{3}}{\sqrt{\frac{4-x^2}{3}}}}{\sqrt{\frac{x^2-1}{3}}}+\frac{\frac{\frac{8x^2}{3x^3}}{\sqrt{\frac{4-x^2}{3}}}}{\sqrt{\frac{x^2-1}{3}}}\right)$$

D'où :

$$\frac{d\mathcal{D}_{1m}}{dn_e}=\frac{1}{n_a\sqrt{\frac{x^2-1}{3}}}\left(\frac{-\frac{2x}{3}}{\sqrt{\frac{4-x^2}{3}}}+\frac{\frac{8x^2}{3x^3}}{\sqrt{\frac{4-x^2}{3}}}\right)$$

Ce qui nous donne :

$$\frac{d\mathcal{D}_{1m}}{dn_e}=\frac{1}{n_a\sqrt{\frac{x^2-1}{3}}\sqrt{\frac{4-x^2}{3}}}\left(-\frac{2x}{3}+\frac{8}{3x}\right)$$

En réarrangeant les deux racines carrées présentent au dénominateur de la première fraction, on trouve que :

$$\frac{d\mathcal{D}_{1m}}{dn_e} = \frac{3}{3n_a\sqrt{(x^2-1)(4-x^2)}}\left(-2x+\frac{8}{x}\right)$$

Soit encore :

$$\frac{d\mathcal{D}_{1m}}{dn_e} = \frac{2}{n_a\sqrt{(x^2-1)(4-x^2)}}\left(-x+\frac{4}{x}\right)$$

On trouve alors que :

$$\frac{d\mathcal{D}_{1m}}{dn_e} = \frac{2}{n_a\sqrt{(x^2-1)(4-x^2)}}\left(\frac{4-x^2}{x}\right)$$

On va écrire ceci sous la forme :

$$\frac{d\mathcal{D}_{1m}}{dn_e} = \frac{2\sqrt{4-x^2}\sqrt{4-x^2}}{n_a x\sqrt{4-x^2}\sqrt{x^2-1}}$$

Ainsi, en simplifiant par le terme $\sqrt{4-x^2}$, on obtient alors :

$$\frac{d\mathcal{D}_{1m}}{dn_e} = \frac{2\sqrt{4-x^2}}{n_a x\sqrt{x^2-1}} \quad \Leftrightarrow \quad \frac{d\mathcal{D}_{1m}}{dn_e} = \frac{2}{n_a x}\sqrt{\frac{4-x^2}{x^2-1}}$$

Enfin, il faut remplacer la variable de calcul x par son expression physique. Et finalement, on peut donc écrire que :

$$\frac{d\mathcal{D}_{1m}}{dn_e} = \frac{2}{n_a\frac{n_e}{n_a}}\sqrt{\frac{4-\left(\frac{n_e}{n_a}\right)^2}{\left(\frac{n_e}{n_a}\right)^2-1}} \quad \Leftrightarrow \quad \frac{d\mathcal{D}_{1m}}{dn_e} = \frac{2}{n_e}\sqrt{\frac{4\frac{n_a^2}{n_a^2}-\frac{n_e^2}{n_a^2}}{\frac{n_e^2}{n_a^2}-\frac{n_a^2}{n_a^2}}}$$

Finalement, en simplifiant par la quantité n_a^2, on obtient bien l'expression demandée, à savoir :

$$\boxed{\frac{d\mathcal{D}_{1m}}{dn_e} = \frac{2}{n_e}\sqrt{\frac{4n_a^2-n_e^2}{n_e^2-n_a^2}}}$$

2) Si $1 < n_e < 2$, alors, on en déduit que $1 < n_e^2 < 4$. Or, $n_a > 1$, donc on en déduit que $n_a^2 > 1$, et également que $4n_a^2 > 4$. On a alors :

$$4n_a^2 > n_e^2 \quad \Leftrightarrow \quad 4n_a^2 - n_e^2 > 0$$

Or, physiquement on sait que $n_e > n_a$ ce qui implique que $n_e^2 > n_a^2$. Donc, on en déduit que :

$$n_e^2 - n_a^2 > 0$$

On peut donc écrire que :

$$\frac{4n_a^2 - n_e^2}{n_e^2 - n_a^2} > 0 \quad \Rightarrow \quad \sqrt{\frac{4n_a^2 - n_e^2}{n_e^2 - n_a^2}} > 0$$

Et comme $\frac{2}{n_e} > 0$, on en déduit finalement que :

$$\boxed{\frac{d\mathcal{D}_{1m}}{dn_e} > 0}$$

3) La dérivée première de l'indice de réfraction optique n_e par rapport à la longueur d'onde λ du rayonnement solaire est donnée par :

$$\frac{dn_e}{d\lambda} = \frac{d}{d\lambda}\left(a + \frac{b}{\lambda^2}\right) \quad \Leftrightarrow \quad \frac{dn_e}{d\lambda} = \frac{da}{d\lambda} + b\frac{d}{d\lambda}\left(\frac{1}{\lambda^2}\right) \quad \Leftrightarrow \quad \frac{dn_e}{d\lambda} = 0 + b\left(\frac{-2}{\lambda^3}\right)$$

Soit encore :

$$\boxed{\frac{dn_e}{d\lambda} = -\frac{2b}{\lambda^3}}$$

4) Or, par hypothèse, on sait que $b > 0$ et que physiquement $\lambda > 0$. Cela implique donc que :

$$\frac{dn_e}{d\lambda} < 0$$

De plus, on a :

$$\frac{d\mathcal{D}_{1m}}{d\lambda} = \frac{d\mathcal{D}_{1m}}{dn_e}\frac{dn_e}{d\lambda}$$

Enfin, comme le produit de deux termes de signe opposé est négatif, on en déduit la condition demandée :

$$\boxed{\frac{d\mathcal{D}_{1m}}{d\lambda} < 0}$$

5) La relation précédente nous apprend que, lorsque la longueur d'onde augmente, donc lorsqu'elle tend vers le rayonnement de couleur rouge, alors l'angle de déviation autour duquel il y a une accumulation de lumière diminue. On en déduit donc que :

$$\lambda_R > \lambda_V \quad \Rightarrow \quad \mathcal{D}_{1m}^R < \mathcal{D}_{1m}^V \quad \Rightarrow \quad -\mathcal{D}_{1m}^R > -\mathcal{D}_{1m}^V \quad \Rightarrow \quad \pi - \mathcal{D}_{1m}^R > \pi - \mathcal{D}_{1m}^V$$

Ce qui implique que :

$$\varphi_1^R > \varphi_1^V$$

Finalement, on en déduit que, **dans l'arc-en-ciel primaire, l'arc extrême rouge est à l'extérieur, c'est-à-dire au-dessus, de l'arc interne violet.**

6) On a :

$$\Delta\varphi_1 = \varphi_1^R - \varphi_1^V \quad \Leftrightarrow \quad \Delta\varphi_1 = (\pi - \mathcal{D}_{1m}^R) - (\pi - \mathcal{D}_{1m}^V)$$

Soit :

$$\Delta\varphi_1 = \mathcal{D}_{1m}^V - \mathcal{D}_{1m}^R$$

Avec :

$$\begin{cases} \mathcal{D}_{1m}^V = \pi + 2\arcsin\left(\sqrt{\dfrac{4-\left(\dfrac{n_e^V}{n_a}\right)^2}{3}}\right) - 4\arcsin\left(\sqrt{\dfrac{\left(\dfrac{2n_a}{n_e^V}\right)^2 - 1}{3}}\right) \\ \mathcal{D}_{1m}^R = \pi + 2\arcsin\left(\sqrt{\dfrac{4-\left(\dfrac{n_e^R}{n_a}\right)^2}{3}}\right) - 4\arcsin\left(\sqrt{\dfrac{\left(\dfrac{2n_a}{n_e^R}\right)^2 - 1}{3}}\right) \end{cases}$$

7) On a les applications numériques suivantes :

$$\mathcal{D}_{1m}^V = \pi + 2\arcsin\left(\sqrt{\dfrac{4-\left(\dfrac{1,34287}{1,000292612}\right)^2}{3}}\right) - 4\arcsin\left(\sqrt{\dfrac{\left(\dfrac{2\times 1,000292612}{1,34287}\right)^2 - 1}{3}}\right)$$

Soit :

$$\mathcal{D}_{1m}^V = 139,28°$$

Puis, on a également :

$$\mathcal{D}_{1m}^R = \pi + 2\arcsin\left(\sqrt{\dfrac{4-\left(\dfrac{1,33007}{1,000292612}\right)^2}{3}}\right) - 4\arcsin\left(\sqrt{\dfrac{\left(\dfrac{2\times 1,000292612}{1,33007}\right)^2 - 1}{3}}\right)$$

Soit :

$$\mathcal{D}_{1m}^R = 137,44°$$

Ainsi, par soustraction, on trouve que :

$$\boxed{\Delta\varphi_1 = 1,84°}$$

On constate que $\Delta\varphi_1$ est de l'ordre du degré, donc très petit.

8) Dans le cas d'un arc-en-ciel issu de la présence simultané du Soleil et d'un rideau vertical de pluie, on a la figure (en vue de profil) suivante :

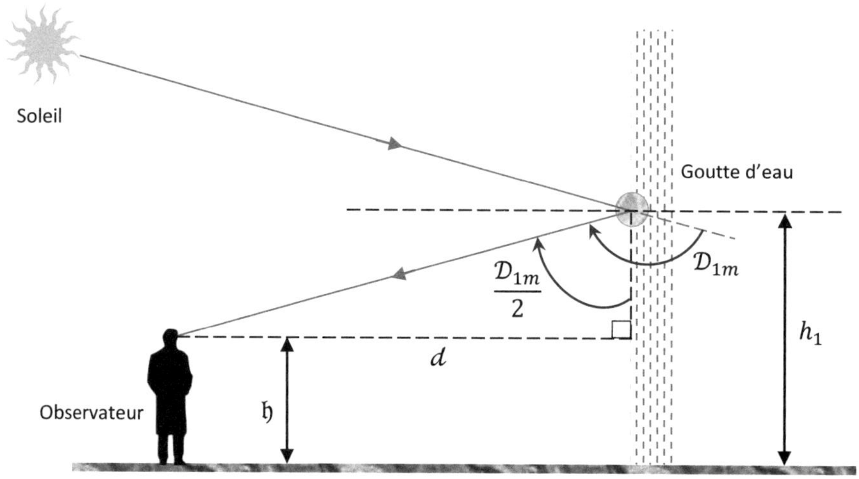

On constate la présence d'un triangle rectangle, et on a alors :

$$\tan\left(\frac{\mathcal{D}_{1m}}{2}\right) = \frac{d}{h_1 - \mathfrak{h}} \quad \Leftrightarrow \quad h_1 = \mathfrak{h} + \frac{d}{\tan\left(\frac{\mathcal{D}_{1m}}{2}\right)}$$

On en déduit donc que :

$$\begin{cases} h_1^R = \mathfrak{h} + \dfrac{d}{\tan\left(\dfrac{\mathcal{D}_{1m}^R}{2}\right)} \\ h_1^V = \mathfrak{h} + \dfrac{d}{\tan\left(\dfrac{\mathcal{D}_{1m}^V}{2}\right)} \end{cases}$$

L'application numérique nous donne alors :

$$\boxed{\begin{aligned} h_1^R &= 1{,}65 + \frac{800}{\tan\left(\frac{137{,}44°}{2}\right)} = 313{,}26 \text{ m} \\ h_1^V &= 1{,}65 + \frac{800}{\tan\left(\frac{139{,}28°}{2}\right)} = 298{,}53 \text{ m} \end{aligned}}$$

9) On en déduit aisément la hauteur $\mathcal{H}_1$ de cet arc-en-ciel primaire par :

$$\mathcal{H}_1 = h_1^R - h_1^V$$

Soit :

$$\boxed{\mathcal{H}_1 = 14{,}73 \text{ m}}$$

Partie C – Arc-en-ciel secondaire

➔ *Section 1 : Etude de la déviation lumineuse*

1) D'après la figure ci-dessous, le triangle IOR est isocèle, donc ces deux angles de base sont égaux. Ainsi, on en déduit que :

$$\boxed{\alpha = r}$$

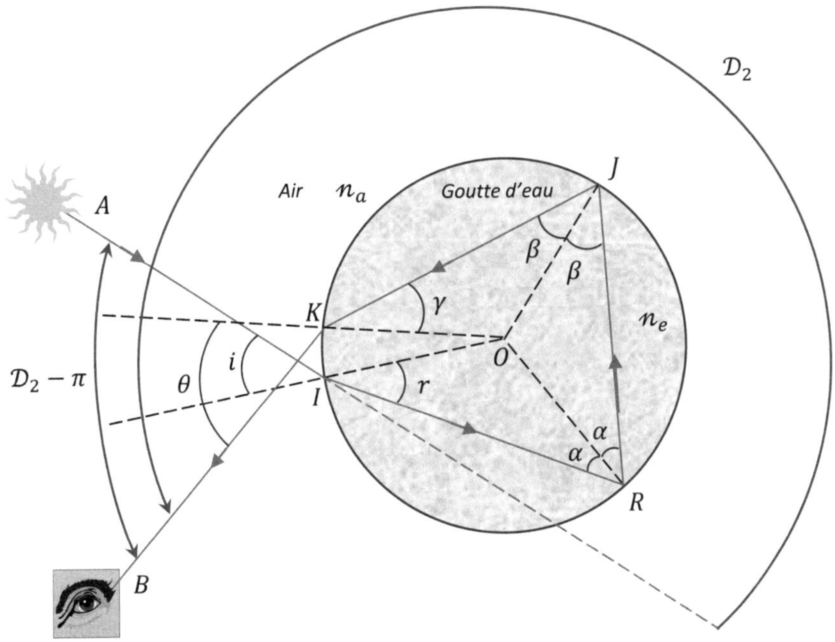

2) Le triangle JOR est isocèle, donc ces deux angles de base sont égaux. Ainsi, on en déduit que :

$$\boxed{\beta = \alpha = r}$$

3) Le triangle JOK est isocèle, donc ces deux angles de base sont égaux. Ainsi, on en déduit que :

$$\boxed{\gamma = \beta = \alpha = r}$$

4) Si on applique la loi de *Snell* & *Descartes* relative à la réfraction en K, on peut alors écrire que :

$$n_a \sin(\theta) = n_e \sin(r)$$

Mais, cette loi appliquée en I, on obtient :

$$n_a \sin(i) = n_e \sin(r)$$

On en déduit alors que :

$$\theta = i$$

Ainsi, on peut écrire que :

- au point I, on une réfraction impliquant une déviation du rayon lumineux qui vaut $\mathcal{D}_I = i - r$;
- au point R, on une réflexion impliquant une déviation du rayon lumineux qui vaut $\mathcal{D}_R = \pi - 2\alpha = \pi - 2r$;
- au point J, on une réflexion impliquant une déviation du rayon lumineux qui vaut $\mathcal{D}_J = \pi - 2\beta = \pi - 2r$;
- au point K, on une réfraction impliquant une déviation du rayon lumineux qui vaut $\mathcal{D}_K = \theta - \gamma = i - r$.

Ainsi, on en déduit que :

$$\mathcal{D}_2 = \mathcal{D}_I + \mathcal{D}_R + \mathcal{D}_J + \mathcal{D}_K$$

Soit :

$$\mathcal{D}_2 = i - r + \pi - 2r + \pi - 2r + i - r$$

Ce qui nous donne :

$$\boxed{\mathcal{D}_2 = 2\pi + 2i - 6r}$$

5) La loi de réfraction, en I ou K, nous donne :

$$n_a \sin(i) = n_e \sin(r) \quad \Leftrightarrow \quad \frac{n_a}{n_e}\sin(i) = \sin(r)$$

D'où :

$$\frac{d\ \sin(r)}{dr} = \frac{d}{dr}\left(\frac{n_a}{n_e}\sin(i)\right) \quad \Leftrightarrow \quad \frac{d\ \sin(r)}{dr} = \frac{n_a}{n_e}\frac{d}{dr}(\sin(i))$$

Or, on peut écrire que :

$$\frac{d(\ )}{dr} = \frac{di}{dr}\frac{d(\ )}{di}$$

Ce qui nous donne donc :

$$\frac{d\ \sin(r)}{dr} = \frac{n_a}{n_e}\frac{d}{di}(\sin(i))\frac{di}{dr} \quad \Leftrightarrow \quad \cos(r) = \frac{n_a}{n_e}\cos(i)\frac{di}{dr}$$

Ainsi, on obtient :

$$\frac{dr}{di} = \frac{n_a}{n_e}\frac{\cos(i)}{\cos(r)} \quad \Leftrightarrow \quad \frac{dr}{di} = \frac{n_a}{n_e}\frac{\sqrt{1-\sin^2(i)}}{\cos(r)}$$

Or, on sait que :

$$n_a \sin(i) = n_e \sin(r) \quad \Leftrightarrow \quad \frac{n_a}{n_e}\sin(i) = \sin(r) \quad \Leftrightarrow \quad \frac{n_a}{n_e}\sin(i) = \sqrt{1-\cos^2(r)}$$

Ce qui nous donne :

$$\left(\frac{n_a}{n_e}\right)^2 \sin^2(i) = 1 - \cos^2(r) \quad \Leftrightarrow \quad \cos^2(r) = 1 - \left(\frac{n_a}{n_e}\right)^2 \sin^2(i)$$

Donc, on peut écrire que :

$$\cos(r) = \pm\sqrt{1 - \left(\frac{n_a}{n_e}\right)^2 \sin^2(i)}$$

Or, la configuration géométrique étudiée nous permet d'écrire que :

$$r \in \left[0 ; \frac{\pi}{2}\right] \quad \Rightarrow \quad 1 \geq \cos(r) \geq 0$$

D'où :

$$\cos(r) = \sqrt{1 - \left(\frac{n_a}{n_e}\right)^2 \sin^2(i)}$$

6) Finalement, on obtient l'expression recherchée de la dérivée première de l'angle de réfraction r par rapport à l'angle d'incidence i :

$$\frac{dr}{di} = \frac{n_a}{n_e} \frac{\sqrt{1 - \sin^2(i)}}{\sqrt{1 - \left(\frac{n_a}{n_e}\right)^2 \sin^2(i)}}$$

Ce qui nous donne :

$$\boxed{\frac{dr}{di} = \frac{n_a}{n_e} \sqrt{\frac{1 - \sin^2(i)}{1 - \left(\frac{n_a}{n_e}\right)^2 \sin^2(i)}}}$$

7) On a :

$$\frac{d\mathcal{D}_2}{di} = \frac{d}{di}(\pi + 2i - 6r) \Leftrightarrow \frac{d\mathcal{D}_2}{di} = \frac{d}{di}(\pi + 2i - 6r) \Leftrightarrow \frac{d\mathcal{D}_2}{di} = \frac{d\pi}{di} + \frac{d(2i)}{di} - \frac{d(6r)}{di}$$

D'où :

$$\frac{d\mathcal{D}_2}{di} = 0 + 2 - 6\frac{dr}{di}$$

Soit en factorisant par deux :

$$\boxed{\frac{d\mathcal{D}_2}{di} = 2\left(1 - 3\frac{dr}{di}\right)}$$

8) Des deux questions précédentes, on en déduit l'existence d'un extremum de déviation $\mathcal{D}_{2m} = \mathcal{D}_2(i = i_{2m})$ si on satisfait à la condition suivante :

$$\left.\frac{d\mathcal{D}_2}{di}\right]_{i=i_{2m}} = 0 \Rightarrow 1 - 3\left.\frac{dr}{di}\right]_{i=i_{2m}} = 0 \Leftrightarrow \left.\frac{dr}{di}\right]_{i=i_{2m}} = \frac{1}{3}$$

Soit encore :

$$\frac{n_a}{n_e}\sqrt{\frac{1-\sin^2(i_{2m})}{1-\left(\frac{n_a}{n_e}\right)^2\sin^2(i_{2m})}} = \frac{1}{3} \Leftrightarrow \sqrt{\frac{1-\sin^2(i_m)}{1-\left(\frac{n_a}{n_e}\right)^2\sin^2(i_m)}} = \frac{n_e}{3n_a}$$

En élevant ceci au carré, on obtient alors :

$$\frac{1-\sin^2(i_m)}{1-\left(\frac{n_a}{n_e}\right)^2\sin^2(i_m)} = \left(\frac{n_e}{3n_a}\right)^2 \Leftrightarrow 1-\sin^2(i_m) = \left(\frac{n_e}{3n_a}\right)^2\left(1-\left(\frac{n_a}{n_e}\right)^2\sin^2(i_m)\right)$$

En développant, on trouve que :

$$1-\sin^2(i_m) = \left(\frac{n_e}{3n_a}\right)^2 - \left(\frac{n_e}{3n_a}\right)^2\left(\frac{n_a}{n_e}\right)^2\sin^2(i_m)$$

Soit encore :

$$1-\sin^2(i_m) = \left(\frac{n_e}{3n_a}\right)^2 - \frac{1}{9}\sin^2(i_m) \Leftrightarrow 9 - 9\sin^2(i_m) = \left(\frac{n_e}{n_a}\right)^2 - \sin^2(i_m)$$

En isolant le terme $\sin^2(i_m)$, on obtient alors :

$$9 - \left(\frac{n_e}{n_a}\right)^2 = 9\sin^2(i_m) - \sin^2(i_m) \Leftrightarrow 9 - \left(\frac{n_e}{n_a}\right)^2 = 8\sin^2(i_m)$$

D'où :

$$\frac{9-\left(\frac{n_e}{n_a}\right)^2}{8} = \sin^2(i_m) \Rightarrow \sin(i_m) = \pm\sqrt{\frac{9-\left(\frac{n_e}{n_a}\right)^2}{8}}$$

Or, on sait que :

$$i_m \in \left[0\,;\frac{\pi}{2}\right] \Rightarrow 1 \geq \sin(i_m) \geq 0$$

On en déduit donc que l'on a :

$$\sin(i_m) = \sqrt{\frac{9-\left(\frac{n_e}{n_a}\right)^2}{8}}$$

D'où, finalement :

$$\boxed{i_{2m} = \arcsin\left(\sqrt{\frac{9-\left(\frac{n_e}{n_a}\right)^2}{8}}\right)}$$

Il nous reste à démontrer que cet extremum est un minimum. Pour cela, il suffit de prouver que la fonction $\mathcal{D}_2$ est convexe. La démarche adoptée ici similaire à celle conduite lors de la partie précédente. Comme la fonction sinus est de classe $C^\infty(\mathbb{R})$, on peut donc en déduire que la dérivée seconde de $\mathcal{D}_2$ existe bien sur l' intervalle $\left]0\,;\frac{\pi}{2}\right]$. Et on a :

$$\frac{d^2\mathcal{D}_2}{di^2} = \frac{d}{di}\left(\frac{d\mathcal{D}_2}{di}\right) \iff \frac{d^2\mathcal{D}_2}{di^2} = \left(\frac{d}{di}2\left(1-3\frac{dr}{di}\right)\right) \iff \frac{d^2\mathcal{D}_2}{di^2} = -6\frac{d^2r}{di^2}$$

D'où :

$$\frac{d^2\mathcal{D}_2}{di^2} = -6\frac{d}{di}\left(\frac{n_a}{n_e}\sqrt{\frac{1-\sin^2(i)}{1-\left(\frac{n_a}{n_e}\right)^2\sin^2(i)}}\right)$$

Un calcul tout à fait similaire a déjà été conduit lors de la question 7) de la ***Partie B*** précédente. La seule différence est le nombre situé devant le terme de dérivation, à savoir -6 dans cette question et -4 dans la question de la partie précédente. Finalement, on obtient :

$$\frac{d^2\mathcal{D}_2}{di^2} = 12\frac{n_a}{n_e}\sin(i)\frac{1-\left(\frac{n_a}{n_e}\right)^2}{\sqrt{\left(1-\left(\frac{n_a}{n_e}\right)^2\sin^2(i)\right)^3}}$$

Or, on a :

$$n_a < n_e \implies 1-\left(\frac{n_a}{n_e}\right)^2 > 0$$

Puis, on a également :

$$\forall i \in \left]0\,;\frac{\pi}{2}\right],\ \ 1 > \sin(i) > 0 \implies 1 > \sin^2(i) > 0$$

On en déduit alors que :

$$\forall i \in \left]0\,;\frac{\pi}{2}\right],\ \ \frac{d^2\mathcal{D}_2}{di^2} > 0$$

Ainsi la fonction $\mathcal{D}_2$ est convexe sur l'intervalle d'étude, et ainsi son extremum, sur cet intervalle, est nécessairement un minimum.

9) Si $n_e = 1{,}33$ alors la valeur numérique de i_{2m} est :

$$i_{2m} = \arcsin\left(\sqrt{\frac{9-\left(\frac{1{,}33}{1{,}000292612}\right)^2}{8}}\right) = 71{,}95°$$

10) Afin de déterminer l'angle de réfraction r_{2m} qui est associé à ce minimum de déviation, on utilise la loi de réfraction :

$$n_a \sin(i_{2m}) = n_e \sin(r_{2m}) \quad \Leftrightarrow \quad \sin(r_{2m}) = \frac{n_a}{n_e}\sin(i_{2m})$$

Soit :

$$r_{2m} = \arcsin\left(\frac{n_a}{n_e}\sin(i_{2m})\right) \quad \Leftrightarrow \quad r_{2m} = \arcsin\left(\frac{n_a}{n_e}\sin\left(\arcsin\left(\sqrt{\frac{9-\left(\frac{n_e}{n_a}\right)^2}{8}}\right)\right)\right)$$

Ce qui nous donne :

$$r_{2m} = \arcsin\left(\frac{n_a}{n_e}\sqrt{\frac{9-\left(\frac{n_e}{n_a}\right)^2}{8}}\right) \quad \Leftrightarrow \quad r_{2m} = \arcsin\left(\sqrt{\frac{9\left(\frac{n_a}{n_e}\right)^2-\left(\frac{n_a}{n_e}\right)^2\left(\frac{n_e}{n_a}\right)^2}{8}}\right)$$

Finalement, on obtient :

$$r_{2m} = \arcsin\left(\sqrt{\frac{\left(\frac{3n_a}{n_e}\right)^2-1}{8}}\right)$$

L'application numérique pour $n_e = 1{,}33$ nous donne alors :

$$\boxed{r_{2m} = \arcsin\left(\sqrt{\frac{\left(\frac{3\times 1{,}000292612}{1{,}33}\right)^2-1}{3}}\right) = 45{,}65°}$$

11) D'après les résultats qui précèdent, on a :

$$\mathcal{D}_{2m} = 2\pi + 2i_m - 6r_m \quad \Leftrightarrow \quad \mathcal{D}_{2m} = 360° + 2\times 71{,}95° - 6\times 45{,}65°$$

Soit :

$$\boxed{\mathcal{D}_{2m} = 230°}$$

12) La goutte d'eau étant toujours supposée parfaitement sphérique, un observateur la percevra donc comme parfaitement circulaire. Ainsi, cet observateur percevra « un rayon lumineux » plus intense au voisinage de la direction $\mathcal{D}_{2m}$, et donc d'angle de perception $\varphi_{2m} = \mathcal{D}_{2m} - \pi = 230° - 180° = 50°$, **en forme de cercle** (ou d'arc-de-cercle si la ligne d'horizon limite sa vision) centré autour de l'axe « Soleil / observateur ». D'où la figure suivante :

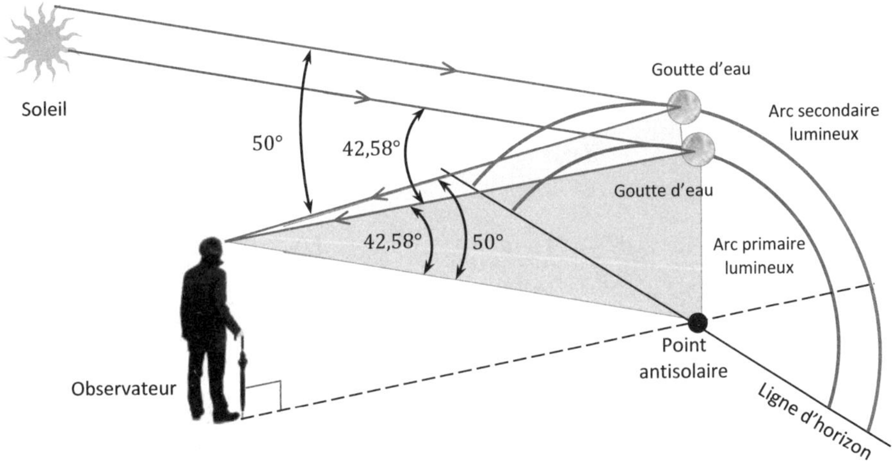

On remarque que $\varphi_{2m} > \varphi_{1m}$ donc **l'arc-en-ciel secondaire est au-dessus de l'arc-en-ciel primaire**.

Cette fois encore, si l'observateur est en hauteur, voire même en altitude (comme dans un avion par exemple), il peut observer (avec beaucoup de chance) un arc-en-ciel secondaire circulaire.

➔ *Section 2 : Prise en compte de la diffusion lumineuse*

1) D'après la section précédente, on a :

$$\mathcal{D}_{2m} = 2\pi + 2i_m - 6r_m$$

Soit :

$$\mathcal{D}_{2m} = 2\pi + 2\arcsin\left(\sqrt{\frac{9-\left(\frac{n_e}{n_a}\right)^2}{8}}\right) - 6\arcsin\left(\sqrt{\frac{\left(\frac{3n_a}{n_e}\right)^2 - 1}{8}}\right)$$

D'où :

$$\mathcal{D}_{2m} = 2\pi + 2\arcsin\left(\sqrt{\frac{9-\left(\frac{n_e}{n_a}\right)^2}{8}}\right) - 6\arcsin\left(\sqrt{\frac{9\left(\frac{1}{\frac{n_e}{n_a}}\right)^2 - 1}{8}}\right)$$

Mais, on constate que n_e apparait sous la forme d'un quotient avec n_a. D 'où l'idée de poser :

$$x = \frac{n_e}{n_a} > 0 \quad \Rightarrow \quad \frac{d\mathcal{D}_{2m}}{dn_e} = \frac{d\mathcal{D}_{2m}}{dx}\frac{dx}{dn_e} \quad \Leftrightarrow \quad \frac{d\mathcal{D}_{2m}}{dn_e} = \frac{d\mathcal{D}_{2m}}{dx}\frac{d}{dn_e}\left(\frac{n_e}{n_a}\right)$$

Soit :

$$\frac{d\mathcal{D}_{2m}}{dn_e} = \frac{d\mathcal{D}_{2m}}{dx}\frac{1}{n_a}\frac{d}{dn_e}(n_e) \quad \Leftrightarrow \quad \frac{d\mathcal{D}_{2m}}{dn_e} = \frac{1}{n_a}\frac{d\mathcal{D}_{2m}}{dx}$$

D'où :

$$\frac{d\mathcal{D}_{2m}}{dn_e} = \frac{1}{n_a}\frac{d}{dx}\left(2\pi + 2\arcsin\left(\sqrt{\frac{9-x^2}{8}}\right) - 6\arcsin\left(\sqrt{\frac{\frac{9}{x^2}-1}{8}}\right)\right)$$

On a alors :

$$\frac{d\mathcal{D}_{2m}}{dn_e} = \frac{1}{n_a}\frac{d}{dx}\left(2\pi + 2\arcsin\left(\sqrt{\frac{9-x^2}{8}}\right) - 6\arcsin\left(\sqrt{\frac{9-x^2}{8x^2}}\right)\right)$$

Ce qui nous donne :

$$\frac{d\mathcal{D}_{2m}}{dn_e} = \frac{1}{n_a}\left(\frac{d(2\pi)}{dx} + 2\frac{d}{dx}\left(\arcsin\left(\sqrt{\frac{9-x^2}{8}}\right)\right) - 6\frac{d}{dx}\left(\arcsin\left(\sqrt{\frac{9-x^2}{8x^2}}\right)\right)\right)$$

Une nouvelle fois (mais on commence à s'y habituer maintenant), un calcul rigoureux, propre, et très précis va devoir être mené. Pour le réaliser correctement, nous aurons encore besoin de la relation :

$$\frac{d}{dx}\left(\arcsin(u(x))\right) = \frac{u'(x)}{\sqrt{1-u^2(x)}}$$

On obtient alors :

$$\frac{d\mathcal{D}_{2m}}{dn_e}=\frac{1}{n_a}\left(0+2\frac{\frac{d}{dx}\left(\sqrt{\frac{9-x^2}{8}}\right)}{\sqrt{1-\left(\sqrt{\frac{9-x^2}{8}}\right)^2}}-6\frac{\frac{d}{dx}\left(\sqrt{\frac{9-x^2}{8x^2}}\right)}{\sqrt{1-\left(\sqrt{\frac{9-x^2}{8x^2}}\right)^2}}\right)$$

En éliminant les racines carrées, et en posant les formules de dérivation, on obtient :

$$\frac{d\mathcal{D}_{2m}}{dn_e}=\frac{1}{n_a}\left(2\frac{\frac{\frac{d}{dx}\left(\frac{9-x^2}{8}\right)}{2\sqrt{\frac{9-x^2}{8}}}}{\sqrt{1-\frac{9-x^2}{8}}}-6\frac{\frac{\frac{d}{dx}\left(\frac{9-x^2}{8x^2}\right)}{2\sqrt{\frac{9-x^2}{8x^2}}}}{\sqrt{1-\frac{9-x^2}{8x^2}}}\right)$$

Donc, on trouve alors que :

$$\frac{d\mathcal{D}_{2m}}{dn_e}=\frac{1}{n_a}\left(\frac{\frac{-\frac{2x}{8}}{\sqrt{\frac{9-x^2}{8}}}}{\sqrt{\frac{8-9+x^2}{8}}}-3\frac{\frac{\frac{8x^2\frac{d}{dx}(9-x^2)-(9-x^2)\frac{d}{dx}(8x^2)}{(8x^2)^2}}{\sqrt{\frac{9-x^2}{8x^2}}}}{\sqrt{\frac{8x^2-9+x^2}{8x^2}}}\right)$$

Soit encore :

$$\frac{d\mathcal{D}_{2m}}{dn_e}=\frac{1}{n_a}\left(\frac{\frac{-\frac{x}{4}}{\sqrt{\frac{9-x^2}{8}}}}{\sqrt{\frac{-1+x^2}{8}}}-3\frac{\frac{\frac{8x^2\times(-2x)-(9-x^2)(16x)}{(8x^2)^2}}{\sqrt{\frac{9-x^2}{8x^2}}}}{\sqrt{\frac{9x^2-9}{8x^2}}}\right)$$

On a alors :

$$\frac{d\mathcal{D}_{2m}}{dn_e}=\frac{1}{n_a}\left(\frac{\frac{-\frac{x}{4}}{\sqrt{\frac{9-x^2}{8}}}}{\sqrt{\frac{-1+x^2}{8}}}-3\frac{\frac{\frac{-16x^3-(144x-16x^3)}{(8x^2)^2}}{\sqrt{\frac{9-x^2}{8x^2}}}}{\sqrt{\frac{9x^2-9}{8x^2}}}\right)$$

D'où :

$$\frac{d\mathcal{D}_{2m}}{dn_e} = \frac{1}{n_a}\left(\frac{\frac{-\frac{x}{4}}{\sqrt{\frac{9-x^2}{8}}}}{\sqrt{\frac{-1+x^2}{8}}} - 3\frac{\frac{\frac{-144x}{(8x^2)^2}}{\frac{1}{|x|}\sqrt{\frac{9-x^2}{8}}}}{\frac{3}{|x|}\sqrt{\frac{x^2-1}{8}}}\right)$$

Soit encore, puisque $x > 0$:

$$\frac{d\mathcal{D}_{2m}}{dn_e} = \frac{1}{n_a}\left(\frac{\frac{-\frac{x}{4}}{\sqrt{\frac{9-x^2}{8}}}}{\sqrt{\frac{-1+x^2}{8}}} - \frac{3}{3}\frac{\frac{\frac{-144x}{(8x^2)^2}}{\frac{1}{x}\sqrt{\frac{9-x^2}{8}}}}{\frac{1}{x}\sqrt{\frac{x^2-1}{8}}}\right)$$

On obtient alors :

$$\frac{d\mathcal{D}_{2m}}{dn_e} = \frac{1}{n_a}\left(\frac{\frac{-\frac{x}{4}}{\sqrt{\frac{9-x^2}{8}}}}{\sqrt{\frac{x^2-1}{8}}} + \frac{\frac{\frac{144x^3}{(8x^2)^2}}{\sqrt{\frac{9-x^2}{8}}}}{\sqrt{\frac{x^2-1}{8}}}\right)$$

D'où :

$$\frac{d\mathcal{D}_{2m}}{dn_e} = \frac{1}{n_a\sqrt{\frac{x^2-1}{8}}}\left(\frac{-\frac{x}{4}}{\sqrt{\frac{9-x^2}{8}}} + \frac{\frac{144x^3}{64x^4}}{\sqrt{\frac{9-x^2}{8}}}\right)$$

Ce qui nous donne :

$$\frac{d\mathcal{D}_{2m}}{dn_e} = \frac{1}{n_a\sqrt{\frac{x^2-1}{8}}\sqrt{\frac{9-x^2}{8}}}\left(-\frac{x}{4} + \frac{9}{4x}\right)$$

En réarrangeant les deux racines carrées présentent au dénominateur de la première fraction, et simplifiant le produit de fractions, on trouve que :

$$\frac{d\mathcal{D}_{2m}}{dn_e} = \frac{1}{4n_a\sqrt{\frac{x^2-1}{8}}\sqrt{\frac{9-x^2}{8}}}\left(-x + \frac{9}{x}\right)$$

Soit encore :

$$\frac{d\mathcal{D}_{2m}}{dn_e} = \frac{1}{\frac{4}{\left(\sqrt{8}\right)^2} n_a \sqrt{x^2-1}\sqrt{9-x^2}}\left(-x+\frac{9}{x}\right)$$

On trouve alors que :

$$\frac{d\mathcal{D}_{2m}}{dn_e} = \frac{1}{\frac{4}{8} n_a \sqrt{x^2-1}\sqrt{9-x^2}}\left(\frac{9-x^2}{x}\right)$$

On va écrire ceci sous la forme :

$$\frac{d\mathcal{D}_{2m}}{dn_e} = \frac{\sqrt{9-x^2}\sqrt{9-x^2}}{\frac{1}{2} n_a x \sqrt{x^2-1}\sqrt{9-x^2}}$$

Ainsi, en simplifiant par le terme $\sqrt{9-x^2}$, on obtient alors :

$$\frac{d\mathcal{D}_{2m}}{dn_e} = \frac{\sqrt{9-x^2}}{\frac{1}{2} n_a x \sqrt{x^2-1}} \quad \Leftrightarrow \quad \frac{d\mathcal{D}_{2m}}{dn_e} = \frac{2}{n_a x}\sqrt{\frac{9-x^2}{x^2-1}}$$

Enfin, il faut remplacer la variable de calcul x par son expression physique. Et finalement, on peut donc écrire que :

$$\frac{d\mathcal{D}_{2m}}{dn_e} = \frac{2}{n_a \frac{n_e}{n_a}}\sqrt{\frac{9-\left(\frac{n_e}{n_a}\right)^2}{\left(\frac{n_e}{n_a}\right)^2-1}} \quad \Leftrightarrow \quad \frac{d\mathcal{D}_{2m}}{dn_e} = \frac{2}{n_e}\sqrt{\frac{9\frac{n_a^2}{n_a^2}-\frac{n_e^2}{n_a^2}}{\frac{n_e^2}{n_a^2}-\frac{n_a^2}{n_a^2}}}$$

Finalement, en simplifiant par la quantité n_a^2, on obtient bien l'expression demandée, à savoir :

$$\boxed{\frac{d\mathcal{D}_{2m}}{dn_e} = \frac{2}{n_e}\sqrt{\frac{9n_a^2-n_e^2}{n_e^2-n_a^2}}}$$

2) Si $1 < n_e < 3$, alors, on en déduit que $1 < n_e^2 < 9$. Or, $n_a > 1$, donc on en déduit que $n_a^2 > 1$, et également que $9n_a^2 > 9$. On a alors :

$$9n_a^2 > n_e^2 \quad \Leftrightarrow \quad 9n_a^2 - n_e^2 > 0$$

Or, physiquement on sait que $n_e > n_a$ ce qui implique que $n_e^2 > n_a^2$. Donc, on en déduit que :

$$n_e^2 - n_a^2 > 0$$

On peut donc écrire que :

$$\frac{9n_a^2 - n_e^2}{n_e^2 - n_a^2} > 0 \quad \Rightarrow \quad \sqrt{\frac{9n_a^2 - n_e^2}{n_e^2 - n_a^2}} > 0$$

Et comme $\frac{2}{n_e} > 0$, on en déduit finalement que :

$$\boxed{\frac{d\mathcal{D}_{2m}}{dn_e} > 0}$$

3) La dérivée première de l'indice de réfraction optique n_e par rapport à la longueur d'onde λ du rayonnement solaire est donnée par :

$$\frac{dn_e}{d\lambda} = \frac{d}{d\lambda}\left(a + \frac{b}{\lambda^2}\right) \quad \Leftrightarrow \quad \frac{dn_e}{d\lambda} = \frac{da}{d\lambda} + b\frac{d}{d\lambda}\left(\frac{1}{\lambda^2}\right) \quad \Leftrightarrow \quad \frac{dn_e}{d\lambda} = 0 + b\left(\frac{-2}{\lambda^3}\right)$$

Soit encore :

$$\boxed{\frac{dn_e}{d\lambda} = -\frac{2b}{\lambda^3}}$$

4) Or, par hypothèse, on sait que $b > 0$ et que physiquement $\lambda > 0$. Cela implique donc que :

$$\frac{dn_e}{d\lambda} < 0$$

De plus, on a :

$$\frac{d\mathcal{D}_{2m}}{d\lambda} = \frac{d\mathcal{D}_{2m}}{dn_e}\frac{dn_e}{d\lambda}$$

Enfin, comme le produit de deux termes de signe opposé est négatif, on en déduit la condition demandée :

$$\boxed{\frac{d\mathcal{D}_{2m}}{d\lambda} < 0}$$

5) La relation précédente nous apprend que, lorsque la longueur d'onde augmente, donc lorsqu'elle tend vers le rayonnement de couleur rouge, alors l'angle de déviation autour duquel il y a une accumulation de lumière diminue. On en déduit donc que :

$$\lambda_R > \lambda_V \quad \Rightarrow \quad \mathcal{D}_{2m}^R < \mathcal{D}_{2m}^V \quad \Rightarrow \quad \mathcal{D}_{2m}^R - \pi < \mathcal{D}_{2m}^V - \pi$$

Soit :

$$\varphi_2^R < \varphi_2^V$$

Finalement, on en déduit que, **dans l'arc-en-ciel secondaire, l'arc extrême rouge est à l'intérieur, c'est-à-dire en-dessous, de l'arc externe violet. L'ordre des couleurs de l'arc-en-ciel secondaire est inversé par rapport à celui de l'arc-en-ciel primaire.**

6) On a :

$$\Delta\varphi_2 = \varphi_2^V - \varphi_2^R \quad \Leftrightarrow \quad \Delta\varphi_2 = (\mathcal{D}_{2m}^V - \pi) - (\mathcal{D}_{2m}^R - \pi)$$

Soit :

$$\Delta\varphi_2 = \mathcal{D}_{2m}^V - \mathcal{D}_{2m}^R$$

Avec :

$$\begin{cases} \mathcal{D}_{2m}^V = 2\pi + 2\arcsin\left(\sqrt{\dfrac{9 - \left(\dfrac{n_e^V}{n_a}\right)^2}{8}}\right) - 6\arcsin\left(\sqrt{\dfrac{\left(\dfrac{3n_a}{n_e^V}\right)^2 - 1}{8}}\right) \\ \mathcal{D}_{2m}^R = 2\pi + 2\arcsin\left(\sqrt{\dfrac{9 - \left(\dfrac{n_e^R}{n_a}\right)^2}{8}}\right) - 6\arcsin\left(\sqrt{\dfrac{\left(\dfrac{3n_a}{n_e^R}\right)^2 - 1}{8}}\right) \end{cases}$$

7) On a les applications numériques suivantes :

$$\mathcal{D}_{2m}^V = 2\pi + 2\arcsin\left(\sqrt{\frac{9 - \left(\frac{1{,}34287}{1{,}000292612}\right)^2}{8}}\right) - 6\arcsin\left(\sqrt{\frac{\left(\frac{3 \times 1{,}000292612}{1{,}34287}\right)^2 - 1}{8}}\right)$$

Soit :

$$\mathcal{D}_{2m}^V = 233{,}34°$$

Puis, on a également :

$$\mathcal{D}_{2m}^R = 2\pi + 2\arcsin\left(\sqrt{\frac{9 - \left(\frac{1{,}33007}{1{,}000292612}\right)^2}{8}}\right) - 6\arcsin\left(\sqrt{\frac{\left(\frac{3 \times 1{,}000292612}{1{,}33007}\right)^2 - 1}{8}}\right)$$

Soit :

$$\mathcal{D}_{2m}^R = 230{,}02°$$

Ainsi, par soustraction, on trouve que :

$$\boxed{\Delta\varphi_2 = 3{,}32°}$$

On constate que $\Delta\varphi_2$ est de l'ordre du double de $\Delta\varphi_1$. Autrement dit, l'arc-en-ciel secondaire apparait à l'observateur comme étant, à peu près, deux fois plus étendue que l'arc-en-ciel primaire. C'est bien ce qui est observé sur les différentes photographies des arcs-en-ciel.

Au sujet de la modélisation proposée de ce merveilleux phénomène optique, qu'est l'arc-en-ciel, plusieurs remarques peuvent être faites :

♣ *Dans l'espace situé entre les arcs-en-ciel primaire et secondaire, il existe une zone beaucoup plus sombre, appelée « bande sombre d'Alexandre » en l'honneur d'Alexandre d'Aphrodise (150 / 215 – Philosophe grec) qui fût le premier à la décrire. Il s'agit de la zone angulaire comprise entre la fin de l'arc-en-ciel primaire (de couleur rouge) à 42,56° et le début de l'arc-en-ciel secondaire (également de couleur rouge) à 50,02° ; soit une largeur angulaire d'environ 7,5°. Cette zone sombre est donc de très grande taille et bien visible. Le grand physicien et mathématicien britannique George Biddell Airy (1801 / 1892), du célèbre Trinity College de Cambridge, en proposa une modélisation précise en 1838.*

♣ *Le Soleil, qui est la source lumineuse éclairant les gouttes d'eau, est une source lumineuse non ponctuelle. Et ceci entraine un chevauchement des bandes colorées des arcs-en-ciel. Ainsi, les couleurs ne sont pas pures. A ce stade, il faudrait tenir compte de la taille des gouttes d'eau, mais ceci est une tout autre histoire, car il faut alors utiliser la théorie (beaucoup plus complexe) de Mie (physicien allemand – 1869 / 1957) ...*

♣ *Dans les gouttes d'eau, les rayons solaires ne subissent pas uniquement que deux réflexions internes. En effet, ces rayons subissent un nombre entier de « p » réflexions internes, mais chacune étant « moins lumineuse » que la précédente (à cause des pertes par transmission aux interfaces eau / air). Comme chacune de ses réflexions engendre une déviation de $\pi - 2r$, et que deux réfractions sont nécessaires (une à l'entrée dans la goutte et une autre à la sortie de cette dernière), entrainant chacune une déviation de $i - r$, on en déduit donc que l'angle de déviation issu de « p » réflexions internes est :*

$$D_p = p(\pi - 2r) + 2(i-r) = p\pi + 2(i - (p+1)r)$$

♣ *Evidemment, les différents rayons lumineux sont en fait des ondes électromagnétiques, et donc ont, sous certaines conditions, possibilité de créer des interférences lumineuses. Ces dernières engendrent des « arcs surnuméraires ». C'est l'anglais Tomas Young (1773 / 1827) qui, en 1803, en propose une explication.*

♣ *Récemment, c'est le physicien brésilien Herch Moysés Nussenzveig (né en 1933) qui a publié des articles sur l'arc-en-ciel*

Herch Moysés Nussenzveig

DEUXIÈME PROBLÈME

Quel choc, le mur du son vient de tomber !

La vitesse du son dans l'air, qui est de l'ordre de 343 m/s soit environ 1235 km/h à la température de 20°C, est une vitesse limite en aérodynamisme. En effet, cette valeur délimite des domaines de comportements physiques bien différents des écoulements fluides. Pour faire simple, lorsque la vitesse de l'écoulement est inférieure à la vitesse du son dans l'air, on dit que l'on se trouve en régime subsonique. Lorsque l'écoulement se déplace à une vitesse inférieure, mais voisine de celle du son dans l'air, on dit que l'on se trouve en régime transsonique. Dans cette phase, des phénomènes physiques complexes, liés à la compressibilité de l'air, font leurs apparitions, et les équations qui décrivent ces comportements deviennent si compliquées qu'elles nécessitent un arsenal mathématiques bien supérieur aux ambitions de cet ouvrage. Enfin, lorsque la vitesse de l'écoulement est supérieure à la vitesse du son dans l'air, on dit que l'on se trouve en régime supersonique. C'est lors de cette phase supersonique qu'il est possible, à un observateur terrestre, d'entendre le « BANG » supersonique. Ce bruit, violent et soudain, est lié à la traversée d'une accumulation des ondes sonores, successivement accumulées devant l'objet se déplaçant en régime subsonique. On l'appelle également onde de choc. Lorsque la vitesse devient transsonique, ces ondes se rapproche de l'avant de l'objet, et forme une « épaisseur sonore » (de l'ordre du libre parcours moyen des molécules) plus connue sous le nom de « mur du son » :

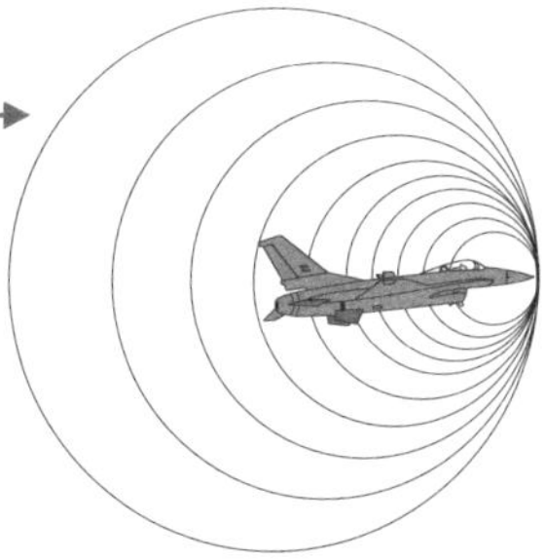

Historiquement, l'expression « mur du son » date de 1935, et est attribuée à l'ingénieur britannique William Frank Hilton. Elle est inspirée des aviateurs qui, durant la seconde guerre mondiale, s'approchant de cette valeur limite, constataient un « durcissement » des commandes de contrôle des avions, ainsi que des phénomènes d'instabilités.

♠ Données du problème

- Vitesse du son dans l'air : $c = 343$ m/s
- Vitesse de vol de l'avion dans l'air : $v = 502$ m/s
- Altitude de de vol de l'avion dans l'air : $h = 2$ km
- Charge élémentaire : $e = 1{,}60217657.10^{-19}$ C
- Masse au repos de l'électron : $m_e = 9{,}10938291.10^{-31}$ kg
- Vitesse de la lumière dans le vide : $c = 299792458$ m/s
- Constante de Planck : $h = 6{,}62606957.10^{-34}$ m^2.kg.s^{-1}
- Indice optique de l'eau de piscine de désactivation nucléaire : $n = 4/3$

Partie A - Onde de choc acoustique

On considère un avion de chasse, en phase de vol supersonique, qui se déplace horizontalement, dans la direction du vecteur unitaire $\overrightarrow{e_x}$, à la vitesse v constante sur une droite d'équation $y = h$. Le bruit émis par l'avion en A à l'instant t, est perçu par l'observateur immobile en O à un instant ultérieur $t' = f(t)$. Le bruit est en fait une onde sonore tridimensionnelle, qui se propage sur des fronts d'ondes sphériques. Ces ondes sphériques sont toutes contenues dans le cône de *Mach (Ernst Mach - Physicien autrichien - 1838 / 1916)*.
L'origine des temps, $t = 0$, est choisi à l'instant où l'avion passe à la verticale de l'observateur, c'est-à-dire qu'il se trouve au point de coordonnées ($x = 0$; $y = h$). La vitesse du son dans l'air sera notée c et supposée constante.

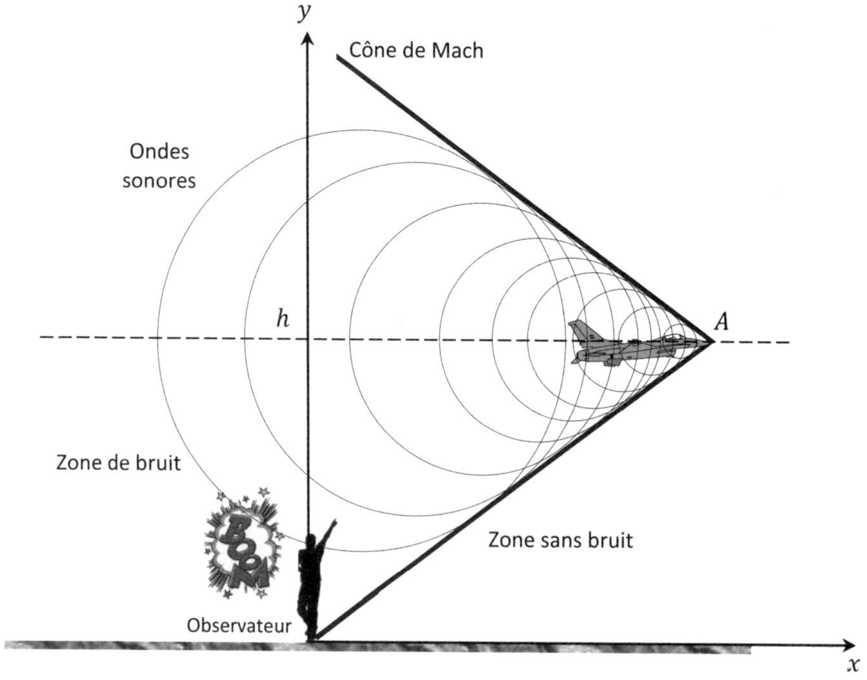

On admet que l'observateur reçoit dans le laps de temps $\Delta t'$ tous les bruits émis durant Δt par l'avion en vol, qui sont alors contenu dans le cône de *Mach*. En outre, on adoptera les notations suivantes :

✓ t_0 est l'instant auquel l'avion de chasse a émis les sons perçus par l'observateur ;
✓ t'_0 est l'instant auquel l'observateur immobile perçoit les sons du bang créés auparavant par l'avion en t_0.

1) Expliquer pourquoi le son perçu par l'observateur immobile en O est très intense, c'est-à-dire le bang supersonique, si on a la condition suivante :
$$\frac{dt'}{dt} = 0$$
2) Exprimer la fonction $t' = f(t)$ en fonction de t, v, c et h.
3) Démontrer que si $t \to +\infty$ alors on a :
$$t' \approx t\left(1 + \frac{v}{c}\right)$$
4) Démontrer que si $t \to -\infty$ alors on a :
$$t' \approx t\left(1 - \frac{v}{c}\right)$$
5) Déterminer, en fonction de v, c et h, l'instant t_0 auquel l'avion de chasse a émis les sons perçus par l'observateur. Faire l'application numérique.
6) Déterminer, en fonction de v, c et h, l'instant t'_0 auquel l'observateur immobile perçoit le bang supersonique. Faire l'application numérique.
7) Tracer soigneusement la fonction $t' = f(t)$.
8) Déterminer la position précise de l'avion A au moment où l'observateur perçoit le bang supersonique.
9) Déterminer la position précise de l'avion A au moment ce dernier émet le bruit du bang supersonique.
10) L'observateur entend-il en premier l'avion où le bang sonore ?
11) Quelle est la durée d'émission τ_A des sons émis par l'avion si l'observateur les entend pendant le laps de temps $\tau_O = t' - t'_0$. Calculer numériquement τ_A si $\tau_O =$ 0,1 s. Commenter ce résultat. Vous exprimerez votre résultat en fonction de v, c, τ_O et h.
12) En effectuant un développement limité, à l'ordre deux, de la fonction $t' = f(t)$ au voisinage de t_0, démontrer que la durée τ_A est approximativement donnée par l'expression suivante :
$$\tau_A \approx \frac{1}{c} \frac{\sqrt{2hv\tau_O}}{\left(\left(\frac{v}{c}\right)^2 - 1\right)^{\frac{3}{4}}}$$
Quelle conclusion pouvez-vous faire ?
13) Que se passe-t-il physiquement si $v = c + \vartheta$, avec $\vartheta \to 0^+$?
14) Soit A_{Choc} la position de l'avion au moment où l'onde de choc, c'est-à-dire le bang supersonique, est détectée par l'observateur immobile situé en O. Déterminer β_{Choc} où β_{Choc} est l'angle entre OA_{Choc} et l'horizontale. En déduire l'ensemble des points recevant l'onde de choc à un instant donné.
15) De quel autre phénomène physique est à rapprocher cette étude de la perception de la détonation supersonique ?

Partie B – L'onde de choc relativiste : l'effet Tcherenkov

Il existe un effet similaire avec la lumière dans la matière. En effet, lorsqu'une particule chargée se déplace, dans un milieu donné, à une vitesse supérieure à celle de la lumière dans ce milieu, il y a alors émission d'un rayonnement qui réagit comme une onde de choc. On parle alors d'**effet *Tcherenkov*** *(Pavel Tcherenkov – Physicien russe – 1904 / 1990 – Lauréat du prix Nobel de Physique en 1958)*. En piscine de désactivation, lorsque le réacteur nucléaire est en fonctionnement, cet effet produit un rayonnement inoffensif bleuté, donc bien visible :

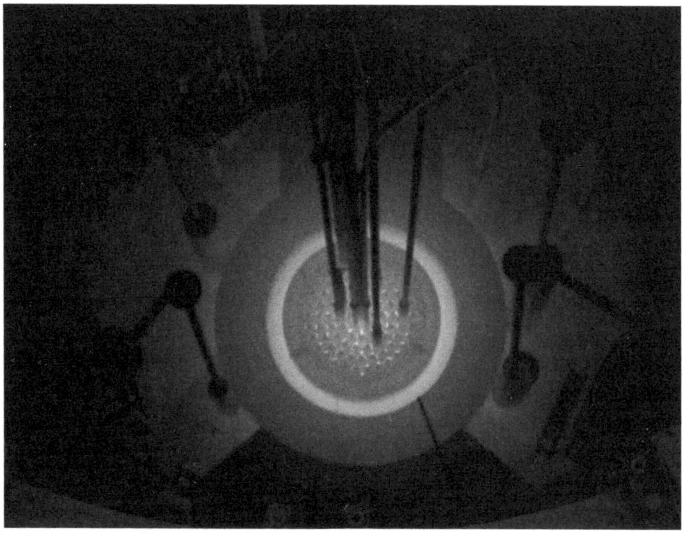

Document 1 : illustration de l'effet Tcherenkov en piscine de désactivation

Lorsqu'un radioélément fortement radioactif se désintègre, certains électrons sont émis (par émission β) à une vitesse supérieure à celle de la lumière **dans l'eau**. Dès qu'ils quittent le combustible, ils interagissent avec l'eau et leur vitesse diminue rapidement. La longueur d'onde à laquelle l'énergie est alors libérée est la même que celle de la lumière bleue. Le phénomène se manifeste encore quelques temps après l'arrêt du réacteur suite à la décroissance des produits de fission. Il faut bien comprendre que c'est l'eau qui produit ce rayonnement, pas le matériel irradié.
Il s'agit d'un effet purement relativiste, très utilisé en physique des particules (pour la détection), en astrophysique pour la détection des neutrinos, mais également dans le contrôle des réacteurs nucléaires. Mais cet effet à également des conséquences assez inattendues. En effet, les astronautes des missions Apollo s'étaient tous plaints de phosphènes (apparition de taches lumineuses dans le champ visuel) durant leurs missions. On découvrit que ces troubles visuels lumineux étaient dus à l'effet *Tcherenkov* de particules du vent solaire à l'intérieur du liquide oculaire des astronautes

Dans un milieu transparent, telle que l'eau de désactivation nucléaire n, un électron e^- de grande énergie E, se déplace à la vitesse v, constante, supérieure à la vitesse de la lumière v_L dans ce milieu. On constate alors la production d'ondes lumineuses, encore appelées « ondes *Tcherenkov* », dans ce milieu transparent. L'enveloppe de ces ondes *Tcherenkov* est un cône, dont le sommet, est à chaque instant, est la position de l'électron. Le demi-angle au sommet de ce cône sera noté α. Une partie de l'énergie E de l'électron sert à produire un « photon *Tcherenkov* », noté γ, et de fréquence $\nu > 0$. L'équation se produisant est alors modélisé par :

$$e^- \longrightarrow \gamma + e^-$$

On a alors la situation physique et géométrique suivante :

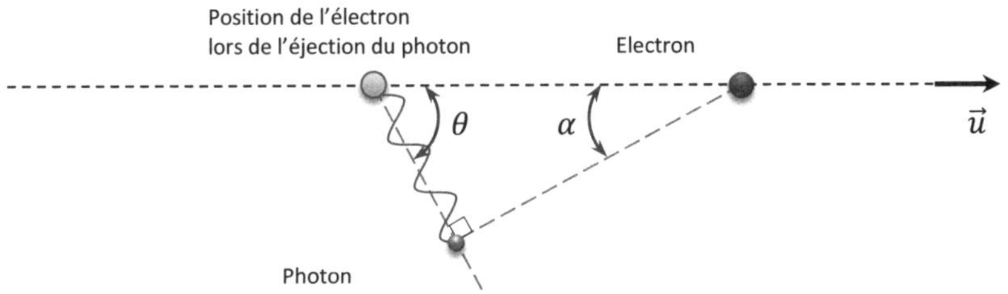

On adoptera les notations suivantes :

- Le rapport des vitesses $\beta = v/c$;
- La masse dynamique (ou relativiste) de l'électron en mouvement sera notée m, et s'exprime comme :
$$m = \frac{m_e}{\sqrt{1-\beta^2}}$$
- L'énergie de l'électron avant l'éjection du photon *Tcherenkov* est $E > 0$;
- La quantité de mouvement (encore appelé impulsion) de l'électron avant l'éjection du photon *Tcherenkov* est $\vec{p}$;
- L'énergie de l'électron après l'éjection du photon *Tcherenkov* est E' ;
- La quantité de mouvement (encore appelé impulsion) de l'électron après l'éjection du photon *Tcherenkov* est $\overrightarrow{p'}$;
- L'énergie du photon *Tcherenkov* est E_{PT} ;
- La quantité de mouvement du photon *Tcherenkov* est $\overrightarrow{p_{PT}}$.
- Le vecteur unitaire de la direction d'éjection du photon *Tcherenkov* est $\vec{u}$;
- L'angle d'éjection du photon *Tcherenkov* est $\theta = (\vec{p}\,;\vec{u})$ et $\pi/2 \geq \theta \geq 0$.

En outre, on admettra que, lors de cette éjection du photon *Tcherenkov* γ, il y a conservation de l'énergie et conservation de la quantité de mouvement. Enfin, on admettra que l'énergie E de l'électron, lors de son mouvement, est donnée par la relation relativiste suivante :

$$E = mc^2 = c\sqrt{p^2 + m_e^2c^2}$$

Dans cette relation, on a posé $p = \|\vec{p}\| = mv > 0$ qui représente la norme du vecteur quantité de mouvement de l'électron.

1) Etablir la correspondance entre les unités énergétiques « Joule » et « MeV ».
2) Déterminer l'énergie de repos, notée E_r, de l'électron. Vous exprimerez votre résultat en MeV.
3) Donner l'expression de la vitesse de la lumière v_L en fonction de c et n.
4) Donner l'expression de l'énergie E_{PT} en fonction de la fréquence ν de ce photon.
5) Déterminer l'expression de $\overrightarrow{p_{PT}}$ en fonction de ν, c, n, h et $\vec{u}$.
6) Ecrire l'équation bilan énergétique de cette éjection.
7) Ecrire l'équation bilan vectorielle qui traduit, lors de cette éjection, la conservation de la quantité de mouvement.
8) Déduire des questions précédentes que :

$$\cos(\theta) = \frac{2E + h\nu(n^2 - 1)}{2pcn}$$

9) Soit θ_{max} la valeur maximale possible de L'angle d'éjection du photon *Tcherenkov*. Déterminer une condition physique, sur le photon émis, pour obtenir un éjection d'angle θ_{max}.
10) Démontrer que l'on a la relation suivante :

$$\frac{E}{pc} = \frac{1}{\beta}$$

11) En déduire la relation suivante :

$$\cos(\theta_{max}) = \frac{1}{n\beta}$$

12) Faire un schéma de la situation géométrique considérée. En déduire que l'on a :

$$\sin(\alpha) = \cos(\theta_{max})$$

13) A partir de la relation précédente, justifier que ces ondes existent.
14) Justifier que l'effet *Tcherenkov* soit parfois appelée « onde de choc lumineuse relativiste ».
15) Démontrer que l'énergie minimale E_{min} que doit avoir l'électron incident, en mouvement, pour pouvoir obtenir un photon *Tcherenkov* est :

$$E_{min} = \frac{n}{\sqrt{n^2 - 1}} E_r$$

Faire l'application numérique. Vous exprimerez votre résultat en MeV.
16) Lorsque $E \geq E_{min}$, en déduire, en fonction de E, n, h, p et c, l'expression de la longueur d'onde minimale, notée λ_{min}, du photon *Tcherenkov* produit.
17) Si l'électron incident à une énergie $E = 1$ MeV, déterminer λ_{min}.
18) Que se passe-t-il si l'électron effectue son mouvement dans l'air ? Justifier.
19) Sachant que la longueur d'onde d'une radiation bleue est $\lambda_{bleu} = 450{,}5$ nm, et que l'énergie de l'électron incident vaut encore $E = 1$ MeV, déterminer l'angle d'éjection photonique θ_{bleu} associé.
20) En déduire la vitesse v de l'électron dans ce milieu transparent.

Fin du sujet

CORRECTION

Ce problème traite des ondes de chocs. Dans une première partie, il y est question de sa forme la plus élémentaire : la perception acoustique de la détonation supersonique, encore appelée « onde de choc », « mur du son » ou « bang hypersonique ». Ce phénomène, des plus surprenants, intriguant car semblant venir de nulle part, est l'illustration parfaite de l'immense richesse des comportements physique des fluides. Le traitement proposer est d'ordre cinématique, et en aucun cas ne fait appel à des notions de mécanique des fluides. Il s'agit de bien comprendre qu'il y a un décalage temporel entre l'émission des bruits par l'avions et leurs perceptions par l'observateur immobile ; d'où la nécessité, et l'emploi, de deux échelles temporelles « t » et « t' » : la première étant lié à l'émission, donc à l'avion, et la seconde à la réception, donc à l'observateur. La modélisation proposée dans ce problème est « similaire » à celui de l'application de l'effet Doppler. De plus, l'utilisation d'un développement limité sera requise pour mettre en évidence l'effet de « concentration sonore ». Il s'agit avant tout d'un problème qui apporte des ordres de grandeurs intéressants sur la cinématique des ondes de choc, et qui demande une bonne analyse physique, reposant sur une assise mathématique plutôt élémentaire, et à ce titre demandant beaucoup de soin dans sa réalisation. Dans une seconde partie, l'onde de choc lumineuse et relativiste est abordée. Cette particularité physique est connue sous le nom d'effet Tcherenvov (qui vaudra, en 1958, le prix Nobel de Physique à Pavel Alekseïevitch Tcherenkov). Il s'agit d'une partie peu calculatoire, mais faisant appel à de bonnes notions physiques. Bref, un sujet typiquement dans l'esprit des concours de formation supérieure : véritablement initiatique.

1) L'observateur reçoit en un laps très bref $\Delta t'$ l'ensemble de tous les bruits qui ont été émis par l'avion en durant la durée $\Delta t > \Delta t'$. Il y a donc une accumulation de bruit, donc l'intensité sonore augmente fortement. Ainsi, l'observateur ressent une détonation appelée bang supersonique ou onde de choc. Or, l'intensité sonore est proportionnelle au rapport de la durée de réception $\Delta t'$ sur la durée d'émission Δt :

$$\text{intensité sonore } \propto \frac{\Delta t'}{\Delta t}$$

De plus, si Δt est une durée très courte (donc $\Delta t'$ l'est encore plus) alors l'effet de « concentration sonore » est d'autant plus marqué. On a alors la condition physique suivante sur l'intensité sonore de la détonation :

$$\text{intensité sonore maximale} \quad \Leftrightarrow \quad \lim_{\Delta t \to 0^+} \frac{\Delta t'}{\Delta t} = 0$$

Ce qui revient, mathématiquement, à la condition suivante :

$$\boxed{\frac{dt'}{dt} = 0}$$

2) On sait que le bruit émis par l'avion, à l'instant t, est perçu par l'observateur ultérieurement à l'instant t', tel que nous tenions compte de la durée de voyage de cette onde entre l'avion et l'observateur. On a alors :

$$t' = t + t_{voyage} \quad \Leftrightarrow \quad t' = t + \frac{AO}{c}$$

Puis, notons par P le point situé à la verticale de l'observateur et d'altitude h, c'est-à-dire que les coordonnées de P sont $(x = 0\,; y = h)$. Si on applique le théorème de *Pythagore*, au triangle APO, rectangle en P, on a alors :

$$OP^2 + PA^2 = AO^2 \quad \Leftrightarrow \quad h^2 + (vt)^2 = AO^2$$

D'où :

$$AO = \sqrt{h^2 + v^2t^2}$$

Ainsi, on obtient :

$$\boxed{t' = t + \frac{\sqrt{h^2 + v^2t^2}}{c}}$$

On en déduit alors que :

$$\boxed{f(t) = t + \frac{\sqrt{h^2 + v^2t^2}}{c}}$$

3) On a :

$$t' = t + \frac{\sqrt{h^2 + v^2t^2}}{c} \quad \Leftrightarrow \quad t' = t + \frac{\sqrt{\left(\frac{h^2}{v^2t^2} + 1\right)v^2t^2}}{c}$$

Or, si $\rightarrow +\infty$, alors le terme vt est positif. Donc, on peut alors écrire que l'on a :

$$t' = t + \frac{\sqrt{v^2t^2}\sqrt{\frac{h^2}{v^2t^2} + 1}}{c} \quad \Leftrightarrow \quad t' = t + \frac{|vt|\sqrt{\frac{h^2}{v^2t^2} + 1}}{c} \quad \Leftrightarrow \quad t' = t + \frac{vt\sqrt{\frac{h^2}{v^2t^2} + 1}}{c}$$

Soit encore :

$$t' = t + t\frac{v}{c}\sqrt{1 + \frac{h^2}{v^2t^2}} \quad \Leftrightarrow \quad t' = t\left(1 + \frac{v}{c}\sqrt{1 + \left(\frac{h}{vt}\right)^2}\right)$$

Cette égalité peut également s'écrire comme :

$$t' = t\left(1 + \frac{v}{c}\left(1 + \left(\frac{h}{vt}\right)^2\right)^{\frac{1}{2}}\right)$$

Or, si $t \rightarrow +\infty$, alors $vt \gg h$, et ainsi en développant au premier ordre (approximation affine) :

$$0 < \frac{h}{vt} \ll 1 \quad \Longrightarrow \quad t' \approx t\left(1 + \frac{v}{c}\left(1 + \frac{1}{2}\left(\frac{h}{vt}\right)^2\right)\right)$$

Enfin si $t \to +\infty$, alors $\frac{h}{vt} \longrightarrow 0^+$, et le terme $\frac{1}{2}\left(\frac{h}{vt}\right)^2$ est totalement négligeable devant 1. On a alors :

$$t \to +\infty \quad \Longrightarrow \quad \boxed{t' \approx t\left(1 + \frac{v}{c}\right)}$$

4) On a :

$$t' = t + \frac{\sqrt{h^2 + v^2t^2}}{c} \quad \Leftrightarrow \quad t' = t + \frac{\sqrt{\left(\frac{h^2}{v^2t^2} + 1\right)v^2t^2}}{c}$$

Or, si $\to -\infty$, alors **le terme vt est négatif**. Donc, on peut alors écrire que l'on a :

$$t' = t + \frac{\sqrt{v^2t^2}\sqrt{\frac{h^2}{v^2t^2} + 1}}{c} \quad \Leftrightarrow \quad t' = t + \frac{|vt|\sqrt{\frac{h^2}{v^2t^2} + 1}}{c} \quad \Leftrightarrow \quad t' = t + \frac{-vt\sqrt{\frac{h^2}{v^2t^2} + 1}}{c}$$

Soit encore :

$$t' = t - t\frac{v}{c}\sqrt{1 + \frac{h^2}{v^2t^2}} \quad \Leftrightarrow \quad t' = t\left(1 - \frac{v}{c}\sqrt{1 + \left(-\frac{h}{vt}\right)^2}\right)$$

Cette égalité peut également s'écrire comme :

$$t' = t\left(1 - \frac{v}{c}\left(1 + \left(-\frac{h}{vt}\right)^2\right)^{\frac{1}{2}}\right)$$

Or, si $t \to -\infty$, alors $-\frac{h}{vt} \longrightarrow 0^+$, et ainsi en développant au premier ordre (approximation affine) :

$$-\frac{h}{vt} \longrightarrow 0^+ \quad \Longrightarrow \quad t' \approx t\left(1 + \frac{v}{c}\left(1 + \frac{1}{2}\left(-\frac{h}{vt}\right)^2\right)\right)$$

Enfin si $t \to -\infty$, alors $-\frac{h}{vt} \longrightarrow 0^+$, et le terme $\frac{1}{2}\left(-\frac{h}{vt}\right)^2$ est totalement négligeable devant 1. On a alors :

$$t \to -\infty \quad \Longrightarrow \quad \boxed{t' \approx t\left(1 - \frac{v}{c}\right)}$$

5) Appliquons la condition de détonation déterminée lors de la première question. On a alors :

$$\left.\frac{dt'}{dt}\right]_{t=t_0} = 0 \quad \Leftrightarrow \quad \left.\frac{d}{dt}\left(t + \frac{\sqrt{h^2+v^2t^2}}{c}\right)\right]_{t=t_0} = 0$$

D'où :

$$\left.\frac{dt}{dt}\right]_{t=t_0} + \left.\frac{d}{dt}\left(\frac{\sqrt{h^2+v^2t^2}}{c}\right)\right]_{t=t_0} = 0 \quad \Leftrightarrow \quad 1 + \left.\frac{1}{c}\frac{d}{dt}\left(\sqrt{h^2+v^2t^2}\right)\right]_{t=t_0}$$

Ce qui nous donne donc :

$$1 + \frac{1}{c}\frac{\left.\frac{d}{dt}(h^2+v^2t^2)\right]_{t=t_0}}{2\sqrt{h^2+v^2t_0^2}} = 0 \quad \Leftrightarrow \quad 1 + \frac{\left.\frac{d}{dt}(h^2)\right]_{t=t_0} + \left.\frac{d}{dt}(v^2t^2)\right]_{t=t_0}}{2\sqrt{h^2+v^2t_0^2}} = 0$$

On obtient alors :

$$1 + \frac{0 + v^2\left.\frac{d}{dt}(t^2)\right]_{t=t_0}}{2\sqrt{h^2+v^2t_0^2}} = 0 \quad \Leftrightarrow \quad 1 + \frac{0 + v^2 2t]_{t=t_0}}{2\sqrt{h^2+v^2t_0^2}} = 0$$

Soit encore :

$$1 + \frac{2v^2t_0}{2c\sqrt{h^2+v^2t_0^2}} = 0 \quad \Leftrightarrow \quad 1 + \frac{v^2t_0}{c\sqrt{h^2+v^2t_0^2}} = 0 \quad \Leftrightarrow \quad \frac{v^2t_0}{c\sqrt{h^2+v^2t_0^2}} = -1$$

Ceci nous permet d'écrire que :

$$v^2t_0 = -c\sqrt{h^2+v^2t_0^2}$$

En élevant au carré cette dernière égalité, on obtient alors :

$$v^4t_0^2 = c^2(h^2+v^2t_0^2) \quad \Leftrightarrow \quad v^4t_0^2 = c^2h^2 + c^2v^2t_0^2 \quad \Leftrightarrow \quad v^4t_0^2 - c^2v^2t_0^2 = c^2h^2$$

Factorisons, dans le terme de gauche, par l'expression $v^2t_0^2$. Ainsi, on obtient :

$$v^2t_0^2(v^2-c^2) = c^2h^2 \quad \Leftrightarrow \quad t_0^2 = \frac{c^2}{v^2(v^2-c^2)}h^2 \quad \Leftrightarrow \quad t_0^2 = \frac{1}{v^2\left(\frac{v^2-c^2}{c^2}\right)}h^2$$

Ce qui nous donne :

$$t_0^2 = \frac{h^2}{v^2}\frac{1}{\left(\frac{v^2}{c^2} - \frac{c^2}{c^2}\right)} \quad \Leftrightarrow \quad t_0^2 = \frac{h^2}{v^2}\frac{1}{\left(\frac{v^2}{c^2} - 1\right)} \quad \Leftrightarrow \quad t_0^2 = \frac{h^2}{v^2}\frac{1}{\left(\left(\frac{v}{c}\right)^2 - 1\right)}$$

On en déduit alors que, mathématiquement, on a :

$$t_0 = \pm \frac{h}{v\sqrt{\left(\frac{v}{c}\right)^2 - 1}}$$

Afin de choisir la solution qui soit physiquement acceptable, deux raisonnements sont alors possibles :

- Approche physique :
  Il faut simplement se souvenir que l'origine des temps est choisie lorsque l'avion passe à la verticale de l'observateur. Or, l'onde détectée par l'observateur a été nécessairement créée par l'avion avant son passage au-dessus de la verticale de l'observateur, c'est-à-dire avant le temps origine. Ainsi le temps d'émission de l'onde de choc est donc nécessairement négatif.
- Approche mathématique :
  Nous avions obtenu, lors des calculs de la page précédente, l'équation suivante :

$$v^2 t_0 = -c\sqrt{h^2 + v^2 t_0^2}$$

Que nous pouvons encore écrire comme :

$$t_0 = -\frac{c}{v^2}\sqrt{h^2 + v^2 t_0^2}$$

Or, l'intérieure de la racine carrée étant une somme de deux termes positifs (deux carrés), elle est donc bien définie, et ainsi positive. De plus, par hypothèses, c et v sont deux quantités positives. De ceci, on en déduit que :

$$\frac{c}{v^2}\sqrt{h^2 + v^2 t_0^2} > 0 \quad \Rightarrow \quad t_0 < 0$$

Ceci qui implique que la solution physique nous est donnée par la relation :

$$\boxed{t_0 = -\frac{h}{v\sqrt{\left(\frac{v}{c}\right)^2 - 1}}}$$

L'application numérique nous conduit à la valeur suivante :

$$t_0 = -\frac{2000}{502 \times \sqrt{\left(\frac{502}{343}\right)^2 - 1}} = -3{,}73 \text{ s}$$

6) L'instant t'_0 auquel l'observateur immobile perçoit le bang supersonique nous est simplement donné par la relation : $t'_0 = f(t_0)$.
Ce qui nous permet d'écrire que :

$$t'_0 = t_0 + \frac{\sqrt{h^2 + v^2 t_0^2}}{c} \quad \Leftrightarrow \quad t'_0 = -\frac{h}{v\sqrt{\left(\frac{v}{c}\right)^2 - 1}} + \frac{\sqrt{h^2 + v^2 \frac{h^2}{v^2} \frac{1}{\left(\left(\frac{v}{c}\right)^2 - 1\right)}}}{c}$$

Ce qui nous donne alors :

$$t'_0 = -\frac{h}{v\sqrt{\left(\frac{v}{c}\right)^2 - 1}} + \frac{\sqrt{h^2 + h^2 \frac{1}{\left(\left(\frac{v}{c}\right)^2 - 1\right)}}}{c}$$

D'où :

$$t'_0 = -\frac{h}{v\sqrt{\left(\frac{v}{c}\right)^2 - 1}} + \frac{h}{c}\sqrt{1 + \frac{1}{\left(\left(\frac{v}{c}\right)^2 - 1\right)}}$$

Ce qui nous donne encore :

$$t'_0 = -\frac{h}{v\sqrt{\frac{v^2 - c^2}{c^2}}} + \frac{h}{c}\sqrt{1 + \frac{1}{\frac{v^2 - c^2}{c^2}}}$$

On obtient ainsi :

$$t'_0 = -\frac{h}{v}\sqrt{\frac{c^2}{v^2 - c^2}} + \frac{h}{c}\sqrt{1 + \frac{c^2}{v^2 - c^2}} \quad \Leftrightarrow \quad t'_0 = -\frac{h}{v}\sqrt{\frac{c^2}{v^2 - c^2}} + \frac{h}{c}\sqrt{\frac{v^2 - c^2 + c^2}{v^2 - c^2}}$$

Soit encore :

$$t'_0 = -\frac{h}{v}\sqrt{\frac{c^2}{v^2 - c^2}} + \frac{h}{c}\sqrt{\frac{v^2}{v^2 - c^2}} \quad \Leftrightarrow \quad t'_0 = -h\frac{c}{v}\sqrt{\frac{1}{v^2 - c^2}} + h\frac{v}{c}\sqrt{\frac{1}{v^2 - c^2}}$$

Puis, en factorisant, on obtient :

$$t'_0 = h\sqrt{\frac{1}{v^2 - c^2}}\left(-\frac{c}{v} + \frac{v}{c}\right) \quad \Leftrightarrow \quad t'_0 = \frac{h}{\sqrt{v^2 - c^2}}\left(\frac{v}{c} - \frac{c}{v}\right)$$

D'où :

$$t'_0 = \frac{h}{\sqrt{v^2 - c^2}}\left(\frac{v^2 - c^2}{cv}\right) \quad \Leftrightarrow \quad t'_0 = \frac{h}{\sqrt{v^2 - c^2}} \frac{\sqrt{v^2 - c^2}\sqrt{v^2 - c^2}}{cv}$$

Enfin, en simplifiant par $\sqrt{v^2 - c^2}$ on obtient alors :

$$t'_0 = \frac{h}{cv}\sqrt{v^2 - c^2} \quad \Leftrightarrow \quad t'_0 = \frac{h}{v}\sqrt{\frac{v^2 - c^2}{c^2}} \quad \Leftrightarrow \quad t'_0 = \frac{h}{v}\sqrt{\frac{v^2}{c^2} - \frac{c^2}{c^2}}$$

Finalement, on obtient :

$$\boxed{t'_0 = \frac{h}{v}\sqrt{\left(\frac{v}{c}\right)^2 - 1}}$$

L'application numérique nous donne alors :

$$t'_0 = \frac{2000}{502}\sqrt{\left(\frac{502}{343}\right)^2 - 1} = 4{,}26 \text{ s}$$

7) On obtient la représentation graphique suivante de la fonction f :

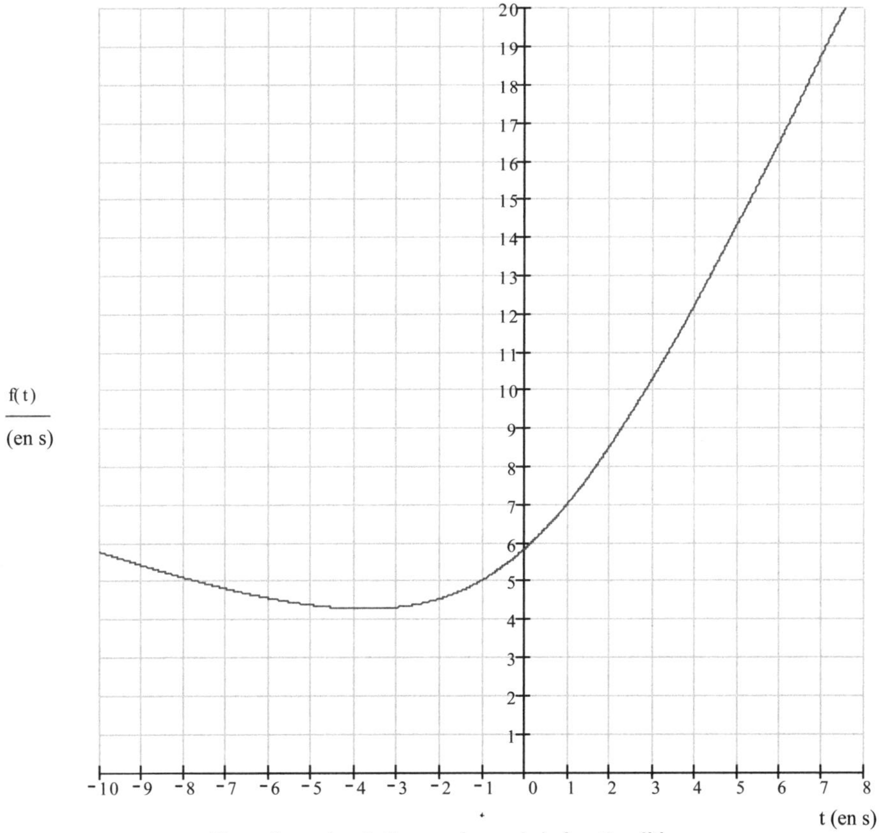

Figure 1 représentation graphique de la fonction f(t)

On vérifie bien les valeurs, de t'_0 et t_0, déterminées précédemment.

8) La position précise PA_p de l'avion au moment où l'observateur perçoit le bang supersonique est donnée par :

$$PA_p = vt'_0 \quad \Leftrightarrow \quad PA_p = v\frac{h}{v}\sqrt{\left(\frac{v}{c}\right)^2 - 1}$$

Finalement, on trouve que :

$$\boxed{PA_p = h\sqrt{\left(\frac{v}{c}\right)^2 - 1}}$$

L'application numérique nous donne :

$$PA_p = 2000 \times \sqrt{\left(\frac{502}{343}\right)^2 - 1} = 2137 \text{ m}$$

9) La position précise PA_c de l'avion au moment où il créée le bruit du bang supersonique est donnée par :

$$PA_c = vt_0 \quad \Leftrightarrow \quad PA_c = v \times \left(-\frac{h}{v\sqrt{\left(\frac{v}{c}\right)^2 - 1}}\right)$$

Finalement, on trouve que :

$$\boxed{PA_c = -\frac{h}{\sqrt{\left(\frac{v}{c}\right)^2 - 1}}}$$

L'application numérique nous donne :

$$PA_p = -\frac{2000}{\sqrt{\left(\frac{502}{343}\right)^2 - 1}} = -1872 \text{ m}$$

10) Comme l'avion est en vol supersonique, il se déplace donc plus vite que le son qu'il engendre, l'observateur immobile **entendra d'abord le bang supersonique** (la grosse détonation soudaine), puis seulement après le bruit des moteurs de l'avion. C'est d'ailleurs bien ce que nous indique le schéma du sujet.

11) Quelle est la durée d'émission τ_A des sons émis par l'avion si l'observateur les entend pendant le laps de temps $\tau_O = t' - t'_0$. Calculer numériquement τ_A si $\tau_O = 0{,}1$ s. Commenter ce résultat. De manière générale, on sait que :

$$t' = f(t) \quad \Leftrightarrow \quad t' = t + \frac{\sqrt{h^2 + v^2 t^2}}{c}$$

Or, la donnée numérique connue $\tau_O = t' - t'_0 = 0{,}1$ s étant relative à t', et du fait que nous cherchions $\tau_A = t - t_0$, cela nous oblige à déterminer la relation réciproque de la précédente, à savoir :

$$t = f^{-1}(t') \quad \Leftrightarrow \quad t = \Re(f)(t')$$

On a alors :

$$t' = t + \frac{\sqrt{h^2 + v^2 t^2}}{c} \quad \Leftrightarrow \quad \tau_O + t'_0 = t_0 + \tau_A + \frac{\sqrt{h^2 + v^2 (t_0 + \tau_A)^2}}{c}$$

Ce qui nous permet d'écrire que :

$$(\tau_O + t'_0) - (t_0 + \tau_A) = \frac{\sqrt{h^2 + v^2 (t_0 + \tau_A)^2}}{c}$$

D'où :

$$c(\tau_O + t'_0) - c(t_0 + \tau_A) = \sqrt{h^2 + v^2 (t_0 + \tau_A)^2}$$

En élevant cette égalité au carré, on obtient alors :

$$\left(c(\tau_O + t'_0) - c(t_0 + \tau_A)\right)^2 = h^2 + v^2 (t_0 + \tau_A)^2$$

Puis, en développant l'identité remarquable du membre de gauche, on trouve que :

$$c^2(\tau_O + t'_0)^2 - 2c^2(\tau_O + t'_0)(t_0 + \tau_A) + c^2(t_0 + \tau_A)^2 = h^2 + v^2(t_0 + \tau_A)^2$$

Ce qui nous donne :

$$c^2(\tau_O + t'_0)^2 - 2c^2(\tau_O + t'_0)(t_0 + \tau_A) = h^2 + v^2(t_0 + \tau_A)^2 - c^2(t_0 + \tau_A)^2$$

Soit encore :

$$(v^2 - c^2)(t_0 + \tau_A)^2 + 2c^2(\tau_O + t'_0)(t_0 + \tau_A) + h^2 - c^2(\tau_O + t'_0)^2 = 0$$

Il s'agit d'une équation polynomiale du second degré en $(t_0 + \tau_A)$, et le discriminant associé vaut :

$$\Delta = \left(2c^2(\tau_O + t'_0)\right)^2 - 4(v^2 - c^2)(h^2 - c^2(\tau_O + t'_0)^2)$$

Il nous faut donc déterminer son signe. Pour cela, écrivons que :

$$\Delta = \left(2c^2(\tau_O + t'_0)\right)^2 + (4c^2 - 4v^2)(h^2 - c^2(\tau_O + t'_0)^2)$$

En développant, on trouve que :

$$\Delta = 4c^4(\tau_O + t'_0)^2 + 4c^2(h^2 - c^2(\tau_O + t'_0)^2) - 4v^2(h^2 - c^2(\tau_O + t'_0)^2)$$

Soit encore :

$$\Delta = 4c^4(\tau_O + t'_0)^2 + 4c^2h^2 - 4c^4(\tau_O + t'_0)^2 - 4v^2h^2 + 4v^2c^2(\tau_O + t'_0)^2$$

D'où :

$$\Delta = 4c^2h^2 - 4v^2h^2 + 4v^2c^2(\tau_O + t'_0)^2$$

Ce qui nous donne :

$$\Delta = 4\big((c^2 - v^2)h^2 + v^2c^2(\tau_O + t'_0)^2\big)$$

Nous allons éliminer le terme h^2 afin de raisonner uniquement sur le temps. Pour cela, on se souvient que la donnée numérique connue $\tau_O = t' - t'_0 = 0{,}1$ s fait apparaître t'_0. Donc, partons de cette dernière. On a alors :

$$t'_0 = \frac{h}{v}\sqrt{\left(\frac{v}{c}\right)^2 - 1} \quad \Leftrightarrow \quad h = \frac{vt'_0}{\sqrt{\left(\frac{v}{c}\right)^2 - 1}} \quad \Rightarrow \quad h^2 = \frac{v^2t'^2_0}{\left(\frac{v}{c}\right)^2 - 1}$$

Soit :

$$h^2 = \frac{v^2c^2t'^2_0}{v^2 - c^2}$$

D'où :

$$\Delta = 4\left((c^2 - v^2)\frac{v^2c^2t'^2_0}{v^2 - c^2} + v^2c^2(\tau_O + t'_0)^2\right)$$

En simplifiant, on obtient alors :

$$\Delta = 4(-v^2c^2t'^2_0 + v^2c^2(\tau_O + t'_0)^2) \quad \Leftrightarrow \quad \Delta = 4v^2c^2(-t'^2_0 + (\tau_O + t'_0)^2)$$

Ainsi, on obtient :

$$\Delta = 4v^2c^2((\tau_O + t'_0)^2 - t'^2_0) \quad \Leftrightarrow \quad \Delta = 4v^2c^2\big((\tau_O + t'_0 + t'_0)(\tau_O + t'_0 - t'_0)\big)$$

Finalement, on obtient le discriminant suivant :

$$\Delta = 4v^2c^2\big(\tau_O(\tau_O + 2t'_0)\big)$$

Cette quantité est strictement positive car positive $t'_0 > 0$ et $\tau_O > 0$. Ainsi, l'équation polynomiale étudiée admet les deux solutions réelles suivantes :

$$(t_0 + \tau_A) = \frac{-2c^2(\tau_O + t'_0) \pm \sqrt{4v^2c^2\big(\tau_O(\tau_O + 2t'_0)\big)}}{2(v^2 - c^2)}$$

Comme $v > c > 0$, on peut donc écrire que :

$$(t_0 + \tau_A) = \frac{-2c^2(\tau_O + t'_0) \pm 2vc\sqrt{\tau_O(\tau_O + 2t'_0)}}{2(v^2 - c^2)}$$

En simplifiant par 2, on obtient alors :

$$(t_0 + \tau_A) = \frac{-c^2(\tau_O + t'_0) \pm vc\sqrt{\tau_O(\tau_O + 2t'_0)}}{(v^2 - c^2)}$$

Enfin, en factorisant par c^2, on obtient :

$$(t_0 + \tau_A) = \frac{-(\tau_O + t'_0) \pm \frac{v}{c}\sqrt{\tau_O(\tau_O + 2t'_0)}}{\left(\left(\frac{v}{c}\right)^2 - 1\right)}$$

Ainsi, on obtient :

$$\tau_A = \frac{-(\tau_O + t'_0) \pm \frac{v}{c}\sqrt{\tau_O(\tau_O + 2t'_0)}}{\left(\left(\frac{v}{c}\right)^2 - 1\right)} - t_0$$

Dès lors, il ne nous reste plus qu'à choisir correctement le signe devant le terme

$$\frac{v}{c}\sqrt{(\tau_O(\tau_O + 2t'_0))}$$

Pour cela, il suffit de se souvenir que τ_A représente la durée d'émission des sons émis par l'avion, donc **une quantité qui ne peut-être que, physiquement, strictement positive**. Or, à cause du terme négatif $-(\tau_O + t'_0)$, la seule possibilité pour obtenir $\tau_A > 0$ est de choisir le signe « + ». Donc, on obtient l'expression suivante :

$$\tau_A = \frac{-(\tau_O + t'_0) + \frac{v}{c}\sqrt{\tau_O(\tau_O + 2t'_0)}}{\left(\left(\frac{v}{c}\right)^2 - 1\right)} - t_0$$

Enfin remplaçons t'_0 et t_0 par leur expression respective. Et finalement, on obtient l'expression recherchée :

$$\boxed{\tau_A = \frac{-\left(\tau_O + \frac{h}{v}\sqrt{\left(\frac{v}{c}\right)^2 - 1}\right) + \frac{v}{c}\sqrt{\tau_O\left(\tau_O + \frac{2h}{v}\sqrt{\left(\frac{v}{c}\right)^2 - 1}\right)}}{\left(\left(\frac{v}{c}\right)^2 - 1\right)} + \frac{h}{v\sqrt{\left(\frac{v}{c}\right)^2 - 1}}}$$

L'application numérique nous donne alors :

$$\tau_A = \frac{-\left(0{,}1+\frac{2000}{502}\sqrt{\left(\frac{502}{343}\right)^2-1}\right)+\frac{502}{343}\sqrt{\left(0{,}1\times\left(0{,}1+\frac{2\times 2000}{502}\sqrt{\left(\frac{502}{343}\right)^2-1}\right)\right)}}{\left(\left(\frac{502}{343}\right)^2-1\right)}$$
$$+\frac{2000}{502\times\sqrt{\left(\frac{502}{343}\right)^2-1}}$$

Ce qui donne :

$$\tau_A = 1{,}1 \text{ s}$$

Cela signifie simplement que tout le bruit, émis par l'avion de chasse en vol durant la durée $\tau_A = 1{,}1$ s, est perçu par l'observateur immobile en seulement $\tau_O = 0{,}1$ s ! On comprend mieux la « violence » de ce phénomène physique pour les tympans humains, et cet effet de « concentration » sonore.

12) Il s'agit cette fois de retrouver le résultat précédent en effectuant un développement limité, à l'ordre deux, de la fonction $t' = f(t)$ au voisinage de t_0. On peut alors écrire que :

$$t' = f(t) = \sum_{k=0}^{k=2} \frac{1}{k!}\frac{d^k f(t)}{dt^k}\bigg]_{t=t_0} (t-t_0)^k + (t-t_0)^2\varepsilon(t) \quad \text{avec } \lim_{t\to t_0}\varepsilon(t) = 0$$

Ce qui nous donne :

$$t' = f(t_0) + \frac{df(t)}{dt}\bigg]_{t=t_0} (t-t_0) + \frac{1}{2}\frac{d^2 f(t)}{dt^2}\bigg]_{t=t_0} (t-t_0)^2 + (t-t_0)^2\varepsilon(t)$$

Avec la condition :

$$\lim_{t\to t_0}\varepsilon(t) = 0$$

Or, d'après la question 1), on a :

$$\frac{df(t)}{dt}\bigg]_{t=t_0} = \frac{dt'}{dt}\bigg]_{t=t_0} = 0$$

Ainsi, on obtient :

$$t' = f(t_0) + \frac{1}{2}\frac{d^2 f(t)}{dt^2}\bigg]_{t=t_0} (t-t_0)^2 + (t-t_0)^2\varepsilon(t)$$

Puis, on sait que $\tau_A = t - t_0$ et que $\tau_O = t' - t'_0$. Ainsi, la relation précédente peut s'écrire comme :

$$\tau_O + t'_0 = f(t_0) + \frac{1}{2}\frac{d^2 f(t)}{dt^2}\bigg]_{t=t_0} {\tau_A}^2 + {\tau_A}^2 \varepsilon(\tau_A + t_0)$$

Avec la condition :

$$\lim_{\tau_A \to 0} \varepsilon(\tau_A + t_0) = 0$$

Mais, on sait que $t'_0 = f(t_0)$, d'où :

$$\tau_O + t'_0 = t'_0 + \frac{1}{2}\frac{d^2 f(t)}{dt^2}\bigg]_{t=t_0} {\tau_A}^2 + {\tau_A}^2 \varepsilon(\tau_A + t_0)$$

Ce qui nous donne :

$$\tau_O = \frac{1}{2}\frac{d^2 f(t)}{dt^2}\bigg]_{t=t_0} {\tau_A}^2 + {\tau_A}^2 \varepsilon(\tau_A + t_0)$$

Ainsi, il ne nous reste plus qu'à déterminer la dérivée seconde de $f(t)$ et de prendre sa valeur en $t = t_0$. On a alors

$$\frac{d^2 f(t)}{dt^2} = \frac{d}{dt}\left(\frac{df(t)}{dt}\right) \Leftrightarrow \frac{d^2 f(t)}{dt^2} = \frac{d}{dt}\left(\frac{dt'}{dt}\right)$$

A l'aide de la première question, on en déduit que :

$$\frac{d^2 f(t)}{dt^2} = \frac{d}{dt}\left(1 + \frac{v^2 t}{c\sqrt{h^2 + v^2 t^2}}\right) \Leftrightarrow \frac{d^2 f(t)}{dt^2} = \frac{d}{dt}\left(\frac{v^2 t}{c\sqrt{h^2 + v^2 t^2}}\right)$$

Soit :

$$\frac{d^2 f(t)}{dt^2} = \frac{v^2}{c}\frac{d}{dt}\left(\frac{t}{\sqrt{h^2 + v^2 t^2}}\right)$$

D'où :

$$\frac{d^2 f(t)}{dt^2} = \frac{v^2}{c}\left(\frac{\frac{dt}{dt}\sqrt{h^2 + v^2 t^2} - t\frac{d}{dt}\left(\sqrt{h^2 + v^2 t^2}\right)}{\left(\sqrt{h^2 + v^2 t^2}\right)^2}\right)$$

Ce qui nous donne :

$$\frac{d^2 f(t)}{dt^2} = \frac{v^2}{c}\left(\frac{\sqrt{h^2 + v^2 t^2} - t\dfrac{\frac{d}{dt}(h^2 + v^2 t^2)}{2\sqrt{h^2 + v^2 t^2}}}{h^2 + v^2 t^2}\right)$$

Ainsi, on a :

$$\frac{d^2 f(t)}{dt^2} = \frac{v^2}{c}\left(\frac{\sqrt{h^2 + v^2 t^2} - t\dfrac{2v^2 t}{2\sqrt{h^2 + v^2 t^2}}}{h^2 + v^2 t^2}\right)$$

D'où :

$$\frac{d^2f(t)}{dt^2} = \frac{v^2}{c}\left(\frac{\sqrt{h^2+v^2t^2} - \frac{v^2t^2}{\sqrt{h^2+v^2t^2}}}{h^2+v^2t^2}\right)$$

En réduisant au même dénominateur, on obtient :

$$\frac{d^2f(t)}{dt^2} = \frac{v^2}{c}\left(\frac{\frac{h^2+v^2t^2}{\sqrt{h^2+v^2t^2}} - \frac{v^2t^2}{\sqrt{h^2+v^2t^2}}}{h^2+v^2t^2}\right)$$

Soit encore :

$$\frac{d^2f(t)}{dt^2} = \frac{v^2}{c}\left(\frac{\frac{h^2+v^2t^2-v^2t^2}{\sqrt{h^2+v^2t^2}}}{h^2+v^2t^2}\right) \quad \Leftrightarrow \quad \frac{d^2f(t)}{dt^2} = \frac{v^2}{c}\left(\frac{\frac{h^2}{\sqrt{h^2+v^2t^2}}}{h^2+v^2t^2}\right)$$

Dès lors, on trouve que :

$$\frac{d^2f(t)}{dt^2} = \frac{v^2}{c}\left(\frac{h^2}{(h^2+v^2t^2)\sqrt{h^2+v^2t^2}}\right)$$

Finalement, on obtient :

$$\frac{d^2f(t)}{dt^2} = \frac{h^2v^2}{c}\frac{1}{\sqrt{h^2+v^2t^2}^3}$$

Mais, lors de la question 5), nous avions obtenu :

$$v^2t_0 = -c\sqrt{h^2+v^2t_0^2} \quad \Leftrightarrow \quad \sqrt{h^2+v^2t_0^2} = -\frac{v^2t_0}{c} \quad \Rightarrow \quad \sqrt{h^2+v^2t_0^2}^3 = \left(-\frac{v^2t_0}{c}\right)^3$$

Ce qui nous donne :

$$\sqrt{h^2+v^2t_0^2}^3 = -\frac{v^6t_0^3}{c^3}$$

D'où, en remplaçant :

$$\frac{1}{2}\frac{d^2f(t)}{dt^2}\bigg]_{t=t_0} = -\frac{h^2v^2}{2c}\frac{1}{\frac{v^6t_0^3}{c^3}} \quad \Leftrightarrow \quad \frac{1}{2}\frac{d^2f(t)}{dt^2}\bigg]_{t=t_0} = -h^2\frac{1}{\frac{2v^4t_0^3}{c^2}}$$

Soit :

$$\frac{1}{2}\frac{d^2f(t)}{dt^2}\bigg]_{t=t_0} = -\frac{h^2c^2}{2v^4t_0^3}$$

Enfin, on va remplacer t_0 par son expression trouvée lors de la question 5), de façon à pouvoir écrire que :

$$\frac{1}{2}\frac{d^2f(t)}{dt^2}\bigg|_{t=t_0} = -\frac{h^2c^2}{2v^4\left(-\frac{h}{v\sqrt{\left(\frac{v}{c}\right)^2-1}}\right)^3}$$

Ce qui nous donne donc :

$$\frac{1}{2}\frac{d^2f(t)}{dt^2}\bigg|_{t=t_0} = \frac{h^2c^2}{2v^4\frac{h^3}{v^3\sqrt{\left(\frac{v}{c}\right)^2-1}^3}} \Leftrightarrow \frac{1}{2}\frac{d^2f(t)}{dt^2}\bigg|_{t=t_0} = \frac{c^2}{\frac{2hv}{\sqrt{\left(\frac{v}{c}\right)^2-1}^3}}$$

Soit l'expression suivante :

$$\frac{1}{2}\frac{d^2f(t)}{dt^2}\bigg|_{t=t_0} = \frac{c^2}{2hv}\sqrt{\left(\frac{v}{c}\right)^2-1}^3$$

On a alors :

$$\frac{1}{2}\frac{d^2f(t)}{dt^2}\bigg|_{t=t_0} = \frac{c^2}{2hv}\left(\left(\frac{v}{c}\right)^2-1\right)^{\frac{3}{2}}$$

Ainsi, on peut donc écrire le développement limité suivant :

$$\tau_O = \frac{c^2}{2hv}\left(\left(\frac{v}{c}\right)^2-1\right)^{\frac{3}{2}}{\tau_A}^2 + {\tau_A}^2\varepsilon(\tau_A + t_0)$$

A ce stade, le physicien ne conserva pas le terme « non physique » ${\tau_A}^2\varepsilon(\tau_A + t_0)$, et écrit donc :

$$\tau_O \approx \frac{c^2}{2hv}\left(\left(\frac{v}{c}\right)^2-1\right)^{\frac{3}{2}}{\tau_A}^2$$

Donc, en isolant le terme τ_A, on obtient :

$$\tau_A \approx \sqrt{\frac{2hv\tau_O}{c^2\left(\left(\frac{v}{c}\right)^2-1\right)^{\frac{3}{2}}}}$$

Finalement, on trouve l'expression simplifiée suivante :

$$\boxed{\tau_A \approx \frac{1}{c}\frac{\sqrt{2hv\tau_O}}{\left(\left(\frac{v}{c}\right)^2 - 1\right)^{\frac{3}{4}}}}$$

L'application numérique nous donne alors :

$$\tau_A \approx \frac{1}{343}\frac{\sqrt{2 \times 2000 \times 502 \times 0{,}1}}{\left(\left(\frac{505}{343}\right)^2 - 1\right)^{\frac{3}{4}}} = 1{,}2 \text{ s}$$

L'ordre de grandeur est bien en accord avec la valeur exacte trouvée précédemment.

13) Lorsque $v = c + \vartheta$, la relation précédente nous permet d'écrire que :

$$\tau_O \approx \frac{c^2}{2hv}\left(\left(\frac{c+\vartheta}{c}\right)^2 - 1\right)^{\frac{3}{2}} {\tau_A}^2 \iff \tau_O \approx \frac{c^2}{2hv}\left(\left(\frac{c}{c} + \frac{\vartheta}{c}\right)^2 - 1\right)^{\frac{3}{2}} {\tau_A}^2$$

Soit :

$$\tau_O \approx \frac{c^2}{2hv}\left(\left(1 + \frac{\vartheta}{c}\right)^2 - 1\right)^{\frac{3}{2}} {\tau_A}^2$$

Comme $\vartheta \to 0^+$, on peut donc effectuer l'approximation affine suivante (c'est-à-dire un développement limité au premier ordre) :

$$\left(1 + \frac{\vartheta}{c}\right)^2 \approx 1 + \frac{2\vartheta}{c}$$

D'où :

$$\tau_O \approx \frac{c^2}{2hv}\left(1 + \frac{2\vartheta}{c} - 1\right)^{\frac{3}{2}} {\tau_A}^2 \iff \tau_O \approx \frac{c^2}{2hv}\left(\frac{2\vartheta}{c}\right)^{\frac{3}{2}} {\tau_A}^2 \iff \tau_O \approx \frac{2\sqrt{2}c^2}{2hvc\sqrt{c}}(\vartheta)^{\frac{3}{2}}{\tau_A}^2$$

Soit en simplifiant :

$$\tau_O \approx \frac{\sqrt{2c}}{hv}(\vartheta)^{\frac{3}{2}}{\tau_A}^2 \iff \tau_O \approx \frac{\vartheta^{\frac{3}{2}}\sqrt{2c}}{hv}{\tau_A}^2$$

Donc, si $\vartheta \to 0^+$, on en déduit que :

$$\lim_{\vartheta \to 0^+} \frac{\vartheta^{\frac{3}{2}}\sqrt{2c}}{hv} = 0^+$$

Ainsi, quelle que soit la valeur de la durée τ_A, le temps de perception auditif τ_O, par l'observateur, de l'onde de choc est infiniment cours si $\vartheta \to 0^+$. Ceci revient à dire que, **plus la vitesse de déplacement de l'avion v est proche, mais supérieure,**

de celle du son c, plus l'effet de « concentration » sonore est important, et désagréable, pour l'observateur et ses tympans.

14) Lorsque l'observateur perçoit l'onde de choc, c'est-à-dire à l'instant t'_0, alors l'avion a parcouru la distance vt'_0. A cet instant précis, la distance OA_{Choc} vaut :

$$OA_{Choc} = \sqrt{h^2 + (vt'_0)^2} \quad \Leftrightarrow \quad OA_{Choc} = \sqrt{h^2 + v^2 t'^2_0}$$

La représentation de la situation est la suivante :

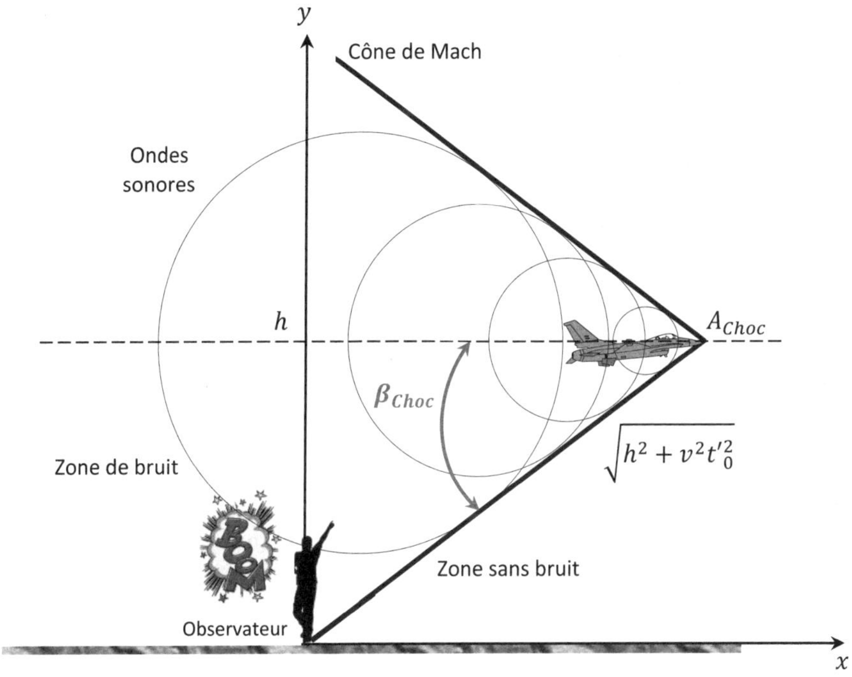

Ainsi, on en déduit que :

$$\sin(\beta_{Choc}) = \frac{h}{\sqrt{h^2 + v^2 t'^2_0}} \quad \Leftrightarrow \quad \sin(\beta_{Choc}) = \frac{vh}{\sqrt{h^2 + v^2 \left(\frac{h}{v}\sqrt{\left(\frac{v}{c}\right)^2 - 1}\right)^2}}$$

Ce qui nous donne :

$$\sin(\beta_{Choc}) = \frac{h}{\sqrt{h^2 + v^2 \frac{h^2}{v^2}\left(\left(\frac{v}{c}\right)^2 - 1\right)}} \quad \Leftrightarrow \quad \sin(\beta_{Choc}) = \frac{h}{\sqrt{h^2 + h^2\left(\frac{v^2}{c^2} - 1\right)}}$$

Soit encore :

$$\sin(\beta_{Choc}) = \frac{h}{|h|\sqrt{1+\frac{v^2}{c^2}-1}} \Leftrightarrow \sin(\beta_{Choc}) = \frac{h}{|h|\sqrt{\frac{v^2}{c^2}}} \Leftrightarrow \sin(\beta_{Choc}) = \frac{h}{|h|}\sqrt{\frac{c^2}{v^2}}$$

Ainsi, on obtient :

$$\sin(\beta_{Choc}) = \frac{h}{|h|}\left|\frac{c}{v}\right|$$

Mais, les trois grandeurs h, v et c sont toutes strictement positives, ce qui implique que :

$$\sin(\beta_{Choc}) = \frac{h}{h}\times\frac{c}{v} \Leftrightarrow \sin(\beta_{Choc}) = \frac{c}{v}$$

Enfin, comme $1 > \frac{c}{v} > 0$, on peut écrire que :

$$\boxed{\beta_{Choc} = \arcsin\left(\frac{c}{v}\right)}$$

L'application numérique nous donne alors :

$$\beta_{Choc} = \arcsin\left(\frac{343}{502}\right) = 43{,}1°$$

On en déduit donc que l'ensemble des points recevant l'onde de choc à un instant donné est un cône de révolution, autour de la droite horizontale $y = h$, et de demi-angle au sommet est β_{Choc}.

15) Cette étude de la perception de la détonation supersonique, c'est-à-dire du lien « émission / réception » des ondes sonores est donc à rapprocher de l'effet *Doppler (Christian Doppler – Physicien autrichien – 1803 / 1853).*

♣ *Le rapport, sans dimension v/c porte le nom de nombre de Mach, et noté Ma. Il permet de classer les écoulements aérodynamiques. On a alors :*

- *Ma < 0,9 : écoulement subsonique (avion de ligne, type Boeing 747)*
- *0,9 < Ma < 1,1 : écoulement transsonique*
- *1,1 < Ma < 5 : écoulement supersonique (avion de chasse, type MIG 25)*
- *Ma > 5 : écoulement hypersonique (lanceur, type Ariane)*

♣ *En France, il existe de nombreux centre de recherche aéronautique, mais il en existe un de réputation mondiale, et faisant l'unanimité : l'Office National d'Etudes et de Recherches Aérospatiales (ONERA). Ce centre de recherche, fut créé en 1946 (notamment sous l'impulsion de Frédéric Joliot-Curie), et son siège est situé à Châtillon en région parisienne. On y étudie notamment : La mécanique des fluides, l'aérodynamisme, la science des matériaux, l'électromagnétisme, l'optique, le traitement de l'information.*

Partie B – L'onde de choc relativiste : l'effet Tcherenkov

1) Le « Joule » est l'unité du Système International de l'énergie. Mais, il s'agit d'une unité macroscopique, donc mal adaptée au monde microscopique, et donc au monde subatomique étudié ici. C'est pourquoi, il a été préféré, pour l'étude du monde atomique, d'introduire une unité adapté, reposant sur l'électron : l'électron Volt, de symbole « eV ». Ainsi, on cette unité est définie comme étant l'énergie cinétique acquise par un électron au repos, lorsqu'il est accéléré sous une tension électrique de 1 Volt. Ainsi, l'électron Volt est égal au travail de la force électrique $\vec{f}$ que subit un électron, lorsqu'il passe d'un point A, de potentiel électrique nul, à un point B, de potentiel électrique unitaire. Donc, on a :

$$1\text{eV} = \text{si } \mathcal{W}_{\vec{f}}(A \to B) = q_{électron}(V_A - V_B) = -e \times (0-1) = e$$

D'où :

$$\boxed{1\text{ eV} = 1{,}60217657.10^{-19}\text{ J}}$$

Or, dans le noyau atomique, donc dans le monde nucléaire, cette unité est trop faible, c'est pourquoi le physicien va lui préférer ses multiples qui sont :

- en physique nucléaire : le Méga électron Volt, de symbole MeV, et qui vaut 1 million d'électron Volts. Ainsi :

$$\boxed{1\text{ MeV} = 1{,}60217657.10^{-19} \times 10^{6}\text{ J} = 1{,}60217657.10^{-13}\text{ J}}$$

- en physique des particules : le Giga électron Volt, de symbole GeV, et qui vaut 1 milliard d'électron Volts. Ainsi :

$$\boxed{1\text{ GeV} = 1{,}60217657.10^{-19} \times 10^{9}\text{ J} = 1{,}60217657.10^{-10}\text{ J}}$$

Actuellement, dans le grand accélérateur de particules Large Hadron Collider (L.H.C.) du Conseil Européen pour la Recherche Nucléaire (C.E.R.N.) à Genève, des collisions de l'ordre du Téra Volts (TeV), soit un billion d'électron Volts (1000 milliards d'électron Volts), dont été réalisées. Ceci est la base de nombreuses découvertes sur mécanismes entre les composants les plus élémentaires de notre univers, et donc son fonctionnement.

2) L'énergie de repos, notée E_r, de l'électron. Est donnée par l'expression suivante :

$$\boxed{E_r = m_e c^2}$$

L'application numérique nous donne :

$$E_r = 9{,}10938291.10^{-31} \times (299792458)^2 = 8{,}18710507.10^{-14}\text{ J}$$

Ce qui nous donne donc, en MeV, la valeur suivante :

$$\boxed{E_r = \frac{8{,}18710507.10^{-14}}{1{,}60217657.10^{-13}} = 0{,}510998926\text{ MeV}}$$

3) L'expression de la vitesse de la lumière v_L est :

$$\boxed{v_L = \frac{c}{n}}$$

4) L'expression de l'énergie E_{PT} s'obtient à partir de la formule du physicien allemand *Max Planck* (1858 / 1947 – lauréat du prix Nobel de Physique en 1918), qu'il publie en décembre 1900 :

$$\boxed{E_{PT} = h\nu}$$

5) L'expression du vecteur quantité de mouvement $\overrightarrow{p_{PT}}$ est donnée par « l'hypothèse du dualisme onde-corpuscule » du physicien français *Louis de Broglie* (1892 / 1987 – lauréat du prix Nobel de Physique en 1929), qu'il publie en 1924 lors de sa thèse de doctorat :

$$\overrightarrow{p_{PT}} = \frac{h}{\lambda}\vec{u} \quad \Leftrightarrow \quad \overrightarrow{p_{PT}} = \frac{h\nu}{\lambda_{PT}\nu}\vec{u} \quad \Leftrightarrow \quad \overrightarrow{p_{PT}} = \frac{h\nu}{\lambda_{PT}\frac{1}{T}}\vec{u}$$

Mais comme $\lambda_{PT} = v_L T$,on en déduit alors que :

$$\overrightarrow{p_{PT}} = \frac{h\nu}{v_L}\vec{u} \quad \Leftrightarrow \quad \overrightarrow{p_{PT}} = \frac{h\nu}{\frac{c}{n}}\vec{u}$$

Finalement, on obtient :

$$\boxed{\overrightarrow{p_{PT}} = \frac{h\nu n}{c}\vec{u}}$$

6) L'équation bilan énergétique de cette éjection photonique est :

$$E_{éjection}^{avant} = E_{éjection}^{après} \quad \Leftrightarrow \quad E_{électron}^{avant\ éjection} = E_{électron}^{après\ éjection} + E_{PT}$$

D'où :

$$\boxed{E = E' + h\nu}$$

7) L'équation bilan vectorielle de la conservation de la quantité de mouvement lors de cette éjection photonique est :

$$\vec{p}_{éjection}^{avant} = \vec{p}_{éjection}^{après} \quad \Leftrightarrow \quad \vec{p}_{électron}^{avant\ éjection} = \vec{p}_{électron}^{après\ éjection} + \overrightarrow{p_{PT}}$$

D'où :

$$\boxed{\vec{p} = \overrightarrow{p'} + \frac{h\nu n}{c}\vec{u}}$$

8) Comme les conditions physiques de l'électron incident sont connues, on va alors écrire que :

$$\overrightarrow{p'} = \vec{p} - \frac{h\nu n}{c}\,\vec{u} \quad \Rightarrow \quad \overrightarrow{p'}.\overrightarrow{p'} = \left(\vec{p} - \frac{h\nu n}{c}\,\vec{u}\right).\left(\vec{p} - \frac{h\nu n}{c}\,\vec{u}\right)$$

Ce qui nous donne en développant :

$$\left\|\overrightarrow{p'}\right\|^2 = \vec{p}.\vec{p} - \vec{p}.\frac{h\nu n}{c}\,\vec{u} - \frac{h\nu n}{c}\,\vec{u}.\vec{p} + \left(-\frac{h\nu n}{c}\,\vec{u}\right).\left(-\frac{h\nu n}{c}\,\vec{u}\right)$$

Soit encore :

$$p'^2 = \|\vec{p}\|^2 - 2\frac{h\nu n}{c}\vec{p}\,.\vec{u} + \left(\frac{h\nu n}{c}\right)^2\,\vec{u}.\vec{u}$$

Comme $\vec{u}$ est un vecteur unitaire, on a donc $\vec{u}.\vec{u} = 1$. Ainsi, on obtient la relation suivante :

$$p'^2 = p^2 - 2\frac{h\nu n}{c}\,\|\vec{p}\|\,\|\vec{u}\|\cos\big((\vec{p}\,;\vec{u})\big) + \left(\frac{h\nu n}{c}\right)^2$$

Ce qui nous donne :

$$p'^2 = p^2 - 2\frac{h\nu n}{c}p\cos(\theta) + \left(\frac{h\nu n}{c}\right)^2$$

En multipliant cette dernière égalité par c^2, on trouve alors :

$$p'^2c^2 = p^2c^2 - 2h\nu ncp\cos(\theta) + (h\nu n)^2$$

Or, le sujet nous apprend que :

$$E = c\sqrt{p^2 + m_e^2c^2} \quad \Rightarrow \quad E^2 = p^2c^2 + m_e^2c^4 \quad \Rightarrow \begin{cases} p^2c^2 = E^2 - m_e^2c^4 \\ p'^2c^2 = E'^2 - m_e^2c^4 \end{cases}$$

Ce qui nous donne :

$$E'^2 - m_e^2c^4 = E^2 - m_e^2c^4 - 2h\nu ncp\cos(\theta) + (h\nu n)^2$$

D'où :

$$E'^2 = E^2 - 2h\nu ncp\cos(\theta) + (h\nu n)^2$$

Ce qui nous donne :

$$(E - h\nu)^2 = E^2 - 2h\nu ncp\cos(\theta) + (h\nu n)^2$$

En développant, on obtient alors :

$$E^2 - 2Eh\nu + (h\nu)^2 = E^2 - 2h\nu ncp\cos(\theta) + (h\nu n)^2$$

Soit :

$$-2Eh\nu + (h\nu)^2 = -2h\nu ncp\cos(\theta) + (h\nu n)^2$$

En réorganisant les termes, on obtient :

$$2h\nu n c p \cos(\theta) = 2Eh\nu + (h\nu n)^2 - (h\nu)^2$$

D'où, en factorisant par $h\nu$:

$$h\nu(2ncp\cos(\theta)) = h\nu(2E + h\nu n^2 - h\nu)$$

Comme $h\nu \neq 0$ (car le photon existe), on peut donc simplifier par cette quantité non nulle. Et ainsi, on trouve que :

$$2ncp\cos(\theta) = 2E + h\nu(n^2 - 1)$$

Finalement, en divisant par la quantité non nulle $2ncp$, on obtient bien la relation proposée, à savoir :

$$\boxed{\cos(\theta) = \frac{2E + h\nu(n^2 - 1)}{2pcn}}$$

9) La relation suivante peut être écrire comme :

$$\cos(\theta) = \frac{2E\left(1 + \frac{h\nu}{2E}(n^2 - 1)\right)}{2pcn} \quad \Leftrightarrow \quad \cos(\theta) = \frac{E}{pcn}\left(1 + \frac{h\nu}{2E}(n^2 - 1)\right)$$

Or, **si l'énergie E de l'électron incident est plus importante que celle du photon éjecté $h\nu$**, alors on obtient :

$$E \gg h\nu \quad \Leftrightarrow \quad \frac{1}{E} \ll \frac{1}{h\nu} \quad \Leftrightarrow \quad \frac{h\nu}{E} \ll 1 \qquad \text{car } h\nu > 0$$

Ainsi, on en déduit que :

$$\frac{h\nu}{2E}(n^2 - 1) \ll 1$$

De plus, on sait que :

$$\theta \in \left[0\,;\frac{\pi}{2}\right] \quad \Rightarrow \quad \frac{d\cos(\theta)}{d\theta} = -\sin(\theta) < 0 \quad \Rightarrow \quad \text{le cosinus est décroissant}$$

Ainsi, si $\theta = \theta_{max}$ alors le terme $\cos(\theta)$ doit être minimal. Or, il est bien évident que l'on a :

$$1 + \frac{h\nu}{2E}(n^2 - 1) > 1 \quad \Leftrightarrow \quad \frac{E}{pcn}\left(1 + \frac{h\nu}{2E}(n^2 - 1)\right) > \frac{E}{pcn} \quad \Leftrightarrow \quad \cos(\theta) > \frac{E}{pcn}$$

D'où :

$$\min_{\theta \in \left[0\,;\frac{\pi}{2}\right]}[\cos(\theta)] = \frac{E}{pcn} \quad \Rightarrow \quad \cos(\theta_{max}) = \frac{E}{pcn}$$

Donc, on peut conclure que **si l'énergie E de l'électron incident est plus importante que celle du photon éjecté $h\nu$** alors on a :

$$\boxed{\cos(\theta_{max}) = \frac{E}{pcn}}$$

10) On sait que :

$$\begin{cases} p = mv \\ E = mc^2 \end{cases} \Leftrightarrow \begin{cases} m = \dfrac{p}{v} \\ m = \dfrac{E}{c^2} \end{cases} \Rightarrow \frac{p}{v} = \frac{E}{c^2} \Leftrightarrow \frac{1}{v} = \frac{E}{pc^2} \Leftrightarrow \frac{c}{v} = \frac{E}{pc}$$

Ce qui nous donne bien la relation demandée, à savoir :

$$\boxed{\frac{E}{pc} = \frac{1}{\beta}}$$

11) On sait que :

$$\cos(\theta_{max}) = \frac{E}{pcn} \Leftrightarrow \cos(\theta_{max}) = \frac{1}{n}\frac{E}{pc} \Leftrightarrow \cos(\theta_{max}) = \frac{1}{n}\frac{1}{\beta}$$

Soit la relation demandée :

$$\boxed{\cos(\theta_{max}) = \frac{1}{n\beta}}$$

12) On a la situation géométrique et physique suivante :

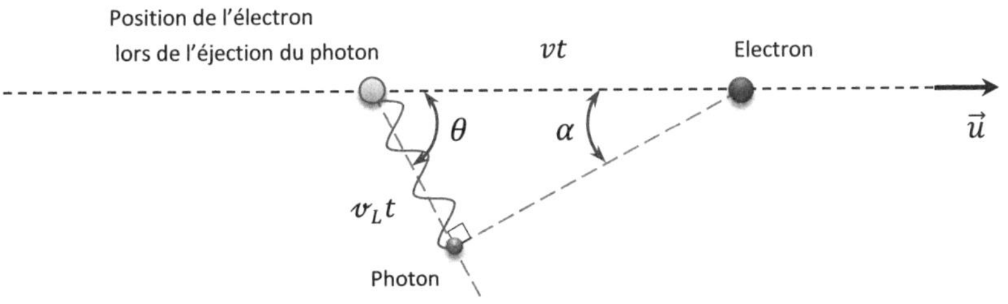

Deux raisonnements sont alors possibles :

➥ *Premier raisonnement*

D'après le schéma précédent, on constate que les deux angles θ et α sont des angles complémentaires l'un de l'autre. Donc, on peut écrire que :

$$\theta+\alpha=\frac{\pi}{2} \iff \theta=\frac{\pi}{2}-\alpha \implies \cos(\theta)=\cos\left(\frac{\pi}{2}-\alpha\right) \iff \cos(\theta)=\sin(\alpha)$$

Mais, si $\theta = \theta_{max}$ alors, on peut écrire que $\sin(\alpha) = \cos(\theta_{max})$, et donc, on obtient la condition suivante :

$$\boxed{\sin(\alpha)=\frac{1}{n\beta}}$$

➥ *Second raisonnement*

Par application directe de la trigonométrie élémentaire, on peut écrire que :

$$\sin(\alpha)=\frac{v_L t}{vt} \iff \sin(\alpha)=\frac{v_L}{v} \iff \sin(\alpha)=\frac{c}{nv} \iff \sin(\alpha)=\frac{1}{n\frac{v}{c}}$$

Ainsi, on obtient la condition suivante :

$$\boxed{\sin(\alpha)=\frac{1}{n\beta}}$$

On constate évidemment que les deux démarches sont équivalentes.

13) On peut écrire que :

$$\frac{1}{n\beta}=\frac{1}{n\frac{v}{c}} \iff \frac{1}{n\beta}=\frac{c}{nv} \iff \frac{1}{n\beta}=\frac{v_L}{v}$$

Mais, on sait que pour obtenir l'effet *Tcherenkov*, donc un photon *Tcherenkov*, l'électron doit se déplacer, dans son milieu propagateur, plus vite que la lumière. Donc, on a :

$$v>v_L>0 \iff 1>\frac{v_L}{v}>0 \iff 1>\frac{1}{n\beta}>0 \iff 1>\sin(\alpha)>0$$

Donc, le sinus est bien borné selon sa définition, et on en déduit que le rayonnement *Tcherenkov* existe bien.

14) On vient de démontrer que l'on a la relation :

$$\sin(\alpha)=\frac{v_L}{v}$$

Cette dernière est totalement similaire à celle obtenue lors de ***Partie A***, lors de l'étude de l'onde de choc acoustique, à savoir :

$$\sin(\beta_{Choc})=\frac{c}{v}$$

On a alors les correspondances suivantes :

- à la vitesse de la lumière v_L dans le milieu correspond la vitesse du son c dans l'air ;
- à la vitesse de l'électron v dans le milieu correspond la vitesse de l'avion v dans l'air ;
- au demi-angle du sommet du cône de lumière correspond le demi-angle du sommet du cône *Mach*.

Cette parfaite analogie optique / acoustique justifie que l'effet *Tcherenkov* soit parfois appelée « onde de choc lumineuse relativiste ».

15) On sait que :

$$\cos(\theta_{max}) = \frac{E}{pcn}$$

Mais comme θ_{max} vérifie :

$$\theta_{max} \in \left[0 \,;\, \frac{\pi}{2}\right] \quad \Rightarrow \quad 1 \geq \cos(\theta_{max}) \geq 0 \quad \Leftrightarrow \quad 1 \geq \frac{E}{pcn} \geq 0 \quad \Leftrightarrow \quad pcn \geq E \geq 0$$

En élevant au carré cette dernière inégalité, et en conservant l'ordre, on obtient :

$$p^2c^2n^2 \geq E^2 \geq 0$$

Or, on sait que :

$$E^2 = p^2c^2 + m_e^2c^4 \quad \Leftrightarrow \quad p^2c^2 = E^2 - m_e^2c^4$$

D'où :

$$(E^2 - m_e^2c^4)n^2 \geq E^2 \geq 0 \quad \Leftrightarrow \quad E^2n^2 - n^2m_e^2c^4 \geq E^2 \geq 0$$

Ainsi, on peut alors écrire que :

$$E^2n^2 - E^2 \geq n^2m_e^2c^4 \quad \Leftrightarrow \quad E^2(n^2 - 1) \geq n^2m_e^2c^4 \quad \Leftrightarrow \quad E^2 \geq \frac{n^2m_e^2c^4}{n^2 - 1}$$

D'où :

$$E^2 \geq \left(\frac{nm_ec^2}{\sqrt{n^2 - 1}}\right)^2 \quad \Rightarrow \quad E \geq \pm\frac{nm_ec^2}{\sqrt{n^2 - 1}}$$

Mais comme E est une grandeur positive, on doit obligatoirement choisir la solution « + ». On obtient alors :

$$E \geq \frac{nm_ec^2}{\sqrt{n^2 - 1}}$$

Ainsi, l'énergie minimale E_{min} que doit avoir l'électron incident, en mouvement, pour pouvoir obtenir un photon *Tcherenkov* :

$$\boxed{E_{min} = \frac{n}{\sqrt{n^2 - 1}}E_r}$$

L'application numérique nous donne alors :

$$\boxed{E_{min} = \frac{\frac{4}{3}}{\sqrt{\left(\frac{4}{3}\right)^2 - 1}} \times 0{,}510998926 = 0{,}772557759 \text{ MeV}}$$

16) Si $\lambda = \lambda_{min}$, alors cela signifie que $\nu = \nu_{max}$ (car $c = \lambda\nu$). Donc, on constate alors que le terme

$$1 + \frac{h\nu}{2E}(n^2 - 1)$$

est lui-même maximal, et donc que le terme $\cos(\theta)$ soit lui-même maximal, donc de valeur 1. Ainsi, on obtient

$$1 = \frac{E}{pcn}\left(1 + \frac{h\nu_{max}}{2E}(n^2 - 1)\right) \quad \Leftrightarrow \quad \frac{pcn}{E} = 1 + \frac{h\nu_{max}}{2E}(n^2 - 1)$$

Ce qui nous donne donc :

$$\frac{pcn}{E} - 1 = \frac{h\nu_{max}}{2E}(n^2 - 1) \quad \Leftrightarrow \quad 2E\left(\frac{pcn}{E} - 1\right) = h\nu_{max}(n^2 - 1)$$

Soit encore :

$$2(pcn - E) = h\nu_{max}(n^2 - 1) \quad \Leftrightarrow \quad h\nu_{max} = \frac{2(pcn - E)}{n^2 - 1}$$

D'où :

$$\nu_{max} = \frac{2(pcn - E)}{h(n^2 - 1)} \quad \Leftrightarrow \quad \frac{c}{\lambda_{min}} = \frac{2(pcn - E)}{h(n^2 - 1)}$$

Finalement, on en déduit que l'expression de la longueur d'onde minimale d'un photon *Tcherenkov* ainsi produit est :

$$\boxed{\lambda_{min} = \frac{hc}{2}\left(\frac{n^2 - 1}{pcn - E}\right)}$$

17) On sait que :

$$E = c\sqrt{p^2 + m_e^2 c^2} \quad \Rightarrow \quad E^2 = p^2c^2 + m_e^2 c^4 \quad \Leftrightarrow \quad p^2c^2 = E^2 - m_e^2 c^4$$

Soit encore :

$$p^2c^2 = E^2 - E_r^2 \quad \Rightarrow \quad pc = \pm\sqrt{E^2 - E_r^2} \quad \Leftrightarrow \quad pc = \pm|E|\sqrt{1 - \frac{E_r^2}{E^2}}$$

Ce qui s'écrit encore, en tenant compte du fait que E et pc sont deux quantités positives, comme :

$$pc = E\sqrt{1-\left(\frac{E_r}{E}\right)^2}$$

D'où

$$\lambda_{min} = \frac{hc}{2}\left(\frac{n^2-1}{nE\sqrt{1-\left(\frac{E_r}{E}\right)^2}-E}\right)$$

Finalement l'expression suivante :

$$\boxed{\lambda_{min} = \frac{hc}{2E}\left(\frac{n^2-1}{n\sqrt{1-\left(\frac{E_r}{E}\right)^2}-1}\right)}$$

L'application numérique nous donne alors :

$$\lambda_{min} = \frac{6{,}62606957.10^{-34}\times 299792458}{2\times 1\times 1{,}60217657.10^{-13}}\times\left(\frac{\left(\frac{4}{3}\right)^2-1}{\frac{4}{3}\times\sqrt{1-\left(\frac{8{,}18710507.10^{-14}}{1\times 1{,}60217657.10^{-13}}\right)^2}-1}\right)$$

Soit :

$$\lambda_{min} = 3{,}3.10^{-12}\ \text{m} = 3{,}3\ \text{pm}$$

Il s'agit de rayonnement de type gamma, donc très dur.

18) Dans l'air, on a $n = 1$, et dans ce cas, on obtient :

$$\sin(\alpha) = \frac{1}{\beta} \quad\Leftrightarrow\quad \sin(\alpha) = \frac{c}{v} > 1$$

Ceci est absolument impossible car le sinus ne peut pas être supérieur à 1. Donc, **dans l'air, il est impossible d'observer l'effet *Tcherenkov***.

19) On sait que :

$$\cos(\theta) = \frac{E}{pcn}\left(1+\frac{h\nu}{2E}(n^2-1)\right) \quad\Leftrightarrow\quad \cos(\theta) = \frac{E}{pcn}\left(1+\frac{hc}{2E\lambda}(n^2-1)\right)$$

Ainsi, on peut écrire que :

$$\cos(\theta_{bleu}) = \frac{E}{pcn}\left(1 + \frac{hc}{2E\lambda_{bleu}}(n^2 - 1)\right)$$

Soit encore :

$$\theta_{bleu} = \pm \arccos\left(\frac{E}{pcn}\left(1 + \frac{hc}{2E\lambda_{bleu}}(n^2 - 1)\right)\right) + 2k\pi \quad (k \in \mathbb{Z})$$

Or, on sait que

$$pc = E\sqrt{1 - \left(\frac{E_r}{E}\right)^2}$$

ce qui implique que :

$$\theta_{bleu} = \pm \arccos\left(\frac{E}{nE\sqrt{1 - \left(\frac{E_r}{E}\right)^2}}\left(1 + \frac{hc}{2E\lambda_{bleu}}(n^2 - 1)\right)\right) + 2k\pi \quad (k \in \mathbb{Z})$$

Ce qui nous donne

$$\theta_{bleu} = \pm \arccos\left(\frac{1}{n\sqrt{1 - \left(\frac{E_r}{E}\right)^2}}\left(1 + \frac{hc}{2E\lambda_{bleu}}(n^2 - 1)\right)\right) + 2k\pi \quad (k \in \mathbb{Z})$$

Mais, par hypothèse, on sait que

$$\theta_{bleu} \in \left[0\,;\frac{\pi}{2}\right] \quad \Rightarrow \quad k = 0$$

De plus, cette hypothèse implique également que seule la solution positive doit être retenue. Maintenant, compte tenu du fait que

$$\frac{1 + \frac{hc}{2E\lambda_{bleu}}(n^2 - 1)}{n\sqrt{1 - \left(\frac{E_r}{E}\right)^2}} > 0$$

On en déduit que seule la solution « + » doit être retenue. Finalement, on trouve que l'angle θ_{bleu} à pour expression :

$$\boxed{\theta_{bleu} = \arccos\left(\frac{1 + \frac{hc}{2E\lambda_{bleu}}(n^2 - 1)}{n\sqrt{1 - \left(\frac{E_r}{E}\right)^2}}\right)}$$

L'application numérique nous donne alors :

$$\theta_{bleu} = \arccos\left(\frac{1 + \frac{6,62606957.10^{-34} \times 299792458}{2 \times 1 \times 1,60217657.10^{-13} \times 450,5 \times 10^{-9}} \times \left(\left(\frac{4}{3}\right)^2 - 1\right)}{\frac{4}{3} \times \sqrt{1 - \left(\frac{8,18710507.10^{-14}}{1 \times 1,60217657.10^{-13}}\right)^2}}\right)$$

Soit :

$$\boxed{\theta_{bleu} = 29,25°}$$

Sachant que la longueur d'onde d'une radiation bleue est $\lambda_{bleu} = 450,5$ nm, déterminer l'angle d'éjection photonique θ_{bleu} associé.

20) On sait que

$$\cos(\theta_{bleu}) = \frac{E}{pcn}\left(1 + \frac{hc}{2E\lambda_{bleu}}(n^2 - 1)\right)$$

Mais, on sait aussi que :

$$\frac{E}{pc} = \frac{1}{\beta} \quad \Rightarrow \quad \cos(\theta_{bleu}) = \frac{1}{\beta n}\left(1 + \frac{hc}{2E\lambda_{bleu}}(n^2 - 1)\right)$$

Soit :

$$\beta = \frac{1}{n\cos(\theta_{bleu})}\left(1 + \frac{hc}{2E\lambda_{bleu}}(n^2 - 1)\right)$$

D'où :

$$\boxed{v = \frac{c}{n\cos(\theta_{bleu})}\left(1 + \frac{hc}{2E\lambda_{bleu}}(n^2 - 1)\right)}$$

L'application numérique nous donne alors :

$$v = \frac{299792458}{\frac{4}{3} \times \cos(29,25°)}\left(1 + \frac{6,62606957.10^{-34} \times 299792458}{2 \times 1 \times 1,60217657.10^{-13} \times 450,5 \times 10^{-9}} \times \left(\left(\frac{4}{3}\right)^2 - 1\right)\right)$$

Soit :

$$\boxed{v = 2,577 \times 10^8 \text{ m/s} < c}$$

On vérifie bien que la vitesse de la lumière **dans le vide** est bien la vitesse ultime qui soit physiquement possible d'atteindre. Ainsi, on satisfait bien au postulat *d'Albert Einstein (Physicien allemand – 1879 / 1955 – Prix Nobel de Physique en 1921)*.

Quelques remarques, d'ordres historiques et théoriques, sont à faire au sujet de l'effet Tcherenkov.

♣ *Historiquement, l'effet Tcherenkov était connu depuis les travaux de Marie Curie. En effet, elle remarqua, dès 1910, que l'eau soumise à une source radioactive produisait de la lumière. Jusqu'en 1926, l'explication admise était la fluorescence produite par des solutés. Mais entre 1926 et 1929, le radiothérapeute français Lucien Mallet, analysant plus profondément la question, remarqua que le spectre lumineux produit était continu, alors que la fluorescence donne un spectre discret. En outre, entre 1934 et 1937, les deux physiciens russes Pavel Tcherenkov et Sergei Vavilov (qui supervisait alors la thèse de doctorat de Tcherenkov) ont prouvé que la radiation produite est indépendante de la composition du liquide, ce qui était en désaccord avec la théorie de la fluorescence. Les recherches de Tcherenkov établissaient les propriétés générales de la radiation. Cependant, une description mathématique de cet effet était toujours à faire. C'est là qu'interviennent les deux collègues et co-lauréats du prix Nobel de 1958, Ilia Frank et Igor Tamm (qui sera lui-même, de 1945 à 1948, à L'institut de physique Lebedev de Moscou, le directeur de thèse de l'immense physicien Andréï Sakharov), qui eux, ont donné une explication mathématique rigoureuse et simple.*

Sergei Vavilov

Pavel Tcherenkov

Ilia Frank

Igor Tamm

♣ *Pour obtenir des renseignements théoriques sur la théorie de Frank et Tamm, le lecteur intéressé peut se référer à l'article de 1950 écrit par Madame Robin (de la Sorbonne) :*

http://hal.archives-ouvertes.fr/docs/00/23/42/39/PDF/ajp-jphysrad_1950_11_5_17_0.pdf

♣ *Le cadre rigoureux de l'effet Tcherenkov est celui qui traite le photon et l'électron comme des objets physiques à la fois quantique et relativiste, à savoir l'Electrodynamique Quantique. Mais ceci sort largement des ambitions de cet ouvrage d'initiation.*

Chapitre 3

Intégration

L'intégration, ou calcul intégral, est un des fondements des Mathématiques modernes. Son développement est à la base de nombreux autres. Dès lors, au cours de l'histoire, la Physiques a toujours grandement bénéficiée de ses innombrables apports. Pour le physicien en formation, comme pour le chimiste, l'intégration se « limite » très souvent au calcul des primitives. C'est ce point qui est la grande différence entre le mathématicien, qui cherche une construction logique et déductive, alors que le physicien va, très souvent, se limiter aux applications élémentaires du calcul intégral. Ce dernier est né du besoin (ou de l'envie) de calculer des aires. Dès le 17ième siècle le mathématicien allemand Gottfried Wilhelm Leibniz (1646 / 1716), à qui l'on doit le symbole de sommation ∫ (le S allongé), et l'anglais Isaac Newton (1643 / 1727) jettent les bases du calcul intégral ; même si le terme « intégral » est introduit par le mathématicien suisse Jean Bernoulli (1667 / 1748) car Leibniz, lui, préférait le terme « calcul sommatoire ». Puis, l'immense mathématicien allemand Georg Friedrich Bernhard Riemann (1828 / 1866), en photo ci-dessus, approfondissant les idées du mathématicien français Augustin Louis Cauchy (1789 / 1857), publie en 1854 une formalisation rigoureuse de l'intégrale. Pour faire simple, l'idée de Riemann est d'approcher, localement, un arc de courbe par un segment horizontal, et ainsi de définir des rectangles ; et plus la largueur de ces rectangles est faible, plus leur somme se rapproche de l'aire du domaine inscrit « sous cette courbe » (encore appelé hypographe). Cette démarche intellectuelle est encore appelée « approche par fonctions escaliers ». Les fonctions pour lesquelles cette définition est possible sont dites intégrables au sens de Riemann. Puis, en 1901, le mathématicien français Henri-Léon Lebesgue (1895 / 1941) apporte une nouvelle contribution majeure à la théorie de l'intégration, qui repose sur la théorie de la mesure d'Emile Borel (1871 / 1956), et en généralisant les travaux antérieurs de ces illustres prédécesseurs. Cette théorie apportera beaucoup au physicien (la transformée de Fourier entre autre), et lui permettra de développer de nombreuses théories. Au cours du 20ième siècle, la théorie de l'intégration s'est encore développée (intégrale de Kurzweil–Henstock en 1958), et les physiciens théoriciens en ont tirés un immense profit comme, par exemple, avec la mesure d'Alfréd Haar (1885 / 1933) et les groupes de Sophus Lie (1842 / 1899).

❶ L'approche de Riemann

A) Introduction

Le calcul intégral est né de la volonté des mathématiciens à déterminer la valeur exacte d'aires. C'est en ce sens que le grand mathématicien allemand *Bernhard Riemann* (1826 / 1866), élève en 1851 du non moins génialissime *Carl Friedrich Gauss* (1777 / 1855) à l'université de Göttingen, publie en 1854 une théorie rigoureuse de l'intégration pour les fonctions bornées sur un intervalle fermé. Cette dernière fut longtemps enseignée, en France, dans les classes de Terminales C, D et E jusqu'à la fin des années 1970. A l'heure d'aujourd'hui, en Terminale S, l'intégration n'a malheureusement plus de cadre formel, mais se résume essentiellement à la détermination de primitives, et aux applications élémentaires. Historiquement, l'idée originelle de *Riemann* (1826 / 1866) est un « découpage » du segment d'intégration en **une subdivision** impliquant un « découpage » en rectangles de la surface à déterminer. Pour fixer les idées, envisageons le cas d'une fonction numérique f, d'une seule variable x, et définie sur $\mathcal{D}_f$. On considérera que la fonction f est **continue** et **bornée** sur un intervalle $[a\,;b] \subseteq \mathcal{D}_f$. On va chercher à déterminer la surface $\mathcal{S}_f([a\,;b])$ qui est sous la courbe représentative $\mathcal{C}_f$ et « coincée » entre les droites verticales d'équation $x = a$ et $x = b$. Cette surface est parfois appelée hypographe. Par exemple, pour se donner un cadre de réflexion, on peut considérer la figure suivante :

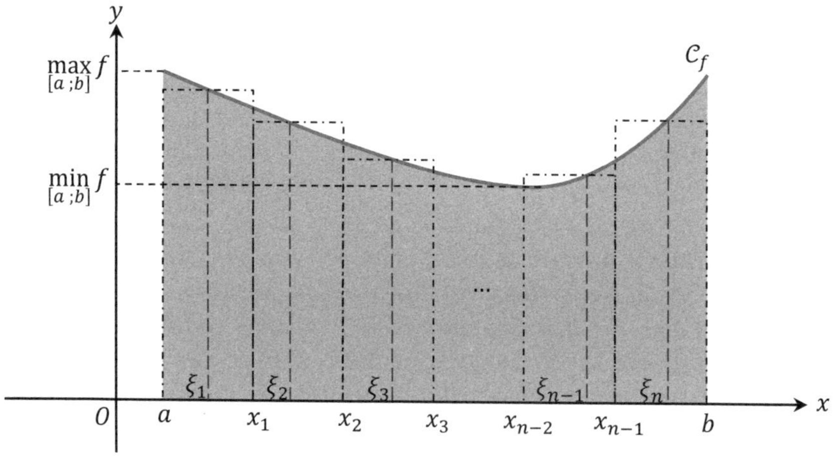

Figure 1 : principe d'une subdivision de Riemann

On appelle **subdivision** de l'intervalle d'étude $[a\,;b]$, notée $\sigma_{[a\,;b]}$, toute suite finie strictement croissante du type :

$$\sigma_{[a\,;b]} = \{a = x_0 < x_1 < x_2 < \cdots < x_{n-2} < x_{n-1} < x_n = b\} \; n \in \mathbb{N}^*$$

Puis, dans **chaque** sous intervalle $[\, x_{i-1} \,;\, x_i \,]$ où $\in [\![1\,;\,n]\!]$, on choisit un élément ξ_i (qui se lit « *Xi* indice *i* »), tel que :

$$\forall i \in [\![1\,;\,n]\!],\ \min_{[a\,;b]} f \leq f(\xi_i) \leq \max_{[a\,;b]} f$$

Le choix de la subdivision $\sigma_{[a\,;b]}$ implique un « découpage » en $n \in \mathbb{N}^*$ rectangles. Pour **simplifier le raisonnement** (sans pour autant altérer à la généralité des résultats) nous avons volontairement choisit une **subdivision régulière**, c'est-à-dire que chaque rectangle de découpage à la même largeur, appelé **pas de la subdivision**, et noté $\wp_{\sigma_{[a\,;b]}}$.

On a alors :

$$\forall i \in [\![1\,;\,n]\!],\ \wp_{\sigma_{[a\,;b]}} = x_i - x_{i-1} = \frac{b-a}{n}$$

Dans ce cas, l'aire engendrée par l'addition des aires de chaque rectangle du découpage, notée $\mathcal{S}_{Rect}([a\,;b])$, va pouvoir s'écrire comme :

$$\mathcal{S}_{Rect}([a\,;b]) = \sum_{i=1}^{i=n} f(\xi_i)\,(\,x_i - x_{i-1})$$

Soit pour nous :

$$\mathcal{S}_{Rect}([a\,;b]) = \sum_{i=1}^{i=n} f(\xi_i)\,\wp_{\sigma_{[a\,;b]}}$$

Il est alors évident qu'à ce stade du raisonnement, on a, de manière générale (sauf cas particulier d'une fonction à valeurs constantes sur $[a\,;b] \subseteq \mathcal{D}_f$ avec subdivision adaptée) : $\mathcal{S}_{Rect}([a\,;b]) \neq \mathcal{S}_f([a\,;b])$. En effet, beaucoup de surface de ces rectangles n'appartiennent pas à l'hypographe de la fonction f.

B) Fonction intégrable au sens de Riemann

L'intégrale de *Riemann* (1826 / 1866) est, initialement, construite pour répondre à la question suivante : quelles fonctions sait-on intégrer ? L'idée est alors de « limiter au maximum » les « pertes » surfaciques engendrées par le découpage de $\mathcal{S}_f([a\,;b])$ en n rectangles, donc essayer de les rendre nulles. Autrement dit, le mathématicien va absolument chercher à réaliser la condition de convergence suivante :

$$\mathcal{S}_{Rect}([a\,;b]) \longrightarrow \mathcal{S}_f([a\,;b])$$

Or, on constate alors que l'unique solution pour réaliser la condition de convergence précédente est **d'augmenter indéfiniment le nombre de rectangles de découpages**. Ce qui revient à faire le passage à la limite $\longrightarrow +\infty$. Mais comme $b - a > 0$ est fixe, cela implique que :

$$\lim_{n\to+\infty} \wp_{\sigma_{[a\,;b]}} = \lim_{n\to+\infty} \frac{b-a}{n} \quad \Leftrightarrow \quad \lim_{n\to+\infty} \wp_{\sigma_{[a\,;b]}} = 0^+$$

Donc, pour satisfaire à la condition de convergence précédente il faut que le pas de la subdivision tend vers zéro : $\mathcal{p}_{\sigma_{[a\,;b]}} \longrightarrow 0^+$.
Ainsi, si on a une fonction numérique f qui, **indépendamment du choix de la subdivision** $\sigma_{[a\,;b]}$, vérifie sur l'intervalle $[a\,;b] \subseteq \mathcal{D}_f$:

$$\lim_{n \longrightarrow +\infty} \sum_{i=1}^{i=n} f(\xi_i)\, \mathcal{p}_{\sigma_{[a\,;b]}} = \mathcal{S}_f([a\,;b]) \in \mathbb{R}$$

Alors cette fonction est dite **Riemann intégrable**. On note alors l'ensemble des fonctions Riemann intégrables $[a\,;b]$ par $\mathfrak{Ri}([a\,;b])$, et on a alors $f \in \mathfrak{Ri}([a\,;b])$. D'où la définition suivante :

Définition (Sup)

Soit f une fonction bornée et continue sur l'intervalle $[a\,;b] \subseteq \mathcal{D}_f$. On considère sur cet intervalle la subdivision régulière $\sigma_{[a\,;b]}$ suivante

$$\sigma_{[a\,;b]} = \{a = x_0 < x_1 < \cdots < x_{n-1} < x_n = b\}$$

de pas $\mathcal{p}_{\sigma_{[a\,;b]}}$. Puis, $\forall i \in [\![1\,;n]\!]$, $\xi_i \in [\,x_{i-1}\,;\,x_i\,]$. On dit alors que f est **Riemann intégrable**, que l'on note $f \in \mathfrak{Ri}([a\,;b])$, si quel que soit le choix de la subdivision $\sigma_{[a\,;b]}$, on a la condition suivante :

$$\lim_{n \longrightarrow +\infty} \sum_{i=1}^{i=n} f(\xi_i)\mathcal{p}_{\sigma_{[a\,;b]}} = \mathcal{S}_f([a\,;b]) \in \mathbb{R}$$

Historiquement, il est d'usage d'écrire cette limite $\mathcal{S}_f([a\,;b])$ comme :

$$\int_a^b f(x)\,dx \quad \text{ou} \quad \int_a^b f$$

Et ceci doit se lire « intégrale de f de la borne a jusqu'à la borne b ». Le symbole du « S allongé » $\int$ signifiant somme continue, et rappelle la quantité $\mathcal{S}_f([a\,;b])$. La fonction f s'appelle l'intégrande où l'intégrant.

Le fait de passer à la limite $n \longrightarrow +\infty$, implique nécessairement que $\mathcal{p}_{\sigma_{[a\,;b]}} \longrightarrow 0$, c'est pourquoi le terme dx, qui correspond à $\mathcal{p}_{\sigma_{[a\,;b]}} \longrightarrow 0$, est interprété (par le physicien) comme une **variation infinitésimale** de la variable x. La notation utilisée, à savoir

$$\int_a^b f(x)\,dx$$

est due au mathématicien et physicien français *Joseph Fourier* (1768 / 1830). Au regard de la définition précédente, il n'est pas évident de savoir quelles sont les fonctions

Riemann intégrables. C'est pourquoi, en 1875, le mathématicien français *Gaston Darboux* (1842 / 1917), introduit des sommes qui majorent et minorent la quantité recherchée (appelées somme de *Darboux*). Enfin, mentionnons que le fait d'écrire que

$$\lim_{n \to +\infty} \sum_{i=1}^{i=n} f(\xi_i)\wp_{\sigma_{[a\,;b]}} = \int_a^b f(x)\,dx$$

implique donc que la « variable x » est une **variable muette**, c'est-à-dire qu'elle peut être remplacée par n'importe qu'elle autre notation. Par exemple, on a :

$$\int_a^b f(x)\,dx = \int_a^b f(t)\,dt = \int_a^b f(u)\,du$$

♣ *Remarque : Les classes de Terminales C étaient spécialisées en Mathématiques et Sciences Physiques, les classes de Terminales D mettaient d'avantage l'accent sur les Sciences de la Vie et de la Terre, alors que les classes de Terminales E étaient, quant à elles, plus spécifiques aux Mathématiques et à l'enseignement Technologique. C'est sans doute à cette époque que l'enseignement des Mathématiques au lycée, et tout particulièrement dans les classes de Terminales C et E, était le plus rigoureux et le plus formateur à la réflexion et à la démonstration, donc aux exigences de l'enseignement supérieurs. Certains seraient presque nostalgiques … Mêmes de leurs célébrissime ancêtres « Math élem & Math Tech ». Juste une autre manière de concevoir les Mathématiques et leur enseignement.*

C) Valeur moyenne

La valeur moyenne d'une fonction f sur un intervalle $[a\,;b] \subseteq \mathcal{D}_f$, qui est notée $\bar{f}_{[a\,;b]}$, se détermine facilement par une égalité de surface. En effet, de par la définition d'une valeur moyenne, on va exprimer, sur l'intervalle $[a\,;b] \subseteq \mathcal{D}_f$, la surface $\mathcal{S}_f([a\,;b])$ sous la forme d'un rectangle de longueur $b - a$. On a alors :

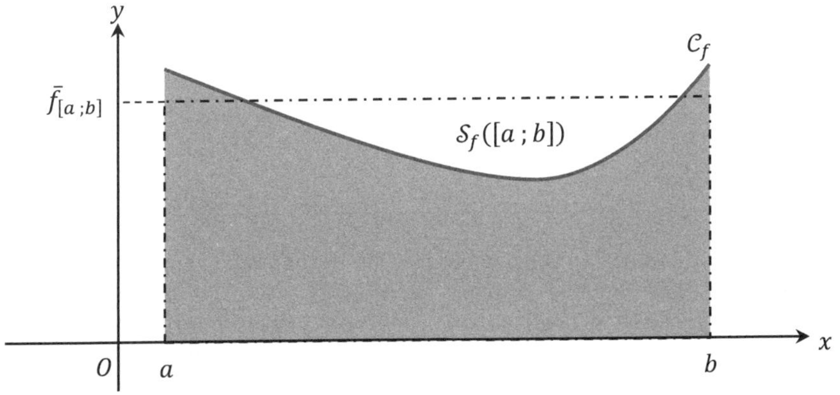

Figure 2 : principe de la valeur moyenne

Ce qui nous permet d'écrire que :

$$\mathcal{S}_f([a\,;b]) = \bar{f}_{[a\,;b]}(b-a) \quad \Leftrightarrow \quad \int_a^b f(x)\,dx = \bar{f}_{[a\,;b]}(b-a)$$

Ce qui implique que :

$$\bar{f}_{[a\,;b]} = \frac{1}{b-a}\int_a^b f(x)\,dx$$

D'où la définition suivante :

Définition

Soit f une fonction bornée et continue sur l'intervalle $[a\,;b] \subseteq \mathcal{D}_f$. On appelle valeur moyenne de la fonction f, sur l'intervalle $[a\,;b]$, la quantité $\bar{f}_{[a\,;b]}$ qui vaut :

$$\bar{f}_{[a\,;b]} = \frac{1}{b-a}\int_a^b f(x)\,dx$$

D) Relation de décomposition de l'intégrale

Soit f une fonction bornée et continue sur l'intervalle $\left[a\,;b\right] \subseteq \mathcal{D}_f$. De plus, on considère un point $\varepsilon \in \left[a\,;b\right]$. Dans ce cas, on sait alors, qu'en termes de surfaces, on a :

$$\mathcal{S}_f([a\,;b]) = \mathcal{S}_f([a\,;\varepsilon]) + \mathcal{S}_f([\varepsilon\,;b])$$

Ce qui implique que :

$$\int_a^b f(x)\,dx = \int_a^\varepsilon f(x)\,dx + \int_\varepsilon^b f(x)\,dx$$

Ainsi, on a la propriété de **décomposition** suivante :

Théorème

Soit f une fonction bornée sur l'intervalle $[a\,;b] \subseteq \mathcal{D}_f$. La propriété de décomposition de l'intégrale se traduit par :

$$\int_a^b f(x)\,dx = \int_a^\varepsilon f(x)\,dx + \int_\varepsilon^b f(x)\,dx$$

Cette propriété de calcul est à rapprocher de celle de *Chasles* (1793 / 1880) pour les vecteurs ; d'ailleurs, on l'appelle souvent relation de « *Chasles* intégrale ». Elle est particulièrement appréciée et utilisée dans les démonstrations. D'ailleurs elle sera invoquée dans le cadre de la démonstration du théorème fondamental du calcul intégral.

E) Inversion des bornes d'une intégrale

Soit f une fonction bornée et continue sur l'intervalle $[a\,;b] \subseteq \mathcal{D}_f$. A présent, on sait que :

$$\int_a^b f(x)\,dx = \mathcal{S}_f([a\,;b])$$

Intéressons-nous au terme :

$$\int_b^a f(x)\,dx = \mathcal{S}_f([b\,;a])$$

D'après la définition de $\mathcal{S}_f([a\,;b])$, on peut écrire, pour une subdivision régulière, que :

$$\mathcal{S}_f([a\,;b]) = \lim_{n \to +\infty} \sum_{i=1}^{i=n} f(\xi_i)\,\wp_{\sigma_{[a\,;b]}} \quad \text{avec } \forall i \in [\![1\,;\,n]\!],\ \wp_{\sigma_{[a\,;\,b]}} = x_i - x_{i-1} = \frac{b-a}{n}$$

Or, le terme $\mathcal{S}_f([b\,;a])$ signifie que l'on va de b vers a, donc que l'on « se déplace », sur l'axe des abscisses, dans **le sens opposé**. Ainsi, $\forall i \in [\![1\,;\,n]\!]$, on a :

$$\wp_{\sigma_{[b\,;\,a]}} = x_{i-1} - x_i \iff \wp_{\sigma_{[b\,;\,a]}} = -\frac{b-a}{n} \iff \wp_{\sigma_{[b\,;\,a]}} = -\wp_{\sigma_{[a\,;\,b]}}$$

On en déduit alors que :

$$\mathcal{S}_f([b\,;a]) = \lim_{n \to +\infty} \sum_{i=1}^{i=n} f(\xi_{n+1-i})\,\wp_{\sigma_{[b\,;a]}}$$

D'où :

$$\mathcal{S}_f([b\,;a]) = \lim_{n \to +\infty} \sum_{i=1}^{i=n} f(\xi_{n+1-i})\left(-\wp_{\sigma_{[a\,;\,b]}}\right)$$

En tenant compte du fait que, sommer les termes $f(\xi_i)$ dans le sens direct ou les $f(\xi_{n+1-i})$ dans le sens indirect, est identique, on a alors :

$$\mathcal{S}_f([b\,;a]) = -\lim_{n \to +\infty} \sum_{i=1}^{i=n} f(\xi_i)\,\wp_{\sigma_{[a\,;\,b]}} \iff \mathcal{S}_f([b\,;a]) = -\mathcal{S}_f([a\,;b])$$

Finalement, on a :

Propriété

Soit f une fonction bornée et continue sur l'intervalle $[a\,;b] \subseteq \mathcal{D}_f$. On a :

$$\int_b^a f(x)\,dx = -\int_a^b f(x)\,dx$$

F) Une valeur particulière

Cherchons la valeur de l'intégrale suivante :

$$\mathcal{S}_f([a\,;a]) = \int_a^a f(x)\,dx$$

On a alors :

$$\mathcal{S}_f([a\,;a]) = \lim_{n \to +\infty} \sum_{i=1}^{i=n} f(\xi_i)\,\wp_{\sigma_{[a\,;\,a]}}$$

Or, on a :

$$\wp_{\sigma_{[a\,;\,a]}} = \frac{a-a}{n} = 0 \;\Rightarrow\; \lim_{n \to +\infty} \sum_{i=1}^{i=n} f(\xi_i) \times 0 \;\Leftrightarrow\; \mathcal{S}_f([a\,;a]) = 0$$

Finalement, on a :

Propriété

> Soit f une fonction bornée et continue sur l'intervalle $[a\,;b] \subseteq \mathcal{D}_f$. On a :
>
> $$\int_a^a f(x)\,dx = 0$$

G) Linéarité de l'intégrale

Soient f et g deux fonctions bornées et continues sur l'intervalle $[a\,;b] \subseteq \mathcal{D}_f \cap \mathcal{D}_g$. Cherchons à transformer l'intégrale suivante :

$$\int_a^b \big(\alpha f(x) + \beta g(x)\big)\,dx \quad \text{avec } (\alpha\,;\,\beta) \in \mathbb{R}^2$$

On a alors :

$$\int_a^b \big(\alpha f(x) + \beta g(x)\big)\,dx = \lim_{n \to +\infty} \sum_{i=1}^{i=n} \big(\alpha f(\xi_i) + \beta g(\xi_i)\big)\,\wp_{\sigma_{[a\,;\,b]}}$$

En tenant compte du fait qu'une succession d'additions s'effectuent dans l'ordre que l'on veut, on a alors :

$$\int_a^b \big(\alpha f(x) + \beta g(x)\big)\,dx = \lim_{n \to +\infty} \sum_{i=1}^{i=n} \alpha f(\xi_i)\,\wp_{\sigma_{[a\,;\,b]}} + \lim_{n \to +\infty} \sum_{i=1}^{i=n} \beta g(\xi_i)\,\wp_{\sigma_{[a\,;\,b]}}$$

De plus, les deux nombres réels α et β étant identiques dans chacun des termes de ces deux sommes, on peut donc les mettre en facteurs. On a alors :

$$\int_a^b \big(\alpha f(x) + \beta g(x)\big)\, dx = \lim_{n \to +\infty} \alpha \sum_{i=1}^{i=n} f(\xi_i)\, \wp_{\sigma_{[a\,;\,b]}} + \lim_{n \to +\infty} \beta \sum_{i=1}^{i=n} g(\xi_i)\, \wp_{\sigma_{[a\,;\,b]}}$$

Ces deux nombres réels étant indépendants de l'entier naturel n, on va donc pouvoir les « sortir » des opérations de limite, et ainsi obtenir :

$$\int_a^b \big(\alpha f(x) + \beta g(x)\big)\, dx = \alpha \lim_{n \to +\infty} \sum_{i=1}^{i=n} f(\xi_i)\, \wp_{\sigma_{[a\,;\,b]}} + \beta \lim_{n \to +\infty} \sum_{i=1}^{i=n} g(\xi_i)\, \wp_{\sigma_{[a\,;\,b]}}$$

Soit encore :

$$\int_a^b \big(\alpha f(x) + \beta g(x)\big)\, dx = \alpha\, \mathcal{S}_f([a\,;b]) + \beta\, \mathcal{S}_g([a\,;b])$$

Finalement, on obtient la propriété de **linéarité** suivante :

Propriété

Soient f et g deux fonctions bornées et continues sur l'intervalle $[a\,;b] \subseteq \mathcal{D}_f \cap \mathcal{D}_g$. On a alors la propriété de **linéarité** suivante :

$$\int_a^b \big(\alpha f(x) + \beta g(x)\big)\, dx = \alpha \int_a^b f(x)\, dx + \beta \int_a^b g(x)\, dx$$

H) Théorème fondamental du calcul intégral

Le théorème fondamental du calcul intégral permet de calculer la surface $\mathcal{S}_f([a\,;b])$, sous les hypothèses précédentes, en évitant la méthode de la sommation sur les rectangles de découpages. C'est donc un résultat qui permet une **détermination directe** de l'intégrale recherchée. On a alors :

Théorème

Soit f une fonction bornée et continue sur l'intervalle $[a\,;b] \subseteq \mathcal{D}_f$. Si on note par F une fonction qui admet pour dérivée f alors on a :

$$\int_a^b f(x)\, dx = F(b) - F(a) = [F(x)]_a^b$$

On dit alors que la fonction F est **une primitive** de f sur $[a\,;b] \subseteq \mathcal{D}_f$.

- *Démonstration*

Soit f une fonction bornée et **continue** sur l'intervalle $[a\,;b] \subseteq \mathcal{D}_f$. Notons par $F(x)$ le terme suivant :

$$F(x) = \int_a^x f(t)\,dt + c \quad \text{avec } c \in \mathbb{R} \text{ et } x \in [a\,;b]$$

Calculons donc la quantité suivante :

$$\frac{F(x+h)-F(x)}{h} = \frac{1}{h}\left(\int_a^{x+h} f(t)\,dt + c - \left(\int_a^x f(t)\,dt + c\right)\right)$$

Ce qui nous donne :

$$\frac{F(x+h)-F(x)}{h} = \frac{1}{h}\left(\int_a^{x+h} f(t)\,dt + c - \int_a^x f(t)\,dt - c\right)$$

Soit encore :

$$\frac{F(x+h)-F(x)}{h} = \frac{1}{h}\left(\int_a^{x+h} f(t)\,dt - \int_a^x f(t)\,dt\right)$$

En utilisant la propriété d'inversion des bornes de la seconde intégrale, on a :

$$\frac{F(x+h)-F(x)}{h} = \frac{1}{h}\left(\int_a^{x+h} f(t)\,dt + \int_x^a f(t)\,dt\right) = \frac{1}{h}\left(\int_x^a f(t)\,dt + \int_a^{x+h} f(t)\,dt\right)$$

En utilisant maintenant la propriété de décomposition, on a alors :

$$\frac{F(x+h)-F(x)}{h} = \frac{1}{h}\left(\int_x^{x+h} f(t)\,dt\right) \quad \Leftrightarrow \quad \frac{F(x+h)-F(x)}{h} = \frac{1}{h}\int_x^{x+h} f(t)\,dt$$

On reconnait alors la valeur moyenne $\bar{f}_{[x\,;\,x+h]}$:

$$\bar{f}_{[x\,;\,x+h]} = \frac{1}{h}\int_x^{x+h} f(t)\,dt$$

Ainsi, on peut écrire que :

$$\frac{F(x+h)-F(x)}{h} = \bar{f}_{[x\,;\,x+h]}$$

Enfin, en passant à la limite lorsque $h \longrightarrow 0$, on obtient :

$$\lim_{h \to 0} \frac{F(x+h)-F(x)}{h} = \lim_{h \to 0} \bar{f}_{[x\,;\,x+h]}$$

Enfin, comme f est continue :

$$\lim_{h \to 0} \bar{f}_{[x\,;\,x+h]} = f(x)$$

On obtient alors :

$$\lim_{h \to 0} \frac{F(x+h) - F(x)}{h} = f(x)$$

Ce qui nous donne donc :

$$\boxed{F'(x) = f(x)}$$

De plus, on sait que l'on a :

$$F(x) = \int_a^x f(t)\,dt + c \quad \text{avec } c \in \mathbb{R} \text{ et } x \in [a\,;b]$$

Ce qui implique que :

$$F(a) = \int_a^a f(t)\,dt + c \quad \Leftrightarrow \quad F(a) = 0 + c \quad \Leftrightarrow \quad c = F(a)$$

Dès lors, on peut écrire que :

$$F(x) = \int_a^x f(t)\,dt + F(a) \quad \Rightarrow \quad F(b) = \int_a^b f(t)\,dt + F(a)$$

D'où :

$$F(b) - F(a) = \int_a^b f(t)\,dt$$

Ce qui achève la démonstration.

■

I) Majoration et minoration d'une intégrale

Soit f une fonction bornée et **continue** sur l'intervalle $[a\,;b] \subseteq \mathcal{D}_f$. Notons par :

$$\begin{cases} M = \max\limits_{[a\,;b]} f \in \mathbb{R} \\ m = \min\limits_{[a\,;b]} f \in \mathbb{R} \end{cases}$$

Ainsi, $\forall x \in [a\,;b]$, on a l'encadrement suivant :

$$m \leq f(x) \leq M$$

En posant $x = \xi_i$, on a alors

$$m \leq f(\xi_i) \leq M$$

Or, on sait que **le pas** $\wp_{\sigma_{[a\,;\,b]}}$ de la subdivision régulière $\sigma_{[a\,;\,b]}$ **est positif** si $b \geq a$. Ceci nous permet d'écrire que :

$$m\wp_{\sigma_{[a\,;\,b]}} \leq f(\xi_i)\wp_{\sigma_{[a\,;\,b]}} \leq M\wp_{\sigma_{[a\,;\,b]}}$$

Ce qui implique, par sommation sur i, que :

$$\sum_{i=1}^{i=n} m\,\wp_{\sigma_{[a\,;\,b]}} \leq \sum_{i=1}^{i=n} f(\xi_i)\,\wp_{\sigma_{[a\,;\,b]}} \leq \sum_{i=1}^{i=n} M\,\wp_{\sigma_{[a\,;\,b]}}$$

Enfin, en invoquant le passage à la limite $n \longrightarrow +\infty$, on obtient alors :

$$\lim_{n \longrightarrow +\infty} \sum_{i=1}^{i=n} m\,\wp_{\sigma_{[a\,;\,b]}} \leq \lim_{n \longrightarrow +\infty} \sum_{i=1}^{i=n} f(\xi_i)\,\wp_{\sigma_{[a\,;\,b]}} \leq \lim_{n \longrightarrow +\infty} \sum_{i=1}^{i=n} M\,\wp_{\sigma_{[a\,;\,b]}}$$

Soit encore :

$$m \lim_{n \longrightarrow +\infty} \sum_{i=1}^{i=n} \wp_{\sigma_{[a\,;\,b]}} \leq \lim_{n \longrightarrow +\infty} \sum_{i=1}^{i=n} f(\xi_i)\,\wp_{\sigma_{[a\,;\,b]}} \leq M \lim_{n \longrightarrow +\infty} \sum_{i=1}^{i=n} \wp_{\sigma_{[a\,;\,b]}}$$

Ce qui nous donne donc :

$$m \lim_{n \longrightarrow +\infty} \sum_{i=1}^{i=n} \wp_{\sigma_{[a\,;\,b]}} \leq \mathcal{S}_f([a\,;b]) \leq M \lim_{n \longrightarrow +\infty} \sum_{i=1}^{i=n} \wp_{\sigma_{[a\,;\,b]}}$$

Mais, comme la subdivision choisie est régulière, alors le pas $\wp_{\sigma_{[a\,;\,b]}}$ est constant, et il est alors bien clair que :

$$\lim_{n \longrightarrow +\infty} \sum_{i=1}^{i=n} \wp_{\sigma_{[a\,;\,b]}} = \lim_{n \longrightarrow +\infty} \left(n\wp_{\sigma_{[a\,;\,b]}}\right) \iff \lim_{n \longrightarrow +\infty} \sum_{i=1}^{i=n} \wp_{\sigma_{[a\,;\,b]}} = \lim_{n \longrightarrow +\infty} \left(n\frac{b-a}{n}\right)$$

D'où :

$$\lim_{n \longrightarrow +\infty} \sum_{i=1}^{i=n} \wp_{\sigma_{[a\,;\,b]}} = \lim_{n \longrightarrow +\infty} (b-a) \iff \lim_{n \longrightarrow +\infty} \sum_{i=1}^{i=n} \wp_{\sigma_{[a\,;\,b]}} = b-a$$

Ce qui nous permet d'écrire que :

$$m(b-a) \leq \mathcal{S}_f([a\,;b]) \leq M(b-a)$$

Finalement, on obtient le résultat suivant :

Propriété

Soit f une fonction bornée sur l'intervalle $[a\,;b] \subseteq \mathcal{D}_f$. Si on note par $M = \max\limits_{[a\,;b]} f \in \mathbb{R}$ et $m = \min\limits_{[a\,;b]} f \in \mathbb{R}$ alors on a :

$$m \leq f(x) \leq M$$

D'où :

$$m(b-a) \leq \int_a^b f(x)\,dx \leq M(b-a)$$

J) Ordre et intégrales

Soient f et g deux fonctions bornées et continues sur l'intervalle $[a\,;b] \subseteq \mathcal{D}_f \cap \mathcal{D}_g$ telles que $\forall x \in [a\,;b]$, on a :

$$f(x) \leq g(x)$$

En posant $x = \xi_i$, on a alors

$$f(\xi_i) \leq g(\xi_i)$$

Or, on sait que **le pas** $p_{\sigma_{[a\,;b]}}$ de la subdivision régulière $\sigma_{[a\,;b]}$ **est positif** si $b \geq a$. Ceci nous permet d'écrire que :

$$f(\xi_i) p_{\sigma_{[a\,;b]}} \leq g(\xi_i) p_{\sigma_{[a\,;b]}}$$

Ce qui implique, par sommation sur i, que :

$$\sum_{i=1}^{i=n} f(\xi_i)\, p_{\sigma_{[a\,;b]}} \leq \sum_{i=1}^{i=n} g(\xi_i)\, p_{\sigma_{[a\,;b]}}$$

Enfin, en invoquant le passage à la limite $n \longrightarrow +\infty$, on obtient alors :

$$\lim_{n \longrightarrow +\infty} \sum_{i=1}^{i=n} f(\xi_i)\, p_{\sigma_{[a\,;b]}} \leq \lim_{n \longrightarrow +\infty} \sum_{i=1}^{i=n} g(\xi_i)\, p_{\sigma_{[a\,;b]}}$$

Ce qui nous donne donc :

$$\mathcal{S}_f([a\,;b]) \leq \mathcal{S}_g([a\,;b])$$

D'où le résultat suivant :

$$\int_a^b f(x)\,dx \leq \int_a^b g(x)\,dx$$

Ainsi, on en déduit que l'on a la propriété suivante :

Propriété

Soient f et g deux fonctions bornées et continues sur l'intervalle $[a\,;b] \subseteq \mathcal{D}_f \cap \mathcal{D}_g$. On a :

$$\forall x \in [a\,;b],\ f(x) \leq g(x) \quad \Rightarrow \quad \int_a^b f(x)\,dx \leq \int_a^b g(x)\,dx$$

K) Une surface algébrique

Soit f une fonction bornée et continue sur l'intervalle $[a\,;b] \subseteq \mathcal{D}_f$. On a alors :

$$\mathcal{S}_f([a\,;b]) = \int_a^b f(x)\,dx$$

Ainsi, on a :

$$\mathcal{S}_{-f}([a\,;b]) = \int_a^b -f(x)\,dx \quad \Leftrightarrow \quad \mathcal{S}_{-f}([a\,;b]) = -\int_a^b f(x)\,dx$$

Ce qui implique que :

$$\mathcal{S}_{-f}([a\,;b]) = -\mathcal{S}_f([a\,;b])$$

Ce qui nous permet **l'interprétation** suivante :

Propriété

Soit f une fonction bornée et continue sur l'intervalle $[a\,;b] \subseteq \mathcal{D}_f$. On a :

- Si $\forall x \in [c\,;d] \subseteq [a\,;b]$ on a $f(x) \geq 0$ alors :

$$\int_c^d f(x)\,dx \geq 0$$

- Si $\forall x \in [c\,;d] \subseteq [a\,;b]$ on a $f(x) \leq 0$ alors :

$$\int_c^d f(x)\,dx \leq 0$$

La surface $\mathcal{S}_f([c\,;d])$ est donc une **grandeur algébrique**.

L) Intégrale et parité

Soit f une fonction bornée et continue sur l'intervalle symétrique $[-a\,;a] \subseteq \mathcal{D}_f$. On a alors :

- *Si f une fonction impaire*

Dans ce cas, en réfléchissant sur les surfaces algébriques, on a :

$$\mathcal{S}_f([-a\,;a]) = \mathcal{S}_f([-a\,;0]) + \mathcal{S}_f([0\,;a])$$

Or, comme f est impaire, on a nécessairement $\mathcal{S}_f([0\,;a]) = -\mathcal{S}_f([-a\,;0])$. Ce qui implique que :

$$\mathcal{S}_f([-a\,;a]) = \mathcal{S}_f([-a\,;0]) - \mathcal{S}_f([-a\,;0])$$

D'où :

$$\mathcal{S}_f([-a\,;a]) = 0 \quad \Leftrightarrow \quad \int_{-a}^{a} f(x)\,dx = 0$$

- *Si f une fonction paire*

Dans ce cas, en réfléchissant sur les surfaces algébriques, on a :

$$\mathcal{S}_f([-a\,;a]) = \mathcal{S}_f([-a\,;0]) + \mathcal{S}_f([0\,;a])$$

Or, comme f est paire, on a nécessairement $\mathcal{S}_f([0\,;a]) = \mathcal{S}_f([-a\,;0])$. Ce qui implique que :

$$\mathcal{S}_f([-a\,;a]) = \mathcal{S}_f([0\,;a]) + \mathcal{S}_f([0\,;a])$$

D'où :

$$\mathcal{S}_f([-a\,;a]) = 2\mathcal{S}_f([0\,;a]) \quad \Leftrightarrow \quad \int_{-a}^{a} f(x)\,dx = 2\int_{0}^{a} f(x)\,dx$$

Finalement, on peut conclure que : suivante :

Propriété

Soit f une fonction bornée et continue sur l'intervalle symétrique $[-a\,;a] \subseteq \mathcal{D}_f$. On a alors :

- Si f est **impaire** alors

$$\int_{-a}^{a} f(x)\,dx = 0$$

- Si f est **paire** alors

$$\int_{-a}^{a} f(x)\,dx = 2\int_{0}^{a} f(x)\,dx$$

La propriété liée à l'imparité est très pratique car elle évite le processus d'intégration, donc la recherche d'une primitive, qui parfois peut s'avérer longue délicate et technique. Elle est très souvent invoquée lors de la résolution des problèmes de physique, et permet donc un gain de temps relativement important lors des évaluations écrites.

M) Intégrale et valeur absolue

On rappelle que la **valeur absolue**, notée $|x|$, du nombre réel x, est définie comme :

$$|x| = \max_{\mathbb{R}}(-x\,;x) \geq 0$$

Ce qui implique que :

$$-|x| \leq x \leq |x|$$

Mais également que :

$$-A \leq x \leq A \quad \Longrightarrow |x| \leq A \quad \text{avec } A \in \mathbb{R}^+$$

Soit f une fonction bornée et continue sur l'intervalle $[a\,;b] \subseteq \mathcal{D}_f$. Par définition de la valeur absolue, on a :

$$\forall x \in [a\,;b],\ |f(x)| = \max_{\mathbb{R}}\big(-f(x)\,;f(x)\big)$$

D'où :

$$-|f(x)| \leq f(x) \leq |f(x)|$$

Puis, en intégrant entre a et b, on obtient :

$$\int_a^b -|f(x)|\,dx \leq \int_a^b f(x)\,dx \leq \int_a^b |f(x)|\,dx$$

Ce qui nous donne :

$$-\int_a^b |f(x)|\,dx \leq \int_a^b f(x)\,dx \leq \int_a^b |f(x)|\,dx$$

En vertu des propriétés de la valeur absolue, on peut donc écrire que :

$$\left|\int_a^b f(x)\,dx\right| \leq \int_a^b |f(x)|\,dx$$

D'où la propriété suivante :

Propriété

Soit f une fonction bornée et continue sur l'intervalle $[a\,;b] \subseteq \mathcal{D}_f$. On a, $\forall x \in [a\,;b]$, la propriété suivante :

$$\left|\int_a^b f(x)\,dx\right| \leq \int_a^b |f(x)|\,dx$$

Cette formule est souvent utilisée en Mathématiques pour prouver des majorations. En revanche, elle est très peu utilisée en Sciences Physiques. Dans le cadre du cours de Mathématiques d'une Terminale S, cette propriété n'est que (trop) peu utilisée. Heureusement que certains professeurs ambitieux envers leur élèves font ce petit effort.

❷ Formulaire des primitives

Le théorème fondamental du calcul intégral nous apprend le lien étroit qui existe entre une fonction f et sa primitive F, à savoir :

$$\forall x \in [a\,;b] \subseteq \mathcal{D}_f, \quad \frac{dF(x)}{dx} = \frac{d}{dx}\left(\int_a^x f(t)\,dt + c\right) = f(x) \quad \text{avec } c \in \mathbb{R}$$

C'est pourquoi, il est important de savoir « primitiver », donc de reconnaitre les formes primitives. Par convention, elles sont indiquée par le symbole $\int$ sans bornes inférieure ni supérieure. Dans chaque cas, il faut rajouter la constante d'intégration réelle c. Dans ce formulaire $n \in \mathbb{N}$ et $(a; b\,; c\,; d) \in \mathbb{R}^4$. On a alors le formulaire, non exhaustif, suivant :

$\int 1\,dx = x$		$\int \frac{1}{\cos(x)}\,dx = -\ln\left\lvert\tan\left(\frac{x}{2}+\frac{\pi}{4}\right)\right\rvert$	
$\int x\,dx = \frac{x^2}{2}$		$\int \frac{1}{\sin(x)}\,dx = \ln\left\lvert\tan\left(\frac{x}{2}\right)\right\rvert$	
$\int \sqrt{x}\,dx = \frac{2}{3}x\sqrt{x}$		$\int \frac{1}{\tan(x)}\,dx = \ln\lvert\sin(x)\rvert$	
$\int \frac{1}{\sqrt{x}}\,dx = 2\sqrt{x}$		$\int \frac{1}{\cos^2(x)}\,dx = \tan(x)$	
$\int x^a\,dx = \frac{x^{a+1}}{a+1}$	$a \neq -1$	$\int \frac{1}{\sin^2(x)}\,dx = -\frac{1}{\tan(x)}$	
$\int \frac{1}{x^a}\,dx = \frac{-1}{a-1}\frac{1}{x^{a-1}}$	$a \neq 1$	$\int \frac{1}{\tan^2(x)}\,dx = -\frac{1}{\tan(x)} - \arctan(\tan(x))$	
$\int \frac{1}{x}\,dx = \ln\lvert x\rvert$		$\int \ln\lvert x\rvert\,dx = x\ln\lvert x\rvert - x$	
$\int e^x\,dx = e^x$		$\int a^x\,dx = \frac{a^x}{\ln(a)}$	$a > 1$
$\int e^{ax+b}\,dx = \frac{1}{a}e^{ax+b}$	$a \neq 0$	$\int \frac{1}{x^2+1}\,dx = \arctan(x)$	
$\int \cos(x)\,dx = \sin(x)$		$\int \frac{1}{x^2+a^2}\,dx = \frac{1}{a}\arctan\left(\frac{x}{a}\right)$	$a \neq 0$
$\int \sin(x)\,dx = -\cos(x)$		$\int \frac{1}{\sqrt{1-x^2}}\,dx = \arcsin(x)$	
$\int \tan(x)\,dx = -\ln\lvert\cos(x)\rvert$		$\int \frac{1}{\sqrt{a^2-x^2}}\,dx = \arcsin\left(\frac{x}{a}\right)$	$a > 0$

$\int \cosh(x)\ dx = \sinh(x)$	$\int \frac{-1}{\sqrt{1-x^2}}\ dx = \arccos(x)$
$\int \sinh(x)\ dx = \cosh(x)$	$\int \frac{-1}{\sqrt{a^2-x^2}}\ dx = -\arccos\left(\frac{x}{a}\right) \qquad a > 0$
$\int \tanh(x)\ dx = -\ln\lvert\cosh(x)\rvert$	$\int \frac{1}{\sqrt{x^2-1}}\ dx = \mathrm{argcosh}(x)$
$\int \frac{1}{\cosh(x)}\ dx = 2\arctan(e^x)$	$\int \frac{1}{\sqrt{x^2+1}}\ dx = \mathrm{argsinh}(x)$
$\int \frac{1}{\sinh(x)}\ dx = \ln\left\lvert\tanh\left(\frac{x}{2}\right)\right\rvert$	$\int \frac{1}{1-x^2}\ dx = \mathrm{argtanh}(x)$
$\int \frac{1}{\tanh(x)}\ dx = \ln\lvert\sinh(x)\rvert$	$\int \frac{1}{\sqrt{x^2-a^2}}\ dx = \ln\left\lvert x + \sqrt{x^2+a^2}\right\rvert$
$\int \frac{1}{ax+b}\ dx = \frac{1}{a}\ln\lvert ax+b\rvert \qquad a \neq 0$	$\int \frac{1}{\sqrt{x^2+a^2}}\ dx = \ln\left\lvert x + \sqrt{x^2+a^2}\right\rvert$
$\int \frac{\ln\lvert x\rvert}{x}\ dx = \frac{1}{2}(\ln\lvert x\rvert)^2$	$\int \frac{1}{a^2-x^2}\ dx = \frac{1}{2a}\ln\left\lvert\frac{x+a}{x-a}\right\rvert$
$\int x\ln\lvert x\rvert\ dx = \frac{x^2}{2}\left(\ln\lvert x\rvert - \frac{1}{2}\right)$	$\int \frac{1}{x^2-a^2}\ dx = \frac{1}{2a}\ln\left\lvert\frac{x-a}{x+a}\right\rvert$
$\int x^n\ln\lvert x\rvert\ dx = \frac{x^{n+1}}{n+1}\left(\ln\lvert x\rvert - \frac{1}{n+1}\right)$	$\int \frac{x+1}{x-1}\ dx = x + 2\ln\lvert x-1\rvert$
$\int (\ln\lvert x\rvert)^2\ dx = x(\ln\lvert x\rvert)^2 - 2x\ln\lvert x\rvert + 2x$	$\int \frac{1}{x\ln\lvert x\rvert}\ dx = \ln\lvert\ln\lvert x\rvert\rvert$
$\int \frac{1}{e^x+1}\ dx = -\ln\lvert 1+e^{-x}\rvert$	$\int \frac{\sqrt{1-x^2}}{x^2}\ dx = -\arcsin(x) - \frac{\sqrt{1-x^2}}{x}$

Mais il existe beaucoup d'autres formules plus spécifiques. Il est impossible de toutes les écrire, C'est pourquoi, on donnera ici uniquement les plus courantes. On a alors :

$\int \arccos(x)\ dx = x\arccos(x) - \sqrt{1-x^2}$
$\int \arcsin(x)\ dx = x\arcsin(x) + \sqrt{1-x^2}$
$\int \arctan(x)\ dx = x\arctan(x) + \frac{1}{2}\ln(1+x^2)$
$\int \mathrm{arccotan}(x)\ dx = x\,\mathrm{arccotan}(x) + \frac{1}{2}\ln(1+x^2)$

$\int \operatorname{argcosh}(x)\ dx = x \operatorname{argcosh}(x) - \sqrt{x^2 - 1}$
$\int \operatorname{argsinh}(x)\ dx = x \operatorname{argsinh}(x) - \sqrt{1 + x^2}$
$\int \operatorname{argtanh}(x)\ dx = x \operatorname{argtanh}(x) + \frac{1}{2}\ln\|1 - x^2\|$
$\int \operatorname{argcotanh}(x)\ dx = x \operatorname{argcotanh}(x) + \frac{1}{2}\ln\|x^2 - 1\|$
$\int \frac{1}{ax^2 + bx + c}\ dx = \frac{2}{\sqrt{\|b^2 - 4ac\|}} \arctan\left(\frac{2ax + b}{\sqrt{\|b^2 - 4ac\|}}\right)$
$\int \frac{x}{ax^2 + bx + c}\ dx = \frac{1}{2a}\ln\|ax^2 + bx + c\| - \frac{b}{a\sqrt{\|b^2 - 4ac\|}} \arctan\left(\frac{2ax + b}{\sqrt{\|b^2 - 4ac\|}}\right)$
$\int \frac{ax + b}{cx + d}\ dx = \frac{a}{c}\left(x - \left(\frac{ad - bc}{ac}\right)\ln\|cx + d\|\right)$
$\int \frac{1}{x^3 + 1}\ dx = \frac{1}{3}\ln\|x + 1\| - \frac{1}{6}\ln\|x^2 - x + 1\| + \frac{1}{\sqrt{3}}\arctan\left(\frac{2x - 1}{\sqrt{3}}\right)$
$\int \frac{1}{x^3 - 1}\ dx = \frac{1}{3}\ln\|x - 1\| - \frac{1}{6}\ln\|x^2 + x + 1\| - \frac{1}{\sqrt{3}}\arctan\left(\frac{2x + 1}{\sqrt{3}}\right)$
$\int \frac{1}{x^4 + 1}\ dx = \frac{\sqrt{2}}{8}\ln\left\|\frac{x^2 + x\sqrt{2} + 1}{x^2 - x\sqrt{2} + 1}\right\| + \frac{\sqrt{2}}{4}\left(\arctan\left(x\sqrt{2} + 1\right) + \arctan\left(x\sqrt{2} - 1\right)\right)$
$\int \frac{1}{x^4 - 1}\ dx = -\frac{1}{2}\left(\operatorname{argtanh}(x) + \arctan(x)\right)$
$\int \frac{1}{x\sqrt{a^2 \pm x^2}}\ dx = \frac{1}{a}\ln\left\|\frac{x}{a + \sqrt{a^2 \pm x^2}}\right\|$
$\int \frac{1}{x\sqrt{x^2 - a^2}}\ dx = \frac{1}{a}\arccos\left(\frac{a}{x}\right)$
$\int \sqrt{x^2 \pm a^2}\ dx = \frac{x}{2}\sqrt{x^2 \pm a^2} \pm \frac{a^2}{2}\ln\left\|x + \sqrt{x^2 \pm a^2}\right\|$
$\int \sqrt{a^2 - x^2}\ dx = \frac{x}{2}\sqrt{a^2 - x^2} + \frac{a^2}{2}\arccos\left(\frac{x}{a}\right)$
$\int e^{ax}\sin(bx)\ dx = \frac{a\sin(bx) + b\cos(bx)}{a^2 + b^2}e^{ax}$
$\int e^{ax}\cos(bx)\ dx = \frac{a\cos(bx) + b\sin(bx)}{a^2 + b^2}e^{ax}$

❸ Comment intégrer ?

Il existe beaucoup de technique pour intégrer les fonctions. Vous aurez tout plaisir à les découvrir et les maitriser au cours de vos études supérieures. Nous présenterons ici, uniquement trois d'entre-elles, les plus usuelles :

- la méthode directe (liée au formulaire) ;
- la méthode de l'intégration par parties (facile, astucieuse et puissante) ;
- la méthode du changement de variable (la plus technique).

A) Méthode directe

Il s'agit de transformer, par simple jeu d'écriture, l'expression proposée afin de se ramener, soit à un cas connu des formulaires, soit à une formule de dérivation (exploitée à l'envers bien évidemment !). C'est bien souvent la technique utilisée en Terminale S ou ES. Pour intégrer directement, il faut au préalable savoir bien dériver !

↪ ***Exemple 1***

Soit l'intégrale suivante :

$$I_1 = \int_0^{\frac{\pi}{4}} \frac{1}{\cos^4(x)} dx$$

On a alors :

$$I_1 = \int_0^{\frac{\pi}{4}} \frac{1}{\cos^2(x)} \frac{1}{\cos^2(x)} dx \quad \Leftrightarrow \quad I_1 = \int_0^{\frac{\pi}{4}} (1 + \tan^2(x)) \frac{d\tan(x)}{dx} dx$$

En simplifiant, on obtient :

$$I_1 = \int_0^{\frac{\pi}{4}} (1 + \tan^2(x))\, d\tan(x)$$

En faisant usage de la linéarité, on a obtient :

$$I_1 = \int_0^{\frac{\pi}{4}} 1\, d\tan(x) + \int_0^{\frac{\pi}{4}} \tan^2(x)\ d\tan(x) \quad \Leftrightarrow \quad I_1 = [\tan(x)]_0^{\frac{\pi}{4}} + \left[\frac{\tan^3(x)}{3}\right]_0^{\frac{\pi}{4}}$$

D'où :

$$I_1 = \tan\left(\frac{\pi}{4}\right) - \tan(0) + \frac{\tan^3\left(\frac{\pi}{4}\right)}{3} - \frac{\tan^3(0)}{3} \quad \Leftrightarrow \quad I_1 = 1 - 0 + \frac{1^3}{3} - \frac{0^3}{3}$$

Finalement, on obtient :

$$\boxed{I_1 = \frac{4}{3}}$$

↪ *Exemple 2*

Soit l'intégrale suivante :

$$I_2 = \int_0^1 \frac{1}{e^{-x}+1}\,dx$$

On a alors :

$$I_2 = \int_0^1 \frac{1}{e^{-x}+1} \times 1\,dx \quad \Leftrightarrow \quad I_2 = \int_0^1 \frac{1}{e^{-x}+1}\frac{e^x}{e^x}\,dx \quad \Leftrightarrow \quad I_2 = \int_0^1 \frac{e^x}{e^{-x}e^x + e^x}\,dx$$

Ce qui nous donne :

$$I_2 = \int_0^1 \frac{e^x}{e^{-x+x}+e^x}\,dx \quad \Leftrightarrow \quad I_2 = \int_0^1 \frac{e^x}{e^0+e^x}\,dx \quad \Leftrightarrow \quad I_2 = \int_0^1 \frac{e^x}{1+e^x}\,dx$$

Or, on a :

$$\frac{d\,(1+e^x)}{dx} = \frac{d\,1}{dx} + \frac{d\,e^x}{dx} = 0 + \ e^x = e^x$$

Ainsi, on a :

$$I_2 = \int_0^1 \frac{1}{1+e^x}\frac{d\,(1+e^x)}{dx}\,dx \quad \Leftrightarrow \quad I_2 = \int_0^1 \frac{1}{1+e^x}\,d\,(1+e^x)$$

D'où :

$$I_2 = [\ln|1+e^x|]_0^1 \quad \Leftrightarrow \quad I_2 = \ln|1+e^1| - \ln|1+e^0| \quad \Leftrightarrow \quad I_2 = \ln|1+e| - \ln|1+1|$$

Finalement, on obtient :

$$\boxed{I_2 = \ln\left(\frac{1+e}{2}\right)}$$

↪ *Exemple 3*

Soit l'intégrale suivante :

$$I_3 = \int_0^2 \frac{x^2}{\sqrt{1+x^3}}\,dx$$

On a :

$$I_3 = \int_0^2 \frac{1}{\sqrt{1+x^3}}x^2\,dx \quad \Leftrightarrow \quad I_3 = \int_0^2 \frac{1}{\sqrt{1+x^3}}\frac{d\,\left(\frac{1}{3}x^3\right)}{dx}\,dx$$

Soit :

$$I_3 = \frac{1}{3}\int_0^2 \frac{1}{\sqrt{1+x^3}}\frac{d\,(x^3)}{dx}\,dx \quad \Leftrightarrow \quad I_3 = \frac{1}{3}\int_0^2 \frac{1}{\sqrt{1+x^3}}\frac{d\,(1+x^3)}{dx}\,dx$$

D'où :

$$I_3 = \frac{1}{3}\int_0^2 \frac{1}{\sqrt{1+x^3}}\,d(1+x^3) \quad \Leftrightarrow \quad I_3 = \frac{1}{3}\left[2\sqrt{1+x^3}\right]_0^2 \quad \Leftrightarrow \quad I_3 = \frac{2}{3}\left[\sqrt{1+x^3}\right]_0^2$$

Ainsi, on obtient :

$$I_3 = \frac{2}{3}\left(\sqrt{1+2^3} - \sqrt{1+0^3}\right) \quad \Leftrightarrow \quad I_3 = \frac{2}{3}\left(\sqrt{1+8} - \sqrt{1+0}\right) \quad \Leftrightarrow \quad I_3 = \frac{2}{3}\left(\sqrt{9} - \sqrt{1}\right)$$

Finalement, on trouve que :

$$\boxed{I_3 = \frac{4}{3}}$$

➥ ***Exemple 4***

Soit l'intégrale suivante :

$$I_4 = \int_1^2 \frac{1}{4x^2-1}\,dx$$

On a alors

$$I_4 = \int_1^2 \frac{1}{(2x)^2 - 1^2}\,dx \quad \Leftrightarrow \quad I_4 = \int_1^2 \frac{1}{(2x+1)(2x-1)}\,dx$$

Soit :

$$I_4 = \int_1^2 \left(\frac{-\frac{1}{2}}{2x+1} + \frac{\frac{1}{2}}{2x-1}\right) dx \quad \Leftrightarrow \quad I_4 = \frac{1}{2}\int_1^2 \left(\frac{1}{2x-1} - \frac{1}{2x+1}\right) dx$$

En faisant usage de la linéarité de l'intégrale, on a :

$$I_4 = \frac{1}{2}\int_1^2 \frac{1}{2x-1}\,dx - \frac{1}{2}\int_1^2 \frac{1}{2x+1}\,dx \quad \Leftrightarrow \quad I_4 = \frac{1}{4}\int_1^2 \frac{2}{2x-1}\,dx - \frac{1}{4}\int_1^2 \frac{2}{2x+1}\,dx$$

D'où :

$$I_4 = \frac{1}{4}\int_1^2 \frac{1}{2x-1}\frac{d(2x-1)}{dx}\,dx - \frac{1}{4}\int_1^2 \frac{1}{2x+1}\frac{d(2x+1)}{dx}\,dx$$

Ce qui donne :

$$I_4 = \frac{1}{4}\int_1^2 \frac{1}{2x-1}\,d(2x-1) - \frac{1}{4}\int_1^2 \frac{1}{2x+1}\,d(2x+1)$$

Ainsi, on obtient :

$$I_4 = \frac{1}{4}[\ln|2x-1|]_1^2 - \frac{1}{4}[\ln|2x+1|]_1^2$$

Soit

$$I_4 = \frac{1}{4}(\ln(3) - \ln(1)) - \frac{1}{4}(\ln(5) - \ln(3)) \quad \Leftrightarrow \quad I_4 = \frac{1}{4}\ln(3) - \frac{1}{4}\ln(5) + \frac{1}{4}\ln(3)$$

D'où :

$$I_4 = \frac{1}{2}\ln(3) - \frac{1}{4}\ln(5) \iff I_4 = \frac{1}{2}\ln(3) - \frac{1}{2}\frac{1}{2}\ln(5) \iff I_4 = \frac{1}{2}\ln(3) - \frac{1}{2}\ln(\sqrt{5})$$

Ce qui nous permet d'écrire que :

$$I_4 = \frac{1}{2}\left(\ln(3) - \ln(\sqrt{5})\right) \iff I_4 = \frac{1}{2}\ln\left(\frac{3}{\sqrt{5}}\right)$$

Finalement, on obtient le résultat suivant :

$$\boxed{I_4 = \ln\left(\sqrt{\frac{3}{\sqrt{5}}}\right)}$$

B) Intégration par parties

La méthode de **l'intégration par parties** est une méthode, très pratique et très puissante, qui permet d'intégrer simplement des fonctions dont la détermination des primitives n'est pas directe. Cette méthode est due au mathématicien anglais *Brook Taylor* (1685 / 1731), en 1715.

On considère alors deux fonctions f et g bornées, et **au moins dérivable une fois (donc continues)** sur l'intervalle $[a\,;b] \subseteq \mathcal{D}_f \cap \mathcal{D}_g$. Dans ce cas, on a :

$$\left(f(x)g(x)\right)' = f'(x)g(x) + g'(x)f(x) \iff f'(x)g(x) = \left(f(x)g(x)\right)' - g'(x)f(x)$$

En intégrant cette relation sur l'intervalle $[a\,;b]$, on obtient alors :

$$\int_a^b f'(x)g(x)\ dx = \int_a^b \left(\left(f(x)g(x)\right)' - g'(x)f(x)\right) dx$$

En faisant usage de la linéarité de l'intégrale, on obtient alors :

$$\int_a^b f'(x)g(x)\ dx = \int_a^b \left(f(x)g(x)\right)' dx - \int_a^b g'(x)f(x)\, dx$$

Or, le second terme est très facile à calculer. En effet, on a :

$$\int_a^b \left(f(x)g(x)\right)' dx = [f(x)g(x)]_a^b = f(b)g(b) - f(a)g(a)$$

D'où, par simplicité d'écriture :

$$\int_a^b f'(x)g(x)\ dx = [f(x)g(x)]_a^b - \int_a^b g'(x)f(x)\ dx$$

Ce qui signifie que lors du processus d'intégration d'une fonction produit, il est possible de considérer les deux fonctions participantes comme :

- l'une déjà dérivée de sa primitive,
- l'autre comme primitive, donc à dérivée.

Puis, **en inversant les rôles de chacune**, on effectue alors une intégration assez aisée. Ainsi, on a :

Propriété (Sup)

Soient f et g deux fonctions bornées et dérivables (donc continues) sur l'intervalle $[a\,;b] \subseteq \mathcal{D}_f \cap \mathcal{D}_g$. On a alors la propriété, dite de **l'intégration par parties**, suivante

$$\int_a^b f'(x)g(x)\ dx = [f(x)g(x)]_a^b - \int_a^b g'(x)f(x)\ dx$$

D'un **point de vue pratique**, on peut procéder ainsi : en constatant que la dérivation d'un polynôme diminue son degré, et qu'à l'inverse, son intégration augmente son degré, nous symboliserons l'opération de dérivation par la flèche ↓, alors que l'intégration sera symbolisée par la flèche ↑. On a alors :

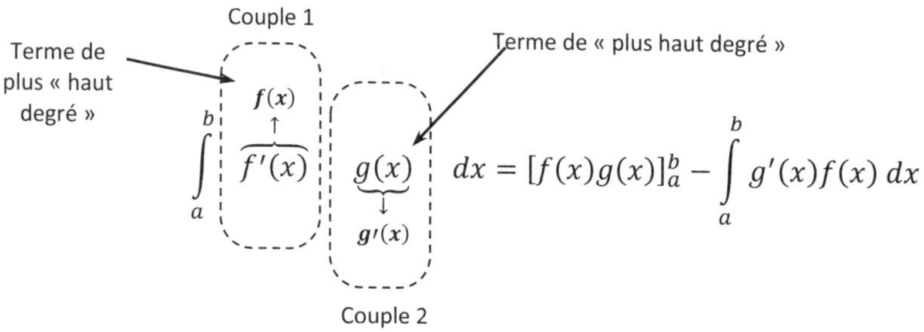

On peut alors considérer l'apparition des deux « couples » $\{\boldsymbol{f(x)}\,;f'(x)\}$ et $\{g(x)\,;\boldsymbol{g'(x)}\}$ et chacun de ces deux couples est constitué :

- d'un terme initialement présent dans l'intégrale initiale : $f'(x)$ et $g(x)$;
- et d'un **nouveau terme** qui est apparu, l'un par intégration $\boldsymbol{f(x)}$, et l'autre par dérivation $\boldsymbol{g'(x)}$.

De plus, on dit que :

- dans le premier couple $\{\boldsymbol{f(x)}\,;f'(x)\}$, $\boldsymbol{f(x)}$ est **le terme de « plus haut degré »** ;
- dans le second couple $\{g(x)\,;\boldsymbol{g'(x)}\}$, $g(x)$ est **le terme de « plus haut degré »**.

Dès lors, on applique la règle pratique suivante :

- *Pour le calcul d'une intégrale*

On effectue une multiplication tout intégrée des termes de plus haut degré, moins l'intégrale des deux nouveaux termes.

- *Pour le calcul d'une primitive*

On effectue une multiplication des termes de plus haut degré, moins une primitive des deux nouveaux termes.

Dans cette méthode de l'intégration par partie, **il ne faut pas se tromper sur le choix** de la fonction initialement à dériver et celle à intégrer. Sinon, le calcul du dernier terme

$$\int_a^b g'(x)f(x)\,dx$$

peut se révéler plus délicat. Parfois, il arrive même que ce dernier terme à calculer, doive lui-même subir une autre intégration par partie. Vous devez donc **toujours envisager l'expression de ce dernier terme** afin qu'il soit plus aisé à calculer que l'intégrale initiale. C'est pourquoi, il est conseiller de :

➔ **dériver** les termes polynomiaux du type x^n ;
➔ **dériver** les termes logarithmiques du type $\ln|x|$;

➔ **intégrer** les termes trigonométrique du type $\sin(x)$ et $\cos(x)$;
➔ **intégrer** les termes polynomiaux du type x^n si un terme logarithmique est présent ;
➔ **intégrer** les termes en exponentielle du type e^x ;

Afin de se familiariser avec cette méthode, il est maintenant temps de passer aux exemples.

↪ ***Exemple 1 (le classique)***

Soit l'intégrale suivante :

$$I_1 = \int_1^e \ln(x)\,dx \quad (x > 0)$$

On a alors :

$$I_1 = \int_1^e \overset{\overset{x}{\uparrow}}{\widehat{1}} \times \underset{\underset{\frac{1}{x}}{\downarrow}}{\underbrace{\ln(x)}}\,dx \quad \Leftrightarrow \quad I_1 = [x\ln(x)]_1^e - \int_1^e x\frac{1}{x}\,dx \quad \Leftrightarrow \quad I_1 = [x\ln(x)]_1^e - \int_1^e 1\,dx$$

Soit :

$$I_1 = [x\ln(x)]_1^e - [x]_1^e \quad \Leftrightarrow \quad I_1 = [x\ln(x) - x]_1^e$$

Ce qui nous donne donc :

$$I_1 = e\ln(e) - e - (1\ln(1) - 1) \quad \Leftrightarrow \quad I_1 = e \times 1 - e - (1 \times 0 - 1)$$

Soit encore :

$$I_1 = e - e - (-1)$$

Finalement, on trouve que :

$$\boxed{I_1 = 1}$$

➥ ***Exemple 2***

Soit l'intégrale suivante :

$$I_2 = \int_0^{\frac{\pi}{2}} x\cos(x)\ dx$$

On a alors :

$$I_2 = \int_0^{\frac{\pi}{2}} \underbrace{x}_{\downarrow\, 1}\overbrace{\cos(x)}^{\sin(x)\,\uparrow}\ dx \quad \Leftrightarrow \quad I_2 = [x\sin(x)]_0^{\frac{\pi}{2}} - \int_0^{\frac{\pi}{2}} 1\sin(x)\ dx$$

Soit :

$$I_2 = [x\sin(x)]_0^{\frac{\pi}{2}} - \int_0^{\frac{\pi}{2}} \sin(x)\ dx \quad \Leftrightarrow \quad I_2 = [x\sin(x)]_0^{\frac{\pi}{2}} - [-\cos(x)]_0^{\frac{\pi}{2}}$$

Donc :

$$I_2 = [x\sin(x)]_0^{\frac{\pi}{2}} + [\cos(x)]_0^{\frac{\pi}{2}} \quad \Leftrightarrow \quad I_2 = [x\sin(x) + \cos(x)]_0^{\frac{\pi}{2}}$$

Ainsi, on obtient :

$$I_2 = \frac{\pi}{2}\sin\left(\frac{\pi}{2}\right) + \cos\left(\frac{\pi}{2}\right) - (0\sin(0) + \cos(0)) \quad \Leftrightarrow \quad I_2 = \frac{\pi}{2} \times 1 + 0 - (0 + 1)$$

Finalement, on obtient :

$$\boxed{I_2 = \frac{\pi}{2} - 1}$$

➥ ***Exemple 3***

Soit l'intégrale suivante :

$$I_3 = \int_1^{e^{\pi}} \cos(\ln(x))\ dx$$

On a :

$$I_3 = \int_1^{e^{\pi}} \overbrace{1}^{x\,\uparrow} \times \underbrace{\cos(\ln(x))}_{\downarrow\, -\frac{1}{x}\sin(\ln(x))} dx \quad \Leftrightarrow \quad I_3 = [x\cos(\ln(x))]_1^{e^{\pi}} - \int_1^{e^{\pi}} x \times -\frac{1}{x}\sin(\ln(x))\ dx$$

D'où :

$$I_3 = [x\cos(\ln(x))]_1^{e^\pi} + \int_1^{e^\pi} \sin(\ln(x))\ dx$$

Soit encore :

$$I_3 = [x\cos(\ln(x))]_1^{e^\pi} + \int_1^{e^\pi} \overset{\overset{x}{\uparrow}}{\widehat{1}} \times \underbrace{\sin(\ln(x))}_{\underset{\frac{1}{x}\cos(\ln(x))}{\downarrow}}\ dx$$

Ainsi, on obtient :

$$I_3 = [x\cos(\ln(x))]_1^{e^\pi} + [x\sin(\ln(x))]_1^{e^\pi} - \underbrace{\int_1^{e^\pi} \cos(\ln(x))\ dx}_{=I_3}$$

Ce qui nous donne donc :

$$I_3 = [x\cos(\ln(x))]_1^{e^\pi} + [x\sin(\ln(x))]_1^{e^\pi} - I_3$$

Donc, on a :

$$2I_3 = [x\cos(\ln(x)) + x\sin(\ln(x))]_1^{e^\pi}$$

Soit encore :

$$I_3 = \left[\frac{x}{2}(\cos(\ln(x)) + \sin(\ln(x)))\right]_1^{e^\pi}$$

Ceci nous donne doc :

$$I_3 = \frac{e^\pi}{2}(\cos(\ln(e^\pi)) + \sin(\ln(e^\pi))) - \left(\frac{1}{2}(\cos(\ln(1)) + \sin(\ln(1)))\right)$$

D'où :

$$I_3 = \frac{e^\pi}{2}(\cos(\pi) + \sin(\pi)) - \left(\frac{1}{2}(\cos(0) + \sin(0))\right)$$

On obtient alors :

$$I_3 = \frac{e^\pi}{2}(-1+0) - \left(\frac{1}{2}(1+0)\right) \quad \Leftrightarrow \quad I_3 = -\frac{e^\pi}{2} - \left(\frac{1}{2}\right)$$

Finalement, on a le résultat suivant :

$$\boxed{I_3 = -\frac{e^\pi - 1}{2}}$$

➥ ***Exemple 4***

Soit l'intégrale suivante :

$$I_4 = \int_0^1 x\, e^x\ dx$$

On a alors :

$$I_4 = \int_0^1 \underbrace{x}_{\downarrow \atop 1} \overbrace{e^x}^{e^x \atop \uparrow} \, dx \quad \Leftrightarrow \quad I_4 = [x\,e^x]_0^1 - \int_0^1 1e^x \, dx$$

Soit :

$$I_4 = [x\,e^x]_0^1 - \int_0^1 e^x \, dx \quad \Leftrightarrow \quad I_4 = [x\,e^x]_0^1 - [\,e^x]_0^1 \quad \Leftrightarrow \quad I_4 = [x\,e^x - e^x]_0^1$$

Donc :

$$I_4 = [e^x(x-1)]_0^1 \quad \Leftrightarrow \quad I_4 = e^1(1-1) - \left(e^0(0-1)\right) \quad \Leftrightarrow \quad I_4 = 0 - \left(1(-1)\right)$$

Finalement, on obtient :

$$\boxed{I_4 = 1}$$

C) Changement de variable

La méthode du changement de variable est très appréciée du physicien. Elle s'utilise lorsque la détermination de la primitive, ou l'évaluation de l'intégrale, n'est pas facile. L'idée est **d'effectuer une substitution** au sein de l'intégrale, et donc de changer la variable initiale (souvent x) en une autre, dans l'unique but de retrouver une forme « plus familière ». Le principe en est le suivant. On cherche à déterminer l'intégrale suivante :

$$\int_a^b f(x) \, dx \quad \text{avec} \left[a\,;b\right] \subseteq \mathcal{D}_f$$

On introduit alors la fonction φ, **au moins de classe $\boldsymbol{C^1\left(\mathcal{J} \subseteq \mathcal{D}_\varphi\right)}$**, c'est-à-dire au moins une fois dérivable, et que cette dérivée soit continue, sur $\mathcal{J} \subseteq \mathcal{D}_\varphi$, :

$$\varphi : \begin{cases} \mathcal{D}_\varphi & \longrightarrow \quad \mathcal{F} \\ t & \longmapsto \quad \varphi(t) \end{cases}$$

Si cette fonction φ **réalise une bijection** de $\mathcal{J}$ vers $\left[a\,;b\right]$, alors on pose :

$$x = \varphi(t) \quad \Rightarrow \quad \frac{dx}{dt} = \frac{d\varphi(t)}{dt} \quad \Leftrightarrow \quad \frac{dx}{dt} = \varphi'(t) \quad \Leftrightarrow \quad dx = \varphi'(t)\,dt$$

Et, à l'aide de la **bijection réciproque** de la fonction φ, notée $\Re(\varphi)$, on sait que :

$$t = \Re(\varphi)(x)$$

Ainsi, on en déduit que :

- si $x = a$ alors $t = \Re(\varphi)(a)$;
- si $x = b$ alors $t = \Re(\varphi)(b)$.

Dès lors, on obtient la relation suivante :

$$\int_a^b f(x)\,dx = \int_{\Re(\varphi)(a)}^{\Re(\varphi)(b)} f\big(\varphi(t)\big)\,\varphi'(t)\,dt$$

Afin de se familiariser avec cette méthode, il est maintenant temps de passer aux exemples.

↪ ***Exemple 1 (le classique)***

Soit l'intégrale suivante :

$$I_1 = \int_0^1 \sqrt{1-x^2}\,dx$$

On pose alors :

$$x = \sin(t) \quad \Leftrightarrow \quad t = \arcsin(x)$$

La fonction sinus est une bijection de $[0\,;\,\pi/2]$ sur $[0\,;1]$. De plus, sur l'intervalle $[0\,;\,\pi/2]$, cette fonction est dérivable, et sa dérivée, la fonction cosinus, y est continue. On a alors :

$$x = \sin(t) \quad \Longrightarrow \quad \frac{dx}{dt} = \frac{d\sin(t)}{dt} \quad \Leftrightarrow \quad \frac{dx}{dt} = \cos(t) \quad \Leftrightarrow \quad dx = \cos(t)\ dt$$

En ce qui concerne les bornes d'intégration, on a :

- si $x = 0$ alors $t = \arcsin(0) = 0$;
- si $x = 1$ alors $t = \arcsin(1) = \pi/2$;

Ce qui nous permet d'écrire que :

$$I_1 = \int_0^{\frac{\pi}{2}} \sqrt{1-(\sin(t))^2}\cos(t)\ dt$$

Ce qui nous donne :

$$I_1 = \int_0^{\frac{\pi}{2}} \sqrt{(\cos(t))^2}\cos(t)\ dt \quad \Leftrightarrow \quad I_1 = \int_0^{\frac{\pi}{2}} |\cos(t)|\cos(t)\ dt$$

Mais comme $t \in [0\,;\,\pi/2]$ cela implique que $\cos(t) \geq 0$ et donc que $|\cos(t)| = \cos(t)$. Ainsi, on trouve que :

$$I_1 = \int_0^{\frac{\pi}{2}} (\cos(t))^2\ dt \quad \Leftrightarrow \quad I_1 = \int_0^{\frac{\pi}{2}} \frac{1+\cos(2t)}{2}\ dt \quad \Leftrightarrow \quad I_1 = \frac{1}{2}\int_0^{\frac{\pi}{2}} (1+\cos(2t))\ dt$$

En faisant usage de la linéarité de l'intégrale, on a alors :

$$I_1 = \frac{1}{2}\left(\int_0^{\frac{\pi}{2}} 1 \ dt + \int_0^{\frac{\pi}{2}} \cos(2t)\right) \quad \Leftrightarrow \quad I_1 = \frac{1}{2}\left([t]_0^{\frac{\pi}{2}} + \left[\frac{\sin(2t)}{2}\right]_0^{\frac{\pi}{2}}\right)$$

Soit :

$$I_1 = \frac{1}{2}\left(\frac{\pi}{2} - 0 + \frac{1}{2}[\sin(2t)]_0^{\frac{\pi}{2}}\right) \quad \Leftrightarrow \quad I_1 = \frac{1}{2}\left(\frac{\pi}{2} + \frac{1}{2}\left(\sin\left(2\frac{\pi}{2}\right) - \sin(0)\right)\right)$$

Ce qui nous donne :

$$I_1 = \frac{1}{2}\left(\frac{\pi}{2} + \frac{1}{2}(\sin(\pi) - 0)\right) \quad \Leftrightarrow \quad I_1 = \frac{1}{2}\left(\frac{\pi}{2} + \frac{1}{2}(0 - 0)\right)$$

Finalement, on obtient le résultat suivant :

$$\boxed{I_1 = \frac{\pi}{4}}$$

↪ ***Exemple 2 (primitive classique)***

Soit la primitive suivante :

$$P_1 = \int \sqrt{1 - x^2} \ dx$$

Il s'agit du même intégrant que précédemment, c'est pourquoi une démarche similaire peut être adoptée. On pose alors :

$$x = \sin(t) \quad \Leftrightarrow \quad t = \arcsin(x)$$

La fonction sinus est une bijection de $[-\pi/2 \ ; \ \pi/2]$ sur $[-1 \, ; 1]$, intervalle sur lequel $\sqrt{1 - x^2}$ est continue. Ce plus, sur l'intervalle $[0 \ ; \ \pi/2]$, cette fonction est dérivable, et sa dérivée, la fonction cosinus, y est continue. On a alors :

$$x = \sin(t) \quad \Rightarrow \quad \frac{dx}{dt} = \frac{d\sin(t)}{dt} \quad \Leftrightarrow \quad \frac{dx}{dt} = \cos(t) \quad \Leftrightarrow \quad dx = \cos(t) \ dt$$

Ce qui nous permet d'écrire que :

$$P_1 = \int \sqrt{1 - (\sin(t))^2} \ \cos(t) \ dt$$

Ce qui nous donne :

$$P_1 = \int \sqrt{(\cos(t))^2} \ \cos(t) \ dt \quad \Leftrightarrow \quad P_1 = \int |\cos(t)| \ \cos(t) \ dt$$

Mais comme $t \in [-\pi/2 \ ; \ \pi/2]$ cela implique que $\cos(t) \geq 0$ et donc que $|\cos(t)| = \cos(t)$. Ainsi, on trouve que :

$$P_1 = \int (\cos(t))^2 \, dt \quad \Leftrightarrow \quad P_1 = \int \frac{1 + \cos(2t)}{2} \, dt \quad \Leftrightarrow \quad P_1 = \frac{1}{2} \int (1 + \cos(2t)) \, dt$$

En faisant usage de la linéarité de l'intégrale, on a alors :

$$P_1 = \frac{1}{2}\left(\int 1 \, dt + \int \cos(2t) \, dt\right) \quad \Leftrightarrow \quad P_1 = \frac{1}{2}\left(t + K + \frac{\sin(2t)}{2} + K'\right) \quad (K \, ; K') \in \mathbb{R}^2$$

Soit :

$$P_1 = \frac{1}{2}\left(t + \frac{\sin(2t)}{2}\right) + c \quad \Leftrightarrow \quad P_1 = \frac{t}{2} + \frac{\sin(2t)}{4} + c \quad (c \in \mathbb{R})$$

Enfin, c'est-à ce stade du raisonnement que la démarche diffère du calcul de l'intégrale I_1. En effet, on sait que $t = \arcsin(x)$, ce qui implique que :

$$P_1 = \frac{\arcsin(x)}{2} + \frac{\sin(2 \arcsin(x))}{4} + c \quad (c \in \mathbb{R})$$

Or, on sait que $\forall \theta \in \mathbb{R}, \ \sin(2\theta) = 2\sin(\theta)\cos(\theta)$, ainsi on peut écrire que :

$$P_1 = \frac{\arcsin(x)}{2} + \frac{2\sin(\arcsin(x))\cos(\arcsin(x))}{4} + c \quad (c \in \mathbb{R})$$

Soit :

$$P_1 = \frac{\arcsin(x)}{2} + \frac{x\cos(\arcsin(x))}{2} + c \quad (c \in \mathbb{R})$$

Or, d'après le chapitre précédent, on sait que :

$$\forall x \in [-1 \, ; \, 1], \quad \cos(\arcsin(x)) = \sqrt{1 - x^2}$$

Finalement, on trouve l'expression de la primitive suivante :

$$\boxed{P_1 = \int \sqrt{1 - x^2} \, dx = \frac{\arcsin(x) + x\sqrt{1 - x^2}}{2} + c \quad (c \in \mathbb{R})}$$

↪ ***Exemple 3***

Soit l'intégrale suivante :

$$I_2 = \int_0^1 e^{\sqrt{x}} \, dx$$

On pose alors :

$$x = t^2 \quad \Leftrightarrow \quad t = \sqrt{x} \ \ (\text{car } x \geq 0)$$

La fonction carrée est une bijection de $[0\,;\,+\infty[$ sur $[0\,;\,+\infty[$. De plus, sur l'intervalle $[0\,;\,+\infty[$, cette fonction est dérivable, et sa dérivée, qui vaut $2t$, y est continue. On a alors :

$$x = t^2 \quad \Longrightarrow \quad \frac{dx}{dt} = \frac{d\,t^2}{dt} \quad \Leftrightarrow \quad \frac{dx}{dt} = 2t \quad \Leftrightarrow \quad dx = 2t\,dt$$

En ce qui concerne les bornes d'intégration, on a :
- si $x = 0$ alors $t = \sqrt{0} = 0$;
- si $x = 1$ alors $t = \sqrt{1} = 1$;

Ce qui nous permet d'écrire que :

$$I_2 = \int_0^1 e^t\, 2t\, dt \quad \Leftrightarrow \quad I_2 = 2\int_0^1 t\, e^t\, dt$$

Nous devons alors effectuer une intégration par parties. Or, l'intégrale

$$\int_0^1 t\, e^t\, dt$$

n'est autre que l'intégrale I_4 de la section précédente. Or, nous avions trouvé $I_4 = 1$. Ainsi, on trouve que :

$$I_2 = 2 \times 1$$

Finalement :

$$\boxed{I_2 = 2}$$

➥ ***Exemple 4 (primitive classique)***

Soit la primitive suivante :

$$P_2 = \int \frac{x^2}{\sqrt{1+x}}\, dx \quad (x \geq 0)$$

Il s'agit du même intégrant que précédemment, c'est pourquoi une démarche similaire peut être adoptée. On pose alors :

$$x = t^2 - 1 \quad \Leftrightarrow \quad t = \sqrt{1+x} \quad (\text{car } x \geq 0)$$

L'expression $t^2 - 1$ est une bijection de $[0\,;\,+\infty[$ sur $[-1\,;\,+\infty[$. De plus, sur l'intervalle $[0\,;\,+\infty[$, cette fonction est dérivable, et sa dérivée, qui vaut $2t$, y est continue. On a alors :

$$x = t^2 - 1 \quad \Longrightarrow \quad \frac{dx}{dt} = \frac{d(\,t^2 - 1)}{dt} \quad \Leftrightarrow \quad \frac{dx}{dt} = 2t \quad \Leftrightarrow \quad dx = 2t\,dt$$

Ce qui nous permet d'écrire que :

$$P_2 = \int \frac{(t^2-1)^2}{\sqrt{1+t^2-1}}\, 2t\, dt \quad \Leftrightarrow \quad P_2 = 2\int \frac{(t^2-1)^2}{\sqrt{t^2}}\, t\, dt$$

Or, par hypothèse, $x \geq 0$, ce qui implique que $1+x \geq 0$. Donc, on en déduit que $\sqrt{1+x}$ est également positif, et ainsi que $t \geq 0$. Dès lors, on a $\sqrt{t^2} = |t| = t$. On obtient alors l'expression suivante :

$$P_2 = 2\int \frac{(t^2-1)^2}{t}\, t\, dt \quad \Leftrightarrow \quad P_2 = 2\int (t^2-1)^2 dt \quad \Leftrightarrow \quad P_2 = 2\int (t^4 - 2t^2 + 1) dt$$

En faisant usage de la propriété de linéarité, on obtient alors :

$$P_2 = 2\int t^4 dt - 2\int 2t^2 dt + 2\int 1 dt \quad \Leftrightarrow \quad P_2 = 2\int t^4 dt - 4\int t^2 dt + 2\int 1 dt$$

Le processus de « primitivation » devient alors très aisé. On obtient alors :

$$P_2 = 2\frac{t^5}{5} + K - 4\frac{t^3}{3} + K' + 2t + K'' \quad \text{avec } (K\,; K'; K'') \in \mathbb{R}^3$$

Ce qui nous donne :

$$P_2 = \frac{2}{5}t^5 - \frac{4}{3}t^3 + 2t + k \quad \text{avec : } k = K + K' + K'' \in \mathbb{R}$$

Enfin, en revenant au changement de variable initial, on a alors $t = \sqrt{1+x}$, ce qui implique que :

$$P_2 = \frac{2}{5}\sqrt{1+x}^5 - \frac{4}{3}\sqrt{1+x}^3 + 2\sqrt{1+x} + k \quad (k \in \mathbb{R})$$

Finalement, on trouve que :

$$\boxed{P_2 = \int \frac{x^2}{\sqrt{1+x}}\, dx = \frac{2}{5}(1+x)^{\frac{5}{2}} - \frac{4}{3}(1+x)^{\frac{3}{2}} + 2\sqrt{1+x} + k \qquad (k \in \mathbb{R})}$$

♣ *Remarque : La détermination des primitives (encore appelé processus de « primitivation » est une séquence assez technique, qui souvent, par manque de méthode (ou d'entrainement) laisse perplexe les lycéens, mais surtout les nouveaux étudiants. Parfois, ces derniers sont si désemparés qu'ils préfèrent renoncer : quel dommage ! Que vous étudiez la Physique, les Mathématiques ou les deux, il vous « suffit » juste de bien écouter vos professeurs, leurs conseils et astuces, et de vous entraîner encore et toujours : inlassablement. Il existe d'autres types d'intégrales que vous allez rapidement découvrir. En Physique théorique, c'est le physicien américain Richard Feynman (1918 / 1988 – Lauréat du prix Nobel de Physique en 1965) qui, durant sa thèse (à Princeton) en mai 1942, introduit « l'intégrale de chemin ». A cause de la seconde guerre mondiale, ses travaux ne seront publiés qu'en 1948. Il s'agit d'un très puissant outil permettant de traiter la quantification des interactions « champ - matière ».*

❹ L'intégrale en Physique

A) Difficulté, et solution, à définir un système physique continu

Un système physique réel est, très souvent, **une distribution continue**, sur un domaine de l'espace $\mathcal{D} \subset \mathbb{E}_3$, d'une caractéristique physique q telle que, par exemple, la matière, des charges électriques, de courant électrique, et même du temps. Cette distribution de q, dans et/ou sur $\mathcal{D}$, va engendrer des grandeurs physiques p qui vont caractériser les effets de $\mathcal{D}$ dans l'espace physique $\mathbb{E}_3$. Ces grandeurs physiques, qui résultent de l'existence de la caractéristique physique q, peuvent être par exemple, un potentiel électrique, un moment cinétique, une force, ou encore un champ électrique ou magnétique, voire une énergie ... etc. On dit alors que la distribution de la caractéristique physique q est **la source**, dans $\mathbb{E}_3$, de la grandeur physique p.
La difficulté provient du fait que, la plupart du temps, les grandeurs physiques p sont définies (et connues) en un « point matériel » $d \in \mathcal{D}$. Ainsi, afin de pouvoir étendre la grandeur physique p à $\mathcal{D}$, le physicien a imaginé, autour de d, **des zones infinitésimales**, notée $dq(d)$, parfois appelées « zone ponctuelle source ». Ces zones infinitésimales pouvant être linéique, surfacique ou volumique. Enfin, pour déterminer l'effet résultant, en un point $M \in \mathbb{E}_3$, par la superposition continue des effets **de l'ensemble** des $dq(d \in \mathcal{D})$, le physicien introduit une sommation continue, donc à recours **au calcul intégral**. Ainsi, il va écrire, sans aucune considération mathématique, qu'au point $M \in \mathbb{E}_3$, la grandeur physique p vaut :

$$p(M \in \mathbb{E}_3) = \int_{\mathcal{D}} dp(M \in \mathbb{E}_3) = \int_{\mathcal{D}} \frac{dp(M \in \mathbb{E}_3)}{dq(d \in \mathcal{D})}\, dq(d \in \mathcal{D})$$

Ce qui est à associer à la situation géométrique suivante :

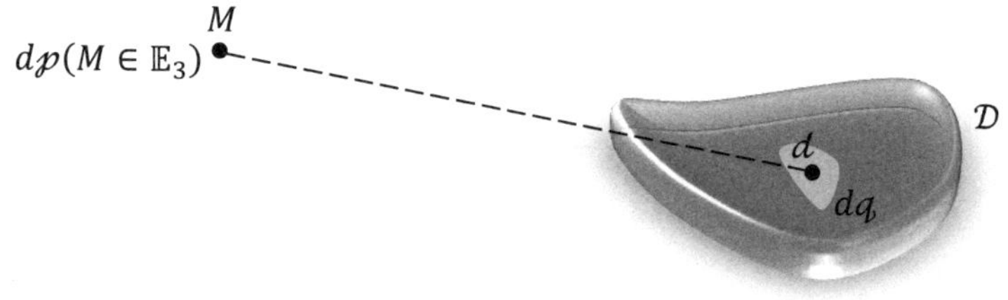

Figure 3 : illustration du passage à la sommation continue en physique

C'est cette démarche intellectuelle qui fait que le physicien se concentre essentiellement sur la détermination des primitives. De la même manière, cette même démarche intellectuelle justifie que **le physicien effectue des bilans énergétiques ou de quantité de mouvement sur des durées infinitésimales dt**, puis fait usage de sa vision continue du temps pour intégrer et ainsi obtenir des équations valables sur un domaine étendu du continuum temporel. C'est, par exemple, ce qui est fait lorsque l'on cherche à modéliser simplement la phase de vol vertical d'une fusée : c'est le modèle des physiciens russe *Constantin Tsiolkovski* (1857 / 1935) et allemand *Hermann Oberth* (1894 / 1989).

B) Cas d'une distribution linéique

Considérons une boucle circulaire $\mathcal{B}$, de centre O, de rayon R et de longueur $\ell = 2\pi R$, qui porte sur elle une charge électrique $Q > 0$. Cette charge électrique est repartie selon une densité linéique uniforme λ de charge électrique positive. Ainsi, on peut définir la densité linéique de charge comme étant :

$$\lambda = \frac{dQ}{d\ell} \quad \Rightarrow \quad \lambda = \frac{Q}{2\pi R}$$

On a alors la situation suivante :

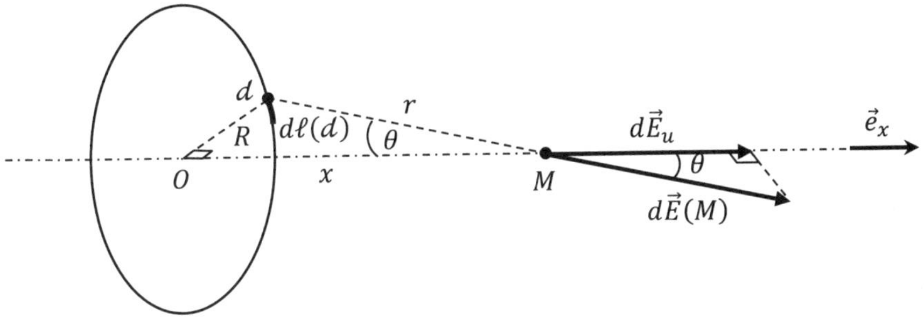

Figure 4 : boucle électrique uniformément chargée étudiée

On cherche à déterminer l'expression du champ électrique $\vec{E}(M)$ créé par la boucle en un point M de son axe central, situé à la distance $x > 0$ de l'origine O. Ainsi, la zone infinitésimale $d\ell(d)$ de la boucle qui est associée au point $d \in \mathcal{B}$ engendre au point $M \in \mathbb{E}_3$ un champ électrique infinitésimal $d\vec{E}(M)$ qui s'exprime comme :

$$d\vec{E}(M) = \frac{1}{4\pi\varepsilon_0}\frac{dQ}{\left\|\overrightarrow{dM}\right\|^3}\overrightarrow{dM} \quad \Leftrightarrow \quad d\vec{E}(M) = \frac{1}{4\pi\varepsilon_0}\frac{\lambda\, d\ell(d)}{\left\|\overrightarrow{dM}\right\|^2}\,\vec{e}_{dM}$$

Dans cette expression, $\varepsilon_0 = 8{,}85418782.10^{-12}\ \mathrm{m^{-3}.kg^{-1}.s^4.A^2}$ représente la constante électrique (encore appelée permittivité diélectrique du vide). Or, le point M appartient à l'axe central de la boucle, et comme cette dernière est invariante par rotation autour de son axe central, cela implique que par symétrie circulaire, le champ électrique résultant $\vec{E}(M)$ au point M est dirigé selon le vecteur unitaire $\vec{e}_x$. Ainsi, seule la projection, sur l'axe horizontal, du champ électrique infinitésimal $d\vec{E}(M)$ **contribue utilement** à $\vec{E}(M)$. On définit alors la composante utile $d\vec{E}_u$ de $d\vec{E}(M)$ par :

$$d\vec{E}_u = d\vec{E}(M).\vec{e}_x\,\vec{e}_x \quad \Leftrightarrow \quad d\vec{E}(M) = \frac{1}{4\pi\varepsilon_0}\frac{\lambda\, d\ell(d)}{\left\|\overrightarrow{dM}\right\|^2}\,\vec{e}_{dM}.\vec{e}_x\,\vec{e}_x$$

A savoir :

$$d\vec{E}(M) = \frac{1}{4\pi\varepsilon_0}\frac{\lambda\, d\ell(d)}{\left\|\overrightarrow{dM}\right\|^2}\cos(\theta)\ \vec{e}_x \iff d\vec{E}(M) = \frac{1}{4\pi\varepsilon_0}\frac{\lambda\, d\ell(d)}{r^2}\cos(\theta)\ \vec{e}_x$$

Ainsi, en supposant que les charges électriques sont disposées **continument** sur la boucle électrique $\mathcal{B}$, on peut intégrer, et écrire que :

$$\vec{E}(M) = \int_{\mathcal{B}} d\vec{E}(M) \iff \vec{E}(M) = \int_{\mathcal{B}} \frac{1}{4\pi\varepsilon_0}\frac{\lambda\, d\ell(d)}{r^2}\cos(\theta)\ \vec{e}_x$$

Soit encore :

$$\vec{E}(M) = \frac{1}{4\pi\varepsilon_0}\frac{\lambda\cos(\theta)}{r^2}\int_{\mathcal{B}} d\ell(d)\ \vec{e}_x$$

Or, l'intégrale à calculer représente la somme (continue) de tous les éléments de longueurs infinitésimaux qui constituent la boucle. Donc cette intégrale s'identifie au périmètre de la boucle à savoir $2\pi R$. Ainsi, on a :

$$\vec{E}(M) = \frac{1}{4\pi\varepsilon_0}\frac{\lambda\cos(\theta)}{r^2}2\pi R\ \vec{e}_x \iff \vec{E}(M) = \frac{\lambda R}{2\varepsilon_0}\frac{\cos(\theta)}{r^2}\ \vec{e}_x$$

Or, par application du célèbre théorème de *Pythagore* (580 avant J.C. / 495 avant J.C.), on obtient $r = \sqrt{R^2 + x^2}$, puis, on a également :

$$\cos(\theta) = \frac{x}{r} \iff \cos(\theta) = \frac{x}{\sqrt{R^2 + x^2}} \implies \vec{E}(M) = \frac{\lambda R}{2\varepsilon_0}\frac{x}{\left(\sqrt{R^2 + x^2}\right)^2\sqrt{R^2 + x^2}}\ \vec{e}_x$$

Finalement, on trouve que :

$$\boxed{\vec{E}(M) = \frac{\lambda R}{2\varepsilon_0}\frac{x}{(R^2 + x^2)^{\frac{3}{2}}}\ \vec{e}_x} \quad \text{ou} \quad \boxed{\vec{E}(M) = \frac{Q}{4\pi\varepsilon_0}\frac{x}{(R^2 + x^2)^{\frac{3}{2}}}\ \vec{e}_x}$$

On constate que le champ électrique est une fonction impaire de la variable x, ce qui signifie simplement que le champ électrique change de sens à la traversée de la boucle électrifiée.

C) Cas d'une distribution surfacique

Considérons un secteur de disque circulaire $\mathcal{D}$ symétrique d'angle φ_0, de centre O et de rayon R, qui porte sur lui une charge électrique $Q > 0$. Cette charge électrique est repartie selon une densité surfacique uniforme σ de charge électrique positive. Ainsi, on peut définir la densité surfacique de charge comme étant :

$$\sigma = \frac{dQ}{dS} \quad \Rightarrow \quad \sigma = \frac{Q}{\frac{R^2 2\varphi_0}{2}} \quad \Leftrightarrow \quad \sigma = \frac{Q}{R^2\varphi_0}$$

On a alors, de face, la situation suivante :

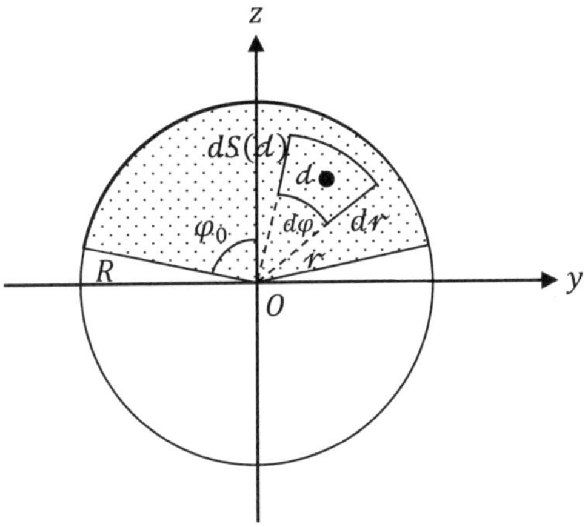

Figure 5 : secteur circulaire électrique uniformément chargé étudié (vue de face)

L'expression de la zone de surface infinitésimale $dS(d)$ de ce système est donnée par :

$$dS(d) = r d\varphi \times dr \quad \Leftrightarrow \quad dS(d) = r dr d\varphi$$

En effet, la surface de la zone infinitésimale correspond à l'arc de cercle, de longueur $r d\varphi$, qui est « étendu » sur la longueur radiale infinitésimale dr. On cherche à déterminer l'expression du champ électrique $\vec{E}(M)$ créé par la boucle en un point M de son axe central, situé à la distance $x > 0$ de l'origine O.

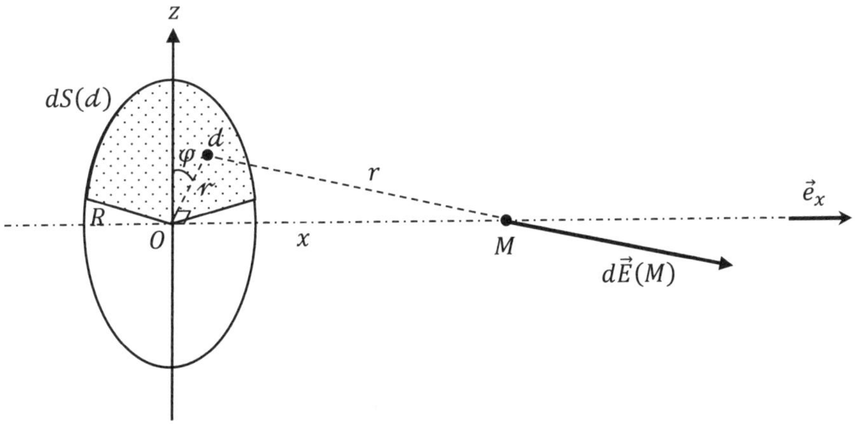

Figure 6 : secteur circulaire électrique uniformément chargé étudié (vue de profil)

Ainsi, la zone infinitésimale $dS(d)$ de ce secteur circulaire symétrique qui est associée au point $d \in \mathcal{D}$ engendre au point $M \in \mathbb{E}_3$ un champ électrique infinitésimal $d\vec{E}(M)$ qui s'exprime comme :

$$d\vec{E}(M) = \frac{1}{4\pi\varepsilon_0}\frac{dQ}{\left\|\overrightarrow{dM}\right\|^3}\overrightarrow{dM} \quad \Leftrightarrow \quad d\vec{E}(M) = \frac{1}{4\pi\varepsilon_0}\frac{\sigma\, dS(d)}{\left\|\overrightarrow{dM}\right\|^2}\,\vec{e}_{dM}$$

Les deux vues précédentes, nous permettent d'écrire que :

$$\overrightarrow{dM} = \overrightarrow{dO} + \overrightarrow{OM} \quad \Leftrightarrow \quad \overrightarrow{dM} = -\overrightarrow{Od} + \overrightarrow{OM}$$

Soit :

$$\overrightarrow{dM} = -\big(r\cos(\varphi)\,\vec{e}_z + r\sin(\varphi)\,\vec{e}_y\big) + x\,\vec{e}_x$$

D'où :

$$\overrightarrow{dM} = x\,\vec{e}_x - r\sin(\varphi)\,\vec{e}_y - r\cos(\varphi)\,\vec{e}_z \quad \Rightarrow \quad \left\|\overrightarrow{dM}\right\| = \sqrt{r^2 + x^2}$$

Donc, on obtient l'expression du vecteur unitaire $\vec{e}_{dM}$ suivante :

$$\vec{e}_{dM} = \frac{\overrightarrow{dM}}{\left\|\overrightarrow{dM}\right\|} \quad \Leftrightarrow \quad \vec{e}_{dM} = \frac{x\,\vec{e}_x - r\sin(\varphi)\,\vec{e}_y - r\cos(\varphi)\,\vec{e}_z}{\sqrt{r^2 + x^2}}$$

On en déduit donc que le champ électrique infinitésimal $d\vec{E}(M)$ prend la forme mathématique suivante :

$$d\vec{E}(M) = \frac{1}{4\pi\varepsilon_0}\frac{\sigma\, r dr d\varphi}{\sqrt{r^2 + x^2}^2}\frac{x\,\vec{e}_x - r\sin(\varphi)\,\vec{e}_y - r\cos(\varphi)\,\vec{e}_z}{\sqrt{r^2 + x^2}}$$

D'où :

$$d\vec{E}(M) = \frac{1}{4\pi\varepsilon_0}\frac{\sigma\, r dr d\varphi}{(r^2 + x^2)^{\frac{3}{2}}}\big(x\,\vec{e}_x - r\sin(\varphi)\,\vec{e}_y - r\cos(\varphi)\,\vec{e}_z\big)$$

Ce qui nous donne donc :

$$\begin{aligned} d\vec{E}(M) \;&=\; \frac{\sigma x}{4\pi\varepsilon_0}\frac{r dr}{(r^2 + x^2)^{\frac{3}{2}}}d\varphi\,\vec{e}_x \\ &-\; \frac{\sigma}{4\pi\varepsilon_0}\frac{r^2 dr}{(r^2 + x^2)^{\frac{3}{2}}}\sin(\varphi)\,d\varphi\,\vec{e}_y \\ &-\; \frac{\sigma}{4\pi\varepsilon_0}\frac{r^2 dr}{(r^2 + x^2)^{\frac{3}{2}}}\cos(\varphi)\,d\varphi\,\vec{e}_z \end{aligned}$$

Ainsi, en supposant que les charges électriques sont disposées **continument** sur le secteur du disque circulaire $\mathcal{D}$ symétrique d'angle φ_0, on peut intégrer, à la fois sur r et φ, et écrire que :

$$\vec{E}(M) = \int_{\mathcal{D}} d\vec{E}(M)$$

Soit encore :

$$\begin{aligned}\vec{E}(M) \quad &= \quad \int_0^R \int_{-\varphi_0}^{\varphi_0} \frac{\sigma x}{4\pi\varepsilon_0} \frac{r dr}{(r^2 + x^2)^{\frac{3}{2}}} d\varphi \ \vec{e}_x \\ &- \quad \int_0^R \int_{-\varphi_0}^{\varphi_0} \frac{\sigma}{4\pi\varepsilon_0} \frac{r^2 dr}{(r^2 + x^2)^{\frac{3}{2}}} \sin(\varphi)\, d\varphi \ \ \vec{e}_y \\ &- \quad \int_0^R \int_{-\varphi_0}^{\varphi_0} \frac{\sigma}{4\pi\varepsilon_0} \frac{r^2 dr}{(r^2 + x^2)^{\frac{3}{2}}} \cos(\varphi)\, d\varphi \ \vec{e}_z\end{aligned}$$

Or, les deux variables d'intégration, r et φ, sont **indépendantes** l'une de l'autres, et on peut ainsi « **découpler** » ces intégrales. On a alors :

$$\begin{aligned}\vec{E}(M) \quad &= \quad \int_0^R \frac{\sigma x}{4\pi\varepsilon_0} \frac{r dr}{(r^2 + x^2)^{\frac{3}{2}}} \int_{-\varphi_0}^{\varphi_0} d\varphi \ \vec{e}_x \\ &- \quad \int_0^R \frac{\sigma}{4\pi\varepsilon_0} \frac{r^2 dr}{(r^2 + x^2)^{\frac{3}{2}}} \int_{-\varphi_0}^{\varphi_0} \sin(\varphi)\, d\varphi \ \vec{e}_y \\ &- \quad \int_0^R \frac{\sigma}{4\pi\varepsilon_0} \frac{r^2 dr}{(r^2 + x^2)^{\frac{3}{2}}} \int_{-\varphi_0}^{\varphi_0} \cos(\varphi)\, d\varphi \ \vec{e}_z\end{aligned}$$

Enfin, en sortant les grandeurs constantes des intégrales, on obtient :

$$\begin{aligned}\vec{E}(M) \quad &= \quad \frac{\sigma x}{4\pi\varepsilon_0} \int_0^R \frac{r dr}{(r^2 + x^2)^{\frac{3}{2}}} \int_{-\varphi_0}^{\varphi_0} d\varphi \ \vec{e}_x \\ &- \quad \frac{\sigma}{4\pi\varepsilon_0} \int_0^R \frac{r^2 dr}{(r^2 + x^2)^{\frac{3}{2}}} \int_{-\varphi_0}^{\varphi_0} \sin(\varphi)\, d\varphi \ \vec{e}_y \\ &- \quad \frac{\sigma}{4\pi\varepsilon_0} \int_0^R \frac{r^2 dr}{(r^2 + x^2)^{\frac{3}{2}}} \int_{-\varphi_0}^{\varphi_0} \cos(\varphi)\, d\varphi \ \vec{e}_z\end{aligned}$$

Nous sommes donc conduits à déterminer cinq intégrales différentes. On a alors les calculs suivants :

➢ *Première intégrale*

$$I_1 = \int_{-\varphi_0}^{\varphi_0} d\varphi \quad \Leftrightarrow \quad I_1 = [\varphi]_{-\varphi_0}^{\varphi_0} \quad \Leftrightarrow \quad I_1 = \varphi_0 - (-\varphi_0) \quad \Leftrightarrow \quad \boxed{I_1 = 2\varphi_0}$$

- *Deuxième intégrale*

$$I_2 = \int_{-\varphi_0}^{\varphi_0} \sin(\varphi)\, d\varphi$$

On intègre la **fonction impaire** sinus **sur un intervalle** angulaire **symétrique**. En vertu de l'interprétation géométrique (c'est-à-dire des aires), on en déduit que cette intégrale est nécessairement nulle. D'où :

$$\boxed{I_2 = 0}$$

- *Troisième intégrale*

$$I_3 = \int_{-\varphi_0}^{\varphi_0} \cos(\varphi)\, d\varphi$$

On intègre la **fonction paire** cosinus **sur un intervalle** angulaire **symétrique**. En vertu de l'interprétation géométrique (c'est-à-dire des aires), on en déduit que cette intégrale vaut :

$$I_3 = 2\int_0^{\varphi_0} \cos(\varphi)\, d\varphi \quad \Leftrightarrow \quad I_3 = 2\,[\sin(\varphi)]_0^{\varphi_0} \quad \Leftrightarrow \quad I_3 = 2\left(\sin(\varphi_0) - \underbrace{\sin(0)}_{=0}\right)$$

Soit :

$$\boxed{I_3 = 2\sin(\varphi_0)}$$

- *Quatrième intégrale*

$$I_4 = \int_0^R \frac{r\,dr}{(r^2 + x^2)^{\frac{3}{2}}} \quad \Leftrightarrow \quad \int_0^R \frac{r\,dr}{\sqrt{r^2 + x^2}^{\,3}}$$

Effectuons le changement de variable suivant :

$$u = \sqrt{r^2 + x^2} \quad \Rightarrow \quad u^2 = r^2 + x^2 \quad \Rightarrow \quad \frac{d}{dr}(u^2) = \frac{d}{dr}(r^2 + x^2)$$

Ce qui nous donne l'expression suivante :

$$\frac{d}{du}(u^2)\frac{du}{dr} = 2r \quad \Leftrightarrow \quad 2u\frac{du}{dr} = 2r \quad \Leftrightarrow \quad u\frac{du}{dr} = r \quad \Leftrightarrow \quad u\, du = r\, dr$$

En ce qui concerne les bornes d'intégration, ce changement de variable implique que :

- si $r = R$ alors $u = \sqrt{R^2 + x^2}$;

- si $r = 0$ alors $u = \sqrt{x^2} = |x| = x$ car $x > 0$.

Ceci nous donne donc :

$$I_4 = \int_x^{\sqrt{R^2+x^2}} \frac{u\,du}{u^3} \Leftrightarrow I_4 = \int_x^{\sqrt{R^2+x^2}} \frac{du}{u^2} \Leftrightarrow I_4 = \left[-\frac{1}{u}\right]_x^{\sqrt{R^2+x^2}} \Leftrightarrow I_4 = \left[\frac{1}{u}\right]_{\sqrt{R^2+x^2}}^{x}$$

Finalement, on obtient

$$\boxed{I_4 = \frac{1}{x} - \frac{1}{\sqrt{R^2+x^2}}}$$

- <u>*Cinquième intégrale*</u>

$$I_5 = \int_0^R \frac{r^2 dr}{(r^2+x^2)^{\frac{3}{2}}}$$

Or, on remarque que $r^2 = r^2 + x^2 - x^2$, ce qui nous permet d'écrire que :

$$I_5 = \int_0^R \frac{r^2+x^2-x^2}{(r^2+x^2)^{\frac{3}{2}}} dr \Leftrightarrow I_5 = \int_0^R \frac{r^2+x^2}{(r^2+x^2)^{\frac{3}{2}}} dr - \int_0^R \frac{x^2}{(r^2+x^2)^{\frac{3}{2}}} dr$$

Soit encore :

$$I_5 = \int_0^R \frac{1}{(r^2+x^2)^{\frac{1}{2}}} dr - \int_0^R \frac{x^2}{(r^2+x^2)^{\frac{3}{2}}} dr$$

D'où :

$$I_5 = \int_0^R \frac{1}{\sqrt{r^2+x^2}} dr - x^2 \int_0^R \frac{1}{(r^2+x^2)^{\frac{3}{2}}} dr$$

Afin de calculer ces deux intégrales, effectuons un changement de variable. Pour cela, posons :

$$u = \frac{r}{x} \Rightarrow \frac{du}{dr} = \frac{d}{dr}\left(\frac{r}{x}\right) \Leftrightarrow \frac{du}{dr} = \frac{1}{x}\frac{dr}{dr} \Leftrightarrow \frac{du}{dr} = \frac{1}{x} \Leftrightarrow du = \frac{1}{x} dr$$

Donc, on obtient :

$$dr = x du$$

En ce qui concerne les bornes, on a :

- si r =0 alors $u = 0$;
- si r =R alors $u = R/x$.

Ce qui nous permet d'écrire que :

$$I_5 = \int_0^{\frac{R}{x}} \frac{1}{\sqrt{(ux)^2 + x^2}} x du - x^2 \int_0^{\frac{R}{x}} \frac{1}{((ux)^2 + x^2)^{\frac{3}{2}}} x du$$

Soit encore :

$$I_5 = \int_0^{\frac{R}{x}} \frac{1}{\sqrt{u^2x^2 + x^2}} x du - x^2 \int_0^{\frac{R}{x}} \frac{1}{(u^2x^2 + x^2)^{\frac{3}{2}}} x du$$

Ce qui nous donne :

$$I_5 = \int_0^{\frac{R}{x}} \frac{1}{|x|} \frac{1}{\sqrt{u^2 + 1}} x du - x^2 \int_0^{\frac{R}{x}} \frac{1}{x^3} \frac{1}{(u^2 + 1)^{\frac{3}{2}}} x du$$

D'où :

$$I_5 = \frac{x}{|x|} \int_0^{\frac{R}{x}} \frac{1}{\sqrt{u^2 + 1}} du - \frac{x^3}{x^3} \int_0^{\frac{R}{x}} \frac{1}{(u^2 + 1)^{\frac{3}{2}}} du \quad \Leftrightarrow \quad I_5 = \int_0^{\frac{R}{x}} \frac{1}{\sqrt{u^2 + 1}} du - \int_0^{\frac{R}{x}} \frac{1}{(u^2 + 1)^{\frac{3}{2}}} du$$

Car $x > 0$. Or, on sait que :

$$\int_0^{\frac{R}{x}} \frac{1}{\sqrt{u^2 + 1}} du = [\text{argsinh}(u)]_0^{\frac{R}{x}} \quad \Leftrightarrow \quad \int_0^{\frac{R}{x}} \frac{1}{\sqrt{u^2 + 1}} du = \left[\ln\left(u + \sqrt{u^2 + 1}\right)\right]_0^{\frac{R}{x}}$$

Ainsi, on obtient :

$$\int_0^{\frac{R}{x}} \frac{1}{\sqrt{u^2 + 1}} du = \ln\left(\frac{R}{x} + \sqrt{\left(\frac{R}{x}\right)^2 + 1}\right) - \underbrace{\ln\left(0 + \sqrt{0^2 + 1}\right)}_{= \ln(1) = 0}$$

Ce qui nous conduit à :

$$\int_0^{\frac{R}{x}} \frac{1}{\sqrt{u^2 + 1}} du = \ln\left(\frac{R + \sqrt{R^2 + x^2}}{x}\right)$$

De plus, on se doit de calculer l'intégrale suivante :

$$\int_0^{\frac{R}{x}} \frac{1}{(u^2 + 1)^{\frac{3}{2}}} du$$

Pour cela, posons $u = \sinh(X)$. Ainsi, on a :

$$u^2+1=\sinh^2(X)+1 \iff u^2+1=\cosh^2(X) \iff \sqrt{u^2+1}=\cosh(X)$$

Donc, on en déduit que :

$$(u^2+1)^{\frac{3}{2}}=\cosh^3(X)$$

De plus, on a :

$$\frac{du}{dX}=\frac{d}{dX}(\sinh(X)) \iff \frac{du}{dX}=\cosh(X) \iff du=\cosh(X)\ dX$$

En ce qui concerne les bornes d'intégration, ce changement de variable nous conduit à :

- Si $u=\frac{R}{x}$ alors $X=\operatorname{argsinh}\left(\frac{R}{x}\right)$
- Si $u=0$ alors $X=\operatorname{argsinh}(0)=0$

Ainsi, on a :

$$\int_0^{\frac{R}{x}}\frac{1}{(u^2+1)^{\frac{3}{2}}}du=\int_0^{\operatorname{argsinh}\left(\frac{R}{x}\right)}\frac{1}{\cosh^3(X)}\cosh(X)\ dX$$

Soit :

$$\int_0^{\frac{R}{x}}\frac{1}{(u^2+1)^{\frac{3}{2}}}du=\int_0^{\operatorname{argsinh}\left(\frac{R}{x}\right)}\frac{1}{\cosh^2(X)}\ dX$$

D'où :

$$\int_0^{\frac{R}{x}}\frac{1}{(u^2+1)^{\frac{3}{2}}}du=\int_0^{\operatorname{argsinh}\left(\frac{R}{x}\right)}\frac{d}{dX}(\tanh(X))dX$$

Ce qui nous donne :

$$\int_0^{\frac{R}{x}}\frac{1}{(u^2+1)^{\frac{3}{2}}}du=[\tanh(X)]_0^{\operatorname{argsinh}\left(\frac{R}{x}\right)}$$

Ainsi, on peut écrire :

$$\int_0^{\frac{R}{x}}\frac{1}{(u^2+1)^{\frac{3}{2}}}du=\tanh\left(\operatorname{argsinh}\left(\frac{R}{x}\right)\right)-\underbrace{\tanh(0)}_{=0}$$

Donc, on obtient l'égalité suivante :

$$\int_0^{\frac{R}{x}}\frac{1}{(u^2+1)^{\frac{3}{2}}}du=\tanh\left(\operatorname{argsinh}\left(\frac{R}{x}\right)\right) \iff \int_0^{\frac{R}{x}}\frac{1}{(u^2+1)^{\frac{3}{2}}}du=\frac{\sinh\left(\operatorname{argsinh}\left(\frac{R}{x}\right)\right)}{\cosh\left(\operatorname{argsinh}\left(\frac{R}{x}\right)\right)}$$

Il nous reste à faire usage des différentes propriétés des fonctions hyperboliques. Or, on sait que :

$$\forall x \in \mathbb{R}, \quad \sinh(\operatorname{argsinh}(x)) = x$$

Et que :

$$\forall x \in \mathbb{R}, \quad \cosh(\operatorname{argsinh}(x)) = \sqrt{x^2+1}$$

En effet, on a :

$$\boxed{\forall x \in \mathbb{R}, \quad \begin{cases} \cosh(x) = \dfrac{e^x + e^{-x}}{2} = \dfrac{e^x + \dfrac{1}{e^x}}{2} \\ \\ \operatorname{argsinh}(x) = \ln\left(x + \sqrt{1+x^2}\right) \end{cases}}$$

Ce qui implique que :

$$\cosh(\operatorname{argsinh}(x)) = \frac{e^{\ln(x+\sqrt{1+x^2})} + \dfrac{1}{e^{\ln(x+\sqrt{1+x^2})}}}{2}$$

Soit :

$$\cosh(\operatorname{argsinh}(x)) = \frac{x + \sqrt{1+x^2} + \dfrac{1}{x+\sqrt{1+x^2}}}{2}$$

D'où :

$$\cosh(\operatorname{argsinh}(x)) = \frac{\dfrac{\left(x+\sqrt{1+x^2}\right)\left(x-\sqrt{1+x^2}\right)}{x-\sqrt{1+x^2}} + \dfrac{1}{x+\sqrt{1+x^2}}}{2}$$

Donc :

$$\cosh(\operatorname{argsinh}(x)) = \frac{\dfrac{x^2-(1+x^2)}{x-\sqrt{1+x^2}} + \dfrac{1}{x+\sqrt{1+x^2}}}{2}$$

Ce qui donne :

$$\cosh(\operatorname{argsinh}(x)) = \frac{\dfrac{x^2-1-x^2}{x-\sqrt{1+x^2}} + \dfrac{1}{x+\sqrt{1+x^2}}}{2}$$

Soit encore :

$$\cosh(\operatorname{argsinh}(x)) = \frac{\dfrac{-1}{x-\sqrt{1+x^2}} + \dfrac{1}{x+\sqrt{1+x^2}}}{2}$$

En réduisant au même dénominateur, on obtient alors :

$$\cosh(\operatorname{argsinh}(x)) = \frac{\dfrac{-x-\sqrt{1+x^2}+x-\sqrt{1+x^2}}{\left(x-\sqrt{1+x^2}\right)\left(x+\sqrt{1+x^2}\right)}}{2}$$

D'où :

$$\cosh(\operatorname{argsinh}(x)) = \frac{\dfrac{-2\sqrt{1+x^2}}{x^2-\sqrt{1+x^2}^{\,2}}}{2} \quad \Leftrightarrow \quad \cosh(\operatorname{argsinh}(x)) = \frac{\dfrac{-2\sqrt{1+x^2}}{x^2-1-x^2}}{2}$$

Ce qui nous donne donc :

$$\cosh(\text{argsinh}(x)) = \frac{\frac{-2\sqrt{1+x^2}}{-1}}{2} \quad \Leftrightarrow \quad \cosh(\text{argsinh}(x)) = \frac{2\sqrt{1+x^2}}{2}$$

Finalement, on a bien la relation annoncée :

$$\cosh(\text{argsinh}(x)) = \sqrt{1+x^2}$$

En invoquant les deux dernières relations encadrées de la page précédente, nous permettent d'écrire la transformation d'écriture suivante :

$$\int_0^{\frac{R}{x}} \frac{1}{(u^2+1)^{\frac{3}{2}}} du = \frac{\frac{R}{x}}{\sqrt{\left(\frac{R}{x}\right)^2 + 1}} \quad \Leftrightarrow \quad \int_0^{\frac{R}{x}} \frac{1}{(u^2+1)^{\frac{3}{2}}} du = \frac{\frac{R}{x}}{\sqrt{\frac{R^2}{x^2} + \frac{x^2}{x^2}}}$$

On a alors :

$$\int_0^{\frac{R}{x}} \frac{1}{(u^2+1)^{\frac{3}{2}}} du = \frac{\frac{R}{x}}{\sqrt{\frac{R^2+x^2}{x^2}}} \quad \Leftrightarrow \quad \int_0^{\frac{R}{x}} \frac{1}{(u^2+1)^{\frac{3}{2}}} du = \frac{\frac{R}{x}}{\frac{1}{|x|}\sqrt{R^2+x^2}}$$

Enfin, comme $|x| = x$, car $x > 0$, on en déduit donc que :

$$\boxed{\int_0^{\frac{R}{x}} \frac{1}{(u^2+1)^{\frac{3}{2}}} du = \frac{R}{\sqrt{R^2+x^2}}}$$

Ainsi, on a :

$$\boxed{I_5 = \ln\left(\frac{R+\sqrt{R^2+x^2}}{x}\right) - \frac{R}{\sqrt{R^2+x^2}}}$$

Tous ces calculs d'intégrales réalisés nous permettent d'écrire que le champ électrique $\vec{E}(M)$ crée par le secteur circulaire prend pour expression :

$$\begin{aligned} \vec{E}(M) &= \frac{\sigma x}{4\pi\varepsilon_0}\left(\frac{1}{x} - \frac{1}{\sqrt{R^2+x^2}}\right) 2\varphi_0\, \vec{e}_x \\ &- 0\, \vec{e}_y \\ &- \frac{\sigma}{4\pi\varepsilon_0}\left(\ln\left(\frac{R+\sqrt{R^2+x^2}}{x}\right) - \frac{R}{\sqrt{R^2+x^2}}\right) 2\sin(\varphi_0)\, \vec{e}_z \end{aligned}$$

Soit encore, en simplifiant :

$$\begin{aligned}\vec{E}(M) &= \frac{\sigma x\varphi_0}{2\pi\varepsilon_0}\left(\frac{1}{x}-\frac{1}{\sqrt{R^2+x^2}}\right)\vec{e}_x\\ &+ 0\,\vec{e}_y\\ &+ \frac{\sigma\sin(\varphi_0)}{2\pi\varepsilon_0}\left(\frac{R}{\sqrt{R^2+x^2}}-\ln\left(\frac{R+\sqrt{R^2+x^2}}{x}\right)\right)\vec{e}_z\end{aligned}$$

Finalement, on obtient l'expression vectorielle suivante

$$\boxed{\vec{E}(M) = \frac{\sigma}{2\pi\varepsilon_0}\left(x\varphi_0\left(\frac{1}{x}-\frac{1}{\sqrt{R^2+x^2}}\right)\vec{e}_x + \sin(\varphi_0)\left(\frac{R}{\sqrt{R^2+x^2}}-\ln\left(\frac{R+\sqrt{R^2+x^2}}{x}\right)\right)\vec{e}_z\right)}$$

On constate alors que, dans le cas d'un disque complet, chargé uniformément, on a :

$$\varphi_0 = \pi \implies \sin(\varphi_0) = 0 \implies \vec{E}(M) = \frac{\sigma x}{2\varepsilon_0}\left(\frac{1}{x}-\frac{1}{\sqrt{R^2+x^2}}\right)\vec{e}_x$$

Donc :

$$\boxed{\vec{E}_{Disque}(M) = \frac{\sigma}{2\varepsilon_0}\left(1-\frac{x}{\sqrt{R^2+x^2}}\right)\vec{e}_x}$$

On retrouve bien alors le fait que, **par invariance par rotation du disque complet autour de son axe central**, le champ électrique $\vec{E}_{Disque}(M)$ est suivant la **direction centrale** de sens $\vec{e}_x$. Par effet de symétrie, la composante verticale $E_{Disque-z}(M)$ devient nulle. On constate encore toute la simplicité apportée par une étude préliminaire soignée des symétries et invariances du système physique initialement considéré. C'est une méthode élégante et donc très utilisée dans l'enseignement scientifique supérieur.

D) Cas d'un bilan : phase de propulsion d'une fusée

Considérons un fusée indéformable, de masse m_f, de type lanceur (comme *Ariane V*). Cette dernière est lancée de sa base terrestre sans vitesse initiale car, dans le référentiel terrestre, elle est immobile et verticale sur son pas de tir, c'est-à-dire son aire de lancement. A l'instant initial, elle est propulsée, vers le haut, le long d'une trajectoire verticale de vecteur unitaire $\vec{e}_z$ du référentiel terrestre $\mathcal{R}_T = \left(O\,;\overrightarrow{e_x}\,;\,\overrightarrow{e_y}\,;\,\overrightarrow{e_z}\,;t\right)_{\mathbb{E}(3)}$ supposé galiléen. L'origine O est prise sur le sol terrestre d'altitude $z = 0$.
Initialement, cette fusée contient une masse initiale m_{c-i} de son propre carburant et comburant (par exemple de l'oxygène et de l'hydrogène liquide), et est donc de masse totale $m_f + m_{c-i}$.
En phase de vol vertical établi, les moteurs fusées expulsent des gaz chauds, issus de la combustion, à une vitesse constante $\overrightarrow{v}_{g/f} = -v_{g/f}\,\overrightarrow{e_z}$ par rapport à la fusée. Cette éjection de gaz entraine une perte de masse de la fusée qui s'effectue avec un débit massique q_m constant, qui s'exprime en kg/s, et qui est définit comme :

$$q_m = -\frac{dm_c(t)}{dt}$$

Le signe « − » est introduit pour rendre q_m positif, car **la variation de masse de carburant** $dm_c(t)$ **est négative** puisque le carburant est consommé.
On supposera que tout au long de cette phase de vol vertical de la fusée, soit environ deux minutes, cette dernière évolue dans un champ de pesanteur terrestre uniforme $\vec{g}$. Il s'agit d'une approximation qui a pour but de simplifier grandement la modélisation théorique. Dans le même esprit, on négligera l'action des frottements de l'air sur la fusée bien profilée. De plus, malgré une vitesse élevée, la masse volumique de l'air reste bien inférieure à celle de la fusée, ce qui justifie cette approximation. Afin de pouvoir exprimer **le principe fondamental de la dynamique** à la fusée lors de cette phase propulsée :

$$\frac{d\vec{p}(t)}{dt} = \sum_{ext} \vec{F}_{\rightarrow f} \quad \Leftrightarrow \quad \frac{\vec{p}(t+dt) - \vec{p}(t)}{dt} = \sum_{ext} \vec{F}_{\rightarrow f}$$

où dt est une durée infinitésimale temporelle de la phase propulsée, on va devoir effectuer un bilan de quantité de mouvement entre les instants t et $t + dt$. La difficulté est de définir correctement le système physique auquel on va appliquer cette relation. En effet, la fusée, en phase de vol propulsée, constitue **un système ouvert**, c'est-à-dire un système qui échange de la matière (ici les gaz éjectés) avec son environnement extérieur. Or, pour pouvoir appliquer le principe fondamental de la dynamique, le système physique considéré doit être **fermé**. C'est pourquoi, le système considérée sera constitué de :

- à l'instant t : de la fusée et du carburant quelle contient de masse $m_f + m_c(t)$;
- à l'instant $t + dt$: de **la réunion** de la fusée et du carburant quelle contient de masse $m_f + m_c(t + dt)$ associé à l'ensemble des gaz éjectés durant dt, de masse $dm_g > 0$.

Dans ce système fermé, la conservation de la masse impose, durant la durée dt, que :

$$m_f + m_c(t + dt) = m_f + m_c(t) - dm_g \quad \Leftrightarrow \quad m_c(t + dt) - m_c(t) = -dm_g$$

Ce qui nous donne :

$$\boxed{dm_c(t) = -dm_g \quad \Leftrightarrow \quad q_m\, dt = dm_g}$$

On remarque bien que $dm_c(t) < 0$, ce qui nous indique bien que **la masse de la fusée diminue** au cours du vol. Lors de cette phase de vol, la vitesse de la fusée, par rapport au référentiel terrestre $\mathcal{R}_T$, sera notée comme :

$$\vec{v}_{f/\mathcal{R}_T}(t) = v_{f/\mathcal{R}_T}\, \overrightarrow{e_z}$$

Enfin, durant cette durée infinitésimale dt de phase de vol ascendant propulsée, la fusée gagne en altitude une distance dz positive, et sous l'action des moteurs fusées, elle acquiert un supplément infinitésimal de vitesse $d\vec{v}_{f/\mathcal{R}_T}(t) = dv_{f/\mathcal{R}_T}\, \overrightarrow{e_z}$. Ainsi, on a :

$$\vec{v}_{f/\mathcal{R}_T}(t + dt) = \vec{v}_{f/\mathcal{R}_T}(t) + d\vec{v}_{f/\mathcal{R}_T}(t)$$

Enfin, par rapport au référentiel terrestre $\mathcal{R}_T$, la vitesse d'éjection des gaz de notre système fermé $\vec{v}_{g/\mathcal{R}_T}$ (donc à l'instant $t + dt$) s'obtient par composition :

$$\vec{v}_{g/\mathcal{R}_T} = \vec{v}_{g/f} + \vec{v}_{f/\mathcal{R}_T}(t + dt) \quad \Leftrightarrow \quad \vec{v}_{g/\mathcal{R}_T} = \vec{v}_{g/f} + \vec{v}_{f/\mathcal{R}_T}(t) + d\vec{v}_{f/\mathcal{R}_T}(t)$$

Soit :

$$\vec{v}_{g/\mathcal{R}_T} = \left(v_{f/\mathcal{R}_T}(t) + dv_{f/\mathcal{R}_T} - v_{g/f}\right) \overrightarrow{e_z}$$

On a alors la situation géométrique suivante :

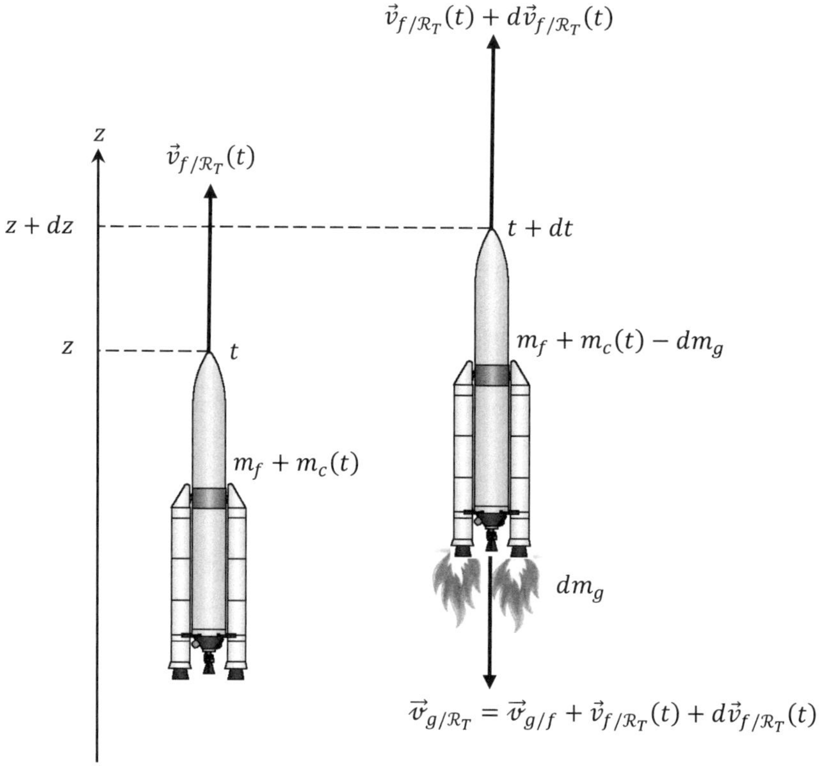

Figure 7 : les différents instants du bilan effectué

Ainsi, on n'en déduit que le vecteur quantité de mouvement qui est associé au système fermé s'exprime comme :

- *à l'instant « t » :*

$$\vec{p}(t) = \vec{p}_{f/\mathcal{R}_T}(t) \quad \Leftrightarrow \quad \vec{p} = \left(m_f + m_c(t)\right) \vec{v}_{f/\mathcal{R}_T}(t)$$

- *à l'instant « t + dt » :*

$$\vec{p}(t + dt) = \vec{p}_{f/\mathcal{R}_T}(t + dt) + \vec{p}_{g/\mathcal{R}_T}(t + dt)$$

Ce qui nous donne :

$$\vec{p}(t+dt) = \left(m_f + m_c(t) - dm_g\right)\left(\vec{v}_{f/\mathcal{R}_T}(t) + d\vec{v}_{f/\mathcal{R}_T}(t)\right) + dm_g\left(\vec{v}_{g/f} + \vec{v}_{f/\mathcal{R}_T}(t) + d\vec{v}_{f/\mathcal{R}_T}(t)\right)$$

Donc, en en déduit que l'on a :

$$d\vec{p}(t) = \vec{p}(t+dt) - \vec{p}(t)$$

Soit encore :

$$\begin{aligned} d\vec{p}(t) &= \left(m_f + m_c(t) - dm_g\right)\left(\vec{v}_{f/\mathcal{R}_T}(t) + d\vec{v}_{f/\mathcal{R}_T}(t)\right) \\ &+ dm_g\left(\vec{v}_{g/f} + \vec{v}_{f/\mathcal{R}_T}(t) + d\vec{v}_{f/\mathcal{R}_T}(t)\right) \\ &- \left(m_f + m_c(t)\right)\vec{v}_{f/\mathcal{R}_T}(t) \end{aligned}$$

D'où :

$$\begin{aligned} d\vec{p}(t) &= \left(m_f + m_c(t)\right)\vec{v}_{f/\mathcal{R}_T}(t) - dm_g\left(\vec{v}_{f/\mathcal{R}_T}(t) + d\vec{v}_{f/\mathcal{R}_T}(t)\right) \\ &+ \left(m_f + m_c(t)\right)d\vec{v}_{f/\mathcal{R}_T}(t) + dm_g\vec{v}_{g/f} + dm_g\left(\vec{v}_{f/\mathcal{R}_T}(t) + d\vec{v}_{f/\mathcal{R}_T}(t)\right) \\ &- \left(m_f + m_c(t)\right)\vec{v}_{f/\mathcal{R}_T}(t) \end{aligned}$$

En simplifiant, on obtient alors :

$$d\vec{p}(t) = \left(m_f + m_c(t)\right)d\vec{v}_{f/\mathcal{R}_T}(t) + dm_g\vec{v}_{g/f}$$

Ce qui nous permet d'écrire, en divisant par la durée infinitésimale dt du bilan, que l'on a l'égalité suivante :

$$\frac{d\vec{p}(t)}{dt} = \left(m_f + m_c(t)\right)\frac{d\vec{v}_{f/\mathcal{R}_T}(t)}{dt} + \frac{dm_g}{dt}\vec{v}_{g/f}$$

Ce qui s'écrit encore :

$$\sum_{ext}\vec{F}_{\to f} = \left(m_f + m_c(t)\right)\frac{d\vec{v}_{f/\mathcal{R}_T}(t)}{dt} - \frac{dm_c(t)}{dt}\vec{v}_{g/f}$$

Or, dans le référentiel terrestre $\mathcal{R}_T$, en l'absence de frottements, la fusée n'est soumise qu'à une seule force extérieure : son propre poids $\vec{P}_{f/\mathcal{R}_T}(t) = \left(m_f + m_c(t)\right)\vec{g}$. Ainsi, on peut écrire que :

$$\left(m_f + m_c(t)\right)\vec{g} = \left(m_f + m_c(t)\right)\frac{d\vec{v}_{f/\mathcal{R}_T}(t)}{dt} + q_m\vec{v}_{g/f}$$

Que l'on va préférer écrire sous la forme :

$$\boxed{\left(m_f + m_c(t)\right) \vec{a}_{f/\mathcal{R}_T}(t) = \left(m_f + m_c(t)\right) \vec{g} - q_m \vec{v}_{g/f}}$$

Dans l'égalité précédente, $\vec{a}_{f/\mathcal{R}_T}(t)$ représente le vecteur accélération, à l'instant t, de la fusée seule dans le référentiel terrestre. On constate alors que l'égalité ainsi obtenue à une forme similaire à celle de **la relation fondamentale de la dynamique** (et non le principe fondamental de la dynamique). Ceci nous permet d'interpréter le dernier terme $-q_m \vec{v}_{g/f}$ comme une force agissant sur la fusée, et donc participant à sa trajectoire. Si la fusée à un mouvement vertical ascendant, alors il doit nécessairement exister l'équivalent d'une force « interne » qui la propulse vers le haut. C'est pourquoi le terme évoqué **s'interprète comme une force motrice de poussée**, qui est bien opposée à la vitesse d'éjection des gaz, et qui est liée à l'action des moteurs fusée. On introduit alors la notation suivante :

$$\boxed{\vec{\mathcal{P}} = -q_m \vec{v}_{g/f}}$$

Et finalement, notre équation prend donc la forme plus intuitive suivante :

$$\boxed{\left(m_f + m_c(t)\right) \vec{a}_{f/\mathcal{R}_T}(t) = \vec{P}_{f/\mathcal{R}_T}(t) + \vec{\mathcal{P}}}$$

Dès lors, on peut en déduire une condition de décollage de la fusée. En effet, si cette dernière décolle, cela signifie qu'initialement, on doit avoir :

$$\| \vec{\mathcal{P}} \| > \| \vec{P}_{f/\mathcal{R}_T}(t=0) \| \quad \Leftrightarrow \quad q_m v_{g/f} > \left(m_f + m_c(t=0)\right) g$$

Ce qui nous conduit à la condition de décollage suivante :

$$\boxed{q_m > \left(m_f + m_{c-i}\right) \frac{g}{v_{g/f}}}$$

Ainsi, dans le référentiel terrestre, le vecteur accélération de la fusée seule s'exprime, en fonction des paramètres physiques du système, par :

$$\vec{a}_{f/\mathcal{R}_T}(t) = \vec{g} - \frac{q_m \vec{v}_{g/f}}{m_f + m_c(t)}$$

Or, on sait que :

$$dm_c(t) = -q_m \, dt$$

Ainsi, en intégrant temporellement entre l'instant initial de référence et un instant quelconque « t », et en prenant soin de changer la variable muette d'intégration pour qu'il n'y ai pas « interférence » entre la borne et l'intégrant, on obtient :

$$\int_0^t dm_c(t) = \int_0^t -q_m \, dt \quad \Leftrightarrow \quad [m_c(t)]_0^t = -q_m \int_0^t dt \quad \Leftrightarrow \quad [m_c(t)]_0^t = -q_m \int_0^t dt$$

Ce qui nous donne :

$$m_c(t) - m_c(0) = -q_m[t]_0^t \quad \Leftrightarrow \quad m_c(t) - m_{c-i} = -q_m(t-0)$$

Soit :

$$\boxed{m_c(t) = m_{c-i} - q_m t}$$

Donc, on obtient :

$$\vec{a}_{f/\mathcal{R}_T}(t) = \vec{g} - \frac{q_m \vec{v}_{g/f}}{m_f + m_{c-i} - q_m t} \quad \Leftrightarrow \quad \vec{a}_{f/\mathcal{R}_T}(t) = \vec{g} - \frac{q_m}{m_f + m_{c-i} - q_m t}\vec{v}_{g/f}$$

Cette dernière relation peut également s'écrire comme :

$$a_{f/\mathcal{R}_T}(t)\,\vec{e_z} = -g\,\vec{e_z} + \frac{q_m}{m_f + m_{c-i} - q_m t} v_{g/f}\,\vec{e_z}$$

Dès lors, nous sommes naturellement conduits à l'équation algébrique suivante :

$$a_{f/\mathcal{R}_T}(t) = -g - \frac{-q_m}{m_f + m_{c-i} - q_m t} v_{g/f}$$

Soit encore :

$$\frac{dv_{f/\mathcal{R}_T}(t)}{dt} = -g - v_{g/f}\,\frac{\frac{d}{dt}\left(m_f + m_{c-i} - q_m t\right)}{m_f + m_{c-i} - q_m t}$$

Or, on remarque que :

$$\frac{\frac{d}{dt}\left(m_f + m_{c-i} - q_m t\right)}{m_f + m_{c-i} - q_m t} = \frac{d}{dt}\left(\ln\left(m_f + m_{c-i} - q_m t\right)\right)$$

D'où :

$$\frac{dv_{f/\mathcal{R}_T}(t)}{dt} = -g - v_{g/f}\frac{d}{dt}\left(\ln\left(m_f + m_{c-i} - q_m t\right)\right)$$

Ainsi, en intégrant temporellement entre l'instant initial de référence et un instant quelconque « t », et en prenant soin de changer la variable muette d'intégration pour qu'il n'y ai pas « interférence » entre la borne et l'intégrant, on obtient :

$$\int_0^t \frac{dv_{f/\mathcal{R}_T}(t)}{dt}\,dt = \int_0^t \left(-g - v_{g/f}\frac{d}{dt}\left(\ln\left(m_f + m_{c-i} - q_m t\right)\right)\right)dt$$

En utilisant la linéarité de l'intégrale, on obtient :

$$[v_{f/\mathcal{R}_T}(t)]_0^t = -\int_0^t g\ dt - \int_0^t v_{g/f} \frac{d}{dt}(\ln(m_f + m_{c-i} - q_m t))\ dt$$

Puis, en sortant des intégrales les diverses quantité indépendante du temps, on obtient alors :

$$v_{f/\mathcal{R}_T}(t) - v_{f/\mathcal{R}_T}(0) = -g\int_0^t dt - v_{g/f}\int_0^t \frac{d}{dt}(\ln(m_f + m_{c-i} - q_m t))\ dt$$

Ce qui nous donne :

$$v_{f/\mathcal{R}_T}(t) - 0 = -g[t]_0^t - v_{g/f}[\ln(m_f + m_{c-i} - q_m t)]_0^t$$

Soit encore :

$$v_{f/\mathcal{R}_T}(t) = -g(t-0) - v_{g/f}(\ln(m_f + m_{c-i} - q_m t) - \ln(m_f + m_{c-i}))$$

En faisant usage des propriétés de la fonction logarithme népérien, on peut alors écrire que :

$$v_{f/\mathcal{R}_T}(t) = -gt - v_{g/f}\ln\left(\frac{m_f + m_{c-i} - q_m t}{m_f + m_{c-i}}\right)$$

Finalement, l'expression de la vitesse $v_{f/\mathcal{R}_T}(t)$ de la fusée lors de sa phase de vol en propulsion vertical ascendant est :

$$\boxed{v_{f/\mathcal{R}_T}(t) = -gt + v_{g/f}\ln\left(\frac{m_f + m_{c-i}}{m_f + m_{c-i} - q_m t}\right)}$$

Comme cette phase de vol en propulsion s'effectue tant qu'il y a du carburant, on en déduit alors que la durée de ce vol propulsif t_V est donné par :

$$m_c(t_V) = 0 \quad \Leftrightarrow \quad m_{c-i} - q_m t_V = 0 \quad \Leftrightarrow \quad m_{c-i} = q_m t_V \quad \Leftrightarrow \quad \boxed{t_V = \frac{m_{c-i}}{q_m}}$$

Et la vitesse maximale, notée v_{max}, atteinte par la fusée à la fin de cette phase de vol propulsée est :

$$v_{max} = v_{f/\mathcal{R}_T}(t = t_V) \quad \Leftrightarrow \quad v_{max} = v_{f/\mathcal{R}_T}\left(t = \frac{m_{c-i}}{q_m}\right)$$

Soit :

$$v_{max} = v_{f/\mathcal{R}_T}\left(t = \frac{m_{c-i}}{q_m}\right) = -g\frac{m_{c-i}}{q_m} + v_{g/f}\ln\left(\frac{m_f + m_{c-i}}{m_f + m_{c-i} - q_m\frac{m_{c-i}}{q_m}}\right)$$

Donc, en simplifiant, on obtient :

$$\boxed{v_{max} = -g\frac{m_{c-i}}{q_m} + v_{g/f}\ln\left(\frac{m_f + m_{c-i}}{m_f}\right) \quad \text{ou} \quad v_{max} = -g\frac{m_{c-i}}{q_m} + v_{g/f}\ln\left(1 + \frac{m_{c-i}}{m_f}\right)}$$

Enfin, il est possible, par intégration temporelle de l'expression de $v_{f/\mathcal{R}_T}(t)$, d'obtenir l'évolution temporelle de l'altitude $z_{f/\mathcal{R}_T}(t)$ de la fusée lors de cette phase de vol. On a alors :

$$v_{f/\mathcal{R}_T}(t) = \frac{d\,z_{f/\mathcal{R}_T}(t)}{dt} \quad \Leftrightarrow \quad z_{f/\mathcal{R}_T}(t) - \underbrace{z_{f/\mathcal{R}_T}(t=0)}_{=0} = \int_0^t v_{f/\mathcal{R}_T}(t)\,dt$$

Soit :

$$z_{f/\mathcal{R}_T}(t) = \int_0^t \left(-gt + v_{g/f}\ln\left(\frac{m_f + m_{c-i}}{m_f + m_{c-i} - q_m t}\right)\right) dt$$

En utilisant la linéarité de l'intégrale, on obtient :

$$z_{f/\mathcal{R}_T}(t) = -\int_0^t gt\ dt + \int_0^t v_{g/f}\ln\left(\frac{m_f + m_{c-i}}{m_f + m_{c-i} - q_m t}\right) dt$$

Puis, en sortant des intégrales les diverses quantité indépendante du temps, on obtient alors :

$$z_{f/\mathcal{R}_T}(t) = -g\int_0^t t\,dt + v_{g/f}\int_0^t \ln\left(\frac{m_f + m_{c-i}}{m_f + m_{c-i} - q_m t}\right) dt$$

Avec :

$$\int_0^t t\,dt = \left[\frac{t^2}{2}\right]_0^t \quad \Leftrightarrow \quad \int_0^t t\,dt = \frac{t^2}{2} - \frac{0^2}{2} \quad \Leftrightarrow \quad \int_0^t t\,dt = \frac{t^2}{2}$$

Puis, on a l'intégrale suivante :

$$\int_0^t \ln\left(\frac{m_f + m_{c-i}}{m_f + m_{c-i} - q_m t}\right) dt = \int_0^t \left(\ln(m_f + m_{c-i}) - \ln(m_f + m_{c-i} - q_m t)\right) dt$$

Soit :

$$\int_0^t \ln\left(\frac{m_f + m_{c-i}}{m_f + m_{c-i} - q_m t}\right) dt = \int_0^t \ln(m_f + m_{c-i})\ dt - \int_0^t \ln(m_f + m_{c-i} - q_m t)\ dt$$

En sortant le terme $\ln(m_f + m_{c-i})$ de la première intégrale, on obtient :

$$\int_0^t \ln\left(\frac{m_f + m_{c-i}}{m_f + m_{c-i} - q_m t}\right) dt = \ln(m_f + m_{c-i}) \underbrace{\int_0^t dt}_{=t-0=t} - \int_0^t \ln(m_f + m_{c-i} - q_m t)\ dt$$

Ce qui nous donne :

$$\int_0^t \ln\left(\frac{m_f + m_{c-i}}{m_f + m_{c-i} - q_m t}\right) dt = \ln(m_f + m_{c-i})\, t - \int_0^t \ln(m_f + m_{c-i} - q_m t)\ dt$$

Puis, pour la seconde intégrale, effectuons un changement de variable. En effet, posons :

$$X = m_f + m_{c-i} - q_m t \quad \Rightarrow \quad \frac{d\,X}{dt} = \frac{d}{dt}(m_f + m_{c-i} - q_m t) \quad \Leftrightarrow \quad \frac{d\,X}{dt} = -q_m$$

D'où :

$$dt = -\frac{d\,X}{q_m}$$

En ce qui concerne les bornes d'intégration, on a :

- si $t = t$ alors $X = m_f + m_{c-i} - q_m t$;
- si $t = 0$ alors $X = m_f + m_{c-i}$;

On peut donc écrire que :

$$\int_0^t \ln\left(\frac{m_f + m_{c-i}}{m_f + m_{c-i} - q_m t}\right) dt = \ln(m_f + m_{c-i})\, t - \int_{m_f+m_{c-i}}^{m_f+m_{c-i}-q_m t} \ln(X) \left(-\frac{d\,X}{q_m}\right)$$

Soit encore :

$$\int_0^t \ln\left(\frac{m_f + m_{c-i}}{m_f + m_{c-i} - q_m t}\right) dt = \ln(m_f + m_{c-i})\, t + \frac{1}{q_m} \int_{m_f+m_{c-i}}^{m_f+m_{c-i}-q_m t} \ln(X)\ dX$$

Avec l'intégrale (qui se détermine par la technique de l'intégration par partie), qui vaut :

$$I = \int_{m_f+m_{c-i}}^{m_f+m_{c-i}-q_m t} \ln(X)\ dX = [X\ \ln(X) - X]_{m_f+m_{c-i}}^{m_f+m_{c-i}-q_m t}$$

D'où le résultat suivant :

$$\begin{aligned} I \;&=\; (m_f + m_{c-i} - q_m t)\ \ln(m_f + m_{c-i} - q_m t) - (m_f + m_{c-i} - q_m t) \\ &-\; \left((m_f + m_{c-i})\ \ln(m_f + m_{c-i}) - (m_f + m_{c-i})\right) \end{aligned}$$

D'où :

$$\begin{aligned} I \;&=\; (m_f + m_{c-i} - q_m t)\ \ln(m_f + m_{c-i} - q_m t) - (m_f + m_{c-i} - q_m t) \\ &+\; (m_f + m_{c-i}) - (m_f + m_{c-i})\ \ln(m_f + m_{c-i}) \end{aligned}$$

Soit encore :

$$I = (m_f + m_{c-i} - q_m t)\ \ln(m_f + m_{c-i} - q_m t) + q_m t - (m_f + m_{c-i})\ \ln(m_f + m_{c-i})$$

Ainsi, on obtient :

$$\begin{aligned} I \quad &= \quad (m_f + m_{c-i})\ \ln(m_f + m_{c-i} - q_m t) - q_m t\ \ln(m_f + m_{c-i} - q_m t) + q_m t \\ &- \quad (m_f + m_{c-i})\ \ln(m_f + m_{c-i}) \end{aligned}$$

D'où :

$$I = (m_f + m_{c-i})\ \ln\left(\frac{m_f + m_{c-i} - q_m t}{m_f + m_{c-i}}\right) + q_m t\ (1 - \ln(m_f + m_{c-i} - q_m t))$$

On en déduit alors que :

$$\begin{aligned} \int_0^t \ln\left(\frac{m_f + m_{c-i}}{m_f + m_{c-i} - q_m t}\right) dt \quad &= \quad \ln(m_f + m_{c-i})\, t \\ &+ \quad \frac{1}{q_m}(m_f + m_{c-i})\ \ln\left(\frac{m_f + m_{c-i} - q_m t}{m_f + m_{c-i}}\right) \\ &+ \quad \frac{1}{q_m} q_m t\ (1 - \ln(m_f + m_{c-i} - q_m t)) \end{aligned}$$

Soit encore :

$$\begin{aligned} \int_0^t \ln\left(\frac{m_f + m_{c-i}}{m_f + m_{c-i} - q_m t}\right) dt \quad &= \quad \ln(m_f + m_{c-i})\, t \\ &+ \quad \frac{1}{q_m}(m_f + m_{c-i})\ \ln\left(\frac{m_f + m_{c-i} - q_m t}{m_f + m_{c-i}}\right) \\ &+ \quad t - \ln(m_f + m_{c-i} - q_m t)\, t \end{aligned}$$

D'où :

$$\begin{aligned} \int_0^t \ln\left(\frac{m_f + m_{c-i}}{m_f + m_{c-i} - q_m t}\right) dt \quad &= \quad \ln(m_f + m_{c-i})\, t - \ln(m_f + m_{c-i} - q_m t)\, t \\ &+ \quad \frac{1}{q_m}(m_f + m_{c-i})\ \ln\left(\frac{m_f + m_{c-i} - q_m t}{m_f + m_{c-i}}\right) \\ &+ \quad t \end{aligned}$$

Ce qui nous donne :

$$\int_0^t \ln\left(\frac{m_f + m_{c-i}}{m_f + m_{c-i} - q_m t}\right) dt = t \ln\left(\frac{m_f + m_{c-i}}{m_f + m_{c-i} - q_m t}\right) - \frac{1}{q_m}\left(m_f + m_{c-i}\right) \ln\left(\frac{m_f + m_{c-i}}{m_f + m_{c-i} - q_m t}\right) + t$$

Ainsi, on peut écrire que :

$$\int_0^t \ln\left(\frac{m_f + m_{c-i}}{m_f + m_{c-i} - q_m t}\right) dt = t\left(1 + \ln\left(\frac{m_f + m_{c-i}}{m_f + m_{c-i} - q_m t}\right)\right) - \frac{1}{q_m}\left(m_f + m_{c-i}\right) \ln\left(\frac{m_f + m_{c-i}}{m_f + m_{c-i} - q_m t}\right)$$

Finalement, l'expression de l'altitude $z_{f/\mathcal{R}_T}(t)$ de la fusée lors de sa phase propulsive est donnée par :

$$\boxed{z_{f/\mathcal{R}_T}(t) = -\frac{1}{2}gt^2 + v_{g/f}t\left(1 + \ln\left(\frac{m_f + m_{c-i}}{m_f + m_{c-i} - q_m t}\right)\right) - \frac{v_{g/f}\left(m_f + m_{c-i}\right)}{q_m} \ln\left(\frac{m_f + m_{c-i}}{m_f + m_{c-i} - q_m t}\right)}$$

Enfin l'altitude maximale, notée z_{max}, atteinte par la fusée à la fin de cette phase de vol propulsée est :

$$z_{max} = v_{f/\mathcal{R}_T}(t = t_V) \iff z_{max} = z\left(t = \frac{m_{c-i}}{q_m}\right)$$

Soit :

$$z_{max} = -\frac{1}{2}g\left(\frac{m_{c-i}}{q_m}\right)^2 + v_{g/f}t\left(1 + \ln\left(\frac{m_f + m_{c-i}}{m_f + m_{c-i} - q_m \frac{m_{c-i}}{q_m}}\right)\right) - \frac{v_{g/f}\left(m_f + m_{c-i}\right)}{q_m} \ln\left(\frac{m_f + m_{c-i}}{m_f + m_{c-i} - q_m \frac{m_{c-i}}{q_m}}\right)$$

Ce qui nous donne

$$z_{max} = -\frac{1}{2}g\left(\frac{m_{c-i}}{q_m}\right)^2 + v_{g/f}\frac{m_{c-i}}{q_m}\left(1 + \ln\left(\frac{m_f + m_{c-i}}{m_f + m_{c-i} - m_{c-i}}\right)\right) - \frac{v_{g/f}\left(m_f + m_{c-i}\right)}{q_m} \ln\left(\frac{m_f + m_{c-i}}{m_f + m_{c-i} - m_{c-i}}\right)$$

Finalement, on obtient :

$$\boxed{\begin{aligned} z_{max} = & -\frac{1}{2} g \left(\frac{m_{c-i}}{q_m}\right)^2 + \frac{v_{g/f} m_{c-i}}{q_m}\left(1 + \ln\left(\frac{m_f + m_{c-i}}{m_f}\right)\right) \\ & - \frac{v_{g/f}(m_f + m_{c-i})}{q_m} \ln\left(\frac{m_f + m_{c-i}}{m_f}\right) \end{aligned}}$$

Par exemple, pour le lanceur européen *Ariane V*, on a les données numériques suivantes :

- masse totale au décollage : $m_f + m_{c-i} = 780000$ kg ;
- masse totale de carburant initial : $m_{c-i} = 520000$ kg ;
- masse de la fusée seule : $m_f + m_{c-i} = 260000$ kg ;
- débit massique total : $q_m = 4000$ kg/s ;
- vitesse d'éjection des gaz de combustion : $v_{g/f} = 3250$ m/s ;
- accélération de pesanteur terrestre à Kourou : $g = 9{,}78$ m/s^2 .

Ce qui nous donne les caractéristiques numériques suivantes :

- poussée initiale totale : $\mathcal{P} = \| \vec{\mathcal{P}} \| = q_m v_{g/f} = 4000 \times 3250 = 13$ MN ;
- poussée initiale par moteur : $\mathcal{P}_m = \| \vec{\mathcal{P}} \|/2 = 6500$ kN ;
- durée de la phase de propulsion : $t_V = m_{c-i}/q_m = 130$ s $= 2$ min 10 s ;
- vitesse maximale : $v_{max} = 2299$ m/s
- altitude maximal : $z_{max} = 107{,}7\ km$

Or, en réalité, les valeurs mesurées sont :

- vitesse maximale réelle : $v_{max}^r = 2014$ m/s
- altitude maximal :$z_{max}^r = 69\ km$

Ce qui nous donne les pourcentages d'erreur relative suivants :

$$\begin{cases} \%_v = \dfrac{v_{max} - v_{max}^r}{v_{max}^r} \times 100 = 14{,}2\ \% \\ \\ \%_v = \dfrac{z_{max} - z_{max}^r}{z_{max}^r} \times 100 = 56{,}1\ \% \end{cases}$$

On constate que les résultats obtenus par ce modèle théorique (trop) simplifiés sont **loin de la réalité**. C'est pourquoi, il faudrait dans un premier temps, tenir compte de la **variation, en fonction de l'altitude, de l'accélération de pesanteur**, mais surtout de la force de **frottement aérodynamique**. En fait, notre modèle théorique nous donne accès aux **ordres de grandeurs**, rien de plus.

E) Energie potentielle

1) Définition

En Physique, l'énergie potentielle peut être associée à une force uniquement si le travail de cette dernière, entre une position initiale et une position finale, **est indépendant du**

chemin suivit entre ces deux positions. Dans ce cas, on parle de **force conservative**. Dans ce cas, on en déduit qu'il existe une fonction numérique (encore appelée fonction scalaire) de point, c'est-à-dire qui dépend uniquement des coordonnées des points représentant de la position initiale et de la position finale, et **qui caractérise l'état physique du système étudiée en ces points**. Cette fonction porte le nom **d'énergie potentielle**.
On a alors :

Définition

Dans un référentiel $\mathcal{R}_{\mathbb{E}(3)}$, de l'espace physique $\mathbb{E}(3)$, une force $\vec{f}$ est dite **conservative** si le travail $\mathcal{W}_{\vec{f}}(I \longrightarrow F)$ qu'elle effectue, lors d'une évolution du système physique sur lequel elle agit, entre un point initial I et un point final F est **indépendant du chemin suivit** par le système entre I et F. Dans ce cas, on définit l'énergie potentielle, au point I ou F, notée $E_P(\vec{f}/I \text{ ou } F)$, par la relation :

$$\mathcal{W}_{\vec{f}}(I \longrightarrow F) = \int_I^F \vec{f}.d\vec{\ell} = E_P(\vec{f}/I) - E_P(\vec{f}/F) = \left[-E_P\left(\vec{f}/ M \in \mathbb{E}(3)\right)\right]_I^F$$

Le fait de pouvoir écrire que :

$$\int_I^F \vec{f}.d\vec{\ell} = \left[-E_P\left(\vec{f}/ M \in \mathbb{E}(3)\right)\right]_I^F$$

Implique que :

$$\int \vec{f}.d\vec{\ell} = -E_P(\vec{f}/M \in \mathbb{E}(3)) + K \quad \text{avec } K \in \mathbb{R}$$

Cette dernière écriture permet d'envisager l'opposé de l'énergie potentielle comme étant une « sorte de primitive » du vecteur force. **Mathématiquement ceci n'est pas vrai** car la force est une grandeur vectorielle, alors que l'énergie potentielle est une quantité scalaire. Leur lien est assuré par le produit scalaire, assurant la transformation de la nature vectorielle en scalaire. On va préférer écrire que :

$$E_P(\vec{f}/M \in \mathbb{E}(3)) + \mathscr{k} = -\int \vec{f}.d\vec{\ell} \quad \text{avec } \mathscr{k} \in \mathbb{R}$$

Ainsi, le physicien préfèrera dire que : « **la force $\vec{f}$ dérive de l'énergie potentielle $E_P(\vec{f}/M) + \mathscr{k}$** ». On constate également que l'énergie potentielle est toujours définie à une constante réelle arbitraire $\mathscr{k}$ près. La valeur de cette dernière sera déterminée **par un choix, tout aussi arbitraire** du physicien, d'une origine de l'énergie potentielle. Cette condition, et donc la valeur de constante arbitraire $\mathscr{k}$, est bien souvent associée à une position de référence du système physique étudié.
Les forces conservatives les plus utilisées sont :

- le poids ;
- la force électrostatique (électrique) ;
- la force de gravitation ;

- la force de rappel élastique ...

On a alors le théorème suivant :

Théorème

> Dans un référentiel $\mathcal{R}_{\mathbb{E}(3)}$, de l'espace physique $\mathbb{E}(3)$, à toute force $\vec{f}$ **conservative** on associe une énergie potentielle, définie à une constante réelle arbitraire près, telle que
>
> $$E_P(\vec{f}/M \in \mathbb{E}(3)) + k = -\int \vec{f}.d\vec{\ell} \quad \text{avec } k \in \mathbb{R}$$
>
> La constante réelle k se détermine par **un choix arbitraire** d'une position de référence qui créée une origine de l'énergie potentielle.

Déterminons donc l'expression des énergies potentielles usuelles qui sont les principales utilisées en Physique.

2) L'énergie potentielle de pesanteur terrestre

Sur la Terre, considérons le référentiel $\mathcal{R}_{\mathbb{E}(3)}$, de l'espace physique $\mathbb{E}(3)$, tel que l'axe vertical soit orienté vers le haut et dirigé par le vecteur unitaire $\vec{e}_z$. Ainsi, l'accélération de pesanteur terrestre $\vec{g}$ (c'est lui qui définit **la verticale** du lieu considéré) va s'écrire $\vec{g} = -\| \vec{g} \| \, \vec{e}_z = -g\,\vec{e}_z$. Dès lors, un objet matériel de masse m constante et de centre de gravité G va subir le poids suivant :

$$\vec{P}(G/\mathcal{R}_{\mathbb{E}(3)}) = m\vec{g} \quad \Leftrightarrow \quad \vec{P}(G/\mathcal{R}_{\mathbb{E}(3)}) = -mg\,\vec{e}_z$$

Donc, on a :

$$E_P(\vec{P}(G/\mathcal{R}_{\mathbb{E}(3)})/M \in \mathbb{E}(3)) + k = -\int \vec{P}(G/\mathcal{R}_{\mathbb{E}(3)}).d\vec{\ell} \quad \text{avec } k \in \mathbb{R}$$

D'où :

$$E_P(\vec{P}(G/\mathcal{R}_{\mathbb{E}(3)})/M \in \mathbb{E}(3)) + k = -\int -mg\,\vec{e}_z.d\vec{\ell}$$

Or, on a :

$$d\vec{\ell} = dx\,\vec{e}_x + dy\,\vec{e}_y + dz\,\vec{e}_z \quad \Rightarrow \quad \vec{e}_z.d\vec{\ell} = dx\,\underbrace{\vec{e}_x.\vec{e}_z}_{=0} + dy\,\underbrace{\vec{e}_y.\vec{e}_z}_{=0} + dz\,\underbrace{\vec{e}_z.\vec{e}_z}_{=1}$$

D'où :

$$\vec{e}_z.d\vec{\ell} = dz$$

Ce qui implique que :

$$E_P(\vec{P}(G/\mathcal{R}_{\mathbb{E}(3)})/M \in \mathbb{E}(3)) + k = -\int -mg\,dz$$

Soit encore :

$$E_P(\vec{P}(G/\mathcal{R}_{\mathbb{E}(3)})/M \in \mathbb{E}(3)) + k = m\int g\,dz$$

Sous l'hypothèse **d'une évolution qui laisse la valeur de g constante**, on peut alors écrire que :

$$E_P\left(\vec{P}\left(G/\mathcal{R}_{\mathbb{E}(3)}\right)/M \in \mathbb{E}(3)\right) + \mathscr{k} = mg\int dz$$

Ainsi, on obtient :

$$E_P\left(\vec{P}\left(G/\mathcal{R}_{\mathbb{E}(3)}\right)/M \in \mathbb{E}(3)\right) + \mathscr{k} = mgz + K \quad \text{avec } K \in \mathbb{R}$$

D'où :

$$E_P\left(\vec{P}\left(G/\mathcal{R}_{\mathbb{E}(3)}\right)/M \in \mathbb{E}(3)\right) = mgz + \mathbb{k} \quad \text{avec } \mathbb{k} \in \mathbb{R}$$

Pour simplifier, notons $E_P\left(\vec{P}\left(G/\mathcal{R}_{\mathbb{E}(3)}\right)/M \in \mathbb{E}(3)\right) = E_{PP}$, et on obtient alors le célèbre résultat, bien connu des lycéens des filières scientifiques :

Théorème

Le poids est une force **conservative** à laquelle on associe une énergie potentielle, qui vaut :

$$E_{PP} = mgz + \mathbb{k} \quad \text{avec } \mathbb{k} \in \mathbb{R}$$

La constante réelle $\mathbb{k}$ se détermine par **un choix arbitraire** d'une position de référence qui créée l'origine de l'énergie potentielle de pesanteur terrestre.

3) L'énergie potentielle de gravitation & électrique

Les champs de forces gravitationnelles et électriques qui existent entre deux points A et B, massifs ou dotés de charges électriques, sont des champs de forces qui évoluent en r^{-2}, c'est-à-dire inversement proportionnel au carré de la distance qui sépare les deux points A et B de l'espace considéré. En effet, en notant par $\vec{e}_{B\to A}$ le vecteur unitaire de la direction AB et orienté dans le sens B vers A, on a alors :

- Force gravitationnelle exercée par A sur B

$$\vec{F}_G(A \longrightarrow B) = \frac{\mathcal{G}\, m_A\, m_B}{r^2}\vec{e}_{B\to A} \quad \Rightarrow \quad \vec{F}_G(A \longrightarrow B) = \frac{\mathcal{K}}{r^2}\vec{e}_{B\to A} \quad \text{avec } \mathcal{K} = \mathcal{G}\, m_A\, m_B$$

- Force électrique exercée par A sur B

$$\vec{F}_E(A \longrightarrow B) = \frac{-1}{4\pi\varepsilon_0}\frac{q_A\, q_B}{r^2}\vec{e}_{B\to A} \quad \Rightarrow \quad \vec{F}_E(A \longrightarrow B) = \frac{\mathcal{K}}{r^2}\vec{e}_{B\to A} \quad \text{avec } \mathcal{K} = \frac{-q_A\, q_B}{4\pi\varepsilon_0}$$

Autrement dit, leur similarité formelle va nous permettre de traiter uniquement le cas d'un champ de force du type :

$$\vec{F}(A \longrightarrow B) = -\frac{\mathcal{K}}{r^2}\vec{e}_r \quad avec\ \vec{e}_r = \vec{e}_{A\to B} = -\vec{e}_{B\to A} \quad \text{et } \mathcal{K} \in \mathbb{R}$$

On a alors :

$$E_P\big(\vec{F}(A \longrightarrow B)/B \in \mathbb{E}(3)\big) + \mathscr{k} = -\int \vec{F}(A \longrightarrow B).d\vec{\ell} \quad \text{avec } \mathscr{k} \in \mathbb{R}$$

Soit :

$$E_P\big(\vec{F}(A \longrightarrow B)/B \in \mathbb{E}(3)\big) + \mathscr{k} = -\int -\frac{\mathcal{K}}{r^2}\vec{e}_r.d\vec{\ell} \quad \text{avec } \mathscr{k} \in \mathbb{R}$$

Donc :

$$E_P\big(\vec{F}(A \longrightarrow B)/B \in \mathbb{E}(3)\big) + \mathscr{k} = \int \frac{\mathcal{K}}{r^2}\vec{e}_r.d\vec{\ell} \quad \text{avec } \mathscr{k} \in \mathbb{R}$$

D'où :

$$E_P\big(\vec{F}(A \longrightarrow B)/B \in \mathbb{E}(3)\big) + \mathscr{k} = \mathcal{K}\int \frac{1}{r^2}\vec{e}_r.d\vec{\ell} \quad \text{avec } \mathscr{k} \in \mathbb{R}$$

De par les propriétés du produit scalaire, et ceci quel que soit le système de coordonnées choisi, on va avoir :

$$\vec{e}_r.d\vec{\ell} = dr$$

Ce qui nous donne donc :

$$E_P\big(\vec{F}(A \longrightarrow B)/B \in \mathbb{E}(3)\big) + \mathscr{k} = \mathcal{K}\int \frac{1}{r^2}dr \quad \text{avec } \mathscr{k} \in \mathbb{R}$$

Soit encore :

$$E_P\big(\vec{F}(A \longrightarrow B)/B \in \mathbb{E}(3)\big) + \mathscr{k} = \mathcal{K}\left(-\frac{1}{r}\right) + K \quad \text{avec } (\mathscr{k}\,; K) \in \mathbb{R}^2$$

Ainsi, on en déduit que :

$$E_P\big(\vec{F}(A \longrightarrow B)/B \in \mathbb{E}(3)\big) = -\frac{\mathcal{K}}{r} + \Bbbk \quad \text{avec } \Bbbk \in \mathbb{R}$$

Pour simplifier l'écriture, notons $E_P\big(\vec{F}(A \longrightarrow B)/B \in \mathbb{E}(3)\big) = E_{PG \text{ ou } E}(B)$. Il reste à réfléchir sur la valeur de la constante . Le physicien a choisi la position de référence à l'infinie : $r \to +\infty$. En effet, si les deux points A et B **sont éloignés indéfiniment** alors ils **ne ressentent plus leur influence mutuelle**. Dans ce cas, l'énergie potentielle (qui traduit un lien d'interaction entre ces deux points A et B) **devient nulle**. Et on a :

$$\lim_{r \to +\infty} E_{PG \text{ ou } E}(B) = 0 \iff \lim_{r \to +\infty}\left(-\frac{\mathcal{K}}{r} + \Bbbk\right) = 0 \iff \lim_{r \to +\infty}\left(-\frac{\mathcal{K}}{r}\right) + \lim_{r \to +\infty} \Bbbk = 0$$

Soit :

$$-\mathcal{K}\underbrace{\lim_{r \to +\infty}\frac{1}{r}}_{=0} + \underbrace{\lim_{r \to +\infty} \Bbbk}_{=\Bbbk} = 0 = 0 \iff -\mathcal{K} \times 0 + \Bbbk = 0$$

Ainsi, on obtient la valeur de la constante réelle $\Bbbk$ suivante :

$$\boxed{\Bbbk = 0}$$

On retrouve alors les résultats, bien connu des lycéens des filières scientifiques :

Théorème

La force de gravitation est une force **conservative** à laquelle on associe une énergie potentielle, qui vaut :

$$E_{PG}(B) = -\frac{\mathcal{G}\, m_A\, m_B}{r}$$

La force électrique est une force **conservative** à laquelle on associe une énergie potentielle, qui vaut :

$$E_{PE}(B) = \frac{q_A\, q_B}{4\pi\varepsilon_0 r}$$

Dans le cas de la force électrique, très souvent, le résultat est présenté autrement. En effet, on a :

$$E_{PE}(B) = q_B \times \frac{q_A}{4\pi\varepsilon_0 r}$$

Et, le physicien introduit alors **le potentiel électrique** $V_B(A \longrightarrow B)$ ressentit au point B, et créé par la charge électrique q_A :

$$V_B(A \longrightarrow B) = \frac{q_A}{4\pi\varepsilon_0 r}$$

Cette grandeur s'exprime en **Volt**. Et on est donc amené à écrire que :

Théorème

Si un point B portant une charge électrique q_B, subit de la part d'une charge électrique q_A, placé en un point A, un potentiel électrique $V_B(A \longrightarrow B)$, alors l'énergie potentielle ressentit en B est :

$$E_{PE}(B) = q_B V_B(A \longrightarrow B)$$

4) L'énergie potentielle élastique

On considère un ressort idéal, c'est-à-dire, parfaitement élastique, donc **qui reprend sa forme initiale après déformation** (on parle également de déformation réversible). S'il reprend sa forme de repos, c'est sous l'action d'une force « interne » appelée **force élastique**. Dans le cas d'un ressort à spires non jointives, subissant des déformations linéaires, donc de **faibles amplitudes**, la force élastique, qui ramène le ressort vers sa position initiale, est alors directement proportionnelle à la déformation du ressort. La déformation étant l'écart à sa position initiale. Ainsi, la déformation est une **grandeur algébrique**, qui est positive si c'est un étirement, et négative si c'est une compression. Si la direction des déformations est orientée positivement selon le vecteur unitaire $\vec{e}_d$, on pose, pour des déformations linéaires, une modélisation en loi linéaire donc une loi de proportionnalité :

$$\boxed{\vec{F}_{élas} = -k(\ell - \ell_i)\, \vec{e}_d}$$

Dans cette relation, k est la constante de proportionnalité, encore appelée par le physicien **constante de raideur**, et elle s'exprime en N/m. Plus celle-ci est grande plus il est difficile de déformer le ressort. Et ceci qui se représente par :

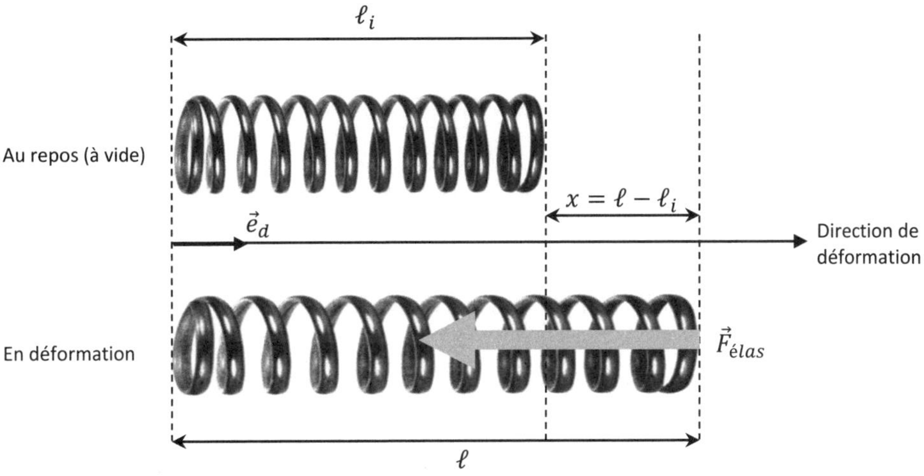

Figure 8 : déformation d'étirement d'un ressort idéal

Au cours de la phase d'étirement qui fait passer le ressort, par l'intermédiaire d'une action extérieure appelée classiquement « opérateur », de sa longueur initiale ℓ_i à la longueur finale ℓ, la force élastique travaille. C'est pourquoi, on peut écrire que :

$$E_P\left(\vec{F}_{élas}(\ell_i \longrightarrow \ell)\right) + \mathcal{k} = -\int \vec{F}_{élas}(\ell_i \longrightarrow \ell).\, d\vec{\ell} \quad \text{avec } \mathcal{k} \in \mathbb{R}$$

Soit :

$$E_P\left(\vec{F}_{élas}(\ell_i \longrightarrow \ell)\right) + \mathcal{k} = -\int -F_{élas}(\ell_i \longrightarrow \ell)\ \vec{e}_d.\, d\ell\, \vec{e}_d \quad \text{avec } \mathcal{k} \in \mathbb{R}$$

Ce qui nous donne donc :

$$E_P\left(\vec{F}_{élas}(\ell_i \longrightarrow \ell)\right) + \mathcal{k} = \int F_{élas}(\ell_i \longrightarrow \ell) d\ell\ \underbrace{\vec{e}_d.\vec{e}_d}_{=1} \quad \text{avec } \mathcal{k} \in \mathbb{R}$$

D'où :

$$E_P\left(\vec{F}_{élas}(\ell_i \longrightarrow \ell)\right) + \mathcal{k} = \int k(\ell - \ell_i)\, d\ell \quad \text{avec } \mathcal{k} \in \mathbb{R}$$

Or, on sait que :

$$x = \ell - \ell_i \implies \frac{dx}{d\ell} = \frac{d}{d\ell}(\ell - \ell_i) \iff \frac{dx}{d\ell} = \frac{d\ell}{d\ell} - \frac{d\ell_i}{d\ell} \iff \frac{dx}{d\ell} = 1 - 0$$

D'où :

$$dx = d\ell$$

Ainsi, on obtient l'expression suivante :

$$E_P\left(\vec{F}_{élas}(\ell_i \longrightarrow \ell)\right) + \mathscr{k} = \int kx\,dx \quad \text{avec } \mathscr{k} \in \mathbb{R}$$

Ce qui donne :

$$E_P\left(\vec{F}_{élas}(\ell_i \longrightarrow \ell)\right) + \mathscr{k} = k\int x\,dx \quad \text{avec } \mathscr{k} \in \mathbb{R}$$

Soit encore :

$$E_P\left(\vec{F}_{élas}(\ell_i \longrightarrow \ell)\right) + \mathscr{k} = k\frac{x^2}{2} + K \quad \text{avec } (\mathscr{k}\,; K) \in \mathbb{R}^2$$

Pour simplifier, notons $E_P\left(\vec{F}_{élas}(\ell_i \longrightarrow \ell)\right) = E_{P-élas}$, et on obtient alors le célèbre résultat, bien connu des lycéens des filières scientifiques :

Théorème

La force de rappel élastique une force **conservative** à laquelle on associe une énergie potentielle, qui vaut :

$$E_{P-élas} = \frac{1}{2}kx^2 + \mathbb{k} \quad \text{avec } \mathbb{k} \in \mathbb{R}$$

La constante réelle $\mathbb{k}$ se détermine par **un choix arbitraire** d'une position de référence qui créée l'origine de l'énergie potentielle de pesanteur terrestre. Bien souvent, en considérant l'état de repos comme origine de l'énergie potentielle, on a alors $\mathbb{k} = 0$.

♣ *Remarque : L'énergie potentielle est une énergie qui est stockée à l'intérieure du système physique étudiée. Ce dernier « l'utilise », donc fait appel à elle pour développer son évolution dans l'espace physique. Comme toute énergie, elle s'exprime en Joule, de symbole J, unité en hommage au physicien britannique James Prescott Joule (1818 / 1889).*

F) Le théorème de l'énergie cinétique (T.E.C.)

1) L'énergie cinétique

Dans un référentiel galiléen $\mathcal{R}_{\mathbb{E}(3)}$, de l'espace physique $\mathbb{E}(3)$, on considère un système physique matériel indéformable de masse constante m et de centre de gravité G. Dans ce cas, l'application de la relation fondamentale de la dynamique nous permet d'écrire que :

$$\frac{d\vec{p}(G/\mathcal{R}_{\mathbb{E}(3)})}{dt} = \sum_{ext} \vec{F}(G/\mathcal{R}_{\mathbb{E}(3)}) \iff \frac{d}{dt}\left(m\vec{v}(G/\mathcal{R}_{\mathbb{E}(3)})\right) = \sum_{ext} \vec{F}(G/\mathcal{R}_{\mathbb{E}(3)})$$

Soit encore :

$$m\frac{d\,\vec{v}(G/\mathcal{R}_{\mathbb{E}(3)})}{dt} = \sum_{ext} \vec{F}(G/\mathcal{R}_{\mathbb{E}(3)})$$

En notant par $d\vec{\ell}(G/\mathcal{R}_{\mathbb{E}(3)})$ un déplacement infinitésimal (ou élémentaire) du centre de gravité G, on obtient par multiplication scalaire :

$$m\frac{d\,\vec{v}(G/\mathcal{R}_{\mathbb{E}(3)})}{dt}.d\vec{\ell}(G/\mathcal{R}_{\mathbb{E}(3)}) = \sum_{ext}\vec{F}(G/\mathcal{R}_{\mathbb{E}(3)}).d\vec{\ell}(G/\mathcal{R}_{\mathbb{E}(3)})$$

Ce qui nous donne donc :

$$m\frac{d\,\vec{v}(G/\mathcal{R}_{\mathbb{E}(3)})}{dt}.d\vec{\ell}(G/\mathcal{R}_{\mathbb{E}(3)}) = \sum_{ext} d\mathcal{W}_{G/\mathcal{R}_{\mathbb{E}(3)}}(d\vec{\ell})$$

Mais, on sait que

$$\vec{v}(G/\mathcal{R}_{\mathbb{E}(3)}) = \frac{d\,\vec{\ell}(G/\mathcal{R}_{\mathbb{E}(3)})}{dt} \quad \Leftrightarrow \quad d\vec{\ell}(G/\mathcal{R}_{\mathbb{E}(3)}) = \vec{v}(G/\mathcal{R}_{\mathbb{E}(3)})\,dt$$

Ce qui implique que :

$$m\frac{d\,\vec{v}(G/\mathcal{R}_{\mathbb{E}(3)})}{dt}.\vec{v}(G/\mathcal{R}_{\mathbb{E}(3)})\,dt = \sum_{ext} d\mathcal{W}_{G/\mathcal{R}_{\mathbb{E}(3)}}(d\vec{\ell})$$

Soit encore :

$$\frac{1}{2}m2\frac{d\vec{v}(G/\mathcal{R}_{\mathbb{E}(3)})}{dt}.\vec{v}(G/\mathcal{R}_{\mathbb{E}(3)})\,dt = \sum_{ext} d\mathcal{W}_{G/\mathcal{R}_{\mathbb{E}(3)}}(d\vec{\ell})$$

Or, on sait que $\vec{v}(G/\mathcal{R}_{\mathbb{E}(3)})$ et $d\vec{v}(G/\mathcal{R}_{\mathbb{E}(3)})$ sont deux quantités vectorielles **colinéaires**, donc, on a :

$$d\vec{v}(G/\mathcal{R}_{\mathbb{E}(3)}).\vec{v}(G/\mathcal{R}_{\mathbb{E}(3)}) = \|\,d\vec{v}(G/\mathcal{R}_{\mathbb{E}(3)})\,\|\;\|\,\vec{v}(G/\mathcal{R}_{\mathbb{E}(3)})\,\|\;\cos 0$$

Ce qui nous donne :

$$d\vec{v}(G/\mathcal{R}_{\mathbb{E}(3)}).\vec{v}(G/\mathcal{R}_{\mathbb{E}(3)}) = dv(G/\mathcal{R}_{\mathbb{E}(3)})\,v(G/\mathcal{R}_{\mathbb{E}(3)})$$

Ainsi, on a :

$$\frac{1}{2}m2\frac{dv(G/\mathcal{R}_{\mathbb{E}(3)})}{dt}v(G/\mathcal{R}_{\mathbb{E}(3)})\,dt = \sum_{ext} d\mathcal{W}_{G/\mathcal{R}_{\mathbb{E}(3)}}(d\vec{\ell})$$

Puis, en remarquant que

$$2\frac{d\,v(G/\mathcal{R}_{\mathbb{E}(3)})}{dt}v(G/\mathcal{R}_{\mathbb{E}(3)}) = \frac{d\,v^2(G/\mathcal{R}_{\mathbb{E}(3)})}{dt}$$

D'où :

$$\frac{1}{2}m\frac{d\,v^2(G/\mathcal{R}_{\mathbb{E}(3)})}{dt}dt = \sum_{ext} d\mathcal{W}_{G/\mathcal{R}_{\mathbb{E}(3)}}(d\vec{\ell})$$

Comme la masse est constante, on a :

$$\frac{d}{dt}\left(\frac{1}{2}mv^2(G/\mathcal{R}_{\mathbb{E}(3)})\right)dt = \sum_{ext} d\mathcal{W}_{G/\mathcal{R}_{\mathbb{E}(3)}}(d\vec{\ell})$$

Soit en simplifiant par dt dans le membre de gauche :

$$d\left(\frac{1}{2}mv^2(G/\mathcal{R}_{\mathbb{E}(3)})\right) = \sum_{ext} d\mathcal{W}_{G/\mathcal{R}_{\mathbb{E}(3)}}(d\vec{\ell})$$

On introduit alors l'énergie cinétique $E_C(G/\mathcal{R}_{\mathbb{E}(3)})$ comme étant :

$$\boxed{E_C(G/\mathcal{R}_{\mathbb{E}(3)}) = \frac{1}{2}mv^2(G/\mathcal{R}_{\mathbb{E}(3)})}$$

D'où la définition suivante :

Définition

L'énergie cinétique $E_C(G/\mathcal{R}_{\mathbb{E}(3)})$ d'un système physique de masse m et de centre de gravité G s'exprime comme :

$$E_C(G/\mathcal{R}_{\mathbb{E}(3)}) = \frac{1}{2}mv^2(G/\mathcal{R}_{\mathbb{E}(3)})$$

C'est une grandeur qui s'exprime en *Joule* (1818 / 1889).

Ce qui implique que :

$$dE_C(G/\mathcal{R}_{\mathbb{E}(3)}) = \sum_{ext} d\mathcal{W}_{G/\mathcal{R}_{\mathbb{E}(3)}}(d\vec{\ell})$$

2) Le théorème de l'énergie cinétique

A partir de la relation précédente, intégrons entre deux positions spatiales différentes de l'espace physique $\mathbb{E}(3)$, que nous noterons par i pour position initiale et f pour position finale. On obtient alors :

$$\int_i^f dE_C(G/\mathcal{R}_{\mathbb{E}(3)}) = \int_i^f \sum_{ext} d\mathcal{W}_{G/\mathcal{R}_{\mathbb{E}(3)}}(d\vec{\ell})$$

En faisant maintenant usage de la linéarité de l'intégrale, on peut donc écrire que :

$$\int_i^f dE_C(G/\mathcal{R}_{\mathbb{E}(3)}) = \sum_{ext} \int_i^f d\mathcal{W}_{G/\mathcal{R}_{\mathbb{E}(3)}}(d\vec{\ell})$$

Ce qui nous donne :

$$\left[E_C(G/\mathcal{R}_{\mathbb{E}(3)})\right]_i^f = \sum_{ext} \mathcal{W}_{G/\mathcal{R}_{\mathbb{E}(3)}}(i \longrightarrow f)$$

Soit :

$$E_{C-f}(G/\mathcal{R}_{\mathbb{E}(3)}) - E_{C-i}(G/\mathcal{R}_{\mathbb{E}(3)}) = \sum_{ext} \mathcal{W}_{G/\mathcal{R}_{\mathbb{E}(3)}}(i \longrightarrow f)$$

Finalement, on obtient le célèbre **théorème de l'énergie cinétique** suivant :

Théorème

Dans un référentiel galiléen $\mathcal{R}_{\mathbb{E}(3)}$, de l'espace physique $\mathbb{E}(3)$, on considère un système physique matériel indéformable de masse constante m et de centre de gravité G. Dans ce cas, entre deux positions, i et f, du centre de gravité de ce système, on a la relation suivante :

$$\frac{1}{2}mv_f^2\left(G/\mathcal{R}_{\mathbb{E}(3)}\right) - \frac{1}{2}mv_i^2\left(G/\mathcal{R}_{\mathbb{E}(3)}\right) = \sum_{ext} \mathcal{W}_{G/\mathcal{R}_{\mathbb{E}(3)}}(i \longrightarrow f)$$

Cette relation est l'un des « piliers » de la mécanique classique.

G) L'énergie mécanique

1) Définition

Par définition, **l'énergie mécanique** d'un système physique matériel indéformable de masse constante m et de centre de gravité G **est la somme de l'énergie cinétique macroscopique**, donc associée à la vitesse du centre de gravité G dans le référentiel $\mathcal{R}_{\mathbb{E}(3)}$, **avec toutes les formes d'énergies potentielles** qui peuvent être associées aux forces conservatives extérieures agissant sur ce système physique. D'où :

$$\boxed{E_M\left(G/\mathcal{R}_{\mathbb{E}(3)}\right) = E_C\left(G/\mathcal{R}_{\mathbb{E}(3)}\right) + \sum_{ext} E_P\left(\vec{F}_c\left(G/\mathcal{R}_{\mathbb{E}(3)}\right)\right)}$$

C'est une grandeur qui s'exprime en *Joule* (1818 / 1889).

2) Théorème de l'énergie mécanique

Dans un référentiel galiléen $\mathcal{R}_{\mathbb{E}(3)}$, de l'espace physique $\mathbb{E}(3)$, on considère un système physique matériel indéformable de masse constante m et de centre de gravité G. Ce système est soumis à l'action de la résultante des forces suivantes :

$$\sum_{ext} \vec{F}\left(G/\mathcal{R}_{\mathbb{E}(3)}\right)$$

En distinguant les forces conservatives $\vec{F_c}$ et les forces non conservatives (telles que celle de frottements, ou celle de *Lorentz* (1853 / 1928) par exemple) on obtient alors :

$$\sum_{ext} \vec{F}\left(G/\mathcal{R}_{\mathbb{E}(3)}\right) = \sum_{ext} \vec{F}_c\left(G/\mathcal{R}_{\mathbb{E}(3)}\right) + \sum_{ext} \vec{F}_{nc}\left(G/\mathcal{R}_{\mathbb{E}(3)}\right)$$

Donc, sur un déplacement infinitésimal $\overrightarrow{d\ell}$, l'application du théorème de l'énergie cinétique donne :

$$dE_C(G/\mathcal{R}_{\mathbb{E}(3)}) = \sum_{ext} d\mathcal{W}_{G/\mathcal{R}_{\mathbb{E}(3)}}(d\vec{\ell})$$

Soit encore :

$$dE_C(G/\mathcal{R}_{\mathbb{E}(3)}) = \sum_{ext} d\mathcal{W}^{c}_{G/\mathcal{R}_{\mathbb{E}(3)}}(d\vec{\ell}) + \sum_{ext} d\mathcal{W}^{nc}_{G/\mathcal{R}_{\mathbb{E}(3)}}(d\vec{\ell})$$

En faisant usage de la définition de l'énergie potentielle, on a alors :

$$d\mathcal{W}^{c}_{G/\mathcal{R}_{\mathbb{E}(3)}}(d\vec{\ell}) = -dE_P\left(\vec{F}_c(G/\mathcal{R}_{\mathbb{E}(3)})\right)$$

Ce qui implique que :

$$dE_C(G/\mathcal{R}_{\mathbb{E}(3)}) = -\sum_{ext} dE_P\left(\vec{F}_c(G/\mathcal{R}_{\mathbb{E}(3)})\right) + \sum_{ext} d\mathcal{W}^{nc}_{G/\mathcal{R}_{\mathbb{E}(3)}}(d\vec{\ell})$$

D'où :

$$dE_C(G/\mathcal{R}_{\mathbb{E}(3)}) + \sum_{ext} dE_P\left(\vec{F}_c(G/\mathcal{R}_{\mathbb{E}(3)})\right) = \sum_{ext} d\mathcal{W}^{nc}_{G/\mathcal{R}_{\mathbb{E}(3)}}(d\vec{\ell})$$

Finalement, on obtient la relation suivante :

$$d\left(E_C(G/\mathcal{R}_{\mathbb{E}(3)}) + \sum_{ext} E_P\left(\vec{F}_c(G/\mathcal{R}_{\mathbb{E}(3)})\right)\right) = \sum_{ext} d\mathcal{W}^{nc}_{G/\mathcal{R}_{\mathbb{E}(3)}}(d\vec{\ell})$$

A savoir :

$$\boxed{dE_M(G/\mathcal{R}_{\mathbb{E}(3)}) = \sum_{ext} d\mathcal{W}^{nc}_{G/\mathcal{R}_{\mathbb{E}(3)}}(d\vec{\ell})}$$

A partir de la relation précédente, intégrons entre deux positions spatiales différentes de l'espace physique $\mathbb{E}(3)$, que nous noterons par i pour position initiale et f pour position finale. On obtient alors :

$$\int_i^f dE_M(G/\mathcal{R}_{\mathbb{E}(3)}) = \int_i^f \sum_{ext} d\mathcal{W}^{nc}_{G/\mathcal{R}_{\mathbb{E}(3)}}(d\vec{\ell})$$

En faisant maintenant usage de la linéarité de l'intégrale, on peut donc écrire que :

$$\int_i^f dE_M(G/\mathcal{R}_{\mathbb{E}(3)}) = \sum_{ext} \int_i^f d\mathcal{W}^{nc}_{G/\mathcal{R}_{\mathbb{E}(3)}}(d\vec{\ell})$$

Ce qui nous donne :

$$\left[E_M(G/\mathcal{R}_{\mathbb{E}(3)})\right]_i^f = \sum_{ext} \mathcal{W}^{nc}_{G/\mathcal{R}_{\mathbb{E}(3)}}(i \longrightarrow f)$$

Soit :

$$E_{M-f}\big(G/\mathcal{R}_{\mathbb{E}(3)}\big) - E_{M-i}\big(G/\mathcal{R}_{\mathbb{E}(3)}\big) = \sum_{ext} \mathcal{W}^{nc}_{G/\mathcal{R}_{\mathbb{E}(3)}}(i \longrightarrow f)$$

Finalement, on obtient le célèbre **théorème de l'énergie mécanique** suivant :

Théorème

> Dans un référentiel galiléen $\mathcal{R}_{\mathbb{E}(3)}$, de l'espace physique $\mathbb{E}(3)$, on considère un système physique matériel indéformable de masse constante m et de centre de gravité G. Dans ce cas, entre deux positions, i et f, du centre de gravité de ce système, on a la relation suivante :
>
> $$E_{M-f}\big(G/\mathcal{R}_{\mathbb{E}(3)}\big) - E_{M-i}\big(G/\mathcal{R}_{\mathbb{E}(3)}\big) = \sum_{ext} \mathcal{W}^{nc}_{G/\mathcal{R}_{\mathbb{E}(3)}}(i \longrightarrow f)$$
>
> Cette relation est également l'un des « piliers » de la mécanique classique.

Dans le cas où le système ne subit des actions que de forces conservatives, alors on en déduit que :

$$\sum_{ext} \mathcal{W}^{nc}_{G/\mathcal{R}_{\mathbb{E}(3)}}(i \longrightarrow f) = 0$$

Et il y a alors **conservation de l'énergie mécanique**.

H) Le théorème de la puissance cinétique

Précédemment, nous avions démontré la relation suivante :

$$dE_C\big(G/\mathcal{R}_{\mathbb{E}(3)}\big) = \sum_{ext} d\mathcal{W}_{G/\mathcal{R}_{\mathbb{E}(3)}}\big(d\vec{\ell}\big)$$

En divisant cette relation par un laps de temps infinitésimal dt,on obtient alors :

$$\frac{dE_C\big(G/\mathcal{R}_{\mathbb{E}(3)}\big)}{dt} = \frac{\sum_{ext} d\mathcal{W}_{G/\mathcal{R}_{\mathbb{E}(3)}}\big(d\vec{\ell}\big)}{dt}$$

Ce qui d'écrit encore :

$$\frac{dE_C\big(G/\mathcal{R}_{\mathbb{E}(3)}\big)}{dt} = \sum_{ext} \frac{d\mathcal{W}_{G/\mathcal{R}_{\mathbb{E}(3)}}\big(d\vec{\ell}\big)}{dt}$$

Or, le terme de dérivation temporelle du travail s'identifie à **la puissance** de la force associée. D'où la notation suivante :

$$\frac{d\mathcal{W}_{G/\mathcal{R}_{\mathbb{E}(3)}}\big(d\vec{\ell}\big)}{dt} = \mathcal{P}_{G/\mathcal{R}_{\mathbb{E}(3)}}$$

Dans la relation précédente, la puissance $\mathcal{P}_{G/\mathcal{R}_{\mathbb{E}(3)}}$ s'exprime en *Watt*, de symbole W, et ceci en hommage à l'ingénieur écossais *James Watt* (1736 / 1819). Ce qui nous donne donc :

$$\frac{dE_C\left(G/\mathcal{R}_{\mathbb{E}(3)}\right)}{dt} = \sum_{ext} \mathcal{P}_{G/\mathcal{R}_{\mathbb{E}(3)}}$$

Finalement, on obtient le célèbre **théorème de la puissance** cinétique suivant :

Théorème

Dans un référentiel galiléen $\mathcal{R}_{\mathbb{E}(3)}$, de l'espace physique $\mathbb{E}(3)$, on considère un système physique matériel indéformable de masse constante m et de centre de gravité G. Dans ce cas on a la relation suivante :

$$\frac{dE_C\left(G/\mathcal{R}_{\mathbb{E}(3)}\right)}{dt} = \sum_{ext} \mathcal{P}_{G/\mathcal{R}_{\mathbb{E}(3)}}$$

Soit encore :

$$\frac{dE_C\left(G/\mathcal{R}_{\mathbb{E}(3)}\right)}{dt} = \sum_{ext} \vec{F}\left(G/\mathcal{R}_{\mathbb{E}(3)}\right).\vec{v}\left(G/\mathcal{R}_{\mathbb{E}(3)}\right)$$

Cette relation est particulièrement pratique pour démontrer l'uniformité de la vitesse lors d'un mouvement. Par exemple, dans le référentiel géocentrique $\mathcal{R}_G$, lorsque l'on considère qu'un satellite terrestre, de masse constante m, n'est soumis qu'à la force gravitationnelle de la Terre, on peut écrire, dans le repère de *Serret* (1819 / 1885) et *Frenet* (1816 / 1900), noté $\mathcal{R}_{SF} = \left(G\,;\vec{t}\,;\,\vec{n}\,;\,\vec{b}\right)$, que :

$$\sum_{ext} \mathcal{P}_{G/\mathcal{R}_G} = \mathcal{P}_{Gravitation-G/\mathcal{R}_G}$$

Soit :

$$\sum_{ext} \mathcal{P}_{G/\mathcal{R}_G} = \vec{F}_{gravitation}(G/\mathcal{R}_G).\vec{v}(G/\mathcal{R}_G)$$

D'où :

$$\sum_{ext} \mathcal{P}_{G/\mathcal{R}_G} = F_{gravitation}(G/\mathcal{R}_G)\,\vec{n}.v(G/\mathcal{R}_G)\vec{t}$$

Ce qui nous donne :

$$\sum_{ext} \mathcal{P}_{G/\mathcal{R}_G} = F_{gravitation}(G/\mathcal{R}_G)\,v(G/\mathcal{R}_G)\,\underbrace{\vec{n}.\vec{t}}_{=0} \quad \Leftrightarrow \quad \sum_{ext} \mathcal{P}_{G/\mathcal{R}_G} = 0$$

Ainsi, on obtient la relation :

$$\frac{dE_C(G/\mathcal{R}_G)}{dt} = 0 \quad \Rightarrow \quad E_C(G/\mathcal{R}_G) = k \in \mathbb{R} \quad \Rightarrow \quad v\left(G/\mathcal{R}_{\mathbb{E}(3)}\right) = \mathcal{k} \in \mathbb{R}$$

Ce qui est particulièrement **rapide** et **élégant**.

PREMIER PROBLÈME

Le pendule dans tous ses états

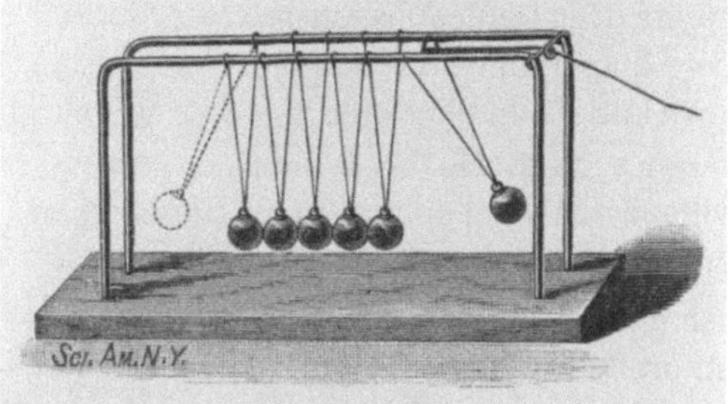

Collision Balls.

Le pendule est un système physique effectuant un mouvement pendulaire, c'est-à-dire de balancement. Ce dernier pouvant être régulier ou non. Le nom de « pendule » est dû au physicien néerlandais Christian Huygens (1629 / 1695). Ce système est souvent considérer comme un système « modèle » car il permet de modéliser, souvent en première approximation, de nombreux systèmes physiques, qu'ils soient d'origine mécanique, électrique, optique … C'est pourquoi, dès les premières années d'enseignement des Sciences Physiques quelques peu calculatoires, il bon et formateur, pour nos élèves, de les confronter à ce système référence afin qu'il y applique les théorèmes fondamentaux de la Physique. Dans l'histoire, le pendule à souvent joué un rôle fondamental dans la mise en évidence des lois de la Physique. Le premier pendule célèbre dans l'histoire est sans doute celui du savant italien Galilée (1564 / 1632). Mais le pendule de Newton (1643 / 1727) est sans conteste l'une des expériences les plus hypnotisantes de l'histoire de la Physique. Cet objet est constitué d'une série de pendule placé côte à côte. Les billes peuvent ainsi se balancer dans un même plan et s'entrechoquer. Ce dispositif permet de mettre en évidence la conservation de l'énergie cinétique et de l'impulsion lors d'une collision entre sphères dures. Mais bien d'autres pendules ont marqués l'histoire : le pendule du britannique John Harrison (1693 / 1776), encore appelée « horloge marine » permettant la détermination des longitudes ou, citons également le célébrissime pendule du physicien Français Jean Bernard Léon Foucault (1819 / 1868) qui mis, en 1851, en évidence la rotation de la Terre sur elle-même, et la magnifique courbe hypocycloïdale. Mais on connait moins l'application du pendule simple (c'est-à-dire le fil à plomb) qui permit au physicien hongrois Roland Eötvös (1848 / 1917) de caractériser expérimentalement l'équivalence de la masse pesante et celle de la masse inertielle. Ce long travail fut cité, en 1916, par le physicien Albert Einstein (1879 / 1955) dans son merveilleux article fondateur de la Relativité Générale. Ce problème s'ouvre sur une étude du principe du pendule de Newton, qui permet l'étude des chocs élastiques. Puis, une nouvelle partie, intégralement dédiée au pendule simple et sa mise en équation sera proposée. Une version « électrifiante » de ce pendule simple, mais cette fois dans un condensateur sera également abordée. Enfin, dans une ultime partie, viendra le temps d'aborder le domaine passionnant des oscillations non linéaires, qui mettra parfaitement en évidence le rôle prépondérant de l'intégration dans la modélisation. Bref un problème long, illustrant bien la relative simplicité du pendule simple !

♠ Notations du problème :

- Intensité de pesanteur terrestre : $g = \|\vec{g}\|$ (en m/s^2) ;
- Longueur du fil souple inextensible (et de masse négligeable) : ℓ (en m) ;
- Masse de l'objet fixé, assimilée à une petite boule sphérique : m (en kg) ;
- Le centre de gravité de la boule massive : G
- Position angulaire du pendule : θ (en rad) ;
- Position angulaire initiale du pendule : $\pi \geq \theta_i \geq 0$ (en rad) ;
- Position de référence : verticale $\theta = 0$ rad ;
- L'abscisse curviligne de l'objet sphérique : s (en m) ;
- Le poids de la boule sphérique : $\vec{P} = m\vec{g}$ (en N) ;
- La force de tension du fil sur la boule : $\vec{T} = m\vec{g}$ (en N) ;
- La variable temporelle sera notée : t (en s) ;
- La période propre du pendule : $\mathcal{T}_0$ (en s).

On utilisera le repère des deux mathématiciens français *Joseph Alfred Serret* (1819 / 1885) et *Jean Frédéric Frenet* (1816 / 1900), noté $\mathcal{R}_{SF} = (G\,;\vec{t}\,;\vec{n}\,;\vec{b})$, qui est lié à l'objet lors de son mouvement. Les trois vecteurs sont unitaires et indiqués dans le sens direct, c'est-à-dire que :

- $\|\vec{t}\| = \|\vec{n}\| = \|\vec{b}\| = 1$;
- $\vec{t} \wedge \vec{n} = \vec{b}$;
- $\vec{b} \wedge \vec{t} = \vec{n}$;
- $\vec{n} \wedge \vec{b} = \vec{t}$;

On adoptera, pour un pendule simple, la modélisation géométrique suivante :

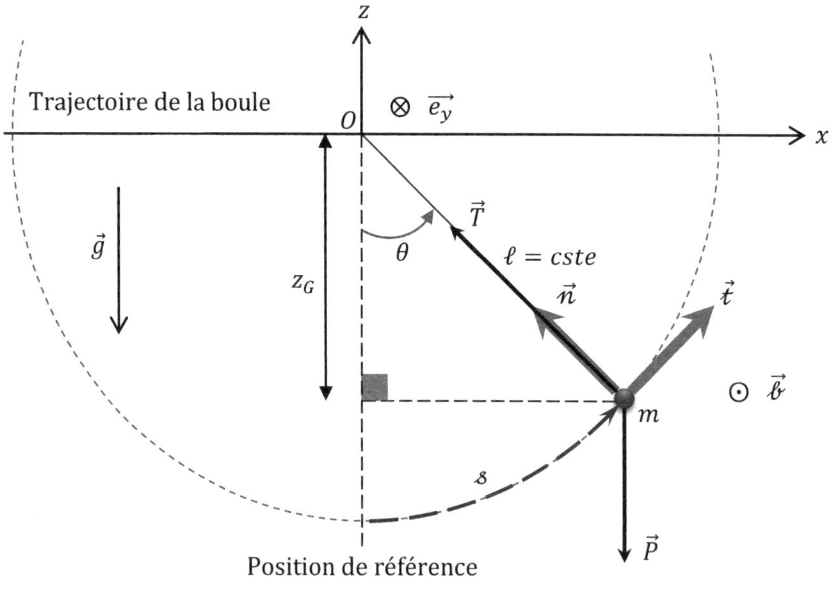

Figure 1 : modélisation d'un pendule simple en position quelconque

Dans l'espace euclidien $\mathbb{E}(3)$, l'étude des mouvements de ce pendule simple s'effectuera dans le référentiel terrestre (celui du laboratoire) $\mathcal{R}_T = \left(O\ ;\overrightarrow{e_x}\ ;\ \overrightarrow{e_y}\ ;\ \overrightarrow{e_z}\ ; t\right)_{\mathbb{E}(3)}$, qui sera supposé galiléen. Sans indication contraire, les mouvements pendulaires se produiront dans le plan de la feuille, c'est-à-dire dans le plan Π_{xOz}. L'origine de l'énergie potentielle de pesanteur sera prise à la position de référence, c'est-à-dire que $E_{pot}^{pes}(\theta = 0) = 0$. Les effets, sur la boule, des forces de frottements de l'air, ainsi que la poussée d'*Archimède* (Mathématicien et ingénieur grec – -287 avant J.C. / -212 avant J.C.) de l'air, seront négligés.

Partie A – Le pendule de Newton

Dans cette partie, on envisage deux pendules simples côte à côte, exactement comme celui décrit précédemment, tel que :

- le premier soit au repos, donc en position verticale ;
- le second soit écarté d'un angle initial θ_i.

Ces deux pendules sont de même longueur, mais les deux boules, de masse différente, sont de même rayon, et donc se touchent au repos. On a alors :

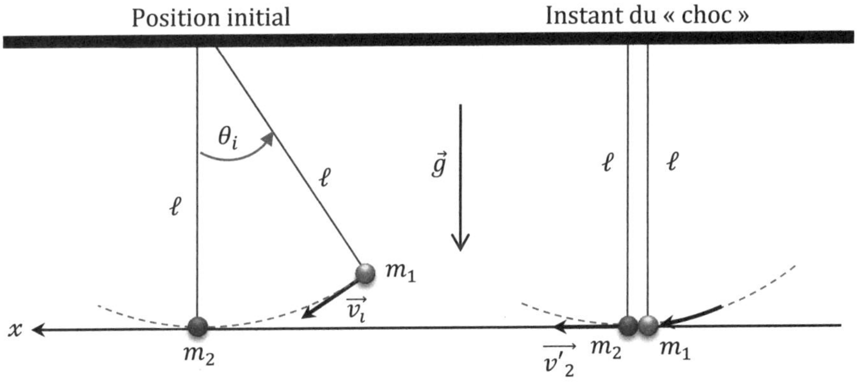

On notera par :

- la vitesse initiale de la masse m_1 est en norme v_i ;
- la vitesse juste avant le choc de la masse m_1 est en norme v_1 ;
- la vitesse initiale de la masse m_2 est nulle, car le pendule est au repos ;
- la vitesse juste après choc de la masse m_1 est en norme v'_1 ;
- la vitesse juste après choc de la masse m_2 est en norme v'_2.

Les chocs seront supposés **élastiques**, c'est-à-dire que lors de ceci il y a conservation de la quantité de mouvement et de l'énergie cinétique. Les hypothèses associées aux mouvements pendulaires seront évidemment satisfaites.

1) Déterminer l'expression de la norme v_1 en fonction de v_i, θ_i, g et ℓ.
2) Ecrire l'équation résultante de la conservation de la quantité de mouvement lors de ce choc.

3) Ecrire l'équation résultante de la conservation de l'énergie cinétique lors de ce choc.
4) Déduire, des équations de conservation précédentes, l'expression de v'_1 en fonction de m_1, m_2 et v_1.
5) Déduire, des équations de conservation précédentes, l'expression de v'_2 en fonction de m_1, m_2 et v_1.
6) A quelle condition a-t-on, suite au choc, une immobilité immédiate du premier pendule (celui de masse m_1) ?
7) On imagine maintenant un pendule de *Newton* (1643 / 1727), c'est-à-dire, cinq pendules simples identiques, donc de même longueur ℓ et de même masse m sphérique dure. En position verticale, donc au repos, ces pendules sont tous côte-à-côte, et les masses se touchent toutes :

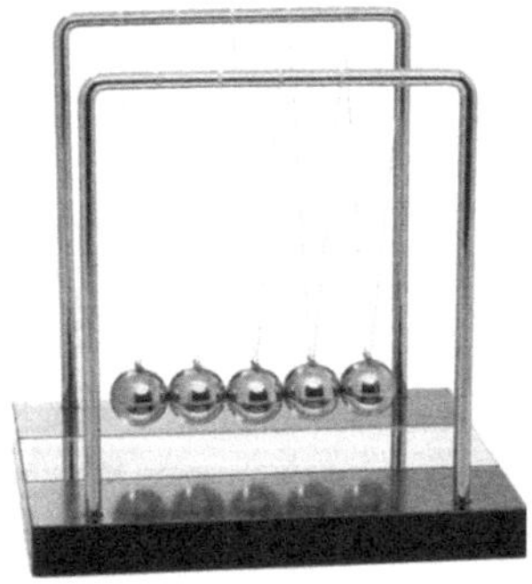

Document 1 : pendule de Newton

La première sphère est écartée de sa position verticale de repos d'un angle θ_i et lâchée sans vitesse initiale. En l'absence de frottement, décrire les mouvements des différents pendules.

Partie B - Le pendule simple

Dans cette deuxième partie, on adoptera, pour le pendule simple, la modélisation géométrique décrite précédemment par la **Figure 1** ci-dessus. Les hypothèses associées aux mouvements pendulaires seront évidemment satisfaites.

➔ *Section 1 : Approche par les forces*

Dans cette section, la dynamique du pendule simple sera abordée par l'usage de la deuxième loi de *Newton* (1643 / 1727), encore appelée « relation fondamentale de la dynamique (R.F.D.) ». On notera la vitesse angulaire du pendule, qui s'exprime en rad/s, par :

$$\omega(t) = \frac{d\theta(t)}{dt} = \dot{\theta}(t)$$

De plus, on adoptera la notation suivante :

$$\omega_0^2 = \frac{g}{\ell}$$

1) Quelle est la nature de la trajectoire du centre de gravité G de la boule de masse m ?
2) Pour une position angulaire $\theta(t)$ quelconque, exprimer le vecteur normal centripète $\vec{n}$ dans le dans le référentiel terrestre $\mathcal{R}_T = \left(O\,;\overrightarrow{e_x}\,;\,\overrightarrow{e_y}\,;\,\overrightarrow{e_z}\,;t\right)_{\mathbb{E}(3)}$.
3) Pour une position angulaire $\theta(t)$ quelconque, exprimer le vecteur tangentiel $\vec{t}$ dans le dans le référentiel terrestre $\mathcal{R}_T = \left(O\,;\overrightarrow{e_x}\,;\,\overrightarrow{e_y}\,;\,\overrightarrow{e_z}\,;t\right)_{\mathbb{E}(3)}$.
4) En déduire que :
$$\frac{d\vec{t}}{dt} = \omega(t)\vec{n}$$
5) Donner la relation qui exprime l'abscisse curviligne $s(t)$ en fonction de ℓ et de $\theta(t)$.
6) Démontrer que, dans le cas d'un mouvement circulaire, la vitesse du centre de gravité G est, dans $\mathcal{R}_T$, donnée par :
$$v_{G/\mathcal{R}_T}(t) = \ell\omega(t)$$
7) En déduire que, dans le cas d'un mouvement circulaire, le vecteur accélération $\vec{a}_{G/\mathcal{R}_T}(t)$ du centre de gravité G est, dans $\mathcal{R}_T$, donnée par :
$$\vec{a}_{G/\mathcal{R}_T}(t) = \frac{dv_{G/\mathcal{R}_T}(t)}{dt}\vec{t} + \frac{v^2_{G/\mathcal{R}_T}(t)}{\ell}\vec{n}$$
8) Exprimer la R.F.D. appliquée au pendule.
9) En déduire que l'équation différentielle du mouvement qui régit les oscillations du pendule, est :
$$\frac{d^2\theta(t)}{dt^2} + \frac{g}{\ell}\sin\big(\theta(t)\big) = 0$$
10) L'équation différentielle précédente est « non-linéaire », c'est-à-dire que la somme de deux solutions différentes de cette équation différentielle n'est pas solution de cette même équation différentielle. Cette particularité rend son traitement rigoureux beaucoup plus technique. C'est pourquoi on s'intéresse maintenant uniquement aux petites oscillations pendulaires autour de sa position de repos. Justifier que, pour des oscillations d'amplitudes inférieures ou égale à 10°, l'on puisse écrire que :
$$\frac{d^2\theta(t)}{dt^2} + \omega_0^2\theta(t) = 0$$
11) Donner une interprétation à cette équation différentielle, et en déduire la période propre $\mathcal{T}_0$ des oscillations.
12) Justifier l'isochronisme de ces « petites » oscillations.
13) Sous l'hypothèse de ces « petites » oscillations, et dans le cas particulier ou la vitesse initiale v_i est nulle et que l'angle initial $\theta_i \neq 0$, déterminer l'expression de $\theta(t)$. Tracer l'allure de la courbe représentative de $\theta(t)$.
14) Déterminer, de manière générale, l'expression de l'angle θ_{dt} pour lequel le pendule effectue son premier demi-tour.
15) Démontrer que la norme de la tension $T = \|\vec{T}\|$ du fil sur la masse m est donnée par l'expression suivante :
$$T = mg\left(\frac{v_i^2}{g\ell} + 3\cos(\theta) - 2\cos(\theta_i)\right)$$
16) Déterminer une condition sur v_i pour que le fil reste toujours tendu. Que devient cette condition si $\theta_i = 0$, donc pour un départ en position horizontale.

➔ *Section 2 : Approche par le théorème de l'énergie mécanique*

Dans cette section, la dynamique du pendule simple sera abordée par l'usage du théorème de l'énergie mécanique.

1) Rappeler la définition de l'énergie mécanique E_M.
2) Justifier que l'énergie mécanique du pendule simple soit constante lors de ces mouvements.
3) Déterminer, à un instant t quelconque, l'expression de l'énergie potentielle de pesanteur $E_{PP}(t)$ qui est associée à ce pendule en fonction de de m, ℓ, g et , $\theta(t)$.
4) Déterminer l'expression de l'énergie mécanique E_M en fonction de m, ℓ, g, θ_i et v_i.
5) Déterminer l'expression, à un instant t quelconque, de l'énergie mécanique E_M du pendule simple en fonction de m, ℓ, w_0, $\theta(t)$ et $w(t)$.
6) Retrouver l'équation différentielle du mouvement qui régit les oscillations du pendule.
7) Tracer l'allure de la courbe représentative de $E_{PP}(\theta(t))$. A quelle condition le pendule simple étudié se comporte-t-il comme un oscillateur harmonique ?

➔ *Section 3 : Approche par le théorème du moment cinétique*

Dans cette section, la dynamique du pendule simple sera abordée par l'usage du théorème du moment cinétique.

1) Rappeler l'énoncer du théorème du moment cinétique.
2) Calculer le moment $\vec{\mathcal{M}}_{O/\mathcal{R}_T}(\vec{T})$ associé à la force de tension $\vec{T}$ du fil.
3) Calculer le moment $\vec{\mathcal{M}}_{O/\mathcal{R}_T}(\vec{P})$ associé au poids de la masse m.
4) Déterminer, en fonction de m, ℓ, g, $\theta(t)$, l'expression du moment cinétique $\vec{\mathcal{L}}_{O/\mathcal{R}_T}(t)$ au point origine du référentiel terrestre.
5) Retrouver, théorème du moment cinétique, l'équation différentielle du mouvement qui régit les oscillations du pendule.

Partie C - Le pendule simple électrique

On considère le pendule simple qui est constitué d'une sphère métallique de masse m et portant une charge électrique Q positive, suspendue à un fil de masse négligeable, rigide, isolant, et inextensible, de longueur ℓ. Ce pendule est introduit entre les armatures d'un condensateur plan ; ces dernières sont séparées de la distance fixe d. Ce condensateur est chargé par un générateur de tension continue positive délivrant $U > 0$ Volts. Ainsi entre les deux armatures du condensateur, il règne un champ électrique $\vec{E}$ horizontal et uniforme. L'ensemble est plongé dans le champ de pesanteur terrestre $\vec{g}$. Ce pendule est représenté sur la page suivante.
On rappelle que la tension électrique U_{AB} qui existe entre deux points A et B, de potentiel électrique respectif V_A et V_B, est donnée par la relation intégrale, appelée circulation du champ électrique, suivante :

$$U_{AB} = V_A - V_B = \int_A^B \vec{E}.d\vec{l}$$

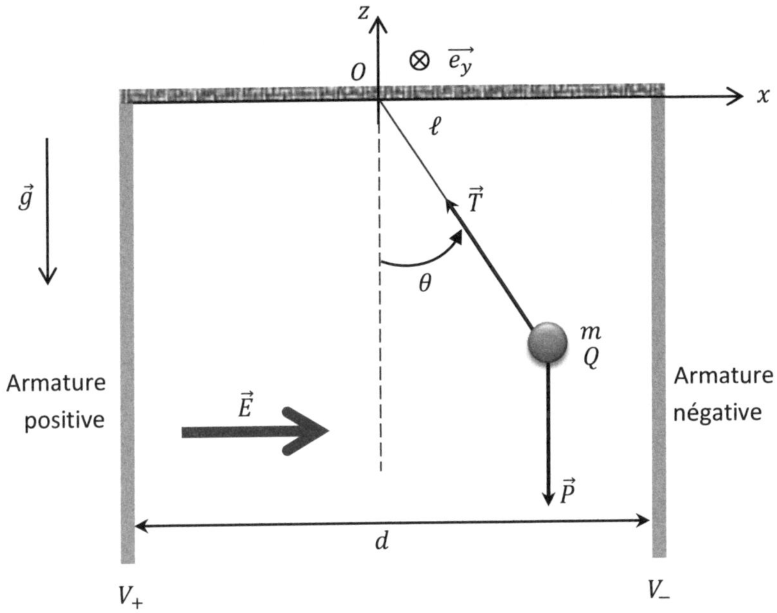

Dans cette section, ma masse m est soumise uniquement à trois forces, qui sont :

- La tension du fil $\vec{T}$;
- Le poids $\vec{P}$;
- La force électrique $\vec{f_e}$.

Les forces de frottements de l'air sont de nouveaux négligées devant les trois citées ci-avant.

1) Quelle est la direction et le sens de la force électrique ?
2) Donner la relation qui exprime champ électrique $E = \|\vec{E}\|$ en fonction de d et U. Préciser ces unités.
3) A l'aide de la seconde loi de Newton, démontrer que la position d'équilibre de ce pendule est donnée par l'expression suivante :

$$\theta_{éq} = \arctan\left(\frac{QU}{mgd}\right)$$

4) En posant $\alpha(t) = \theta(t) - \theta_{éq}$, démontrer que les oscillations mécaniques de ce pendule électrique sont gouvernées par l'équation différentielle suivante :

$$\frac{d^2\alpha(t)}{dt^2} + \frac{g}{\ell\cos(\theta_{éq})}\sin(\alpha(t)) = 0$$

5) En linéarisant l'équation différentielle précédente, déterminer l'expression de la période propre $\mathcal{T}_{élec}$ des oscillations de ce pendule.
6) Exprimer $\mathcal{T}_{élec}$ en fonction de $\mathcal{T}_0$.

Partie D – Oscillations non linéaires d'un pendule simple

Dans cette partie on ne cherche plus à étudier les petites oscillations autour de la position d'équilibre, mais les oscillations **d'amplitude quelconque**, avec une vitesse initiale nulle. On aborde un aspect fécond, en techniques mathématiques, de la physique : le domaine des comportements non linéaires. Ces comportements trouvent de très nombreuses applications :

- en météorologie,
- en télécommunication,
- en relativité,
- ou encore en mécanique des fluides ...

En outres, ces comportements particuliers ouvrent à la théorie du chaos. On adoptera la notation suivante :

$$\omega_0^2 = \frac{g}{\ell}$$

De plus, on notera la vitesse angulaire du pendule, qui s'exprime en rad/s, par :

$$\omega(t) = \frac{d\theta(t)}{dt} = \dot{\theta}(t)$$

1) En le théorème de la puissance cinétique à la masse m, montrer que l'amplitude $\theta(t)$ des oscillations est régie par l'équation différentielle non-linéaire suivante :

$$\frac{d^2\theta(t)}{dt^2} + \frac{g}{\ell}\sin\big(\theta(t)\big) = 0$$

2) En multipliant l'équation différentielle précédente par la quantité $\dot{\theta}(t)$ (dérivée temporelle première de l'angle $\theta(t)$), puis en intégrant par rapport au temps t, montrer que l'on obtient l'équation suivante :

$$\left(\frac{d\theta(t)}{dt}\right)^2 = 2\omega_0^2\big(\cos\big(\theta(t)\big) - \cos(\theta_i)\big)$$

3) En utilisant la relation trigonométrique

$$\forall x \in \mathbb{R}, \quad \sin^2\left(\frac{x}{2}\right) = \frac{1-\cos(x)}{2}$$

et en posant $\xi = 2\omega_0$, montrer que, si $\theta_i \geq \theta(t)$, le temps t mis par le pendule pour atteindre l'angle $\theta(t)$, nous est donnée par la relation intégrale suivante :

$$t = \frac{1}{\xi}\int_{\theta_i}^{\theta(t)} \frac{1}{\sqrt{\sin^2\left(\frac{\theta_i}{2}\right) - \sin^2\left(\frac{\varphi}{2}\right)}}\,d\varphi$$

Dans cette relation, la quantité φ est une variable muette.

4) En essayant de décomposer une oscillation du pendule en parties différentes parties, mais de même durée, déduire de la question précédente que la période des oscillations du pendule $\mathcal{T}(\theta_i)$ nous est donnée par l'expression intégrale suivante :

$$\mathcal{T}(\theta_i) = \frac{4}{\xi}\int_0^{\theta_i} \frac{1}{\sqrt{\sin^2\left(\frac{\theta_i}{2}\right) - \sin^2\left(\frac{\varphi}{2}\right)}} d\varphi$$

5) Afin de calculer l'intégrale précédente, on cherche à transformer sa forme mathématique. Pour faire ceci, on effectue le changement de variable suivant :

$$\sin\left(\frac{\varphi}{2}\right) = \sin\left(\frac{\theta_i}{2}\right)\sin\big(\phi(t)\big)$$

La fonction $\phi(t)$ est une fonction intermédiaire que l'on ne cherchera (surtout) pas à expliciter. Le changement de variable précédent implique, sur les bornes d'intégration associées à l'intégrale vont se transformer selon :

$$\varphi = 0 \quad \Rightarrow \quad \phi(t) = 0 \quad \text{et} \quad \varphi = \theta_i \quad \Rightarrow \quad \phi(t) = \frac{\pi}{2}$$

Dans ce cas, démontrer que l'on a :

$$d\varphi = \frac{2\sin\left(\frac{\theta_i}{2}\right)\cos\big(\phi(t)\big)}{\cos\left(\frac{\varphi}{2}\right)} d\phi(t)$$

6) Démontrer que la période des oscillations du pendule $\mathcal{T}(\theta_i)$ nous est donnée par l'expression intégrale suivante :

$$\mathcal{T}(\theta_i) = \frac{8}{\xi}\int_0^{\frac{\pi}{2}} \frac{1}{\cos\left(\frac{\varphi}{2}\right)} d\phi(t)$$

7) Démontrer que la période des oscillations du pendule $\mathcal{T}(\theta_i)$ nous est finalement donnée par l'expression intégrale suivante :

$$\mathcal{T}(\theta_i) = \frac{8}{\xi}\mathcal{K}(k)$$

Dans cette relation, on a posé :

$$k = \sin\left(\frac{\theta_i}{2}\right) \quad \text{(qui s'apelle le module)}$$

Avec la propriété :

$$1 > k \geq 0$$

Enfin, la fonction $\mathcal{K}$ est connue sous le nom d' « intégrale elliptique complète de première espèce de *Jacobi* (*Charles Gustave Jacob Jacobi* – Mathématicien allemand – 1804 / 1851) ». Elle est définie comme :

$$\mathcal{K}(k) = \int_0^{\frac{\pi}{2}} \frac{1}{\sqrt{1 - k^2 \sin^2(\phi(t))}} d\phi(t)$$

Sa représentation graphique est la suivante :

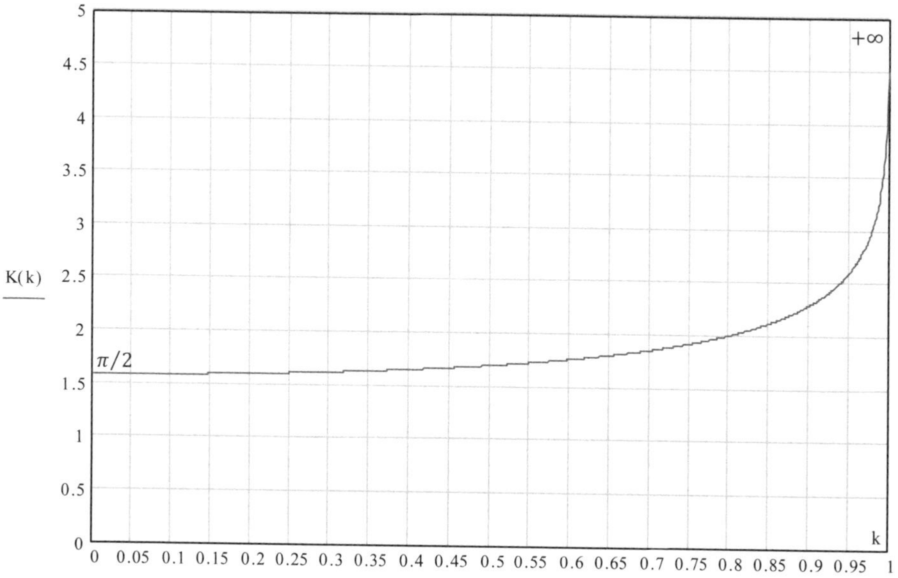

Figure 2 : représentation graphique de la fonction K(k)

8) Nous allons nous maintenant nous placer dans le cas où l'angle d'écartement initial θ_i est « faible ». En effectuant un développement limité à l'ordre un, démontrer que la période des oscillations du pendule $\mathcal{T}(\theta_i)$ nous est donnée par l'expression suivante :

$$\mathcal{T}(\theta_i) \approx \mathcal{T}_0 \left(1 + \frac{\theta_i^2}{16}\right)$$

Cette formule approchée de la période d'un pendule simple est connue sous le nom de « formule de *Borda* » (*Jean Charles de Borda* – Mathématicien et marin français – 1733 / 1799).

9) Peut-on toujours parler d'isochronisme des oscillations ?

10) Déterminer le domaine de validité, sur θ_i, de la formule approchée précédente.

11) A quelle condition sur θ_i a-t-on $\mathcal{T}(\theta_i) \approx \mathcal{T}_0$?

Fin du sujet

CORRECTION

Ce problème aborde l'étude et la modélisation des oscillations linéaires mais également, dans sa partie finale, des oscillations non linéaires. Cette approche des phénomènes oscillants s'effectue par l'intermédiaire d'un système particulièrement élémentaire : le pendule simple. Ce problème s'articule en quatre parties de difficulté croissante. La première d'entre elle propose l'étude du célèbre pendule Newton. Au cours de celle-ci, les lois de conservations, introduites en Terminale S, concernant la quantité de mouvement et l'énergie cinétique seront exploitées. Il s'agit d'une partie mettant l'accent sur la manipulation des systèmes d'équations, donc peu technique, mais demandant de l'attention. Vient ensuite une étude du pendule simple. Cette dernière présente l'intérêt de proposer différentes approches équivalentes de ce système : forces, énergie, et moment cinétique. Ensuite une autre partie propose d'introduire la force électrique et de comprendre l'action de celle-ci sur les oscillations du pendule. Enfin, le problème se ferme sur une introduction au monde passionnant des oscillations non linéaires. Il s'agit d'une partie très technique concernant le calcul intégral, et qui demande beaucoup de soin dans la réalisation des calculs. Elle présente l'intérêt d'initier le jeune étudiant ou lycéen à la difficulté mathématique, mais également à l'incroyable richesse, du monde non linéaire. Encore une fois, un problème, long, riche et passionnant, intriquant profondément Physique et Mathématiques.

Partie A – Le pendule de Newton

1) Afin de déterminer l'expression de la norme v_1, on va utiliser le théorème de l'énergie cinétique (T.E.C.) au pendule n°1, entre l'instant initial et l'instant juste avant qu'il ne percute l'autre pendule immobile, donc en position verticale. On a alors :

$$\Delta E_C = \sum_{pendule} \mathcal{W}_{\vec{F}}\,(\theta_i \to \theta = 0)$$

Soit :

$$\frac{1}{2}m_1 v_1^2 - \frac{1}{2}m_1 v_i^2 = \mathcal{W}_{\vec{P}}(\theta_i \to \theta = 0) + \mathcal{W}_{\vec{T}}(\theta_i \to \theta = 0)$$

Avec :

- *Travail du poids*
  Par définition, on a :

$$\mathcal{W}_{\vec{P}}(\theta_i \to \theta = 0) = \int_{\theta_i}^{0} \vec{P}\,.\,d\vec{s} \quad \Leftrightarrow \quad \mathcal{W}_{\vec{P}}(\theta_i \to \theta = 0) = \int_{\theta_i}^{0} \vec{P}\,.\,(dx\,\vec{e}_x + dz\,\vec{e}_z)$$

Si on oriente l'axe z selon **la verticale ascendante**, alors on a :

$$\vec{P} = -m_1 g\,\vec{e}_z \quad \Rightarrow \quad \mathcal{W}_{\vec{P}}(\theta_i \to \theta = 0) = -m_1 g \int_{\theta_i}^{0} \vec{e}_z\,.\,(dx\,\vec{e}_x + dz\,\vec{e}_z)$$

Soit encore :

$$\mathcal{W}_{\vec{P}}(\theta_i \to \theta = 0) = -m_1 g \int_{\theta_i}^{0} (dx\, \vec{e}_z . \vec{e}_x + dz\, \vec{e}_z . \vec{e}_z)$$

Mais comme $\vec{e}_z . \vec{e}_x = 0$ et que $\vec{e}_z . \vec{e}_z = 1$ (car $\vec{e}_z$ est un vecteur unitaire), on en déduit que :

$$\mathcal{W}_{\vec{P}}(\theta_i \to \theta = 0) = -m_1 g \int_{z_i}^{z_0} dz = -m_1 g (z_0 - z_i)$$

Si l'on fixe l'origine O au point d'attache du fil du pendule, alors les « altitudes » du pendule sont négatives, et on peut alors écrire que :

$$\mathcal{W}_{\vec{P}}(\theta_i \to \theta = 0) = m_1 g (z_i - z_0) \quad \Leftrightarrow \quad \mathcal{W}_{\vec{P}}(\theta_i \to \theta = 0) = m_1 g \big(z_i - (-\ell)\big)$$

Or, par projection de la position du pendule sur l'axe vertical, on a :

$$\cos(\theta_i) = \frac{-z_i}{\ell} \quad \Leftrightarrow \quad z_i = -\ell \cos(\theta_i)$$

D'où :

$$\mathcal{W}_{\vec{P}}(\theta_i \to \theta = 0) = m_1 g (-\ell \cos(\theta_i) + \ell)$$

Finalement, on obtient :

$$\boxed{\mathcal{W}_{\vec{P}}(\theta_i \to \theta = 0) = m_1 g \ell (1 - \cos(\theta_i))}$$

- *Travail de la tension du fil*
  Par définition, on a :

$$\mathcal{W}_{\vec{T}}(\theta_i \to \theta = 0) = \int_{\theta_i}^{0} \vec{T} . d\vec{s} \quad \Leftrightarrow \quad \mathcal{W}_{\vec{T}}(\theta_i \to \theta = 0) = \int_{\theta_i}^{0} \vec{T} . \vec{v}\, dt$$

Mais, dans le repère de *Serret* (1819 / 1885) et *Frenet* (1816 / 1900), noté $\mathcal{R}_{SF} = \big(G\,; \vec{t}\,; \vec{n}\,; \vec{b}\big)$, on a :

$$\begin{cases} \vec{T} = T\vec{n} \\ \vec{v} = v\,\vec{t} \end{cases} \Rightarrow \quad \vec{T}.\vec{v} = Tv\, \underbrace{\vec{n}.\vec{t}}_{=0} \quad \Leftrightarrow \quad \vec{T}.\vec{v} = 0$$

Ainsi, on a :

$$\boxed{\mathcal{W}_{\vec{T}}(\theta_i \to \theta = 0) = 0}$$

On trouve que **la force de tension ne travaille jamais**.

Dès lors, le T.E.C. prend la forme suivante :

$$\frac{1}{2}m_1v_1^2 - \frac{1}{2}m_1v_i^2 = m_1g\ell(1-\cos(\theta_i)) + 0$$

D'où :

$$m_1v_1^2 - m_1v_i^2 = 2m_1g\ell(1-\cos(\theta_i))$$

Mais comme $m_1 \neq 0$, en simplifiant par cette quantité, on obtient alors :

$$v_1^2 - v_i^2 = 2g\ell(1-\cos(\theta_i)) \quad \Leftrightarrow \quad v_1^2 = v_i^2 + 2g\ell(1-\cos(\theta_i))$$

On en déduit que :

$$v_1 = \pm\sqrt{v_i^2 + 2g\ell(1-\cos(\theta_i))}$$

Or, on recherche l'expression de la norme $v_1 = \|\overrightarrow{v_1}\|$, donc une quantité positive. Finalement, on obtient l'expression de la vitesse recherchée :

$$\boxed{v_1 = \sqrt{v_i^2 + 2g\ell(1-\cos(\theta_i))}}$$

2) Lors de ce choc de pendules, on a les quantités de mouvement suivantes :
   - *Juste avant le choc :*

$$\vec{p}_{avant} = \vec{p}_{avant-1} + \vec{p}_{avant-2} \quad \Leftrightarrow \quad \vec{p}_{avant} = m_1\vec{v}_1 + m_2\vec{v}_2$$

   Soit encore :

$$\vec{p}_{avant} = m_1\vec{v}_1 + \vec{0} \quad \Leftrightarrow \quad \vec{p}_{avant} = m_1v_1\,\vec{e}_x$$

   - *Juste après le choc :*

$$\vec{p}_{après} = \vec{p}_{après-1} + \vec{p}_{après-2} \quad \Leftrightarrow \quad \vec{p}_{après} = m_1\overrightarrow{v'_1} + m_2\overrightarrow{v'_2}$$

   Soit encore :

$$\vec{p}_{après} = m_1v'_1\,\vec{e}_x + m_2v'_2\,\vec{e}_x \quad \Leftrightarrow \quad \vec{p}_{après} = (m_1v'_1 + m_2v'_2)\,\vec{e}_x$$

D'où l'équation de conservation suivante :

$$\vec{p}_{avant} = \vec{p}_{après} \quad \Leftrightarrow \quad m_1v_1\,\vec{e}_x = (m_1v'_1 + m_2v'_2)\,\vec{e}_x$$

Ainsi, on obtient l'égalité suivante :

$$\boxed{m_1v_1 = m_1v'_1 + m_2v'_2}$$

3) L'équation résultante de la conservation de l'énergie cinétique lors de ce choc est :

$$E_{C-avant} = E_{C-après} \quad \Leftrightarrow \quad E_{C-avant-1} + E_{C-avant-2} = E_{C-après-1} + E_{C-après-2}$$

D'où, en tenant compte du fait que $E_{C-avant-2} = 0$, on a :

$$\frac{1}{2}m_1 v_1^2 = \frac{1}{2}m_1 v'^2_1 + \frac{1}{2}m_2 v'^2_2$$

Ce qui nous donne l'équation de conservation suivante :

$$\boxed{m_1 v_1^2 = m_1 v'^2_1 + m_2 v'^2_2}$$

4) L'équation précédente va encore pouvoir s'écrire sous la forme suivante :

$$m_2 v'^2_2 = m_1 v_1^2 - m_1 v'^2_1 \quad \Leftrightarrow \quad m_2 v'^2_2 = m_1(v_1^2 - v'^2_1)$$

En développant l'identité remarquable, on trouve que :

$$m_2 v'^2_2 = m_1(v_1 + v'_1)(v_1 - v'_1)$$

Mais, l'équation de conservation de la quantité de mouvement nous permet d'écrire que :

$$m_2 v'_2 = m_1 v_1 - m_1 v'_1 \quad \Leftrightarrow \quad m_2 v'_2 = m_1(v_1 - v'_1)$$

Ainsi, on obtient les deux équations suivantes :

$$\begin{cases} m_2 v'^2_2 = m_1(v_1 + v'_1)(v_1 - v'_1) \\ m_2 v'_2 = m_1(v_1 - v'_1) \end{cases}$$

En divisant membres à membres, la première de ces deux équations par la seconde, on trouve que :

$$\frac{m_2 v'^2_2}{m_2 v'_2} = \frac{m_1(v_1 + v'_1)(v_1 - v'_1)}{m_1(v_1 - v'_1)} \quad \Leftrightarrow \quad v'_2 = v_1 + v'_1$$

Ainsi, la seconde équation (celle du bas) du système peut alors s'écrire comme :

$$m_2(v_1 + v'_1) = m_1(v_1 - v'_1) \quad \Leftrightarrow \quad m_2 v_1 + m_2 v'_1 = m_1 v_1 - m_1 v'_1$$

En réorganisant les termes, on trouve que :

$$m_2 v'_1 + m_1 v'_1 = m_1 v_1 - m_2 v_1 \quad \Leftrightarrow \quad (m_2 + m_1) v'_1 = v_1(m_1 - m_2)$$

Finalement, on trouve que l'expression de la norme de la vitesse du premier pendule juste après le choc est donnée par :

$$\boxed{v'_1 = v_1 \frac{m_1 - m_2}{m_1 + m_2}}$$

5) On sait que $v'_2 = v_1 + v'_1$, donc on a également : $v'_1 = v'_2 - v_1$. D'où :

$$v'_2 - v_1 = v_1 \frac{m_1 - m_2}{m_1 + m_2} \quad \Leftrightarrow \quad v'_2 = v_1 + v_1 \frac{m_1 - m_2}{m_1 + m_2}$$

Soit encore :

$$v'_2 = v_1 \left(1 + \frac{m_1 - m_2}{m_1 + m_2}\right) \quad \Leftrightarrow \quad v'_2 = v_1 \left(\frac{m_1 + m_2}{m_1 + m_2} + \frac{m_1 - m_2}{m_1 + m_2}\right)$$

On obtient alors :

$$v'_2 = v_1 \left(\frac{m_1 + m_2 + m_1 - m_2}{m_1 + m_2}\right)$$

Finalement, en simplifiant par m_2, on trouve que l'expression de la norme de la vitesse du second pendule juste après le choc est donnée par :

$$\boxed{v'_2 = v_1 \frac{2m_1}{m_1 + m_2}}$$

6) L'immobilité immédiate du premier pendule est donnée par la condition $v'_1 = 0$. A savoir :

$$0 = v_1 \frac{m_1 - m_2}{m_1 + m_2}$$

Or, selon la première question, il est bien évidement que $v_1 \neq 0$.Ainsi, on a :

$$\frac{m_1 - m_2}{m_1 + m_2} = 0$$

Mais si une fraction est nulle, cela signifie que seul son numérateur est nul (car il est impossible de diviser par zéro). Ainsi, on a $m_1 - m_2 = 0$; ce qui nous donne :

$$\boxed{m_1 = m_2}$$

7) Comme on suppose qu'il y a l'absence de frottement, il n'y a donc pas dissipation d'énergie mécanique lors des mouvements dans l'air. De plus, les sphères étant dures et identiques, lorsque la première vient taper le deuxième, elle s'immobilise immédiatement. De plus, la deuxième, directement en contact avec la troisième, lui **transfert intégralement sa vitesse**.
Il en va de même entre la troisième et la quatrième, puis entre cette dernière et la cinquième. A son tour, cette cinquième boulle remonte. Si la première est lâchée sans vitesse initiale d'un angle θ_i alors la cinquième remontra alors du même angle θ_i, et la même dynamique va se reproduire dans l'autre sens. Et ainsi de suite ... Ce qui explique cet hypnotisant mouvement. Selon ce mécanisme, le mouvement serait perpétuel, c'est pourquoi la prise en compte des frottements de l'air est important.

Partie B – Le pendule simple

➔ *Section 1 : Approche par les forces*

1) Comme le fil est supposé être inextensible, la nature de la trajectoire du centre de gravité G de la boule de masse m est donc **circulaire**.

2) On a la situation géométrique suivante :

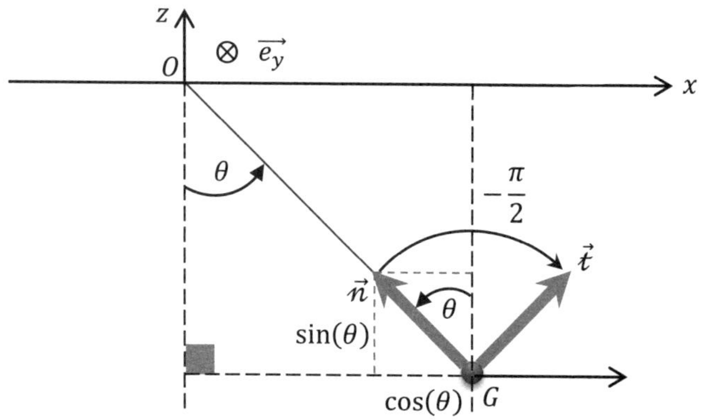

Par projections algébriques du vecteur unitaire centripète $\vec{n}$, dans le référentiel terrestre $\mathcal{R}_T = \left(O\,; \overrightarrow{e_x}\,; \overrightarrow{e_y}\,; \overrightarrow{e_z}\,; t\right)_{\mathbb{E}(3)}$, on trouve que :

$$\boxed{\vec{n} = \underset{\mathcal{R}_T}{\left|\begin{matrix} -\cos(\theta) \\ \sin(\theta) \\ 0 \end{matrix}\right.}}$$

3) On constate que pour passer de $\vec{n}$ à $\vec{t}$, il suffit de réaliser une rotation $\mathfrak{R}$ de centre G et d'angle $-\pi/2$ (donc de sens indirect). D'où :

$$\vec{t} = \mathfrak{R}\left(G\,; -\frac{\pi}{2}\right) \quad \Leftrightarrow \quad \vec{t} = \underset{\mathcal{R}_T}{\left|\begin{matrix} -\cos\left(\theta - \frac{\pi}{2}\right) \\ \sin\left(\theta - \frac{\pi}{2}\right) \\ 0 \end{matrix}\right.} \quad \Leftrightarrow \quad \vec{t} = \underset{\mathcal{R}_T}{\left|\begin{matrix} -\sin(\theta) \\ -\cos(\theta) \\ 0 \end{matrix}\right.}$$

En factorisant par « − » , on trouve que :

$$\boxed{\vec{t} = -\underset{\mathcal{R}_T}{\left|\begin{matrix} \sin(\theta) \\ \cos(\theta) \\ 0 \end{matrix}\right.}}$$

4) On a :

$$\frac{d\vec{t}}{dt} = \frac{d}{dt}\left(-\ \begin{vmatrix} \sin(\theta) \\ \cos(\theta) \\ 0 \end{vmatrix}_{\mathcal{R}_T}\right) \iff \frac{d\vec{t}}{dt} = -\begin{vmatrix} \frac{d}{dt}(\sin(\theta)) \\ \frac{d}{dt}(\cos(\theta)) \\ 0 \end{vmatrix}_{\mathcal{R}_T}$$

D'où :

$$\frac{d\vec{t}}{dt} = -\begin{vmatrix} \frac{d\theta}{dt}\frac{d}{d\theta}(\sin(\theta)) \\ \frac{d\theta}{dt}\frac{d}{d\theta}(\cos(\theta)) \\ 0 \end{vmatrix}_{\mathcal{R}_T} \iff \frac{d\vec{t}}{dt} = -\frac{d\theta}{dt}\begin{vmatrix} \frac{d}{d\theta}(\sin(\theta)) \\ \frac{d}{d\theta}(\cos(\theta)) \\ 0 \end{vmatrix}_{\mathcal{R}_T}$$

Soit encore :

$$\frac{d\vec{t}}{dt} = -\frac{d\theta}{dt}\begin{vmatrix} \cos(\theta) \\ -\sin(\theta) \\ 0 \end{vmatrix}_{\mathcal{R}_T} \iff \frac{d\vec{t}}{dt} = \frac{d\theta}{dt}\begin{vmatrix} -\cos(\theta) \\ \sin(\theta) \\ 0 \end{vmatrix}_{\mathcal{R}_T} \iff \frac{d\vec{t}}{dt} = \frac{d\theta}{dt}\vec{n}$$

Finalement, en faisant usage de la notation proposée par le sujet, on trouve bien que :

$$\boxed{\frac{d\vec{t}}{dt} = \omega(t)\vec{n}}$$

5) La relation qui exprime l'abscisse curviligne $s(t)$ en fonction de ℓ et de $\theta(t)$ est :

$$\boxed{s(t) = \ell\theta(t)}$$

6) Dérivons temporellement la relation précédente. On a alors :

$$\frac{ds(t)}{dt} = \frac{d\big(\ell\theta(t)\big)}{dt}$$

Mais comme ℓ est une grandeur constante, on peut la sortir de l'opérateur de dérivation, et ainsi écrire que :

$$\frac{ds(t)}{dt} = \ell\frac{d\theta(t)}{dt}$$

Or, on a :

$$\frac{ds(t)}{dt} = v_{G/\mathcal{R}_T}(t) \quad \text{et} \quad \frac{d\theta(t)}{dt} = \omega(t)$$

Dès lors, on a donc bien démontré que, dans le cas d'un mouvement circulaire, la vitesse du centre de gravité G est, dans $\mathcal{R}_T$, donnée par :

$$\boxed{v_{G/\mathcal{R}_T}(t) = \ell\omega(t)}$$

7) Le vecteur accélération $\vec{a}_{G/\mathcal{R}_T}(t)$ du centre de gravité G est, dans $\mathcal{R}_T$, donnée par :

$$\vec{a}_{G/\mathcal{R}_T}(t) = \frac{d\vec{v}_{G/\mathcal{R}_T}(t)}{dt} \quad \Leftrightarrow \quad \vec{a}_{G/\mathcal{R}_T}(t) = \frac{d}{dt}\left(v_{G/\mathcal{R}_T}(t)\,\vec{t}\right)$$

D'où :

$$\vec{a}_{G/\mathcal{R}_T}(t) = \frac{d\,v_{G/\mathcal{R}_T}(t)}{dt}\vec{t} + v_{G/\mathcal{R}_T}(t)\frac{d\vec{t}}{dt}$$

Mais, d'après la question 4), on peut écrire que :

$$\vec{a}_{G/\mathcal{R}_T}(t) = \frac{d\,v_{G/\mathcal{R}_T}(t)}{dt}\vec{t} + v_{G/\mathcal{R}_T}(t)w(t)\,\vec{n}$$

Enfin, en faisant usage de la question précédente, on peut écrire que :

$$w(t) = \frac{v_{G/\mathcal{R}_T}(t)}{\ell}$$

D'où :

$$\boxed{\vec{a}_{G/\mathcal{R}_T}(t) = \frac{dv_{G/\mathcal{R}_T}(t)}{dt}\vec{t} + \frac{v^2_{G/\mathcal{R}_T}(t)}{\ell}\vec{n}}$$

8) Dans le référentiel $\mathcal{R}_T$, supposé galiléen, on applique la relation fondamentale de la dynamique à la masse m indéformable. On a alors :

$$\sum_{ext}\vec{F}_{sur\,m} = m\vec{a}_{G/\mathcal{R}_T}(t) \quad \Leftrightarrow \quad \vec{P} + \vec{T} = m\vec{a}_{G/\mathcal{R}_T}(t)$$

En projetant cette égalité vectorielle dans le repère de *Serret* (1819 / 1885) et *Frenet* (1816 / 1900) $\mathcal{R}_{SF} = \left(G\,;\vec{t}\,;\,\vec{n}\,;\,\vec{b}\right)$, on a :

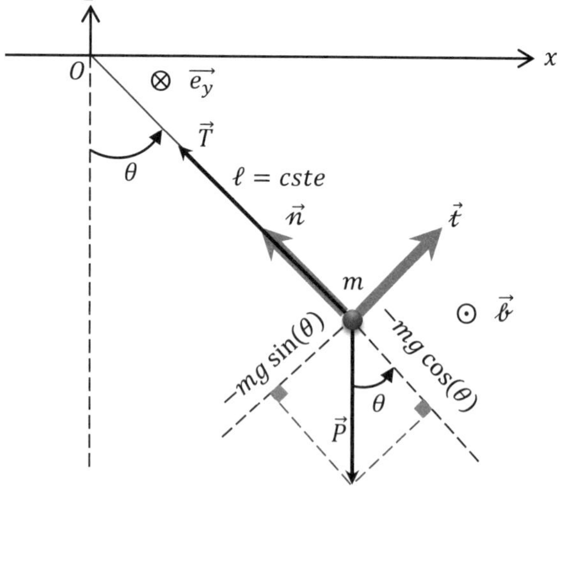

Ce qui nous permet d'écrire que :

$$\begin{vmatrix} -mg\sin(\theta) \\ -mg\cos(\theta) \\ 0 \end{vmatrix}_{\mathcal{R}_{SF}} + \begin{vmatrix} 0 \\ T \\ 0 \end{vmatrix}_{\mathcal{R}_{SF}} = m \begin{vmatrix} \dfrac{dv_{G/\mathcal{R}_T}(t)}{dt} \\ \dfrac{v_{G/\mathcal{R}_T}^2(t)}{\ell} \\ 0 \end{vmatrix}_{\mathcal{R}_{SF}}$$

Soit encore :

$$\begin{vmatrix} -mg\sin(\theta) \\ -mg\cos(\theta) + T \\ 0 \end{vmatrix}_{\mathcal{R}_{SF}} = \begin{vmatrix} m\,\dfrac{dv_{G/\mathcal{R}_T}(t)}{dt} \\ m\,\dfrac{v_{G/\mathcal{R}_T}^2(t)}{\ell} \\ 0 \end{vmatrix}_{\mathcal{R}_{SF}}$$

Or deux vecteurs sont égaux si et seulement si ils ont, dans un même repère de projection, les mêmes composantes. Ainsi on obtient :

$$\begin{cases} -mg\sin(\theta) = m\,\dfrac{dv_{G/\mathcal{R}_T}(t)}{dt} \\ -mg\cos(\theta) + T = m\,\dfrac{v_{G/\mathcal{R}_T}^2(t)}{\ell} \end{cases} \Leftrightarrow \begin{cases} -g\sin(\theta) = \dfrac{dv_{G/\mathcal{R}_T}(t)}{dt} \\ -g\cos(\theta) + \dfrac{T}{m} = \dfrac{v_{G/\mathcal{R}_T}^2(t)}{\ell} \end{cases}$$

Ainsi, on obtient les deux équations suivantes :

$$\boxed{\begin{cases} \dfrac{dv_{G/\mathcal{R}_T}(t)}{dt} + g\sin(\theta) = 0 \\ \dfrac{v_{G/\mathcal{R}_T}^2(t)}{\ell} + g\cos(\theta) = \dfrac{T}{m} \end{cases}}$$

9) Si on exploite la première, celle du haut, des deux équations obtenues lors de la question précédente, on alors :

$$\frac{dv_{G/\mathcal{R}_T}(t)}{dt} + g\sin(\theta) = 0$$

Mais, on sait que :

$$v_{G/\mathcal{R}_T}(t) = \frac{ds(t)}{dt} \Leftrightarrow v_{G/\mathcal{R}_T}(t) = \frac{d\big(\ell\theta(t)\big)}{dt} \Leftrightarrow v_{G/\mathcal{R}_T}(t) = \ell\frac{d\theta(t)}{dt}$$

Ainsi, on en déduit que :

$$\frac{dv_{G/\mathcal{R}_T}(t)}{dt} = \frac{d}{dt}\left(\ell\frac{d\theta(t)}{dt}\right) \Leftrightarrow \frac{dv_{G/\mathcal{R}_T}(t)}{dt} = \ell\frac{d}{dt}\left(\frac{d\theta(t)}{dt}\right)$$

Soit :

$$\frac{dv_{G/\mathcal{R}_T}(t)}{dt} = \ell\frac{d^2\theta(t)}{dt^2}$$

Ainsi, en remplaçant, on trouve que :

$$\ell\frac{d^2\theta(t)}{dt^2}+g\sin(\theta)=0 \quad\Leftrightarrow\quad \ell\left(\frac{d^2\theta(t)}{dt^2}+\frac{g}{\ell}\sin(\theta)\right)=0$$

Or, un produit de facteur est nul si l'un de ses facteur est nul ; mais comme $\ell \neq 0$, cela implique donc que :

$$\boxed{\frac{d^2\theta(t)}{dt^2}+\frac{g}{\ell}\sin\big(\theta(t)\big)=0}$$

10) L'équation différentielle précédente est « non-linéaire », à cause de la présence du sinus. En effet, comme pour tout $\theta_1$et θ_2 réels, on a

$$\sin(\theta_1+\theta_2)\neq\sin(\theta_1)+\sin(\theta_2)$$

Cela implique que la somme de deux solutions différentes de cette équation différentielle n'est pas solution de cette même équation différentielle. C'est pourquoi, afin de simplifier cette équation différentielle, on va la **linéariser**. Pour faire cela, on va utiliser l'approximation affine de la fonction sinus au voisinage de l'origine, donc un développement limité à l'ordre 1, au voisinage de $\theta=0$. On a alors :

$$\sin\big(\theta(t)\big)=\sin(0)+\left.\frac{d\sin\big(\theta(t)\big)}{dt}\right]_{\theta=0}\theta(t)+\theta(t)\varepsilon\big(\theta(t)\big)\quad\text{avec}\lim_{\theta(t)\to 0}\varepsilon\big(\theta(t)\big)=0$$

Soit :

$$\sin\big(\theta(t)\big)=\sin(0)+\cos(0)\,\theta(t)+\theta(t)\varepsilon\big(\theta(t)\big)\quad\text{avec}\lim_{\theta(t)\to 0}\varepsilon\big(\theta(t)\big)=0$$

Donc, on obtient :

$$\sin\big(\theta(t)\big)=\theta(t)+\theta(t)\varepsilon\big(\theta(t)\big)\quad\text{avec}\lim_{\theta(t)\to 0}\varepsilon\big(\theta(t)\big)=0$$

Le physicien préfèrera écrire que :

$$\sin\big(\theta(t)\big)\approx\theta(t)$$

Et si compare ces deux grandeur, on trouve que

θ en °	θ en radian	$\sin(\theta)$	Erreur relative (%)
5,73	0,1	0,998	0,169
8,59	0,15	0,149	0,376
11,46	0,20	0,199	0,670
14,32	0,25	0,247	1,049
17,19	0,30	0,296	1,516

On constate que pour des angles θ inférieurs à environ 11°, on obtient une erreur relative inférieure à 1%. Ce qui satisfait pleinement le physicien. C'est pourquoi, on considère que pour des oscillations d'amplitudes inférieures ou égale à 10°, l'on puisse écrire que :

$$\frac{d^2\theta(t)}{dt^2} + \frac{g}{\ell}\theta(t) = 0$$

Enfin en faisant usage de la notation imposée par le sujet, on obtient bien l'équation différentielle linéaire proposée, à savoir :

$$\boxed{\frac{d^2\theta(t)}{dt^2} + \omega_0^2\theta(t) = 0}$$

11) L'équation différentielle précédente est celle d'un **Oscillateur Harmonique (O.H.).** Ainsi, la théorie des O.H. (développées lors du chapitre précédent) nous permet de déduire que :

- Sa pulsation propre ω_0 est donnée par :

$$\omega_0 = \sqrt{\frac{g}{\ell}}$$

- Sa période propre $\mathcal{T}_0$ est donnée par :

$$\boxed{\mathcal{T}_0 = \frac{2\pi}{\omega_0} = 2\pi\sqrt{\frac{\ell}{g}}}$$

- Sa fréquence propre est donnée par

$$f_0 = \frac{\omega_0}{2\pi} = \frac{1}{\mathcal{T}_0} = \frac{1}{2\pi}\sqrt{\frac{g}{\ell}}$$

- La solution de cette équation différentielle est de la forme mathématique suivante :

$$\theta(t) = A\cos(\omega_0 t) + B\sin(\omega_0 t) \quad (A, B) \in \mathbb{R}^2$$

12) L'isochronisme est la faculté (assez rare) de certains systèmes physiques qui sont caractérisés par des mouvements oscillants dont **la période est indépendante des amplitudes de ses oscillations**. Ainsi, dans le cadre des « petites » oscillations, on constate que la formule donnant $\mathcal{T}_0$ ne contient pas l'angle $\theta(t)$ ni même l'angle θ_i. A ce titre, **les « petites » oscillations d'un pendule simple vérifient donc la condition d'isochronisme**.

13) Sous l'hypothèse de ces « petites » oscillations, on sait que :

$$\theta(t) = A\cos(\omega_0 t) + B\sin(\omega_0 t) \quad (A, B) \in \mathbb{R}^2$$

D''où, en dérivant une fois par rapport au temps, on trouve que la vitesse à pour expression :

$$v_{G/\mathcal{R}_T}(t) = \ell \frac{d\theta(t)}{dt} \quad \Leftrightarrow \quad v_{G/\mathcal{R}_T}(t) = -\ell w_0 A \sin(w_0 t) + \ell w_0 B \cos(w_0 t)$$

Or, le sujet nous apprend que la vitesse initiale, donc à $t = 0$, est nulle. Ainsi, on a :

$$0 = -\ell w_0 A \sin(0) + \ell w_0 B \cos(0) \quad \Leftrightarrow \quad 0 = -\ell w_0 A \times 0 + \ell w_0 B \times 1$$

Donc, on obtient la relation $0 = \ell w_0 B$. Mais, comme $\ell w_0 \neq 0$, cela implique donc que $B = 0$. D'où :

$$\begin{cases} \theta(t) = A \cos(w_0 t) \\ v_{G/\mathcal{R}_T}(t) = -\ell w_0 A \sin(w_0 t) \end{cases}$$

Puis, le sujet nous apprend également que l'angle initial, donc à $t = 0$, est non nul, et vaut $\pi \geq \theta_i \geq 0$. Ainsi, on peut écrire que :

$$\theta_i = A \cos(0) \quad \Leftrightarrow \quad A = \theta_i$$

Finalement, on peut écrire que :

$$\boxed{\begin{cases} \theta(t) = \theta_i \cos(w_0 t) \\ v_{G/\mathcal{R}_T}(t) = -\ell w_0 \theta_i \sin(w_0 t) \end{cases}}$$

On a l'allure de la courbe représentative de $\theta(t)$ suivante :

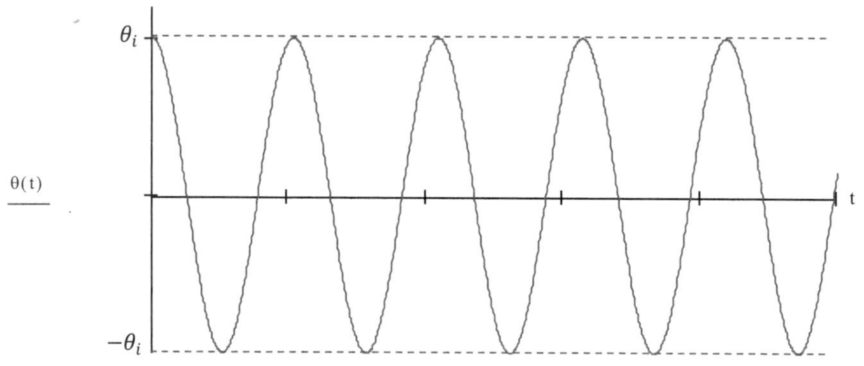

14) De manière générale, on a $\theta_i \neq 0$ et $v_i \neq 0$. Or, lorsque le pendule effectue son premier demi-tour, sa vitesse est nulle, d'où la condition :

$$v_{G/\mathcal{R}_T}(\theta = \theta_{dt}) = 0$$

Une nouvelle fois, on va utiliser le T.E.C. entre l'instant initial et l'instant ou le pendule fait son premier demi-tour. On a alors :

$$\frac{1}{2}mv_{G/\mathcal{R}_T}^2(\theta = \theta_{dt}) - \frac{1}{2}mv_i^2 = \mathcal{W}_{\vec{P}}(\theta_i \to \theta_{dt}) + \mathcal{W}_{\vec{T}}(\theta_i \to \theta_{dt})$$

Avec :

- *Travail du poids*
  Par définition, on a :

$$\mathcal{W}_{\vec{P}}(\theta_i \to \theta_{dt}) = \int_{\theta_i}^{\theta_{dt}} \vec{P}\,.\,d\vec{s} \quad \Leftrightarrow \quad \mathcal{W}_{\vec{T}}(\theta_i \to \theta) = \int_{\theta_i}^{\theta_{dt}} \vec{P}\,.\,(dx\,\vec{e}_x + dz\,\vec{e}_z)$$

Si on oriente l'axe z selon **la verticale ascendante**, alors on a :

$$\vec{P} = -mg\,\vec{e}_z \quad \Longrightarrow \quad \mathcal{W}_{\vec{P}}(\theta_i \to \theta_{dt}) = -mg \int_{\theta_i}^{\theta_{dt}} \vec{e}_z\,.\,(dx\,\vec{e}_x + dz\,\vec{e}_z)$$

Soit encore :

$$\mathcal{W}_{\vec{T}}(\theta_i \to \theta_{dt}) = -mg \int_{\theta_i}^{\theta_{dt}} (dx\,\vec{e}_z.\vec{e}_x + dz\,\vec{e}_z.\vec{e}_z)$$

Mais comme $\vec{e}_z.\vec{e}_x = 0$ et que $\vec{e}_z.\vec{e}_z = 1$ (car $\vec{e}_z$ est un vecteur unitaire), on en déduit que :

$$\mathcal{W}_{\vec{P}}(\theta_i \to \theta_{dt}) = -mg \int_{z_i}^{z_{dt}} dz \quad \Leftrightarrow \quad \mathcal{W}_{\vec{P}}(\theta_i \to \theta_{dt}) = -mg(z_{dt} - z_i)$$

Soit :

$$\mathcal{W}_{\vec{P}}(\theta_i \to \theta_{dt}) = mg(z_i - z_{dt})$$

Comme l'on fixe l'origine O au point d'attache du fil du pendule, alors les « altitudes » du pendule sont négatives. Or, par projection de la position du pendule sur l'axe vertical, on a :

$$\begin{cases} \cos(\theta_i) = \dfrac{-z_i}{\ell} \\ \cos(\theta_{dt}) = \dfrac{-z_{dt}}{\ell} \end{cases} \quad \Leftrightarrow \quad \begin{cases} z_i = -\ell\cos(\theta_i) \\ z_{dt} = -\ell\cos(\theta_{dt}) \end{cases}$$

D'où :

$$\mathcal{W}_{\vec{P}}(\theta_i \to \theta_{dt}) = mg\big(-\ell\cos(\theta_i) - (-\ell\cos(\theta_{dt}))\big)$$

Soit :

$$\mathcal{W}_{\vec{P}}(\theta_i \to \theta_{dt}) = mg(-\ell\cos(\theta_i) + \ell\cos(\theta_{dt}))$$

Finalement, on obtient :

$$\boxed{\mathcal{W}_{\vec{P}}(\theta_i \to \theta_{dt}) = mg\ell(\cos(\theta_{dt}) - \cos(\theta_i))}$$

- *Travail de la tension du fil*
  Par définition, on a :

$$\mathcal{W}_{\vec{T}}(\theta_i \to \theta_{dt}) = \int_{\theta_i}^{\theta_{dt}} \vec{T}\,.\,d\vec{s} \quad \Leftrightarrow \quad \mathcal{W}_{\vec{T}}(\theta_i \to \theta_{dt}) = \int_{\theta_i}^{\theta_{dt}} \vec{T}\,.\,\vec{v}\,dt$$

  Mais, dans le repère de *Serret* (1819 / 1885) et *Frenet* (1816 / 1900), noté $\mathcal{R}_{SF} = \left(G\,;\vec{t}\,;\,\vec{n}\,;\,\vec{b}\right)$, on a :

$$\begin{cases} \vec{T} = T\vec{n} \\ \vec{v} = v\,\vec{t} \end{cases} \Longrightarrow \quad \vec{T}.\vec{v} = Tv\,\underbrace{\vec{n}.\vec{t}}_{=0} \quad \Leftrightarrow \quad \vec{T}.\vec{v} = 0$$

  Ainsi, on a :

$$\boxed{\mathcal{W}_{\vec{T}}(\theta_i \to \theta_{dt}) = 0}$$

  On retrouve bien que **la force de tension ne travaille jamais**.

Dès lors, le T.E.C. prend la forme suivante :

$$\frac{1}{2}m\,\underbrace{v_{G/\mathcal{R}_T}^2(\theta = \theta_{dt})}_{=0} - \frac{1}{2}mv_i^2 = mg\ell(\cos(\theta_{dt}) - \cos(\theta_i)) + 0$$

D'où :

$$-\frac{1}{2}mv_i^2 = mg\ell(\cos(\theta_{dt}) - \cos(\theta_i)) \quad \Leftrightarrow \quad -\frac{1}{2}v_i^2 = g\ell(\cos(\theta_{dt}) - \cos(\theta_i))$$

Mais puisque $m \neq 0$, on a :

$$-\frac{v_i^2}{2g\ell} = \cos(\theta_{dt}) - \cos(\theta_i) \quad \Leftrightarrow \quad \cos(\theta_{dt}) = \cos(\theta_i) - \frac{v_i^2}{2g\ell}$$

Ainsi, on peut écrire que :

$$\theta_{dt} = \pm \arccos\left(\cos(\theta_i) - \frac{v_i^2}{2g\ell}\right)$$

Or, **la fonction arccosinus est positive ou nulle** sur son ensemble de définition, et comme θ_{dt} est **un angle algébrique négatif**, on en déduit alors que seule la solution négative doit être retenue. Donc :

$$\boxed{\theta_{dt} = -\arccos\left(\cos(\theta_i) - \frac{v_i^2}{2g\ell}\right)}$$

Si la vitesse initiale v_i est nulle, alors on a $\theta_{dt} = -\arccos(\cos(\theta_i)) = -\theta_i$. On trouve un résultat physiquement acceptable : le pendule remonte autant que sa descente ! Ceci est en accord avec les résultats de la question 13).

15) En faisant usage de la seconde relation issue de l'application de la R.F.D. lors de la question 8) :

$$\frac{v_{G/\mathcal{R}_T}^2(t)}{\ell} + g\cos(\theta) = \frac{T}{m}$$

Soit :

$$T = mg\cos(\theta) + m\frac{v_{G/\mathcal{R}_T}^2(t)}{\ell}$$

Or, l'usage du T.E.C. au pendule, entre l'instant initial et un instant quelconque, nous conduit (de manière tout-à-fait similaire à précédemment) à l'égalité :

$$\frac{1}{2}mv_{G/\mathcal{R}_T}^2(t) - \frac{1}{2}mv_i^2 = mg\ell(\cos(\theta) - \cos(\theta_i)) + 0$$

Soit :

$$mv_{G/\mathcal{R}_T}^2(t) - mv_i^2 = 2mg\ell(\cos(\theta) - \cos(\theta_i))$$

D'où :

$$mv_{G/\mathcal{R}_T}^2(t) = mv_i^2 + 2mg\ell(\cos(\theta) - \cos(\theta_i))$$

Donc :

$$m\frac{v_{G/\mathcal{R}_T}^2(t)}{\ell} = m\frac{v_i^2}{\ell} + 2mg(\cos(\theta) - \cos(\theta_i))$$

Ainsi, on a :

$$m\frac{v_{G/\mathcal{R}_T}^2(t)}{\ell} = m\frac{v_i^2}{\ell} + 2mg\cos(\theta) - 2mg\cos(\theta_i)$$

En substituant cette expression dans l'équation nous donnant l'expression de la norme de la tension, on a alors :

$$T = mg\cos(\theta) + m\frac{v_i^2}{\ell} + 2mg\cos(\theta) - 2mg\cos(\theta_i)$$

Soit :

$$T = m\frac{v_i^2}{\ell} + 3mg\cos(\theta) - 2mg\cos(\theta_i)$$

Finalement, on a bien l'expression proposée par le sujet, à savoir :

$$\boxed{T = mg\left(\frac{v_i^2}{g\ell} + 3\cos(\theta) - 2\cos(\theta_i)\right)}$$

16) Pour que le fil reste toujours tendu, il faut que $T \geq 0$. Or, le terme mg est lui-même strictement positif. Ainsi, on en déduit que :

$$\frac{v_i^2}{g\ell} + 3\cos(\theta) - 2\cos(\theta_i) \geq 0 \quad \Leftrightarrow \quad \frac{v_i^2}{g\ell} \geq 2\cos(\theta_i) - 3\cos(\theta)$$

Ce qui nous permet d'écrire que :

$$v_i^2 \geq g\ell(2\cos(\theta_i) - 3\cos(\theta)) \quad \Leftrightarrow \quad v_i^2 \geq 3g\ell\left(\frac{2}{3}\cos(\theta_i) - \cos(\theta)\right)$$

La condition cherchée devant être vrai pour toute valeur d'angle θ, nous allons donc majorer le terme de droite. Ainsi, la valeur de la fonction cosinus qui rend maximal le membre de droite est $\cos(\theta) = -1$. Cela correspond à $\theta = \pi$, donc pour un angle vertical, ce qui est bien la position angulaire la plus « critique ». On a alors :

$$v_i^2 \geq 3g\ell\left(\frac{2}{3}\cos(\theta_i) - (-1)\right) \quad \Leftrightarrow \quad v_i^2 \geq 3g\ell\left(\frac{2}{3}\cos(\theta_i) + 1\right)$$

Comme v_i est une norme, donc une quantité positive, on en déduit que :

$$\boxed{v_i \geq \sqrt{g\ell(2\cos(\theta_i) + 3)}}$$

Ainsi, si l'angle initial θ_i est nul, ce qui correspond à une position verticale, dans ce cas, on a $\cos(\theta_i) = 1$, et on a la condition initiale suivante :

$$\boxed{v_i \geq \sqrt{5g\ell}}$$

➔ *Section 2 : Approche par le théorème de l'énergie mécanique*

1) Par définition, l'énergie mécanique E_M d'un système est **la somme de son énergie cinétique macroscopique, et de son énergie potentielle extérieure** (sous toutes ses formes).

2) Par hypothèse, **toutes les sources de dissipation d'énergie**, telle que les frottements de l'air sur le pendule, **sont négligées**. Ainsi, l'énergie du pendule simple est nécessairement constante lors de ces mouvements.

3) La seule force extérieure qui soit conservative est le poids, donnant naissance à l'énergie potentielle de pesanteur E_{PP}. Or, on a :

$$E_{PP}(t) = mgz(t) + K \quad (K \in \mathbb{R})$$

Or, la position de référence de l'énergie potentielle de pesanteur est la position verticale pour laquelle $z = -\ell$. Ainsi, on a :

$$0 = mg(-\ell) + K \quad \Leftrightarrow \quad K = mg\ell$$

Ainsi, on a :

$$E_{PP}(t) = mgz(t) + mg\ell \quad \Leftrightarrow \quad E_{PP}(t) = mg\ell\left(\frac{z(t)}{\ell} + 1\right)$$

Mais, comme l'axe z est orienté selon **la verticale ascendante**, et que l'on fixe l'origine O au point d'attache du fil du pendule, alors les « altitudes » du pendule sont négatives. Or, par projection de la position du pendule sur l'axe vertical, on a :

$$\cos(\theta(t)) = \frac{-z(t)}{\ell} \iff \frac{z(t)}{\ell} = -\cos(\theta(t))$$

D'où :

$$E_{PP} = mg\ell(-\cos(\theta) + 1)$$

Que l'on préfère écrire comme :

$$\boxed{E_{PP}(t) = mg\ell(1 - \cos(\theta(t)))}$$

4) L'énergie mécanique E_M étant constante au cours des mouvements pendulaires, elle conserve donc sa valeur initiale. Ainsi, on a :

$$E_M = E_{C-initiale} + \sum_{extérieure} E_{P-initiale}$$

Ainsi, on en déduit qu'à l'instant initial, on a :

$$E_M = E_{C-initiale} + E_{PP-initiale}$$

Ce qui nous donne :

$$\boxed{E_M = \frac{1}{2}mv_i^2 + mg(1 - \cos(\theta_i))}$$

5) A un instant t quelconque, l'expression de l'énergie mécanique $E_M(t)$ du pendule simple est :

$$E_M = E_C(t) + E_{PP}(t)$$

Soit :

$$E_M = \frac{1}{2}mv_{G/\mathcal{R}_T}^2(t) + mg\ell(1 - \cos(\theta(t)))$$

Or, on a également :

$$w_0^2 = \frac{g}{\ell} \iff g = w_0^2\ell$$

D'où :

$$E_M = \frac{1}{2}mv_{G/\mathcal{R}_T}^2(t) + mw_0^2\ell^2(1 - \cos(\theta(t)))$$

Puis :

$$v_{G/\mathcal{R}_T}(t) = \frac{ds(t)}{dt} \iff v_{G/\mathcal{R}_T}(t) = \frac{d(\ell\theta(t))}{dt} \iff v_{G/\mathcal{R}_T}(t) = \ell\frac{d\theta(t)}{dt}$$

Donc :

$$v_{G/\mathcal{R}_T}(t) = \ell w(t) \implies v_{G/\mathcal{R}_T}^2(t) = \ell^2 w^2(t)$$

Ce qui nous permet donc d'écrire que :

$$E_M = \frac{1}{2}m\ell^2 w^2(t) + mw_0^2\ell^2(1 - \cos(\theta(t)))$$

Donc, en factorisant par $m\ell^2$, on trouve que :

$$\boxed{E_M = m\ell^2\left(\frac{1}{2}w^2(t) + w_0^2\big(1-\cos(\theta(t))\big)\right)}$$

6) Puisque l'énergie mécanique du pendule est constante dans le temps, alors sa dérivée temporelle est nulle. On a alors :

$$E_M = cste \quad \Longrightarrow \quad \frac{d\,E_M}{dt} = 0$$

Ce qui nous donne :

$$\frac{d}{dt}\left(m\ell^2\left(\frac{1}{2}w^2(t) + w_0^2\big(1-\cos(\theta(t))\big)\right)\right) = 0$$

Soit encore :

$$m\ell^2\frac{d}{dt}\left(\frac{1}{2}w^2(t) + w_0^2\big(1-\cos(\theta(t))\big)\right) = 0$$

Comme $m\ell^2 \neq 0$, on en déduit que :

$$\frac{d}{dt}\left(\frac{1}{2}w^2(t) + w_0^2\big(1-\cos(\theta(t))\big)\right) = 0$$

D'où :

$$\frac{1}{2}\frac{d}{dt}\big(w^2(t)\big) + w_0^2\frac{d}{dt}\big(1-\cos(\theta(t))\big) = 0$$

Ce qui nous donne donc :

$$\frac{1}{2}2w(t)\frac{dw(t)}{dt} + w_0^2\left(\frac{d\,1}{dt} - \frac{d\cos(\theta(t))}{dt}\right) = 0$$

Ainsi, on obtient :

$$w(t)\frac{dw(t)}{dt} + w_0^2\left(0 - \frac{d\cos(\theta(t))}{d\theta(t)}\frac{d\theta(t)}{dt}\right) = 0$$

Donc, on a :

$$w(t)\frac{dw(t)}{dt} + w_0^2\left(-\frac{d\cos(\theta(t))}{d\theta(t)}w(t)\right) = 0$$

Ce qui nous donne :

$$w(t)\frac{dw(t)}{dt} + w_0^2\Big(-\big(-\sin(\theta(t))\big)w(t)\Big) = 0$$

Soit encore :

$$w(t)\left(\frac{dw(t)}{dt} + w_0^2\sin(\theta(t))\right) = 0$$

Or, $w(t) \neq 0$, d'où :

$$\frac{d\mathcal{w}(t)}{dt} + \mathcal{w}_0^2 \sin(\theta(t)) = 0$$

Enfin, on sait que :

$$\mathcal{w}(t) = \frac{d\theta(t)}{dt} \quad \Rightarrow \quad \frac{d\mathcal{w}(t)}{dt} = \frac{d^2\theta(t)}{dt^2}$$

Cela implique donc que :

$$\boxed{\frac{d^2\theta(t)}{dt^2} + \mathcal{w}_0^2 \sin(\theta(t)) = 0}$$

On a bien retrouvé, par une approche énergétique, l'équation différentielle (non linéaire) du pendule simple.

7) L'allure de la courbe représentative de $E_{PP}(\theta(t))$ est :

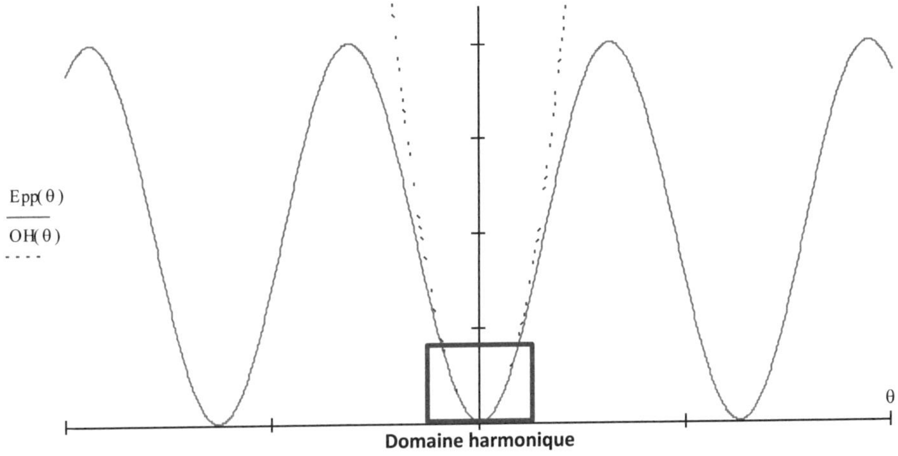

On sait que :

$$E_{PP}(\theta(t)) = mg\ell(1 - \cos(\theta(t)))$$

Or, si $\theta(t) \longrightarrow 0$ alors, on peut effectuer un développement limité à l'ordre deux de la fonction cosinus. On a alors, pour le physicien :

$$\cos(\theta(t)) \approx \cos(0) + \theta(t) \left.\frac{d\cos(\theta(t))}{d\theta(t)}\right]_{\theta(t)=0} + \frac{1}{2}\theta^2(t) \left.\frac{d^2\cos(\theta(t))}{d\theta(t)^2}\right]_{\theta(t)=0}$$

Soit :

$$\cos(\theta(t)) \approx \cos(0) + \theta(t)\sin(0) - \frac{1}{2}\theta^2(t)\cos(0)$$

D'où :

$$\cos(\theta(t)) \approx 1 - \frac{1}{2}\theta^2(t)$$

On en déduit alors que :

$$E_{PP}(\theta(t)) = mg\ell\left(1-\left(1-\frac{1}{2}\theta^2(t)\right)\right)$$

Soit encore :

$$E_{PP}(\theta(t)) = mg\ell\left(1-1+\frac{1}{2}\theta^2(t)\right)$$

Ce qui nous donne :

$$E_{PP}(\theta(t)) = \frac{1}{2}mg\ell\theta^2(t)$$

Or, on a également :

$$w_0^2 = \frac{g}{\ell} \quad \Leftrightarrow \quad g = w_0^2\ell$$

Finalement, on a :

$$\boxed{E_{PP}(\theta(t)) = \frac{1}{2}mw_0^2\ell^2\theta^2(t)}$$

On constate alors que cette **énergie potentielle parabolique**, représentée par $OH(\theta(t))$, donnant naissance (se référer au chapitre précédent) à des oscillations harmoniques. Donc, le pendule simple étudié se comporte comme un oscillateur harmonique si les amplitudes des oscillations sont faibles, à savoir, moins de 10°.

➔ *Section 3 : Approche par le théorème du moment cinétique*

1) Le théorème du moment cinétique s'énonce ainsi :

> *Dans un référentiel galiléen $\mathcal{R}_g$ de l'espace physique $\mathbb{E}(3)$, si un point M (de masse constante) subit une résultante des forces $\vec{F}_M$, alors en un point d'évaluation **fixe** O du référentiel $\mathcal{R}_g$ on a :*
>
> $$\frac{d\,\vec{\mathcal{L}}_{O/\mathcal{R}_g}(t)}{dt} = \overrightarrow{OM} \wedge \vec{F}_M = \vec{\mathcal{M}}_{O/\mathcal{R}_g}^{Total}$$

2) Le moment de la force de tension est donné, au point origine O, par l'expression suivante :

$$\vec{\mathcal{M}}_{O/\mathcal{R}_T}(\vec{T}) = \overrightarrow{OM} \wedge \vec{T}$$

En projetant dans le repère $\mathcal{R}_{SF} = (G\,;\vec{t}\,;\,\vec{n}\,;\,\vec{b})$, on obtient un calcul qui devient particulièrement simple :

$$\vec{\mathcal{M}}_{O/\mathcal{R}_T}(\vec{T}) = \ell(-\vec{n}) \wedge T\,\vec{n} \quad \Leftrightarrow \quad \vec{\mathcal{M}}_{O/\mathcal{R}_T}(\vec{T}) = -\ell T\,\underbrace{\vec{n}\wedge\vec{n}}_{=\vec{0}} = -\ell T\,\vec{0}$$

D'où :

$$\boxed{\vec{\mathcal{M}}_{O/\mathcal{R}_T}(\vec{T}) = \vec{0}}$$

On constate tout le confort apporté par l'usage du repère $\mathcal{R}_{SF} = (G\,;\vec{t}\,;\,\vec{n}\,;\,\vec{b})$.

3) On a, dans le repère $\mathcal{R}_{SF} = \left(G\,; \vec{t}\,;\ \vec{n}\,;\ \vec{b}\right)$, l'expression suivante :

$$\overrightarrow{\mathcal{M}}_{O/\mathcal{R}_T}(\vec{P}) = \overrightarrow{OM} \wedge \vec{P} \quad \Leftrightarrow \quad \overrightarrow{\mathcal{M}}_{O/\mathcal{R}_T}(\vec{P}) = \left|\begin{matrix} 0 \\ -\ell \\ 0 \end{matrix}\right._{\mathcal{R}_{SF}} \wedge \left|\begin{matrix} -mg\sin(\theta) \\ -mg\cos(\theta) \\ 0 \end{matrix}\right._{\mathcal{R}_{SF}}$$

Ce qui nous donne :

$$\overrightarrow{\mathcal{M}}_{O/\mathcal{R}_T}(\vec{P}) = \left|\begin{matrix} -\ell \times 0 - 0 \times (-mg\cos(\theta)) \\ 0 \times (-mg\sin(\theta)) - 0 \times 0 \\ 0 \times (-mg\cos(\theta)) - (-\ell) \times (-mg\sin(\theta)) \end{matrix}\right._{\mathcal{R}_{SF}}$$

Soit :

$$\overrightarrow{\mathcal{M}}_{O/\mathcal{R}_T}(\vec{P}) = \left|\begin{matrix} 0 \\ 0 \\ -mg\ell\sin(\theta) \end{matrix}\right._{\mathcal{R}_{SF}} \quad \Leftrightarrow \quad \overrightarrow{\mathcal{M}}_{O/\mathcal{R}_T}(\vec{P}) = -mg\ell\sin(\theta)\,\vec{b}$$

Mais comme $\vec{b} = -\overrightarrow{e_y}$, on en déduit finalement que :

$$\boxed{\overrightarrow{\mathcal{M}}_{O/\mathcal{R}_T}(\vec{P}) = mg\ell\sin(\theta)\,\overrightarrow{e_y}}$$

4) L'expression du moment cinétique $\vec{\mathcal{L}}_{O/\mathcal{R}_T}(t)$ est donnée par :

$$\vec{\mathcal{L}}_{O/\mathcal{R}_T}(t) = \overrightarrow{OM} \wedge m\vec{v}_{G/\mathcal{R}_T}(t)$$

En faisant usage du repère $\mathcal{R}_{SF} = \left(G\,; \vec{t}\,;\ \vec{n}\,;\ \vec{b}\right)$, on a alors :

$$\vec{\mathcal{L}}_{O/\mathcal{R}_T}(t) = \ell(-\vec{n}) \wedge mv_{G/\mathcal{R}_T}(t)\,\vec{t} \quad \Leftrightarrow \quad \vec{\mathcal{L}}_{O/\mathcal{R}_T}(t) = -m\ell v_{G/\mathcal{R}_T}(t)\,\vec{n} \wedge \vec{t}$$

Soit encore :

$$\vec{\mathcal{L}}_{O/\mathcal{R}_T}(t) = m\ell v_{G/\mathcal{R}_T}(t)\,\vec{t} \wedge \vec{n} \quad \Leftrightarrow \quad \vec{\mathcal{L}}_{O/\mathcal{R}_T}(t) = m\ell v_{G/\mathcal{R}_T}(t)\,\vec{b}$$

Mais comme $\vec{b} = -\overrightarrow{e_y}$, on en déduit finalement que :

$$\boxed{\vec{\mathcal{L}}_{O/\mathcal{R}_T}(t) = -m\ell v_{G/\mathcal{R}_T}(t)\,\overrightarrow{e_y}}$$

5) Dans l'expression précédente, seule la vitesse $v_{G/\mathcal{R}_T}(t)$ évolue au cours du mouvement du pendule. Ainsi, on a :

$$\frac{d\,\vec{\mathcal{L}}_{O/\mathcal{R}_g}(t)}{dt} = \frac{d}{dt}\left(-m\ell v_{G/\mathcal{R}_T}(t)\,\overrightarrow{e_y}\right) \quad \Leftrightarrow \quad \frac{d\,\vec{\mathcal{L}}_{O/\mathcal{R}_g}(t)}{dt} = -m\ell\frac{d}{dt}\left(v_{G/\mathcal{R}_T}(t)\right)\overrightarrow{e_y}$$

D'où :

$$\frac{d\,\vec{\mathcal{L}}_{O/\mathcal{R}_g}(t)}{dt} = -m\ell\frac{d}{dt}\big(\ell w(t)\big)\,\overrightarrow{e_y} \quad\Leftrightarrow\quad \frac{d\,\vec{\mathcal{L}}_{O/\mathcal{R}_g}(t)}{dt} = -m\ell^2\frac{d}{dt}\big(w(t)\big)\,\overrightarrow{e_y}$$

Enfin, on sait que :

$$w(t) = \frac{d\theta(t)}{dt} \quad\Rightarrow\quad \frac{dw(t)}{dt} = \frac{d^2\theta(t)}{dt^2}$$

Ainsi, on trouve que :

$$\boxed{\frac{d\,\vec{\mathcal{L}}_{O/\mathcal{R}_g}(t)}{dt} = -m\ell^2\frac{d^2\theta(t)}{dt^2}\,\overrightarrow{e_y}}$$

Par application du théorème du moment cinétique, au point origine O, on va donc pouvoir écrire que l'on a l'égalité suivante :

$$\frac{d\,\vec{\mathcal{L}}_{O/\mathcal{R}_g}(t)}{dt} = \vec{\mathcal{M}}_{O/\mathcal{R}_T}(\vec{T}) + \vec{\mathcal{M}}_{O/\mathcal{R}_T}(\vec{P})$$

Ce qui nous donne :

$$-m\ell^2\frac{d^2\theta(t)}{dt^2}\,\overrightarrow{e_y} = \vec{0} + mg\ell\sin(\theta)\,\overrightarrow{e_y}$$

Cette égalité vectorielle engendre l'égalité algébrique suivante :

$$-m\ell^2\frac{d^2\theta(t)}{dt^2} = mg\ell\sin(\theta)$$

Or, le terme $m\ell$ est non nul, donc en simplifiant par ce dernier, on obtient :

$$-\ell\frac{d^2\theta(t)}{dt^2} = g\sin(\theta) \quad\Leftrightarrow\quad 0 = \ell\frac{d^2\theta(t)}{dt^2} + g\sin(\theta)$$

Ce qui nous donne :

$$\ell\left(\frac{d^2\theta(t)}{dt^2} + \frac{g}{\ell}\sin(\theta)\right) = 0$$

Enfin, comme $\ell \neq 0$, on trouve que :

$$\boxed{\frac{d^2\theta(t)}{dt^2} + \frac{g}{\ell}\sin(\theta) = 0}$$

Une nouvelle fois, on a bien retrouvé, mais cette fois par une approche cinétique, l'équation différentielle (non linéaire) du pendule simple.

Partie C - Le pendule simple électrique

1) La force électrique à pour expression $\vec{f_e} = Q\vec{E}$. Comme la charge électrique Q est positive, cela implique que $\vec{f_e}$ est de même direction et de même sens que le vecteur champ électrique $\vec{E} = \|\vec{E}\|\,\overrightarrow{e_x}$. Ainsi, on en déduit que :

$$\boxed{\vec{f_e} = \|\vec{f_e}\|\,\overrightarrow{e_x}}$$

2) De manière générale, le sujet nous donne :

$$U = V_+ - V_- = \int_{Armature\ "+"}^{Armature\ "-"} \vec{E}.d\vec{l} \quad \Leftrightarrow \quad U = \int_{Armature\ "+"}^{Armature\ "-"} E\,\overrightarrow{e_x}.\,dx\,\overrightarrow{e_x}$$

Soit :

$$U = \int_{Armature\ "+"}^{Armature\ "-"} E\,dx\,\underbrace{\overrightarrow{e_x}.\overrightarrow{e_x}}_{=1} \quad \Leftrightarrow \quad U = \int_{Armature\ "+"}^{Armature\ "-"} E\,dx$$

Or le champ électrique est, par hypothèse, uniforme à l'intérieur du condensateur (on néglige les effets de bords). Ainsi, on a :

$$U = E\int_{Armature\ "+"}^{Armature\ "-"} dx$$

Mais l'intégrale obtenue représente la distance qui sépare l'armature positive de l'armature négative, à savoir . D'où :

$$\int_{Armature\ "+"}^{Armature\ "-"} dx = d$$

Finalement, on obtient la relation suivante :

$$\boxed{U = Ed}$$

La tension électrique U s'exprime en Volt, la distance d s'exprime en mètre et ainsi, le champ électrique s'exprime en Volt par mètre.

3) Dans le référentiel du laboratoire, supposé galiléen durant la durée de l'expérience, on applique la seconde loi de Newton à la masse m. On a alors :

$$\sum_{ext}\vec{F}_{sur\ m} = m\vec{a}_{G/\mathcal{R}_T}(t) \quad \Leftrightarrow \quad \vec{P} + \vec{T} + \vec{f_e} = m\vec{a}_{G/\mathcal{R}_T}(t)$$

Si la masse est au repos, alors on a :

$$\vec{a}_{G/\mathcal{R}_T}(t) = \vec{0} \quad \Longrightarrow \quad \vec{P} + \vec{T} + \vec{f_e} = \vec{0}$$

En projetant cette égalité vectorielle dans le référentiel terrestre $\mathcal{R}_T$, on trouve alors que :

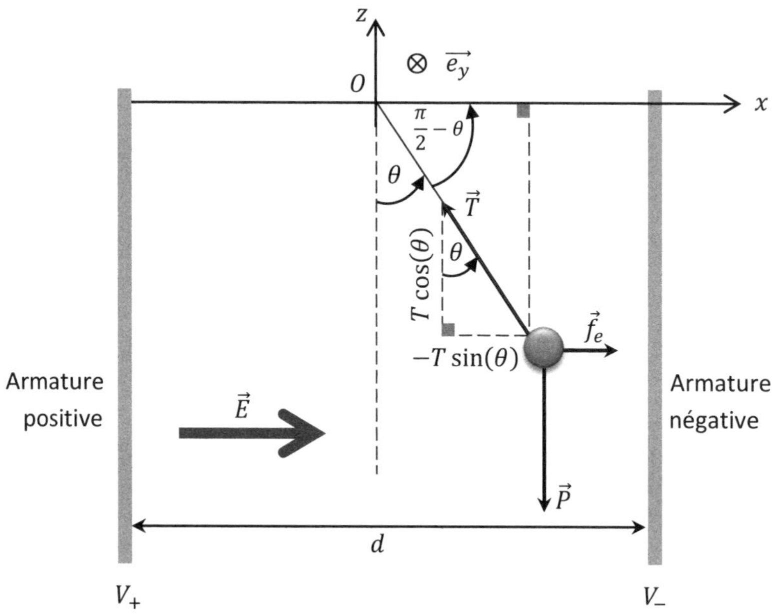

Ce qui nous donne, à l'équilibre, donc pour $\theta = \theta_{éq}$:

$$\left.\begin{vmatrix} 0 \\ 0 \\ -mg \end{vmatrix}\right._{\mathcal{R}_T} + \left.\begin{vmatrix} -T\sin(\theta_{éq}) \\ 0 \\ T\cos(\theta_{éq}) \end{vmatrix}\right._{\mathcal{R}_T} + \left.\begin{vmatrix} QE \\ 0 \\ 0 \end{vmatrix}\right._{\mathcal{R}_T} = \left.\begin{vmatrix} 0 \\ 0 \\ 0 \end{vmatrix}\right._{\mathcal{R}_T}$$

De ceci, on en déduit le système algébrique suivant :

$$\begin{cases} -T\sin(\theta_{éq}) + QE = 0 \\ -mg + T\cos(\theta_{éq}) = 0 \end{cases} \Leftrightarrow \begin{cases} T\sin(\theta_{éq}) = QE \\ T\cos(\theta_{éq}) = mg \end{cases}$$

En divisant membre à membre, on obtient alors :

$$\frac{T\sin(\theta_{éq})}{T\cos(\theta_{éq})} = \frac{QE}{mg} \quad \Leftrightarrow \quad \frac{\sin(\theta_{éq})}{\cos(\theta_{éq})} = \frac{QE}{mg} \quad \Leftrightarrow \quad \tan(\theta_{éq}) = \frac{QE}{mg}$$

Mais, comme on a la relation $U = Ed$, ce qui nous permet d'écrire que :

$$\tan(\theta_{éq}) = \frac{QU}{mgd}$$

Ainsi, on trouve bien la condition d'équilibre proposée par le sujet, à savoir :

$$\boxed{\theta_{éq} = \arctan\left(\frac{QU}{mgd}\right)}$$

4) Afin d'établir l'équation différentielle régissant l'évolution temporelle du pendule, plusieurs possibilités s'offrent à nous : T.E.C., R.F.D. ou encore le théorème du moment cinétique. Par commodité, choisissons ce dernier. On a alors, au point O fixe dans le référentiel terrestre $\mathcal{R}_T$:

$$\frac{d\,\vec{\mathcal{L}}_{O/\mathcal{R}_g}(t)}{dt} = \vec{\mathcal{M}}_{O/\mathcal{R}_g}^{Total} \quad \Leftrightarrow \quad \frac{d\,\vec{\mathcal{L}}_{O/\mathcal{R}_g}(t)}{dt} = \vec{\mathcal{M}}_{O/\mathcal{R}_T}(\vec{T}) + \vec{\mathcal{M}}_{O/\mathcal{R}_T}(\vec{P}) + \vec{\mathcal{M}}_{O/\mathcal{R}_T}(\vec{f_e})$$

Avec, comme précédemment (***Partie B*** ➔ *Section 3*) :

$$\frac{d\,\vec{\mathcal{L}}_{O/\mathcal{R}_g}(t)}{dt} = -m\ell^2\frac{d^2\theta(t)}{dt^2}\,\vec{e_y}$$

Mais également :

$$\begin{cases} \vec{\mathcal{M}}_{O/\mathcal{R}_T}(\vec{P}) = mg\ell\sin(\theta)\,\vec{e_y} \\ \vec{\mathcal{M}}_{O/\mathcal{R}_T}(\vec{T}) = \vec{0} \end{cases}$$

Nous devons donc déterminer l'expression de $\vec{\mathcal{M}}_{O/\mathcal{R}_T}(\vec{f_e})$. On a alors :

$$\vec{\mathcal{M}}_{O/\mathcal{R}_T}(\vec{f_e}) = \overrightarrow{OM} \wedge \vec{f_e} \quad \Leftrightarrow \quad \vec{\mathcal{M}}_{O/\mathcal{R}_T}(\vec{f_e}) = \begin{vmatrix} \ell\cos\left(\frac{\pi}{2}-\theta\right) \\ 0 \\ -\ell\sin\left(\frac{\pi}{2}-\theta\right) \end{vmatrix}_{\mathcal{R}_T} \wedge \begin{vmatrix} QE \\ 0 \\ 0 \end{vmatrix}_{\mathcal{R}_T}$$

Soit encore :

$$\vec{\mathcal{M}}_{O/\mathcal{R}_T}(\vec{f_e}) = \begin{vmatrix} \ell\sin(\theta) \\ 0 \\ -\ell\cos(\theta) \end{vmatrix}_{\mathcal{R}_T} \wedge \begin{vmatrix} QE \\ 0 \\ 0 \end{vmatrix}_{\mathcal{R}_T} \quad \Leftrightarrow \quad \vec{\mathcal{M}}_{O/\mathcal{R}_T}(\vec{f_e}) = \ell QE \begin{vmatrix} \sin(\theta) \\ 0 \\ -\cos(\theta) \end{vmatrix}_{\mathcal{R}_T} \wedge \begin{vmatrix} 1 \\ 0 \\ 0 \end{vmatrix}_{\mathcal{R}_T}$$

Ce qui nous donne :

$$\vec{\mathcal{M}}_{O/\mathcal{R}_T}(\vec{f_e}) = \ell QE \begin{vmatrix} 0\times 0 - (-\cos(\theta))\times 0 \\ -\cos(\theta)\times 1 - \sin(\theta)\times 0 \\ \sin(\theta)\times 0 - 0\times 1 \end{vmatrix}_{\mathcal{R}_T}$$

Soit :

$$\overrightarrow{\mathcal{M}}_{O/\mathcal{R}_T}\left(\vec{f_e}\right) = \ell QE \quad \begin{vmatrix} 0 \\ -\cos(\theta) \\ 0 \end{vmatrix}_{\mathcal{R}_T}$$

Finalement, on trouve que $\overrightarrow{\mathcal{M}}_{O/\mathcal{R}_T}\left(\vec{f_e}\right)$ à, dans le référentiel $\mathcal{R}_T$, pour expression :

$$\boxed{\overrightarrow{\mathcal{M}}_{O/\mathcal{R}_T}\left(\vec{f_e}\right) = -\ell QE\cos(\theta)\,\overrightarrow{e_y}}$$

Ainsi, on obtient l'égalité suivante :

$$-m\ell^2\frac{d^2\theta(t)}{dt^2}\,\overrightarrow{e_y} = \vec{0} + mg\ell\sin(\theta)\,\overrightarrow{e_y} - \ell QE\cos(\theta)\,\overrightarrow{e_y}$$

Soit encore :

$$-m\ell^2\frac{d^2\theta(t)}{dt^2}\,\overrightarrow{e_y} = 0\overrightarrow{e_y} + mg\ell\sin(\theta)\,\overrightarrow{e_y} - \ell QE\cos(\theta)\,\overrightarrow{e_y}$$

En éliminant le vecteur unitaire $\overrightarrow{e_y}$, on obtient l'égalité algébrique suivante :

$$-m\ell^2\frac{d^2\theta(t)}{dt^2} = mg\ell\sin(\theta) - \ell QE\cos(\theta)$$

Ce qui nous donne :

$$m\ell^2\frac{d^2\theta(t)}{dt^2} = -mg\ell\sin(\theta) + \ell QE\cos(\theta)$$

Puis, en divisant par $m\ell^2 \neq 0$, on obtient alors :

$$\frac{d^2\theta(t)}{dt^2} = -\frac{g}{\ell}\sin(\theta) + \frac{QE}{m\ell}\cos(\theta) \quad \Leftrightarrow \quad \frac{d^2\theta(t)}{dt^2} = -\frac{g}{\ell}\sin(\theta) + \frac{g}{\ell}\frac{QE}{mg}\cos(\theta)$$

D'où :

$$\frac{d^2\theta(t)}{dt^2} = -\frac{g}{\ell}\left(\sin(\theta) - \frac{QE}{mg}\cos(\theta)\right)$$

Le sujet nous invite à poser $\alpha(t) = \theta(t) - \theta_{éq} \quad \Leftrightarrow \quad \theta(t) = \alpha(t) + \theta_{éq}$. On a alors :

$$\frac{d^2\left(\alpha(t) + \theta_{éq}\right)}{dt^2} = -\frac{g}{\ell}\left(\sin\left(\alpha(t) + \theta_{éq}\right) - \frac{QE}{mg}\cos\left(\alpha(t) + \theta_{éq}\right)\right)$$

Mais, commençons par remarquer que $\theta_{éq}$ est **une constante**, ce qui implique que :

$$\frac{d^2\left(\alpha(t) + \theta_{éq}\right)}{dt^2} = \frac{d^2\alpha(t)}{dt^2} + \frac{d^2\theta_{éq}}{dt^2} \quad \Leftrightarrow \quad \frac{d^2\left(\alpha(t) + \theta_{éq}\right)}{dt^2} = \frac{d^2\alpha(t)}{dt^2} + 0$$

Puis, on a également :

$$\begin{aligned}\sin\left(\alpha(t)+\theta_{éq}\right) &= \sin\left(\alpha(t)\right)\cos\left(\theta_{éq}\right)+\cos\left(\alpha(t)\right)\sin\left(\theta_{éq}\right)\\ &= \sin\left(\alpha(t)\right)\frac{mg}{T}+\cos\left(\alpha(t)\right)\frac{QE}{T}\\ &= \frac{1}{T}\left(mg\sin\left(\alpha(t)\right)+QE\cos\left(\alpha(t)\right)\right)\end{aligned}$$

Enfin, on a aussi :

$$\begin{aligned}\cos\left(\alpha(t)+\theta_{éq}\right) &= \cos\left(\alpha(t)\right)\cos\left(\theta_{éq}\right)-\sin\left(\alpha(t)\right)\sin\left(\theta_{éq}\right)\\ &= \cos\left(\alpha(t)\right)\frac{mg}{T}-\sin\left(\alpha(t)\right)\frac{QE}{T}\\ &= \frac{1}{T}\left(mg\cos\left(\alpha(t)\right)-QE\sin\left(\alpha(t)\right)\right)\end{aligned}$$

Ce qui implique que :

$$\begin{aligned}\frac{QE}{mg}\cos\left(\alpha(t)-\theta_{éq}\right) &= \frac{\frac{QE}{mg}}{T}\left(mg\cos\left(\alpha(t)\right)-QE\sin\left(\alpha(t)\right)\right)\\ &= \frac{QE}{Tmg}\left(mg\cos\left(\alpha(t)\right)-QE\sin\left(\alpha(t)\right)\right)\\ &= \frac{1}{T}\left(QE\cos\left(\alpha(t)\right)-\frac{(QE)^2}{mg}\sin\left(\alpha(t)\right)\right)\end{aligned}$$

Ceci nous permet d'écrire que :

$$\begin{aligned}\sin\left(\alpha(t)-\theta_{éq}\right)-\frac{QE}{mg}\cos\left(\alpha(t)-\theta_{éq}\right) &= \frac{1}{T}\left(mg\sin\left(\alpha(t)\right)+QE\cos\left(\alpha(t)\right)\right)\\ &- \frac{1}{T}\left(QE\cos\left(\alpha(t)\right)-\frac{(QE)^2}{mg}\sin\left(\alpha(t)\right)\right)\end{aligned}$$

D'où :

$$\begin{aligned}\sin\left(\alpha(t)-\theta_{éq}\right)-\frac{QE}{mg}\cos\left(\alpha(t)-\theta_{éq}\right) &= \frac{1}{T}\left(mg\sin\left(\alpha(t)\right)+\frac{(QE)^2}{mg}\sin\left(\alpha(t)\right)\right)\\ &+ \frac{1}{T}\left(QE\cos\left(\alpha(t)\right)-QE\cos\left(\alpha(t)\right)\right)\end{aligned}$$

Soit encore :

$$\begin{aligned}\sin\left(\alpha(t)-\theta_{éq}\right)-\frac{QE}{mg}\cos\left(\alpha(t)-\theta_{éq}\right) &= \frac{mg}{T}\sin\left(\alpha(t)\right)\left(1+\left(\frac{QE}{mg}\right)^2\right)+0\\ &= \cos\left(\theta_{éq}\right)\sin\left(\alpha(t)\right)\left(1+\left(\tan\left(\theta_{éq}\right)\right)^2\right)\\ &= \cos\left(\theta_{éq}\right)\sin\left(\alpha(t)\right)\frac{1}{\left(\cos\left(\theta_{éq}\right)\right)^2}\end{aligned}$$

En simplifiant par $\cos\left(\theta_{éq}\right)\neq 0$, on trouve que :

$$\sin\left(\alpha(t) - \theta_{éq}\right) - \frac{QE}{mg}\cos\left(\alpha(t) - \theta_{éq}\right) = \frac{\sin\left(\alpha(t)\right)}{\cos\left(\theta_{éq}\right)}$$

Ceci nous permet d'obtenir l'égalité suivante :

$$\frac{d^2\alpha(t)}{dt^2} = -\frac{g}{\ell}\frac{\sin\left(\alpha(t)\right)}{\cos\left(\theta_{éq}\right)} \quad \Leftrightarrow \quad \frac{d^2\alpha(t)}{dt^2} = -\frac{g}{\ell\cos\left(\theta_{éq}\right)}\sin\left(\alpha(t)\right)$$

Finalement, les oscillations mécaniques de ce pendule électrique sont gouvernées par l'équation différentielle suivante :

$$\boxed{\frac{d^2\alpha(t)}{dt^2} + \frac{g}{\ell\cos\left(\theta_{éq}\right)}\sin\left(\alpha(t)\right) = 0}$$

5) En linéarisant l'équation différentielle précédente, on effectue l'approximation suivante :

$$\sin\left(\alpha(t)\right) \approx \alpha(t)$$

Ceci nous conduit à l'équation différentielle temporelle suivante :

$$\frac{d^2\alpha(t)}{dt^2} + \frac{g}{\ell\cos\left(\theta_{éq}\right)}\alpha(t) = 0$$

Il s'agit d'une équation différentielle caractéristique du modèle de l'O.H. ; nous permettant d'écrire que la période propre $\mathcal{T}_{élec}$ des oscillations de ce pendule est donnée par :

$$w_{élec}^2 = \frac{g}{\ell\cos\left(\theta_{éq}\right)} \quad \Rightarrow \quad w_{élec} = \sqrt{\frac{g}{\ell\cos\left(\theta_{éq}\right)}} \quad \Rightarrow \quad \mathcal{T}_{élec} = \frac{2\pi}{w_{élec}}$$

Ainsi, on en déduit que :

$$\boxed{\mathcal{T}_{élec} = 2\pi\sqrt{\frac{g}{\ell\cos\left(\theta_{éq}\right)}}}$$

6) D'après ce qui précède, on a :

$$w_{élec}^2 = \frac{g}{\ell\cos\left(\theta_{éq}\right)} \quad \Leftrightarrow \quad w_{élec}^2 = \frac{w_0^2}{\cos\left(\theta_{éq}\right)} \quad \Rightarrow \quad w_{élec} = \frac{w_0}{\sqrt{\cos\left(\theta_{éq}\right)}}$$

Ainsi, on en déduit que :

$$\frac{1}{w_{élec}} = \frac{1}{w_0}\sqrt{\cos\left(\theta_{éq}\right)} \quad \Leftrightarrow \quad \frac{2\pi}{w_{élec}} = \frac{2\pi}{w_0}\sqrt{\cos\left(\theta_{éq}\right)}$$

Finalement, on trouve que :

$$\boxed{\mathcal{T}_{élec} = \mathcal{T}_0\sqrt{\cos(\theta_{éq})}}$$

Partie D – Oscillations non linéaires d'un pendule simple

1) Le théorème de la puissance cinétique, appliqué à la masse m, dans le référentiel terrestre s'écrit :

$$\frac{d\,E_C(t)}{dt} = \sum_{ext} \mathcal{P}_{\vec{F}_{sur\,m}}(G/\mathcal{R}_T) \quad \Leftrightarrow \quad \frac{d\,E_C(t)}{dt} = \mathcal{P}_{\vec{T}}(G/\mathcal{R}_T) + \mathcal{P}_{\vec{P}}(G/\mathcal{R}_T)$$

Ce qui nous donne :

$$\frac{d}{dt}\left(\frac{1}{2}mv^2_{G/\mathcal{R}_T}(t)\right) = \vec{T}.\vec{v}_{G/\mathcal{R}_T}(t) + \vec{P}.\vec{v}_{G/\mathcal{R}_T}(t)$$

En projetant cette égalité vectorielle dans le repère de *Serret* (1819 / 1885) et *Frenet* (1816 / 1900) $\mathcal{R}_{SF} = (G\,; \vec{t}\,;\ \vec{n}\,;\ \vec{b})$, on a :

$$\frac{1}{2}m\frac{d}{dt}\left(v^2_{G/\mathcal{R}_T}(t)\right) = T\vec{n}.v_{G/\mathcal{R}_T}(t)\vec{t} + \underset{\mathcal{R}_{SF}}{\begin{vmatrix} -mg\sin(\theta(t)) \\ -mg\cos(\theta(t)) \\ 0 \end{vmatrix}} \cdot \underset{\mathcal{R}_{SF}}{\begin{vmatrix} v_{G/\mathcal{R}_T}(t) \\ 0 \\ 0 \end{vmatrix}}$$

Soit :

$$\frac{1}{2}m2v_{G/\mathcal{R}_T}(t)\frac{d}{dt}\left(v_{G/\mathcal{R}_T}(t)\right) = Tv_{G/\mathcal{R}_T}(t)\ \underbrace{\vec{n}.\vec{t}}_{=0} - mg\sin(\theta(t))\,v_{G/\mathcal{R}_T}(t)$$

D'où :

$$mv_{G/\mathcal{R}_T}(t)\frac{d}{dt}\left(v_{G/\mathcal{R}_T}(t)\right) = -mg\sin(\theta(t))\,v_{G/\mathcal{R}_T}(t)$$

En simplifiant par le terme $mv_{G/\mathcal{R}_T}(t)$ qui est non nul, et en se souvenant que l'on a la relation $v_{G/\mathcal{R}_T}(t) = \ell\omega(t)$, on trouve alors que :

$$\frac{d}{dt}\left(v_{G/\mathcal{R}_T}(t)\right) = -g\sin(\theta(t)) \quad \Leftrightarrow \quad \frac{d}{dt}(\ell\omega(t)) = -g\sin(\theta(t))$$

Comme ℓ est une constante dans ce problème, on en déduit que :

$$\ell\frac{d}{dt}(\omega(t)) = -g\sin(\theta(t)) \quad \Leftrightarrow \quad \frac{d}{dt}(\omega(t)) = -\frac{g}{\ell}\sin(\theta(t))$$

Ce qui nous permet d'écrire que :

$$\frac{d}{dt}(\omega(t)) + \frac{g}{\ell}\sin(\theta(t)) = 0 \quad \Leftrightarrow \quad \frac{d}{dt}\left(\frac{d\theta(t)}{dt}\right) + \frac{g}{\ell}\sin(\theta(t)) = 0$$

Finalement, on retrouve bien que l'équation différentielle non-linéaire est la suivante :

$$\boxed{\frac{d^2\theta(t)}{dt^2} + \frac{g}{\ell}\sin\big(\theta(t)\big) = 0}$$

2) En multipliant l'équation différentielle précédente par la dérivée temporelle première de l'angle $\theta(t)$, on obtient :

$$\frac{d\theta(t)}{dt}\frac{d^2\theta(t)}{dt^2} + \frac{g}{\ell}\sin\big(\theta(t)\big)\frac{d\theta(t)}{dt} = 0$$

Or, on peut remarquer que :

$$\begin{cases} \dfrac{d\theta(t)}{dt}\dfrac{d^2\theta(t)}{dt^2} = \dfrac{1}{2}2\dfrac{d\theta(t)}{dt}\dfrac{d^2\theta(t)}{dt^2} = \dfrac{1}{2}\dfrac{d}{dt}\left(\left(\dfrac{d\theta(t)}{dt}\right)^2\right) \\ \sin\big(\theta(t)\big)\dfrac{d\theta(t)}{dt} = \dfrac{d}{d\theta(t)}\big(-\cos(\theta(t))\big)\dfrac{d\theta(t)}{dt} = -\dfrac{d\cos\big(\theta(t)\big)}{dt} \end{cases}$$

Ce qui nous permet d'écrire que :

$$\frac{1}{2}\frac{d}{dt}\left(\left(\frac{d\theta(t)}{dt}\right)^2\right) - \frac{g}{\ell}\frac{d\cos\big(\theta(t)\big)}{dt} = 0 \quad\Leftrightarrow\quad \frac{1}{2}\frac{d}{dt}\left(\left(\frac{d\theta(t)}{dt}\right)^2\right) - \omega_0^2\frac{d\cos\big(\theta(t)\big)}{dt} = 0$$

En multipliant par 2, on trouve alors que :

$$\frac{d}{dt}\left(\left(\frac{d\theta(t)}{dt}\right)^2\right) = 2\omega_0^2\frac{d\cos\big(\theta(t)\big)}{dt}$$

Puis, en intégrant entre l'instant initial $t = 0$ et un instant t quelconque, on obtient alors en pensant bien à changer la variable muette de l'intégrande $t \to \tau$ pour ne pas « interférer » avec la borne supérieure t :

$$\int_0^t \frac{d}{d\tau}\left(\left(\frac{d\theta(\tau)}{d\tau}\right)^2\right)d\tau = 2\omega_0^2\int_0^t \frac{d\cos\big(\theta(\tau)\big)}{d\tau}\,d\tau$$

Soit encore :

$$\int_0^t d\left(\left(\frac{d\theta(\tau)}{d\tau}\right)^2\right) = 2\omega_0^2\int_0^t d\cos\big(\theta(\tau)\big)$$

Ce qui nous donne donc :

$$\left[\left(\frac{d\theta(\tau)}{d\tau}\right)^2\right]_0^t = 2w_0^2\left[\cos\left(\theta(\tau)\right)\right]_0^t$$

D'où :

$$\left(\frac{d\theta(t)}{dt}\right)^2 - \left(\frac{d\theta(t=0)}{dt}\right)^2 = 2w_0^2\left(\cos\left(\theta(t)\right) - \cos\left(\theta(t=0)\right)\right)$$

Or, on sait que $\theta(t=0) = \theta_i$, ce qui nous donne donc :

$$\left(\frac{d\theta(t)}{dt}\right)^2 - \left(\frac{d\theta_i}{dt}\right)^2 = 2w_0^2\left(\cos\left(\theta(t)\right) - \cos(\theta_i)\right)$$

Enfin, comme θ_i est **une constante** du problème, on en déduit que sa dérivée première temporelle est nulle. Finalement, on obtient :

$$\left(\frac{d\theta(t)}{dt}\right)^2 - 0 = 2w_0^2\left(\cos\left(\theta(t)\right) - \cos(\theta_i)\right)$$

Ce qui nous donne bien le résultat recherché, à savoir :

$$\boxed{\left(\frac{d\theta(t)}{dt}\right)^2 = 2w_0^2\left(\cos\left(\theta(t)\right) - \cos(\theta_i)\right)}$$

3) On a :

$$\forall x \in \mathbb{R}, \quad \sin^2\left(\frac{x}{2}\right) = \frac{1 - \cos(x)}{2} \quad \Leftrightarrow \quad \cos(x) = 1 - 2\sin^2\left(\frac{x}{2}\right)$$

D'où, on a :

$$\left(\frac{d\theta(t)}{dt}\right)^2 = 2w_0^2\left(1 - 2\sin^2\left(\frac{\theta(t)}{2}\right) - 1 + 2\sin^2\left(\frac{\theta_i}{2}\right)\right)$$

Soit :

$$\left(\frac{d\theta(t)}{dt}\right)^2 = 4w_0^2\left(\sin^2\left(\frac{\theta_i}{2}\right) - \sin^2\left(\frac{\theta(t)}{2}\right)\right)$$

En posant $\xi = 2w_0$, on peut écrire que :

$$\left(\frac{d\theta(t)}{dt}\right)^2 = \xi^2\left(\sin^2\left(\frac{\theta_i}{2}\right) - \sin^2\left(\frac{\theta(t)}{2}\right)\right) \quad \Rightarrow \quad \frac{d\theta(t)}{dt} = \pm\xi\sqrt{\sin^2\left(\frac{\theta_i}{2}\right) - \sin^2\left(\frac{\theta(t)}{2}\right)}$$

On remarquera que :

$$\theta_i \geq \theta(t) \quad \Leftrightarrow \quad \frac{\theta_i}{2} \geq \frac{\theta(t)}{2} \quad \Rightarrow \quad \sin^2\left(\frac{\theta_i}{2}\right) \geq \sin^2\left(\frac{\theta(t)}{2}\right)$$

Ce qui assure **l'existence de la racine carrée**. Or, la vitesse angulaire est une grandeur positive, donc seule la solution positive est à conserver. Ainsi, en inversant cette relation, on trouve que :

$$\frac{dt}{d\theta(t)} = \frac{1}{\xi\sqrt{\sin^2\left(\frac{\theta_i}{2}\right) - \sin^2\left(\frac{\theta(t)}{2}\right)}} \quad \Leftrightarrow \quad dt = \frac{1}{\xi\sqrt{\sin^2\left(\frac{\theta_i}{2}\right) - \sin^2\left(\frac{\theta(t)}{2}\right)}} d\theta(t)$$

Puis, en intégrant entre l'instant initial $t = 0$ et un instant t quelconque, on obtient alors en pensant bien à :

- changer la variable muette de l'intégrande $t \to \tau$ pour ne pas « interférer » avec la borne supérieure t
- changer la variable muette de l'intégrande du membre de droite $\theta(t) \to \varphi$ pour ne pas « interférer » avec la borne supérieure $\theta(t)$:

$$\int_0^t d\tau = \frac{1}{\xi}\int_{\theta_i}^{\theta(t)} \frac{1}{\sqrt{\sin^2\left(\frac{\theta_i}{2}\right) - \sin^2\left(\frac{\varphi}{2}\right)}} d\varphi \quad \Leftrightarrow \quad [\tau]_0^t = \frac{1}{\xi}\int_{\theta_i}^{\theta(t)} \frac{1}{\sqrt{\sin^2\left(\frac{\theta_i}{2}\right) - \sin^2\left(\frac{\varphi}{2}\right)}} d\varphi$$

Ainsi, on trouve bien la relation proposée par le sujet, à savoir :

$$\boxed{t = \frac{1}{\xi}\int_{\theta_i}^{\theta(t)} \frac{1}{\sqrt{\sin^2\left(\frac{\theta_i}{2}\right) - \sin^2\left(\frac{\varphi}{2}\right)}} d\varphi}$$

4) Une oscillation du pendule peut se décomposer en quatre parties différentes, mais de même durée. En effet, comme $v_i = 0$, on a :
   - Phase n°1 : mouvement de $\theta = \theta_i$ jusqu'à $\theta = 0$;
   - Phase n°2 : mouvement de $\theta = 0$ jusqu'à $\theta = -\theta_i$;
   - Phase n°3 : mouvement de $\theta = -\theta_i$ jusqu'à $\theta = 0$;
   - Phase n°4 : mouvement de $\theta = 0$ jusqu'à $\theta = \theta_i$.

Comme ces quatre phases sont identiques, on en déduit qu'elles s'effectuent en des durées identiques. Ainsi, une période complète s'effectue en $\mathcal{T}(\theta_i)$ qui est quatre fois plus grandes que la durée de la phase n°4, caractérisant le mouvement de $\theta = 0$ jusqu'à $\theta = \theta_i$. D'où, en vertu de la question précédente, on en déduit que :

$$\boxed{\mathcal{T}(\theta_i) = \frac{4}{\xi}\int_0^{\theta_i} \frac{1}{\sqrt{\sin^2\left(\frac{\theta_i}{2}\right) - \sin^2\left(\frac{\varphi}{2}\right)}} d\varphi}$$

5) Calculons la dérivée suivante :

$$\frac{d}{d\varphi}\left(\sin\left(\frac{\varphi}{2}\right)\right) = \frac{d}{d\varphi}\left(\sin\left(\frac{\theta_i}{2}\right)\sin(\phi(t))\right)$$

Ce qui nous donne :

$$\frac{1}{2}\cos\left(\frac{\varphi}{2}\right) = \sin\left(\frac{\theta_i}{2}\right)\frac{d}{d\varphi}\left(\sin(\phi(t))\right)$$

Soit encore :

$$\frac{1}{2}\cos\left(\frac{\varphi}{2}\right) = \sin\left(\frac{\theta_i}{2}\right)\frac{d}{d\phi(t)}\left(\sin(\phi(t))\right)\frac{d\phi(t)}{d\varphi}$$

Ainsi, on a :

$$\frac{1}{2}\cos\left(\frac{\varphi}{2}\right) = \sin\left(\frac{\theta_i}{2}\right)\cos(\phi(t))\frac{d\phi(t)}{d\varphi}$$

D'où :

$$1 = \frac{2\sin\left(\frac{\theta_i}{2}\right)\cos(\phi(t))}{\cos\left(\frac{\varphi}{2}\right)}\frac{d\phi(t)}{d\varphi}$$

Finalement, on trouve que :

$$\boxed{d\varphi = \frac{2\sin\left(\frac{\theta_i}{2}\right)\cos(\phi(t))}{\cos\left(\frac{\varphi}{2}\right)}d\phi(t)}$$

6) Avec ce qui précède, on peut écrire que :

$$\mathcal{T}(\theta_i) = \frac{4}{\xi}\int_0^{\frac{\pi}{2}} \frac{1}{\sqrt{\sin^2\left(\frac{\theta_i}{2}\right) - \left(\sin\left(\frac{\theta_i}{2}\right)\sin(\phi(t))\right)^2}} \frac{2\sin\left(\frac{\theta_i}{2}\right)\cos(\phi(t))}{\cos\left(\frac{\varphi}{2}\right)}d\phi(t)$$

Soit :

$$\mathcal{T}(\theta_i) = \frac{8}{\xi}\int_0^{\frac{\pi}{2}} \frac{1}{\sqrt{\sin^2\left(\frac{\theta_i}{2}\right) - \sin^2\left(\frac{\theta_i}{2}\right)\sin^2(\phi(t))}} \frac{\sin\left(\frac{\theta_i}{2}\right)\cos(\phi(t))}{\cos\left(\frac{\varphi}{2}\right)}d\phi(t)$$

D'où :

$$\mathcal{T}(\theta_i) = \frac{8}{\xi}\int_0^{\frac{\pi}{2}} \frac{1}{\left|\sin\left(\frac{\theta_i}{2}\right)\right|\sqrt{1 - \sin^2(\phi(t))}} \frac{\sin\left(\frac{\theta_i}{2}\right)\cos(\phi(t))}{\cos\left(\frac{\varphi}{2}\right)}d\phi(t)$$

Mais comme $\pi \geq \theta_i \geq 0$ cala implique que :

$$\sin\left(\frac{\theta_i}{2}\right) \geq 0 \quad \Rightarrow \quad \left|\sin\left(\frac{\theta_i}{2}\right)\right| = \sin\left(\frac{\theta_i}{2}\right)$$

Puis, en se souvenant que $\sqrt{1 - \sin^2(\phi(t))} = \cos(\phi(t))$, on peut alors écrire que :

$$\mathcal{T}(\theta_i) = \frac{8}{\xi}\int_0^{\frac{\pi}{2}} \frac{\sin\left(\frac{\theta_i}{2}\right)\cos(\phi(t))}{\sin\left(\frac{\theta_i}{2}\right)\cos(\phi(t))}\frac{1}{\cos\left(\frac{\varphi}{2}\right)}d\phi(t)$$

Enfin, en simplifiant, on obtient le résultat souhaité :

$$\boxed{\mathcal{T}(\theta_i) = \frac{8}{\xi}\int_0^{\frac{\pi}{2}} \frac{1}{\cos\left(\frac{\varphi}{2}\right)}d\phi(t)}$$

7) A partir du changement de variable proposé par le sujet, on peut donc écrire que :

$$\sin\left(\frac{\varphi}{2}\right) = \sin\left(\frac{\theta_i}{2}\right)\sin(\phi(t)) \quad \Rightarrow \quad \sin^2\left(\frac{\varphi}{2}\right) = \sin^2\left(\frac{\theta_i}{2}\right)\sin^2(\phi(t))$$

Ce qui nous donne :

$$1-\cos^2\left(\frac{\varphi}{2}\right) = \sin^2\left(\frac{\theta_i}{2}\right)\sin^2(\phi(t)) \quad \Leftrightarrow \quad \cos^2\left(\frac{\varphi}{2}\right) = 1-\sin^2\left(\frac{\theta_i}{2}\right)\sin^2(\phi(t))$$

Ce qui implique que :

$$\cos\left(\frac{\varphi}{2}\right) = \pm\sqrt{1-\sin^2\left(\frac{\theta_i}{2}\right)\sin^2(\phi(t))}$$

Or, φ est la variable muette associé à $\theta(t)$ qui est compris entre 0 et θ_i. Ceci implique que φ satisfait à :

$$\pi \geq \varphi \geq 0 \quad \Leftrightarrow \quad \frac{\pi}{2} \geq \frac{\varphi}{2} \geq 0 \quad \Rightarrow \quad 1 \geq \cos\left(\frac{\varphi}{2}\right) \geq 0$$

Donc, seule la solution positive « + » est à retenir. On a alors :

$$\cos\left(\frac{\varphi}{2}\right) = \sqrt{1-\sin^2\left(\frac{\theta_i}{2}\right)\sin^2(\phi(t))}$$

D'où :

$$\mathcal{T}(\theta_i) = \frac{8}{\xi}\int_0^{\frac{\pi}{2}} \frac{1}{\sqrt{1-\sin^2\left(\frac{\theta_i}{2}\right)\sin^2(\phi(t))}}d\phi(t)$$

Si on pose $k = \sin\left(\frac{\theta_i}{2}\right)$, comme le propose le sujet, alors on en déduit que la période $\mathcal{T}(\theta_i)$ est oscillation prend la forme suivante :

$$\mathcal{T}(\theta_i) = \frac{8}{\xi}\int_0^{\frac{\pi}{2}} \frac{1}{\sqrt{1 - \mathscr{k}^2 \sin^2\big(\phi(t)\big)}} d\phi(t)$$

On reconnait alors l'intégrale elliptique complète de première espèce $\mathcal{K}$ de *Jacobi* (1804 / 1851). Ainsi, on peut écrire que :

$$\boxed{\mathcal{T}(\theta_i) = \frac{8}{\xi}\mathcal{K}(\mathscr{k})}$$

8) Si on se trouve dans le cas où l'angle d'écartement initial θ_i est « faible » alors il est possible d'effectuer un développement limité à l'ordre un en $\mathscr{k}$. On a alors :

$$\begin{aligned}
\mathcal{K}(\mathscr{k}) &= \int_0^{\frac{\pi}{2}} \frac{1}{\big(1 - \mathscr{k}^2 \sin^2\big(\phi(t)\big)\big)^{\frac{1}{2}}} d\phi(t) \\
&= \int_0^{\frac{\pi}{2}} \big(1 - \mathscr{k}^2 \sin^2\big(\phi(t)\big)\big)^{-\frac{1}{2}} d\phi(t) \\
&\approx \int_0^{\frac{\pi}{2}} \left(1 + \frac{1}{2}\mathscr{k}^2 \sin^2\big(\phi(t)\big)\right) d\phi(t)
\end{aligned}$$

Ce qui va nous donner :

$$\begin{aligned}
\mathcal{K}(\mathscr{k}) &\approx \int_0^{\frac{\pi}{2}} d\phi(t) + \int_0^{\frac{\pi}{2}} \frac{1}{2}\mathscr{k}^2 \sin^2\big(\phi(t)\big)\, d\phi(t) \\
&\approx \int_0^{\frac{\pi}{2}} d\phi(t) + \frac{1}{2}\mathscr{k}^2 \int_0^{\frac{\pi}{2}} \sin^2\big(\phi(t)\big)\, d\phi(t) \\
&\approx \int_0^{\frac{\pi}{2}} d\phi(t) + \frac{1}{2}\mathscr{k}^2 \int_0^{\frac{\pi}{2}} \frac{1 - \cos\big(2\phi(t)\big)}{2} d\phi(t)
\end{aligned}$$

Soit encore :

$$\begin{aligned}
\mathcal{K}(\mathscr{k}) &\approx \int_0^{\frac{\pi}{2}} d\phi(t) + \frac{1}{4}\mathscr{k}^2 \int_0^{\frac{\pi}{2}} \big(1 - \cos\big(2\phi(t)\big)\big)\, d\phi(t) \\
&\approx \int_0^{\frac{\pi}{2}} d\phi(t) + \frac{1}{4}\mathscr{k}^2 \int_0^{\frac{\pi}{2}} d\phi(t) - \frac{1}{4}\mathscr{k}^2 \int_0^{\frac{\pi}{2}} \cos\big(2\phi(t)\big)\, d\phi(t)
\end{aligned}$$

Or, on a :

$$\int_0^{\frac{\pi}{2}} d\phi(t) = \frac{\pi}{2} \quad \text{et} \quad \int_0^{\frac{\pi}{2}} \cos(2\phi(t))\, d\phi(t) = \left[\frac{1}{2}\sin(2\phi(t))\right]_0^{\frac{\pi}{2}} = \frac{\sin\left(2\frac{\pi}{2}\right) - \sin(0)}{2}$$

Ce qui nous permet d'écrire que :

$$\int_0^{\frac{\pi}{2}} d\phi(t) = \frac{\pi}{2} \quad \text{et} \quad \int_0^{\frac{\pi}{2}} \cos(2\phi(t))\, d\phi(t) = \frac{\sin(\pi) - \sin(0)}{2} = \frac{0-0}{2} = \frac{0}{2} = 0$$

Donc, on trouve que :

$$\mathcal{K}(\mathcal{k}) \approx \frac{\pi}{2} + \frac{1}{4}\mathcal{k}^2\frac{\pi}{2} \quad \Leftrightarrow \quad \mathcal{K}(\mathcal{k}) \approx \frac{\pi}{2}\left(1 + \frac{1}{4}\mathcal{k}^2\right)$$

De plus, comme l'angle d'écartement initial θ_i est « faible », on peut donc écrire que $\mathcal{k}^2$ prend la forme approchée suivante :

$$\mathcal{k}^2 = \left(\sin\left(\frac{\theta_i}{2}\right)\right)^2 \quad \Leftrightarrow \quad \mathcal{k}^2 \approx \left(\frac{\theta_i}{2}\right)^2 \quad \Leftrightarrow \quad \mathcal{k}^2 \approx \frac{\theta_i^2}{4}$$

Dans ce cas, on obtient :

$$\mathcal{K}(\mathcal{k}) \approx \frac{\pi}{2}\left(1 + \frac{1}{4}\frac{\theta_i^2}{4}\right) \quad \Leftrightarrow \quad \mathcal{K}(\mathcal{k}) \approx \frac{\pi}{2}\left(1 + \frac{\theta_i^2}{16}\right)$$

Donc la période des oscillations du pendule $\mathcal{T}(\theta_i)$ nous est donnée par l'expression suivante :

$$\mathcal{T}(\theta_i) \approx \frac{8}{\xi}\frac{\pi}{2}\left(1 + \frac{\theta_i^2}{16}\right) \quad \Leftrightarrow \quad \mathcal{T}(\theta_i) \approx \frac{4\pi}{\xi}\left(1 + \frac{\theta_i^2}{16}\right) \quad \Leftrightarrow \quad \mathcal{T}(\theta_i) \approx \frac{4\pi}{2w_0}\left(1 + \frac{\theta_i^2}{16}\right)$$

Ainsi, on a :

$$\mathcal{T}(\theta_i) \approx \frac{2\pi}{w_0}\left(1 + \frac{\theta_i^2}{16}\right)$$

Finalement, la période des oscillations $\mathcal{T}(\theta_i)$ du pendule peut être approchée par la formule suivante :

$$\boxed{\mathcal{T}(\theta_i) \approx \mathcal{T}_0\left(1 + \frac{\theta_i^2}{16}\right)}$$

9) Dans la formule précédente la période des oscillations dépend explicitement de l'angle initial θ_i ; donc il est impossible de parler d'isochronisme des oscillations.

10) Afin de déterminer le domaine de validité, sur θ_i, de la formule approchée précédente, comparons les valeurs de $\mathcal{K}(k)$ avec celles issues de sa formule approchée. On a alors :

θ_i (en rad)	θ_i (en °)	$\mathcal{K}(k)$	$\frac{\pi}{2}\left(1+\frac{\theta_i^2}{16}\right)$	Erreur relative (en %)
0	0	$\frac{\pi}{2}$	$\frac{\pi}{2}$	0
0,175	10	1,57379	1,57379	0,00033
0,349	20	1,58284	1,58276	0,00532
0,524	30	1,59814	1,59771	0,02694
0,698	40	1,62003	1,61865	0,08521
0,873	50	1,64900	1,64556	0,20828
1,047	60	1,68575	1,67846	0,43265
1,222	70	1,73125	1,71733	0,80351
1,396	80	1,78677	1,76219	1,37545

On constate que l'approximation engendre une erreur relative qui est légèrement supérieure à 1% si $\theta_i \leq 80°$. On peut donc admettre que la formule de *Borda* (1733 / 1799*)* est acceptable si $\boldsymbol{\theta_i \leq 80°}$. Comparons graphiquement les valeurs de ces deux formules. On a :

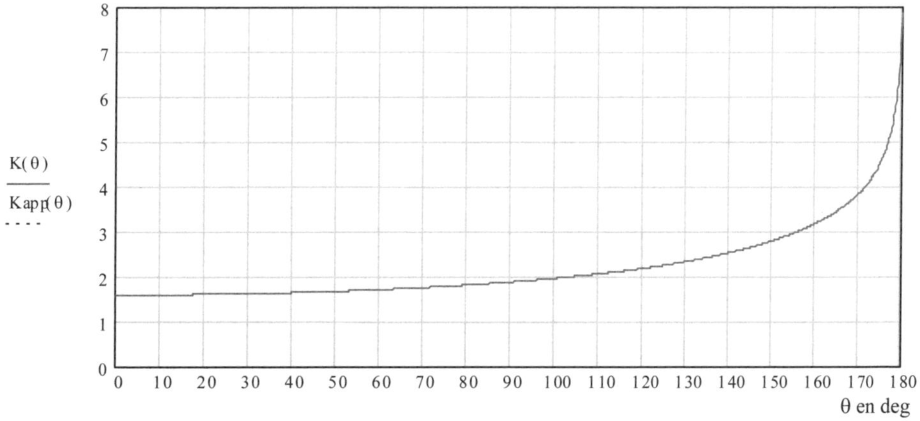

11) D'après le tableau, on constate que l'angle θ_i n'a aucune influence numérique sur la valeur de la période des oscillations si $\theta_i \leq 10°$. Ainsi, on a :

$$\boxed{\theta_i \leq 10° \quad \Longrightarrow \quad \mathcal{T}(\theta_i) \approx \mathcal{T}_0}$$

Donc, on distingue trois régimes oscillants différents :

- faibles amplitudes – régime linéaire – si $\theta_i \leq 10°$:
$$\mathcal{T}(\theta_i) \approx \mathcal{T}_0 \quad \text{(isochronisme)}$$
- grandes amplitudes – régime faiblement non linéaire – si $\theta_i \leq 80°$:
$$\mathcal{T}(\theta_i) \approx \mathcal{T}_0 \left(1 + \frac{\theta_i^2}{16}\right)$$
- très grandes amplitudes – régime totalement non linéaire – si $\theta_i > 80°$:
$$\mathcal{T}(\theta_i) = \frac{4}{w_0} \mathcal{K}\left(\sin\left(\frac{\theta_i}{2}\right)\right)$$

♣ *Il existe une autre approche des problèmes de mécanique : la mécanique analytique. Il s'agit d'une formulation plus mathématique des lois de la Physique, particulièrement bien adaptée à l'obtention et à la résolution des équations du mouvement. Cette approche est particulièrement bien adaptée à la Physique théorique et à la Physique mathématique. Elle repose sur les travaux des deux mathématiciens Joseph Louis Lagrange (1736 / 1813) et Sir William Rowan Hamilton (1805 / 1865).*

Joseph Luis Lagrange

Sir William Rowan Hamilton

♣ *Il existe bien d'autres situations physiques autour du pendule « simple » qui sont extrêmement intéressantes et formatrices. Citons par exemple :*
- *le double pendule simple, mais qui nécessite la mécanique analytique ;*
- *le pendule balistique ;*
- *le pendule conique ;*
- *le pendule sphérique ;*
- *le pendule elliptique ;*
- *le pendule isochrone de Christian Huygens (1629 / 1695) ;*
- *le pendule de James Clerk Maxwell (1831 / 1879), similaire à un Yoyo ;*
- *le pendule de Fernand Holweck (1890 / 1941) et Pierre Lejay (1898 / 1958) ;*
- *le pendule de Léon Foucault, mais faisant appel aux référentiels non galiléens ;*
- *le pendule paramétrique tel que le botafumeiro.*

DEUXIÈME PROBLÈME

Les forces de pression

L'étude des forces de pression joue un rôle très important dans les constructions de grandes tailles, telles que les barrages, ou les édifices sportifs. La pression qui s'exerce par les particules d'un fluide (liquide ou gaz) est, d'un point de vie microscopique, perçue comme étant le résultat des chocs successifs de ces particules fluides sur les parois du contenant :

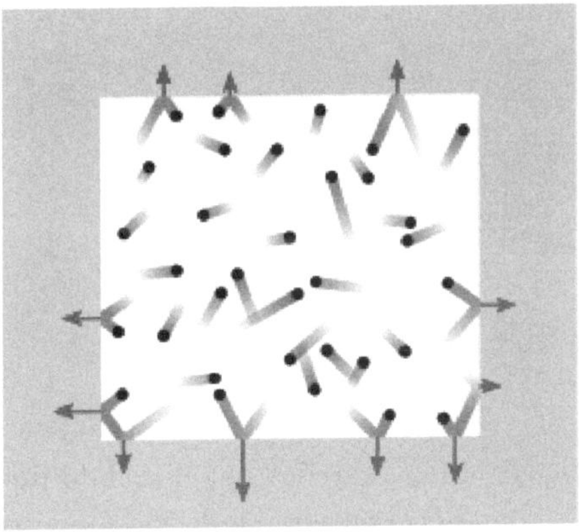

La pression est une grandeur physique qui s'exprime dans le Système International (S.I.) en Pascal, de symbole Pa. La seconde partie du 19 ième siècle marque l'avènement de la révolution industrielle. L'usage de la vapeur comme « source motrice » rend nécessaire la maîtrise des forces de pression. Deux grands physiciens, l'écossais James Clerk Maxwell (1831 / 1879) et l'autrichien Ludwig Eduard Boltzmann (1844 / 1906), donnerons la forme (physique et mathématique) définitive à l'interprétation microscopique de la pression. D'un point de vue macroscopique, la pression peut être comprise en l'assimilant à une force surfacique, c'est-à-dire une force par unité de surface. Ainsi, de ce point de vue, les dimensions de la pression sont des N/m^2, à savoir : $kg.m^{-1}.s^{-2}$. Le physicien va ainsi être amené à proposer, pour les forces de pression, une modélisation faisant intervenir une intégrale surfacique. Et, afin de satisfaire à l'orientation vectorielle, il va convenir d'un sens vectoriel des surfaces : ces dernières vont ainsi devenir des vecteurs.

♠ Données du problème

- masse molaire de l'air : $M_{air} = 28{,}97$ g/mol
- pression atmosphérique au niveau de la mer : $p_m = 101325$ Pa
- température au niveau de la mer : $T_m = 14{,}85$ °C
- accélération de pesanteur terrestre au niveau de la mer : $g = \|\vec{g}\| = 9{,}81\ \text{m/s}^2$
- constante des gaz parfait : $R = 8{,}31\ \text{J.mol}^{-1}.\text{K}^{-1}$
- température du zéro absolu : $T_{za} = -273{,}15$ K

Imaginons, au sein d'un fluide (gaz ou liquide) **au repos** une forme solide de volume V et de surface externe S. Sur cette dernière, on note par dS une partie infinitésimale de de celle-ci. Dans ce cas, et par convention, le physicien a choisi **d'orienter (vectoriellement) cet élément de surface infinitésimale toujours vers son extérieur**. Ainsi, on obtient

$$d\vec{S} = dS\,\vec{n}$$

Dans cette relation, $\vec{n}$ est un vecteur unitaire, toujours orienté vers l'extérieur de l'élément de surface considérée.

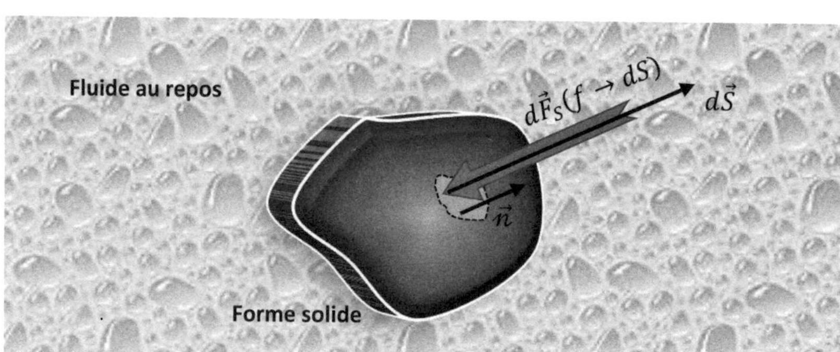

Les forces de pression $d\vec{F}_S(f \rightarrow dS)$ exercées par le milieu fluide extérieur, symbolisé par f, sur la surface dS, sont nécessairement de sens contraire à $d\vec{S}$, car le fluide « appui » sur dS de l'extérieur vers l'intérieur de la forme solide. C'est pourquoi, en notant par p_{dS} la pression ressentie par l'élément de surface considérée dS, on a :

$$d\vec{F}_S(f \rightarrow dS) = -p_{dS}\,d\vec{S}$$

Dès lors, pour déterminer la résultante des forces de pression $\vec{F}_S(f \rightarrow S)$ exercée par le milieu fluide extérieur sur la surface S de la forme solide entière, il suffit de sommer intégralement toutes les forces élémentaires de pression $d\vec{F}_S(f \rightarrow dS)$. Ainsi, on obtient l'expression générale suivante :

$$\boxed{\vec{F}_S(f \rightarrow S) = -\int_S p_{dS}\,d\vec{S}}$$

Partie A – Variation de la pression atmosphérique avec l'altitude

Dans cette première partie, on va chercher à établir la loi de pression hydrostatique, puis l'appliquer à des modèles d'atmosphères simplifiés.

➔ *Section 1 : loi de pression hydrostatique*

On considère une « tranche infinitésimale » de fluide (gaz ou liquide) **au repos** et d'épaisseur dz, et de masse dm. Cette tranche est de la forme d'un parallélépipède rectangle, de surface de face supérieure et inférieure identique S tel que la pression sous la face inférieure soit $p(z)$ et celle sur la face supérieure soit $p(z+dz)$:

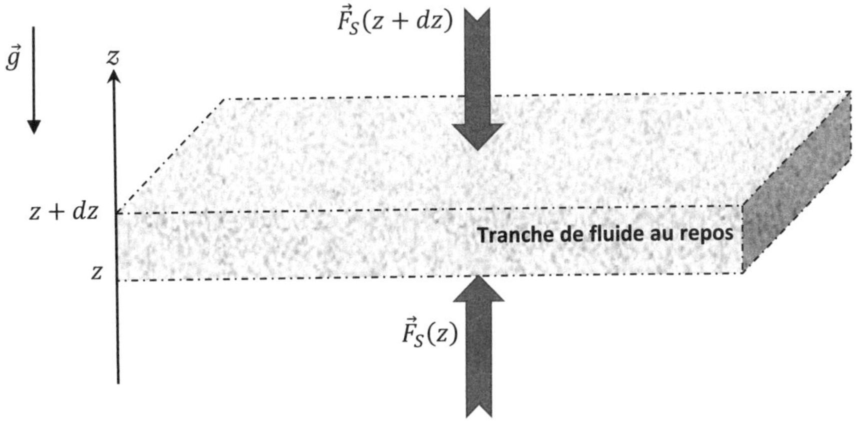

La « tranche infinitésimale » de fluide étudiée est caractérisée par un volume $dV = Sdz$ et une masse volumique $\rho(z)$, supposée constante dans cette tranche. En outre, on admettra que la pression $p(z+dz)$ s'exerçant sur la face supérieure de la tranche de fluide est constante, et qu'il en est de même pour la pression $p(z)$ s'exerçant sur la face inférieure. On notera par $\vec{e}_z$ le vecteur unitaire de la direction verticale. On travaillera dans le référentiel terrestre $\mathcal{R}_T = \left(O\,;\overrightarrow{e_x}\,;\,\overrightarrow{e_y}\,;\,\overrightarrow{e_z}\,;t\right)_{\mathbb{E}(3)}$ supposé galiléen.

1) Donner l'expression de dm en fonction de $\rho(z)$ et dV.
2) Déterminer l'expression du poids $\vec{P}$ de la « tranche infinitésimale » de fluide étudiée en fonction de $\rho(z)$, S, dz, g et $\vec{e}_z$.
3) Justifier que la résultante des forces de pression $\vec{F}_p$ qui s'exerce sur la tranche de fluide soit uniquement de direction verticale.
4) Démontrer que la résultante des forces de pression $\vec{F}_p$ à pour expression :

$$\vec{F}_S(z+dz) + \vec{F}_S(z) = -\frac{dp(z)}{dz}\,dz\,S\,\vec{e}_z$$

5) En appliquant, dans $\mathcal{R}_T$, la relation fondamentale (R.F.D.) à la « tranche infinitésimale » de fluide étudiée, exprimer la dérivée première de la pression $p(z)$ par rapport à l'altitude z en fonction de la masse volumique $\rho(z)$ et de g.
6) En faisant usage d'une intégration, démontrer que, dans un fluide compressible, au repos, la différence de pression entre deux points A et B, s'exprime par la relation suivante :

$$p_A - p_B = \int_{z_A}^{z_B} \rho(z)\, g\, dz$$

7) En déduire que, dans un fluide incompressible au repos, la différence de pression entre deux points A et B, s'exprime par la relation suivante :

$$p_A - p_B = \rho g (z_B - z_A)$$

8) Justifier que, dans un fluide incompressible au repos, la quantité $p + \rho g z$ se conserve. En donner une interprétation énergétique.

➔ *Section 2 : Modèle d'atmosphère isotherme*

En première approximation, on assimile l'atmosphère terrestre à un gaz parfait isotherme en équilibre hydrostatique. Ce modèle d'évolution peut s'appliquer dans une zone d'altitude comprise entre 11 km et 22 km correspondante à la tropopause et au bas de la stratosphère :

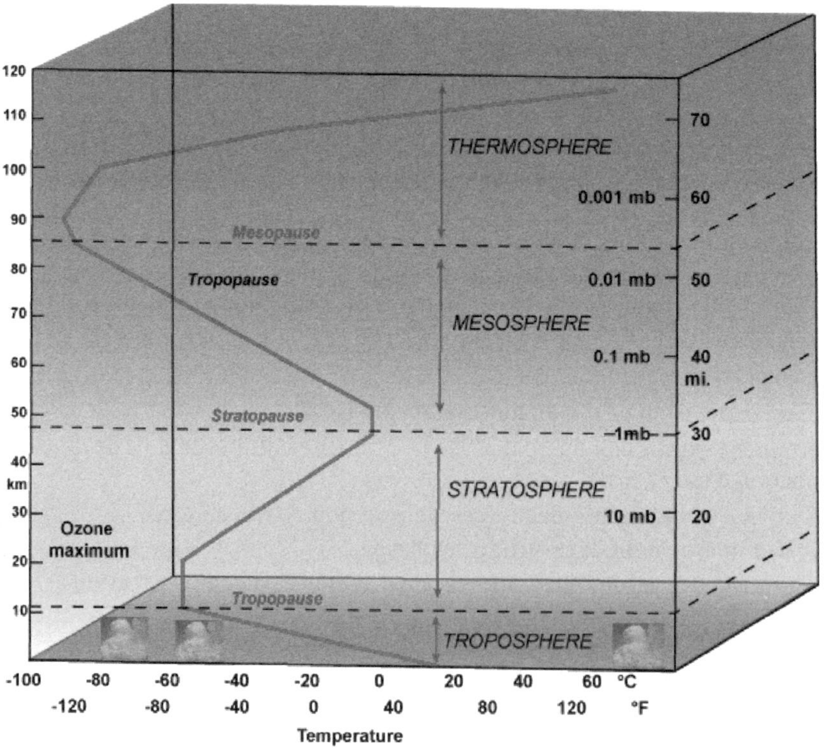

Document 1 : structure verticale de l'atmosphère terrestre

On admettra que :

- accélération de pesanteur au niveau de stratosphère : $g = \|\vec{g}\| = 9{,}76 \text{ m/s}^2$
- température de la tropopause et bas de la stratosphère : $T_S = 216{,}5 \text{ K}$
- altitude de départ de la tropopause : $z_0 = 11 \text{ km}$
- pression de départ de la tropopause : $p_0 = 22600 \text{ Pa}$

1) Déterminer l'expression de la masse volumique $\rho(z)$ en fonction de p, M_{air}, R et T_S.
2) A partie de la question 5) de la section précédente, déterminer l'expression de la pression $p(z)$ qui règne au sein de la tropopause et au bas de la stratosphère en fonction de g, p_0, z_0, M_{air}, R et T_S. Pouvez-vous mettre en évidence une distance caractéristique de cette évolution de pression ?
3) Déterminer la valeur numérique de la pression qui règne à l'altitude de $z_s = 22$ km.

➔ *Section 3 : Modèle d'atmosphère non-isotherme*

Dans la troposphère, région de l'atmosphère terrestre d'altitude inférieure à 11 km, on peut considérer, en première approximation, que la température décroit constamment selon le **gradient** (c'est la loi d'évolution) de température suivant :

$$\frac{dT(z)}{dz} = \mathcal{g} \qquad \text{avec : } \mathcal{g} = -6{,}5 \text{ K/km}$$

En outre, on admettra que accélération de pesanteur au niveau de la troposphère est uniforme et vaut : $g = \|\vec{g}\| = 9{,}803 \text{ m/s}^2$.

1) Déterminer la loi d'évolution de la température $T(z)$ au sein de la troposphère en fonction de $\mathcal{g}$, T_m et z.
2) Déterminer la température en haut de la troposphère, à une altitude de $z_t = 11$ km.
3) A partir de la question 5) de la *Section 1*, déterminer l'expression de la pression $p(z)$ qui règne au sein de la troposphère en fonction de g, p_0, z_0, M_{air}, R et T_S.
4) Déterminer la valeur numérique de la pression qui règne à l'altitude de $z_t = 11$ km.

Partie B – Demi-sphère creuse remplie d'eau

On considère une demi-sphère creuse, en aluminium, de rayon interne R et de rayon externe $R + e$, telle que l'épaisseur e puisse être considérée comme beaucoup plus petite que le rayon interne. Cette demi-sphère creuse, est de masse m, et repose par sa base sur un plan horizontal contre lequel ses bords s'appuient par gravité, sans pour autant y être collés. Au sommet de cette demi-sphère creuse, au point S, on perce un orifice circulaire par lequel on y verse de l'eau, supposée incompressible, et ceci jusqu'à ce que le niveau d'eau atteigne une hauteur $h \leq R$, et que l'eau puisse être considérée comme étant au repos. Enfin, on admettra que l'orifice circulaire supérieur est de surface si petite qu'on puisse admettre, en première approximation, qu'il est sans effet. On travaillera dans le référentiel terrestre $\mathcal{R}_T = \left(O\,;\overrightarrow{e_x}\,;\,\overrightarrow{e_y}\,;\,\overrightarrow{e_z}\,;t\right)_{\mathbb{E}(3)}$ supposé galiléen.
On admettra que :

- rayon interne de la demi-sphère creuse : $R = 15$ cm
- épaisseur de la demi-sphère creuse : $R = 1$ mm
- masse de la demi-sphère creuse : $m = 768{,}2$ g
- masse volumique de l'eau : $\rho_e = 1000\ \mathrm{kg/m^3}$
- masse volumique de l'aluminium : $\rho = 2699\ \mathrm{kg/m^3}$

Et on a la géométrie, dans un plan radial de la demi-sphère creuse, suivante :

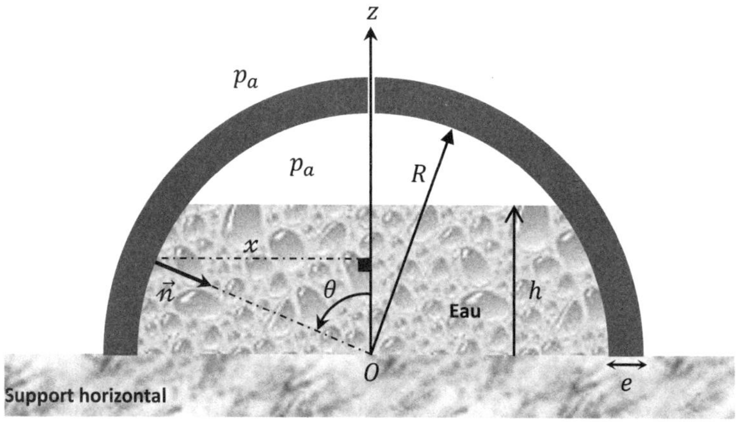

On admettra qu'un élément de surface infinitésimale $\overrightarrow{dS_{int}}$ de la surface intérieure de la demi-sphère creuse est donnée par l'expression :

$$\overrightarrow{dS_{int}} = 2\pi R^2 \sin(\theta)\, d\theta\, \vec{n}$$

1) Déterminer l'expression de x en fonction de R et $\sin(\theta)$.
2) Justifier l'expression vectorielle de l'élément de surface infinitésimale interne $\overrightarrow{dS_{int}}$ qui est proposée par le sujet.
3) Déterminer, en fonction de p_a, g, h, ρ_e et z, l'expression de la pression $p(z)$ au sein de l'eau au repos.
4) Par une analyse sur **la symétrie** et l'invariance par transformations géométriques du système considéré, justifier que la résultante des forces de pression $\vec{F}_{eau}$ exercée par l'eau sur la surface interne de la demi-sphère creuse soit verticale.
5) Déterminer la résultante des forces de pression $\vec{F}_{eau}$.
6) Déterminer la résultante des forces de pression $\vec{F}_{p-int}$ exercée par la pression atmosphérique sur la surface interne de la demi-sphère creuse.
7) Déterminer la résultante des forces de pression $\vec{F}_{p-ext}$ exercée par la pression atmosphérique sur la surface externe de la demi-sphère creuse.
8) Déterminer l'expression du poids $\vec{P}$ de la demi-sphère creuse en fonction des données numériques du problème.
9) Déterminer la hauteur h_0 à partir de laquelle l'eau va s'écouler sous la demi-sphère creuse.

Fin du sujet

CORRECTION

Ce problème traite d'une thématique très peu abordée au lycée (si ce n'est en Devoir Maison) : les forces de pression. Pourtant, dès le début de l'enseignement supérieur scientifique elles sont étudiées. Le problème s'articule en deux parties de difficultés différentes. La première, la plus facile s'ouvre sur la détermination des relations les plus importantes de l'hydrostatique. Ces relations sont mises à profit dans le cadre très physique des modèles (simplifiés) d'atmosphères. Deux comportements atmosphériques sont abordés : une modélisation isotherme et non isotherme. Cette première partie met l'accent sur la Physique, et donc se révèlera assez peu technique car le candidat sera amené à calculer diverses intégrales élémentaires. En revanche, la seconde, beaucoup plus technique, aborde une situation classique de statique des fluides. Le candidat sera d'abord invité à produire un raisonnement basé sur la symétrie du système étudié, ce qui entraine des simplifications directes. Il s'agit d'un raisonnement incontournable dès le niveau BAC + 1. Puis, le candidat sera amené à calculer diverses intégrales trigonométriques qui, on le sait, pose souvent des problèmes. Encore un beau problème offrant des situations diverses qui ravirons les amateurs.

Partie A – Variation de la pression atmosphérique avec l'altitude

➔ *Section 1 : loi de pression hydrostatique*

1) Par définition, on a :

$$\rho(z) = \frac{dm}{dV}$$

D'où :

$$\boxed{dm = \rho(z)\, dV}$$

2) L'expression du poids $\vec{P}$ de la « tranche infinitésimale » de fluide étudiée est :

$$\vec{P} = dm\, \vec{g} \quad \Leftrightarrow \quad \vec{P} = \rho(z)dV\, \vec{g} \quad \Leftrightarrow \quad \vec{P} = \rho(z)dV\, g(-\overrightarrow{e_z})$$

Soit :

$$\boxed{\vec{P} = -\rho(z)dV\, g\, \overrightarrow{e_z}}$$

3) Notons par S_{Tot} la surface totale externe de la tranche de fluide étudiée. La résultante des forces de pression $\vec{F}_p$ qui s'exerce sur la tranche de fluide est donnée par :

$$\vec{F}_p = -\int_{S_{Tot}} p_{dS}\, d\vec{S}$$

Mais, la surface totale se décompose de la manière suivante :

$$S_{Tot} = S_{Sup} \cup S_{Inf} \cup S_{Avant} \cup S_{Arrière} \cup S_{Gauche} \cup S_{Droite}$$

Ce qui nous permet d'écrire que :

$$\begin{aligned}\vec{F}_p &= -\int_{S_{Sup}} p_{Sup}\, d\vec{S} - \int_{S_{Inf}} p_{inf}\, d\vec{S} \\ &\quad -\int_{S_{Avant}} p_{Avant}\, d\vec{S} - \int_{S_{Arrière}} p_{Arrière}\, d\vec{S} \\ &\quad -\int_{S_{Gauche}} p_{Gauche}\, d\vec{S} - \int_{S_{Droite}} p_{droite}\, d\vec{S}\end{aligned}$$

Or, à altitude z identique, on a $p_{Avant} = p_{Arrière} = p_{Gauche} = p_{droite} = p$. Ainsi, on obtient :

$$\begin{aligned}\vec{F}_p &= -\int_{S_{Sup}} p_{Sup}\, d\vec{S} - \int_{S_{Inf}} p_{inf}\, d\vec{S} \\ &\quad -\int_{S_{Avant}} p\, d\vec{S} - \int_{S_{Arrière}} p\, d\vec{S} \\ &\quad -\int_{S_{Gauche}} p\, d\vec{S} - \int_{S_{Droite}} p\, d\vec{S}\end{aligned}$$

Or, vectoriellement, on a $\vec{S}_{Gauche} = -\vec{S}_{Droite}$ et a $\vec{S}_{Avant} = -\vec{S}_{Arrière}$. Ce qui implique que :

$$\begin{aligned}\vec{F}_p &= -\int_{S_{Sup}} p_{Sup}\, d\vec{S} - \int_{S_{Inf}} p_{inf}\, d\vec{S} \\ &\quad -\int_{S_{Avant}} p\, d\vec{S} + \int_{S_{Avant}} p\, d\vec{S} \\ &\quad -\int_{S_{Gauche}} p\, d\vec{S} + \int_{S_{Gauche}} p\, d\vec{S}\end{aligned}$$

Soit :

$$\vec{F}_p = -\int_{S_{Sup}} p_{Sup}\, d\vec{S} - \int_{S_{Inf}} p_{inf}\, d\vec{S} + \vec{0} + \vec{0}$$

Mais comme :

$$\begin{cases}\vec{S}_{Sup} = S\,\vec{e}_z \\ \vec{S}_{Inf} = S(-\vec{e}_z) = -S\,\vec{e}_z\end{cases}$$

Ainsi, **la résultante des forces de pression $\vec{F}_p$ est** effectivement **purement verticale**.

4) La résultante des forces de pression $\vec{F}_p$ étant purement verticale, elle a pour expression :

$$\vec{F}_p = \vec{F}_S(z + dz) + \vec{F}_S(z)$$

Ainsi, on peut donc écrire que :

$$\vec{F}_S(z+dz)+\vec{F}_S(z)=-\int_{S_{Sup}} p_{Sup}\, d\vec{S}-\int_{S_{Inf}} p_{inf}\, d\vec{S}$$

Soit encore :

$$\vec{F}_S(z+dz)+\vec{F}_S(z)=-\int_{S_{Sup}} p(z+dz)\, d\vec{S}-\int_{S_{Inf}} p(z)\, d\vec{S}$$

Comme les pressions sur uniforme sur les surfaces S_{Sup} et S_{Inf}, on peut écrire que :

$$\vec{F}_S(z+dz)+\vec{F}_S(z)=-p(z+dz)\int_{S_{Sup}} d\vec{S}-p(z)\int_{S_{Inf}} d\vec{S}$$

En intégrant, on obtient :

$$\vec{F}_S(z+dz)+\vec{F}_S(z)=-p(z+dz)\vec{S}_{Sup}-p(z)\vec{S}_{Inf}$$

Or, en tenant compte des orientations des vecteur surface vers l'extérieure de celle-ci, on peut alors écrire que :

$$\begin{cases}\vec{S}_{Sup}=S\,\vec{e}_z\\ \vec{S}_{Inf}=S(-\vec{e}_z)=-S\,\vec{e}_z\end{cases}$$

D'où :

$$\vec{F}_S(z+dz)+\vec{F}_S(z)=-p(z+dz)S\,\vec{e}_z+p(z)S\,\vec{e}_z$$

Soit encore :

$$\vec{F}_S(z+dz)+\vec{F}_S(z)=-\big(p(z+dz)-p(z)\big)S\,\vec{e}_z$$

Mais, comme l'épaisseur dz de la « tranche infinitésimale » de fluide est, par définition, infiniment faible, on peut donc écrire que :

$$p(z+dz)-p(z)=\frac{p(z+dz)-p(z)}{dz}dz \quad\Leftrightarrow\quad p(z+dz)-p(z)=\frac{dp(z)}{dz}dz$$

Ce qui implique que :

$$\boxed{\vec{F}_S(z+dz)+\vec{F}_S(z)=-\frac{dp(z)}{dz}dz\,S\,\vec{e}_z}$$

5) Appliquons, dans $\mathcal{R}_T$, la relation fondamentale (R.F.D.) à la « tranche infinitésimale » de fluide étudiée. Comme la tranche est **au repos**, on obtient alors :

$$\sum_{ext}\vec{F}_{Tranche}=\vec{0} \quad\Leftrightarrow\quad \vec{P}+\vec{F}_p=\vec{0} \quad\Leftrightarrow\quad \vec{P}+\vec{F}_S(z+dz)+\vec{F}_S(z)=\vec{0}$$

Soit encore :

$$-\rho(z)dV\, g\, \overrightarrow{e_z} - \frac{dp(z)}{dz} dz\, S\, \vec{e}_z = 0\, \vec{e}_z$$

En projetant sur l'axe vertical, on obtient l'équation algébrique suivante :

$$-\rho(z)dV\, g - \frac{dp(z)}{dz} dz\, S = 0 \quad \Leftrightarrow \quad -\rho(z)dV\, g - \frac{dp(z)}{dz} dV = 0$$

En simplifiant par dV qui est évidemment non nul, on a alors :

$$-\rho(z)\, g - \frac{dp(z)}{dz} = 0$$

Ce qui nous donne :

$$\boxed{\frac{dp(z)}{dz} = -\rho(z)\, g}$$

6) La relation précédente peut encore s'écrire comme :

$$dp(z) = -\rho(z)\, g\, dz$$

En intégrant cette relation entre deux points A et B appartenant au fluide au repos étudié, d'altitude respective z_A et z_B et de pression respective p_A et p_B, on obtient alors, en tenant compte du fait que la valeur numérique de g dépend également de l'altitude z :

$$\int_{p_A}^{p_B} dp(z) = -\int_{z_A}^{z_B} \rho(z)\, g\, dz \quad \Leftrightarrow \quad p_B - p_A = -\int_{z_A}^{z_B} \rho(z)\, g\, dz$$

Ce qui nous donne bien :

$$\boxed{p_A - p_B = \int_{z_A}^{z_B} \rho(z)\, g\, dz}$$

7) Si le fluide au repos considéré est incompressible, alors sa masse volumique est constante : $\rho(z) = \rho$. D'où :

$$p_A - p_B = \rho \int_{z_A}^{z_B} g\, dz$$

Si de plus, la différence d'altitude entre les deux points A et B est suffisamment petite pour que l'on puisse considérer que les variations de g entre ces deux points soient négligeable, alors on peut écrire que :

$$p_A - p_B = \rho g \int_{z_A}^{z_B} dz$$

Soit finalement :

$$\boxed{p_A - p_B = \rho g(z_B - z_A)}$$

8) La relation précédente peut encore s'écrire comme :

$$p_A - p_B = \rho g z_B - \rho g z_A \quad \Leftrightarrow \quad p_A + \rho g z_A = p_B + \rho g z_B$$

D'où l'égalité suivante :

$$(p + \rho g z\,)_A - (p + \rho g z\,)_B = 0 \quad \Leftrightarrow \quad \Delta(p + \rho g z\,) = 0$$

Et donc dans un fluide incompressible au repos, **la quantité $\boldsymbol{p + \rho g z}$ se conserve**. La dernière relation peut encore s'écrire :

$$\Delta\left(\frac{pV}{V} + \frac{\rho V g z}{V}\right) = 0 \quad \Leftrightarrow \quad \Delta\left(\frac{pV}{V} + \frac{mgz}{V}\right) = 0 \quad \Leftrightarrow \quad \Delta\left(\frac{pV + K}{V} + \frac{mgz + K'}{V}\right) = 0$$

Avec $(K\,;\,K') \in \mathbb{R}^2$. Or, le terme $pV + K$ représente l'énergie potentielle associée aux forces de pression, et le terme $mgz + K'$ d'identifie l'énergie potentielle associée aux forces de pesanteur. D'où :

$$\Delta\left(\frac{\mathcal{E}_{potentielle}^{pression}}{V} + \frac{\mathcal{E}_{potentielle}^{pesanteur}}{V}\right) = 0$$

En introduisant les énergies potentielles volumiques, c'est-à-dire par unité de volume, on obtient :

$$\Delta\left(e_{potentielle}^{pression} + e_{potentielle}^{pesanteur}\right) = 0$$

Enfin, en se souvenant que le fluide est, dans $\mathcal{R}_T$, au repos, donc pour un point G de vitesse nulle, on peut donc écrire que :

$$e_{cinétique} = \frac{1}{2}\frac{m}{V}v^2(G/\mathcal{R}_T) \quad \Leftrightarrow \quad e_{cinétique} = \frac{1}{2}\rho v^2(G/\mathcal{R}_T) \quad \Leftrightarrow \quad e_{cinétique} = 0$$

Ce qui implique que :

$$\Delta\left(e_{cinétique} + e_{potentielle}^{pression} + e_{potentielle}^{pesanteur}\right) = 0$$

Or, la somme de l'énergie cinétique macroscopique est des énergies potentielles extérieures représente l'énergie mécanique. Ainsi, on a :

$$\Delta\left(e_{mécanique}\right) = 0 \quad \Rightarrow \quad e_{mécanique} = cste$$

Ainsi, il s'agit de **la conservation de l'énergie mécanique au sein du fluide au repos**.

➔ *Section 2 : Modèle d'atmosphère isotherme*

1) La couche d'atmosphère terrestre considérée est constituée par un gaz assimilé, par hypothèse, à un gaz parfait. D'où, dans un volume V contenant n moles, on a la relation :

$$pV = nRT_S$$

Si on travaille dans le volume molaire V_{mol}, celui qui ne contient qu'une seule mole, on peut écrire que :

$$p(z)V_{mol} = 1RT_S \quad \Leftrightarrow \quad p(z)\frac{M_{air}}{\rho(z)} = RT_S$$

Ce qui nous donne :

$$\boxed{\rho(z) = \frac{p(z)M_{air}}{RT_S}}$$

2) Lors de la question 5) de la section précédente, nous avions démontré que :

$$\frac{dp(z)}{dz} = -\rho(z)\,g$$

Ce qui nous donne :

$$\frac{dp(z)}{dz} = -\frac{p(z)M_{air}}{RT_S}g \quad \Leftrightarrow \quad \frac{dp(z)}{p(z)} = -\frac{M_{air}\,g}{RT_S}dz$$

Il reste à intégrer cette relation entre un point appartenant au bas de la couche atmosphérique étudiée, d'altitude z_0 et de pression p_0, et un point d'altitude quelconque d'altitude z et de pression $p(z)$. Mais, il faut bien penser à :

- changer la variable muette de l'intégrande $p(z) \to \mathcal{p}$ pour ne pas « interférer » avec la borne supérieure $p(z)$;
- changer la variable muette de l'intégrande $z \to \mathfrak{z}$ pour ne pas « interférer » avec la borne supérieure z.

Ainsi, on obtient l'égalité suivante :

$$\int_{p_0}^{p(z)} \frac{d\mathcal{p}}{\mathcal{p}} = -\int_{z_0}^{z} \frac{M_{air}\,g}{RT_S}d\mathfrak{z} \quad \Leftrightarrow \quad [\ln(\mathcal{p})]_{p_0}^{p(z)} = -\frac{M_{air}\,g}{RT_S}\int_{z_0}^{z} d\mathfrak{z}$$

Soit :

$$\ln(p(z)) - \ln(p_0) = -\frac{M_{air}\,g}{RT_S}[\,\mathfrak{z}\,]_{z_0}^{z} \quad \Leftrightarrow \quad \ln\left(\frac{p(z)}{p_0}\right) = -\frac{M_{air}\,g}{RT_S}(z - z_0)$$

Afin d'accéder aux pressions, on va introduire l'exponentielle népérienne, et écrire ainsi les relations :

$$e^{\ln\left(\frac{p(z)}{p_0}\right)} = e^{-\frac{M_{air}\,g}{RT_S}(z-z_0)} \quad \Leftrightarrow \quad \frac{p(z)}{p_0} = e^{-\frac{M_{air}\,g}{RT_S}(z-z_0)}$$

Finalement, on obtient la loi de pression suivante :

$$\boxed{p(z) = p_0 e^{-\frac{M_{air}\, g}{RT_S}(z-z_0)}}$$

Il s'agit donc d'une loi d'évolution des pressions atmosphérique du type exponentiellement décroissante. Cette loi est caractérisée par une « hauteur caractéristique » $\hbar$ qui vaut :

$$\hbar = \frac{RT_S}{M_{air}\, g} = 6363 \text{ m}$$

3) On a la relation :

$$p(z_s) = p_0 e^{-\frac{M_{air}\, g}{RT_S}(z_s-z_0)}$$

L'application numérique nous conduit à :

$$p(z_s) = 22600 \times e^{-\frac{0{,}02897\times 9{,}76}{8{,}31\times 216{,}5}(22000-11000)}$$

Ce qui nous donne :

$$\boxed{p(z_s) = 4011{,}6 \text{ Pa}}$$

➔ *Section 3 : Modèle d'atmosphère non-isotherme*

1) La loi d'évolution de la température $T(z)$ au sein de la troposphère se déduit de l'intégration du gradient :

$$\frac{dT(z)}{dz} = g \quad \Leftrightarrow \quad T(z) = gz + \beta \quad \text{avec } \beta \in \mathbb{R}$$

Or, on sait que :

$$T(z=0) = T_m \quad \Leftrightarrow \quad \beta = T_m$$

D'où la loi :

$$\boxed{T(z) = gz + T_m}$$

2) Si $z = z_t$, la relation précédente devient :

$$T(z = z_t) = gz_t + T_m$$

L'application numérique nous sonne alors :

$$T(z = z_t) = -0{,}0065 \times 11000 + 14{,}85 + 273{,}15 \quad \Leftrightarrow \quad \boxed{T(z_t) = 216{,}5 \text{ K}}$$

On retrouve bien la valeur numérique de la température T_S de la section précédente relative à la tropopause et le bas de la stratosphère. Ainsi, **la température est donc une fonction continue de l'altitude**.

3) Lors de la question 5) de la *Section 1*, nous avions démontré que :

$$\frac{dp(z)}{dz} = -\rho(z)\, g$$

Ce qui nous donne :

$$\frac{dp(z)}{dz} = -\frac{p(z)M_{air}}{RT(z)}g \iff \frac{dp(z)}{p(z)} = -\frac{M_{air}\, g}{RT(z)}dz \iff \frac{dp(z)}{p(z)} = -\frac{M_{air}\, g}{R(\mathcal{g}z + T_m)}dz$$

Il reste à intégrer cette relation entre un point se trouvant au niveau de la mer d'altitude $z_m = 0$, de température T_m et de pression p_m, et un point d'altitude quelconque d'altitude z et de pression $p(z)$. Mais, il faut bien penser à :

- changer la variable muette de l'intégrande $p(z) \to \mathcal{p}$ pour ne pas « interférer » avec la borne supérieure $p(z)$;
- changer la variable muette de l'intégrande $z \to \mathfrak{z}$ pour ne pas « interférer » avec la borne supérieure z.

Ainsi, on obtient l'égalité suivante :

$$\int_{p_m}^{p(z)} \frac{d\mathcal{p}}{\mathcal{p}} = -\int_{z_0}^{z} \frac{M_{air}\, g}{R} \frac{d\mathfrak{z}}{\mathcal{g}\mathfrak{z} + T_m} \iff [\ln(\mathcal{p})]_{p_m}^{p(z)} = -\frac{M_{air}\, g}{R}\int_{z_0}^{z} \frac{d\mathfrak{z}}{\mathcal{g}\mathfrak{z} + T_m}$$

Puis, posons $\mathcal{T} = \mathcal{g}\mathfrak{z} + T_m$. Ainsi, on a :

$$\frac{d\mathcal{T}}{d\mathfrak{z}} = \frac{d}{d\mathfrak{z}}(\mathcal{g}\mathfrak{z} + T_m) \iff \frac{d\mathcal{T}}{d\mathfrak{z}} = \mathcal{g} \iff d\mathfrak{z} = \frac{d\mathcal{T}}{\mathcal{g}}$$

De plus, lorsque $\mathfrak{z} = z_0 = 0$ alors $\mathcal{T} = T_m$, puis lorsque $\mathfrak{z} = z = 0$ on a $\mathcal{T} = \mathcal{g}z + T_m$. Ainsi, on peut écrire que :

$$\ln(p(z)) - \ln(p_m) = -\frac{M_{air}\, g}{R}\int_{T_m}^{\mathcal{g}z+T_m} \frac{1}{\mathcal{T}}\frac{d\mathcal{T}}{\mathcal{g}} \iff \ln\left(\frac{p(z)}{p_m}\right) = -\frac{M_{air}\, g}{R\mathcal{g}}\int_{T_m}^{\mathcal{g}z+T_m} \frac{d\mathcal{T}}{\mathcal{T}}$$

Soit :

$$\ln\left(\frac{p(z)}{m}\right) = -\frac{M_{air}\, g}{R\mathcal{g}}[\ln(\mathcal{T})]_{T_m}^{\mathcal{g}z+T_m}$$

D'où :

$$\ln\left(\frac{p(z)}{p_m}\right) = -\frac{M_{air}\, g}{R\mathcal{g}}(\ln(T_m) - \ln(\mathcal{g}z + T_m))$$

Ce qui nous donne :

$$\ln\left(\frac{p(z)}{p_m}\right) = -\frac{M_{air}\, g}{R\mathcal{g}}\left(\ln\left(\frac{T_m}{\mathcal{g}z + T_m}\right)\right) \iff \ln\left(\frac{p(z)}{m}\right) = \frac{M_{air}\, g}{R\mathcal{g}}\left(\ln\left(\frac{\mathcal{g}z + T_m}{T_m}\right)\right)$$

En utilisant les propriétés du logarithme népérien, on peut écrire que :

$$\ln\left(\frac{p(z)}{p_m}\right) = \ln\left(\left(\frac{gz + T_m}{T_m}\right)^{\frac{M_{air}\,g}{Rg}}\right)$$

En simplifiant la fraction du membre de droite, on obtient alors :

$$\ln\left(\frac{p(z)}{p_m}\right) = \ln\left(\left(1 + \frac{gz}{T_m}\right)^{\frac{M_{air}\,g}{Rg}}\right)$$

Enfin en prenant l'exponentielle népérienne de cette égalité, on trouve que la loi d'évolution recherchée est :

$$\frac{p(z)}{p_m} = \left(1 + \frac{gz}{T_m}\right)^{\frac{M_{air}\,g}{Rg}}$$

Ce qui nous donne :

$$\boxed{p(z) = p_m\left(1 + \frac{gz}{T_m}\right)^{\frac{M_{air}\,g}{Rg}}}$$

4) L'application numérique nous donne :

$$p(z_t) = 101325 \times \left(1 + \frac{-0{,}0065 \times 11000}{273{,}15 + 14{,}85}\right)^{\frac{0{,}02897 \times 9{,}803}{8{,}31 \times 0{,}0065}}$$

Soit encore :

$$\boxed{p(z_t) = 22600 \text{ Pa}}$$

On retrouve bien la valeur de la pression p_0 de la section précédente, et le fait que **la pression est une fonction continue** de l'altitude.

Partie B – Demi-sphère creuse remplie d'eau

1) On constate que, dans le triangle rectangle indiqué sur le schéma du sujet, on a :

$$\sin(\theta) = \frac{x}{R}$$

D'où :

$$\boxed{x = R\sin(\theta)}$$

2) L'élément de surface infinitésimale interne $\overrightarrow{dS_{int}}$ qui est proposée par le sujet correspond à un arc de cercle $Rd\theta$, du périmètre du plan radial représenté qui est « étiré », par rotation d'angle 2π (soit un tour complet) autour de l'axe Oz, sur l'intérieure de la surface interne de la demi-sphère creuse. Cette rotation s'effectuant, à la hauteur du bas de l'arc de cercle considéré, et à la distance x partir

de l'axe Oz. Ainsi, l'arc de cercle considéré « tourne » sur un cercle de rayon x ; donc sur une distance de $2\pi x = 2\pi R\sin(\theta)$. On a alors :

Donc, on en déduit que la surface balayée par l'arc de cercle est donnée par l'expression :

$$Rd\theta \times 2\pi R\sin(\theta)$$

Ceci nous donne donc la surface d'une bande circulaire d'épaisseur infinitésimale, donc une surface infinitésimale de la face interne de la demi-sphère creuse. Ainsi, on peut écrire que :

$$\| \overrightarrow{dS_{int}} \| = 2\pi R^2 \sin(\theta)\, d\theta$$

Maintenant, il ne reste plus qu'à appliquer la convention d'orientation des surfaces : elles sont toujours orientée vers leur extérieure. Or, lorsque la face interne de la demi-sphère creuse « regarde » son extérieur, elle y aperçoit le fluide (l'eau). Donc cette face interne de la demi-sphère creuse est vectoriellement orientée vers le vecteur $\vec{n}$. Finalement, on trouve bien l'expression proposée, à savoir :

$$\boxed{\overrightarrow{dS_{int}} = 2\pi R^2 \sin(\theta)\, d\theta\, \vec{n}}$$

3) L'eau qui se trouve au repos dans la demi-sphère creuse étant considérée comme un liquide incompressible évoluant dans un champ de pesanteur terrestre uniforme, on a donc, d'après la question 7) de la *Section 1* de la ***Partie A***, la relation suivante :

$$p(z) - p_a = \rho_e g(h - z)$$

Dans cette $h - z$ représente la « profondeur » à laquelle se trouve un point caractérisé par une côte z sur l'axe Oz. Ainsi, on en déduit que :

$$\boxed{p(z) = p_a + \rho_e g(h - z)}$$

4) Le système étudié est **invariant par rotation autour de l'axe central Oz**. Autrement dit, par tous plans médians la situation géométrique est identique à celle représentée sur le sujet. Ainsi, les composantes « latérales » (celles selon les directions Ox et Oy) des des forces de pression vont se compenser. La résultante sera alors nécessairement verticale, selon la direction Oz.

5) La résultante des forces de pression $\vec{F}_{eau}$ exercée par l'eau sur la surface interne de la demi-sphère creuse est donnée par :

$$\vec{F}_{eau} = -\int_{S_{int}} p(z)\,\overrightarrow{dS_{int}} \quad \Leftrightarrow \quad \vec{F}_{eau} = -\int_{S_{int}} p(z)\,2\pi R^2 \sin(\theta)\,d\theta\,\vec{n}$$

Or, on a :

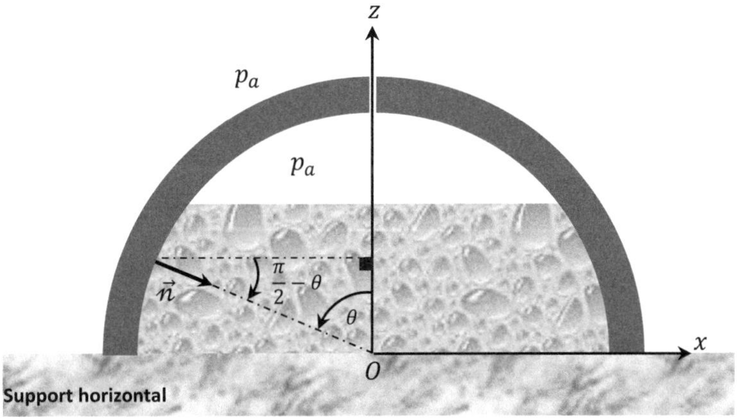

Mais comme on sait que seule la composante verticale de cette force sera non nulle, on en déduit donc que :

$$\vec{F}_{eau} = F_{eau-z}\,\vec{e}_z \quad \Leftrightarrow \quad \vec{F}_{eau} = -\left(\int_{S_{int}} p(z)\,2\pi R^2 \sin(\theta)\,d\theta\,\left(\vec{n}.\vec{e}_z\right)\right)\vec{e}_z$$

On a alors, par décomposition dans le référentiel du laboratoire $\mathcal{R}_T$:

$$\vec{n} = \left|\begin{matrix} \cos\left(\frac{\pi}{2} - \theta\right) \\ 0 \\ -\sin\left(\frac{\pi}{2} - \theta\right) \end{matrix}\right._{\mathcal{R}_T} \quad \Leftrightarrow \quad \vec{n} = \left|\begin{matrix} \sin(\theta) \\ 0 \\ -\cos(\theta) \end{matrix}\right._{\mathcal{R}_T}$$

Ainsi :

$$\vec{n} = \sin(\theta)\,\vec{e}_x + 0\,\vec{e}_y - \cos(\theta)\,\vec{e}_z \quad \Rightarrow \quad \vec{n}.\vec{e}_z = -\cos(\theta)$$

D'où :

$$\vec{F}_{eau} = -\int_{S_{int}} p(z)\,2\pi R^2 \sin(\theta)\,d\theta\,(-\cos(\theta))\,\vec{e}_z$$

Ainsi, on obtient :

Puis, sur le schéma précédent, on constate que :

$$\sin\left(\frac{\pi}{2}-\theta\right)=\frac{z}{R} \quad \Leftrightarrow \quad z = R\sin\left(\frac{\pi}{2}-\theta\right) \quad \Leftrightarrow \quad z = R\cos(\theta)$$

Ce qui nous donne donc :

$$\vec{F}_{eau} = -\int_{S_{int}} \big(p_a + \rho_e g(h - R\cos(\theta))\big)\, 2\pi R^2 \sin(\theta)\, d\theta(-\cos(\theta))\, \vec{e}_z$$

D'où :

$$\vec{F}_{eau} = \int_{S_{int}} \big(p_a + \rho_e g(h - R\cos(\theta))\big)\, 2\pi R^2 \sin(\theta)\cos(\theta)\, d\theta\, \vec{e}_z$$

Soit encore :

$$\vec{F}_{eau} = \int_{S_{int}} (p_a + \rho_e gh - \rho_e gR\cos(\theta))\, 2\pi R^2 \sin(\theta)\cos(\theta)\, d\theta\, \vec{e}_z$$

En utilisant la linéarité de l'intégrale, on obtient la composante suivante :

$$F_{eau-z} = \int_{S_{int}} (p_a + \rho_e gh)\, 2\pi R^2 \sin(\theta)\cos(\theta)\, d\theta - \int_{S_{int}} \rho_e g 2\pi R^3 \sin(\theta)\cos^2(\theta)\, d\theta$$

D'où :

$$F_{eau-z} = (p_a + \rho_e gh)\, 2\pi R^2 \int_{S_{int}} \sin(\theta)\cos(\theta)\, d\theta - \rho_e g 2\pi R^3 \int_{S_{int}} \sin(\theta)\cos^2(\theta)\, d\theta$$

En ce qui concerne les bornes des intégrales, elles doivent porter sur le domaine angulaire, en θ, qui décrit la hauteur d'eau contenue dans la demi-sphère creuse, et qui est au contact de la face interne. On sait que :

$$z = R\cos(\theta) \quad \Leftrightarrow \quad \theta = \arccos\left(\frac{z}{R}\right)$$

Donc, on en déduit que :

- pour la surface de l'eau : $z = h \quad \Rightarrow \quad \theta = \arccos\left(\frac{h}{R}\right)$;
- pour le fond de l'eau : $z = 0 \quad \Rightarrow \quad \theta = \frac{\pi}{2}$;

Dès lors, en tenant compte de l'orientation de l'angle θ, on va poser :

$$I_1 = \int_{\arccos\left(\frac{h}{R}\right)}^{\frac{\pi}{2}} \sin(\theta)\cos(\theta)\, d\theta \qquad \text{et} \qquad I_2 = \int_{\arccos\left(\frac{h}{R}\right)}^{\frac{\pi}{2}} \sin(\theta)\cos^2(\theta)\, d\theta$$

Ainsi, on peut écrire que la résultante des forces de pression $\vec{F}_{eau}$ exercée par l'eau sur la surface interne de la demi-sphère creuse est donnée par :

$$\vec{F}_{eau} = \left((p_a + \rho_e gh)\, 2\pi R^2 I_1 - 2\pi R^3 \rho_e g I_2\right) \vec{e}_z$$

En factorisant par $2\pi R^2$, on obtient :

$$\vec{F}_{eau} = 2\pi R^2 \left((p_a + \rho_e gh)\, I_1 - \rho_e gRI_2\right) \vec{e}_z$$

Ce qui nous donne donc :

$$\vec{F}_{eau} = 2\pi R^2 (p_a\, I_1 + \rho_e gh\, I_1 - \rho_e gRI_2)\, \vec{e}_z$$

En factorisant par$\rho_e gR$, on obtient :

$$\vec{F}_{eau} = 2\pi R^2 \left(p_a\, I_1 + \rho_e gR\left(\frac{h}{R}\, I_1 - I_2\right)\right) \vec{e}_z$$

On est donc amené à calculer deux intégrales.

➢ <u>*Intégrale n°1*</u> :

$$I_1 = \int_{\arccos\left(\frac{h}{R}\right)}^{\frac{\pi}{2}} \sin(\theta)\cos(\theta)\, d\theta$$

Pour calculer cette intégrale, effectuons le même changement de variable que précédemment. Pour cela, posons :

$$u = \sin(\theta) \quad \Longrightarrow \quad \frac{du}{d\theta} = \cos(\theta) \quad \Longrightarrow \quad du = \cos(\theta)\, d\theta$$

De plus, au niveau des bornes d'intégration, ce changement de variables implique que :

- si $\theta = \frac{\pi}{2}$ alors $u = \sin\left(\frac{\pi}{2}\right) = 1$;
- si $\theta = \arccos\left(\frac{h}{R}\right)$ alors $u = \sin\left(\arccos\left(\frac{h}{R}\right)\right)$
  soit encore :

$$u = \sqrt{1 - \left(\frac{h}{R}\right)^2}$$

Ce qui nous permet d'écrire que :

$$I_1 = \int_{\sqrt{1-\left(\frac{h}{R}\right)^2}}^{1} u du \quad \Rightarrow \quad I_1 = \left[\frac{u^2}{2}\right]_{\sqrt{1-\left(\frac{h}{R}\right)^2}}^{1} \quad \Leftrightarrow \quad I_1 = \frac{1^2 - \sqrt{1-\left(\frac{h}{R}\right)^2}^2}{2}$$

Soit encore :

$$I_1 = \frac{1 - \left(1 - \left(\frac{h}{R}\right)^2\right)}{2}$$

Finalement, on trouve que l'intégrale vaut :

$$\boxed{I_1 = \frac{1}{2}\left(\frac{h}{R}\right)^2}$$

- *Intégrale n°2 :*

$$I_2 = \int_{\arccos\left(\frac{h}{R}\right)}^{\frac{\pi}{2}} \sin(\theta)\cos^2(\theta)\, d\theta$$

Pour calculer cette intégrale, effectuons un changement de variable. Pour cela, posons :

$$u = \cos(\theta) \quad \Rightarrow \quad \frac{du}{d\theta} = -\sin(\theta) \quad \Rightarrow \quad du = -\sin(\theta)\, d\theta$$

De plus, au niveau des bornes d'intégration, ce changement de variables implique que :

- si $\theta = \frac{\pi}{2}$ alors $u = \cos\left(\frac{\pi}{2}\right) = 0$;
- si $\theta = \arccos\left(\frac{h}{R}\right)$ alors $u = \cos\left(\arccos\left(\frac{h}{R}\right)\right) = \frac{h}{R}$

Ce qui nous permet d'écrire que :

$$I_2 = -\int_{\frac{h}{R}}^{0} u^2 du \quad \Rightarrow \quad I_2 = -\left[\frac{u^3}{3}\right]_{\frac{h}{R}}^{0} \quad \Leftrightarrow \quad I_2 = \left[\frac{u^3}{3}\right]_{0}^{\frac{h}{R}} \quad \Leftrightarrow \quad I_2 = \frac{\left(\frac{h}{R}\right)^3 - 0^3}{3}$$

Finalement, on trouve que :

$$\boxed{I_2 = \frac{1}{3}\left(\frac{h}{R}\right)^3}$$

Ainsi, on peut écrire que la résultante des forces de pression $\vec{F}_{eau}$ exercée par l'eau sur la surface interne de la demi-sphère creuse est donnée par :

$$\vec{F}_{eau} = 2\pi R^2 \left(p_a \frac{1}{2}\left(\frac{h}{R}\right)^2 + \rho_e g R \left(\frac{h}{R}\frac{1}{2}\left(\frac{h}{R}\right)^2 - \frac{1}{3}\left(\frac{h}{R}\right)^3 \right) \right) \vec{e}_z$$

Donc, on obtient :

$$\vec{F}_{eau} = 2\pi R^2 \left(p_a \frac{1}{2}\left(\frac{h}{R}\right)^2 + \rho_e g R \left(\frac{1}{2}\left(\frac{h}{R}\right)^3 - \frac{1}{3}\left(\frac{h}{R}\right)^3 \right) \right) \vec{e}_z$$

Ce qui nous donne :

$$\vec{F}_{eau} = 2\pi R^2 \left(p_a \frac{1}{2}\left(\frac{h}{R}\right)^2 + \rho_e g R \left(\frac{h}{R}\right)^3 \left(\frac{1}{2} - \frac{1}{3} \right) \right) \vec{e}_z$$

D'où :

$$\vec{F}_{eau} = 2\pi R^2 \left(p_a \frac{1}{2}\left(\frac{h}{R}\right)^2 + \rho_e g R \left(\frac{h}{R}\right)^3 \left(\frac{1}{6} \right) \right) \vec{e}_z$$

Donc, on obtient :

$$\vec{F}_{eau} = 2\pi R^2 \left(p_a \frac{1}{2}\left(\frac{h}{R}\right)^2 + \frac{1}{6}\rho_e g R \left(\frac{h}{R}\right)^3 \right) \vec{e}_z$$

Dès lors, on a :

$$\vec{F}_{eau} = \left(\pi R^2 p_a \left(\frac{h}{R}\right)^2 + \frac{1}{3}\pi R^3 \rho_e g \left(\frac{h}{R}\right)^3 \right) \vec{e}_z$$

Finalement, on a :

$$\boxed{\vec{F}_{eau} = \left(\pi h^2 p_a + \frac{1}{3}\pi \rho_e g h^3 \right) \vec{e}_z}$$

6) La résultante des forces de pression $\vec{F}_{p-int}$ exercée par la pression atmosphérique sur la surface interne de la demi-sphère creuse est, pour **les mêmes raisons d'invariance par symétrie**, dirigée selon l'axe vertical Oz. Elle est donnée par :

$$\vec{F}_{p-int} = \left(-\int_{S_{int}} p_a \, \overrightarrow{dS_{int}}.\vec{e}_z \right) \vec{e}_z \quad \Leftrightarrow \quad \vec{F}_{p-int} = \left(-p_a \int_{S_{int}} 2\pi R^2 \sin(\theta) \, d\theta \, \vec{n}.\vec{e}_z \right) \vec{e}_z$$

Ce qui nous donne :

$$\vec{F}_{p-int} = \left(-p_a \int_{S_{int}} 2\pi R^2 \sin(\theta)\, d\theta\, (-\cos(\theta))\right)\vec{e}_z$$

Ainsi on peut écrire que, dans le référentiel du laboratoire $\mathcal{R}_T$, on a :

$$\vec{F}_{p-int} = \left(p_a \int_{S_{int}} 2\pi R^2 \sin(\theta)\cos(\theta)\, d\theta\right)\vec{e}_z$$

En ce qui concerne les bornes des intégrales, elles doivent porter sur le domaine angulaire, en θ, qui décrit uniquement par l'air qui est contenu dans la demi-sphère creuse, et qui est au contact de la face interne. On sait que :

$$z = R\cos(\theta) \quad \Leftrightarrow \quad \theta = \arccos\left(\frac{z}{R}\right)$$

Donc, on en déduit que :

- pour le fond de l'eau : $z = R \quad \Rightarrow \quad \theta = 0$;
- pour le fond de l'eau : $z = h \quad \Rightarrow \quad \theta = \arccos\left(\frac{h}{R}\right)$;

On a alors :

$$\vec{F}_{p-int} = \left(2\pi R^2 p_a \int_0^{\arccos\left(\frac{h}{R}\right)} \sin(\theta)\cos(\theta)\, d\theta\right)\vec{e}_z$$

Que l'on va noter :

$$\vec{F}_{p-int} = (2\pi R^2 p_a I_3)\vec{e}_z$$

On est donc amené à calculer deux nouvelles intégrales.

- <u>*Intégrale n°3*</u> *:*

$$I_3 = \int_0^{\arccos\left(\frac{h}{R}\right)} \sin(\theta)\cos(\theta)\, d\theta$$

Pour calculer cette intégrale, effectuons un changement de variable. Pour cela, posons :

$$u = \sin(\theta) \quad \Rightarrow \quad \frac{du}{d\theta} = \cos(\theta) \quad \Rightarrow \quad du = \cos(\theta)\, d\theta$$

De plus, au niveau des bornes d'intégration, ce changement de variables implique que :

- si $\theta = 0$ alors $u = \sin(0) = 0$;
- si $\theta = \arccos\left(\frac{h}{R}\right)$ alors $u = \sin\left(\arccos\left(\frac{h}{R}\right)\right)$

  soit encore :

$$u = \sqrt{1 - \left(\frac{h}{R}\right)^2}$$

Ce qui nous permet d'écrire que :

$$I_3 = \int_0^{\sqrt{1-\left(\frac{h}{R}\right)^2}} udu \quad \Rightarrow \quad I_3 = \left[\frac{u^2}{2}\right]_0^{\sqrt{1-\left(\frac{h}{R}\right)^2}} \quad \Leftrightarrow \quad I_3 = \frac{\sqrt{1 - \left(\frac{h}{R}\right)^2}^2 - 0^2}{2}$$

Soit :

$$I_3 = \frac{1 - \left(\frac{h}{R}\right)^2}{2}$$

Finalement, on trouve que :

$$\boxed{I_3 = \frac{1}{2}\left(1 - \left(\frac{h}{R}\right)^2\right)}$$

Donc la résultante des forces de pression $\vec{F}_{p-int}$ exercée par la pression atmosphérique sur la surface interne de la demi-sphère creuse est donnée par :

$$\vec{F}_{p-int} = \left(2\pi R^2 p_a \frac{1}{2}\left(1 - \left(\frac{h}{R}\right)^2\right)\right)\vec{e}_z$$

Finalement, on obtient :

$$\boxed{\vec{F}_{p-int} = p_a\pi(R^2 - h^2)\,\vec{e}_z}$$

7) La résultante des forces de pression $\vec{F}_{p-ext}$ exercée par la pression atmosphérique, est-elle aussi dirigée sur l'axe vertical Oz. Et ceci encore pour **les mêmes raisons de d'invariances par rotation** autour de cet axe. Ainsi, sur la surface externe de la demi-sphère creuse est donnée par :

$$\vec{F}_{p-ext}\left(= -\int_{S_{ext}} p_a\,\overrightarrow{dS_{ext}}.\vec{e}_z\right)\vec{e}_z$$

Ce qui nous donne :

$$\vec{F}_{p-ext} = \left(-p_a\int_{S_{ext}} 2\pi(R + e)^2\sin(\theta)\,d\theta(-\vec{n}.\vec{e}_z)\right)\vec{e}_z$$

Car cette fois le fluide, ici l'air, est de l'autre côté, donc la surface extérieure doit-être orientée dans le sens de $-\vec{n}$. Ce qui nous donne :

$$\vec{F}_{p-ext} = \left(p_a\int_{S_{ext}} 2\pi(R + e)^2\sin(\theta)\,d\theta(\vec{n}.\vec{e}_z)\right)\vec{e}_z$$

D'où :

$$\vec{F}_{p-ext} = \left(p_a 2\pi (R+e)^2 \int_{S_{ext}} \sin(\theta)\, d\theta\, (-\cos(\theta)) \right) \vec{e}_z$$

Ainsi, on a :

$$\vec{F}_{p-ext} = \left(-p_a 2\pi (R+e)^2 \int_{S_{ext}} \sin(\theta)\cos(\theta)\, d\theta \right) \vec{e}_z$$

Comme à l'extérieur de la demi-sphère creuse il n'y a pas d'eau, les bornes d'intégration vont de $\theta = 0$ à $\theta = \pi/2$. On a alors dans le référentiel du laboratoire $\mathcal{R}_T$:

$$\vec{F}_{p-ext} = \left(-p_a 2\pi (R+e)^2 \int_0^{\frac{\pi}{2}} \sin(\theta)\cos(\theta)\, d\theta \right) \vec{e}_z$$

Que l'on va noter :

$$\vec{F}_{p-ext} = -p_a 2\pi (R+e)^2 I_4\, \vec{e}_z$$

On doit donc, de nouveau, calculer une nouvelle intégrale. On a alors :

➢ *Intégrale n°4* :

$$I_4 = \int_0^{\frac{\pi}{2}} \sin(\theta)\cos(\theta)\, d\theta$$

Pour calculer cette intégrale, effectuons un changement de variable. Pour cela, posons :

$$u = \sin(\theta) \implies \frac{du}{d\theta} = \cos(\theta) \implies du = \cos(\theta)\, d\theta$$

De plus, au niveau des bornes d'intégration, ce changement de variables implique que :

- si $\theta = 0$ alors $u = \sin(0) = 0$;
- si $\theta = \frac{\pi}{2}$ alors $u = \sin\left(\frac{\pi}{2}\right) = 1$

Ce qui nous permet d'écrire que :

$$I_4 = \int_0^1 u du \implies I_4 = \left[\frac{u^2}{2}\right]_0^1 \iff I_4 = \frac{1^2 - 0^2}{2}$$

Finalement, on trouve que :

$$\boxed{I_4 = \frac{1}{2}}$$

La résultante des forces de pression $\vec{F}_{p-ext}$ exercée par la pression atmosphérique sur la surface externe de la demi-sphère creuse est donnée par :

$$\vec{F}_{p-ext} = \vec{F}_{p-ext} = -p_a 2\pi(R+e)^2 \frac{1}{2}\,\vec{e}_z$$

Finalement, on obtient l'expression suivante :

$$\boxed{\vec{F}_{p-ext} = -p_a \pi(R+e)^2\,\vec{e}_z}$$

8) L'expression du poids $\vec{P}$ de la demi-sphère creuse est :

$$\vec{P} = m\vec{g} \quad \Leftrightarrow \quad \vec{P} = mg\,(-\vec{e}_z) \quad \Leftrightarrow \quad \boxed{\vec{P} = -mg\,\vec{e}_z}$$

9) Dans le référentiel terrestre, supposé galiléen, on applique la relation fondamentale de la dynamique, à la demi-sphère creuse lorsqu'elle est au point de « rupture » de l'équilibre (lorsqu'elle est sur le point de se soulever), qui caractérise la hauteur d'eau h_0 cherchée. En notant par $\vec{\mathcal{R}}$ la réaction normale du support horizontal sur la demi-sphère creuse, on peut alors écrire que

$$\vec{F}_p + \vec{\mathcal{R}} + \vec{P} = \vec{0} \quad \Leftrightarrow \quad \vec{F}_{p-ext} + \vec{F}_{p-int} + \vec{F}_{eau} + \vec{\mathcal{R}} + \vec{P} = \vec{0}$$

Ce qui nous donne :

$$\vec{\mathcal{R}} = -\vec{F}_{p-ext} - \vec{F}_{p-int} - \vec{F}_{eau} - \vec{P}$$

Soit :

$$\vec{\mathcal{R}} = \left(p_a\pi(R+e)^2 - p_a\pi(R^2-h^2) - \pi h^2 p_a - \frac{1}{3}\pi\rho_e g h^3 + mg\right)\vec{e}_z$$

Or, on sait que $R \gg e$, donc On peut admettre que $(R+e)^2 \approx R^2$. Ce qui nous donne donc :

$$\vec{\mathcal{R}} = \left(p_a\pi R^2 - p_a\pi(R^2-h^2) - \pi h^2 p_a - \frac{1}{3}\pi\rho_e g h^3 + mg\right)\vec{e}_z$$

En développant, on obtient l'expression suivante :

$$\vec{\mathcal{R}} = \left(p_a\pi R^2 - p_a\pi R^2 + \pi h^2 p_a - \pi h^2 p_a - \frac{1}{3}\pi\rho_e g h^3 + mg\right)\vec{e}_z$$

En simplifiant cette expression, on obtient :

$$\vec{\mathcal{R}} = \left(-\frac{1}{3}\pi\rho_e g h^3 + mg\right)\vec{e}_z$$

Sous l'hypothèse $R \gg e$, tout se passe comme si la pression atmosphérique n'avait (quasiment) pas d'effet. Ainsi, la hauteur h_0 va se déterminer à partir de la condition de non contact $\vec{\mathcal{R}} = \vec{0}$. Ce qui nous donne :

$$\vec{0} = \left(-\frac{1}{3}\pi\rho_e g h_0^3 + mg\right)\ \vec{e}_z$$

Ce qui nous donne :

$$-\frac{1}{3}\pi\rho_e g h_0^3 + mg = 0 \quad \Leftrightarrow \quad \frac{1}{3}\pi\rho_e g h_0^3 = mg \quad \Leftrightarrow \quad \pi\rho_e g h_0^3 = 3mg$$

Ce qui nous donne donc, en tenant compte du fait que $g \neq 0$, la relation suivante

$$\pi\rho_e h_0^3 = 3m \quad \Leftrightarrow \quad h_0^3 = \frac{3m}{\pi\rho_e}$$

Ce qui nous donne le résultat suivant :

$$\boxed{h_0 = \left(\frac{3m}{\pi\rho_e}\right)^{\frac{1}{3}}}$$

L'application numérique nous donne alors :

$$h_0 = \left(\frac{3 \times 0{,}7682}{\pi \times 1000}\right)^{\frac{1}{3}}$$

Soit la valeur :

$$\boxed{h_0 = 0{,}09 \text{ m} = 9 \text{ cm}}$$

♣ *L'hydrostatique est la partie la plus simple d'une discipline incroyablement féconde, tant physiquement que mathématiquement : la mécanique des fluides. Elle est abordée, sous ses aspects les plus simples, très rapidement dans l'enseignement supérieur. On parle souvent de cette multi-richesse pour la mécanique quantique, la relativité générale, et toutes les théories hybrides telle que la théorie des cordes par exemple, mais la mécanique des fluides n'a rien à leur envier. Bien qu'il s'agisse d'une théorie macroscopique, décrivant les fluides, c'est-à-dire des objets qui nous sont familiers, elle se montre rapidement un véritable défi à la sagacité et à la dextérité des physiciens et des mathématiciens. Les équations qui sont utilisées, appelées équations de l'ingénieur français Henri Navier (1785 / 1836) et du physicien britannique George Gabriel Stokes (1819 / 1903) sont des équations aux dérivées partielles non linéaires. C'est la non linéarité de ses termes qui leurs confèrent tous leurs intérêts. Les équations de Navier-Stokes décrivent le comportement d'un fluide dans un modèle que les physiciens nomment « approximation des milieux continus ». Elles décrivent en fait des phénomènes très variés et dont la compréhension nous serait très importante : les courants atmosphériques ou océaniques, les écoulements d'eau dans un tuyau, ... Ces équations sont si difficiles à manipuler, qu'on ne sait encore pas si elles possèdent toujours une solution « physiquement acceptable ». Le prouver est l'objet du célèbre problème de la mythique liste des problèmes du millénaire : l'Everest des mathématiciens ! Ce problème illustre l'incroyable dualité que la nature semble avoir accordée aux Mathématiques et à la Physique, d'où l'intérêt, et l'attrait, d'étudier ces deux disciplines.*

Bibliographie

➲ Niveau Terminale S

[1] 12 thèmes fondamentaux en mathématiques – Terminale S – Collection BAC avec mention – Ellipses – Guy GOULET – 1999.

[2] Exercices de musculation en mathématiques – de la Terminale S aux classes prépas – Ellipses – Michel MITERNIQUE et Jean MALLET – Deuxième édition – 2005 .

[3] Réussir ses Maths en prépa scientifique – Terminale S – Collection Objectif Prépa – Ellipses – Bruno ESCOFFIER – Deuxième édition – 2009.

[4] Savoir-faire en Maths – Bien commencer ses études scientifiques – PPUR (Presses Polytechniques et Universitaires Romandes) – Yves BIOLLAY, Amel CHAABOUNI et Joachim STUBBE – 2009.

[5] Mathématiques du Bac S au DEUG Sciences – Flash U – Masson – Georges LION – 1995.

[6] Bien commencer ses études supérieures en mathématiques – Collection STUDIO SUP – Vuibert supérieur – Henri LEMBERG – 2001.

[7] Mathématiques (Un cours de haut niveau pour ceux qui envisagent une prépa) – Ellipses – Jean-Louis FROT – 2012.

➲ Niveau Bac + 1

[8] Analyse 1 – Flash U – Masson – Daniel FREDON et Danièle PENOT-CATUS – 1995.

[9] Algèbre SUP-MP-PC-PSI-PT – Flash U – Masson – Daniel FREDON et Danièle PENOT-CATUS – 1996.

[10] Algèbre SUP-MP-PC-PSI-PT – Flash U – Masson – Daniel FREDON et Danièle PENOT-CATUS – 1996.

[11] Analyse mathématiques – Flash U – Masson – Marie-Claude CHATARD-MOULIN, Jesus EZQUERRA et Daniel FREDON – 1993.

[12] Algèbre Tome 1 (Algèbre générale) – Flash U – Masson – Hélène SUREAU et Yves SUREAU – 1996.

[13] Mécanique Tome 1 (Cinématique du point et du solide rigide) – Flash U – Masson – Jean-Louis TEYSSIER, Jean-Pierre DUCOURTIEUX et Jean-Pierre MOLITON – 1985.

[14] Analyse – Série Schaum – Mc Graw-Hill – Murray R. SPIEGEL – Dix-huitième édition – 1996.

[15] Techniques mathématiques pour la physique (Tome 1) – Collection Travaux dirigés – Hachette supérieur – Gabriel SOUM, Raymond JAGUT et Pierre DUBOUIX – 1994.

[16] Techniques mathématiques pour la physique (Tome 2) – Collection Travaux dirigés – Hachette supérieur – Gabriel SOUM, Raymond JAGUT et Pierre DUBOUIX – 1995.

[17] Mécanique (Volume 1 – Mécanique Newtonienne) – Editions scientifiques GB – Deuxième édition – Philippe SPINDEL – 2004.

[18] Mathématiques MPSI-PCSI (Tout-en-un) – Les nouveaux Précis – Bréal – Daniel GUININ et Bernard JOPPIN – 2006.

➲ Niveau Post Bac + 1

[19] Mécanique – Physique théorique (Tome 1) – Collection Mir – Ellipses – Lev LANDAU et Evgéni LIFCHITZ – 2012.

[20] Les maths en physique (La physique à travers le filtre des mathématiques) – Collection Sciences Sup – Dunod – Jean-Pierre PROVOST et Gérard VALLÉE – 2004.

[21] Mathématiques pour la Physique et les physiciens – H&K – Walter APPEL – Deuxième édition – 2002.

[22] Éléments de mathématiques pour la physique et la chimie – Editions scientifiques GB – Maurice KIBLER – Seconde édition – 2002.

[23] Méthodes mathématiques pour les sciences physiques – Collection Enseignement des sciences – Editions Hermann – Laurent SCHWARTZ – 1997.

[24] L'outil mathématique pour la physique – Collection Sciences Sup – Dunod – Roger PETIT – Cinquième édition – 1998.

[25] Des mathématique pour les sciences (Concepts, méthodes et techniques pour la modélisation) – Collection LMD Maths – De Boeck – Claude ASLANGUL – 2011.

[26] Physique et outils mathématiques : méthodes et exemples (Concepts, méthodes et techniques pour la modélisation) – Collection Savoirs actuels – EDP Sciences – Angel ALASTUEY, Marc MAGRO et Pierre PUJOL – 2008.